Wilhelm Füßl

Oskar von Miller

Wilhelm Füßl

Oskar von Miller
1855–1934

Eine Biographie

Verlag C.H.Beck

Mit 63 Abbildungen im Text

Satz: a.visus, Katja Anding, München
Druck und Bindung: Ebner & Spiegel, Ulm
Gedruckt auf säurefreiem, alterungsbeständigem Papier
(hergestellt aus chlorfrei gebleichtem Zellstoff)
Printed in Germany
ISBN 3 406 52900 3

www.beck.de

Inhalt

Vorwort

Der Name Oskar von Millers ist untrennbar mit der Geschichte des Deutschen Museums verbunden. Er gründete das Haus und baute es in den ersten drei Jahrzehnten seines Bestehens zu einem weltweit anerkannten und häufig imitierten Vorbild in der internationalen Museumslandschaft aus.

Der Erfolg des Deutschen Museums hat viele Wurzeln. So gelang es Miller, es volksnah und als Bildungsinstitution zugleich auszugestalten. Seine spezifischen Methoden der Museumspräsentation wurden zum Maßstab. Eine Besonderheit seiner Konzeption war, dass er kein rein historisches Museum geschaffen hat. Vielmehr wollte er über die historische Entwicklung hinaus aktuelle und modernste Ergebnisse aus Naturwissenschaft und Technik zeigen. Bereits die erste Museumssatzung aus dem Jahr 1903 formulierte diese Intention im allerersten Paragrafen. Um sein Ziel zu erreichen, arbeitete Miller mit den führenden Ingenieuren, Wissenschaftlern und Industriellen seiner Zeit zusammen. Politik, Verbände und Wirtschaft unterstützten ihn materiell und ideell bei seinem Vorhaben.

Würde Oskar von Miller heute leben, hätte er seine 1904 erstmals aufgestellte Fachgebietseinteilung vermutlich längst kritisch hinterfragt. Für ihn, der auch die jeweils neuesten Entwicklungen zeigen wollte, waren beispielsweise die eben erst entdeckten Röntgenstrahlen ganz selbstverständlich Teil der Physik-Ausstellung. In einem «Röntgenkabinett» wirkungsvoll zu Schau gestellt, wurde die Durchleuchtung der eigenen Hand zu einem Muss für jeden Museumsbesucher und zum Gegenstand zahlreicher Anekdoten. Ebenso fand die neue und in ihren Anfangsjahren technisch noch anfällige Luftschifffahrt sofort Eingang in das Museum.

Daher liegt der Schluss nicht fern, dass Miller die Darstellung heute aktueller Bereiche wie Nanotechnologie, Gentechnik und Medizintechnik als Aufgabe des Deutschen Museums aufgegriffen hätte. Er hätte sich als Kommunikator der Wissenschaft in die Öffentlichkeit verstanden. So wie sich bereits unter Miller die Ausstellungen vom ersten provisorischen Museum bis zur Eröffnung im Neubau 1925 erheblich gewandelt haben, so muss das Deutsche Museum aktuelle Forschung und ihre Ergebnisse dem Besucher präsentieren. Das Museum selbst ist somit auch ein Ort der Forschung, technikhistorisch, im Bereich der Bildung bis hin zu Objektforschung und der Darstellung, wie der Prozess der Forschung geschieht. Es kann nur bestehen, wenn es Tradition und Moderne verbindet. Die Erweiterung des Spektrums der Disziplinen und ihre Darstellung in vernetzten Zusammenhängen ist daher eine zentrale Herausforderung des Museums im 21. Jahrhundert. Das entstehende «Zentrum Neue Technologien» wird sich dieser Aufgabe u. a. im Projekt «Gläserne Wissenschaft» verstärkt annehmen.

Der modern denkende Miller, der Mann mit den weit reichenden Ideen und Visionen, der Ingenieur mit dem «großen Plan», wie ihn der Autor kennzeichnet, fasziniert noch immer. Erstaunlich und manchmal lehrreich ist Millers Art, Widerstände gegen seine Pläne aus dem Weg zu räumen. Sein Weg ist Vorbild für uns heute, sein Erbe Verpflichtung.

Das Deutsche Museum hat die Aufgabe, eine fundierte Biographie Millers zu fördern, gerne unterstützt. Der Historiker und Leiter des Archivs des Deutschen Museums, Dr. Wilhelm Füßl, hat während einer intensiven und aufwändigen Forschungsarbeit viele bekannte und auch längst vergessene Fakten zu Miller zusammengetragen und im historischen Kontext neu bewertet. Dadurch ist das Bild einer Persönlichkeit entstanden, die bleibende Akzente in der Museumslandschaft, in Wirtschaft und Politik gesetzt hat.

Mein Dank gebührt sowohl dem Autor für sein einzigartiges Werk als auch dem Freundes- und Förderkreis des Deutschen Museums, der es durch seine großzügige Unterstützung ermöglicht hat.

München, im Februar 2005

Prof. Dr. Wolfgang M. Heckl
Generaldirektor des Deutschen Museums

Einleitung

Wer heute als Besucher durch das Deutsche Museum geht, stößt in vielen Abteilungen auf Büsten, Porträtgemälde, Tafeln und Beschriftungen, die die Leistung von Naturwissenschaftlern, Technikern, Ingenieuren und Industriellen dokumentieren. Im zentral gelegenen Ehrensaal im ersten Stockwerk treten Persönlichkeiten, die für ihre Disziplin von großer Bedeutung waren, besonders hervor. Die Würdigung herausragender Persönlichkeiten reicht in die unmittelbare Gründungszeit des Deutschen Museums zurück. Auch wenn das Museum längst von der rein personenzentrierten Technikdarstellung und Geschichtsschreibung abgekommen ist, prägte der Grundsatz «Männer machen Geschichte» über lange Jahre das Haus. Diese für das ausgehende 19. Jahrhundert typische Anschauung war geradezu konstitutiv bei der Gründung des Deutschen Museums im Jahre 1903, denn hier wurde Technik als eine hervorragende Kulturleistung und Technikgeschichte als Erfolgsgeschichte interpretiert.[1]

Gründer des Museums war der studierte Bauingenieur Oskar von Miller. Auch seine Person wird im Ausstellungsgebäude in verschiedenen Zusammenhängen herausgehoben. Kurze Informationen zu seiner Person sind leicht zu greifen. Die heute beliebte Informationsquelle, das «Googlen», führt bei einem Suchauftrag «Oskar von Miller» zu rund 21000 Einträgen im world wide web.[2] Schon der erste Treffer weist auf Oskar von Millers Verbindung zum Deutschen Museum hin. Beim Durchgehen der Trefferanzeige stößt der geduldige Internetnutzer auf Schulen und Straßen, die deutschlandweit seinen Namen tragen, findet ihn als Träger des «Siemensrings» sowie als Ehrenmitglied der Akademie der Naturforscher Leopoldina und sieht ihn auf der Webseite der Firma Zeiss als Initiator für den Bau eines neuartigen Planetariums. Andere Treffer verweisen auf eine Gedenktafel in der Berliner Mauerstraße, wo er mit Emil Rathenau das erste öffentliche Elektrizitätswerk Deutschlands baute, oder auf eine Fernübertragung von

Gleichstrom von Miesbach nach München, auf die Gründung der Berliner Elektrizitätswerke ebenso wie auf den Bau des Walchenseewerks. Ein Ingenieurbüro trägt Millers Namen, Briefmarken und Denkmünzen sind mit seinem Porträt geziert. Auch zur Familie führen Treffer, so zu seinem Vater Ferdinand, einem berühmten Erzgießer, und zu seinem Bruder Wilhelm, einem Professor für Chemie in München.

Selbst bei nur mäßiger Geduld wird schon nach der Durchsicht von etwa zwei Prozent der Gesamttreffer deutlich, dass Oskar von Miller eine weit reichende Bedeutung hat und eine Wertschätzung genießt, die über seine Rolle als Gründer des Deutschen Museums hinausgeht. Im Internet wird die Breite seines Wirkens schnell sichtbar. Ähnlich vielseitige Kurzinformationen finden sich, was moderne Lexika betrifft, höchstens in dem Standardwerk der «Neuen Deutschen Biographie», während der klassische Eintrag im Konversationslexikon Oskar von Miller auf zwei bis drei Eigenschaften reduziert. In der Regel wird er als Mitbegründer der «Deutschen Edison-Gesellschaft für angewandte Electrizität» beschrieben (was falsch ist!)[3] und als Initiator der ersten Drehstromübertragung über lange Distanzen von Lauffen am Neckar nach Frankfurt am Main. Weiter wird er als Erbauer des Walchenseewerks und als Begründer des Deutschen Museums charakterisiert. Mit seinen Lebensdaten 7. Mai 1855 bis 8. April 1934 und der Kennzeichnung «dt. Techniker» endet die Auskunft im Volkslexikon.

Die Informationen zu Miller erschöpfen sich nicht in Lexikonwissen und Internet-Einträgen. Sein Leben und Werk haben sich in den letzten 80 Jahren in unterschiedlichen Biographien niedergeschlagen.[4] Schon zu Lebzeiten erschienen zwei kleinere Arbeiten. Im Jahre 1924 verfasste der Schriftsteller und ehemalige Chefredakteur der Zeitschrift «Jugend», Eugen Kalkschmidt, ein kurzes Porträt von knapp 20 Seiten, das mit zahlreichen Abbildungen ergänzt wurde. Es war so erfolgreich, dass binnen eines Jahres 19 Auflagen gedruckt wurden. Acht Jahre später erschien aus der Feder des Sohnes Walther von Miller ein bis heute lesenswertes Büchlein, das zum 100. Geburtstag des Vaters im Jahre 1955 eine Neuauflage erlebte. Im Untertitel wurden Millers Leistungen knapp umschrieben: «Ein Pionier der Energiewirtschaft. Schöpfer des Deutschen Museums». Damit war eine grundlegende Interpretation seines Wirkens vorgegeben. Ebenfalls aus seinem direkten Umfeld stammt die Biographie Jonathan Zennecks, der im Jahr 1933 Miller in der Leitung des Museums nachgefolgt war. Sie wurde noch im Todesjahr Millers 1934 veröffentlicht. Zum fünfzigjährigen Bestehen des Deutschen Museums erschien 1953 ein Buch des Schriftstellers und Journalisten Ludwig Nockher, 1965 die amüsant geschriebene Lebensbeschreibung des Journalisten Wilhelm Ludwig Kristl, der 13 Jahre später noch einmal eine

Anekdotensammlung aus Millers Leben veröffentlichte. Schließlich publizierte der Journalist Rudolf Pörtner 1987 die bisher letzte biographische Würdigung Millers.

Fast könnte man sagen, dass beinahe jedes Jahrzehnt seine Biographie zu Miller hervorgebracht hat. Ergänzt werden die meist knappen Lebensbeschreibungen durch eine stattliche Anzahl an Nachrufen sowie an kurzen Aufsätzen und Artikeln, die zu runden Geburtstagen Millers oder des Deutschen Museums erschienen sind. Selbst ein Bundespräsident, Theodor Heuss, hat anlässlich des fünfundzwanzigjährigen Jubiläums der Eröffnung des heutigen Ausstellungsgebäudes auf der Museumsinsel ein eigenwilliges Porträt Millers gezeichnet.[5] Hinzu kommt eine Fülle an autobiographischer Literatur von Mitarbeitern, Freunden oder Fachgelehrten, in deren Leben Miller eine beträchtliche Rolle gespielt hat.

Angesichts der Breite der Literatur zu Miller stellt sich die Frage nach dem Zweck einer erneuten Biographie. Die Antwort ergibt sich aus der vorliegenden Literatur, die einer kritischen Auseinandersetzung mit der Person Millers bisher aus dem Wege gegangen ist. Wie die knappen Charakterisierungen der bisherigen Kurzbiographien zeigen, wurden für die Darstellung fast immer Journalisten bemüht, die kurze, leicht verständliche und unterhaltsame Lebensbeschreibungen liefern sollten. Auftraggeber waren das Deutsche Museum und die Familie von Miller. Zugunsten der populären Lebensbeschreibung wurde eine bewusste Verengung seines Arbeitsspektrums in Kauf genommen. Wie die Nachrufe und die zeitgenössischen Würdigungen zu seinem 70. und 75. Geburtstag vermitteln die erwähnten Biographien ein durchgängig positives Bild der Person Millers.

Miller und seine Kollegen im Vorstand des Deutschen Museums legten 1921 fest, das neue Ausstellungsgebäude auf der heutigen Museumsinsel genau am 7. Mai 1925, dem 70. Geburtstag des Gründers, zu eröffnen. Bis heute finden die Jahresversammlungen des Museums immer an oder um seinen Geburtstag herum statt. Mit dieser zeitlichen Koinzidenz wird seine Bedeutung für das Museum alljährlich nach wie vor betont. Person und Museum werden zu einer nicht trennbaren Einheit verschmolzen. Durch die permanente Wiederholung hat sich das Bild Millers als Gründer des Deutschen Museums auch in der Öffentlichkeit fest verankert.

Durch die Akzentuierung als Museumsgründer rückten andere Tätigkeitsfelder in den Hintergrund. Zur Zeit der Museumsgründung war Miller weit über die Fachwelt hinaus als einer der führenden deutschen Elektrotechniker bekannt. Die von ihm 1891 erstmals durchgeführte Drehstromübertragung über weite Entfernungen brachte den entscheidenden Durchbruch in der Energieversorgung und zog in den folgenden Jahrzehnten den

Aufbau großer Versorgungsnetze nach sich. Miller galt seitdem als Pionier der Elektrotechnik. Durch die Planung und den Bau zahlreicher Elektrizitätswerke und die Konzeption großer Elektrizitätsnetze wurde dieser Ruf noch gefestigt, der jedoch im Verlauf der zwanziger Jahre an Bedeutung verlor.

Was in der biographischen Literatur zu Oskar von Miller auffällt, ist die stark anekdotenhafte Darstellung seines Lebens. Dazu hat Miller selbst in seinen wenigen biographischen Erinnerungen ganz erheblich beigetragen.[6] Diese waren durchsetzt von launigen Geschichten, mit denen er sein Leben gerne auf den Punkt brachte. Diese Art der Stilisierung seiner Person wurde in der Familie gepflegt und half wohl auch ein wenig mit, den als unnahbar geltenden Vater menschlicher erscheinen zu lassen.[7] Auch die Zeitgenossen erzählten sich oft Anekdoten, wenn sie über Miller sprachen. Dadurch entstand ein Bild, das auf wenige charakteristische Eigenheiten Millers abhob: Humor, Überzeugungskraft und Hartnäckigkeit, Talent und Ideenreichtum bei der Einwerbung von Geld- und Sachspenden, sein oft polternder und unwirscher Umgang mit Mitarbeitern, Freunden und Sponsoren und seine Leidenschaft, Feste ausgiebig zu feiern. Zusammengefasst wurden diese Anekdoten von Kristl in seiner amüsanten Sammlung «Hier darf jeder tun was ich will». Die Quintessenz dieser Art biographischer Arbeiten war ein Bild von Miller als «weißblauem Despoten»,[8] in dessen Haus jeder das tun durfte, was Miller wollte. Diese Erzähltradition bestimmt bis heute in weiten Teilen die Literatur zu Miller. Man kann, allgemein formuliert, von einem «Mythologisierungsprozess von Persönlichkeiten der Geschichte» sprechen.[9] Miller ist für diese Mythologisierung ein hervorragendes Beispiel.

An dieser Stelle hakt die vorliegende Biographie ein. Es genügt nicht, die bisher erschienenen Arbeiten beiseite zu schieben, um zu einem differenzierten Bild von Miller zu gelangen. Fruchtbarer ist es, die biographischen Würdigungen als Teil einer Überlieferungstradition zu interpretieren, die über Jahrzehnte und unter gewandelten politischen und gesellschaftlichen Bedingungen beeindruckend stabil geblieben ist. Eine Grundtendenz der Stilisierung Millers war ein bewusst abgerundetes Bild seiner Person und Lebensleistung. Sein Leben war scheinbar von einer kontinuierlichen und linearen Entwicklung geprägt, in die alle biographischen Details eingepasst wurden. So galten Millers schwache schulische Leistungen beispielsweise als Zeichen von Unterforderung, die den späteren «Genius» erahnen ließen. Und Millers zufälliger Besuch der Internationalen Elektrotechnischen Ausstellung in Paris 1881 führte konsequenterweise zum international erfolgreichen Elektroingenieur und zum Aufbau eines der weltweit größten Technikmuseen. Brüche in der Entwicklung Millers wurden ignoriert oder anekdotisch überformt. Diese Darstellung reihte sich ein in die von Oskar von Miller selbst initiierte und vom Deutschen Museum über Jahrzehnte gepflegte Sicht der Technik als einer kontinuierlich voranschreitenden Erfolgsgeschichte, die auch die Protagonisten, Naturwissenschaftler, Erfinder, Industrielle, Techniker und Ingenieure einschließt.

Die hier publizierte Biographie hinterfragt die These von der linearen Erfolgsgeschichte. Es geht dabei nicht darum, die Person Millers zu relativieren. Es soll vielmehr eine methodische Handhabe gewonnen werden, um seine Lebensleistung in einen gesamtgesellschaftlichen Kontext zu stellen. Ausgangspunkt ist die Untersuchung verschiedener Zeiträume, in denen Miller zu weit reichenden Lebensentscheidungen kam: 1881–1883: Einstieg in die Elektrotechnik, 1890/91: Phase beruflicher Neuorientierung, 1928–1933: Zeit der Rücktritte. Diese Jahre waren im engeren Sinne eine Zeit persönlicher Entscheidungen und damit für sein Leben zweifelsohne von herausragender Bedeutung. Eine Biographie Millers sollte jedoch über die Darstellung privater Lebensentscheidungen hinausgehen. Miller war zwischen 1882 und 1934 eine der auffälligsten Persönlichkeiten in der technischen und gesellschaftlichen Entwicklung Deutschlands. Im Zusammenhang mit seinen «Entscheidungsphasen» stellt sich neuerlich die generelle Frage nach den Handlungs- und Gestaltungsspielräumen von Einzelpersonen in politischen, wirtschaftlichen und gesellschaftlichen Großstrukturen. Individuelle und strukturelle Faktoren adäquat gegeneinander zu gewichten, erweist sich in der Regel als schwierig, da ihre jeweilige Bedeutung in komplexen historischen Zusammenhängen oft kaum exakt zu bestimmen ist.[10] Trotzdem ist es sinnvoll, im Rahmen einer Einzelbiographie solche Spielräume auszuloten. Miller war einer von 50000 Ingenieuren, die bis zur Wende zum 20. Jahrhundert eine Ausbildung an einer deutschen Technischen Hochschule oder einer Vorgängereinrichtung durchlaufen hatten.[11] Inwieweit er ein typischer Vertreter seiner Zeit und seines Berufsstandes war, wo und in welchem Umfang er Tendenzen der Zeit aufgegriffen, fokussiert und ihnen womöglich eine entscheidende Richtung gegeben hat, das sind Leitfragen dieser Arbeit. Individuelle Entscheidungen können eine unmittelbare Wirkung auslösen. Beispiele dafür sind die von ihm organisierten Elektrizitätsausstellungen in München 1882 und in Frankfurt 1891. Sie waren einerseits das Ergebnis einer Phase beruflicher Neuorientierung, andererseits wichtige Stationen bei der Popularisierung der Elektrizität und beim Aufbau großräumiger Versorgungsnetze. Die Organisation der beiden Ausstellungen hatte kurz- und langfristige Auswirkungen. Auch andere Projekte Millers sind unter diesem Gesichtspunkt interessant. Die Errichtung des Bayernwerks zog sich über zwei Jahrzehnte hin; auch die schnelle Gründung des Deutschen Museums mündete in einen langwierigen und schwierigen Prozess des Aufbaus einer neuartigen Präsentationskultur technisch-wissenschaftlicher Objekte in einem Museum.

In all den genannten Fällen gab es zeitgleich andere Ansätze, Vorschläge und Begründungen. Die Palette möglicher Optionen war also groß. Zudem änderten sich, je länger Projekte geplant wurden, die technischen, politischen und gesellschaftlichen Rahmenbedingungen. Wie Miller auf diese Veränderungen reagierte und wie er von ihnen beeinflusst wurde, ist eine zentrale Perspektive dieser Biographie.

Die Jahre, in denen Miller Entscheidungen von großer Tragweite fällte, sind auch, was seine Motivation betrifft, wichtig. Gab es ein Grundschema, das ihn bei seinen Aktivitäten leitete, dachte er in bestimmten Systemen? Nach einigen Jahren bei der Allgemeinen Elektricitäts-Gesellschaft (AEG) arbeitete Miller ab 1890 als selbstständiger Ingenieur. In dieser Eigenschaft wirkte er in unterschiedlichen Funktionen an der Organisation von Elektrizitätswerken und Großversorgungsunternehmen mit. Auffallende Kriterien seiner Tätigkeit sind eine stringente und aufwändige Planung, mit der er seine Projekte betrieb. Das Prinzip der «Planung» gehörte sicherlich zu den entscheidenden Kennzeichen seiner beruflichen Aktivitäten. Das Bild vom planenden und die Gesellschaft gestaltenden Ingenieur ist eine Charakterisierung, die über Miller hinaus typisch für den Ingenieursstand seiner Zeit war.[12] In diesem Sinne spannt die Biographie immer wieder einen Bogen zwischen den individualspezifischen und den zeittypischen Faktoren.

Im Gegensatz zu den im Deutschen Museum geehrten Persönlichkeiten war Miller kein bahnbrechender Erfinder oder glänzender Wissenschaftler. Er baute keine Industrieimperien auf wie Gustav Krupp von Bohlen und Halbach und Hugo Stinnes. Sicherlich zählte er nicht zu jenen 300 Männern, von denen Walther Rathenau einmal behauptete, sie würden die wirtschaftlichen Geschicke des europäischen Kontinents leiten.[13] Trotzdem gehörte er zu den Personen, die in Technik und Kultur zwischen 1880 und 1930 einen enormen Einfluss ausübten. Besonders in der deutschen Elektrotechnik kam Miller eine Schlüsselfunktion zu. Seine große Bedeutung für die Entwicklung der Elektrizitätsversorgung in Deutschland wurde bereits von den Zeitgenossen anerkannt; sie schlägt sich auch in der umfangreichen Forschungsliteratur zu diesem Thema nieder.[14] Miller wirkte dabei im lokalen wie im regionalen und nationalen Raum. Sein Energiekonzept dehnte sich, beginnend bei bescheidenen Anfängen – dem Bau isolierter Einzelanlagen bei der AEG –, allmählich auf ein nationales Stromversorgungssystem aus. In rund 50 Jahren Berufstätigkeit trug Miller als Ingenieur entscheidend zur Schaffung eines solchen Gesamtsystems bei. In diesem Sinne ist er ein «system builder», wie der amerikanische Technikhistoriker Thomas P. Hughes diesen

Typus genannt hat.[15] Millers Beitrag war die kontinuierliche Planung eines nationalen Systems der Energieversorgung. Es ist bemerkenswert, dass er die Bedeutung eines solchen Systems sowohl unter technischen wie unter ökonomischen und sozialen Gesichtspunkten beurteilte. Sein zentraler Grundgedanke war, die Bevölkerung mit billigem Strom so zu versorgen, dass sich ihre wirtschaftliche Lage insgesamt besserte.

Systematisch hat Miller seine Idee des «sozialen Stroms» nie formuliert. Theorie war ihm ein Gräuel. Kennzeichnend für seine Arbeit war, dass er als planender Ingenieur seine Konzepte aus konkreten Aufgabenstellungen heraus entwickelte und diese hartnäckig verfolgte. Auch in anderen Tätigkeitsfeldern Millers finden sich die für ihn charakteristischen Ansätze der «Planung» und des «Systems». Dies soll beispielhaft anhand des Deutschen Museums gezeigt werden. Über ein Jahrzehnt richteten sich seine ganzen Bemühungen darauf, das Museum als ein nationales Zentralmuseum für Technik und Naturwissenschaften zu etablieren. Je näher er diesem Ziel kam, umso deutlicher erkannte er, dass die von ihm angestrebte Versöhnung von Technik und Kultur nicht durch ein einzelnes Museum zu erreichen, sondern nur in einem lokal, regional, international und inhaltlich verteilten Museumssystem zu realisieren war.

Miller war als Ingenieur ein Mann der Tat. So sehr ihm theoretische Begründungen fremd waren, so wenig Wert legte er auf ausgefeilte Veröffentlichungen. Die meisten seiner Aufsätze und gedruckten Vorträge taugen nicht zu tief schürfenden Analysen seiner Positionen. Schon der Technikhistoriker Conrad Matschoß, mit dem Miller über Jahrzehnte eng zusammenarbeitete, führte 1941 Klage über fehlendes Material zu einer Biographie Millers.[16] Die Quellenlage verschlechterte sich durch den Zweiten Weltkrieg. Das Privathaus Millers in München, in dem sich auch sein Ingenieurbüro mit allen technischen Unterlagen zu der beruflichen Tätigkeit befand, wurde durch Bomben zerstört. Nur einige wenige Dokumente blieben erhalten und sind seit einigen Jahren im Deutschen Museum archiviert. Wichtig sind dabei die umfangreichen Briefe Millers an seine Frau Marie. Viele Überlieferungslücken konnten durch Quellen aus anderen Archiven geschlossen werden.[17] Die Altakten des Deutschen Museums mussten keine kriegsbedingten Verluste hinnehmen. Auf der Basis der breit gestreuten Quellen war es letztlich möglich, das anspruchsvolle Ziel einer modernen, nicht perspektivischen Biographie anzustreben, die die Persönlichkeit Oskar von Millers in die historischen Signaturen seiner Epoche einbettet.

Kapitel 1

Eine bürgerliche Jugend

Für die Herausbildung des städtischen Bürgertums im 19. Jahrhundert ist die Familie Miller ein typisches Beispiel. Innerhalb von drei Generationen entwickelte sie sich vom Bäcker zu angesehenen Mitgliedern der Bayerischen Ersten Kammer, der Kammer der Reichsräte.[1] Die Geschwindigkeit, mit der sich der soziale Aufstieg der Familie Miller vollzog, widerspricht der geringen Durchlässigkeit der bayerischen Sozialstruktur in den vorausgegangenen Jahrhunderten diametral. Im Mannesstamm ist die Familie Miller seit Anfang des 17. Jahrhunderts in der dörflichen Umgebung von Prittriching, einem kleinen Ort im Westen Bayerns zwischen Lech und Paar, nachweisbar. Dort war der im Jahr 1615 geborene Johannes Miller ein einfacher Söldner. Zu einem solchen Kleinbauernhof, der «Sölde», gehörten in der Regel nicht mehr als 15 Tagwerk Grund.[2] Im bayerisch-schwäbischen Grenzraum blieb die Familie bis Ende des 18. Jahrhunderts ansässig, übte verschiedene Handwerksberufe aus und erlebte einen bescheidenen sozialen Aufstieg. Oskar von Millers Großvater, der 1785 geborene Joseph Anton Miller, erlernte noch das damals blühende Handwerk des Kleinuhrmachers und ließ sich nach langer Wanderschaft 1810 in Bruck, dem heutigen Fürstenfeldbruck bei München, nieder. Der einsetzende Niedergang seines Handwerks zwang ihn, neben seinem Beruf noch eine königliche Lotterieeinnahme und eine Hucklerei (Krämerei) zu betreiben.

Der Aufstieg aus der unteren dörflichen Schicht der Söldner zur kleinstädtischen, beruflich ungesicherten Uhrmacherexistenz ist kennzeichnend für die ländliche Sozialentwicklung Bayerns im 19. Jahrhundert. Die zünftischen Schranken, wie sie in Bayern um 1800 herrschten, ließen einen sozialen Aufstieg nur begrenzt zu. Die Zünfte schränkten einerseits die Berufswahl stark ein, andererseits war deren Abhängigkeit von wirtschaftlichen Krisen besonders hoch. Der mächtige bayerische Superminister Maximilian Graf Montgelas hatte 1804 einen ersten Vorstoß gegen die traditionelle

Zunftverfassung unternommen, doch war diese vorsichtige Modernisierung noch zu wenig weit reichend. Die drückenden Gewerbegerechtsame blieben bestehen, und außerhalb der größeren Städte hielten sich die Zünfte bis zur endgültigen Einführung der Gewerbefreiheit in Bayern zäh. Die Folge war, dass das Kleingewerbe kaum Gesellen beschäftigen konnte. Familienmitglieder wurden üblicherweise in das innerhäusische Gewerbe einbezogen. Zusätzliche Verdienstmöglichkeiten, wie ein staatliches Lotto oder eine Krämerei, waren nicht nur für die Familie Miller in Fürstenfeldbruck überlebenswichtig. Sie waren zudem fast durchgängig Frauenarbeit.

Die allgemeine Krise des Kleingewerbes in den Jahren zwischen 1830 und 1840 traf Handwerk und Kleingewerbe, die zu Beginn des 19. Jahrhunderts rund ein Viertel der bayerischen Bevölkerung ernährten, besonders stark. Die Schaffung des Zollvereins im Jahre 1834 zog die außerbayerische und ausländische Konkurrenz ins Land. Schnell wurde der technische Rückstand Bayerns deutlich. Bayerische Käufer bevorzugten die ausländischen Produkte besonders, sie waren modern und trafen stärker den Zeitgeschmack.[3]

Die Möglichkeiten zum sozialen Aufstieg waren also gering. Traditionellerweise bildete die Heirat eine solche Chance. Die Verehelichung von Joseph Anton Miller mit Juliane Stiglmaier, Tochter eines Wirts in Bruck, gehörte nicht unbedingt zur Kategorie der sozialen Besserstellung durch Heirat. So zählten Zapfwirte und kleine Brauer zu den am häufigsten von Zwangsversteigerungen betroffenen Berufsgruppen, da ihnen Kapitalmangel, die oft notwendige Abfindung von Erben und die dadurch bedingte Verschuldung zum Verhängnis wurden. Für die Familie Miller war die Verbindung zu den Stiglmaiers insofern bedeutsam, als Julianes Bruder Johann Baptist Stiglmaier seinen Heimatort Bruck hinter sich ließ, in die Residenzstadt München ging, dort Goldschmied lernte und bereits 1810 an der Kunstakademie studierte. Stiglmaiers Aufstieg ging rasant weiter. Nach einer Ausbildung zum Münzgraveur fand er 1818 eine Anstellung bei der Königlichen Münze. Gleichzeitig erhielt er ein Italienstipendium, das ihn für drei Jahre nach Rom und Neapel führte. Sinn des Stipendiums war es, den Bronzeguss zu erlernen, eine traditionelle Technik, die in Bayern gänzlich verloren gegangen war. In Neapel unternahm Stiglmaier erstmals eigene Gießversuche. Aufgrund seiner italienischen Erfahrungen hielt man ihn nach seiner Rückkehr für geeignet, die neu gegründete Erzgießerei zu übernehmen. 1825 wurde er zum Inspektor der Königlichen Erzgießerei in München berufen.

Den Wechsel in die Hauptstadt vollzog auch der älteste Sohn von Joseph Anton Miller, Ferdinand Miller,[4] der 1823 im Alter von neun Jahren seinem Onkel Stiglmaier nach München folgte. Mit ihm, dem Vater Oskar von Millers, beginnt der markante wirtschaftliche und soziale Aufstieg der Familie.

Ferdinand Miller (der Ältere) wurde 1813, am Tag der Völkerschlacht bei Leipzig, in Bruck geboren. In seinen Lebenserinnerungen schildert er, dass seine Kindheit stark von der großen Armut in seinem Heimatort geprägt wurde.[5] Gegenmaßnahmen, wie der Versuch seines Vaters, die Not mit Armenspeisungen zu lindern, blieben wohl gemeinte Einzelaktionen und waren lokal begrenzt. Vor dem Hintergrund dieser Erfahrung spielte soziale Verantwortung gegenüber anderen in der Familie Miller seither eine beachtliche Rolle. Nicht ganz freiwillig, sondern bedingt durch die Not der eigenen Familie, ging Ferdinand Miller nach München, wo Stiglmaier als Münz- und Stempelschneider ein gesichertes Auskommen hatte. Bei ihm wohnte Ferdinand während seiner Schulzeit. 1826 kam er als Goldschmiedelehrling erst zu Peter Streißl, dann in die Werkstatt von Bartholomäus Mayerhofer. 1832 freigesprochen, wechselte er zu seinem Onkel in die Königliche Erzgießerei.[6] Hier bildete er sich als Ziseleur weiter und belegte gleichzeitig an der Kunstakademie ein Bildhauerstudium, ohne dafür ausreichend Zeit zu finden. Die Erzgießerei vor den Toren Münchens hatte 1826 mit der Anfertigung der vier Meter hohen Konstitutions-Säule bei Schloss Gaibach in Franken ihre erste Bewährungsprobe bestanden. Der erste Großauftrag war ein Denkmal für die im Russlandfeldzug Kaiser Napoleons I. gefallenen 30 000 bayerischen Soldaten auf dem Königsplatz in München, ein Obelisk von 29 Metern Höhe und einem Gewicht von fast 62 000 Pfund. Die Vollendung dieses Werks, das Leo von Klenze modelliert hatte, zog sich fünf Jahre lang, bis 1833, hin. Trotz gelegentlicher Fehlschläge, so die spektakuläre Explosion der Gussform für das Max-Joseph-Denkmal im August 1832, entwickelte sich die neue bayerische Gießerei «bedingt durch moderate Preise bei hoher Qualität der Güsse» rasch.[7] Der jugendliche Ferdinand Miller hatte also früh Gelegenheit, in der Praxis die Probleme des Monumentalgusses mitzubekommen. Stiglmaier wiederum scheint das Talent seines Neffen erkannt zu haben, da er ihn schon 1834 zur weiteren Ausbildung nach Paris schickte, dem damaligen Zentrum für Bronzeguss. Dort sollte er die modernen Teilformverfahren mit Sand sowie Methoden der Feuervergoldung großer Bronzestatuen kennen lernen. Miller hat seine Pariser Erfahrungen, vor allem seine Schwierigkeiten, in die Betriebsgeheimnisse der Gießereien Simonet und Soyer bzw. des Vergolders Blus einzudringen, anschaulich in seinen Lebenserinnerungen geschildert.[8] Umgesetzt wurden seine Erkenntnisse nach seiner Rückkehr 1836 erstmals für den Guss der Figuren der Wittelsbacher Ahnengalerie in der Münchener Residenz, bei denen sich Millers neuartige Konzeption eines Vergolderherdes hervorragend bewährte. Insgesamt bewies Miller hier sein glänzendes Organisationstalent, das die spontanere Künstlernatur Stiglmaiers ergänzte. Bedingt durch die sich seit Beginn der 1840er-Jahre abzeichnende Krebserkrankung des Onkels übernahm Miller Schritt für Schritt die eigentlichen Leitungsaufgaben innerhalb der Erzgießerei. Als Stiglmaier 1844 verstarb, war unklar, ob ein auswärtiger Gießereiinspektor berufen würde. Letztlich war es eine persönliche Entscheidung König Ludwigs I., dass Miller noch im selben Jahr die Leitung der Erzgießerei erhielt und gleichzeitig zum Professor an die Akademie der Künste berufen wurde. Das fast freundschaftliche Verhältnis zwischen dem König und dem jungen Erzgießer machte sich in einer permanenten Förderung der Werkstatt bemerkbar. Da die Gießerei ab 1844 überdies in ein halbstaatliches Institut umgewandelt wurde, was für den Gießereiinspektor und seinen Former unabhängig vom wirtschaftlichen Erfolg ein regelmäßiges staatliches Gehalt bedeutete, verschaffte der König seiner Erzgießerei einen nicht unbeträchtlichen Wettbewerbsvorteil. Bis zum Kauf der Gießerei durch Ferdinand Miller 1873 blieb diese Organisationsform erhalten.

Miller baute die Erzgießerei zu einer international führenden Werkstatt aus. Besonders seine Monumentalplastiken genossen Weltruf. So gehört die Kolossalfigur der «Bavaria» vor der Ruhmeshalle auf der Münchner Theresienhöhe mit ihren 18,5 Metern Höhe bis heute zu den herausragenden Leistungen des Bronzegusses. Noch gemeinsam von Stiglmaier und Miller begonnen, konnte die Bavaria anlässlich des Oktoberfestes 1850 enthüllt werden. Zwischen dem ersten Vertrag zur Schaffung der Monumentalplastik bis zur Enthüllung waren 13 Jahre vergangen! Für die Gießerei war der Guss ein defizitäres Unternehmen. Bei Ausgaben von 218886 Gulden ergab sich ein Verlust von fast 16000 Gulden. Trotzdem lohnte sich Millers persönlicher unternehmerischer Einsatz, da seine Gießerei mit diesem Auftrag schlagartig weltberühmt wurde. Sein Ruf wurde noch gestärkt, als er anlässlich der Weltausstellung im Londoner Glaspalast 1851 für einen seiner Bronzelöwen für die Quadriga auf dem Münchner Siegestor mit der höchsten Auszeichnung, einer Goldmedaille, belohnt wurde. Da die Ausstellungsleitung kein Geld zur Verfügung stellte, musste Miller diesen aufwändigen und komplizierten Transport selbst bezahlen. Dank der Londoner Auszeichnung gelang es ihm in den Folgejahren, die Marktführerschaft der Pariser Gießereien zu brechen, was sich in bedeutenden internationalen Aufträgen niederschlug. So goss er die Portale für das Kapitol in Washington oder die Standbilder von Simón Bolívar in Bogotá und Caracas. Auch der berühmte Taylor-Davidson-Brunnen in Cincinnati und die Reiterstandbilder von Thomas Jefferson, George Mason, Andrew Lewis, Thomas Nelson und John Marshall in Richmond wurden in der Münchner Gießerei gefertigt.

Der wirtschaftliche Erfolg der Erzgießerei hatte eine breite öffentliche Anerkennung von Ferdinand Miller zur Folge. Schon im Jahre 1851 wurde er in den persönlichen Adelsstand erhoben, den Ludwig II. 1875 auf den erblichen Adel erweiterte. Gleichzeitig wurde Ferdinand «von» Miller in der Politik aktiv, zuerst auf regionaler Ebene, in der Münchner Gemeindevertretung (1856–1869), dann im Bayerischen Landtag (1869–1875) und nach der Reichsgründung 1871 im Berliner Reichstag (1874–1878). Eine Wiederwahl in den Reichstag lehnte er aus gesundheitlichen Gründen ab.[9] Die politischen Aktivitäten des Erzgießers Miller sind noch wenig erforscht, obwohl das Familienarchiv gerade hierzu enorm ergiebig ist.[10] Zwei markante Positionen fallen auf, einmal sein Engagement für die Belange von Kunst und Handwerk, dann das Eintreten für soziale Fragen.[11] In München setzte er sich besonders für den Neubau des Rathauses am Marienplatz sowie für ein neues Kunstakademiegebäude ein, im Reichstag für ein modernes Musterschutzgesetz und veränderte Zollbestimmungen, durch die das einheimische Kunstgewerbe vor der ausländischen Konkurrenz besser geschützt werden sollte. Um dessen Position auch im internationalen Vergleich zu stärken, organisierte er trotz großer Widerstände die «Allgemeine Deutsche Kunst- und Kunstgewerbe-Ausstellung» 1876 im Münchner Glaspalast, die allen Unkenrufen zum Trotz für die Organisatoren ein finanzieller Erfolg wurde. Neben der großen Politik ist Millers Eintreten für soziale Fragen hervorzuheben, das vom Verständnis einer patriarchalischen Fürsorge für seine Arbeiter im engeren und für die Künstler im weiteren Sinne bestimmt wurde. Schon sein erster Vergolderherd in der Erzgießerei, den er für die Feuervergoldung der Wittelsbacher Ahnengalerie konstruiert hatte, war durch ein System von Be- und Entlüftungen darauf angelegt, Vergiftungen bei Arbeitern auszuschließen, die beim Vergolden durch frei werdende Quecksilberdämpfe häufig vorkamen.[12] Der Absicherung seiner Arbeiter in der Erzgießerei diente auch ein von ihm angeregter Fonds, der sie bei Krankheit oder Arbeitsunfähigkeit unterstützen sollte. In ähnlicher Weise setzte er sich im Landtag für die Erhöhung von Künstlerstipendien ein. Ebenfalls unter dem Gesichtspunkt der sozialen Fürsorge ist sein Eintreten für eine öffentliche Gasversorgung für die Stadt München zu sehen.

Als Ferdinand von Miller 1887 starb, galt er als einer der angesehensten Bürger Münchens. In seiner Person fokussiert sich der Aufstieg der Familie Miller von einfachen Handwerkern zu einflussreichen Adeligen. Ermöglicht wurde er durch die Tatsache, dass Bayern sich im 19. Jahrhundert allmählich vom Agrarland mit seinen traditionellen Gewerbeschranken zu einem von Wissenschaft und Technik beeinflussten Staat formierte. Die Residenzstadt München bot dabei dem individuellen Vorwärtskommen bessere Möglichkeiten als Landgemeinden wie Bruck. In der Stadt griffen alte Traditionen und moderne Lebensformen leichter ineinander, die wirtschaftlichen, politischen und sozialen Beziehungen zwischen dem alteingesessenen Bürgertum und den neu hinzugekommenen Bevölkerungsschichten wurden ständig neu geknüpft.[13] Miller verband Handwerk mit Kunst, eine Idee, die auch der von ihm mit Schwind, Seitz und Makart begründete «*Kunstgewerbe*verein» aufgriff.[14] Miller ist aber auch ein Bindeglied zwischen konservativem und modernem Denken. Stand Miller auf der einen Seite politisch als Zentrumsabgeordneter im Reichstag in der Tradition einer katholisch bestimmten Staatslehre und künstlerisch in der des historisierenden und antikisierenden Klassizismus – ein typisches Beispiel ist die «Bavaria», die nicht nur der Auftraggeber König Ludwig I. als Analogie zum antiken Koloss von Rhodos ansah –, kristallisierte sich in Miller auf der anderen Seite die Erneuerung des bayerischen und deutschen Kunsthandwerks und Kunstgewerbes. Mit einem offenen Auge für moderne Gießtechniken und erheblichem Mut zum risikobehafteten Unternehmertum als Handwerker und Künstler bildete er gewissermaßen ein Scharnier zur Industriegesellschaft, was später seinem Sohn zugute kam. Dass Ferdinand von Miller seine Karriere als Handwerker und Künstler begann, ist symptomatisch für München, wo gerade in der ersten Hälfte des 19. Jahrhunderts der kunstsinnige Monarch Ludwig I. den Aufschwung von Architektur und Kunst förderte.

Seinen persönlichen Aufstieg verdankte Miller seinen technischen und organisatorischen Fähigkeiten. Er verstand es aber auch, sich und seine Familie auf Dauer in der Münchner Oberschicht zu verankern. Dies gelang durch vielfältige persönliche und verwandtschaftliche Netzwerke. «Familie» und «Freundschaft» waren für Ferdinand von Miller äußerst wichtige persönliche Kategorien. Schon während seines ersten Aufenthalts in Paris 1834 gründete er zusammen mit Freunden einen geselligen Verein, der sich regelmäßig traf und für neu in der französischen Hauptstadt eintreffende Deutsche zum Anlaufpunkt wurde. Diese Form von Geselligkeit hat Miller auch in München besonders gepflegt. Zwei dieser Vereinigungen hatten dabei eine bleibende Bedeutung, der 1850 begründete Verein «Harbni» und die 1858 ins Leben gerufene «Humpenburg». Die beiden Freundeskreise überschnitten sich teilweise. Besonders die Humpenburg, die schon bei Schwanthaler auftaucht,[15] entwickelte sich zu einem der exklusivsten und renommiertesten Vereine in München. Das «Vereinslokal» befand sich auf dem Gelände der Erzgießerei. Interessanterweise hat Kaiser Wilhelm II. während seines München-Besuches 1906 am 13. November der Humpenburg einen Besuch abgestattet und dort ein Bier getrunken.[16]

Die beruflichen und freundschaftlichen Bande wurden bald zu familiären Bindungen ausgebaut. Miller selbst musste bei seiner Verehelichung noch mit Vorurteilen gegen seine Herkunft und gegen seinen Beruf kämpfen. Seine Braut, Anna (eigentlich: Marianna) von Pösl, stammte aus einer Landshuter Beamtenfamilie. Ihr Vater war der 1823 verstorbene Regierungskanzler und Geheime Rat Friedrich von Pösl. Die Verbindung zwischen Anna und dem mittellosen Ferdinand wurde zunächst von der Mutter abgelehnt. Erst als Stiglmaier seinen Neffen mit einem festen Gehalt in der Erzgießerei anstellte und sich in einem, in der Familie von Miller bis heute gut gehüteten «Werbebrief» bei der Geheimratswitwe für Ferdinand einsetzte,[17] stimmte diese der Ehe zu. Von seinen Kindern, die aus dieser Ehe stammten, vermählten sich die Söhne Fritz und Wilhelm mit zwei Frauen aus der Münchner Brauerei-Dynastie Sedlmayr. Ferdinand d.J. heiratete Marianne, die Tochter Franz Xaver Ritter von Gietls, Leibarzt der bayerischen Könige Maximilian II. und Ludwig II., Alphons wiederum ehelichte Ida Edle Mayer von Mayerfels. Oskar heiratete die Tochter eines Münchner Medizinprofessors. Diese in der zweiten Generation geschlossenen Ehen waren durchweg standesgemäß und entsprachen dem Aufstieg und der gesellschaftlichen Anerkennung Ferdinand von Millers.

Millers Ehefrau Anna war bei ihrer Heirat 25 Jahre alt. In rascher Folge bekam sie 14 Kinder, von denen Karl, Ludwig, Maximilian und Marie früh starben. Das jüngste Kind war Oskar, der am 7. Mai 1855 geboren wurde. Getauft wurde er am 13. Mai auf den Namen «Oscar Franz Xaver Müller».[18] Die Schreibweisen «Müller» und «Miller» wechseln in den amtlichen Dokumenten ziemlich willkürlich. Zu diesem Zeitpunkt war die Mutter bereits 40 Jahre alt, für damalige Verhältnisse ein weit fortgeschrittenes Gebäralter. Tragischerweise starb genau am Tag seiner Geburt ein Geschwisterchen, die zwei Jahre alte Marie.[19] Die vielköpfige Familie wohnte damals in einer ausgebauten Wohnung nahe der Gießerei. Im gleichen Haushalt lebte außerdem eine Schwester Ferdinands, die den Haushalt führte, während die Ehefrau Anna gleichzeitig die Buchführung der Gießerei erledigte. Ferdinand scheint über den Tod von Marie und die Geburt Oskars gleichermaßen bestürzt und erfreut gewesen zu sein. Jedenfalls nahm er diese Ereignisse zum Anlass, für seine Frau am Starnberger See ein Schlösschen bauen zu lassen, das den Namen «Quellenheim» erhielt. Eine später angebrachte Inschriftentafel erinnert an die Schenkung der Villa an Anna von Miller. Das Gebäude war Teil einer sich seit 1854 binnen weniger Jahre ausbreitenden Villenkolonie in Niederpöcking am Westufer des Sees, wo sich neben Miller auch die Maler Moritz von Schwind und Oskar von Boyen, der spätere Intendant des Königlichen Hof- und Nationaltheaters Carl Freiherr von Perfall, die Kaufleute Karl Heinz Ritter und Edler Mayer von Mayerfels und Angelo Knorr sowie der Zahnarzt Wilhelm Ammann ansiedelten. Sie alle gehörten dem gehobenen Münchner Bürgertum an und waren teilweise eng miteinander

Ferdinand von Miller im Kreise seiner Familie (vor der Geburt Oskars), ca. 1854.

Mit Mädchenkleid und mit trotzigem Blick: Oskar Miller, 1858.

befreundet. Im Volksmund wurde die neue Ansiedlung der wohlhabenden Münchner Familien auch «Protzenhausen» genannt.[20]

Zwischen der Münchner Maxvorstadt und Niederpöcking spielte sich das Leben der Familie Miller und des heranwachsenden Oskars ab. Aus seiner Kindheit sind nur wenige, in der Familie überlieferte Geschichten bekannt. Die Erzgießerei bildete den Spielplatz der Kinder, aber auch schon früh einen Arbeitsplatz, wo sich die Jüngeren durch Sammeln von Altmetall Taschengeld verdienen konnten, wobei das Metall nach Gewicht abgerechnet wurde. In der schulfreien Zeit mussten die Kinder bei schweren Arbeiten in der Gießerei mithelfen: Ziegelsteine heranschleppen, Sand karren, Nägel einschlagen. Teilweise wurden die Älteren zum Schüren des Ofens herangezogen.[21]

In den Quellen wird immer wieder die besondere Sparsamkeit betont, die im Hause Miller herrschte. Der Erzgießer war kein Mann, der seine Kinder verweichlichte. Um sechs Uhr mussten diese an ihren Schreibtischen sitzen, um sieben Uhr gab es ein einfaches gemeinsames Frühstück, das aus Brennsuppe und trockenem Brot bestand.[22] Eine halbe Stunde später begann der Gang zur Schule. Auch an der Kleidung wurde gespart. Häufig trugen die Kinder nur einen Baumwollüberwurf, der mit einer Schnur zusammengehalten wurde. Oskar von Miller hat später erzählt, dass von den Kindern nur die älteren Geschwister Fritz und Ferdinand neue Kleidung bekamen. Waren diese herausgewachsen, wurde das Gewand von den Brüdern Alphons und Wilhelm angezogen, war es diesen zu klein, wurde es gewendet und von den Brüdern Ludwig und Christoph getragen. Zum Schluss wurde es an die jüngsten Buben Winfried und Oskar weitergereicht.[23] Eine frühe Fotografie zeigt Oskar Miller sogar in einem Mädchenkleid, das er aus Kostengründen auftragen musste.

Die Dienstwohnung auf dem Gießereigelände brachte es mit sich, dass der Vater häufig von der Gießerei in die Wohnung kam und so am Familienleben regen Anteil nehmen konnte. Die Familie spielte in Ferdinand von Millers Leben und dem seiner Kinder eine große Rolle. Sie war fraglos patriarchalisch bestimmt mit einem äußerst dominanten Vater. Seine Person und Vaterrolle wurde von den Familienmitgliedern nicht in Frage gestellt. Selbst in späteren Jahren, als die Kinder bereits erwachsen waren, blieb der Vater eine wichtige Autoritätsinstanz für Familienentscheidungen. Oskar von Miller hat die Bedeutung der Familie und die Rolle seines Vaters bei verschiedenen Gelegenheiten hervorgehoben. Der Münchner Historiker Karl Alexander von Müller zitiert in seinem Buch «Am Rande der Geschichte» Oskar von Miller anlässlich der Feier seines 70. Geburtstages im Löwenbräu, wo der «mächtige zyklopenhafte Mann» bei seiner Dankrede gleich in den ersten Sätzen an seine Eltern und den Erzgießer erinnerte, die den Söhnen die eigene Pflichttreue und den unermüdlichen Arbeitseifer eingepflanzt hätten.[24] Auch in einem kleinen Aufsatz «Was bestimmend war für meinen Lebensweg» weist Oskar von Miller seinem Vater eine herausragende Bedeutung zu. «Religiosität, Vaterlandsliebe, Fleiß, Tüchtigkeit und Einfachheit» werden hier als zentrale Eigenschaften herausgehoben, denen die Kinder nacheifern mussten, um nicht nur für sich, sondern auch «für die Allgemeinheit Nützliches zu leisten».[25] Diese Werte spielen in der Biographie Oskar von Millers eine wichtige Rolle.

In den Erzählungen seiner Kinder tritt ein strenger Vater hervor. Im Gegensatz zu den munteren und fröhlichen Versammlungen der «Harbni» und der «Humpenburg» oder bei dem in der Gießerei ausgeschenkten «Gussbier», mit dem gelungene Güsse gefeiert wurden, scheint Ferdinand von Miller in privater Umgebung sehr ruhig, manchmal fast abweisend gewesen zu sein. Zudem war seine Gesundheit nicht stabil. Dies bedeutete für die Miller'sche Kinderschar, dass sie bei Erkrankung des Vaters besonders ruhig sein musste, was ihr nicht immer leicht fiel. Ferdinand Miller hatte schon im ersten Jahr als Gießereiinspektor bei Gussarbeiten an dem vergoldeten Standbild Friedrichs des Siegreichen einen folgenreichen Unfall erlitten, als die fast vollendete Plastik umstürzte, in die er halb hineingestiegen war.[26] Die Ärzte gaben Miller verloren, doch nach langer – fünfjähriger – Genesung erholte er sich wieder. Trotzdem beeinträchtigte ihn der Sturz sein ganzes Leben. Als Oskar fünf Jahre alt war, kam es zu einer längeren, schweren

Erkrankung des Vaters, die mit depressiven Stimmungen verbunden war. Nicht nur die Familie war in Sorge. Auch der 1848 zurückgetretene König Ludwig I. machte einen Krankenbesuch. Bei dieser Gelegenheit schrieb der Wittelsbacher einen Sinnspruch nieder, der den Kranken aufmuntern sollte: «Was ist, das ist / Ein Thor Du bist. / Willst Du darob dich grämen, / Wirst Du dein Leben lähmen». Das Blatt mit der Feder, die der König benutzt hatte, wird in der Familie von Miller bis heute sorgsam aufbewahrt.[27] Im Jahre 1863 kam es, vermutlich als Spätfolge von Dämpfen bei der Feuervergoldung der Wittelsbacher Ahnengalerie, bei Ferdinand von Miller zu einer Netzhautablösung, die ihn auf einem Auge vollständig erblinden ließ, während das andere gerettet werden konnte.[28] Auch in späteren Jahren war der Erzgießer häufig krank. Diese Krankheiten beeinträchtigten das Familienleben insofern, als der Vater als Ansprechpartner ausfiel und ungeduldig, manchmal sogar abweisend war.

Das Verhältnis Oskars zu seinem Vater war nicht spannungsfrei. Die schulischen Leistungen führten zu ständigen Reibereien. Gleichzeitig scheint sich der Sohn an seinem strengen Vater permanent gerieben zu haben. Auch später, als Oskar bereits studierte, kam es zu Auseinandersetzungen. Einmal hatte er im studentischen Übermut die Abwesenheit der Eltern genützt, um seinen Freundeskreis «Semper amici» samt deren Schwestern und Bräuten zu einem Fest in die elterliche Wohnung einzuladen. Oskars Schwester Marianne musste dabei die Hausfrau spielen. In einem Brief wies der Vater seinen Sohn wegen dieses geheimen Festes zurecht.

> *«Fühlst Du das absolute Bedürfnis, Deinen Freunden und ihren Bräuten ein Fest zu geben, so ersuche die Mutter darum [...] Wenn junge Männer mein Haus benützen wollen, so hat das nicht viel zu sagen [...] Überlege Dir die Sache mit ruhigem Verständnis und Du wirst einsehen, dass das Spiel mit den Kneipschwestern doch nur den Müttern zu ihrer Heiratsspekulation dient – und auch endlich aufhören muss.»*[29]

Man bedenke: Zu diesem Zeitpunkt war der Sohn schon 25 Jahre alt, wohnte noch zu Hause und musste sich solche Vorhaltungen gefallen lassen! Der Vater führte also seine Kinder an einer kurzen Leine, besonders den jüngsten Sohn Oskar, der in Schule und Studium nicht gerade durch übermäßig glänzende Leistungen auffiel, aber ein unbestreitbares Talent zum Feiern besaß.

Während in allen veröffentlichten Familienerinnerungen die Person des Vaters Ferdinand Miller eine große Rolle spielt, tritt die Mutter Anna Miller deutlich in den Hintergrund. Sie war die Hausfrau, über deren Arbeit wenig gesprochen wurde. Familienerinnerungen schildern sie als lebensfrohe Frau, die gerne lachte und trotz der vielen Kinder Zeit fand, sich um die Gemüsebeete und Blumen im Garten zu kümmern.[30] Täglich gab sie, wie dies auch bei Millers Vater in Fürstenfeldbruck der Fall gewesen war, bei Armenspeisungen für etwa 100 Notleidende Nahrung ab.[31] Im Gegensatz zu ihrem Mann, der Geselligkeit und Treffen mit Freunden liebte, hielt sich seine Frau von Damenzirkeln fern. Neben ihrer Mutter- und Hausfrauenrolle war sie in der Verwaltung der Erzgießerei tätig, führte dort die Bücher und erledigte nach dem schweren Unfall ihres Mannes 1844 mehrere Jahre lang die anfallende Korrespondenz mit den Geschäftspartnern von seinem Krankenbett aus. Wie ihr Mann war sie religiös, ohne in Religionsfragen so kompromisslos wie er zu sein. Eine ernsthafte Auseinandersetzung innerhalb der Familie entzündete sich an der späteren Verehelichung Oskars mit der protestantischen Künstlertochter Marie Seitz, die Ferdinand lange Zeit strikt ablehnte, während die Mutter schneller bereit war, der Verbindung den elterlichen Segen zu geben. Insgesamt war sie offener und unterstützte die Kinder auch bei ungewöhnlichen Aktivitäten. Ihr war es zu verdanken, dass die Miller-Töchter im Winter auf dem zugefrorenen Kleinhesseloher See zum Schlittschuhlaufen gehen durften, eine für Mädchen damals verpönte sportliche Betätigung. Die Mutter war es auch, welche die in der Familie so geschätzten Feste organisierte. Da Anna von Miller im heimischen Brauchtum fest verankert war, wurden Nikolaus, Weihnachten und Ostern liebevoll begangen. Ebenso wurden in der Familie alle Feste, die die Kern-, aber auch die erweiterte Familie betrafen, mit vielen Gästen ausgerichtet. Geburtstage, Verlobungen, Hochzeiten feierte man intensiv und mit oft großem Aufwand. Die zahlreich erhaltenen Familienfotos zeigen eine bürgerliche Welt, in der Gemeinschaft und Wohlstand sichtbar werden. Feste wurden lange im Voraus und detailliert geplant. Die Kinder überlegten sich für die Eltern besondere Geschenke, die Erwachsenen inszenierten eigene Theateraufführungen. Vorgabe war, dass sich Geschenke und das Motto der Feier nicht wiederholen durften. In vielen Briefwechseln zwischen Oskar von Miller und seiner Frau lebt diese Tradition des Familienfestes fort; miteinander wurden Geschenke ausgesucht und Feste vorbereitet. Das gemeinsame Feiern bezog den großen Freundeskreis mit ein. Ebenso wurden Festtage, die sich aus besonderen Ereignissen des Arbeitslebens ergaben, gezielt begangen. Zusammen mit den kirchlichen Festtagen waren Familienfeste Höhepunkte des Jahres.

An Wochenenden unternahm die gesamte Familie Ausflüge in die Umgebung, ins Isartal oder in den Chiemgau. Diese Fahrten unterbrachen den schweren Arbeitsalltag in der Gießerei. Auf Oskar und die anderen Kinder machten diese Wanderungen großen Eindruck. Er selbst war in späteren Jahren ein begeisterter Bergwanderer, der im Rock und mit Knüppelstock stundenlang wanderte.

An arbeitsfreien Tagen hatte der Vater Zeit, den Kindern Geschichten, Märchen und Sagen zu erzählen, so die Sage von Kaiser Friedrich Barbarossa, der im Kyffhäuser sitze, oder das altfranzösische Heldenepos von den Haimonskindern des Grafen Aymon de Dordogne. Die Kinder waren davon so begeistert, dass sie das Lieblingspferd des Vaters nach dem darin erwähnten Ritterpferd «Bayard» nannten.[32] In den Familienerinnerungen werden auch die Erzählungen des Vaters von «Robinson Crusoe» erwähnt, die die Kinder beeindruckten. Für Ferdinand Miller hatte das außerzivilisatorische Leben des Helden in Daniel Defoes Roman einen hohen Erziehungswert. Seiner Meinung nach sollten seine Kinder in praktischen Dingen unterrichtet werden, um überall selbstständig leben zu können. Für die Kinder hatte dies beispielsweise zur Folge, dass ihnen das Korbflechten beigebracht wurde.[33]

Die spärlichen Kenntnisse über Kindheit und Jugend Oskar von Millers verdichten sich mit Beginn seiner Schulzeit nur wenig. Von der Volksschulzeit sind keine Unterlagen erhalten. Wie seine Geschwister besuchte er die Volksschule an der Luisenstraße. Im Gegensatz zu seinen älteren Brüdern Ferdinand und Fritz, die auf Wunsch Ludwigs I. schon früh für die Arbeit in der Erzgießerei ausgebildet wurden, wechselte Oskar später, wie sein älterer Bruder Wilhelm, der eigentlich Bergmann werden sollte, dann aber Professor für allgemeine Chemie an der Technischen Hochschule wurde, an eine weiterführende Schule.[34] Ihr Bruder Ludwig wiederum sollte nach dem Wunsch des Vaters kleine Bronzen fabrikmäßig herstellen, Christoph eine Eisengießerei begründen, Alphons Kaufmann werden und die Erzgießerei verwalten.[35] Winfried ging 1867/68 ein Jahr lang auf das Maximiliansgymnasium, war dort aber, wie es im Zeugnisprotokoll 1867/68 heißt, «ohne alles Interesse»[36] und verließ im nächsten Schuljahr die Lateinschule.

1866 trat Oskar Miller in das Ludwigsgymnasium ein. In eben diesem Jahr hatte mit dem Krieg zwischen Preußen und 17 norddeutschen Staaten auf der einen Seite und Österreich, Bayern, Württemberg, Baden, Sachsen, Hannover, Kurhessen und sechs kleineren süddeutschen Staaten auf der anderen der Kampf um die Vorherrschaft in Deutschland begonnen. Vom Krieg war auch die Familie von Miller betroffen, da mit dem ältesten Sohn Ferdinand ein Familienmitglied eingezogen worden war. Die politischen Ereignisse zwischen 1866 und 1871 wurden innerhalb der Familie diskutiert. Dabei gab die Position des Vaters, der ein dezidierter Vertreter eines eigenständigen Bayerns war, den Duktus der Gespräche vor. Überhaupt bestimmte ein ausgeprägtes bayerisches Selbstbewusstsein die Familie. Sowohl beim Vater als auch bei der Mutter bestand eine tiefe Verbundenheit mit Land und Leuten. Gelegentliche Auslandsreisen der Familie bestärkten nur die Liebe zur eigenen Heimat. Die Jahre bis zur Reichseinigung 1871 blieben nicht ohne Wirkung auf den heranwachsenden Oskar. Er selbst spürte als Erwachsener eine starke Verbundenheit zu München und Bayern.

Nach einem Jahr am Ludwigsgymnasium wechselte Oskar an das Maximiliansgymnasium, wo auch sein Bruder Winfried zur Schule ging. Neben dem im Zuge der Schulreform von 1864 neu geschaffenen Typ des Realgymnasiums war das «Max» das traditionelle humanistische Gymnasium, an dem mit Latein begonnen und ab der dritten Klasse zusätzlich Griechisch als zweite Fremdsprache unterrichtet wurde. Moderne Sprachen spielten keine Rolle. Zum Fächerkanon gehörten noch Deutsch, Arithmetik, Geschichte, Geographie und Religion.

Beim Schulwechsel Millers vom Ludwigs- zum Maximiliansgymnasium zählte die zweite Lateinklasse 75 Schüler, da sie ebenso wie die erste Lateinklasse aus Raumnot nicht geteilt werden konnte. Das Gymnasium fand nach mehreren provisorischen Zimmeranmietungen in den folgenden Jahren – im Gebäude der staatlichen Lottoadministration, dann in der Baugewerbeschule und schließlich in den Räumen des Kriegsministeriums in der Maxburg – seit 1. Mai 1870 im Damenstiftgebäude an der Ludwigstraße gegenüber der Staatsbibliothek eine dauerhafte Bleibe, bis 1912 der Neubau der Schule an der Morawitzkystraße eingeweiht wurde.[37] Nach einer Teilung der Klasse hatte Miller im dritten Lateinkurs nur noch 27 Mitschüler, eine für damalige Verhältnisse ungewöhnlich kleine Klasse, ein Jahr später stieg die Schülerzahl auf 37 an.[38] Zu Millers Klassenkameraden zählten ein Sohn des Schriftstellers Paul Heyse und die beiden Kaufmannssöhne Gustav von Hößlin (der spätere Leibarzt Ludwigs III.) und Franz Knorr, zu denen Miller enge Kontakte unterhielt. Schließlich waren die berühmt gewordenen Max Planck, künftiger Physiker und Nobelpreisträger, und der spätere Mathematiker und Wissenschaftsorganisator Walther von Dyck seine Mitschüler.[39] Wie eng das Verhältnis zu den beiden Letzteren damals war, lässt sich nicht abschätzen. Aus Briefwechseln der Erwachsenen erscheint das Verhältnis zu Planck fast intensiver, obwohl Dyck für die spätere Gründung des Deutschen Museums die zentralere Figur wurde. Die drei Schüler Planck, Dyck und Miller lassen sich anhand der erhaltenen Zeugnisprotokolle von ihren Leistungen und Noten her gut vergleichen. Planck gehörte immer zu den besten Schülern, seine Noten waren – im anfangs vierstufigen Notensystem – nie schlechter als «Zwei». Anfänglich scheint Miller ein durchaus guter Schüler gewesen zu sein.[40] In der zweiten Lateinklasse erhält er im Schnitt eine «Zwei» und belegte damit bei 64 Schülern den 18. Platz. Auch die Wortbeurteilung fiel für Miller günstig aus. «Sehr brauchbar» und «Viel Ehrgeiz» heißt es dort. Aufhorchen lässt allerdings der Zusatz «Unruhig», der die Beurteilung Millers abschließt. Diese «Unruhe» muss ziemlich gravierend und auffällig gewesen sein, so dass sie der Klassenleiter eigens im Zeugnis vermerkte. Aus der Kenntnis des späteren Miller erscheint diese Charakterisierung höchst zutreffend. Auch als Erwachsener war er von permanenter Unruhe getrieben, die ihn schon neue Projekte in Angriff nehmen ließ, obwohl alte noch nicht abgeschlossen waren. Insgesamt gehörte Miller in den Anfangsjahren am Gymnasium zum oberen Klassendrittel. Natürlich konnte man Miller nicht an einem Schüler wie Max Planck mit dessen glänzenden Noten messen, immerhin lag er 1867/68 noch etwa gleichauf mit Dyck.[41] Planck belegte mit seinen Noten Platz 9, Dyck die 15. Stelle. Schon im nächsten Schuljahr änderten sich Millers Noten. Er hatte Schwierigkeiten, dem Unterricht zu folgen. In nahezu allen Fächern verschlechterte er sich um eine Notenstufe. Im Klassendurchschnitt rutschte er 1868/69 bei 23 Schülern auf Platz 15, also an die Grenze zum unteren Klassendrittel. In Latein, Griechisch und Deutsch hatte er eine «Drei», in Geschichte erreichte er eine «Vier» mit Tendenz zur «Drei», nur in Arithmetik und in Religion hielt Miller eine «Zwei». Planck dagegen war Viertbester der Klasse, Dyck lag mit Platz 11 im Mittelfeld.

Denkbar ist, dass Miller vom Unterrichtsstoff überfordert war. Vermutlich verstärkte die beginnende Pubertät seine Unlust an der Schule. Die Lehrer am Maximiliansgymnasium mussten den Schüler permanent zum Mitmachen drängen, manchmal mit massiven Mitteln. «Muß immer mit Gewalt zu Fleiß und Aufmerksamkeit gebracht werden», hieß es in der Jahresbeurteilung nach der dritten Klasse. Dementsprechend ist die Gesamtbeurteilung wenig schmeichelhaft: «ganz träge Natur» heißt es im Zeugnis.[42] Bereits zu diesem Zeitpunkt zeichnete sich ab, dass Miller kaum einen Abschluss am humanistischen Gymnasium erreichen würde. Für den Vater stellte sich daher die Frage, ob er Oskar ganz von der Schule nehmen und in eine Lehre geben sollte. Die Entscheidung fiel dahingehend, die vierte Klasse abzuwarten, da sich dann die Möglichkeit eines Wechsels ans Realgymnasium bot, wo zwar Latein beibehalten werden musste, auf Griechisch allerdings verzichtet wurde.

Die Noten Oskars besserten sich im folgenden Schuljahr nicht, sondern verschlechterten sich mit Ausnahme von Arithmetik und Geschichte weiter. Oskar Miller selbst versuchte, mit der Unterstützung seines Bruders Wilhelm, seine Lücken zu schließen. Stolz schrieb er an seinen Bruder, er habe sich in den Monaten Oktober bis Januar kontinuierlich verbessert. Zwischenzeitlich belegte er den 11., einmal sogar den 9. Platz. Seine Einschätzung «Besonders gut kommen mir meine lateinischen Kenntnisse zustatten»[43] wollte sein Lateinlehrer nicht teilen. Im Gegensatz zu den Sprachen gehörte die Mathematik zu Oskars Stärken. «Die Geometrie ist meine Hauptfreude», vermeldete er seinem Bruder. Insgesamt aber stürzten seine schulischen Leistungen regelrecht ab. Seine Lehrer schrieben am 26. Juli 1870 die markante und erschütternde Zeugnisbemerkung: «Nicht ohne Talent. Schnell fertig und richtig in seinem Urtheile; hört auf einem Ohr mehr als andere auf zwei. Aber die personifizierte Unordnung, ohne allen Fleiß u. ohne Aufmerksamkeit, den Unterricht stets störend, ein Hemmschuh für die Klasse».[44] Die günstige Beurteilung seiner schnellen Auffassungsgabe weist auf Millers intellektuelles Potenzial hin, das allerdings seine Faulheit nicht ausgleichen konnte. Durch sein Sozialverhalten in der Klasse war er für die Lehrer nicht mehr tragbar; vermutlich waren sie froh, dass sich Miller mit Beginn des neuen Schuljahres im September 1870 zum erneuten Schulwechsel, dieses Mal ans Realgymnasium, entschloss. Zu Millers Ehrenrettung sei gesagt, dass auch Walter von Dyck nach einem weiteren Jahr am Maximiliansgymnasium diesen Weg einschlug. Planck als hervorragender Schüler hingegen hat das Maxgymnasium einige Jahre später als einer der Besten verlassen.

Das Alte Realgymnasium war 1864 als erstes Münchner Realgymnasium eröffnet worden. Ursprünglich in einem städtischen Gebäude in der Luisenstraße, dann von 1866 bis 1871 in einem Privathaus in der Elisenstraße 1 untergebracht, zog die Schule gemeinsam mit dem Maximiliansgymnasium in einen Teil des Damenstiftgebäudes in der Ludwigstraße um, wo sie bis zum Neubau der heutigen Schule blieb. Millers Schuldirektoren waren bis 1872 der Mathematiker Franz Harter und dann bis zum Abitur der Latein- und Griechischlehrer Franz Xaver Eisele, beides fähige und erfahrene Schulleiter. Im ersten Jahrzehnt seit Schulbestehen verdreifachte sich die Schülerzahl von 34 auf 104 zum Schuljahresschluss 1874, dem Abiturjahr Millers. Der neue Gymnasialtyp wurde also von Schülern und Eltern durchaus positiv angenommen. Vor allem bot er eine Chance für solche Jugendliche, die im humanistischen Gymnasium gescheitert wären.

Die Hoffnung, dass die stärker naturwissenschaftliche Ausrichtung des Realgymnasiums Millers mathematische Vorlieben fördern und insgesamt zu einer Notenverbesserung beitragen würde, erfüllte sich. Die Reduzierung der Lateinstunden um die Hälfte und der Wegfall des ungeliebten Griechischunterrichts kamen Miller entgegen. Andererseits musste er Englisch und Französisch lernen. Obwohl die Fächerzahl – bei gleichzeitig verstärkter Stundenzahl in Algebra und Geometrie – mit den zusätzlichen Fächern Physik, Chemie, Naturgeschichte und Zeichnen größer war als am humanistischen Gymnasium, hatte Miller bis zum Schulabschluss in keinem Jahreszeugnis eine schlechtere Note als «Drei».[45] Dabei muss berücksichtigt werden, dass am Realgymnasium 1868 ein Notensystem mit fünf Noten eingeführt worden war. Die Note «Drei» entsprach nach der Schulordnung «der normalen, die unerlässlichen Anforderungen befriedigenden Qualifikation und hat deshalb den Ausgangspunkt und die Grundlage der Beurteilung zu bilden».[46] Eine Note «Drei» hatte also am Realgymnasium einen anderen Stellenwert als am Maximiliansgymnasium. Sie war keine mittelmäßige Note, vergleichbar mit dem heutigen «Befriedigend» oder «Ausreichend», sondern entsprach im Anforderungsprofil einer guten Leistung. Mit einer «Drei» war Miller ein insgesamt guter Schüler. In den naturwissenschaftlichen Fächern, in Algebra und Geometrie, ab dem dritten Schuljahr in Physik, hatte er immer eine «Zwei», was einem «Sehr gut» entsprach, in Physik einmal eine «Eins» («Vorzüglich»). Besonders in Mathematik scheint sich bei dem jungen Oskar schon früh eine besondere Begabung gezeigt zu haben. Selbst sein sonst eher skeptischer Vater bescheinigte ihm ein «seltenes mathematisches Talent».[47] Auch in den Familienerinnerungen wird immer wieder diese mathematische Veranlagung erwähnt. Oskar habe sich in seiner Schulzeit häufig den Spaß erlaubt, einen anderen mathematischen Weg zu gehen als die Lehrer, um aber trotzdem ans Ziel zu gelangen. Auch habe Miller noch in späten Jahren die Enkel mit Rechenkünsten beeindruckt.[48] Lediglich in Mineralogie und Chemie bekam Miller in der Abschlussklasse von seinen Lehrern die Fortgangsnote «Drei». Die Noten vermitteln also eine deutliche naturwissenschaftliche Begabung Oskars, zumindest ein stärkeres Interesse an diesen Fächern. Sie fielen ihm leichter, was dem beim Lernen wenig ausdauernden Schüler entgegenkam. Sein Fleiß war dauerhaft so gering, dass ihn die Lehrer mit einer «Vier» deutlich abkanzelten! Über die vier Schuljahre am Realgymnasium wurde Miller fast durchweg im Betragen mit «Drei» bewertet, im zweiten Kurs sogar mit «Vier», während die allgemeine Fortgangsnote abgesehen vom ersten Jahr («Drei») immer eine «Zwei» war.

Im Vergleich mit seinen Klassenkameraden entsprachen Millers Leistungen ziemlich dem Durchschnitt. In den ersten drei Jahren erreichte er die Platzziffer 17 von 28 Schülern, dann 14 von 28, schließlich 11 von 23.[49] Unabhängig von den schulischen Leistungen war und blieb Oskar Miller ein schwieriger Schüler. Die Schulakten des Realgymnasiums, das sich später in «Oskar-von-Miller-Gymnasium» umbenannte, weisen gleich drei Rektoratsstrafen nach, zwei mit relativ harmlosen Begründungen: «Unfleiß» und «wegen ungeeigneten Benehmens»[50]. Die dritte Rektoratsstrafe gegen Miller wurde im Juni 1871 «Wegen hervorragender Theilnahme an einer Verabredung des ganzen zweiten Kurses zu einem Schulversäumnis» verhängt und mit der Androhung der Entlassung von der Schule verbunden. Was der Hintergrund dieses gemeinschaftlichen Schulversäumnisses war, geht aus den nur dürftig erhaltenen Schulakten nicht hervor. Ob es sich um einen unerlaubten sommerlichen Ausflug oder um einen gemeinsamen Protest gegen die bevorstehende Notengebung handelte, ist nicht mehr feststellbar. Bisher wurde Miller bei diesem Schulstreik stets die Rädelsführerrolle zugeschrieben.[51] Die Durchsicht der Schülerbögen seiner Mitschüler zeigt jedoch, dass sich exakt die gleiche Bemerkung bei sechs weiteren Mitschülern findet. Angesichts seiner aufsässigen Art und seines geringen Fleißes erstaunt es, dass Oskar im Juli 1874 nach dem vierjährigen Kurs sein Abitur mit der Gesamtnote «Zwei» abschloss, wobei er in den schriftlichen Prüfungen die Durchschnittsnote 2,76, in den mündlichen sogar 1,40 erreichte. Damit war Miller Fünftbester der 22 Absolventen.[52]

Mit seinem Zeugnis konnte Miller ein Studium an der Polytechnischen Schule aufnehmen. Der Militärdienst, das übliche «Einjährige», blieb ihm erspart, da er nach einer Untersuchung am 11. Juni 1875 wegen «nicht vollk[ommener] Dienstfähigkeit» militäruntauglich geschrieben und der Ersatzreserve zweiter Klasse zugewiesen wurde.[53] Mit dieser Einstufung drohte auch im Fall eines Krieges keine Einberufung. Was der Grund für seine Dienstuntauglichkeit war, ist nicht bekannt.

Das Abitur am Realgymnasium berechtigte zum unbeschränkten Studium an den Polytechnischen Schulen, nur bedingt zum Studium an den Universitäten; ausgeschlossen waren die akademischen Fächer Medizin, Theologie und Jurisprudenz. Bis 1868 hatte es in Bayern kein technisches Hochschulwesen gegeben.[54] Die seit 1833 bestehenden polytechnischen Schulen entsprachen kaum einer Hochschullaufbahn und blieben weit hinter den vergleichbaren außerbayerischen technischen Hochschulen zurück. Erst die 1868 begründete «Polytechnische Schule» hatte gemäß ihrem Statut einen eindeutigen Hochschulcharakter, auch wenn der traditionelle Name bis 1877 beibehalten wurde. Erst dann hieß sie «Technische Hochschule». Vorbildhaft für die Münchner Einrichtung wurde die Eidgenössische Polytechnische Schule in Zürich.

Die Polytechnische Schule schloss sich direkt an das 1864 geschaffene vierstufige Realgymnasium an. Ziel war es, in Bayern die naturwissenschaftliche Orientierung und Ausbildung von Schülern und Studenten zu fördern und einen Beitrag zur einsetzenden Industrialisierung zu leisten. Die Diskussionen um die Einführung von Realgymnasium und Polytechnikum waren in den Grundzügen noch in der Regierungszeit des wissenschaftsoffenen Max II. Joseph entschieden worden. König Max hatte herausragende Forscher an die Münchner Universität geholt und einzelne Wissenschaftler, wie Justus von Liebig, besonders gefördert. Obwohl die Professoren an der Polytechnischen Schule ähnliche naturwissenschaftliche Themen wie ihre Kollegen an den Universitäten erforschten, dominierte in der ingenieurwissenschaftlichen Studentenausbildung ein starker Praxisbezug. Besonders im Bereich des Bauingenieurwesens ist diese Tendenz unverkennbar. Ein Grund hierfür ist sicherlich, dass die Mehrzahl der Absolventen in den Staatsdienst wechselte, wo Erfahrungen wichtiger waren als theoretische Kenntnisse. Auch die praktischen Maschinenfächer, wie der Pumpenbau, vermittelten in erster Linie Erfahrungswissen.[55] Ebenso unterrichteten Techniker und keine ausgebildeten Mathematiker Fächer wie darstellende Geometrie oder Zeichnen. Die frühe Gründung eines Maschinenbaulaboratoriums durch Carl Linde im Jahr 1875 diente ebenfalls vorwiegend der Lehre, weniger experimentellen Forschungen. Die in zahlreichen Lehrveranstaltungen feststellbare Praxisorientierung kam dem Naturell des jungen Studenten Oskar Miller entgegen. Sie entsprach seinem eigenen Erfahrungshorizont in der Erzgießerei seines Vaters. Ein Theoretiker ist Miller Zeit seines Lebens nicht gewesen. Seine Vorliebe galt schnellen, praxisnahen und pragmatischen Lösungen. Das Studium verstärkte diese Grundhaltung Millers noch.

Die Polytechnische Schule bestand zu Millers Studienbeginn aus sechs Bereichen: «Allgemeine Abteilung», Ingenieur-, Hochbau-, Mechanisch-technische, Chemisch-technische und Landwirtschaftliche Abteilung; Letztere war 1872 nachträglich hinzugekommen. An der Spitze stand seit dem Studienjahr 1874/75 der ordentliche Professor für Physik, Wilhelm von Beetz, der den Gründungsdirektor, den Vermessungstechniker Carl Maximilian von Bauernfeind, ablöste. Millers Entscheidung zugunsten eines Ingenieurstudiums entsprach weitgehend den Vorstellungen des Vaters. Allerdings waren zu diesem Zeitpunkt die Aussichten auf eine Karriere als Ingenieur nicht besonders günstig. Zwar hatte der wirtschaftliche Boom der Gründerjahre zwischen 1869 und 1872 zu zahlreichen Unternehmensneugründungen und zu einer erheblichen Investitionssteigerung im Wohnungs-, Städte- und Eisenbahnbau geführt.[56] Der «Gründerkrach» vom Oktober 1873 allerdings brachte einen breiten Rückgang von Nachfrage, Kaufkraft und Investitionen mit sich. Beispielsweise ging der Roheisenverbrauch zwischen 1874 und 1879 um über 51 Prozent drastisch zurück. Stahl für Eisenbahnschienen, Lokomotiven und Waggons sowie für die Produktion von Maschinen war deutlich weniger gefragt. Ähnlich stagnierte der Hochbau. Dies führte zum Schrumpfen der Auftragslage und zu zahlreichen Entlassungen im Ingenieurwesen. Das Münchner «Polytechnikum» spürte diese Entwicklung in deutlich sinkenden Studentenzahlen. Im Wintersemester 1874/75 waren 1395, im Sommersemester nur noch 1213 Studenten eingeschrieben.[57] Bis zu Millers Studienabschluss 1878 war die Zahl weiter auf 1194 im Wintersemester 1877/78 und 1012 Studenten im Sommersemester 1878 abgesackt. Bei den Ingenieuren war der Trend noch etwas stärker erkennbar. Der 1878 neu eingesetzte

Direktor der Technischen Hochschule München, der Historiker August Kluckhohn, hat diesen Rückgang in seiner ersten Rektoratsrede thematisiert.[58]

In diesem Jahr lag die Ingenieurabteilung hinter der «Allgemeinen Abteilung» mit 272 Studenten an zweiter Stelle. Interessant ist die hohe Zahl von nichtbayerischen Studenten in diesem Studiengang. Ziemlich genau die Hälfte kam aus anderen deutschen Staaten bzw. aus dem Ausland. Dies spricht für die Qualität und Attraktivität, die dieser Zweig schon wenige Jahre nach seiner Gründung erreicht hatte. Von 36 Absolventen des Abschlussjahrgangs Millers stammten sieben, also knapp 20 Prozent, allein aus Ungarn.

Millers Ingenieurstudium begann im Wintersemester 1874/75. Seinem sieben Jahre älteren Bruder Wilhelm, der erst ein Jurastudium begonnen, dann parallel Chemie studiert hatte, war im gleichen Semester die frei gewordene Assistentenstelle bei Emil Erlenmeyer am Chemischen Laboratorium der Polytechnischen Schule übertragen worden. Das Studium Oskars wurde von seinen Lehrern Carl von Bauernfeind, Wilhelm Frauenholz, Gottfried Asimont, Ferdinand Loewe und Ernst Fischer geprägt. Bei Bauernfeind belegte Miller die obligatorischen Vorlesungen und Übungen zur praktischen und höheren Geodäsie, zur Erd- und Straßenbaukunde sowie zur Trassierung von Straßen- und Eisenbahnen. Ein besonderer Schwerpunkt Bauernfeinds lag auf praktischen Kursen in Geometrie und Geodäsie mit sechs bzw. acht Wochenstunden. Die wenig beliebten Kurse bei Fischer über Linearzeichnen, Topographisches Zeichnen, Situationszeichnen und Steinschnittübungen führten das am Realgymnasium geübte technische Zeichnen weiter. Zum Veranstaltungskanon von Asimont gehörten die jeweils vierteiligen Kurse über das Entwerfen von Stein-, Eisen- und Holzbrücken. Auch Loewe lehrte Eisenbahn- und Brückenbau und ergänzte Asimonts Kurse mit entsprechenden Übungen und Repetitorien. Zu Millers akademischen Lehrern gehörte auch Frauenholz in den Fächern Baukonstruktion, Wasserbaukunde und Entwerfen von Wasserbauten. Der Privatdozent Wilhelm Wittmann unterrichtete Festigkeitslehre, technische Mechanik und die Konstruktion von Dachstühlen und Lehrgerüsten. In der Allgemeinen Abteilung hörte Miller vermutlich bei Wilhelm von Beetz, Wilhelm von Bezold, Felix Klein, Ernst Voit und Alexander Brill. Volks- und betriebswirtschaftliche Vorlesungen oder Übungen, von denen Miller für seine spätere Berufstätigkeit hätte profitieren können, spielten in der noch jungen Hochschule kaum eine Rolle.[59]

Das gesamte Ingenieurstudium war stark verschult und bot kaum Wahlmöglichkeiten. Bei den Studenten beliebte Unterbrechungen waren die meist einwöchigen Exkursionen,[60] so zum Bau der Bahnlinie Mühldorf-Rosenheim oder der Brennerbahn im Jahr 1874, ein Jahr später zur Fichtelgebirgsbahn und 1876 zum Bau der Linie von Deggendorf nach Bayrisch

Eisenstein. Die Ausrichtung der Münchner Ingenieurausbildung lag eindeutig auf dem Gebiet des Eisenbahn- und Brückenbaus, während der Bergbau kaum eine Rolle spielte. Nur der Tunnelbau stand auf dem Lehrplan, allerdings mit direktem Bezug zum Eisenbahnbau.

Oskar «von» Miller, der seit 1877 mit der Erhebung seines Vaters in den erblichen Adelsstand ebenfalls zur Führung des Adelstitels berechtigt war, hat sein Studium offensichtlich ohne größere Schwierigkeiten absolviert. Ende Juli, Anfang August 1876 schloss er mit 71 Studienkollegen der drei Abteilungen Ingenieurwesen, Hochbau und der Mechanisch-technischen Abteilung die gemeinsame Vorprüfung ab. Gleichzeitig mit Miller bestanden eine Reihe später renommierter Ingenieure die Vorprüfung: Karl Hocheder, Richard Helmholtz, Carl (von) Brug, Gustav Freiherr von Schacky aus Offendorf in der Oberpfalz und Eduard Borst aus München. Zu Millers Studienkollegen gehörte der drei Jahre jüngere Rudolf Diesel, der spätere Erfinder des nach ihm benannten Motors. Diesel studierte 1875 bis 1879 in München Maschinenbau. Mit ihm hat sich Miller in dieser Zeit näher angefreundet.[61] Überhaupt scheint Diesel der einzige Student gewesen zu sein, zu dem sich eine engere Freundschaft entwickelt hat. Die beiden sehr unterschiedlichen Persönlichkeiten blieben über Jahre hinweg eng verbunden. Die Freundschaft zu Diesel hielt auch während dessen Aufenthalt in Paris und Augsburg an. Nach seiner Niederlassung in München intensivierte sich der Kontakt. Diesel beteiligte sich am Aufbau des Deutschen Museums und begleitete Miller auf dessen Studienfahrt 1912 in die USA. Miller und Diesel unternahmen gemeinsame Fahrradtouren oder reisten später gemeinsam durch Dalmatien.

Vom 31. Juni bis zum 10. August 1878 legte Miller die Fachprüfung der Ingenieurabteilung ab. Insgesamt bestanden 36 angehende Ingenieure die Prüfungen.[62] Von ihnen waren 17 aufgrund ihres Gymnasialabschlusses zum Eintritt in den Staatsbaudienst berechtigt. Zu ihnen gehörte Miller. Dieser Berufsweg entsprach der üblichen Praxis. Die Alternative war eine Anstellung als Ingenieur in der Industrie oder eine selbstständige Tätigkeit als beratender Ingenieur, ein Weg, der um 1880 eher ungewöhnlich war.

Die Staatslaufbahn begann mit einem zweijährigen Referendariat. Dieses umfasste in der Regel eine Reihe verschiedener kürzerer Beschäftigungen bei staatlichen Eisenbahn-, Brücken- und Tunnelbauprojekten. Miller wurde vom 1. September 1878 bis 31. Dezember 1879 der Königlichen Eisenbahnbau-Sektion in Dinkelsbühl zugeteilt.[63] Seine erste Tätigkeit war die Projektierung der Bahnlinie von Dinkelsbühl nach Dombühl. Anschließend wechselte er zum Straßen- und Flussbauamt in Neuburg an der Donau. Am 1. Januar 1879 wurde er zum Eisenbahnbau in Kreuzwertheim versetzt. Ausgestattet mit schwarzem Rock und Zylinder wurde er von dem Sektionsingenieur Hensch darauf hingewiesen, dass man sich auch am Neujahrstag in Arbeitskleidung und nicht im Ausgehrock zum Dienst zu melden habe.[64] Als Miller entgegnete, dass ihn seine Kleidung nicht bei der Arbeit behindern würde, schickte man ihn zu seinem Arbeitsplatz im Tunnel. In den nächsten Wochen wurde er, wie Miller schreibt, mit den «langweiligsten Beschäftigungen» betraut.[65] Im Winter des Jahres 1879 wurde ihm die Streckenaufnahme der Sekundärbahn Kitzingen-Wiesentheid übertragen. Das Projekt wurde ihm als dem jüngsten Ingenieur zugeteilt, da sich aufgrund des extrem kalten Winters kein anderer dazu bereit erklärt hatte.[66] 1880 wurde Miller zur Generaldirektion der Bayerischen Verkehrsanstalten versetzt und von dieser zum Bau einer Brücke von Kreuzwertheim nach Wertheim abkommandiert. Zu diesem Projekt findet sich im Nachlass Millers eine umfassende handschriftliche Dokumentation mit Grundrissen und Schnittzeichnungen, Kostenplanungen und Konstruktionsskizzen.[67] Der Bau erwies sich aufgrund des damaligen Mainhochwassers als besonders schwierig,

Brückenbauarbeiten bei Kreuzwertheim. Aufnahme von Oskar von Miller, 1880.

Miller als Fotograf: Szenen aus Siebenbürgen, u. a. Weberei in Heltau, ca. 1895.

brachte Miller aber nach erfolgreichem Abschluss seine erste Auszeichnung ein – ein Diplom der Generaldirektion der Bayerischen Verkehrsanstalten.[68] In Kreuzwertheim beschäftigte sich Miller mit dem Fotografieren. Um sich die Mühe des fälligen Monatsberichts über den Fortschritt der Arbeiten zu ersparen, fertigte er Aufnahmen der Brückenbauarbeiten an und sandte sie an die vorgesetzte Behörde. Mit einem scharfen Verweis erhielt er diese zurück, verbunden mit der Aufforderung, einen vorschriftsmäßigen Fortschrittsplan abzufassen.[69] Die Fotografie hat Miller viele Jahre lang betrieben. In den Familienalben finden sich zahlreiche Aufnahmen, die er in den nächsten Jahrzehnten auf Reisen oder bei seinen beruflichen Tätigkeiten gemacht hat. Auch in den Tagebüchern von Marie Seitz, seiner späteren Frau, wird Miller als Fotograf häufig erwähnt.[70] Seine Aufnahmen sind auch seltene und sehr authentische Zeugnisse seiner Baukonstruktionen.

Millers berufliche Perspektiven hatten sich während seiner Referendarzeit kaum gebessert. Nach wie vor wirkte die Wirtschaftskrise der siebziger Jahre nach. Besonders für Ingenieure war die Situation aufgrund der allgemeinen Wirtschaftslage weiterhin ungünstig. Der Staat verhielt sich bei der Einstellung junger Ingenieure zurückhaltend. So sah Ferdinand von Miller die Aussichten skeptisch: «dunkel und Besorgnis eregent [sic!] schwebt mir Deine Zukunft vor», schrieb er Ende November 1880 an seinen Sohn.[71] Dabei spielte der Erzgießer nicht nur auf die Berufssituation für Ingenieure im Allgemeinen an, sondern blickte mit Sorgen auf die anstehenden theoretischen Prüfungen seines Sohnes beim Staatskonkurs. Der Vater sah seinen Sohn mehr auf privaten Feiern als mit Prüfungsvorbereitungen beschäftigt. «Und Deine Mühen bedarf sehr des Segen Gottes», beendete er seufzend und mahnend zugleich seinen Brief. Im Frühjahr 1881 schloss Miller das Referendariat mit dem Staatsexamen ab, bemerkenswerterweise – und für seinen Vater sicher überraschend – als Bester seines Jahrgangs. Damit stand

Miller eine Laufbahn im Staatsdienst offen. Allerdings beklagte er sich im Freundeskreis, dass er nicht wisse, ob er eine sichere, aber langweilige Karriere beim Staat oder aber eine Beschäftigung in der Industrie anstreben solle.[72] Nach dem Staatsexamen erhielt er ab Juli 1881 zuerst eine Anstellung beim Straßen- und Flussbauamt München, dann bei der Königlichen Regierung von Oberbayern. In beiden Fällen wurden ihm, wie er es selbst empfand, uninteressante und unselbstständige Arbeiten übertragen: Er musste die verschiedenen Landstraßen im Umkreis von vielen Stunden rund um München aufnehmen.[73]

Bis zu seinem 25. Lebensjahr war das Leben Oskar von Millers unspektakulär verlaufen. Schule, Studium und erste Berufstätigkeit scheinen auf einen durchschnittlichen jungen Mann hinzuweisen, was Intellekt und Tüchtigkeit anbelangt. Große Visionen waren nicht erkennbar. Eine gewisse Unrast, die ihm eigen war, und vereinzelte Versuche, neue Gedanken in den Berufsalltag einfließen zu lassen, wurden von den jeweiligen Autoritäten – Lehrer oder Vorgesetzte – disziplinarisch unterdrückt. Gerade ihm aufgezwungene reglementierte Arbeiten widerstrebten Millers Naturell. Weiterreichende Vorschläge konnte Miller in den engen Bestimmungen der Staatsbürokratie nicht realisieren. Die geschilderten Beispiele aus seinen ersten Berufsjahren zeigen, dass er immer dann besondere Leistungen vollbrachte, wenn hartes Arbeiten gefragt war. Der junge Ingenieur wuchs offensichtlich an den Aufgaben, die man ihm stellte. Manchmal mag ihn auch ein gewisser Trotz, es seinen Vorgesetzten beweisen zu müssen, angetrieben haben. Einen Teil des Gehalts der ersten Berufsjahre nutzte er zur persönlichen Weiterbildung, indem er sich eine kleine Fachbibliothek aufbaute. «Das ist eigentlich Verschwendung, aber es sind doch lauter nützliche – und meistens Ingenieur-Werke», schrieb er noch als Baupraktikant an seinen Bruder Wilhelm.[74] Seinen eigenen Wissensdurst versuchte Miller durch ausgedehnte Reisen zu stillen. Zwischen seinem Studienabschluss 1878 und dem offiziellen Beginn des Referendariats 1879 hatte er London und später die Schweiz besucht, wo er den Bau der Gotthardbahn studierte, eine der herausragenden Ingenieurleistungen dieser Jahre.[75]

Ein eher zufälliges Ereignis bestimmte Millers weiteren Lebensweg entscheidend. Miller schildert es so:

> *«Es war bei einem Sonntagsfrühschoppen in der Regensburger Wurstküche, als der Generaldirektor der Staatseisenbahnen einen Zeitungsartikel über die Pariser Elektrotechnische Ausstellung im Jahr 1881 vorlas und die scherzhafte Bemerkung fallen ließ, daß dies etwas für mich wäre. Ich nahm die Bemerkung ernst…»*[76]

Die leicht hingeworfene Äußerung seines früheren Chefs Gustav Ebermayer, der Millers Rastlosigkeit vermutlich kannte, führte bei Oskar spontan zu dem Wunsch, nach Paris zu fahren. Noch am Nachmittag erbat er sich von seinem Vater die Zustimmung, die leicht zu erhalten war, da Ferdinand von Miller seinen eigenen Paris-Aufenthalt in bester Erinnerung hatte. Auch einige Freunde fragte Oskar von Miller, inwieweit eine Reise nach Paris sinnvoll sei. Ein entscheidender Anstoß kam von Carl Hettig, der bei der Generaldirektion der Bayerischen Verkehrsanstalten arbeitete. Mit ihm tauschte sich Miller über seine Berufsplanung aus. Dieser glaube, so schrieb Miller an seine Braut Marie Seitz,[77] dass die beiden ausgetretenen Wege des ordentlichen Staatsdienstes und der Eisenbahn Oskar nicht befriedigen könnten. Hettigs Rat war, sich auf die Ausnützung der elektrischen Kräfte zu werfen, die in der nächsten Zeit «die Hauptrolle in der Welt» spielen würden. Um den besten und schnellsten Überblick über das Gebiet der Elektrotechnik zu gewinnen, sei ein Besuch der Pariser Elektrotechnischen Ausstellung unumgänglich. Dieses Gespräch mit Hettig dürfte der Schlüssel für die berufliche Neuorientierung Millers gewesen sein. In der neuartigen Elektrizität erkannte er eine Perspektive, die seinem unruhigen Wesen besser als alles Bisherige entsprach.

Schwieriger als die Unterstützung des Vaters zu erhalten, war es, die Genehmigung seines Vorgesetzten, des Regierungspräsidenten von Oberbayern, Sigmund Heinrich Freiherr von Pfeufer, zu erlangen. Dieser wollte Millers Wunsch nach einem längeren Sonderurlaub aus formalen Gründen nicht bewilligen; erst nach zähen Verhandlungen konnte Miller erreichen, dass er als bayerischer Kommissär nach Paris geschickt werden sollte.[78] Um einen Bezug zu Millers Arbeiten herzustellen, wurde nicht die Begutachtung der Elektrotechnik als Hauptzweck der Reise angegeben, sondern eine eventuelle Ausnützung der bayerischen Wasserkräfte für Elektrizitätserzeugung. Dieses Argument, aus der Not heraus geboren, um den Regierungspräsidenten zu überzeugen, sollte später für Miller zur Triebfeder eines seiner größten Unternehmungen werden. Insgesamt erhielt Miller dreieinhalb Monate Urlaub.

Miller hat die Vorgeschichte seiner Paris-Reise 1881 immer wieder in unterschiedlichen Versionen erzählt. Erstaunlich ist, dass er seinen Vorschlag bei der Regierung von Oberbayern durchsetzen konnte, da diese nicht direkt mit der wirtschaftlichen Entwicklung Gesamtbayerns befasst war. Zudem befanden sich mit Wilhelm von Beetz als Repräsentanten der Technischen Hochschule München und Friedrich Uppenborn für die «Zeitschrift für angewandte Elektrizität» bereits zwei bayerische Vertreter in Frankreich.

Am 15. September reiste Miller nach Frankreich. Der Eindruck von der Pariser Ausstellung war für ihn «überwältigend».[79] Alles, was über Elektrotechnik bisher nur theoretisch und einem engen Kreis von Fachleuten bekannt war, wurde auf dieser weltweit ersten großen Elektrotechnischen Ausstellung einer breiten Öffentlichkeit präsentiert. Das Augenmerk der jungen Elektroindustrie lag auf der direkten Anwendung von Elektrizität. Besonders die in allen Räumen und im Treppenhaus verwendeten Lampen fanden den Beifall des Publikums. Zum Teil waren es die bekannten, noch unruhig flackernden Kerzen von Jablotschkow, zum Teil die Bogenlampen von Brush, Siemens und Hefner-Alteneck, die schon bei der Beleuchtung

Ausflug der Referendare des Staatskonkurses, 1880 (Miller 4. v. r.).

der Avenue de l'Opéra in Paris, des Themse-Ufers in London oder in den Einsteigehallen des Münchner Hauptbahnhofes eingesetzt wurden. In besonderem Maße aber erregten die aus Amerika stammenden neuartigen Glühlampen Aufmerksamkeit, vor allem die von Thomas Alva Edison.[80] Ihre Form, ihr Licht und ihre Bedienungsfreundlichkeit fanden allgemeinen Beifall. Die Besucher standen zu Hunderten Schlange, um eine dieser Glühlampen mit einem einfachen Schalter ein- und auszuschalten zu dürfen – «anzünden» und «auslöschen», wie man damals sagte. Als unglaublich und sensationell empfand das Publikum die telefonischen Übertragungen aus der Oper. «Geisterhaft» erschien es nicht nur Oskar von Miller, als man am Telefon die Musik, die Sänger und das Klatschen der Opernbesucher hörte. In langen Schlangen warteten die Besucher, bis sie an einem der Telefone Ausschnitte der Übertragung miterleben konnten. Darüber hinaus wurden die neuesten Errungenschaften der Telegrafie und des Signalwesens ausgestellt. Auch hier erregte Edison mit einem Fernschreiber Aufsehen, der kurz zuvor zwischen New York und Philadelphia erfolgreich zum Einsatz gekommen war. Neben den neuesten Modellen waren in Paris historische Telegrafen von Gauß und Weber, der erste elektrochemische Telegraf von Soemmerring oder der erste Farbschreibapparat von Steinheil als Ikonen der Technikgeschichte zu sehen.

Einen Großteil der Elektrotechnischen Ausstellung nahmen die elektrischen Maschinen ein. Gramme, Siemens, Hefner-Alteneck, Schuckert, Brush, Weston und Edison zeigten ihre neuesten Dynamos. Wieder wurde Edison bestaunt, dessen «Jumbo» mit einer Leistung von 150 PS die damals größte dynamo-elektrische Maschine der Welt war. Rund 500 Zentner schwer war die Maschine, sie hatte 12 Elektromagnete von 1,5 Metern Länge und einen Trommelanker von einem dreiviertel Meter, Dimensionen, die das Publikum, darunter auch Miller, beeindruckten. Diese Riesenmaschine versorgte bis zu 1200 parallel geschaltete Glühlampen mit Strom. Edison zeigte in Paris zudem erstmals Pläne einer öffentlichen Elektrizitätsversorgung, die er zu dieser Zeit mit der Station in der New Yorker Pearl Street aufbaute. Den Nutzen von Elektrizität für den Nahverkehr demonstrierte die Firma Siemens mit einer elektrischen Trambahn zwischen der Place de la Concorde und dem Palais de l'Industrie.

Von besonderer Bedeutung für die Besucher waren die zahlreichen Kongresse und Diskussionsabende, die mit der Ausstellung verbunden waren. Hier trafen sich die Fachleute, aber auch Laien wie Miller schlossen sich diesen Veranstaltungen gerne an. So begegnete Miller erstmals dem Berliner Unternehmer Emil Rathenau. Rathenau hatte sich seit 1877 bemüht, die Vermarktungsrechte der Jablotschkow-Kerze, wie sie im Bogenlicht verwendet wurde, für den deutschen Raum zu erwerben. In Paris erkannte er die Überlegenheit der Edison'schen Kohlenfadenlampen und nahm in der Folge intensive Verhandlungen mit Edison wegen der Verwertung in Deutschland auf. Während seines Aufenthaltes traf Miller viele in Paris anwesende Ingenieure und Wissenschaftler; sie alle nahmen an dem gleichzeitig stattfindenden «Congrès International des Électriciens» teil. Aus Deutschland waren neben Siemens u.a. die Schwergewichte der damaligen Physikerzunft Clausius, Helmholtz, Hittorf, Kirchhoff, Wiedemann, Foerster, Toepler, Weber oder Ziemssen anwesend, von den ausländischen Elektrotechnikern Sir William Thompson, Lord Raleigh, Hopkinson, Preece oder Gramme. Die in Paris geknüpften Kontakte Millers blieben teilweise jahrzehntelang bestehen. Über Physiker und Elektrotechniker hinaus lernte Miller auch Ferdinand de Lesseps und andere bedeutende Ingenieure seiner Zeit kennen.

Die Pariser Ausstellung ließ schnell deutlich werden, dass Miller von der Elektrotechnik keinerlei Kenntnisse besaß. Sie hatte während seines Studiums keine Rolle gespielt. Überhaupt gab es 1881 in Deutschland keinen einzigen Lehrstuhl für Elektrotechnik. In einem Brief schreibt Miller, dass er sich in viele neue Gebiete einarbeiten müsse, er stehe wie «der Bauer vor der Lokomotive», der sich bei all den Fachleuten recht dumm vorkomme.[81] Miller ging das Problem autodidaktisch an. Nach seinen Erzählungen entlieh er sich von einem Ausstellungsdiener das in der deutschen Abteilung ausliegende Lehrbuch von Heinrich Schellen mit dem Titel «Die magnet- und dynamo-elektrischen Maschinen, ihre Construktion und praktische Anwendung zur elektrischen Beleuchtung und Kraftübertragung» (Köln 1879), las es nachts und gab es morgens bei der Aufsicht wieder zurück.[82] Glücklicherweise hat sich Millers privates Handexemplar des Ausstellungskataloges erhalten, das er mit kurzen Notizen ergänzt hat.[83] Aus diesen Eintragungen geht hervor, dass sich Miller besonders mit seinem erlernten Fach «Eisenbahnwesen» (Signale etc.) und mit «Elektrischer Beleuchtung» befasste. Den Ausstellungsteil «Beleuchtung» studierte er offensichtlich intensiv und besuchte alle 27 Säle. Für Millers Beurteilung war die Wirkung des Lichts ausschlaggebendes Kriterium. Seine Bemerkungen «mit richtigem, nicht sehr starkem Licht», «Lichter ruhig und nicht blendend», «Lampen schlecht, unruhig und geräuschvoll», «Licht mit viel Spektakel», «Lampen schauerlich unruhig» deuten darauf hin, dass er das elektrische Licht vor allem unter dem Aspekt der Nutzung sah.

Für die persönliche und berufliche Entwicklung Oskar von Millers wurde eine Begegnung mit dem französischen Ingenieur Marcel Deprez entscheidend. Dieser hatte sich seit 1872 mit der Krafterzeugung durch Dampfmaschinen beschäftigt und war ab 1878 auf dem Gebiet der Elektrotechnik

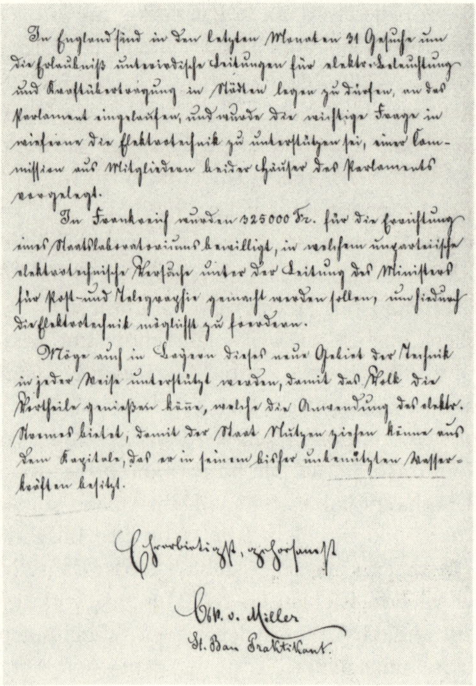

In England sind in den letzten Monaten 31 Gesuche um die Erlaubniss unterirdische Leitungen für elektr. Beleuchtung und Kraftübertragung in Städten legen zu dürfen, an das Parlament eingelaufen, und wurde die wichtige Frage in wiefern die Elektrotechnik zu unterstützen sei, einer Commission aus Mitgliedern beider Häuser des Parlaments vorgelegt.

In Frankreich wurden 325000 Fr. für die Errichtung eines Staatslaboratoriums bewilligt, in welchem [illegible] elektrotechnische Versuche unter der Leitung des Ministers für Post- und Telegraphie gemacht werden sollen, um hiedurch die Elektrotechnik möglichst zu fördern.

Möge auch in Bayern dieses neue Gebiet der Technik in jeder Weise unterstützt werden, damit das Volk die Vortheile geniessen könne, welche die Anwendung des elektr. Stromes bietet, damit der Staat Nutzen ziehen könne aus dem Kapitale, das er in seinen bisher unbenützten Wasserkräften besitzt.

Ehrerbietigst gehorsamst

Osk. v. Miller
St. Bau Praktikant.

Reisebericht Millers über den Besuch der Internationalen Elektrizitätsausstellung in Paris 1881 (letzte Seite).

tätig. So hatte er bis 1881 verschiedene elektrische Instrumente entwickelt, u. a. ein mit d'Arsonval konstruiertes Drehspulgalvanometer für Gleichstrommessungen.[84] Während eines Vortrages in der Société des Ingénieurs Civils, den auch Miller besuchte, hatte der Franzose die These formuliert, dass man eine beliebig große Kraft auf beliebig weite Entfernungen mit beliebig dünnem Draht und großem Nutzeffekt übertragen könne, sofern nur die elektrische Spannung hoch genug gewählt sei.[85] Von den anwesenden Fachleuten wurde diese Aussage als die eines Phantasten kritisiert und belächelt; Miller hingegen zog dieser Gedanke in den Bann.[86]

In einem Bericht an die Oberste Baubehörde im Bayerischen Staatsministerium des Innern, in dem Miller nach der Rückkehr Anfang 1882 seine Erfahrungen auf der Pariser Elektrotechnischen Ausstellung zusammenfasste, beschrieb er ausführlich die Theorie der Kraftübertragung auf längere Strecken.[87] Gleichzeitig erkannte Miller visionär das Potenzial der elektrischen Kraftübertragung. Sie eigne sich «zur Uebertragung großer oft werthloser Naturkräfte (Wasserfälle, Ebbe, Fluth, Wind)», «zum Betriebe vieler kleiner Motoren im Central Motor», für Eisenbahnen oder für elektrische

Städtebahnen.[88] Bei den wissenschaftlichen Vorträgen, die Miller in Paris gehört hatte, faszinierte ihn als Ingenieur der praktische Nutzen der Elektrizität, nämlich Kraftübertragung, Beleuchtung, Maschinenbetrieb, also der direkte Anwendungsbezug.

Seinen mehrmonatigen Aufenthalt nutzte Miller nach Ende der Pariser Elektrotechnischen Ausstellung zu einer Rundreise durch Frankreich. Dabei besichtigte er Bauten wie die neuen Kanalisationsanlagen der Seine und besuchte Le Havre, Marseille und Lyon, um dort Schleusen und Hebewerke kennen zu lernen. Für Miller war die Reise eine Erfahrung, von der er lange zehren konnte. Zu einem Schlüssel für technischen Fortschritt aber war für ihn die Elektrotechnik geworden. Sie wollte er auch für Bayern genutzt wissen. Seinen Reisebericht schloss er nach einem deutlichen Hinweis, dass England seit der Pariser Ausstellung große Summen in Beleuchtung und Kraftübertragung stecke und dass Frankreich 325 000 Francs für die Errichtung eines unparteiischen Staatslaboratoriums bewilligt habe. Millers Vorschlag zielte auf eine ähnliche Förderung der Elektrotechnik in Bayern, wie sein häufig zitierter Schlusssatz beweist:

> *«Möge auch in Bayern dieses neue Gebiet der Technik in jeder Weise unterstützt werden, damit das Volk die Vortheile genießen könne, welche die Anwendung des elektr. Stromes bietet, damit der Staat Nutzen ziehen könne aus dem Kapitale, das er in seinem [sic!] bisher unbenützten Wasserkräften besitzt».*[89]

Kapitel 2

Stromnetze und Popularisierung der Elektrizität

Die Pariser Elektrizitätsausstellung ist in der Biographie Oskar von Millers ein Wendepunkt. War sein Leben bisher auf eine Tätigkeit als Bauingenieur beim bayerischen Staat ausgerichtet, so zeigten schon die folgenden Monate, dass er bereit war, diesen Weg für die Elektrotechnik zu verlassen. Aus Millers damaligen Briefen an seine Braut Marie lässt sich seine rastlose Ausschau nach einer beruflichen Zukunft ablesen. Schon in Paris suchte Miller das Gespräch mit renommierten deutschen Elektrotechnikern, um von ihnen Rat und eventuell Unterstützung für seine berufliche Neuorientierung zu bekommen. In dem Brief an Marie vom 3. Oktober 1881 berichtete er von einer Unterredung mit Hefner-Alteneck.[1] Dieser habe ihm gesagt, wenn Miller die Elektrotechnik als Liebhaberei betreiben wolle, um einmal als Beamter etwas davon zu verstehen, genüge der Bezug einiger Fachzeitschriften. Etwas anderes sei es, wenn er sich mit dem Bau elektrischer Maschinen beschäftigen wolle. Dann müsse er als Schlosserlehrling in eine Fabrik oder zu einem Mechaniker, um sich alle notwendigen Handgriffe anzueignen. Nach einer abgeschlossenen Lehre könne er in ein Büro wechseln, dort weitere Erfahrungen sammeln, um dann «anständige Stellungen» zu erhalten. Der Vorschlag, Miller solle eine Ausbildung als Schlosser beginnen, erinnert stark an Hefner-Altenecks eigene Biographie, der trotz eines Hochschulstudiums in München und Zürich 1867 als einfacher Arbeiter bei Siemens & Halske angefangen hatte, um dann allmählich bis in die Technische Direktion aufzusteigen.[2] Die nüchterne Empfehlung zu einer derartigen Weiterqualifikation traf bei Miller auf wenig Gegenliebe. Mit 26 Jahren «einen Arbeiter zu machen und von Früh 6 Uhr bis Abend 6 Uhr am Schraubstock zu stehen als Untergebener eines Werkmeisters», schmeckte dem ehrgeizigen Miller nicht. Seine endgültige Entscheidung wollte Miller vom Rat seines Vaters abhängig machen. Trotz Hefner-Altenecks distanzierter Haltung sprach Miller ihn wiederholt an, vermutlich um mit seiner Hilfe eine Stelle in der Firma Siemens & Halske zu bekommen. Hefner-Alteneck blieb aber gegenüber Miller reserviert und unterstützte ihn nicht. In der Elektroindustrie zu arbeiten, scheint zu dieser Zeit Millers klares Ziel gewesen zu sein. Aus einem anderen Brief an Marie Seitz geht hervor, dass er sich sogar bemüht hatte, in einer französischen Elektrofabrik eine Anstellung zu finden; allerdings blieb auch dieser Versuch erfolglos.[3]

Millers hektische Aktivitäten, eine adäquate Stellung zu finden, gingen nach seiner Rückkehr aus Frankreich weiter. Einerseits versuchte Miller, eine interessante Position im bayerischen Staatsdienst zu erlangen, die ihm die Möglichkeit für eine intellektuelle Weiterentwicklung bot. Die ihm übertragene Aufnahme von Landstraßen war ihm zu langweilig. Anfangs glaubte er noch, seine elektrotechnischen Ambitionen im Rahmen der bayerischen Staatslaufbahn verwirklichen zu können, doch war die Regierung nicht bereit, auf diesem Gebiet größere Investitionen zu tätigen. Diese Zurückhaltung führte letztlich dazu, dass Miller aus dem Staatsdienst ausschied und in die Privatwirtschaft ging.

Die Elektrische Ausstellung in München 1882

Die Pariser Ausstellung war für die Verbreitung der Elektrizität ein großer Schritt nach vorn. Der Erfolg basierte auch darauf, dass die in Paris gezeigten Beleuchtungen und Versuche in besonderer Weise publikumsorientiert waren und fesselnde Vorführungen, man denke an die Opernaufführung oder das beliebte «Lichtanzünden», die Besucher in den Bann zogen. Über die Ausstellungsbesucher wurde diese Neugierde in die verschiedenen europäischen Länder weitergetragen. In Bayern waren Wilhelm von Beetz und Oskar von Miller die Kommunikatoren der neuen Technik. Beetz hielt im Februar 1882 einen Vortrag im Polytechnischen Verein in München, Miller sprach im Architekten- und Ingenieur-Verein über seine Pariser Erfahrungen.[4] Um auch bei den staatlichen Stellen die Kenntnis über die Elektrotechnik zu erweitern, betrieb Miller sofort nach seiner Rückkehr die Vorbereitung zu einer kleinen Ausstellung über Elektrizität. Hintergedanke dabei war, für sich selbst eine Stelle als «Beauftragter für Elektrotechnik» zu erhalten. Auf den expliziten Rat seines Vaters Ferdinand erweiterte er die ursprüngliche Idee zu einer groß angelegten Ausstellung.[5] Sie sollte im Glaspalast, dem damals größten Ausstellungsraum der Stadt München, stattfinden.

Oskar von Miller als Organisator der Internationalen Elektricitäts-Ausstellung in München, 1882.

Millers Vorhaben ist als «Internationale Elektricitäts-Ausstellung» 1882 in München verwirklicht worden. Sie war die erste Ausstellung dieser Art, die in Deutschland stattfand. Dementsprechend groß war das öffentliche Interesse. Ziel sollte es sein, dem Fachmann wie dem Laien ein übersichtliches Bild vom Stand der Elektrotechnik zu vermitteln. Dem auf diesem Gebiet gänzlich unerfahrenen und unbedarften Publikum wollte Miller die neuesten Errungenschaften präsentieren. Das Augenmerk wollte er auf konkrete Anwendungen der Elektrizität im öffentlichen wie im privaten Bereich legen. Neu war Millers Idee, den Ausstellern statt der üblichen Medaillen und Auszeichnungen besondere Zeugnisse zu überreichen, die mit wissenschaftlich fundierten Messungen und Versuchen die jeweiligen Produkte objektiv beurteilen sollten.

Bei den Planungen stellte Miller erstmals sein ausgeprägtes Organisationstalent unter Beweis. Für die Ausstellungsvorbereitungen war er formell von seinem Dienst beim bayerischen Staat beurlaubt. Miller teilte sich die Funktion eines Schriftführers mit dem Architekten Joseph Ritter von Schmädel, während Beetz das Präsidium übernahm. Miller war für den elektrotechnischen Teil, Schmädel für den künstlerischen Bereich zuständig. Aus den umfangreichen Akten, die sich zu dieser Ausstellung erhalten haben,[6] ergibt sich ein differenziertes Bild über die systematische Planung dieser Ausstellung. Obwohl die offiziellen Schriftstücke meist vom Präsidenten Beetz abgezeichnet sind, zeigen die handschriftlichen Konzepte, dass Oskar von Miller der eigentliche Motor der Ausstellung war. Trotz seiner Jugend traute man ihm «jene ausdauernde Begeisterung, jene impulsgebende Energie und jene allen Schwierigkeiten gewachsene Arbeitsthätigkeit» zu, die für das Gelingen notwendig waren.[7] Über Miller lief der Kontakt zu den Ausstellern, die gesamte Korrespondenz, vor allem aber die inhaltliche Konzeption der Ausstellung. Gleichzeitig war er im Elektrotechnischen Ausschuss aktiv und für die finanzielle Absicherung der Ausstellung zuständig. Zu diesem Zweck wurde ein Garantiefonds geschaffen, für den 144 Einzelpersonen oder Firmen Summen zwischen 25 und 1500 Mark zeichneten.[8] Unter den Zeichnern der Garantiescheine finden sich Künstler und Architekten, wie Gabriel von Seidl, Franz von Lenbach, Arnold von Zenetti, Friedrich August von Kaulbach, Otto Aufleger und Gottfried von Neureuther, ebenso wie Münchner Industrielle und Unternehmer, so Hugo Ritter von Maffei, Carl von Linde, Jakob Heilmann, Theodor Freiherr von Cramer-Klett, Adolf Riemerschmid, der R. Oldenbourg Verlag, die Banken Merck, Finck & Co. und die Bayerische Hypotheken- und Wechselbank oder die Münchner Bierbrauer Gabriel und Joseph Sedlmayr und Georg Pschorr (d.J.). Die Namen lassen vermuten, dass Miller den Verwandtschafts- und Freundeskreis seiner Familie für die Finanzierung des Vorhabens ganz besonders mobilisiert hat. Auch sein Vater Ferdinand, seine Brüder Ferdinand (d.J.) und Fritz sowie Oskar selbst waren finanziell beteiligt. Insgesamt kamen durch die Zeichnung von Garantiescheinen rund 45000 Mark zusammen.

Das erste praktische Problem stellte sich gleich zu Anfang. Kaum waren die Planungen angelaufen, erhielt die Ausstellungsleitung die Nachricht, dass zeitgleich in Wien ebenfalls eine elektrotechnische Schau stattfinden sollte. Oskar von Miller hat in seinen Erinnerungen beschrieben, wie man die Wiener Organisatoren trickreich zur Verschiebung um ein Jahr bewegte.[9] Innerhalb von zwei Tagen entwarf Miller einen Aufruf und das Programm für die Münchner Ausstellung, ließ beides ins Englische und Italienische übersetzen und in einer Auflage von über 1000 Exemplaren weltweit verbreiten. Miller selbst wurde beim österreichischen Gesandten in München vorstellig. Diesen konnte er überzeugen, dass wegen der angeblich weit fortgeschrittenen Arbeiten in München an eine Verlegung nicht zu denken sei. Glücklicherweise fielen die Wiener auf diese Täuschung herein und stimmten der Verschiebung ihrer Ausstellung um ein Jahr zu.

Noch in der Einladung zur konstituierenden Sitzung eines «Provisorischen Comités» vom 13. Februar 1882 war man in München von einer Eröffnung im Mai ausgegangen. Binnen kurzer Zeit wurde der Termin auf den 15. Juni 1882 verlegt und – da die Vorbereitungen, besonders die Zusagen, stockten – die Ausstellungsdauer schließlich für die Zeit vom 16. September bis 15. Oktober festgesetzt. Trotz dieser Verschiebung war die Ausstellung bei der Eröffnung nur teilweise fertig.

Im Unterschied zur Elektrotechnischen Ausstellung in Paris, wo 1069 Aussteller aus 16 Ländern vertreten waren,[10] war die Teilnahme in München deutlich geringer. Hier dominierten vorwiegend deutsche Firmen. Von den insgesamt 156 Ausstellern stammten nur knapp 18 Prozent aus dem Ausland, wobei sich französische (8) und österreichische Firmen (7) am stärksten beteiligten, während amerikanische und englische Unternehmen (5) praktisch nicht repräsentiert waren.[11] Prominentester Aussteller aus dem Ausland war der Franzose Gaston Raimond Planté, der Erfinder des Akkumulators, an dessen Entwicklung er 20 Jahre lang gearbeitet hatte. Edison, der in Paris so große Resonanz gefunden hatte, fehlte. An seine Stelle trat Emil Rathenau, der die Vertretung der Edison-Produkte in Deutschland von der Pariser «Société électrique Edison» übernommen hatte. Als herber Rückschlag für die Ausstellungsleitung musste die Absage der größten deutschen Elektrofirma, Siemens & Halske, gelten. Sie sah keine Notwendigkeit, so kurz nach der Pariser Ausstellung eine weitere Messe zu beschicken. Damit war das Münchner Vorhaben ernsthaft gefährdet, da diese Firma hinsichtlich der Technologie und der Breite des Sortiments in Deutschland führend war. Natürlich erregte die Abwesenheit von Siemens & Halske in der Öffentlichkeit großes Aufsehen. Dies führte dazu, dass das Unternehmen später eine deutliche Presseerklärung veröffentlichte, um seine Absage zu erklären: «Wir gedenken uns auch künftig nimmer dem von einzelnen Privatpersonen oder Interessenten inscenierten Ausstellungszwange zu unterwerfen.»[12] Diese Kritik richtete sich einmal gegen die Organisatoren, besonders gegen Miller, vor allem aber gegen den Mitkonkurrenten Rathenau, der sich für die Münchner Ausstellung besonders engagiert hatte. Die Absage von Siemens & Halske zog Kreise. Weitere bekannte deutsche Firmen wie O. L. Kummer & Co. in Leipzig, Felten & Guilleaume aus Mülheim am Rhein oder Gebr. Naglo aus Berlin verzichteten auf eine Teilnahme und beschränkten sich auf Anzeigen im Ausstellungskatalog. Von den bekannteren deutschen Unternehmen gab nur die Firma Schuckert & Co. aus Nürnberg eine Zusage. Das Fehlen der großen Firmen gab kleinen, oft erst seit kurzem bestehenden Firmen die Möglichkeit, ihre Produkte wirksam zu präsentieren. Solche «Newcomer» in der ebenso neuen Branche waren neben

Rathenau die Firmen J. Einstein & Cie[13] (Telefone, Telegrafen, elektrische Maschinen, Bogenlampen, Glühlampen) und das «Physikalisch-mechanische Institut von Prof. Dr. M. Th. Edelmann» (dynamoelektrische Maschinen), beide aus München, C. & E. Fein in Stuttgart oder der Erlanger Universitätsmechaniker Erwin Moritz Reiniger (Batterien, Induktionsapparate, elektrische medizinische Apparate).

Für die ablehnende Haltung von Siemens & Halske dürfte das von Miller gewählte Ausstellungskonzept mitverantwortlich gewesen sein. Miller wollte dem Publikum nicht nur die neuesten Errungenschaften der Elektrotechnik präsentieren, sondern diese in ihrer praktischen Anwendung im öffentlichen wie im privaten Leben vorführen. Während man in Paris einzelne Glüh- oder Bogenlampen an verschiedensten Ausstellungsplätzen gezeigt hatte, sollten in München nicht Lampen oder deren Lichtintensität an sich, sondern ihre auf spezifische Bedürfnisse bezogenen Anwendungsmöglichkeiten demonstriert werden. Die Überlegung war, der neuen und in ihrem Potenzial noch nicht bekannten Elektrizität eine möglichst breite Käuferschicht zu verschaffen, indem der Elektrizität gegenüber Gas und Dampfkraft die besseren Einsatzmöglichkeiten eingeräumt wurden. Diese praktische Orientierung entsprach nicht nur Millers Naturell, sondern auch seiner stark anwendungsbezogenen Ausbildung an der Technischen Hochschule in München. Überhaupt war Miller nie ein theoretisierender Ingenieur. Auch in späteren Jahren hat Miller elektrotechnische Ausstellungen immer an praktischen Beispielen aufgezogen.

Für die Ausstellung legte Miller folgende Gruppeneinteilung fest:[14]

1. Historische und wissenschaftliche Apparate
2. Telegrafie und Signalwesen
3. Telefonie
4. Medizinisch-elektrische Apparate
5. Batterien und Akkumulatoren
6. Elektrochemie
7. Magneto- und dynamoelektrische Maschinen
8. Elektrisches Licht
9. Motoren
10. Verschiedene Apparate und Utensilien
11. Kabel, Drähte und Blitzableiter
12. Bibliographie
13. Elektrische Zeitmessung
14. Dekorative Ausstattung
15. Landwirtschaft.

Die Einbeziehung der Landwirtschaft war nicht nur unter dem Gesichtspunkt des Anwendungsbezuges erfolgt, sondern ein Zugeständnis an den Landwirtschaftlichen Verein, der seine traditionell mit dem Oktoberfest verbundene Landwirtschaftsausstellung zugunsten der elektrotechnischen Ausstellung verschoben hatte, um den Glaspalast nicht zu blockieren.

Trotz der nur rund siebenmonatigen Vorbereitungszeit konnte die Elektrizitätsausstellung am 16. September eröffnet werden. Um die Wirkung der elektrischen Beleuchtung zu erhöhen, hatte Miller die Eröffnung in die Abendstunden (19.30 Uhr) gelegt. Für die Feier waren mehr als 1400 Einladungen verschickt worden. Dank des hell erleuchteten Glaspalastes, der sich von der schummrigen Gasbeleuchtung auf den Straßen strahlend abhob, wurde den Festgästen schon von weitem eine eindrucksvolle Demonstration der Vorzüge von elektrischem Licht gegeben.

Miller hatte die Einteilung des Glaspalastes unter dem Gesichtspunkt der Anwendung von Elektrizität für verschiedene Zwecke vorgenommen.[15] Dominant war im östlichen Teil der mächtige Theaterbau mit seiner Beleuchtung, während im westlichen Bereich die Beleuchtung einer Gemäldegalerie, von Wohnräumen, Künstlerateliers, eines Zeichensaals, einer Bibliothek, eines Restaurants und einer Kapelle zu sehen war. In allen Räumen hatten namhafte Münchner Künstler das Licht auf die jeweiligen Zwecke abgestimmt. Im ganzen Glaspalast verstreut waren kleine Telefonkabinette, in denen die Besucher wie in Paris via Telefon verschiedene Musikübertragungen aus dem Königlichen Hof- und Nationaltheater, dem Gärtnerplatztheater oder dem Kilschen Colosseum verfolgen konnten. Der Andrang war hier riesig, und die Besucher mussten bis zu einer Stunde gedrängt anstehen, bis sie an die Reihe kamen.[16] Parallel zu den Ausstellungen fanden einzelne öffentliche Versuche statt, so die Einrichtung von Sprechleitungen über weite Entfernungen. Eine von Miller geplante Telefonverbindung zwischen München und Dresden über 577 Kilometer kam nicht zustande, immerhin gelangen brauchbare Telefonübertragungen von München nach Oberammergau (97 km) bzw. nach Regensburg (136 km).[17] Auch die außerhalb des Glaspalastes gezeigte öffentliche Straßenbeleuchtung auf dem Königsplatz, in der Arcis- und Briennerstraße trug zu dem von Miller gewollten Spektakel bei. Bewusst hatte er bei der Straßenbeleuchtung die Briennerstraße einbezogen, da dort seine Verlobte Marie Seitz wohnte. Eine Lampe war direkt vor ihrer Haustüre aufgestellt, so dass man im Speisezimmer der Familie ohne zusätzliche Beleuchtung lesen konnte.[18]

Heute ist nahezu vergessen, dass die von Miller geplante «Internationale Elektricitäts-Ausstellung» 1882 in München erstmals in Deutschland die neue Technik in einer umfassenden Industrieschau zeigte. Überstrahlt wurde diese Tatsache durch den pionierhaften Versuch einer Kraftübertragung auf weite Strecken, wie er durch die Führung von Strom von Miesbach nach München über 57 Kilometer verwirklicht wurde.

Die Ausstellungsakten zeigen, dass das Experiment ursprünglich völlig anders geplant war. Besonders dem Präsidenten der Ausstellung, Wilhelm von Beetz, galt das Vorhaben als zu riskant, war doch bei einem Scheitern der persönliche Ruf der Beteiligten gefährdet. Diese Gefahr sah auch Oskar von Miller. Vor allem für den jungen, nicht arrivierten Miller hätte ein Fehlschlag das Ende seiner Träume von einer gesicherten Stellung als Elektroingenieur im bayerischen Staatsdienst bedeutet, eine Tätigkeit, die er 1882 intensiv anstrebte. Andererseits hatte die Münchner Ausstellung mit den zahlreichen Absagen in- und ausländischer Firmen zu kämpfen, wodurch die Messe an sich gefährdet war. Um dieses Manko zu kompensieren, sollte eine öffentlichkeitswirksame Übertragung von elektrischem Strom durchgeführt werden, die so bis dahin noch nie realisiert worden war. Allerdings plante Miller die Kraftübertragung ursprünglich nur über wenige Kilometer. Nach der frühen Absage von Siemens & Halske sollte die Pariser Firma Sautter, Lemonnier & Co. die Fernleitung durchführen. Gedacht war an eine Stromübertragung von einer rund vier Kilometer entfernten Wasserkraft. Von dort sollte der Strom in den Glaspalast geführt werden und über eine Sekundärmaschine einen Wasserfall betreiben.[19] Das Vorhaben wurde nicht verwirklicht, da sich die französische Firma nach rund zweimonatiger Vorarbeit überraschend nicht mehr in der Lage sah, sich weiterhin an der Ausstellung zu beteiligen.[20] Für die Organisatoren, besonders für Miller, bedeutete diese Absage ein Fiasko, brachte sie doch die Ausstellung um den geplanten Höhepunkt und damit um die gewünschte öffentliche Aufmerksamkeit. Erst zu diesem späten Zeitpunkt nahm Miller Kontakt mit dem Franzosen Marcel Deprez auf, der während der Pariser Ausstellung die Möglichkeit der Kraftübertragung auf weite Strecken formuliert hatte. Millers Zögern zeigt, dass er Deprez' provokante These ebenfalls mit einiger Skepsis betrachtete. Andererseits erkannte Miller, dass die Übertragung von Strom auf weite Entfernungen eine neue Dimension in der Nutzbarmachung von Elektrizität eröffnen würde. Das Risiko, das Deprez und Miller mit dem Versuch eingingen, war erheblich, da Deprez bisher nur mit Stromübertragungen auf wenige Kilometer experimentiert hatte. Immerhin – nach dem Scheitern einer Stromübertragung auf kurze Strecken wagte Miller jetzt den großen Versuch, um die Ausstellung als solche zu retten. Parallel dazu verhandelte Miller mit der Firma Schuckert & Co., um die Minimallösung einer Kraftübertragung auf kurze Entfernungen trotzdem zu realisieren. Dies gelang schließlich. Schuckert stellte in der Maschinenfabrik Maffei in der Hirschau im Norden Münchens einen Dynamo auf, der aus Wasserkraft neun PS erzeugte, die mit 655 Volt über fünf Kilometer in den Glaspalast übertragen wurden. Der Strom trieb dort tagsüber zwei Dreschmaschinen und eine mechanische Werkstätte mit einem Motor an, nachts wurde er für die Beleuchtung der Bogenlampen im Ausstellungsgarten und auf dem Königsplatz genutzt.[21]

An dem großen Wurf einer Stromübertragung auf große Strecken zweifelten nicht nur die etablierten Wissenschaftler im Organisationskomitee der Münchner Elektricitäts-Ausstellung, von denen diese Idee als «jugendlicher Optimismus» abgetan wurde.[22] Auch Deprez selbst scheint Zweifel an der praktischen Durchführbarkeit des Experiments gehabt zu haben. Von unerwarteter Seite kam schließlich die entscheidende Unterstützung. Cornelius Herz, der wissenschaftliche Leiter der Pariser Zeitschrift «La Lumière Électrique»,[23] meldete sich in einem Brief unverhofft bei der Ausstellungsleitung in München und stellte für den Fall, dass Deprez den Versuch durchführen werde, die notwendigen finanziellen Mittel durch die Zeitschrift bzw. durch Baron Alfons Rothschild in Aussicht.[24] Das Schreiben von Herz war der Auslöser, dass sich Oskar von Miller Ende Mai 1882, rund drei Monate nach Beginn der Ausstellungsvorbereitungen, an Deprez mit der Bitte um Beteiligung wandte.[25] Nach einer weiteren Zeitverzögerung von über einem Monat erklärte sich Deprez bereit, zwei Maschinen für die Kraftübertragung zu liefern und das Experiment durchzuführen.[26] Ursprünglich dachte Miller daran, den Versuch über eine Telegrafenstrecke von Augsburg nach München zu realisieren.[27] Da Deprez das Gelingen allerdings von einer «exzellenten» Isolierung abhängig machte[28], die Miller bei den eisernen Telegrafenständern der Strecke nicht gegeben sah, wurde als neue Versuchsstrecke die Telegrafenleitung von Miesbach in Oberbayern nach München ausgewählt. Diese Linie zeichnete sich durch Holzmasten aus, von denen sich Miller eine bessere Isolation versprach.[29] In Miesbach hatten die Oberbayerischen Kohlebergwerke im dortigen Bergwerk eine Dampfmaschine zur Verfügung gestellt. Diese konnte eine von Deprez entwickelte Dynamomaschine von etwa 2 PS Leistung betreiben. Verständlicherweise versuchte man damals eine Lösung mit Gleichstrom, da dieser als die ideale Stromart gesehen wurde. Mit einer Spannung von 1500 bis 2000 Volt sollte dann die Kraft nach München übertragen werden. Die 57 Kilometer lange Leitung bestand aus zwei gewöhnlichen Drähten, die der Telegrafeninspektor Johann Behringer zu diesem Zweck an vorhandene Telegrafenstangen befestigen ließ. Im Glaspalast sollte eine zweite, baugleiche Dynamomaschine eine Zentrifugalpumpe antreiben, die wiederum einen zwei Meter hohen Wasserfall speisen sollte.

Den Verantwortlichen war das Risiko des Experiments wohl bewusst. Während die Eröffnung mit vielen Gästen gefeiert worden war, wurde der Versuch erstmals am 25. September 1882, nachts um 23 Uhr, durchgeführt, als alle Besucher die Ausstellung bereits verlassen hatten.[30] Miller selbst hat eingestanden, dass dieser nächtliche Start einen möglichen Misserfolg nicht «allzu offenkundig» werden lassen sollte. Deprez war zur Durchführung seines Versuches eigens aus Frankreich angereist. Über eine Telegrafenleitung wurde nach Miesbach der Befehl durchgegeben, die Maschine in Gang zu setzten. In München wartete man mit Spannung auf das Ergebnis. Miller berichtet:

> *«Plötzlich fing der Motor an, sich zu drehen, immer schneller, immer schneller, und der Wasserfall, den der Motor betreiben sollte, kam in Betrieb. Die Überraschung kann sich heute niemand mehr vorstellen. Marcel Deprez war so freudig erregt, daß er mir um den Hals fiel und mir einen Kuß gab.»*[31]

Mit dem Rauschen des Wasserfalls war die von Deprez in Paris 1881 theoretisch postulierte Möglichkeit einer Kraftübertragung praktisch bewiesen. Seit der Miesbach-Münchner Kraftübertragung wurde es technisch möglich, Kräfte an weit entfernte Orte zu übertragen. Deprez als Ideengeber und Miller als Organisator des Versuchs hatten damit einen Meilenstein in der Geschichte der Elektrotechnik gesetzt.

Das Miesbach-Münchner Experiment bestätigte die Theorie, zeigte aber auch, dass eine wirtschaftliche Nutzung noch unrealistisch war. Durch die Wickelungen des Elektromotors, den Eisendraht und eine ungünstige Aufstellung der Sekundärmaschine in München, die zu starke Vibrationen zuließ, ergaben sich bei der Kraftübertragung Verluste von etwa 75 Prozent. Lediglich knapp 0,5 PS der in Miesbach erzeugten 2 PS konnten in München genutzt werden. Gleichzeitig traten bei der für die damalige Zeit ungewöhnlich hohen Spannung viele Störungen auf.[32] Nur an wenigen Ausstellungstagen war die Kraftübertragung von Miesbach nach München in Betrieb. Schon zu Beginn der Übertragung kam es zu einem Maschinenschaden, der allerdings rasch behoben werden konnte. Schließlich brach ein Anker in der Miesbacher Maschine, was das Ende des Versuchs bedeutete. Aufgrund der großen Probleme mit der Übertragung konnte die Leitung von der Prüfungskommission nur einmal, am 9. Oktober 1882, für rund eine halbe Stunde einer Messung unterzogen werden.[33]

Die Fachwelt beurteilte das Experiment unterschiedlich. Während die Zeitschrift «La Lumière Électrique» – schon aufgrund ihrer eigenen Unterstützung für Deprez – die Möglichkeit der Kraftübertragung als «einwandfrei» bewiesen ansah,[34] fehlte es auf der anderen Seite nicht an «Hohn und Spott».[35] Adolf Slaby, der 1883 einen Lehrstuhl für Elektrotechnik an der Technischen Hochschule Berlin-Charlottenburg erhielt, urteilte in einem Artikel für die «Elektrotechnische Zeitschrift» zurückhaltend, dass die Zerstörung der Miesbacher Maschine die Zweifel an einem eventuellen dauerhaften Betrieb unfreiwillig gestützt hätte.[36] Trotz des Fachdisputs war mit dem Versuch im Glaspalast ein technischer Durchbruch im Zusammenspiel von Stromerzeugung und Stromverbrauch gelungen. Nachdem bisher das Prinzip gegolten hatte, dass der Strom dort verbraucht werden müsse, wo er erzeugt wird, wies der Miesbach-Münchner Versuch den Weg zu einer ortsunabhängigen Stromverteilung. Die industriellen Möglichkeiten, die sich daraus ergaben, waren enorm. Industrien, die für die Produktion große Maschinenkräfte benötigten, waren künftig nicht mehr gezwungen, sich an Orten anzusiedeln, wo diese Kräfte vorhanden waren, sondern konnten die Niederlassung nach wirtschaftlichen Gesichtspunkten planen. Auch konnten hohe Transportkosten für Kohle zum Dampfantrieb von Maschinen vermieden werden. Gerade für industriell schwache Gebiete eröffnete das Miesbach-Münchner-Experiment neue Perspektiven. Der Altvater der sozialistischen Theorie, Friedrich Engels, wies unmittelbar nach Ende der Ausstellung in einem Brief an Karl Marx auf die hohe Bedeutung der Deprez'schen Kraftübertragung hin und bezeichnete den Münchner Versuch einige Monate später in einem Schreiben an Eduard Bernstein als «elektrotechnische Revolution»:

> *«Und Deprez' neueste Entdeckung, daß elektrische Ströme von sehr hoher Spannung mit verhältnismäßig geringem Kraftverlust durch einen einfachen Telegraphendraht auf bisher ungeträumte Entfernungen fortgepflanzt und am Endpunkt verwandt werden können – die Sache ist noch im Keim –, befreit die Industrie definitiv von allen Lokalschranken, macht die Verwendung auch der abgelegensten Wasserkräfte möglich, und wenn sie auch im Anfang den Städten zugute kommen wird, muß sie schließlich der mächtigste Hebel werden zur Aufhebung des Gegensatzes von Stadt und Land.»*[37]

Ähnlich euphorisch wie Engels dachte Miller. Er träumte von den Möglichkeiten der Kraftverteilung und von der Ausnutzung der bayerischen Wasserkräfte. Allerdings ist bei Miller keine Nähe zu sozialistischen Theorien erkennbar, auch wenn die Münchner «Sozialdemokratische Post» die Internationale Elektricitäts-Ausstellung ungewohnt positiv beurteilt hatte. Miller sah die Kraftübertragung unter einem sozialen, vor allem aber unter einem dezidiert technischen Aspekt. Noch stand allerdings die Entwicklung am

Wasserfall in der Internationalen Elektricitäts-Ausstellung 1882. Holzschnitt aus der Zeitschrift «La Lumière Électrique», 1883. Da die Kraftübertragung Miesbach – München nur kurz funktionierte, betrieb Miller den Wasserfall in der Ausstellung mit einem eigenen Motor.

Anfang. Eine praktische Nutzung des Experiments war 1882 noch nicht möglich. Es existierten weder die nötigen Maschinen noch die Leitungssysteme noch ein Absatzmarkt.

Miller ging es bei der Münchner Ausstellung nicht primär um die Durchführung einer Fachmesse für Elektrotechniker. Vielmehr zielte sein Anspruch auf eine «Popularisirung unserer modernen Elektro-Technik».[38] Zur Popularisierung sollte ein hoher Praxisbezug, aber auch eine bewusst künstlerische Gestaltung beitragen. Technik und Kunst bildeten für Miller keinen Widerspruch. Für ihn, der aus einem von Technik ebenso wie von Kunst geprägtem Haus stammte, war das «Hand- in Handgehen von Wissenschaft, Technik und Kunst» nahe liegend und organisch.[39] Gerade die Beleuchtung von Theaterhäusern und Künstlerateliers macht diese Verbindung sichtbar. Zur angestrebten Popularisierung trugen besonders die spektakulären Theater- und Opernübertragungen via Telefon bei, die Miller nach dem Vorbild der Pariser Elektrizitätsausstellung organisiert hatte. Während bei vollem Orchester mit Blech- und Schlaginstrumenten die Übertragungsqualität litt, kamen gesangliche und instrumentale Solopartien sowie die Chöre besonders gut zur Geltung.[40] Die Übertragung auf kurze Strecken innerhalb Münchens dehnte Miller auf telefonische Übertragungen bis nach Oberammergau aus. Speziell für seinen Vater Ferdinand hatte er eine Telefonübertragung von München nach Tutzing eingerichtet. Dort sangen die Schwestern Anna und Julie ein Familienlied, während der Vater im Glaspalast zuhörte.[41] Zu den optisch besonders auffälligen und bewunderten Highlights der Ausstellung gehörte die Beleuchtung des Münchner Wahrzeichens, der beiden Türme der Frauenkirche, vom Dach des Glaspalastes aus. Sie wurden von der Firma Schuckert & Co. mit Reflektoren angestrahlt. Diese Illuminierung war in der ganzen Stadt und teilweise im näheren Umland zu sehen. Auch die Beleuchtung öffentlicher Straßen und Plätze trug zur allgemeinen Anerkennung der Vorzüge von elektrischem Strom gegenüber dem Gaslicht bei.[42] Die sorgfältig inszenierten Ereignisse und «Shows» in und um den Glaspalast basierten auf der Arbeit des bis ins Detail organisierenden Ausstellungsmachers Miller. Es kam ihm auf spektakuläre, aber auch auf leicht begreifliche und haptische Publikumserlebnisse an. Der Besucher der Ausstellung oder der zufällige Spaziergänger im abendlichen München sollte stark beeindruckt werden und die Vorteile von Elektrizität visuell erfahren. Unterstützt von Schmädel zeigte Miller bei der Internationalen Elektricitäts-Ausstellung in München erstmals sein ungemeines Talent zur Inszenierung. Ob kleine oder größere Ausstellungseinheiten – Miller komponierte sie sorgfältig. Die kleine Fernsprechzelle wurde akustisch Teil einer Opernbühne, das eigens aufgebaute Theater im Glaspalast bei den all-

Kapelle mit elektrischem Licht auf der Internationalen Elektricitäts-Ausstellung, 1882.

abendlichen Ballettvorführungen zu einem Wechselspiel des Lichts, das je nach Szene dunkler oder heller wurde. Die Kapelle mit einem betenden Kardinal wiederum war durch die elektrische Beleuchtung so gestaltet, dass sie weder den natürlichen Schein einer Votivkerze noch die religiöse Grundstimmung in dem halbdunklen Raum störte. Auch der idyllische Wasserfall, der mit der aus Miesbach übertragenen Kraft angetrieben wurde, war ein Beispiel für eine von Miller gestaltete Lebenswelt. Für ihn war die Ausstellung ein Medium, das Publikum zu begeistern. Der Ausstellungsbesuch wurde nicht zum Pflichtprogramm, sondern zu einem Erlebnis. Zum Ausdruck kommt dies in den Erinnerungen von Heinrich Voigt, Elektrotechniker und Begründer der Fa. Staudt & Haeffner (später: Voigt & Haeffner), der die Münchner Ausstellung als die schönste bezeichnete, die er je erlebt habe:

«Beim Betreten des Gebäudes schwelgte das Auge beim Anblick des prächtigen Farbenspiels, welches das in der Auswahl der Blumen und Pflanzen von Meisterhand angeordnete Blumenparkett bildete. Aus der Höhe fiel das bläuliche Licht der Bogenlampen in reichlicher Fülle, an

> *verschiedenen Stellen spielten die Wasserstrahlen durch Scheinwerfer farbig beleuchteter Springbrunnen – ein Bild, das wohl niemand, der es gesehen, jemals vergißt.»*[43]

Andere Besucher betrachteten die Münchner Ausstellung bei weitem nicht so euphorisch. Eine Ministerialkommission aus Berlin hatte in einem internen Bericht viel zu beanstanden.[44] Sie beklagte die fehlende Gleichmäßigkeit des Lichts in den Räumen des Glaspalastes, wo oft ein greller Wechsel zwischen intensiver Helligkeit und fast verschwindendem, rötlichem «Flackerlicht» geherrscht habe. Der Grund sei in der Unzulänglichkeit der Kraftmaschinen zu suchen gewesen. Die Beleuchtungsmöglichkeiten für Bibliotheksräume seien nur mangelhaft vorgeführt worden; ebenso hätten es die Ausstellungsmacher versäumt, in den Zeichensälen neben dem Glühlicht auch das farblose Bogenlicht zu demonstrieren. Insgesamt sah die Berliner Kommission die Chance vertan, einen echten Vergleich zwischen dem Glühlicht und der Gasbeleuchtung vorzuführen. Kritik dieser Art findet sich in unterschiedlicher Form, doch wurde sie in der Regel überdeckt von einer positiven Berichterstattung über die Gleichstromübertragung von Miesbach nach München.

Die Internationale Elektricitäts-Ausstellung 1882 in München fügte sich ein in eine breite Tradition technischer und industrieller Ausstellungen in der zweiten Hälfte des 19. Jahrhunderts.[45] Während allerdings die meisten großen Industriemessen dieser Zeit die Vorrangstellung der nationalen Industrien behaupteten, betonte die junge Elektrotechnik in den frühen Ausstellungen in Paris, München, Wien oder London ihren internationalen Charakter. Für die Organisatoren von Elektrizitätsausstellungen nach 1880 war es das erklärte Ziel, schon in der Namensgebung und mit Ausstellern aus vielen Ländern die «Internationalität» ihrer Veranstaltung deutlich zu machen. Dies gilt auch für Miller und die Münchner Ausstellung. Erst in Konkurrenz zu internationalen Herstellern konnte die deutsche Elektroindustrie ihre Leistungsfähigkeit beweisen. Oskar von Miller konzipierte die Münchner Ausstellung bewusst auf diese Vergleichbarkeit hin. Verschiedene Anwendungen implizierten verschiedene Lösungsansätze. Der direkte Vergleich mit internationalen Fabrikaten erhöhte auch den Druck auf die einheimische Industrie. Manche Firmen wollten sich in München dieser Konkurrenz lieber nicht stellen, nachdem die Internationale Elektrizitätsausstellung in Paris 1881 den Vorsprung Englands und der USA augenfällig gemacht hatte. Genau diejenigen Firmen, die München 1882 gemieden hatten, zeigten ihre Artikel 1883 auf einer kleinen «nationalen» elektrischen Ausstellung in Königsberg.[46] Während der späteren beruflichen Tätigkeit Millers wurde der Vergleich verschiedener Produkte geradezu zum Motor seiner Arbeit. Als unabhängiger

Ingenieur war er seit 1890 nicht mehr an Erzeugnisse einer Firma gebunden, sondern konnte für seine Projekte diejenigen Angebote auswählen, die ihm am geeignetsten erschienen.

Neben dem notwendigen internationalen Charakter war für die damaligen Elektrizitätsausstellungen der Innovationsgehalt entscheidend. Von herausragenden Präsentationen oder Versuchen war die langfristige Wirkung eines solchen Ereignisses abhängig. Miller erkannte diesen Mechanismus. Er wollte dabei nicht nur der Elektrotechnik, sondern sich selbst zum Durchbruch verhelfen. Für die Beurteilung von Millers Leistung im Jahr 1882 ist zu berücksichtigen, dass er noch kein ausgewiesener Fachmann in Fragen der Elektrotechnik war, sondern ein dilettierender Autodidakt. Umso schwieriger war es für ihn, die Anerkennung der Fachwelt zu erringen, besonders nachdem die Firma Siemens & Halske durch ihr Fernbleiben und durch ihre Kritik an der Ausstellung den Stab über ihn gebrochen hatte. Auch die in Berlin erscheinende und unter dem Einfluss von Werner von Siemens stehende «Elektrotechnische Zeitschrift» urteilte kurz nach der Eröffnung, dass die Münchner Ausstellung – abgesehen von der gelungenen Demonstration der Theaterbeleuchtung – «nicht viel wesentlich Neues» vorführe.[47] Dieses Verdikt erhöhte auf Miller den Druck, in München eine weitere herausragende technische Sensation zu zeigen. Sein Ausstellungs-Highlight sollte die Übertragung von Gleichstrom auf größere Entfernungen werden.

Die Wirkungsgeschichte der Münchner Ausstellung erklärt sich nicht nur durch die zufällige Dimension der Nachhaltigkeit des Gleichstrom-Experiments von Marcel Deprez. Sie definiert sich auch aus der angesprochenen Popularisierung der Elektrizität, die durch die Münchner Ausstellung entscheidend vorangetrieben wurde. Gerade weil sie in ihrer Präsentationstechnik traditionalistische Gestaltungselemente aus Kunst und Gewerbe einsetzte, vermied sie das Aufkommen von Berührungsängsten gegenüber der neuen Technik. Man war fasziniert von der einfachen Bedienbarkeit, den vielfältigen Einsatzmöglichkeiten sowie dem rückstandsfreien Verbrennen von Energie und begeisterte sich für Elektrizität, ohne an technische Probleme oder Kosten zu denken. Zielpublikum war nach 1880 das gehobene Bürgertum der Großstädte. Häufig beleuchtete man Theater, Restaurants, Bibliotheken oder Künstlerateliers, Einrichtungen also, die nur wenigen wohlhabenden Kreisen offen standen. Insofern war die Münchner Ausstellung konservativ, indem sie diese Tendenz stützte. Trotzdem versuchte Miller schon 1882, die Einschätzung der Elektrizität als Luxusgut zu durchbrechen. Bereits damals beschäftigte ihn in Ansätzen der Gedanke einer Nutzung von Strom für gewerbliche Zwecke. Damit eröffnete sich eine neue Dimension der Elektrizitätsversorgung. Das technische Problem der Kraftübertragung erweiterte sich für Miller zu einem Problem der Stromverteilung. Die Elektrizität ist für ihn in Ansätzen schon 1882 auch ein soziales Phänomen. Diesen Weg hat Oskar von Miller weiter beschritten. Allgemeine Stromversorgung hatte für ihn Zeit seines Lebens eine ebenso technische wie soziale Dimension.

Mit der Internationalen Elektricitäts-Ausstellung in München hatte Miller eine Stadt in den Mittelpunkt des nationalen und internationalen Interesses gerückt, die sich bis dahin weder als bedeutende Industriestadt noch durch spezifisch elektrotechnische Firmen ausgezeichnet hatte. Infolge der Ausstellung nahm die Elektrotechnik in München einen raschen Aufschwung. Es siedelten sich zunehmend Elektrizitätsfirmen an, auch wenn die Dominanz der Hauptstadt Berlin ungebrochen blieb.[48] In der Stadt des Bieres waren die Brauereien bei der Einführung der Elektrizität federführend, indem sie elektrische Stromerzeugungsanlagen und Beleuchtungen einrichteten. Auch die Elektrifizierung des Residenztheaters, ein frühes Projekt der neu gegründeten Deutschen Edison Gesellschaft, strahlte über Bayern hinaus. Von weit reichender Bedeutung war, dass von den Überschüssen der Internationalen Elektricitäts-Ausstellung in Höhe von rund 23400 Mark[49] durch den Polytechnischen Verein am 2. März 1883 eine «Elektrotechnische Versuchsstation» ins Leben gerufen wurde, die in den folgenden Jahrzehnten zahlreiche grundlegende Versuche durchführte.[50] Auch ein Elektrotechnisches Museum sollte im Zuge der Ausstellung von 1882 eingerichtet werden, doch kam es nie zur Ausführung. Oskar von Miller war in diese Planungen nicht mehr eingebunden, da er zu diesem Zeitpunkt bereits in Berlin arbeitete.

Nach der Internationalen Elektricitäts-Ausstellung 1882 in München war der bis dahin völlig unbekannte Bauingenieur Oskar von Miller ein Mann von internationalem Renommee. Miller wurde jetzt zur Gilde der Elektrotechniker gezählt, auch wenn er sich selbst nicht als Fachmann einschätzte. Als Laie hatte er sich in kürzester Zeit mit diesem für ihn neuen Fach vertraut gemacht, den 1881/82 noch übersichtlichen elektrotechnischen Markt und dessen Produkte mit allen Vor- und Nachteilen studiert und die wichtigsten Techniker und Ingenieure der Zeit persönlich kennen gelernt. Seine neu erworbene Fachkompetenz zeigt sich auch in der Beurteilung ausgestellter Maschinen, Kabel, Leitungsdrähte und Akkumulatoren, die er für den «Offiziellen Bericht über die im Königlichen Glaspalaste zu München 1882 unter dem Protektorate Sr. Majestät des Königs Ludwig II. von Bayern stattgehabte Internationale Elektricitäts-Ausstellung verbunden mit elektrotechnischen Versuchen» verfasste.[51] Miller war neben Wilhelm von Beetz und Emanuel Pfeiffer einer der Herausgeber des Werkes, das rund ein Jahr nach

Ausstellungsende erschien. Millers Urteil war jetzt auch auf internationaler Bühne gefragt. Kurz nach Abschluss der Münchner Ausstellung wurde Miller gebeten, bei der Internationalen Elektrischen Ausstellung in Wien 1883 als Fachgutachter mitzuwirken.

Beruflich strebte Miller noch immer den Staatsdienst an. Die bayerische Staatsregierung verhielt sich aber dem ambitionierten Ingenieur gegenüber reserviert. In Berlin verhandelte Miller bereits kurz nach dem Ende der Münchner Ausstellung mit Emil Rathenau über einen möglichen Eintritt in dessen Firma, der Société d'Étude, die 1883 in die «Deutsche Edison Gesellschaft für angewandte Elektricität» überführt wurde.[52] Auch in Münchner Wirtschaftskreisen hatten Millers Erfolge für Aufmerksamkeit gesorgt. Kurz nach Ausstellungsende bildete sich unter der Führung von Wilhelm Peter von Finck vom Bankhaus Merck, Finck & Co. das «Consortium für elektrotechnische Untersuchungen», das sich die Beobachtung der Fortschritte in der Elektrotechnik zur Aufgabe machte. Die vorsichtig formulierte Zielsetzung lässt erkennen, dass man auch in industriellen Kreisen noch unsicher darüber war, in welche Richtung sich die Elektrotechnik entwickeln würde und wie man sie am besten nützen könne. Dem Konsortium gehörten neben Finck der Industrielle Hugo von Maffei, Friedrich von Schauß, Direktor der Süddeutschen Bodenkreditbank, der Unternehmer Otto von Steinbeis in Brannenburg sowie weitere Personen aus dem Münchner Wirtschaftsleben an. Dieses Konsortium beauftragte Miller mit der Ausarbeitung eines Projekts zur Nutzung der Isar-Wasserkraft zwischen der Maximilians- und Prinzregentenbrücke.[53] Millers Vorschlag ging dahin, dort ein Elektrizitätswerk zu bauen, das die Münchner Theater, die Maximilianstraße, die angrenzenden Cafés und eine Straßenbahn betreiben sollte. Aufgrund der Verträge der Stadt München mit der Gasgesellschaft und der unklaren Besitzverhältnisse vor Ort blieb der Vorschlag liegen. Immerhin stellte das Konsortium dem jungen Miller 1000 Mark für eine Studienreise nach Frankreich, England und in die USA zur Verfügung, die auf dem Gebiet der Elektrotechnik teilweise führend waren. Miller sollte sich Kenntnisse über die internationale Entwicklung verschaffen. Die Finanzierung der Reise ist auch als Gefälligkeit des Bankhauses Merck, Finck & Co. an den Erzgießer Ferdinand von Miller anzusehen, dessen beruflich bislang unversorgter Sohn im Staatsdienst nicht Fuß fassen konnte. Das Bankhaus selbst war dem Erzgießer über die Eisenbahn-Actiengesellschaft Schaftlach verbunden, die 1882/83 die Sekundärbahn Schaftlach-Gmund-Tegernsee baute. Ferdinand von Miller stand an der Spitze des Aufsichtsrates, während Merck, Finck & Co. die Finanzierung übernahm.[54] Oskar von Miller erwarb zum Schein einige Aktien für den Vater, wurde aber in der Gesellschaft nicht aktiv.[55] Die vom Konsortium bewilligten Gelder hat Miller, seinen eigenen Angaben zufolge, später wieder korrekt zurückerstattet.[56]

Die Studienreise führte Miller von Anfang Mai bis August 1883 über Frankreich, Holland und England in die USA und von dort zurück nach München.[57] Von hier aus reiste er zur Internationalen Elektrischen Ausstellung nach Wien weiter. In Frankreich traf Miller erneut mit Marcel Deprez zusammen, der gerade bei der Compagnie du Chemin de fer du Nord unter verbesserten Bedingungen das Münchner Experiment wiederholte. In England lernte Miller den Bruder von Werner von Siemens, William, kennen, besichtigte die noch primitiven elektrischen Anlagen in den Bahnhöfen Londons und nutzte die Gelegenheit, an der Jungfernfahrt eines elektrisch angetriebenen Boots, der *Electricity*, auf der Themse teilzunehmen. Auch zu der ersten Fahrt mit einem Akkumulatorenwagen durch die Straßen Londons wurde Miller eingeladen. Um nicht in dichten Alltagsverkehr zu kommen, fand dieser Versuch früh morgens zwischen drei und vier Uhr statt. Trotzdem scheuten nach Millers Erzählung alle Pferde, weswegen man glaubte, dass es in London unmöglich sei, eine elektrische Trambahn einzuführen.[58] In den USA stand in New York zuerst der Besuch bei dem berühmten Thomas Alva Edison in dessen Laboratorium im Menlo Park auf dem Programm. Miller hat später amüsiert sein erstes Treffen mit Edison geschildert, den er anfänglich für einen Bürodiener gehalten und um die Weitergabe seiner Empfehlungsschreiben gebeten hatte.[59] Trotz dieses Fauxpas empfing

Anlässlich des Besuches in New York schenkte Thomas Alva Edison Oskar von Miller einen Elektromotor, 1883.

Edison den jungen Miller freundlich und eröffnete ihm die Möglichkeit, das ausgedehnte Laboratorium zu besichtigen. Miller war von der Vielzahl der Einrichtungen beeindruckt. Besonders die Modelle geplanter Zentralstationen für verschiedene amerikanische Städte waren für ihn aufschlussreich. Die Leitungssysteme waren dabei mit dünnen Drähten en miniature nachgebaut. Über sie wurde Strom geleitet und an dem simulierten Netz der Spannungsabfall gemessen. Die Modelle wurden dann mit entsprechend vergrößerten Proportionen und Querschnitten realisiert.

Versehen mit seinen Empfehlungsschreiben, wandte sich Miller anschließend an die United States Electric Lighting Company in Newark, um deren Fabriken zu besichtigen, die weitaus größer als die Edison'schen Anlagen waren. Hier empfing man ihn mit größter Reserviertheit, die sich erst legte, als Miller sich als Mitveranstalter der Münchner Elektrizitätsausstellung zu erkennen gab. Mit Edward Weston, dem Erfinder verschiedener Dynamomaschinen und Bogenlampen, besuchte er die weitläufigen Produktionsanlagen, in denen Lampenkohlen, Akkumulatoren, Bogenlampen und Dynamomaschinen hergestellt wurden. Bei Weston hatte Miller Gelegenheit, dessen neuesten Regulator und eine neue Wickelung der Dynamomaschine zu studieren, mit der eine oder 1000 Lampen gleichzeitig betrieben werden konnten. Da Miller die Zuschaltungen der Lampen anzweifelte und großspurig eine Messung forderte, kam er in einige Verlegenheit, als Weston ihm ganz unerwartet die dafür notwendigen Instrumente zur Verfügung stellte. Da Miller solche Messungen noch nie durchgeführt hatte, war er auf die Unterstützung Westons angewiesen, die er sich trickreich erschlich, ohne dass dieser Millers Unkenntnis durchschaute. Immer wenn Miller nicht weiterwusste, bat er Weston, die Drähte anzuschließen oder ein Ergebnis abzulesen, um ihn bei der nächsten Versuchsreihe genauestens zu imitieren.[60]

Von New York reiste Miller nach Boston und weiter nach Chicago, wo damals eine große Eisenbahnausstellung stattfand. Dort traf er den amerikanischen Industriellen George Mortimer Pullmann, der ihn in seine neu gegründete Fabrikstadt Pullmann City mit der Fabrik für Schlafwagen, Eisenbahnwaggons und Speisewagen sowie in die benachbarte Arbeiterstadt mit gemeinnützigen Einrichtungen führte. Über St. Paul und Minneapolis fuhr Miller nach Livingstone zum Yellowstone Nationalpark. Nach einem Eisenbahnunfall, bei dem sich Miller ein Bein einquetschte, kehrte er über St. Paul, Niagara, Philadelphia und Washington nach New York zurück. Dort besuchte er erneut Edison, der ihm zur Erinnerung einen kleinen Elektromotor mit eingravierter Widmung schenkte. Heute befindet sich der Motor im Deutschen Museum.[61] Anfang August schiffte er sich dann nach Europa ein. Erneut traf er in England mit William Siemens zusammen, um mit ihm an einer Debatte des Oberhauses über die Einführung von elektrischer Straßenbeleuchtung teilzunehmen.

Von seiner Amerikareise brachte Miller zahlreiche Anekdoten und Erzählungen mit, u. a. von einem Trinkgelage im Yellowstone Nationalpark mit Münchner Pschorr-Bier oder seiner ersten Begegnung mit einem Indianer. Das ist größtenteils in Walther von Millers quellengetreuer Darstellung seines Vaters nachzulesen.[62] Die amerikanischen Erfahrungen vertieften Millers Einblick in die internationale Entwicklung der Elektrotechnik. Gleichzeitig verfestigte sich in ihm der Gedanke, Wasserkräfte für die Stromerzeugung zu nutzen. Das Potenzial des Mississippi für die Wasserwirtschaft und die Flussschifffahrt, das der junge Bauingenieur während seiner Reise kennen gelernt hatte, sowie die mächtigen, noch ungenutzten Wassermassen der Niagarafälle verstärkten diese Idee. Gerade in Bayern mit seinen wasserreichen Gebirgsflüssen sah Miller ungeheure Möglichkeiten. Nach seiner Rückkehr verhandelte er wegen der Einrichtung eines von ihm geleiteten staatlichen Büros zur Nutzung der bayerischen Wasserkräfte erneut mit dem Bayerischen Staatsministerium des Innern.[63] Wieder verhielt sich das Ministerium abwartend. Interessanterweise wurde die von Miller vorgeschlagene «Abteilung für Wasserkraftausnützung und Elektrizitätsversorgung» erst rund 30 Jahre später im Zusammenhang mit dem Ausbau des Walchenseewerks gegründet.

Miller fuhr fast direkt nach seiner Rückkehr aus den USA zur Internationalen Elektrischen Ausstellung nach Wien weiter. Dort hatte man, analog zur Münchner Ausstellung, eine Prüfungskommission gebildet, die nach dem Vorbild der Münchner Ausstellung die gezeigten Produkte testen sollte. Die Wiener Ausstellung war deutlich größer und «imponierender» als die Münchner.[64] Trotzdem zeigte sich Miller nach den ersten Tagen enttäuscht, da sie wenig Neues bot und zu sehr den vorangegangenen Ausstellungen in Paris und München ähnelte. Die Absicht der Ausstellungsleitung, dieses Manko durch die Versuchskommission auszugleichen und der Ausstellung einen wissenschaftlichen Charakter zu geben, kommentierte Miller in einem Brief an seine Braut Marie knapp mit «Diese Schaafsköpf!»[65] Miller selbst fühlte sich in Wien wenig gefordert. Schon bald nach Beginn der Ausstellung kam ihm der Gedanke, eine internationale Kommission zur Beratung von Gesetzen für Unternehmungen der Elektrotechnik ins Leben zu rufen. Den Vorteil eines solchen Gremiums sah er darin, Messungen und Versuche zu vereinheitlichen und zu normieren, gleichzeitig aber auch Staaten, Städten und einzelnen Elektrotechnikern eine Hilfestellung zu bieten.[66] Allerdings war Millers Handlungsfreiheit als bayerischer Kommissär eingeschränkt, da er in Wien keinen direkten Auftrag seiner Regierung hatte.

Offiziell stand Oberbaurat Max Georg Siebert an der Spitze der bayerischen Delegation. Erst nachdem sich Miller mit ihm abgestimmt hatte, konnte er tätig werden. Am 24. September 1883 begründete Miller vor der Ausstellungsleitung seinen Antrag auf Einrichtung einer Normkommission. Der Vorschlag wurde einstimmig angenommen und Miller als Schriftführer des neuen Gremiums eingesetzt. Mit der Übertragung dieses Amtes war klar, dass Miller die Arbeit erledigen sollte, während formell der Wiener Telegrafenfachmann und Ministerialrat im Technischen Department, Hofrat Hermann Militzer, an der Spitze stand. «Ich kann nach unseren modernen Verhältnissen als Praktikant nicht Präsident einer internationalen Commission sein, die allen Staaten Gesetzesvorschläge machen soll», klagte Miller.[67] Sein Engagement wurde zudem von den arrivierten Professoren und Beamten mit Misstrauen betrachtet, da er sich ihrer Ansicht nach zu viele Rechte herausnahm, wie Kittler und Voit klagten.[68] Obwohl seine Vorschläge vielfach auf Widerstand stießen, wurden sie letztlich doch angenommen. Miller allerdings ging die Arbeit viel zu langsam voran, was seiner Meinung nach daran lag, dass die anderen Kommissionsmitglieder «Schlafhauben» seien.[69]

Millers Eintreten für eine internationale Normkommission ist auch durch seine persönliche Situation bedingt. Noch immer war er, der «Baupraktikant», ohne Titel und Renommee, ja ohne feste Stelle. Seine Vorschläge zielten darauf ab, dem von ihm angeregten Büro für Elektrotechnik ein weiteres Tätigkeitsfeld zu eröffnen. Vor diesem Hintergrund ist auch sein überraschender Vorstoß in Wien zu sehen, in allen Staaten Büros einzurichten, welche Gemeinden und Einwohner beim Abschluss von Verträgen in Fragen der Elektrizität beraten sollten.[70] Der Wink an die bayerische Regierung war überdeutlich. Fast der gesamte Aufenthalt Millers in Wien war von seinem Wunsch bestimmt, endlich eine Staatsstelle zu erhalten. In den Briefen an seine Braut Marie war fast durchgängig von den meist erfolglosen Verhandlungen mit der bayerischen Regierung die Rede. Umso mehr ärgerte ihn, dass er in Bayern zu subalternen Tätigkeiten beim Straßen- und Flussbauamt München versetzt werden und an der Isar Flussprofile aufnehmen sollte.[71] Die Diskussion um seine Stellung im bayerischen Staatsdienst verschärfte sich, als Miller in Wien erneut Emil Rathenau traf. Rathenau hatte von Millers Interesse an der Elektrotechnik gehört und bot ihm am 9. Oktober 1883 die Stelle eines Direktors der im März des Jahres neu gegründeten «Deutschen Edison Gesellschaft für angewandte Elektricität» (DEG) in Berlin an. Rathenaus Motivation für eine Einstellung Millers dürfte darin gelegen haben, dass er das Talent des jungen Ingenieurs und seine Begeisterungsfähigkeit für die Elektrotechnik erkannt hatte; gleichzeitig sah er in ihm den geeigneten Mann, der die hoch fliegenden Pläne der jungen DEG aufgrund seiner herausragenden Rhetorik an potenzielle Kunden «verkaufen» konnte. Um Rathenaus Angebot Nachdruck zu verleihen, war bei dem Gespräch mit Miller der europäische Repräsentant Edisons, Joshua Franklin Bailey, als Vertreter der Compagnie Continentale Edison in Paris, anwesend. Das Angebot war mehr als verlockend: Rathenau versprach Miller ein Gehalt von jährlich 20 000 Mark, darüber hinaus Einnahmen aus Tantiemen.[72] Diese Tantiemen waren auf zwei Prozent des bilanzierten Reingewinns festgesetzt. Arbeitsbeginn sollte der 1. Dezember 1883 sein. Für Miller, der als Baupraktikant nicht einmal ein Zehntel der Summe verdiente, war diese Perspektive verlockend. Allerdings nahm er die glänzende Offerte nicht blindlings an, sondern erkundigte sich insgeheim bei Werner von Siemens genauer über die Gesellschaft. Siemens vermittelte Miller einen positiven Eindruck.[73] Mit dem konkreten Angebot der Deutschen Edison Gesellschaft wandte sich Miller erneut an die bayerische Regierung, legte ihr den Brief Rathenaus vor und bat um eine Staatsstellung. Wieder lehnte die Regierung ab. Am 5. November 1883 fiel Millers Entscheidung zugunsten der DEG, am 19. November wurde er offiziell zum Direktor und Mitglied des Vorstands gewählt. Miller erhielt von der Regierung in München auf seinen Antrag hin offiziell Urlaub, um die Stelle in Berlin antreten zu können. Diese Nachricht sei ein «Scheidegruß von einer schönen, recht schönen Heimath, sie wirft uns von dem sicheren Wege einer Staatscarriere in eine gewagte, ungewisse Bahn von gefährlichen Unternehmungen», schrieb Miller an Marie.[74] Leicht hatte sich Miller die Entscheidung nicht gemacht. Die Verbundenheit mit München und Bayern, die Aufgabe einer Staatsstellung, aber auch die Sorge, ob er sich in der Praxis für die Direktorenstelle als geeignet erweisen würde, ließen Miller lange zögern. «Ich habe Angst, daß ich der neuen Stellung nicht gewachsen sein werde.»[75] «Viele Leute werden sagen, daß es unbegreiflich ist, daß die Edison Compagnie keinen besseren Elektriker als mich zum Direktor gefunden hat.»[76] Am 2. Dezember 1883 unterschrieb Oskar von Miller seinen Arbeitsvertrag bei der DEG.[77] Er war ursprünglich auf die Zeit vom 1. Januar 1884 bis 1. Januar 1889 befristet und verlängerte sich stillschweigend um jeweils ein Jahr. Interessant ist ein Passus im Vertrag, der Miller verpflichtete, seinen Wohnsitz in München zu nehmen, sofern ihm der Aufsichtsrat die Stellung eines Vorstandsmitglieds bei einer eventuell zu errichtenden Zweigniederlassung in Süddeutschland übertragen sollte.[78] Dieser Absatz weist darauf hin, dass Miller so rasch als möglich eine Stelle in Bayern anstrebte. Auch die DEG plante offensichtlich zu diesem Zeitpunkt eine Ausdehnung nach Süddeutschland. Sie wurde allerdings erst Jahre später mit einem Zweigbüro verwirklicht.

Direktorenzeit bei der AEG

Mit seinem Dienstantritt im Dezember 1883 als Direktor bei der Deutschen Edison Gesellschaft in Berlin wechselte Oskar von Miller in eine für ihn ungewisse Zukunft. Das Unternehmen war erst kurz vorher von Emil Rathenau als Aktiengesellschaft gegründet worden. Ein wirtschaftlicher Erfolg war angesichts der hohen Investitionskosten, welche die ersten Beleuchtungsanlagen verschlangen, ungewiss.

Bei der Deutschen Edison Gesellschaft traf Miller mit einem Mann zusammen, der ihm nicht unähnlich war. Trotz eines Altersunterschiedes von siebzehn Jahren findet sich bei Rathenau und Miller eine Reihe biographischer Parallelen.[79] Beide waren studierte Maschinenbauer, die mit Elektrotechnik ursprünglich nichts zu tun hatten. Beide aber waren von den Möglichkeiten der Elektrizität gleichermaßen fasziniert. Rathenau war wie Miller keine Erfinderpersönlichkeit, sondern seine Vorzüge lagen in der Fähigkeit zum systemischen Denken, im Talent, Menschen wie Institutionen für ein unternehmerisches Risiko zu begeistern, und in der für einen Newcomer notwendigen Zähigkeit, Rückschläge wegzustecken. Die Stärke beider, dies zeigte sich bald, lag darin, sich als Unternehmer einen Markt zu schaffen, um dann die Produkte dort verkaufen zu können.

Rathenaus Lebensweg war sprunghaft verlaufen. Nach kurzer Angestelltentätigkeit bei der Lokomotivfabrik A. Borsig im Jahre 1865 hatte er sich für den Kauf der Maschinenfabrik M. Weber in Berlin entschieden, wobei dies nur dank der finanziellen Unterstützung seines Schulfreundes Julius Valentin möglich war. Die Gewinne bei der Umstellung der Firma auf Rüstungsgüter während des Deutsch-Französischen Krieges 1870/71 hatten Rathenau zum Ausstieg aus der Firma bewogen, so dass er bei deren Konkurs 1875 als Teilhaber nicht mehr haftbar war. Der Verkauf hatte ihn finanziell so unabhängig gemacht, dass er sich mit 38 Jahren vorläufig aus dem Berufsleben zurückziehen konnte. Auf der Suche nach einem neuen Betätigungsfeld hatte sich Rathenau erst für das Telefon, dann 1877 für die elektrische Beleuchtung interessiert. In beiden Fällen bemühte er sich um eine Zusammenarbeit mit dem Doyen der deutschen Elektrotechnik, Werner von Siemens, beide Male allerdings vergeblich. Auf der Internationalen Elektrizitätsausstellung in Paris 1881 erkannte Rathenau den Vorteil der elektrischen Kohlenfadenlampen Edisons gegenüber herkömmlichem Bogenlicht. Die Edison-Lampen waren vielseitiger einsetzbar, langlebiger und leicht auswechselbar. Besonders die Beleuchtung kleinerer Räume durch Glühlampen überzeugte Rathenau. Um die Patente Edisons erwerben zu können, war Rathenau auf die finanzielle Unterstützung von Kreditinstituten angewiesen.

Gemeinsam mit dem Bankhaus Gebr. Sulzbach, der Nationalbank für Deutschland und dem Bankhaus Jacob Landau gründete er am 22. April 1882 eine «Société d'Étude», deren Zweck die Demonstrierung des elektrischen Lichts sein sollte. Gemeint war damit die Installation von Beleuchtungsanlagen mit Glühlampen. Der Erfolg der Studiengesellschaft sollte die Voraussetzung für eine spätere Fabrikationsgesellschaft sein.

Für die neue Studiengesellschaft Rathenaus war die Internationale Elektricitäts-Ausstellung in München die Chance, die Leistungen der Edison'schen Lampen zu demonstrieren, dies umso mehr, nachdem Siemens & Halske frühzeitig ihre Teilnahme abgesagt hatte. Unter dem Namen «Société électrique Edison» präsentierte Rathenau die Produktpalette Edisons und die unterschiedlichen Anwendungsmöglichkeiten,[80] so den Edison-Phonographen, verschiedene Dynamos, Regulatoren, Messapparate sowie Pläne und Zeichnungen der Edison-Anlagen in New York. Gleichzeitig übernahm er die Beleuchtung mehrerer Ausstellungsräume (Bibliothek, Restaurant, Theater), die Straßenbeleuchtung in der Arcisstraße und sogar die elektrische Beleuchtung eines Eisenbahnzuges auf der Strecke von München nach Starnberg. Die Bedeutung Edisons für die Münchner Ausstellung kam auch darin zum Ausdruck, dass der Ausstellungskatalog ein eigenes Kapitel zum «Edison-Licht» enthielt.[81] Das vehemente Engagement Rathenaus in München war der Hintergrund für das enge Verhältnis zwischen ihm und Oskar von Miller seit 1882. Rathenau hatte ohne Zweifel durch seine Beteiligung Millers Elektrizitätsausstellung gerettet, die bei seinem Fernbleiben wohl nicht stattgefunden hätte.

Um die Verwertungsrechte der Edison-Patente für Deutschland endgültig zu erhalten, musste sich Rathenau mit Werner von Siemens verständigen, der erfolglos die Herstellung einer eigenen Glühlampe versuchte, durch eine Lizenzvereinbarung mit der Compagnie Continentale Edison aber wenigstens frühzeitig ein Nutzungsrecht der Edison'schen Patente erworben hatte. Der Ausgleich gelang nach komplizierten Verhandlungen, die sich über Monate hinzogen und oft «höchst unerquicklich» waren.[82] Am 13. März 1883 wurde der Gründungsvertrag der Aktiengesellschaft «Deutsche Edison-Gesellschaft für angewandte Elektricität» (DEG) unterzeichnet.[83] Vertragspartner waren die drei schon genannten Bankhäuser und die Compagnie Continentale Edison bzw. Société électrique Edison. Siemens & Halske wurde aufgrund der bestehenden Lizenzverträge einbezogen.

Kern der Vereinbarungen war die Nutzung der Edison-Patente für Beleuchtungsanlagen und der Bau von Zentralstationen. Für die neue Gesellschaft war der Vertrag ausgesprochen ungünstig. Um Siemens & Halske zu einem Ausgleich zu bewegen, musste die DEG auf eine eigene Fabrikation von Maschinen, Apparaten und Kabeln verzichten und sie von Siemens & Halske kaufen; diese wiederum bezog die Modelle für die Maschinen direkt von Edison. Der DEG blieb nur die Produktion von Glühlampen, deren Fertigung dagegen Siemens & Halske untersagt war. Durch den Vergleich mit Siemens & Halske war zwar die direkte Konkurrenz mit einem übermächtigen Gegenspieler vermieden worden, andererseits war die Abhängigkeit von Siemens unübersehbar. Einzig auf die Herstellung von Zentralstationen hatte Werner von Siemens verzichtet, da er in diesem Geschäftszweig keine wirtschaftlichen Möglichkeiten sah. Vertragsgemäß wurde Rathenau von der DEG als Direktor angestellt. Im gleichen Jahr stießen mit Felix Deutsch als Prokuristen und Paul Mamroth als für die Finanzen Verantwortlichem zwei weitere langjährige Führungskräfte zur DEG.[84] Mit Miller wurde die Führungsriege des neuen Unternehmens komplettiert.

Die Arbeit Oskar von Millers bei der DEG konzentrierte sich in den ersten Jahren auf zwei Schwerpunkte, die Beleuchtung von Theatern und den Bau von Zentralstationen. Das Thema der Theaterbeleuchtung spielte nach zahlreichen Bränden, besonders nach der erst kurz zurückliegenden Brandkatastrophe im Wiener Ringtheater im Jahre 1881, bei der 384 Menschen durch eine Gasexplosion ums Leben gekommen waren, in der Öffentlichkeit eine große Rolle. Allein im Jahr 1882 gab es weltweit 47 Theaterbrände[85]. Die Umstellung der Beleuchtung von Schauspielhäusern von Gas auf Strom war in erster Linie dem Sicherheitsbedürfnis zu verdanken. Ein weiterer Vorteil der elektrischen Beleuchtung war, dass das elektrische Licht völlig geruchsfrei war und kaum Hitze an die Umgebung abgab. Schon bald erkannten die Regisseure auch das dramaturgische Potenzial der Elektrizität, bot doch der Strom durch das Spiel mit der Helligkeit der Lampen oder durch einen Wechsel in der Lichtfarbe mit Hilfe vorgeschobener bunter Glasschirme neue Möglichkeiten. Früh wurde das elektrische Licht für Theatereffekte eingesetzt. In der Kampfszene von Gounods Oper «Margarethe» verband man beispielsweise die Degen der beiden Fechter mit je einem Pol des Stromerzeugers, so dass «bei jeder Berührung der Klingen die Funken aus derselben hervorsprühten, was einen ganz unheimlichen und höllischen Eindruck machte».[86] Miller hatte mit dem von ihm konzipierten Versuchstheater auf der Münchner Elektrizitätsausstellung den Weg für eine moderne Theaterbeleuchtung bereitet. Rathenau, der mit seiner Studiengesellschaft die elektrische Anlage ausgeführt hatte, profitierte in den folgenden Jahren unmittelbar von diesem Erfolg, besonders da eine 1882 in München tagende Versammlung deutscher Theaterdirektoren die Elektrizitätsausstellung besuchte und das elektrische Licht einstimmig begrüßte.[87] Darüber hinaus waren Theater Objekte mit hohem Prestigewert. Der Nische der Theaterbeleuchtung nahm sich die Deutsche Edison Gesellschaft an, da dieser Geschäftszweig rasche Abschlüsse erwarten ließ. Zudem hatte der Vertrag mit Siemens das Beleuchtungsgeschäft mit Edison-Lampen ausschließlich der DEG überlassen; somit gab es in Deutschland keine nennenswerte Konkurrenz. Gleichzeitig bot sich für den Newcomer der Deutschen Edison Gesellschaft ein öffentlicher Raum mit hohem Multiplikationsfaktor für die neue Technologie. Da die Stromversorgung in den ersten Jahren auf isolierte Einzelanlagen beschränkt war, mussten einzelne Aufträge mühsam eingeworben werden; erfolgreiche und bekannte Musteranlagen halfen bei diesen Anstrengungen sehr. Mit seiner Studiengesellschaft hatte Rathenau schon 1882 die elektrische Beleuchtung des Residenz- und des Nationaltheaters in München sowie des Hoftheaters in Stuttgart übernommen. Für das Residenztheater wurde eine Anlage mit 800 Edison-Lampen konzipiert.[88] Sie war eine «Rieseninstallation», die in dieser Art noch an keiner anderen Stelle gebaut worden war. Miller, der die Errichtung seit seinem Eintritt in die Firma betreute, hatte ihretwegen schlaflose Nächte.[89]

Der große Erfolg der ersten Theaterbeleuchtungen legte den Grundstein für die führende Position der DEG auf dem Gebiet der Theaterbeleuchtung, die über Jahre Bestand hatte. Sicherheit als Vision, welche die Deutsche Edison Gesellschaft mit ihren Theaterbeleuchtungen versprach, strahlte auf andere öffentliche Versammlungsräume – Lokale, Restaurants – aus, die zum Glühlicht überwechselten. Ein Erfolg für die DEG waren die Aufträge für die beiden prominenten Berliner Lokale des «Union-Clubs» in der Schadowstraße und der «Ressource von 1794» in der Dorotheenstraße, deren Beleuchtungsanlagen Mitte des Jahres 1882 installiert worden waren.

Die Jahre, in denen Miller bei der DEG arbeitete, bildeten die Pionierzeit der Elektrizitätsversorgung in Deutschland. Das damalige Vorgehen war, den Strom jeweils mit Hilfe einer eigenen Anlage an der Stelle zu erzeugen, an der er verbraucht werden sollte. Jedes Lokal und jedes Gebäude musste separat mit Strom versorgt werden. Dieses Prinzip der Einzelstation bedeutete, dass eine mit Kohle betriebene Dampfmaschine einen Generator anregte, der dann den Strom zu den Beleuchtungseinrichtungen übertrug. Da gerade ältere Bogenlichtlampen jeweils eine Maschine als Einzelantrieb erforderten und ein Zusammenschalten der Antriebe schwierig war, ergaben sich erhebliche technische Probleme bei jeder Vergrößerung der Versorgungseinheiten. Um Erfahrungen bei der gleichzeitigen Versorgung mehrerer Häuser zu gewinnen, gingen Rathenau und Miller Anfang 1883 daran, kleine Anlagen, so genannte «Blockstationen», zu konzipieren. Die Probleme waren vielfältig. Zum einen waren die damals gebauten elektrischen Maschinen technisch noch unausgereift. Meist, so schildert Oskar von Miller anekdotisch die gängige Abnahmepraxis neuer Maschinen, überzeugte man sich, «ob sie sehr stark oder nur wenig ‹funkte› [...] die Erwärmung der Maschine wurde durch Auflegen der Hände kontrolliert».[90] Miller sorgte in den ersten Monaten seiner neuen Tätigkeit dafür, dass neu gelieferte Maschinen genau geprüft, gemessen und erst dann abgenommen wurden. Hier kamen ihm seine Erfahrungen in der Prüfungskommission der Münchner Ausstellung und aus den USA zugute. Ebenso verbesserte er das willkürliche Installationswesen durch die Einführung von Plänen und Materiallisten.

Bei der Ausweitung des Versorgungsgebietes spielte die Anlage für das «Café Bauer» an der Ecke Friedrichstraße / Unter den Linden eine besondere Rolle. Ursprünglich war sie allein für die Elektrizitätsversorgung des «Café Bauer» geplant, wurde aber dann zur ersten Blockstation Deutschlands ausgebaut. Von hier aus wurden mehrere Gaststätten und Läden im angrenzenden Häuserblock mit Strom beliefert. Kesselhaus und Maschinenraum waren in dem Gebäude Friedrichstraße 85 untergebracht, das die DEG zu diesem Zweck erworben hatte. Ausgestattet war die Blockstation mit vier Dampfmaschinen von je 65 PS Leistung, die Generatoren von 100 Kilowatt Leistung bei 100 Volt Gleichstrom antrieben. Sie versorgten insgesamt 1800 Glühlampen und 18 Bogenlampen mit Strom. Aufgrund der prominenten Lage des Objekts mussten Miller und Rathenau besonders auf einen niedrigen Geräuschpegel, geringe Rauchbildung und hohe Sicherheit achten. Hinzu kamen die technischen Schwierigkeiten, die häufig von einer übermäßigen Erwärmung der Dynamomaschinen herrührten, was dazu führte, dass sich die Dynamowellen festfraßen. Um dies zu verhindern, mussten Rathenau und Miller spontan «kalte Umschläge auf die Maschinenlager machen», der Dienst habende Oberingenieur lief ins «Cafe Bauer», um Personal und Gäste auf eine wahrscheinliche Unterbrechung der Beleuchtung vorzubereiten.[91] Ursache für die Überhitzung war meist das mangelhafte Zusammenspiel der sich langsam drehenden Dampf- und der schnell laufenden Dynamomaschinen. Dadurch wurden beide ungleichmäßig belastet. Erst als es allmählich gelang, die Tourenzahl der Ersteren zu erhöhen und die der Zweiten zu verringern und so beide anzugleichen, erzielte man brauchbare Ergebnisse. Für nahezu jede Anlage mussten die Dynamo- und die Dampfmaschinen umkonstruiert werden, eine Aufgabe, die Rathenau oft tagelang beschäftigte.[92] Noch komplizierter wurde es, sobald eine Dampfmaschine zwei Dynamos antreiben sollte. «Es zeigte sich, daß nur eine Maschine Strom gab und diese nicht nur die ganze Beleuchtung übernahm, sondern auch noch die andere Maschine als Motor trieb.» Dadurch wurde der Kohlenverbrauch enorm gesteigert. Oskar von Miller hat einen Wutausbruch Rathenaus nach zahlreichen gescheiterten Versuchen festgehalten:

«Wir müssen den Aktionären offen sagen, dass wir Esel und der Edison ein Lump ist, dass die ganze Elektrotechnik ein Schwindel ist und dass wir nicht das Recht haben, das Geld der Aktionäre in den Dampfmaschinen und den Apparaten von Edison zu verpuffen.»[93]

Erst als es Miller gelang, durch Strommessungen und durch die Entwicklung eines primitiven «Maschinenampèremeters» den Stromfluss zu überwachen,[94] bekam man dieses Problem in den Griff.

Trotz besonderer Anstrengungen gelang es nicht, die Station in der Friedrichstraße fristgerecht zu eröffnen. Miller berichtete in einem Brief an seinen Vater Ferdinand über die Schwierigkeiten:

«Wir wollten schon vor 14 Tagen unsere erste Centralstation eröffnen, aber noch immer müssen wir Versuche u. Proben machen, um uns mit dieser ersten wichtigsten Anlage nicht zu blamiren. Alle Tage machen die Arbeiter einen anderen Fehler u. bis nicht alle Unglücksfälle, die überhaupt möglich sind, auch wirklich von den Arbeitern selbst durchgemacht sind, eher kommen wir nicht in einen ungestörten Betrieb. Unsere Maschinen Anlage, die in einem Keller sich befindet, ist die reinste Teufelsküche, einmal bläst der Dampf aus, dann gehen die Maschinen durch, dann schmilzt ein Kupferstab u. s. w. u. s. w. Ich wurde recht an die Zeit erinnert von der mir Edison erzählte, als er 3 Monate lang seine Centrale nicht in Gang brachte u. es fast schon für unmöglich hielt.»[95]

Erst am 13. September 1884 konnte die Blockstation eröffnet werden.[96] Die angeschlossenen Lokale waren zur Eröffnung voller Menschen. Während Miller im Maschinenhaus die Anlage in Betrieb nahm, wartete Rathenau mit seiner und Millers Frau in den «Kaiserhallen» auf das elektrische Licht. Für einige Stunden ging alles gut, dann drohten wegen eines Bedienungsfehlers alle Lichter auszugehen. Nur dank des schnellen Eingreifens Millers und des Umschaltens auf eine Reservemaschine konnte eine Blamage bei der Eröffnung vermieden werden.[97]

Die Prestigeobjekte der Deutschen Edison Gesellschaft, so zahlreich sie waren, konnten nicht darüber hinwegtäuschen, dass eine Versorgung mit Strom über ein paar Häuserblocks hinaus nur über eine öffentliche Stromversorgung zu erzielen war. Es hatte sich gezeigt, dass der Betrieb privater Einzelanlagen – auch wenn der Strom teuer verkauft wurde – langfristig unrentabel sein würde. Eine Strategie der DEG bestand schon im Herbst 1884 darin, die Geschäfte nach Österreich, Russland, Schweden, Schweiz und Holland auszudehnen, um über mehr internationale Anlagen Geld zu verdienen. Die andere Zielrichtung war, in Berlin eine kommunale Stromversorgung aufzubauen. Bei dem damaligen Stand der Übertragungsmöglichkeiten von Strom konnte an eine großflächige Versorgung noch nicht gedacht werden. Die Idee war, im Zentrum der Stadt, wo finanzstarke Geschäfte und wohlhabende Bürger angesiedelt waren, so genannte «Zentralstationen» zu errichten, über die der Einzelkonsument versorgt werden sollte. Neuartig an diesem Konzept der Deutschen Edison Gesellschaft war, dass eine Firma in Eigeninitiative eine Zentralstation finanzieren und errichten sollte. Sobald sich eine Station rentierte, wollte man diese an die Kommune verkaufen, um mit dem Kaufpreis weitere Stationen im gleichen Ort oder in anderen Städten zu bauen. Wer Urheber dieser Idee war, ist heute nicht eindeutig feststellbar. Miller hat dieses Konzept in seiner späteren beruflichen Laufbahn häufig angewandt. Da aber die ersten Verhandlungen mit der Stadt Berlin schon unmittelbar nach Millers Eintritt in die Deutsche Edison Gesellschaft begannen, dürfte vermutlich eher Emil Rathenau als geistiger Urheber dieser Idee gelten. Die Geschäftsidee Rathenaus wurde später auch von anderen Firmen kopiert, so von Schuckert & Co. in Nürnberg, W. Lahmeyer in Frankfurt, Brown, Boveri & Cie in Mannheim und Helios in Köln.[98]

Die Stationen und das dazugehörige Leitungsnetz sollten dabei auf Kosten der DEG errichtet werden. Allerdings war die Zustimmung der Stadt notwendig, da die Kabelführung unterirdisch auf öffentlichem Grund entlang der Straßen erfolgen musste. Mit der Nutzung öffentlicher Straßen spricht man von einer «öffentlichen» Stromversorgung, auch wenn Bau und Betrieb der Zentralstation ausschließlich in Privathand lagen. Praktisch mit Eintritt Millers begannen die Verhandlungen mit den Vertretern der Stadt. Gegen die Entrichtung eines zehnprozentigen Anteils vom Bruttogewinn wurde der DEG ein Konzessionsgebiet mit einem Radius von rund 800 Metern um den Werderschen Markt zugesprochen, in dem die Gesellschaft Kabel verlegen und eine öffentliche Straßenbeleuchtung einrichten durfte.[99] Im Februar 1884 unterzeichneten die Direktoren Rathenau und Miller den Vertrag für die DEG. Für die Realisierung wurden Anfang Mai 1884 die «Städtische Elektricitäts-Werke AG» (StEW), Vorläuferin der heutigen «Bewag», gegründet. Obwohl als «städtisch» bezeichnet, waren die Städtischen Elektricitäts-Werke von 1884 bis 1915 ein privatwirtschaftliches Unternehmen. Das Grundkapital betrug drei Millionen Mark und wurde von der DEG eingebracht. Erst später stiegen die Hausbanken der DEG ein. Auch alle Maschinen und Betriebsmittel musste die DEG bezahlen. Zum Leiter des Unternehmens bestimmte man, vermutlich als Zugeständnis an die Stadt Berlin, den Geheimen Postrat Julius Ludewig; Oskar von Miller trat in den Aufsichtsrat ein.

Der geplante Bau von Zentralstationen erweiterte das Konzept der Blockstation räumlich um mehrere Hundert Meter. Geplant waren anfangs Zentralstationen in der Markgrafen- und der Mauerstraße. Während die Blockstation in der Friedrichstraße auf Kosten der DEG errichtet worden war, sollten die Zentralstationen zwar von der DEG, aber im Auftrag und auf Rechnung der neu gegründeten Städtischen Elektricitäts-Werke gebaut werden. Vorbild der Einrichtung war die 1882 von Edison in der New Yorker Pearl Street geschaffene Anlage,[100] die Rathenau und Miller selbst besucht hatten. Der Bau der Zentrale in der Markgrafenstraße 44 scheint ähnlich unerfreulich verlaufen zu sein wie die Errichtung der Blockstation in der Friedrichstraße. Die damit verbundenen Aufgaben waren technisch völlig neuartig und schwierig. Für ihre Lösung gab es meist keine Vorbilder, die Rathenau und Miller nachahmen konnten. Bei allen auftretenden Schwierigkeiten mussten sie jeweils eine individuelle Lösung finden, was die Arbeiten stark verzögerte.

Die Anlage in der Markgrafenstraße bestand aus sechs Dampfmaschinen mit 180 PS Leistung, wobei jede Maschine zwei Gleichstromgeneratoren mit je 45 Kilowatt antrieb. Die Generatorspannung betrug 100–120 Volt Gleichstrom. Das Kraftwerk mit einer Gesamtleistung von 540 Kilowatt Leistung versorgte im Jahre 1885 nur 28, ein Jahr später bereits 156 Konsumenten. Aus diesen Zentralstationen führten Hauptleitungen heraus, so aus der Markgrafenstraße beispielsweise 28 Stränge, mit denen so genannte Verteilungsleitungen verbunden waren, welche die einzelnen Häuserblocks umschlossen, zusammen also ein kleines Netz bildeten.

Man zögert, bei einem Kundenstamm von 28 Konsumenten von einer öffentlichen Elektrizitätsversorgung zu sprechen. Die frühen Berliner Zentralstationen kamen wie die Blockstationen nur ausgewählten Abnehmern zugute. Zu den Nutzern der Zentrale Markgrafenstraße, die am 15. August 1885 eröffnet wurde, gehörten u.a. das Königliche Schauspielhaus, die Reichsbank und einige renommierte Restaurants. Eine allgemeine Nutzung war schon aufgrund des hohen Strompreises nicht zu erwarten. Der Tarif sah pro Lampenbrennstunde einen Preis von vier Pfennig vor. Eine 16-kerzige Edison-Lampe hatte eine Leistungsaufnahme von 50 Watt, so dass eine Kilowattstunde 80 Pfennig kostete.[101] Hinzu kamen teure Grundgebühren und die Zählermiete. Immerhin wurden im ersten Jahr 37000 Kilowattstunden abgesetzt, von denen das Schauspielhaus rund ein Drittel abnahm. Elektrizität blieb also nach wie vor ein Luxusgut, auch wenn die Nachfrage stieg. Noch wurde Strom nahezu ausschließlich für Beleuchtungszwecke verwendet. Die Zentralstationen versorgten darüber hinaus noch keine Motoren in der Industrie oder im Gewerbe. Obwohl für diese Jahre noch keine exakte

Elektrizitätsstatistik vorhanden ist, lassen sich nach den Angaben der Gewerbeaufsicht für Berlin nur drei Betriebe mit elektrischem Antrieb ermitteln.[102]

Bedingt durch die räumliche Nähe von Krafterzeugung und Stromverbrauch musste die DEG schon allein in den Ankauf geeigneter Grundstücke hohe Summen investieren, da sich die Stromkunden in bester Geschäftslage befanden. Aus den horrenden Grundstückspreisen ergab sich beim Bau der Zentralstationen das Prinzip, die Kesselhäuser Platz sparend im Stockwerk über den Maschinenräumen anzuordnen. Gleichzeitig galt es, die Rauchbelästigung infolge der Kohlenverfeuerung in den Stationen gering zu halten. Dazu trug etwa das Verheizen englischer Magerkohle bei. Ein anderes großes Problem beim Bau der ersten Zentralstationen ergab sich aus dem Netzbau. Das Netz wurde als ein Zweileiter-Netz für 100 Volt Gleichstrom konzipiert. Allerdings hatten Rathenau und Miller, wie die anderen Elektrotechniker ihrer Zeit, praktisch keine Kenntnisse über die zulässige Leitungsbelastung und die Verlegungstechnik von Kabeln. In der Kabelverlegung orientierte man sich anfangs an den in der Telegrafentechnik benutzten eisenbandarmierten Bleikabeln. Für die ersten Zentralstationen in Berlin bedeutete dies, dass um diese Kabel «Kästen von kolossalen Dimensionen» als Schutz gebaut werden mussten.[103] Die Kabel wiederum wurden ohne Abstand verlegt. Dadurch kam es bald zu ersten Kabelbränden. Sorgen bereiteten Miller auch die Bleikabel selbst, die nach einiger Zeit völlig zerfressen waren.[104] Hohe Investitionen schienen verloren. Weder eine Untersuchung des Bodens auf eventuelle Säurereste noch auf andere Kabelfehler brachten ein Ergebnis. Erst Millers Bruder Wilhelm, inzwischen Professor für Chemie an der Technischen Hochschule München, fand heraus, dass die Kabel zur Imprägnierung mit Teer bestrichen worden waren, der in manchen Lieferungen an die Firma Siemens säurehaltig gewesen war. Diese und ähnliche Rückschläge führten dazu, dass die Rentabilität der Städtischen Elektricitäts-Werke schlecht blieb.

Als eine weitere Zentralstation in der Mauerstraße gebaut werden sollte, weigerte sich daher der Direktor der Städtischen Elektricitäts-Werke Ludewig, für die geplanten hohen Ausgaben die Verantwortung zu übernehmen, «nachdem doch schon die kleinere Station an der Markgrafenstraße den Beweis geliefert habe, daß Elektrizitätswerke sich nicht rentieren könnten».[105] Miller wiederum vertrat als Direktor der DEG und Mitglied im Aufsichtsrat der Städtischen Elektricitäts-Werke die Ansicht, dass durch große Maschinen und eine entsprechende Absatzsteigerung Rentabilität erzielt werden könne. Miller hatte dabei die großen Maschinen Edisons in New York, die viel gerühmten «Jumbos», vor Augen. Mit dieser Auffassung konnte er sich im Aufsichtsrat durchsetzen. Da aber ohne die Genehmigung der

Direktion die Bestellung nicht weggeschickt werden konnte, orderte Miller – unter Umgehung Ludewigs – die beiden großen 300 PS starken Maschinen eigenmächtig unter seinem Namen.[106] Ludewig, der in seiner Funktion als Direktor der Städtischen Elektricitäts-Werke eher als bremsender Bürokrat denn als risikobereiter Unternehmer gewirkt und sogar ein Dossier für den Aufsichtsrat mit angeblichen Fakten über die Aussichtslosigkeit des Unternehmens zusammengestellt hatte,[107] legte brüskiert seinen Posten nieder. Um die finanziell angeschlagenen Städtischen Elektricitäts-Werke und damit auch die DEG zu retten, übernahm Rathenau Aktien im Wert von 1,5 Millionen Mark auf die DEG, ohne diese Transaktion mit seinem Aufsichtsrat abzustimmen. Rathenau, sonst in finanziellen Angelegenheiten eher vorsichtig agierend, setzte hier alles auf eine Karte.[108] Nachdem der Aufsichtsrat dieses Vorgehen in einer außerordentlichen Sitzung im Januar 1887 abgesegnet hatte, traten Rathenau und Miller selbst in die Direktion der StEW ein. Das Unternehmen wurde in «Berliner Elektricitäts-Werke» (BEW) umfirmiert.[109]

Die beiden Jahre 1885 und 1886 waren sowohl für die Entwicklung der Deutschen Edison Gesellschaft wie für den Fortbestand der Städtischen Elektricitäts-Werke von besonderer Bedeutung. Die permanenten technischen Probleme, der Druck der finanzierenden Banken und deren Forderung nach höheren Renditen, Prozesse um die Durchsetzung der Edison-Patente, zunehmende Differenzen mit Werner von Siemens und den Edison-Gesellschaften in Frankreich und in den USA führten beide Unternehmen in eine ernsthafte Krise.[110] Besonders heftig waren die Dissonanzen mit den Aktionärsbanken, da Rathenau und Miller bekundet hatten, dass ihnen die erfolgreiche technische Umsetzung wichtiger wäre als der materielle Gewinn.[111] Hieraus spricht der Stolz über eine gelungene Ingenieurleistung – den Banken war dies zu wenig. Miller und Rathenau mussten sich um verbesserte Renditen bemühen. Um diese über einen höheren Stromabsatz zu erzielen, wurde zu Beginn des Jahres 1886 eine Musterausstellung in den oberen Räumen der Blockstation in der Friedrichstraße eröffnet.[112] Angeregt und durchgesetzt hatte sie Oskar von Miller.[113] Sie zeigte, ganz im Stile der Münchner Elektrizitätsausstellung von 1882, verschieden eingerichtete und beleuchtete Wohnräume. Nicht der Verkauf von Geräten war beabsichtigt, sondern die Demonstration der Stromanwendung für Privatkunden. Neu war, dass erstmals elektrische, aus England stammende Haushaltsgeräte vorgeführt wurden: Schnellkocher, Teekessel, Zigarrenanzünder. Auch ein «Brennscherenwärmer» für Theater wurde gezeigt. Ergänzt wurde die Präsentation durch Motoren für Gewerbe und Haushalt, z. B. eine Nähmaschine. Erkennbar ist, dass Miller einen Stromabsatz über Beleuchtungszwecke hinaus anstrebte

Maschinenhaus der Zentrale in der Mauerstraße, 1888 (rechts Oskar von Miller).

und Haushalte und Gewerbetreibende als künftige Stromabnehmer gewinnen wollte. Der Gedanke war so neuartig, dass die kleine Ausstellung als Auftakt für die Elektrifizierung der Privathaushalte bezeichnet werden kann. So innovativ Miller hier auch dachte, ein Markt für eine private Stromversorgung war zu dieser Zeit noch nicht vorhanden. Der Haushaltsstrom setzte sich erst nach der Jahrhundertwende langsam durch.[114] Die Nutzung der Elektrizität für den Antrieb von Motoren in Handwerk und Gewerbe war um 1885 ebenfalls noch nicht realisierbar. Erst mit Beginn des neuen Jahrzehnts kamen langsam elektrische Motoren in Gebrauch. So war die Ausstellung unter dem Gesichtspunkt einer aktuellen Absatzsteigerung von Strom ein Misserfolg. Nach wenigen Monaten wurden die Demonstrationsräume wieder geschlossen.

Dieser Fehlschlag wurde Miller nicht nur intern von Felix Deutsch angelastet,[115] auch die Banken äußerten zunehmend Kritik. Sie forderten massiv höhere Renditen, so dass Rathenau Anfang April 1886, noch vor der alljährlichen Aktionärsversammlung, seinen Rücktritt einreichte. Erst als sein Hauptwidersacher, Hermann Loewenfeld von der Nationalbank für Deutschland, seinen Aufsichtsratsposten niederlegte, widerrief Rathenau diese Entscheidung. Finanziell ähnlich angespannt war die Situation bei den Städtischen Elektricitäts-Werken. Die hohen Investitionen wurden bei weitem nicht durch Einnahmen gedeckt. Gleichzeitig forderte der Berliner Magistrat eine Ausdehnung der Elektrizitätsversorgung auf das Gebiet um das Rathaus und die Dorotheenstraße. Allein die dafür geschätzten Kosten beliefen sich auf drei Millionen Mark, die weder die Deutsche Edison Gesellschaft noch die Städtischen Elektricitäts-Werke aufbringen konnten. Die Geld gebenden Banken weigerten sich angesichts der allgemein schlechten Lage, Geld nachzuschießen. Für neue Kredite war die Unterstützung weiterer kapitalkräftiger Banken notwendig. Um gleichzeitig die wachsenden Streitigkeiten mit Siemens & Halske wegen des strittigen Verkaufs von Lampen durch die DEG zu lösen, war Rathenau der Auffassung, die Geschäftsgrundlagen seiner Firma auf neue Beine stellen zu müssen. Seine Finanzschwierigkeiten und Streitigkeiten mit Siemens wollte Rathenau über den Vorstand der 1870 gegründeten Deutschen Bank, Georg von Siemens, lösen. Dadurch kam eine Bank ins Spiel, die sich bisher in der deutschen elektrotechnischen Industrie finanziell nicht engagiert hatte. Unter tätiger Mithilfe von Georg von Siemens wurde die Deutsche Edison Gesellschaft in die «Allgemeine Elektricitäts-Gesellschaft» (AEG) umgegründet.[116]

Miller beobachtete die Annäherung an Werner von Siemens anfangs mit Wohlwollen, bot sie letztlich für die Deutsche Edison Gesellschaft die Möglichkeit, über eine Kapitalerhöhung den weiteren Ausbau von Zentralstationen zu sichern. So berichtete er seiner Mutter Anna überschwänglich von den vertraulichen Verhandlungen mit Siemens, in deren Folge die DEG «in der ganzen Welt Centralstationen» bauen würde.[117] Erst allmählich wuchs in ihm die Skepsis, die dann in Attacken gegen Werner von Siemens ihren Ausdruck fand: «Siemens will eben Alles für sich allein haben u. da ist beim besten Willen kein Vertrag zu machen», klagte Oskar von Miller seinem Vater Ferdinand.[118] Während Rathenau den Ausgleich mit Siemens suchte, drängte der ungestüme Miller auf offene Konfrontation; er sehe «keinen anderen Ausweg als einen offenen heftigen Kampf gegen die Concurrenz».[119] Allerdings war zu diesem Zeitpunkt der Vertrag zwischen der Deutschen Bank und der Deutschen Edison Gesellschaft unterschrieben und damit eine Vereinbarung mit Siemens vorstrukturiert. Ein harter Konkurrenzkampf war zu diesem Zeitpunkt, Anfang Dezember 1886, schon allein aus Rücksicht auf die Banken, nicht mehr opportun. Allerdings war noch nicht klar, ob sich Siemens mit der Forderung nach einem eigenen Bau von Zentralstationen durchsetzen würde. Um sich für die nächsten Monate einen Vorsprung zu sichern, hatten Rathenau und Miller begonnen, eine Reihe weiterer Zentralstationen außerhalb Berlins vorzubereiten. Beiden war dieser Geschäftsbereich besonders wichtig. Dass die DEG dann im Vertrag mit Siemens & Halske den alleinigen Bau von Zentralstationen nicht behaupten konnte, traf Miller tief.

Der Vertrag zwischen der Deutschen Edison Gesellschaft und Siemens & Halske vom 23. März 1887 sah vor,[120] die Edison-Patente gemeinsam zu erwerben und die Lizenzabgaben durch Zahlung einer einmaligen Summe abzulösen. Damit war die komplizierte Abhängigkeit der DEG vom Edison-Konzern beendet. Beide Berliner Firmen wurden im neuen Vertrag gleich gestellt, und beiden wurde ein gemeinschaftliches Arbeitsfeld eingeräumt. Dies bedeutete, dass der bisher ausschließlich der DEG zugewiesene Bau von Zentralstationen jetzt auch dem Konkurrenten offen stand. Allerdings wurde verabredet, dass die AEG eine Vorrangstellung behalten und das Konzessionsgeschäft übernehmen sollte, während die Bauausführung in Gemeinschaft mit Siemens & Halske erfolgen sollte. In der Realisierung von kleinen Werken bis 100 PS waren beide Unternehmen frei; erst bei größeren Anlagen galt der Grundsatz, dass der neuen AEG der Bau und die Ausführung überlassen blieb, während Siemens & Halske die Elektrik inklusive der Leitungen und des Zubehörs (Kabel, Transformatoren, Generatoren, elektrische Motoren, Messinstrumente etc.) lieferte. Bei elektrisch betriebenen Bahnen und bei elektrolytischen Anlagen war keine Vertragspartei gebunden. Alle bis zum Zeitpunkt des Vertragsabschlusses von Siemens angenommenen Aufträge über 100 PS mussten der AEG gegen

Erstattung der Unkosten und einer Provisionszahlung abgetreten werden. Für die Errichtung neuer größerer Anlagen wurde ein alternierendes Vergabemodell zwischen AEG und Siemens & Halske festgelegt. Hinsichtlich der Herstellung, der Verwendung und des Verkaufs von Glühlampen sah das Abkommen vor, dass auch Siemens an dem Bezug der Lampen partizipieren konnte. Andererseits durfte die AEG keine Lampenlieferung nach Österreich-Ungarn und Russland vornehmen. Als Vertragslaufzeit waren zehn Jahre mit einer stillschweigenden Verlängerungsoption von fünf Jahren vorgesehen.

Die Vereinbarung mit Siemens & Halske von 1887 ist in mehrfacher Hinsicht interessant. Durch sie wurde die DEG bzw. jetzt die AEG als gleichwertiger Partner von Siemens & Halske anerkannt. Innerhalb von nur fünf Jahren war es Rathenau gelungen, die Vorherrschaft der Firma Siemens & Halske zu brechen. Gleichzeitig brachte der Vertrag frisches Kapital in die Gesellschaft, so dass die künftige Entwicklung gesichert war. Insgesamt flossen sieben Millionen Mark neu in die AEG ein. Auch in Hinblick auf die Personen Rathenau und Miller ist die Vereinbarung von 1887 von Bedeutung. Die beiden Ingenieure hatten bei der Einführung elektrotechnischer Anlagen zwischen 1883 und 1886 viel Lehrgeld zahlen müssen. Ihr Pioniergeist, ihre vielfach unter Beweis gestellte Improvisationskraft und ihr unkonventionelles Handeln wurden später in amüsanten Anekdoten verklärt, die sich besonders zahlreich in Hinblick auf Oskar von Miller erhalten haben. Eine kritische Sicht der ersten Jahre der Deutschen Edison Gesellschaft zeigt aber, dass die von ihnen favorisierte praktische Lösung jedes Einzelfalls nicht nur zeitaufwändig, sondern oft auch teuer war. Gerade beim Aufbau einer neuen Gesellschaft erwies sich die an den Technischen Hochschulen herrschende Dominanz der praktischen Fächer als nachteilig für grundsätzliche Problemlösungen. Rathenau wie Miller waren während ihrer Hochschulausbildung vorwiegend empirisch und praktisch ausgebildet worden. Die Komplexität der großen Zentralstationen erforderte aber eine exakte theoretische Berechnung des Leitungssystems und der benötigten Maschinen. Die Elektrotechniker legten in den folgenden Jahren auf die Berechnung des Leitungssystems größten Wert, da mit falschen Querschnitten zu viel teures Kupfer «vergraben» wurde. Mit «Intuition» und «Erfahrungswissen» allein ließen sich die schwierigen physikalischen Probleme nicht lösen. Die von Miller und Rathenau angewandte Vorgehensweise, elektrische Anlagen bei Bedarf mit neuen Maschinen nachzurüsten und das Leitungsnetz zu erweitern, war auf Dauer finanziell untragbar. Wirtschaftlichkeitsrechnungen, wie die Erhebung des vermuteten Bedarfs und exakte Planung von Netzen, gewannen erheblich an Bedeutung. Für moderne Netze waren Millers und Rathenaus

Grundlagenkenntnisse nicht ausreichend. Zunehmend waren gut ausgebildete Spezialisten gefragt.

Die technischen Schwierigkeiten der DEG führten dazu, dass die Banken bei der DEG zwischen 1885 und 1887 größeren Einfluss gewannen. Auch innerhalb der DEG wurde die finanzielle Absicherung des Unternehmens immer wichtiger. Dies schlug sich in einer wachsenden Machtstellung des Prokuristen Felix Deutsch nieder. Deutsch, ursprünglich in der Zuckerindustrie tätig, war 1883 in die DEG eingetreten, da er, vermutlich aufgrund seiner privaten und langjährigen beruflichen Beziehung zu Jacob Landau, das besondere Vertrauen der Banken besaß.[121] Zudem war er mit dem amerikanischen Bankier Otto H. Kahn verschwägert. Sein großes Verdienst war der Aufbau eines Vertreter- und Filialnetzes der DEG/AEG im In- und Ausland. Deutsch warnte schon frühzeitig vor den Folgen einer finanziellen Schieflage und kritisierte dabei offen die Direktoren Rathenau und Miller, die allein über das Prinzip der Expansion die von den Banken geforderte Rendite einfahren wollten. Während sich beide enthusiastisch für neuartige und gut funktionierende Anlagen einsetzten, hatte der kühl rechnende Kaufmann Deutsch stets die Finanzen im Blick. Besonders das Verhältnis zwischen Deutsch und Oskar von Miller war gespannt. Mit ihm habe er «nie sehr gut zusammengearbeitet», schreibt Deutsch in seinen nur teilweise veröffentlichten Erinnerungen.[122] Interessanterweise findet sich der Name Oskar von Millers in der publizierten Version der Lebenserinnerungen kein einziges Mal. Allein aus dem Originalmanuskript ergeben sich interessante Hinweise auf die Einschätzung Millers durch Deutsch:

> *«Sein unstetes Wesen, sein Interesse für angeblich künstlerische Dinge, die in Wirklichkeit nur Spielereien waren, sein kompletter Mangel an Ordnung, sowie seine unaufrichtige Art in der Behandlung von Geldangelegenheiten, für die er vorgab, sich nicht zu interessieren, ließen uns nicht zu einem gegenseitigen Verstehen kommen und erzeugten viele Differenzen.»*[123]

Mit dem wachsenden Einfluss von Felix Deutsch schwand der von Oskar von Miller. Schon vor der Umgründung zur AEG war Deutsch zum stellvertretenden Direktor aufgestiegen und in den Vorstand der Deutschen Edison Gesellschaft aufgenommen worden.[124] Gleiches konnte er für die Berliner Elektricitäts-Werke durchsetzen. Als Miller nach dem Streit mit Ludewig Anfang 1887 die laufenden Geschäfte bei den Berliner Elektricitäts-Werken führte, kam es laut Aussage von Deutsch zum «Knall». Vehement forderte Deutsch seine Gleichstellung mit Miller und konnte schließlich erreichen, dass er ab dem 7. Geschäftsjahr (1888/89) neben Rathenau und Miller als Direktor eingesetzt wurde.

Die Differenzen zwischen Deutsch und Miller sind teilweise Folge einer konträren Firmenpolitik des Kaufmanns auf der einen und des Ingenieurs auf der anderen Seite. Als Ingenieur stand Miller im Schulterschluss mit Rathenau. Überhaupt scheint das Verhältnis zwischen Miller und Rathenau insgesamt eng, fast herzlich gewesen zu sein. Beide haben sich gegenseitig als «Freunde» bezeichnet.[125] Zu Beginn von Millers elektrotechnischen Erstlingsschritten bei der Internationalen Elektricitäts-Ausstellung in München 1882 hatte Rathenau durch sein besonderes Engagement für die Ausstellung Miller vor einem Fiasko bewahrt. Dies schuf die Basis für die spätere Zusammenarbeit. Miller hat es Rathenau stets hoch angerechnet, ihn, den jungen, unbedarften Ingenieur, in die Position eines Direktors zur Deutschen Edison Gesellschaft geholt zu haben. Damit hatte Miller nicht nur die gewünschte abwechslungsreiche Stelle erhalten, sondern durch ein hohes Gehalt von 20 000 Mark finanzielle Unabhängigkeit erreicht. Die neue Stellung brachte ihm ebenso die soziale Anerkennung, die er sich erhofft hatte. Geschickt hatte Rathenau vermieden, zwischen sich und Miller ein hierarchisches Abhängigkeitsverhältnis zu schaffen. Vielmehr waren beide gleichberechtigte Direktoren, was sich in fast identischen Konditionen ihres Vertrages widerspiegelte. Rathenau gab Miller bei dessen Start in Berlin jede erdenkliche Hilfestellung, was dieser aufmerksam registrierte und fleißig der Familie und seiner Braut mitteilte. Rathenau half bei Kleinigkeiten, wie einer neuen Büroausstattung,[126] vor allem aber stärkte er ihm den Rücken, als es darum ging, den elektrotechnischen Laien gegenüber dem eigenen Aufsichtsrat durchzusetzen und ihn gleichzeitig vor der Kritik der Fachkollegen aus der Elektroindustrie zu schützen. Rathenau bemühte sich nach Millers eigenen Aussagen sehr um ihn und versuchte, «den Leuten zu beweisen, dass ich meinen Posten vollständig beherrsche.»[127] Die durchaus berechtigte Furcht vor einem beruflichen Scheitern hatte Miller in den ersten Monaten seiner Tätigkeit bei der DEG vor Augen. Dass Rathenau ihn bei der Arbeit uneigennützig unterstützte, hat ihm Miller nicht vergessen. Bei den technischen Unternehmungen des Tagesgeschäfts harmonierten beide offensichtlich weitgehend. In der Idee, sukzessive weitere Zentralstationen für die Elektrifizierung Berlins zu installieren, trafen sich zwei verwandte Geister. Miller scheint das Konzept einer flächendeckenden Stromversorgung, das in den folgenden Jahren zu einem Leitmotiv seines beruflichen Handelns wurde, in diesen Jahren gemeinsam mit Rathenau entwickelt zu haben. In dem Bewusstsein, an einem Strang zu ziehen, verbunden mit gegenseitiger Wertschätzung, gab es zwischen beiden keine bleibenden Differenzen. Im Gegenteil: Rathenau bezog Miller in das eigene Familienleben mit ein und organisierte gemeinsame Abende und Ausflüge. Das enge Verhältnis zwischen den beiden Pionieren der Elektrotechnik blieb zeitlebens bestehen. In späteren Briefen Millers kann man immer wieder lesen, dass er sich bei Emil Rathenau Rat geholt habe. Geschäftlich arbeitete er in den Jahren seiner Selbstständigkeit seit 1890 häufig und mit großem Erfolg mit Rathenau und der AEG zusammen. Mit Rathenau unternahm Miller mehrfach gemeinsame Reisen, so 1899 nach Smyrna und Konstantinopel. Die Einschätzung, «Rathenau ist ein sehr nobler Mann», die Miller schon in den ersten Tagen seiner Tätigkeit in Berlin an seinen Vater Ferdinand von Miller übermittelt hatte,[128] blieb bestehen. Jahre danach schenkte Oskar von Miller seinem Sohn Rudolf einen handschriftlichen Brief Rathenaus für dessen Autografensammlung. Interessant und für die hohe Wertschätzung bezeichnend ist die erklärende Anmerkung des Vaters zur Person Rathenaus: «der Begründer der Deutschen Elektrotechnik, der weitsichtigste und größte Unternehmer der Gegenwart».[129]

Kurzzeitig gestört wurde dieses gute Verhältnis Millers zu Rathenau durch den Vertragsabschluss mit Siemens Anfang 1887 und die daraufhin erfolgte Gründung der Allgemeinen Elektricitäts-Gesellschaft. Vermutlich war für Miller der Preis der Einigung – Verzicht der DEG auf das alleinige Recht, Zentralstationen bauen zu dürfen – zu hoch. Darüber hinaus zeigte sich schon im Laufe der nächsten Monate, dass Millers Bedenken gegen den Vertrag mit Siemens & Halske durchaus ihre Berechtigung hatten. In verschiedenen Städten – Leipzig, Bremen, Dresden –, wo sich die neue AEG um den Bau von Zentralstationen bemühte, agierte Siemens & Halske gegen diese Projekte. Auch der von der DEG vorgeschlagene Kauf deutscher, österreichischer und russischer Patente wurde durch die Konkurrenzfirma torpediert.[130] Anfangs unterstützte Rathenau eine härtere Gangart, wie Miller sie vorschlug. Gemeinsam erhoben sie beim Vorsitzenden des Aufsichtsrats der Allgemeinen Elektricitäts-Gesellschaft, Adelbert Delbrück, Klage gegen die Konkurrenzfirma und forderten eine schärfere Auseinandersetzung.[131] Selbst für die Öffentlichkeit wurde der Konflikt sichtbar. In einem persönlichen Brief beschwerte sich Rathenau über die «Schmähungen und Verdächtigungen», die von Mitarbeitern von Siemens & Halske gegen die AEG vorgebracht würden.[132] Vermutlich auf Druck der Banken rückte Rathenau in den folgenden Monaten von diesem Konfrontationskurs ab und suchte erneut den Ausgleich mit Siemens & Halske. Miller, der in anderen Städten die Verhandlungen über den Bau von Zentralstationen führte, war von diesem Umschwenken enttäuscht. Er spürte vor Ort die Konkurrenz von Siemens & Halske stärker als Rathenau und fühlte sich allein gelassen. Die von Rathenau später vollzogene Aufhebung des Vertrages mit Siemens & Halske bestätigte im Nachhinein die Position Millers, der diese Übereinkunft immer kritisch gesehen hatte.

Einen weiteren Riss bekam das geschäftliche Verhältnis zwischen Rathenau und Miller im Jahre 1887. Nach dem Vertrag mit der Konkurrenzfirma wurde für die Berliner Elektricitäts-Werke eine paritätisch besetzte technische Kommission gebildet, bestehend aus je zwei Vertretern der AEG und Siemens & Halske, die auftretende Probleme ausräumen sollte. Miller interpretierte diese Kommission als Misstrauensvotum gegen seine Tätigkeit als verantwortlicher technischer Direktor und sah darin eine weitere Beschränkung seines unmittelbaren Einflusses und seiner Entscheidungskompetenz bei den BEW, nachdem er schon Deutsch als dritten Direktor im Vorstand akzeptieren hatte müssen. Miller selbst hat diese Kappung seiner Befugnisse schmerzlich empfunden. Dies verschärfte die firmeninternen Streitigkeiten weiter. Im Juni 1888 sah sich Rathenau genötigt, persönlich einzugreifen.[133] Da die «jetzigen Zustände» die Organisation der Verwaltung beeinträchtigen würden, forderte er Miller auf, von seiner Seite Vorschläge zu einer Lösung zu machen und legte ihm gleichzeitig nahe, seinen im Vertrag festgelegten Jahresurlaub zu nehmen. Diese «Beurlaubung» verhieß nichts Gutes. Da Rathenau in seinem Brief deutlich auf die Verwaltung der AEG hingewiesen hatte, ist klar, dass mit den «Zuständen» Millers Differenzen mit Felix Deutsch gemeint waren. Dieser hatte seine Kompetenzen bei der DEG bzw. AEG kontinuierlich ausgebaut und bei seinen Arbeiten Fortune gezeigt. Besonders das seit 1885 sukzessive installierte System von Zweigniederlassungen in Deutschland erwies sich als sehr effizient. Das erste dieser Büros hatte er 1885 ausgerechnet in Millers Heimatstadt München eröffnet und dem Ingenieur Emil Taussig übertragen.[134] Diese Niederlassung war vermutlich der Auslöser für die permanenten Spannungen zwischen Deutsch und Miller, nicht zuletzt, da sich Miller in seinem Arbeitsvertrag vom Dezember 1883 genau eine solche Stellung für Süddeutschland ausbedungen hatte. Mitte 1888 verstärkten sich die Spannungen mit Deutsch. Die Verwaltung der AEG unter Deutsch arbeitete zu dieser Zeit einen neuen Arbeitsvertrag für Miller aus, der im Zuge des Umbaus der DEG zur AEG die alte Vereinbarung von 1882 ablösen sollte. Von einer Option auf eine Stellung in einer Niederlassung in München war darin nicht mehr die Rede. Während sein Grundgehalt von 20 000 Mark unverändert bleiben sollte, sah der Vertrag eine Kürzung seiner Tantiemen bei der AEG von zwei auf ein Prozent vor, während die Tantiemen aus dem Reingewinn der Berliner Elektricitäts-Werke 1,5 Prozent betrugen.[135] Der Vertragsentwurf bedeutete nicht nur eine deutliche Verschlechterung der Bezüge Millers. Er war auch ein Symptom für die angeschlagene Stellung Millers als Direktoriumsmitglied. Er weigerte sich daher, den neuen Vertrag zu unterzeichnen. Vermutlich sah er in ihm einen weiteren Baustein für seine schleichende Demontage im

Vorstand der AEG bzw. BEW. Offensichtlich spielte er zu dieser Zeit schon mit dem Gedanken, die AEG zu verlassen. In einem Brief an seine Mutter Anna von Miller schrieb er: «Wahrscheinlich ist die längste Zeit meines Aufenthaltes in Berlin vorüber und muß ich wieder einmal beginnen mir eine Stelle u. Arbeit zu suchen.»[136]

Trotz der internen Querelen ging nach dem Vertrag mit Siemens der Ausbau der Berliner Elektrizitätsversorgung in großen Schritten voran.[137] Oskar von Miller war zwischen 1887 und 1889 hauptsächlich mit dem Arbeitsgebiet «Zentralstationen» beschäftigt.[138] Durch die Kapitalerhöhung bei der neuen AEG waren Finanzmittel für die Erweiterung der Berliner Elektricitäts-Werke vorhanden. Als Generalunternehmer trat natürlich die AEG auf. Als sich zeigte, dass der Stromabsatz von den vorhandenen Maschinen nicht mehr bewältigt werden konnte, wurden die Stationen in der Markgrafen- und Mauerstraße kontinuierlich erweitert. Zusätzlich plante die AEG weitere Zentralstationen in Berlin. Die nächsten Projekte waren der Neubau einer Zentrale in der Spandauer Straße (eröffnet 1889) und der Zentrale am Schiffbauerdamm (1890). Parallel dazu lief die Vernetzung der bis dahin isolierten Zentralstationen. 1887 wurden die Leitungen der Zentrale Markgrafenstraße mit einer Gesamtlänge von 20 Kilometern mit den Leitungen der Zentrale Mauerstraße verbunden. Unter den technischen Bedingungen der Zeit gestaltete sich dieser Netzbau äußerst schwierig. Erstmals war damit in Deutschland ein echtes Stromnetz geschaffen worden. Dies bedeutete einen Durchbruch in der damaligen Kraftwerkstechnik und einen persönlichen Erfolg Millers. Gleichzeitig war die Möglichkeit für vergrößerte Elektrizitätsnetze in Sicht. Miller ging in Abstimmung mit der AEG und auf Drängen der Stadtverwaltung diesen Weg weiter. 1888 war das Berliner Netz auf eine Fläche von rund fünf Quadratkilometern erweitert worden. Um 1889 die Netze aller bis dahin erbauten Kraftwerke verbinden zu können, wurde ein 2 x 110-V-Gleichstrom-Dreileitersystem eingeführt.

Je mehr die Elektrizität in das öffentliche Leben und in beschränktem Maße auch in private Einrichtungen eindrang, umso schneller konnten die Strompreise gesenkt werden. Nach und nach kamen immer größere Dampfmaschinen, teilweise mit 1000 PS, zum Einsatz. Oskar von Miller beschreibt in seinen Erinnerungen einen Besuch von Thomas A. Edison in Berlin, bei dem es auch um die Rentabilität der Maschinen ging. Edison bemerkte: «Mr. Miller, die Maschine ist nicht schlecht. Mr. Miller, die Maschine ist gut. Mr. Miller, für wie viel Geld erzeugt sie Strom per Umdrehung?» Darauf Miller: «Ungefähr in der Stunde für ca. 600 Mark und pro Umdrehung für 20 Pfennig», was den Amerikaner zu der Bemerkung veranlasste: «Mr. Miller, das ist wirklich eine sehr gute Maschine.»[139]

Umgekehrt förderten niedrige Strompreise die Zahl von Neukunden und damit den Absatz. Die Lampenproduktion verdreifachte sich von etwa 90 000 Lampen im Geschäftsjahr 1886 auf 300 000 im 18 Monate dauernden Geschäftsjahr 1887/88. Um den Bedarf decken zu können, kaufte die Firma im Jahre 1887 die alte Wedding'sche Maschinenfabrik und baute sie in ein Werk zur Fabrikation von Maschinen, Apparaten und Leitungen für die Stromerzeugung und -verteilung um. Zwei weitere neue Fabriken stellten Leitungsmaterial bzw. Akkumulatoren her.

Insgesamt war Miller in den Berliner Jahren viel auf Reisen, wie die zahlreichen Karten und Briefe an seine Frau Marie erkennen lassen. Er verhandelte dabei europaweit über die Errichtung von Zentralstationen. So hielt er sich 1888 in Spanien auf, wo er in Madrid und Sevilla Angebote der Allgemeinen Elektricitäts-Gesellschaft für Zentralstationen unterbreitete.[140] Seit der Gründung der Berliner Elektricitäts-Werke war er beruflich äußerst in Beschlag genommen. So konnte er nicht einmal am Begräbnis seines Vaters, der am 11. Februar 1887 verstorben war, teilnehmen, da Rathenau und er sich zu diesem Zeitpunkt mitten in den entscheidenden Verhandlungen mit Siemens und den Banken befanden. Die Überbeanspruchung Millers blieb nicht ohne Folgen. Während eines geselligen Abends erlitt er einen Ohnmachtsanfall.[141]

Besuch von Edison (2. v. l.) bei den Berliner Elektricitäts-Werken, ca. 1888.

Neben den Arbeiten an den Berliner Zentralstationen war Miller in diesen Jahren weiterhin mit der Installation von Einzelanlagen in Theatern und Kommunen befasst. Diese Tätigkeiten sind im Einzelnen nur selten anhand von Quellen nachweisbar. So verhandelte Miller in Dessau oder bemühte sich um die Einrichtung einer Beleuchtungsanlage im Wiener Opernhaus, ein Auftrag, der durch seine manchmal überforsche Art in Gefahr geriet.[142] Bei seinem Bemühen um Aufträge zum Bau neuer Zentralstationen kam Miller immer wieder in Konflikt mit den Vertretern von Siemens & Halske. Während die Geschäftspolitik der AEG darauf abzielte, Zentralstationen in Form konzessionierter Unternehmungen für die Städte durchzuführen, um diese von der Errichtung selbstständiger Elektrizitätswerke abzuhalten, ermutigte Siemens & Halske verschiedene Städte zum Bau von Zentralstationen, die entweder von den Kommunen selbst oder von einem beauftragten Unternehmen betrieben werden sollten. Dadurch wurde der zwischen der AEG und Siemens geschlossene Vertrag von 1887 in einem empfindlichen Punkt – Absprache beim Bau von Zentralstationen – berührt.

Ein typischer Fall für den aus einer unterschiedlichen Geschäftspolitik sich ergebenden Dissens sind die Verhandlungen Millers um die Errichtung einer Zentralstation in Bremen. Obwohl er bereits einen Vorvertrag über eine Konzession ausgehandelt hatte, wurde dieser von der Stadtverwaltung wieder annulliert, nach Aussage Millers deshalb, weil Siemens & Halske günstigere Konditionen angeboten hatte.[143] Ähnliche Verhandlungen Millers in Dresden, Lübeck, Breslau oder Magdeburg führten durch «böswillige Vermeumdungen [sic!] und unwahre Behauptungen von Seiten Angestellter der Firma Siemens & Halske» ebenfalls zum Scheitern.[144] Zunehmend weigerten sich die Städte, der AEG Konzessionen zum Bau und Betrieb von Zentralstationen zu erteilen. Vielmehr ging die Tendenz dahin, diese Anlagen durch kleinere Unternehmen auf Rechnung der Stadt bauen zu lassen. Eine geschickte Taktik von Siemens & Halske war die feine Unterscheidung von elektrischen Installationen inner- und außerhalb von Gebäuden. Zur Zentralstation im eigentlichen Sinne gehörten ihrer Ansicht nach der Bau der Maschinenanlage und die Kabelführung, während die Beleuchtung innerhalb eines Gebäudes von der Absprache nicht berührt sei. Diese Uminterpretation des Vertrages mit der AEG eröffnete Siemens & Halske einen lukrativen Geschäftsbereich, die Ausstattung mit elektrischer Beleuchtung, und ließ die Zahl der abgeschlossenen Verträge für die AEG sinken. Innerhalb der AEG, besonders von Felix Deutsch, wurde der Rückgang von Aufträgen im Bereich der Zentralstationen Miller persönlich angelastet. Miller wiederum sah in der Vertragsgestaltung zwischen der AEG und Siemens & Halske die Wurzel des Übels und plädierte für eine härtere Gangart gegenüber der

Konkurrenzfirma.[145] Die Verträge mit Siemens & Halske müssten entweder aufgelöst oder in dem Sinne abgeändert werden, dass sich die AEG offensiver gegen Siemens wenden dürfe.

Mit seinem Vorstoß gegen den Mitkonkurrenten konnte sich Miller nicht durchsetzen. Die Direktoren Rathenau und Deutsch waren nach dem Vertrag mit Siemens weiterhin an einem Ausgleich, nicht an einer offenen Auseinandersetzung interessiert. Miller musste feststellen, dass er seinen Ansichten innerhalb der AEG nicht mehr genug Gehör verschaffen konnte. Auffällig ist, dass er auch in der Öffentlichkeit gegen die Firma Siemens & Halske agierte. Im Elektrotechnischen Verein zu Berlin griff er Ende Mai 1888 nach einem Vortrag von Richard Rühlmann den Doyen der deutschen Elektrotechnik, Werner von Siemens, ungewöhnlich heftig an.[146] In einer Replik auf Siemens, der den Städten ganz im Sinne der geschilderten Geschäftspolitik von Siemens & Halske die Errichtung eigener Elektrizitätswerke schmackhaft gemacht hatte, wies Miller auf die großen finanziellen Risiken kommunaler Elektrizitätswerke hin und warnte vor zu optimistischen Versprechungen. Siemens blieb Miller die Antwort nicht schuldig. Es sei nicht Aufgabe der Elektrotechniker, die Städte vor dem Risiko in «übertriebener Weise» zu warnen, da sonst eine «Stagnation und eine Versumpfung der elektrischen Städtebeleuchtungsfrage in unserem Lande» zu befürchten sei.[147] Millers forsches Auftreten dürfte Rathenau nicht gefallen haben. Die Mitte des Jahres 1888 sich ergebenden Spannungen innerhalb der AEG waren Spiegelbild der Streitigkeiten zwischen der AEG und Siemens & Halske um die künftige Geschäftspolitik. Miller wurde in dieser Frage zunehmend isoliert.

Die geschwächte Stellung Millers in der AEG wurde bald in der Öffentlichkeit bekannt, nachdem der Aufsichtsrat im Frühjahr 1889 unter Umgehung Millers Emil Rathenau zum Generaldirektor der AEG ernannt und ihm die alleinige Unterschriftsberechtigung übertragen hatte.[148] Damit war die ursprüngliche Gleichberechtigung aufgehoben. Miller verletzte diese Zurücksetzung tief. Nun war offensichtlich, dass er bei der AEG keine Zukunft mehr hatte. Zwar verbrachte Miller die Osterfeiertage 1889 wie geplant bei seinem Bruder Ferdinand auf dessen Schloss Karneid bei Bozen, nutzte aber dort die Gelegenheit, um sich mit ihm und dem zweiten Bruder Fritz über seine weitere berufliche Zukunft zu beraten.[149] Klar war, dass Miller den Vorstand der AEG in Berlin verlassen wollte. Prinzipiell sah er für sich drei verschiedene Möglichkeiten: Wechsel zu einer anderen Firma, Eintritt in das Münchner Filialbüro der AEG oder die Gründung einer eigenen Aktiengesellschaft im Bereich der Elektrotechnik. Während Ferdinand bei einem Austritt aus der AEG um die künftigen Einnahmen seines Bruders fürchtete, dachte Oskar an die Gründung eines eigenständigen Ingenieurbüros in München. Er befolgte aber den Rat seines Bruders, nicht überstürzt aus der AEG auszutreten. Kurz nach seiner Rückkehr nach Berlin verfasste er am 27. April 1889 sein Kündigungsschreiben an den Stellvertretenden Vorsitzenden des Aufsichtsrates der AEG, den Bankier Rudolph Sulzbach.[150] Als Begründung führte er nicht die internen Zwistigkeiten und seine Unterstellung unter Rathenau an, sondern schrieb:

> *«Die Allgemeine Elektricitäts-Gesellschaft und die Berliner Elektricitäts-Werke sind an Verträge gebunden, welche zwar in finanzieller Hinsicht für die Gesellschaft voraussichtlich günstig sein werden, denselben aber in technischer Beziehung Schranken auferlegen, welche meinen persönlichen Bestrebungen nicht entsprechen.»*

Als Ende des Arbeitsverhältnisses gab Miller den 31. Dezember 1889 vor, da er die von ihm gegenwärtig geleiteten Arbeiten noch vollenden wolle. Mit dieser Begründung hatte Miller sein Gesicht gewahrt, der Gesellschaft aber Gelegenheit gegeben, einen geeigneten Nachfolger zu suchen. Die Kündigung Millers kam für die Gesellschaft und wohl auch für Rathenau überraschend. Während sich der interne Kritiker Felix Deutsch zufrieden zeigte,[151] lässt sich über Rathenaus Reaktion nur mutmaßen. Da Millers Tätigkeit in den letzten Jahren hauptsächlich vom Auf- und Ausbau der Berliner Zentralen bestimmt war, die sich zunehmend als wirtschaftlicher Erfolg niederschlugen, dürfte er den Weggang Millers mit gemischten Gefühlen betrachtet haben. In der Sitzung des Aufsichtsrats der AEG vom 22. Mai 1889 wurde kurz über die Hintergründe diskutiert. Während Miller bei seiner schriftlichen Begründung blieb, schien dem Aufsichtsrat deutlich gewesen zu sein, dass seine Kündigung auf «ganz andere Gründe» zurückzuführen sei.[152] Die Schuldzuweisung an die Person Millers, er sei für die hohen Investitionen bei den Zentralstationen und für entgangene Aufträge verantwortlich, und seine formale Unterstellung unter den Generaldirektor Rathenau, die hauptsächlich auf Druck der Banken erfolgt war, führten schließlich dazu, dass der verantwortliche Aufsichtsratsvorsitzende Adelbert Delbrück einige Tage nach der Generalversammlung der AEG im November seinen Posten niederlegte und ausschied. Vermutlich blieb die Entscheidung gegen Miller im Aufsichtsrat nicht unumstritten. Mit Veröffentlichung des Geschäftsberichtes der AEG im gleichen Monat wurde im Nachsatz das Ausscheiden Millers offiziell bekannt gegeben.[153]

Der Entschluss Millers, die AEG zu verlassen, war kurz nach seinem Kündigungsschreiben an die Öffentlichkeit gedrungen. Die renommierte «Elektrotechnische Zeitschrift» berichtete im Maiheft darüber und zitierte sinngemäß aus Millers Brief an den Aufsichtsratsvorsitzenden. Die Meldung zeigt, welch enormes Aufsehen diese Tatsache in der Fachwelt erregte. Sein Ausscheiden sprach sich schnell herum, nicht zuletzt, da sich Miller mehr oder weniger offen um eine neue Stellung bemühte. Ein Angebot des Generaldirektors der Fa. Felten & Guilleaume, Emil Guilleaume, der seine elektrische Abteilung vergrößern wollte und einen Vorstandsposten mit Prokura anbot, lehnte er mit der Erklärung ab, dass «eine derartige abhängige Stelle für mich absolut nicht passen würde».[154] In seiner Geburtsstadt München konnte Miller nicht auf eine städtische oder staatliche Stelle zählen, da «die Angst vor dem Einfluß der Familie Miller gegenwärtig so groß ist, daß überall vermieden wird, einem Miller irgendeine Stellung zu geben».[155] Ganz offensichtlich interessierte sich Oskar von Miller für die frei gewordene Direktorenstelle an der Elektrotechnischen Versuchsstation in München.[156] Diese war 1889 in erhebliche Schwierigkeiten geraten. Miller wollte sich nicht selbst ins Spiel bringen, sondern wartete darauf, dass man ihm die Stellung anbot. Da dies nicht geschah, schwand sein Interesse schnell. Hinsichtlich seiner beruflichen Zukunft kristallisierte sich zunehmend heraus, dass er künftig ein eigenständiges Ingenieurbüro betreiben wollte.

Von der Allgemeinen Elektricitäts-Gesellschaft und den Berliner Elektricitäts-Werken wurde Miller Ende des Jahres 1889 mit einem Festessen verabschiedet. Als Ehrengeschenk erhielt er ein kostbares Fotoalbum, das die von ihm miterbauten Einzelanlagen, Block- und Zentralstationen zeigte.[157] Leider ist dieses Album bei einem Bombenangriff auf das Privathaus Millers im Jahr 1944 verbrannt.

Versucht man, ein Resümee der Arbeitsjahre Millers in Berlin zu ziehen, so steht zweifelsfrei fest, dass aus dem elektrotechnischen Laien von 1883 ein anerkannter Fachmann für den Bau elektrischer Anlagen geworden war. In den Jahren bei der DEG und der AEG lernte er das ganze Spektrum seines Berufsfeldes kennen. Er führte Verhandlungen mit Privatpersonen, Firmen und Kommunen über die Einführung von elektrischem Licht, konzipierte mit den Ingenieuren seiner Firma die Anlagen, nahm Ausschreibungen vor, wählte geeignete Produkte aus, ließ sie einbauen und überwachte die Bauausführung. Oft genug musste Miller persönlich die Antriebsmaschinen regeln und technische Nothilfe leisten. In den Jahren von 1883 bis 1889 hatte Miller Kontakt zu allen wichtigen Herstellern elektrotechnischer Artikel und war mit den neuesten Entwicklungen vertraut. Im Jahre 1890 verfügte er über ein breit gestreutes Netz an Verbindungen zur Industrie wie zu Interessenten.

Vor allem in der Organisation von Arbeitsabläufen hatte Miller Entscheidendes gelernt. Nach wie vor war er kein Konstrukteur. Immerhin aber hatte er durch seine Zeit bei der DEG und der AEG eine Lehrzeit in einer

Fabrik, wie sie ihm Hefner-Alteneck 1881 empfohlen hatte, vermieden. Sein außergewöhnliches Talent, das hatte sich in diesen Jahren herauskristallisiert, bestand darin, das Produkt «Strom» zu verkaufen, den Konsumenten zu überzeugen, ja überhaupt einen anfangs noch spärlich vorhandenen Markt für die Elektrizität aufzubauen. Insofern kann Miller als einer der herausragenden Protagonisten und Pioniere in der Geschichte der Energieversorgung gelten. Während seiner Berliner Jahre zeigte sich auch, dass er die künftige Entwicklung der Elektrizitätsversorgung optimistischer einschätzte als Rathenau. Dabei basierte Millers Optimismus auf der eigenen Firmenentwicklung, da zwischen 1883 und 1889 die Absatzzahlen erheblich gesteigert werden konnten. Miller glaubte fest an eine lineare Fortschreibung dieser Entwicklung. Daher war er bereit, Anlagen großzügiger zu dimensionieren. Kollegen wie Deutsch oder der Aufsichtsrat der DEG/AEG waren in ihrer Beurteilung skeptischer. Sie forderten rentable Anlagen und wollten wirtschaftliche Risiken begrenzen.

In den Berliner Jahren konkretisierte sich Millers Idee einer allgemeinen Elektrizitätsversorgung. Er hatte schon 1882 durch seine Gleichstromübertragung über weite Strecken die Möglichkeit erkannt, Strom unabhängig vom Verbrauch zu erzeugen und über eine Hochspannungsleitung an einen beliebigen Ort zu transportieren. In technischer Hinsicht war aber bis 1889 kein wesentlicher Fortschritt eingetreten, nicht zuletzt, da der Strombedarf insgesamt noch gering war. Das System der Zentralstationen, das Miller in Berlin aufgebaut hatte, war örtlich noch zu begrenzt. Außerdem war es auf den Verbrauch von Nachtstrom ausgerichtet, da die elektrische Beleuchtung im Wesentlichen nur abends und nachts benötigt wurde. Tagsüber waren die Maschinen kaum ausgelastet und unrentabel. Um den Absatz gleichmäßiger zu verteilen, hatte die AEG 1888/89 begonnen, elektrische Bahnen nach den Patenten des amerikanischen Erfinders Frank Julian Sprague zu entwickeln. Dieser hatte 1887 in Richmond/USA eine funktionsfähige Bahn gebaut, acht Jahre nachdem Siemens & Halske auf der Berliner Gewerbeausstellung 1879 erstmals eine elektrische Bahn vorgeführt hatte, deren Original sich heute im Deutschen Museum befindet.[158] Die Absicht der AEG war es, elektrische Straßenbahnen auch in deutschen Städten einzuführen. Miller hatte den Aufbau dieses neuen Geschäftszweiges der AEG in den Anfängen noch mitbetreut. Allerdings gingen seine Vorstellungen bereits weiter. Sein Vorschlag, eine stärkere Absatzverteilung zu erreichen, zielte auf die Nutzung von Strom für Elektromotoren, die nicht nur der Industrie, sondern vor allem auch dem Handwerk verkauft werden sollten. Diese Idee hatte Miller schon im Oktober 1888 während eines Vortrages im Berliner Bezirksverein des Verbands Deutscher Elektrotechniker geäußert.[159] Wie visionär seine Idee war, lässt sich am besten aus der Tatsache ablesen, dass das Wort «Elektromotor» überhaupt erstmals 1887 in einer Preisliste von Siemens & Halske auftaucht und die Berliner Gewerbeaufsicht im Jahr 1890 insgesamt nur drei Betriebe in der Reichshauptstadt registriert hatte, die über einen elektrischen Antrieb verfügten.[160]

Im Rückblick haben sich die Berliner Jahre von 1883 bis 1889 in der biographischen Literatur zu Oskar von Miller auf amüsante Anekdoten reduziert. Sie betonen die – manchmal mühseligen – Pioniertaten beim Bau der ersten Block- und Zentralstationen. Insgesamt stützen sie das Bild einer linearen Erfolgsgeschichte Millers. Trotz seiner unbestreitbaren Verdienste in diesen Jahren waren Konflikte und Misserfolge Auslöser dafür, dass er die AEG verließ und sich selbstständig machte. So wird aber nicht Millers Erfolg zum Motor seiner künftigen beruflichen Karriere, sondern genau umgekehrt: Es sind die Schwierigkeiten mit dem Aufsichtsrat, mit Deutsch und teilweise mit Rathenau, die ihn veranlassen, auszuscheiden und ein eigenes Ingenieurbüro zu gründen. Die Argumentation, Miller habe nicht als Aktiendirektor enden oder er habe seine Kinder in einem genügsameren Umfeld erziehen wollen, sowie die Behauptung, er habe neue Herausforderungen gesucht, nachdem in Berlin die größten Probleme überwunden gewesen seien, alle Begründungen für sein Ausscheiden entbehren jeder Grundlage.[161] Miller selbst hat sich über die wahren Gründe seines Abschieds von der AEG ausgeschwiegen. Es findet sich lediglich die Aussage, er sei gerne in seine alte Heimat gewechselt, da ihm «die Stelle eines aktiven Direktors» nicht zugesagt habe.[162] Erst als Miller den Schritt vom angestellten Mitarbeiter zum Selbstständigen vollzog, schuf er sich die Freiräume, die er brauchte. Eingespannt in das Korsett der AEG-Firmenpolitik, hatte Miller nicht die Möglichkeit, seine elektrotechnischen Visionen zu verwirklichen. Ein eigenes Büro in München versetzte Miller ab 1890 in die Lage, elektrotechnische Anlagen nach seinen Ideen zu realisieren und zunehmend ein eigenes Konzept zu entwickeln und zu verwirklichen.

Das Ingenieurbüro Oskar von Miller

Bei der Wahl des Standorts für sein Ingenieurbüro kristallisierte sich bald heraus, dass sich Miller wieder in seiner Heimatstadt München ansiedeln würde. Dort hatte sich nach der Internationalen Elektricitäts-Ausstellung 1882 eine bescheidene Elektroindustrie herausgebildet. Bei der öffentlichen und privaten Elektrifizierung dagegen lag München im nationalen Vergleich weit zurück. Ein Grund waren die Verträge mit der Gasgesellschaft, welche die Stadtverwaltung stark einschränkten und eine kommunale Stromversorgung verhinderten. Ende der achtziger Jahre war insofern Bewegung in die interne Elektrifizierungsdebatte gekommen, als Bürgermeister Borscht diese Verträge grundsätzlich auf den Prüfstand stellte.[163] Miller erhoffte sich in diesem Umfeld gute Berufschancen. Insgesamt hatte Bayern wenig elektrische Anlagen. Miller glaubte daher, in seiner bayerischen Heimat leichter an Aufträge zu kommen als in der Reichshauptstadt Berlin mit den zahlreichen und großen Konkurrenten. Gleichzeitig vertraute er auf das private Netzwerk seiner Familie und Freunde, das bei der Auftragsbeschaffung hilfreich sein konnte. Darüber hinaus planten seit August 1889 Mitglieder des ehemaligen «Consortiums für elektro-technische Untersuchungen» in München, das Oskar von Miller 1883 die Studienreise nach Frankreich, England und in die USA ermöglicht hatte, einen Teil der Wasserkraft der Isar bei Höllriegelskreuth (südlich von München) durch den Bau einer Wasserkraftanlage zu nutzen.[164] Ein grundsätzliches Problem für Millers eigenes Büro war das 1885 von der Allgemeinen Elektricitäts-Gesellschaft in München gegründete Installationsgeschäft unter Leitung von Emil Taussig. Kurzzeitig dachte Miller daran, in dessen Büro einzutreten oder sich mit ihm zu verbinden.[165] Letztlich war ihm aber seine neu gewonnene Unabhängigkeit wichtiger als eine finanzielle Absicherung durch die AEG.

Millers Grundproblem war, rasch an Aufträge zu kommen, da er nicht über große finanzielle Reserven verfügte. Zwar hatte er von seinem hohen Berliner Jahresverdienst Rücklagen bilden können – 1887 verfügte er über 70 000 Mark an Ersparnissen[166] – doch reichten diese für den Aufbau seines Büros bei weitem nicht aus. Unterstützung kam von Fritz von Miller, der sich bereit erklärte, sich am finanziellen Risiko seines Bruders zu beteiligen. Als Startkapital bot er 40 000 Mark an.[167] Auch der zweite Bruder Wilhelm signalisierte Bereitschaft, Oskar finanziell zu helfen, wenngleich er, wie er pikiert an Fritz von Miller schrieb, die beruflichen Pläne Oskars nicht kenne und vor der Bereitstellung einer großen Summe gerne wissen wolle, wofür.[168] Fritz von Miller war wie sein Bruder Wilhelm mit einer Tochter aus der Brauereifamilie Sedlmayr verheiratet und dadurch in den Besitz einer beträchtlichen Mitgift gekommen. Da der vermögende Gabriel Sedlmayr zu diesem Zeitpunkt schon fast 80 Jahre alt war, konnten die Brüder in Bälde mit einem umfangreichen Erbe rechnen. Insofern war eine Unterstützung Oskars durchaus im Rahmen ihrer finanziellen Möglichkeiten. Schon 1891 verstarb Gabriel Sedlmayr und hinterließ das erwartet hohe Vermögen, von dem Fritz und Wilhelm über ihre Ehefrauen große Summen erbten. Beide zusammen besaßen 1914 ein Vermögen von rund sieben Millionen Mark.[169]

Mit dem Kapital seines Bruders und den eigenen Ersparnissen wagte Miller den Schritt in die Selbstständigkeit. Mit seiner Firma, die sich anfangs «Technisches Bureau Oscar von Miller, München» nannte, hatte er sich zum Ziel gesetzt, «unabhängig von bestimmten Systemen oder von einer bestimmten Fabrik den geplanten Unternehmungen diejenigen Einrichtungen zu geben, welche nach Lage der örtlichen Verhältnisse am zweckmäßigsten erschienen».[170] An eine produzierende Firma zur Herstellung von elektrotechnischen Teilen scheint Miller nie gedacht zu haben. Dazu fehlten ihm zahlreiche Voraussetzungen, vor allem die entsprechenden Patente. Generell hat sich Miller in seiner gesamten beruflichen Tätigkeit nie als Erfinderingenieur verstanden. Seine Stärken lagen in der Konzeption und Realisierung elektrotechnischer Anlagen. Dabei konnte er auf seine Kenntnisse und Erfahrungen aus der AEG-Zeit zurückgreifen. Schon zu Beginn seiner selbstständigen Ingenieurarbeit scheint Miller auch eine Stellung als Generalunternehmer angestrebt zu haben. Nur so lässt sich sein hoher Finanzbedarf erklären, da ein unternehmerisches Engagement erhebliches Kapital erforderte.

Der berufliche Einstieg Millers in die Selbstständigkeit gestaltete sich schwierig. Mit nur einem Bürodiener, Philibert Metzger, der später zum Verwalter im Deutschen Museum aufstieg,[171] startete er im Jahre 1890. Seine Schwester besorgte ihm die Schreibarbeiten. Das Ingenieurbüro selbst gründete er formell erst 1891. Der rasche Aufstieg der Firma nach 1890 führte dazu, dass Miller immer mehr Ingenieure und technische Zeichner einstellen konnte. In der Blütezeit arbeiteten zwischen 30 und 40 Personen im Ingenieurbüro.

Die selbstständige Tätigkeit hat Miller bis zu seinem Tod im Jahr 1934 ausgeübt. Insgesamt war er fast 45 Jahre mit diesem Büro aktiv. Allein die lange Zeitspanne lässt bereits vermuten, dass das «Technische Bureau Oscar von Miller, München» wirtschaftlich ausgesprochen erfolgreich war. Trotz zahlreicher Mitarbeiter war dessen Aufschwung letztlich seiner Person und seiner Durchsetzungsfähigkeit zu verdanken. Über die privaten wirtschaftlichen Erfolge hinaus prägte Miller in diesem knappen halben Jahrhundert die Elektrizitätswirtschaft in Deutschland maßgeblich. Mehr noch als in seiner Position als Ausstellungsorganisator 1882 oder als abhängiger Direktor bei der AEG konnte Miller ab 1890 durch persönliche Initiativen Entwicklungen in der Elektrizitätsversorgung beeinflussen und befördern. Bereits seine Zeitgenossen sprachen Miller eine Schlüsselfunktion in der deutschen Elektrotechnik zu. Gerade als selbstständiger Ingenieur bestätigte Miller die bereits formulierte These des «system builder» besonders deutlich.

Die Schwierigkeiten, mit denen Miller in den Anfangsjahren seines Ingenieurbüros konfrontiert war, sind rasch beschrieben. Während auf der einen Seite ein ungeheuerer Bedarf an elektrischen Einrichtungen bestand, war der Markt bis dahin eher geschlossen. Auf der anderen Seite wurden der Bau von Kraftwerken und die Versorgung von Firmen und Städten mit Elektrizität von einigen wenigen Unternehmen bestimmt. Sie übernahmen die vollständige Planung und Ausführung und betrieben, wie im Falle der AEG und bei Siemens & Halske, die Anlagen in eigener Regie. Ihr Vorteil war, dass sie meist auf eigene Maschinen und Teile zurückgreifen konnten. Den Einbau fremder Produkte in ihre Werke lehnten die Firmen mit dem Argument ab, diese würden nicht mit den eigenen Fabrikaten zusammenpassen. Lukrativ war der Anlagenbau auch durch mehrfache Verdienstmöglichkeiten bei Maschinen- und Teilelieferung. Gleichzeitig war das Folgegeschäft – Lieferung von Ersatzteilen – auf längere Zeit gesichert. Die Marktführer bestimmten Art und Umfang der Elektrizitätsversorgungssysteme, teilweise sogar das Stromsystem. Dass die Unternehmensargumentation akzeptiert wurde oder akzeptiert werden musste, hing damit zusammen, dass in den Anfangsjahren der Elektrotechnik die beauftragenden Firmen oder Kommunen über keine eigenen Experten verfügten. Besonders in den Verwaltungen der Städte als Hauptabnehmer von Elektroanlagen waren nach 1890 praktisch keine ausgebildeten Elektrotechniker angestellt.

Das Fehlen eigener Experten versuchten die Kommunen durch Gutachten auszugleichen. Diese wurden in der Regel Hochschullehrern übertragen. Aber auch hier war das Angebot dürftig, da zu dieser Zeit nur wenige Lehrstühle für Elektrotechnik an den deutschen Hochschulen existierten. In den start-up-Jahren der Elektrotechnik standen mit Erasmus Kittler (Darmstadt), Wilhelm Dietrich (Stuttgart), Adolf Slaby (Berlin), Engelbert Arnold (Karlsruhe), Wilhelm Kohlrausch (Hannover) oder Wilhelm Peukert (Braunschweig) nur wenige Hochschullehrer als potenzielle Gutachter bereit. Überhaupt war erst 1882 der erste Lehrstuhl für Elektrotechnik an der Technischen Hochschule Darmstadt begründet und mit Kittler besetzt worden.[172] Daher zogen die öffentlichen Auftraggeber teilweise Hochschullehrer aus anderen Fachrichtungen (Physik, Maschinenbau) für die Begutachtung projektierter Anlagen heran. Selbstständig beratende Ingenieure standen um 1890 nicht zur Verfügung. Diese Situation verbesserte sich im folgenden Jahrzehnt zunehmend. Durch die Einrichtung neuer Lehrstühle für Elektrotechnik gab es vermehrt kompetente Hochschullehrer, aber auch besonders ausgebildete Elektroingenieure für Gutachten und Projektierungsarbeiten. Gleichzeitig bauten die Kommunen, die sich anfangs durch externe Gutachter beraten ließen, eigene Kompetenz auf, indem sie spezielle Abteilungen für Elektrizitäts- oder Energiefragen einrichteten. Im Zuge dieser allgemeinen Professionalisierung der Elektrotechnik wurde der Markt für unabhängige Ingenieure enger, da sich laufend kleine, meist lokal und regional begrenzte Ingenieurbüros bildeten. Mit seiner Geschäftsidee der unabhängigen Begutachtung, Planung und Beratung beim Bau elektrischer Anlagen stieß Miller 1890 noch in eine Marktlücke. Allerdings musste er zwischen dem Druck der marktbeherrschenden Elektrofirmen und seiner Ablehnung durch die Hochschullehrer lavieren. Durch veränderte wirtschaftliche Rahmenbedingungen und die Elektrokrise um 1900 verschärfte sich die Situation des Ingenieurbüros weiter. Zum Ausdruck kam dies besonders in juristischen Auseinandersetzungen, die Kommunen gegen Elektrofirmen oder Elektrofirmen gegen unabhängige Ingenieure führten. Auch Oskar von Miller wurde in solche Konflikte hineingezogen.

Millers Idee eines unabhängigen Ingenieurbüros war insofern risikoreich, als in Deutschland ein funktionierendes System zur Begutachtung von Elektrizitätsprojekten nicht existierte.[173] Im elektrotechnischen Bereich lassen sich zur Zeit der Firmengründung Millers kaum andere Büros nachweisen. Im Tätigkeitsfeld vergleichbar war die Freiburger Firma Philipp Jung, die schon 1874 als Installationsbüro für elektrische Licht- und Kraftanlagen gegründet worden war.[174] Allerdings konnte die Firma nie eine überregionale Bedeutung erreichen. Einige Jahre nach der Firmengründung Millers entstand das international bedeutende Ingenieurbüro von William H. Lindley. Dieser hatte in Frankfurt am Main das Geschäft seines Vaters Sir Walter Lindley übernommen, der sich u. a. durch das Eisenbahnprojekt Hamburg–Berlin und durch die Bauleitung der Kanalisation in Frankfurt einen hervorragenden Ruf erworben hatte. Der Schwerpunkt von William Lindleys Firma lag im Bau von Kanalisationen und Wasserversorgungssystemen; nur teilweise übernahm Lindley Gutachten oder Projektierungsarbeiten elektrotechnischer Anlagen. Ein anderer Frankfurter, Oscar May, nutzte den Erfolg der dortigen elektrotechnischen Ausstellung 1891, um sich als beratender Ingenieur zu etablieren. Er baute 1894 das Elektrizitätswerk in Pforzheim auf eigene Kosten und trat mit einem ähnlichen Leistungsangebot wie Miller an.[175] Solche beratenden Firmen waren um 1890 noch die Ausnahme. Ihre Wirkung blieb lokal oder regional beschränkt, nur wenige von ihnen konnten sich national oder international durchsetzen.

Mit Beginn seiner selbstständigen Tätigkeit ließ sich Oskar von Miller in dem «Adressbuch der Elektrizitäts-Branche» eintragen. Als Arbeitsschwerpunkte nannte er die Einrichtung elektrischer Kraftübertragungsanlagen und den Bau elektrischer Bahnen.[176] Das Spektrum, das er mit seinem Ingenieurbüro abdecken wollte, umfasste unterschiedliche Aufgaben: An erster Stelle stand die Begutachtung von Projekten. In der Regel traten dabei Auftraggeber aus Industrie, kommunalen Stadtverwaltungen und – seltener –

aus dem Schul- und Hochschulbereich an das «Technische Bureau Oscar von Miller» (später: «Ingenieurbüro Oskar von Miller») heran, um sich eine neutrale Einschätzung über eine geplante Energieversorgung einzuholen. Während seiner Ingenieurtätigkeit hat Miller zahlreiche solcher Gutachten verfasst. Sie behandelten nahezu ausschließlich Fragen der Elektrizitäts- und Gasversorgung. Wasserwirtschaftliche Projekte sind kaum überliefert. Bei der Gutachtertätigkeit konnte sich die Fragestellung auf eine grundsätzliche Stellungnahme zur Einführung einer öffentlichen Energieversorgung oder auf die Beurteilung eines bereits vorliegenden Projekts beziehen. Unabhängige Expertisen bildeten dabei ein Gegengewicht zu den von Firmen vorgelegten Angeboten. Diese orientierten ihre Vorschläge naturgemäß an Interessen des eigenen Unternehmens und richteten sich bei der Konzeption nach den Möglichkeiten der Firma und ihren Produkten. Die Expertenmeinung spielte in den Pionierjahren der öffentlichen Stromversorgung eine große Rolle. Bei der Vergabe von Aufträgen stand Miller in direkter Konkurrenz zu den fachlich einschlägigen Hochschullehrern. Ihr Nachteil bestand darin, dass sie häufig die neuesten technischen Entwicklungen nicht in dem Maße kannten, wie es für eine kritische Beurteilung der eingereichten Angebote der Unternehmen notwendig gewesen wäre. So blieben die Gutachten meist zu allgemein. Vor allem Kosten- und Rentabilitätsberechnungen konnten die Akademiker nicht leisten, da nur wenige jemals direkt mit der Errichtung einer elektrischen Anlage beauftragt gewesen waren. Miller hatte das System der Auftragsausschreibung, -begutachtung und -vergabe bei der AEG kennen gelernt. Durch seine eigene Tätigkeit wollte er eine unabhängige Beratung als Service anbieten und detaillierte Expertisen mit einer Berechnung der Kosten-Nutzen-Analysen verbinden. Bedeutende Gutachten Millers entstanden im Vorfeld des Baus von kommunalen Elektrizitätswerken in Frankfurt am Main (1892), Stuttgart (1893), St. Petersburg (1909), Reval (1913), Chemnitz (1923) oder Schweinfurt (1930). Rund 30 größere Gutachten zur Strom- oder Gasversorgung sind in Bad Aibling, Bad Kissingen, Burgau, Dinkelsbühl, Freilassing, Kaiserslautern, Mittenwald, Nördlingen, Passau, Selb und Starnberg archivalisch belegt. Die Liste umfasst mehr als 70 Projekte. Umfangreiche Gutachten erfolgten für die Projekte zum Thüringenwerk (1920), zur Saaletalsperre (1924), zur pfälzischen Gasversorgung (1932) und vor allem zur Reichselektrizitätsversorgung (1929).

Das zweite Arbeitsfeld des Technischen Bureaus Oscar von Miller war die Projektierung von elektrischen Anlagen, Zentralstationen und Elektrizitätswerken, später auch von großen Überlandwerken. Die Projektierung bedeutete die Vorerhebung des Bedarfs, vorhandener Kraftressourcen, die Berechnung der Leitungssysteme, die Konzeption der baulichen Anlagen und der maschinellen Einrichtung. Allmählich spielten neben technischen Vorüberlegungen auch betriebswirtschaftliche Faktoren, wie eine Betriebskostenrechnung, bei der Projektierung eine große Rolle. Dies schlug sich um 1890 in der Fachdiskussion nieder. Neue Elektrizitätsvorhaben wurden nicht mehr ausschließlich unter dem Gesichtspunkt ihrer technischen Machbarkeit, sondern besonders auf ihre Rentabilität hin beurteilt.

Die Projektierung wurde üblicherweise von Ingenieuren großer Elektrizitätsfirmen erstellt und interessierten Stadtverwaltungen kostenlos angeboten. Bei solchen Vorschlägen wurde die Rentabilität meist schöngerechnet. Unabhängige Planungen, wie sie Miller erarbeitete, waren für die Auftraggeber kaum zu erhalten, da nur wenige kompetente private Beratungsbüros in Deutschland vorhanden waren. In der akademischen Lehre wiederum wurde der Anlagenbau bei der Ausbildung von Elektrotechnikern erst nach 1890 in die Lehrpläne aufgenommen. Frühestens ab dieser Zeit vermittelten die Hochschulen hierin ein fundiertes Fachwissen. Wirtschaftlichkeitsberechnungen allerdings waren in der studentischen Ausbildung lange Zeit kein Lehrfach, da diese auf einem hohen Erfahrungswert beruhten.[177]

Insgesamt war das Projektierungsgeschäft zeitaufwändig und kostenintensiv. Meist wurde ein Projekt nach einem Festpreis abgerechnet, was dazu führte, dass private Projektierungen häufig oberflächlich blieben. Millers Ingenieurbüro ging den umgekehrten Weg. Seine Ausarbeitungen waren sehr detailreich und extrem ausgefeilt und boten daher echte Entscheidungshilfen für kommunale Verwaltungen.

Oskar von Miller hat der technischen Projektierung eine hohe Bedeutung zugemessen. In zwei Bänden hat er mit Ingenieuren seines Büros die Grundlagen der Projektierungsarbeit zusammengefasst.[178] Dieses Werk «Die Versorgung der Städte mit Elektricität» (1896 bzw. 1903) ist eines der frühesten Standardwerke für den Bau von Kraftanlagen. Erst einige Jahre später erschien das von dem Berliner Elektrotechniker Fritz Hoppe herausgegebene Buch «Wie stellt man Kostenvoranschläge und Betriebskosten-Berechnungen für elektrische Licht- und Kraftanlagen auf?» (Leipzig 1901), das verschiedene Neuauflagen erlebte.[179] Während sich Miller bewusst von der akademischen Diskussion absetzte und seine praktischen Erfahrungen aus der AEG-Zeit bzw. als selbstständiger Elektroingenieur in die beiden Bände einarbeitete,[180] wollte Hoppe besonders die Rentabilität gebauter Werke als Gradmesser für eine gelungene Projektierung nehmen. Miller selbst entzog sich dieser öffentlichen Diskussion um die Wirtschaftlichkeit von Elektrizitätsanlagen. Zwar kündigte er noch im Vorwort des zweiten Bandes der «Versorgung der Städte mit Elektricität» einen weiteren Teil an, in dem die wirtschaftliche Beurteilung eines Elektrizitätswerkes, die Berechnung der

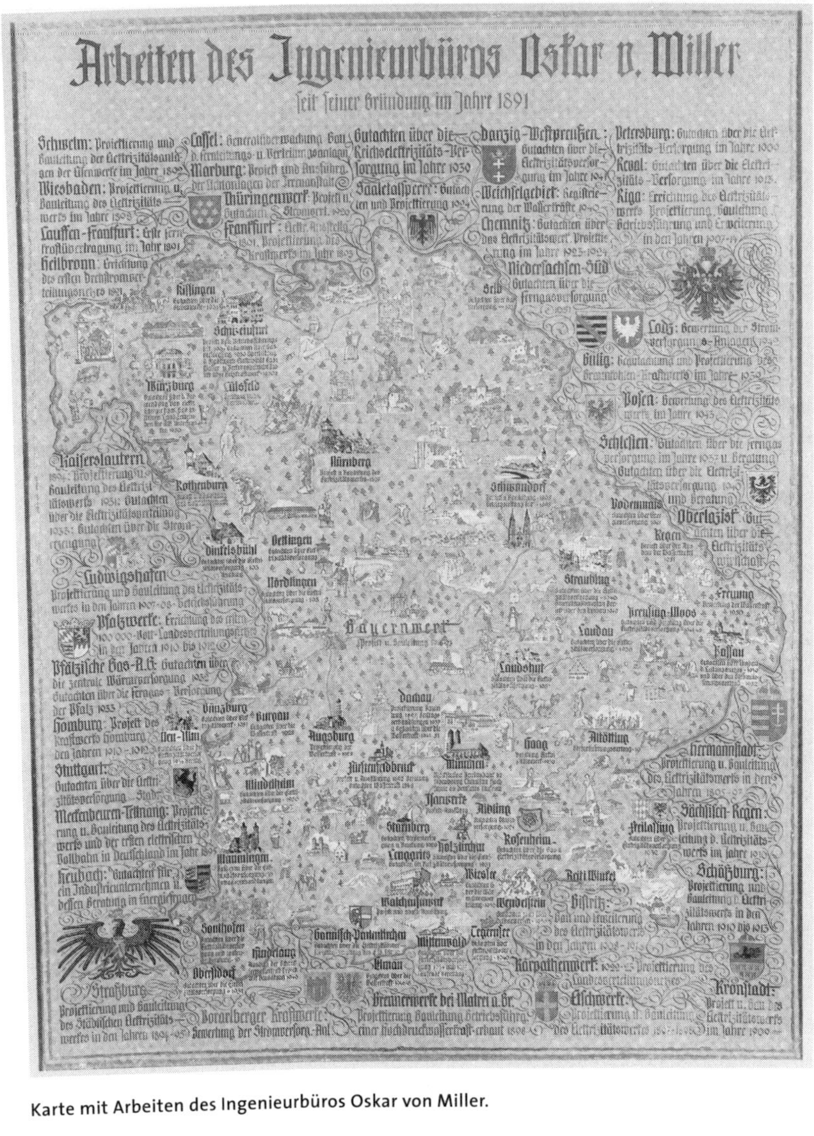

Karte mit Arbeiten des Ingenieurbüros Oskar von Miller.

Anlage- und Betriebskosten sowie die vertragliche Gestaltung von Projekten behandelt werden sollten,[181] doch dieser Band ist nie erschienen. Vermutlich ist der Anstieg der Problemvielfalt bei der Wirtschaftlichkeitsberechnung nach der Wende zum 20. Jahrhundert ein Grund hierfür. Dies lag an größeren Versorgungsgebieten und an dem Wunsch der Stadtverwaltungen nach Alternativprojekten und genauen Wirtschaftlichkeitsberechnungen. Solche Vorgaben erschwerten die Ausarbeitung einzelner Projekte erheblich.[182]

Die Mühe, die sich das Technische Bureau bei den Projektierungsarbeiten gab, lag darin begründet, dass Miller und seine Mitarbeiter danach streben, für die konzipierten Projekte auch die Ausführung, d. h. die Bauleitung, übertragen zu bekommen. Die Bauleitung als Aufgabengebiet des Ingenieurbüros bezog sich in der Regel auf den maschinellen und technischen Bereich, während die eigentlichen Baumaßnahmen von anderen Firmen ausgeführt wurden. Nach der grundsätzlichen Ausarbeitung eines Projekts waren Bauleitung und Beauftragung von Firmen nicht mehr kompliziert. Die Bauleitung als Tätigkeitsfeld rentierte sich überdies, da sie eigens honoriert wurde. Aus dem Technischen Bureau Oscar von Miller sind bis 1934 über 50 größere Projekte bekannt, die deutschland- und europaweit ausgeführt wurden. Zahlenmäßig nicht zu fassen sind Projekte, die ausgearbeitet, aber nicht verwirklicht wurden.

Eine besondere Form der Realisierung eines Projektes war die komplette Ausführung durch das Ingenieurbüro selbst. In solchen Fällen trat das Technische Bureau Oscar von Miller als «Generalunternehmer» auf. Dabei wurde ein Gesamtprojekt vollständig dem Ingenieurbüro übertragen. Miller vergab dann alle anfallenden Aufträge an Subunternehmen, deren Leistungen er dem Auftraggeber in Rechnung stellte. Das unternehmerische Risiko war bei der Form des Generalunternehmertums am größten, da die Mittelzuweisung an das Ingenieurbüro Millers vor der Ausführung genau festgelegt war. Bei guter Planung und problemloser Projektrealisierung konnte der finanzielle Gewinn für Miller hoch sein. Andererseits konnten unerwartete Schwierigkeiten, meist Preissteigerungen, ein Projekt so erheblich verteuern, dass es für das Ingenieurbüro zum Verlustgeschäft wurde.[183]

Eine eigene Spielart des «Generalunternehmertums» waren Bau und Betriebsführung eines Elektrizitätswerkes in eigener Regie. Zu den eigentlichen Projektierungsaufgaben und dem Bau des Werkes kam dann die laufende Betriebsführung, häufig in Form einer zeitlich befristeten Konzession. Als Ausgleich erhielt die Stadtverwaltung einen Pachtzins in vertraglich festgelegter Höhe. Nach einer ebenfalls festgeschriebenen Laufzeit konnte die Stadt den Pachtvertrag auflösen. Für die Kommunen bedeutete diese Form der Einführung einer öffentlichen Stromversorgung das geringste Risiko. Andererseits verzichtete man auf eventuelle Gewinne. Während seiner Zeit als Elektroingenieur hat Miller in einer Reihe von Städten Elektrizitätswerke gebaut und sie oft über Jahrzehnte betrieben. Beispiele dafür sind die Anlagen in Bad Kissingen, Schwandorf, Schweinfurt und die Brennerwerke.

Bis zu seinem Tod verwirklichte Oskar von Miller eine Vielzahl von Projekten in Europa. Arbeitsschwerpunkt war natürlich Deutschland, doch finden sich Projekte und elektrische Anlagen in den heutigen Ländern Frankreich, Italien, Rumänien, Österreich, Lettland, Estland und Russland. Leider sind nicht alle diese Arbeiten archivalisch gut belegt, da Millers Privathaus mit den Räumen des Ingenieurbüros im Zweiten Weltkrieg durch Bombenangriffe vollständig zerstört wurde.[184]

Seine Geschäftsidee der breit gestreuten Tätigkeitsfelder hatte Miller aus den Erfahrungen seiner Direktorenzeit in Berlin entwickelt. Auch die DEG/AEG hatte sich von einer reinen Studiengesellschaft zu einer Fabrikations- und Unternehmensfirma entwickelt. Wie Miller konzipierte die AEG Projekte, erwarb Konzessionen und baute Zentralanlagen, um sie später mit Gewinn zu verkaufen. Während das Unternehmergeschäft bei den großen deutschen Elektrofirmen üblich war, war es für die meist kleinen beratenden und projektierenden Ingenieurbüros der Zeit zu risikoreich. Millers Geschäftsidee war also insofern neu, als er unabhängig von den großen Elektroherstellern ein ähnliches Geschäftsfeld besetzte. Das Technische Bureau Oscar von Miller ist ein Musterbeispiel für diesen neuen Typus.

Oskar von Miller hatte das Glück, mit Beginn seiner selbstständigen Tätigkeit nahtlos an seine Arbeiten bei der AEG anknüpfen zu können. Noch im Frühjahr 1890 konnte er einige größere Aufträge gewinnen, welche die Basis für seinen späteren beruflichen Erfolg bilden sollten. Dazu gehörten die Übernahme der technischen Ausstellungsleitung für die geplante Internationale Elektrotechnische Ausstellung in Frankfurt am Main 1891, der Bau des Elektrizitätswerkes in Kassel und einer Fernleitung von Lauffen am Neckar nach Heilbronn. Gleichzeitig verhandelte er in diesen Monaten über eine Vielzahl weiterer Projekte. Teilweise konnte er die Aufträge erhalten, bei anderen blieb er erfolglos. Einer der frühesten Aufträge war der Bau einer Zentralstation im böhmischen Teplitz (Teplice). Da Miller anfangs nur wenig Mitarbeiter hatte, ging dieses Projekt nur mühsam voran.[185] Andere Verhandlungen scheiterten. So wurde vom Haus Wittelsbach ein Antrag Oskar von Millers und des Maschinenbaufabrikanten Johann G. Landes zur Verpachtung eines Grundstückes am rechten Isarufer abgelehnt. Miller plante, an dieser Stelle eine elektrische Beleuchtungsanlage zu errichten.[186] Dabei griff er einen Vorschlag auf, den er schon 1882 nach

Doppelporträt Millers, 1910 (Fotomontage).

der Internationalen Elektricitäts-Ausstellung in München ausgearbeitet hatte. Das Projekt steht in Zusammenhang mit der elektrischen Beleuchtung der Stadt München, ein Vorhaben, das Miller in den folgenden Jahren immer wieder betrieb. Miller versuchte vergeblich, Prinzregent Luitpold mit dem Hinweis zu gewinnen, dass dadurch dem Handwerk in München eine einfache und billige Betriebskraft geliefert und damit soziale Unzufriedenheit abgeschwächt werden könne. Gleichzeitig sei die elektrische Beleuchtung von königlichen wie staatlichen Gebäuden (Theater, Museen) möglich. Auch ein weiterer Auftrag, die Projektierung einer großen sächsischen Zentralstation in Dresden, ging verloren. Das Bankhaus Arnold als Finanzier war zwar bereit, Miller die Projektierungsarbeiten zu übertragen, lehnte aber letztlich dessen Forderung nach einer Beteiligung weiterer Großbanken und einer Mitwirkung der AEG ab.[187] Trotz der geschilderten Differenzen mit der AEG blieb also Millers Kontakt zur Firma, besonders zu Rathenau, weiterhin eng.

Vermutlich hatte Miller durch seine Tätigkeit bei der AEG oder durch persönliche Hinweise von Rathenau von den Planungen in Teplitz und Kassel erfahren. Rathenau war es auch, der Miller nach seinem Ausscheiden die Projektierung des Elektrizitätswerks in Eisenach – im Auftrag der AEG – angeboten hatte, was Miller allerdings ablehnte, da ihm seine Selbstständigkeit wichtiger war.[188]

Die Internationale Elektrotechnische Ausstellung Frankfurt 1891

Unabhängig von seinen anderen elektrotechnischen Beratungs- und Projektierungsarbeiten übernahm Miller die Leitung der Elektrotechnischen Ausstellung in Frankfurt am Main. Mit diesem Projekt knüpfte er an die Internationale Elektricitäts-Ausstellung im Jahre 1882 in München an. Die Ausstellung in Frankfurt war nicht nur für die persönliche Entwicklung Millers maßgeblich, sie beeinflusste darüber hinaus die Geschichte der Elektrizitätsversorgung in Deutschland und Europa.

Die Einführung des elektrischen Stroms in Frankfurt war seit Jahren ein Politikum und wurde ausgesprochen kontrovers diskutiert. Miller kannte diesen öffentlich geführten Streit seit seiner Zeit bei der AEG. Erstmals gab es 1882, im Jahr der Internationalen Elektricitäts-Ausstellung in München, Ansätze zur Elektrifizierung der Stadt.[189] Der langwierige Entscheidungsprozess in Frankfurt ist symptomatisch für den Dilettantismus der Stadtverwaltungen um 1890 und das Fehlen von städtischen Elektroingenieuren. Auch hatte die Verwaltung keinen Spezialisten für Elektrotechnik, obwohl in der Stadt verschiedene Elektrizitätsunternehmen ansässig waren. Bezeichnenderweise beauftragte der Magistrat den Leiter des Tiefbauamtes, Stadtbaurat William H. Lindley, mit dem Stromversorgungsprojekt. Lindley war zwei Jahre jünger als Miller, hatte wie dieser ein Ingenieurstudium absolviert und war elektrotechnischer Laie. Seine Empfehlungen waren die Errichtung des Westhafens und der Bau von Wasserwerken. Erst nach der Internationalen Elektrotechnischen Ausstellung in Frankfurt wurde Lindley zum gefragten Experten auf dem Gebiet der Elektrotechnik.

Das Problem um die Einführung der Elektrizität verkomplizierte sich, da sich die Auftragsvergabe in Frankfurt zu einem Systemstreit über das «richtige» Stromsystem ausweitete. Das Zögern des Frankfurter Magistrats hielt auch andere deutsche Städte von einer Entscheidung ab. Viele warteten auf eine Klärung. Je nachdem, welches Stromsystem sich dort durchsetzen würde, würde auch die Entscheidung in anderen Kommunen fallen. Das

Engagement der Elektrounternehmen war besonders groß, da sie an dem Referenzauftrag in Frankfurt und den zu erwartenden Folgeaufträgen interessiert waren.

Der Frankfurter «Systemstreit» hatte seinen Hintergrund in der Frage, welche Stromart sich für die Verteilung und Anwendung von elektrischer Energie am besten eigne. Nach 1880 hatten sich verschiedene Verteilungssysteme herausgebildet: das Zweileitersystem mit 110 V Gleichstrom, das Dreileitersystem mit 220 bis 250 V Gleichstrom, der hochgespannte Wechselstrom sowie der hochgespannte Gleichstrom. Ein Jahrzehnt später kam mit dem einphasigen oder dreiphasigen Wechselstrom, dem so genannten Drehstrom, ein weiteres Stromsystem als Konkurrent hinzu. Die Wahl eines geeigneten Systems war für private wie kommunale Werke gleich schwierig. Je nach projektiertem Einsatz gab es Vor- und Nachteile. Gleichstrom konnte in Akkumulatoren gespeichert, für die Elektrolyse eingesetzt und aufgrund seiner niedrigen Spannung problemlos für Glühlampen, Bogenlampen oder für die aufkommenden Elektromotoren verwendet werden. Problematisch war die geringe Reichweite von Gleichstromnetzen. Das alte Zweileitersystem schied wegen der Kosten für das Leitungsnetz und der hohen Leitungsverluste für größere Versorgungseinheiten aus. Dies war der Grund, warum die AEG bei den Städtischen Elektricitäts-Werken in Berlin zum Dreileitersystem übergewechselt war. Die ursprünglich verwendete Betriebsspannung von 110 V hatte die Reichweite auf rund 600 Meter begrenzt; mit dem Dreileitersystem hatte man das Versorgungsgebiet immerhin auf rund 1200 Meter verdoppelt. Nicht unwesentlich in der Diskussion war, dass die Verfechter von Gleichstromlösungen, also die den Markt bestimmenden Firmen Siemens & Halske, Schuckert & Co. und die AEG, im Besitz von Gleichstrompatenten waren. In den Frankfurter Magistratsakten findet sich ein Brief der AEG (mit handschriftlichen Anmerkungen Oskar von Millers),[190] der die Vorbehalte der Firma verdeutlicht. Darin warnte die AEG ganz eindringlich vor dem neuen Wechselstromsystem von Ganz & Co. Die Wechselstrommaschinen seien nicht parallel zu schalten, daher müssten viele Einzelanlagen gebaut werden. Ihr Stromverbrauch sei höher, die Anwendung von Transformatoren gefährlich; allein im Dezember 1887 habe es drei Todesfälle gegeben. Auch sei Wechselstrom nicht für die Kraftübertragung geeignet und kein Akkumulatorenbetrieb zu erreichen. Hier finden sich die klassischen Argumente der Gleichstromanhänger gegen den Wechselstrom. Auch Siemens & Halske polemisierte heftig gegen die neue Wechselstromtechnik, die wenig entwickelt und technisch unausgereift sei. Ihr Hauptargument gegen die Wechselstromtechnik war das Fehlen geeigneter Motoren. Allerdings bot gerade die hohe Spannung des Wechselstroms und die

Möglichkeit, den hochgespannten Strom an jeder beliebigen Stelle auf die gewünschte Gebrauchsspannung herunterzutransformieren, die Chance, die Elektrizitätswerke außerhalb der Zentren an geeigneten Stellen anzusiedeln. Damit konnten die hohen Grundstückskosten in den Stadtkernen und die Rauch- und Lärmbelästigung vermieden werden. Außerdem mussten nicht viele kleine Zentralen, sondern lediglich eine große, leistungsstarke Anlage gebaut werden. Die Erfindung und Entwicklung der Transformatorentechnik, besonders durch die Firma Ganz & Co. aus Budapest, bedeutete für die Wechselstromtechnik einen enormen Fortschritt, da die Wechselströme ohne große Verluste hoch- oder abgespannt werden konnten. Während sich die etablierten Firmen an den Transformatoren rieben, versuchten die Newcomer wie die Unternehmen Ganz & Co. oder Helios AG die Akkumulatorentechnik der Gleichstromfirmen zu diskreditieren.

Zurück zur Situation in Frankfurt. Nachdem unterschiedliche Firmen Angebote über die Einführung der Beleuchtung abgegeben hatten – die AEG hatte sich unter Federführung Oskar von Millers ebenfalls an der Ausschreibung beteiligt[191] –, sprach sich 1888 eine eigens gebildete Kommission internationaler Experten für die Einführung von Wechselstrom aus.[192] Trotz dieses Votums konnte sich die Mehrheit der Stadtverordneten nicht zu dieser Alternative entschließen. Neuerliche Gutachten, massive Werbung der Anbieterfirmen, halbherzige Entscheidungen der Stadtverordnetenversammlung und des Magistrats wechselten einander ab. In dieser verfahrenen Situation machte Leopold Sonnemann, der einflussreiche Verleger der Frankfurter Zeitung, Führer der Demokraten in der Stadtverordnetenversammlung und Mitglied des Reichstages, im November 1889 den Vorschlag, eine Ausstellung zu veranstalten, bei der die verschiedenen Systeme miteinander konkurrieren sollten. Seiner Ansicht nach hatten Fachausstellungen im Gegensatz zu den allgemeinen Weltausstellungen «seit zwanzig Jahren einen günstigen und belebenden Einfluss auf unsere industrielle Entwicklung».[193] Ähnliches erhoffte er sich von einer elektrotechnischen Ausstellung in Frankfurt. Geplant war, sie im Jahr 1890 durchzuführen. Auf Druck der deutschen Elektroindustrie wurde sie auf 1891 verschoben, da die Firmen eine längere Vorbereitungszeit forderten. Noch im November 1889 bildete sich ein Ausschuss, an dessen Spitze Sonnemann stand. Das Ausstellungsprojekt konnte weder auf geeignete Ausstellungshallen noch auf eine funktionierende Organisation oder auf finanzielle Mittel zurückgreifen. Zur Finanzierung wurde ein Garantiefonds gebildet, der die Mittel vorstreckte. Zum Jahreswechsel entstand in Frankfurt ein erstes Konzept für die Schau, das «die technischen Hallen in elektrotechnisch unspezifischer Weise» anordnete.[194]

Der entscheidende Schritt zur Professionalisierung des Vorhabens war die Anstellung eines technischen Leiters. Die Wahl fiel auf Oskar von Miller. Empfohlen hatte ihn der Frankfurter Stadtbaurat Lindley, der Miller aus den Verhandlungen zwischen dem Magistrat und der AEG bei der ersten Ausschreibung des städtischen Elektrizitätswerks kannte und schätzte.[195] Für Miller sprachen außerdem seine ausgeprägten technischen Kenntnisse, seine Ausstellungserfahrung und schließlich seine internationalen Kontakte, die auf eine breite Beteiligung des Auslandes hoffen ließen. Darüber hinaus war Miller als jetzt selbstständiger Ingenieur unabhängig und keiner der interessierten Parteien im Frankfurter Systemstreit zuzuordnen.

Wann der erste Kontakt zwischen Sonnemann und Miller zustande kam, lässt sich aus den erhaltenen Quellen nicht erkennen.[196] Wahrscheinlich geschah dies bereits Anfang des Jahres 1890. Im März 1890 reiste Miller erstmals nach Frankfurt. In einem Brief an seine Frau Marie berichtete er von einem Treffen mit dem Stadtbaurat Beutel und dem Verleger Sonnemann sowie Oberbürgermeister Miquel, denen er seinen Entwurf für die Ausstellung präsentierte. «Alle waren sehr nett», kommentierte Miller das Treffen.[197] Vor dem Organisationsausschuss brannte Miller am 5. März ein Feuerwerk an Ideen ab – elektrische Bahnen, märchenhafte Beleuchtungseffekte, Nachbau einer metallurgischen Fabrik, künstliches Bergwerk, Anwendung der Elektrizität im Haushalt, Betrieb eines elektrischen Bootes auf dem Main. Mit seiner Begeisterung überzeugte er den Ausschuss. Für sich selbst forderte er die Erstattung seiner Reise- und Aufenthaltskosten in Höhe von 10 000 Mark sowie 15 Prozent des eventuellen Ausstellungsüberschusses.[198] Die Bereitschaft Millers, auf ein festes Honorar zu verzichten, kam der finanziell schlecht ausgestatteten Ausstellungsleitung entgegen. Am 12. März wurde er unter Sonnemann zum Stellvertretenden Vorsitzenden des Organisationsausschusses bestimmt. Damit bekam Miller nahezu völlig freie Hand, sein Ausstellungskonzept zu realisieren.

In diesen Tagen, vermutlich im Vorfeld der Sitzung des Organisationsausschusses am 5. März 1890, entstand der erste Entwurf Oskar von Millers für die Organisation der Frankfurter Elektrizitätsausstellung.[199]

Sein Konzept veränderte die bisherigen Pläne völlig. Fast zeitgleich hatte der als Ausstellungsarchitekt ausgewählte Oscar Sommer eine erste Belegung des Ausstellungsgeländes entworfen.[200] Miller setzte sich aber mit seinem Entwurf durch. Neu war die Ausrichtung der Ausstellungsräume an thematischen Schwerpunkten: Trennung von Stark- und Schwachstrom, Darstellung der Erzeugung, Verteilung und Installation von Strom, Demonstration der praktischen Elektrizitätsanwendung. Dabei organisierte Miller die Produkte an fachlichen Vorgaben und durchbrach das übliche Präsentationsschema auf Industriemessen, das eine Hallenbelegung nach Herstellern vorsah. Jede Gruppe sollte möglichst eine eigene Halle erhalten, um eine größere Übersichtlichkeit zu erzielen. Besondere Aufmerksamkeit widmete Millers Konzeption dem Gedanken der Kraftübertragung; schon früh kam dabei eine Fernübertragung von Strom ins Spiel.

In vielen Bereichen orientierte sich Millers Konzept an der von ihm in München praktizierten Ausstellungsgestaltung. Dazu gehörten insbesondere die thematische Einteilung, die Orientierung der Ausstellungsstücke an der Praxis, die Einführung einer Prüfungskommission oder das ausdifferenzierte Ticketsystem.[201] Auch die dezidiert künstlerische Gestaltung der Außen- und Innenarchitektur hatte ihre Vorläufer in der Münchner Ausstellung.[202] Selbst das System von Ausstellungsassistenten, die Führungen anboten, reaktivierte Miller in Frankfurt. Ebenso griff er bei der publizistischen Umsetzung der Ausstellung auf Erfahrungen aus München zurück.

Selten zuvor fand eine Veranstaltung in der breiten Öffentlichkeit und in der Fachwelt eine so große Publizität wie die Internationale Elektrotechnische Ausstellung in Frankfurt. Gezielt versorgte Miller die Tagespresse und Fachzeitschriften mit Neuigkeiten. Ähnlich wie in München forderte Miller einen herausragenden Höhepunkt für die Ausstellung. Wie 1882 wollte er erneut eine Übertragung von Strom auf weite Entfernungen durchführen. Die Frankfurter Ausstellung übertraf das Münchner Vorbild allerdings bei weitem. Sie

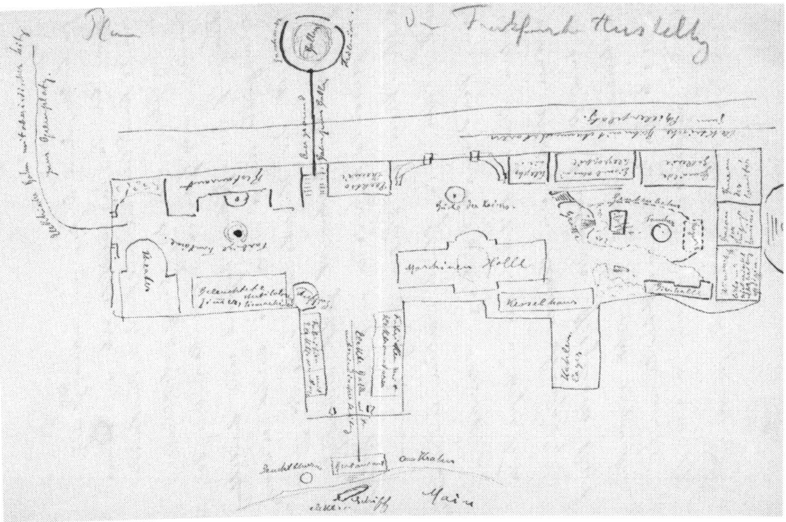

Erster Entwurf Millers für die Frankfurter Ausstellung, 1890.

war größer, von mehr Firmen beschickt, technisch innovativer, populärer, unterhaltsamer. Vor allem aber zeigte sie viele, jetzt bereits ausgereifte elektrische Systeme, die 1882 noch nicht einmal in Ansätzen vorhanden gewesen waren. Die beiden elektrotechnischen Ausstellungen in München und Frankfurt demonstrieren also nicht nur die persönliche Weiterentwicklung Millers als Elektrotechniker und Ausstellungsmacher, sondern sie zeigen auch den technischen Fortschritt eines Industriezweiges binnen eines Jahrzehnts.

Anfangs organisierte Miller die Ausstellung von München aus, da er in seinem Technischen Bureau parallel seine eigenen Projekte in Kassel, Lauffen und Heilbronn weiter betrieb. Zur Vorbereitung der Ausstellung hatte sich Miller Reisen nach Frankreich, England, Belgien, Österreich, Ungarn, in die Schweiz und natürlich durch Deutschland ausbedungen, um internationale Aussteller und Produkte zu gewinnen.[203] Nicht alle ursprünglich geplanten Reisen wurden von Miller selbst durchgeführt; teilweise übernahmen Sonnemann oder andere Mitglieder des Vorstands bzw. der Ausschüsse diese Fahrten. Bei einigen, meist deutschen Firmen waren die Vorbehalte gegen die Ausstellung groß, da sie sich aufgrund ihrer ausgelasteten Kapazitäten nicht zu einer Beschickung in der Lage sahen. Erst nachdem eine spätere Eröffnung festgelegt wurde und die Ausstellung definitiv vom 16. Mai bis 19. Oktober 1891 stattfinden sollte, gingen verstärkt Anmeldungen ein. Besonders die Berliner Firmen Siemens & Halske und die AEG favorisierten die Reichshauptstadt als Standort.[204] Beide Firmen hielten sich daher in den ersten Monaten sehr zurück. Die AEG drohte noch im Oktober 1890, ihre Beteiligung zurückzuziehen.[205] Da sich aber bald abzeichnete, dass nahezu alle deutschen Firmen ausstellen würden, sagte auch die AEG zu. Beim Anwerben von Firmen war Oskar von Miller Meister. Ein damaliger Mitarbeiter erinnert sich:

> *«Wer da kam und glaubte 1–2 qm belegen zu sollen, wurde, wenn es sich um eine grössere Firma handelte, von Herrn von Miller persönlich empfangen und erwärmt. Wer dann das Büro verließ, hatte sich nicht für einige Quadratmeter Raum entschlossen, sondern für eine Ausstellung grösseren Stils oder gar für einen Kiosk. Manch kleiner Fabrikant sah sich im Geiste schon als Großindustrieller.»*[206]

Da Miller immer mehr Firmen überzeugte, mussten die Belegungspläne entsprechend ihrem Produktangebot permanent überarbeitet werden. Selbst unmittelbar vor der Eröffnung musste Miller noch umorganisieren. Ein Beispiel dafür ist die Erweiterung der Maschinenhalle und des Kesselhauses. Während Miller noch im April 1891, einen Monat vor Beginn, davon ausgegangen war, Platz für Maschinen mit einer Leistung von 3000 PS schaffen zu müssen,[207] waren es im Oktober schon 4684 PS.[208] Nachdem die Vorbereitungen in den ersten Monaten zügig vorangegangen waren, kamen sie ins Stocken, als sich im Juli 1890 die AEG und die Maschinenfabrik Oerlikon schriftlich zu der geplanten Kraftübertragung verpflichteten. Diese Entscheidung band Miller in den nächsten Monaten ganz erheblich, da die Realisierung des Versuchs einen immensen zusätzlichen organisatorischen Aufwand erforderte. Andererseits hatte die Ausstellung damit den von Miller gewünschten Höhepunkt. Auf die Kraftübertragung konzentrierten sich nicht nur alle weiteren Vorarbeiten, sondern auch die räumliche Einteilung des Ausstellungsareals. Mitte 1890 ergaben sich Probleme mit der Fundierung für die tonnenschweren Objekte, was dazu führte, dass der ursprüngliche Belegungsplan wieder umgekrempelt, alle Gebäude neu gezeichnet und die Plätze für die Firmen neu vergeben werden mussten.[209] In Folge der Fixierung auf diesen Versuch verzögerten sich alle anderen Arbeiten. Gleichzeitig wuchs die Kritik an Miller, die in dem Vorwurf der Undurchführbarkeit der geplanten Fernübertragung gipfelte. Eine Zeitung schrieb ironisch von dem «unfehlbaren Ingenieur von Miller», der gescheiter sein wolle als die führenden Firmen Siemens & Halske und Schuckert & Co.[210] Um die Arbeiten beschleunigen und besser überwachen zu können, verlagerte Miller Ende 1890 einen Teil seines Ingenieurbüros nach Frankfurt. Schon vorher hatte er verschiedene junge Ingenieure für die Betreuung der einzelnen Hallen angestellt, wodurch er sich auf die Kraftübertragung konzentrieren konnte. Unter den neuen Mitarbeitern war Georg Zapf, damals noch Student, später Generaldirektor der Firma Felten & Guilleaume; er hat seine Erinnerungen an Miller und die Frankfurter Ausstellung in interessanten Notizen festgehalten.[211]

Das Gelände der Internationalen Elektrotechnischen Ausstellung wurde eingerahmt von der Kaiserstraße im Norden, der Gutleutstraße im Süden, dem Gallusplatz im Osten und dem Bahnhofsvorplatz im Westen. Aufgrund der Nähe zum Bahnhof und zum Main besaß es eine ausgesprochen günstige Anbindung an Stadt- und Fernverkehr. Insgesamt umfasste das Gelände eine Fläche von rund 77000 Quadratmetern. Zusätzlich gab es am Mainufer eine weitere Halle für eine Marineausstellung. Gemessen an der Bedeutung, welche die Elektrotechnik für die Schifffahrt zu diesem Zeitpunkt bereits hatte, wies sie allerdings nur eine schwache Beteiligung auf.

Für die einzelnen Bereiche wurden auf dem Hauptgelände zahlreiche Hallen errichtet.[212] Sie waren nur aus Holz gefertigt, da sie nach der Ausstellung wieder abgebrochen werden sollten. Trotzdem waren ihre Fassaden repräsentativ gestaltet. Es dominierte ein etwas altbackener Stil mit Fachwerk und Türmchen. Miller bezeichnete diesen Stil als «altdeutsch», als eine

Anlehnung an Gotik und Renaissance. Teilweise wirkten die Häuser antiquiert, dies umso mehr, als mit der Elektrotechnik ein hochmoderner Technikbereich präsentiert wurde. Einen industriellen Eindruck vermittelte nur das Kesselhaus mit seinen vier hohen Schloten.

Im Zentrum des Geländes lag gegenüber dem Haupteingang an der Kaiserstraße die lang gezogene Große Maschinenhalle. Sie hatte der Frankfurter Architekt Oscar Sommer, der für die Architektur der wichtigsten Hallen zuständig war, nach den Vorgaben Millers gebaut. Von ihrer Größe her – 127 m Länge, 27 m Breite, 17 m Höhe und einer Kuppelhöhe von 40 m – hatte die Große Maschinenhalle beeindruckende Ausmaße.[213] Kurzzeitig geriet die Ausstellungseröffnung in Gefahr, als im November 1890 ein Orkan das Gebäude zerstörte. Mit knapper Not wurde man noch rechtzeitig fertig. Die Große Maschinenhalle war optisch das Kernstück der Ausstellung. Ihr imposanter Eindruck wurde noch dadurch gesteigert, indem sie Miller am Abend mit 2000 Glühbirnen beleuchten ließ. Auch die barocke Gartenarchitektur vor der Halle diente der Aufwertung des Hauptgebäudes. Hinter dieser repräsentativen Halle lag, auf den ersten Blick nicht sichtbar, das Kesselhaus. Seinem funktionalen Charakter entsprach eine deutlich reduzierte Fassadengestaltung. Das Kesselhaus wirkte als Fabrikgebäude, nur seine bis zu 40 Meter hohen und weithin sichtbaren Schlote waren durch die Verwendung farbiger Steine und durch unterschiedliche Ornamentierung künstlerisch gestaltet. Seitlich hinter dem Kesselhaus zurückgesetzt befanden sich die Hallen für die Kraftübertragung und für Werkstätten; dort sprudelte später der Wasserfall, der nach der erfolgreichen Kraftübertragung Lauffen – Frankfurt elektrisch betrieben wurde. Direkt am Haupteingang waren die Hallen für Eisenbahnsignalwesen bzw. für Telegrafie und Telefonie, im Westen die Gebäude für Installationen, das Theater und der Bahnhof von Siemens & Halske. Im östlichen Ausstellungsterrain hatte Miller zentral einen künstlichen Berg mit einem neuschwansteinartigen Turm und einen See errichten lassen. Dahinter befanden sich die Bereiche für Wissenschaft und Medizin, für Feintechnik, für die Bibliothek und für technische Zeichnungen sowie kleine Hallen für eine Kunstausstellung und für die Prüfungskommission. Über das gesamte Gelände waren zur Verköstigung der Besucher Restaurants und Gaststätten verteilt, so die «Große Restauration» mit 2000 Plätzen, unterschiedliche Weinschänken im kalifornischen, ungarischen, hessischen oder alpenländischen Stil, Bierhallen sowie Kioske zum Obst-, Zigarren- oder Schnapsverkauf.[214]

Überhaupt war das Gelände eine Mischung von Fachausstellung und Rummelplatz. Zu den viel besuchten Unterhaltungsstätten gehörten eine Rennbahn, bei der sich elektrisch angetriebene Holzpferde Wettrennen lieferten, eine Schießhalle, in der man mit Flobert-Gewehren auf Glühlampen schoss, der orientalische Irrgarten, ein 40 Meter hoher Aussichtsturm mit einem von der amerikanischen Firma Otis Brothers & Co. betriebenen elektrischen Aufzug, ein Hügel mit Grotte, Wasserfall und Bergschänke oder der Aufstieg in einem Fesselballon. Die telefonischen Fernübertragungen, die Miller schon in München mit großem Erfolg gezeigt hatte, kamen auch in Frankfurt zum Einsatz. Sie waren zwar beim Publikum ausgesprochen beliebt, im Vergleich zu 1882 allerdings technisch keine besondere Neuheit mehr. Trotzdem hörten die Besucher den Übertragungen von Opernaufführungen aus München (450 km), Wiesbaden oder innerhalb der Stadt staunend zu. Mit diesen Publikumsattraktionen, über die die Presse ausführlich berichtete, lockte Miller Menschenmassen auf das Ausstellungsgelände. Wie in München 1882 gestaltete er den Ausstellungsbesuch unterhaltsam, informativ, aber auch belehrend. Die Ausrichtung der Internationalen Elektrotechnischen Ausstellung auf ein breites Publikum geschah nicht zuletzt in Hinblick auf möglichst hohe Einnahmen aus Eintrittsgeldern, die für den Erfolg der Ausstellung entscheidend waren. Gleichzeitig wollte Miller durch die Ausstellung ein Bild von den breiten Einsatzmöglichkeiten der Elektrizität vermitteln. Miller ließ nahezu keine Chance aus, die Nutzung elektrischen Stroms zu demonstrieren. Ob es sich um einen Kiosk mit einem Ventilator, dekorative Steh- oder Hängelampen, elektrisches Kinderspielzeug, die elektrische Beleuchtung eines Bergwerksstollens oder von Wasserfontänen, um eine Unterwasserlampe im Taucherpavillon oder um Kuriositäten wie das elektrophonische Klavier handelte, überall wollte Miller die Botschaft vom vielseitig einsetzbaren Strom vermitteln.

Damit die Authentizität einzelner Ausstellungsbereiche gewährleistet war, kümmerte sich Miller selbst um kleinste Details. Ein Beispiel dafür ist die Bayerische Bierhalle, die nahe am Haupteingang platziert war. «In unverfälschter Aechtheit heimelt ihn [den Besucher] der oberbayerische Holzbau an, der die bayerische Bierhalle birgt. Luftig steigen die mit Jagdemblemen gezierten Giebel der weit ausladenden steinbelasteten Dächer empor, einladend wirken die Holzgallerien und die mit Blumenstöcken bestellten Fenster», schrieb die «Elektricität. Offizielle Zeitung der Internationalen Elektrotechnischen Ausstellung».[215] Damit das Ensemble möglichst echt wirkte, durften typische oberbayerische Elemente nicht fehlen: getrocknete Maiskolben unter dem Dach der Veranda, die zerrissene Schürze des Taglöhners, der an die Wand gemalte Heilige Florian oder die «Kraxn» als bäuerliche Traghilfe.[216]

Soweit die erhaltenen Akten erkennen lassen, kümmerte sich Miller mit größter Sorgfalt um die Gestaltung des Ausstellungsplatzes und der einzelnen Gebäude sowie um die Detaileinrichtung. Zwar gab es zwei verantwortliche Ingenieure, die als Abteilungsvorstände für den maschinen- bzw. elektrotechnischen Bereich zuständig waren und über einige Hilfskräfte verfügten, die wiederum einzelne Hallen oder Abschnitte gestalteten, aber überall regierte Miller persönlich hinein. Zum einen wollte er sein Konzept der themenorientierten Ausstellung nicht verwässern lassen, was ihm bei der Tendenz der Firmen, den ihnen zugewiesenen Bereich durch eine Reihe sachfremder Ausstellungsstücke zu «ergänzen», nicht immer leicht fiel. Zum anderen achtete Miller auf dramatische oder dramaturgische Effekte, die er liebte und schon in München eingesetzt hatte. In dem künstlich angelegten Hügel ließ er beispielsweise eine Grotte einbauen, in der sich ein Dampf speiender Drache verbarg, der eine Jungfrau auf einem benachbarten Felsen bedrohte.[217]

Die Gesamtgestaltung zeigt einige für Miller typische Elemente in der Verbindung von Technik und Kunst. In der Elektrotechnik spielte eine künstlerisch gestaltete Beleuchtungstechnik eine große Rolle, da die Elektrizität besonders als Luxusgut in Hotels, Restaurants oder Theaterbauten zum Einsatz kam. Dementsprechend gestalteten die Firmen ihre Produkte künstlerisch oft sehr aufwändig, manchmal an der Grenze zum Kitsch. Die enge Verbindung von Kunst und Technik verdeutlicht auch die Tatsache, das Miller ein eigenes Gebäude für eine Kunstausstellung bauen ließ. Die gezeigte Gemäldeausstellung wirkte insofern besonders modern, als die Bilder hauptsächlich von zeitgenössischen Künstlern stammten und die Beleuchtung vollständig elektrisch erfolgte.[218] Kennzeichnend für Miller ist die in der Frankfurter Ausstellung an vielen Stellen eingesetzte metaphorische Verbindung von «Wasser» und «Elektrizität». Miller beabsichtigte, Naturressourcen zur Stromerzeugung zu nutzen. Diesen Vorschlag hatte er bereits in seinem Reisebericht von der Internationalen Elektrizitätsausstellung in Paris 1882 formuliert.[219] Der gewonnene Strom sollte dann auf weite Entfernungen übertragen und dort genutzt werden, wo Bedarf bestand. In Millers Ausstellungsmetaphorik bildet sich dieses Denken im «Wasserfall» ab, der durch den übertragenen Strom angetrieben wurde. Der künstliche Wasserfall findet sich in der Münchner Ausstellung 1882 wie in Frankfurt 1891. Während der natürliche Wasserfall als Symbol für urtümliche und ungezähmte Kraft steht, ist der elektrische Strom die von Menschen beherrschte und gezügelte Energie. Indem der Strom in beiden Ausstellungen einen Wasserfall speiste, schloss Miller den Kreis von der Naturkraft zur technischen Kraft. Im Kern ist die Nutzung der ungezügelten Wasserkraft für den verspielten Wasserfall in den Ausstellungen auch eine Metapher für die Rolle der Technik in dem Kreislauf Wasser – Elektrizität – Wasser. Technik nahm hier die Funktion der

Internationale Elektrotechnische Ausstellung in Frankfurt: Künstlich angelegte Grotte mit Dampf speiendem Drachen, 1891.

sinnvollen Umsetzung ungezügelter Kräfte für menschliche Bedürfnisse ein. Mit dem Wasserfall als Bild der symbiotischen Einheit von Natur und Technik orientierte sich Miller durchaus an den Naturvorstellungen deutscher Ingenieure im 19. Jahrhundert.[220]

Während der Internationalen Elektricitäts-Ausstellung in München 1882 hatte Miller die große Bedeutung der öffentlichen Berichterstattung erkannt. Damals hatte ihm Joseph von Schmädel geholfen, der über gute Pressekontakte verfügte. Dass die Frankfurter Ausstellung in ihrer publizistischen Breitenwirkung das Münchner Vorbild übertraf, lag daran, dass Miller diesem Bereich jetzt noch höhere Bedeutung beimaß als 1882. Zudem hatte er mit Leopold Sonnemann einen echten Medienprofi an seiner Seite. Überblickt man die offiziellen Publikationen zur Frankfurter Ausstellung[221], kann man feststellen, dass bis dahin in Deutschland keine Ausstellung eine so umfangreiche Presseberichterstattung erfahren hatte. Von der Ausstellungsleitung genehmigte Veröffentlichungen waren der «Offizielle Katalog der internationalen elektrotechnischen Ausstellung zu Frankfurt am Main 1891», das regelmäßig erscheinende Blatt «Elektricität. Offizielle Zeitung der Internationalen Elektrotechnischen Ausstellung» und der «Offizielle Bericht über die Internationale Elektrotechnische Ausstellung in Frankfurt 1891».[222] Besonders die «Elektricität» versorgte vor allem das Frankfurter Publikum mit Ausstellungsneuigkeiten; diese Berichte wurden von anderen deutschen Tageszeitungen und Fachzeitschriften übernommen. Angesichts der Bedeutung der Ausstellung veröffentlichten verschiedene Unternehmen zudem eigene Firmenkataloge und Firmenschriften, um über ihre Produkte zu informieren, darunter die Akkumulatorenfabrik AG Hagen, die AEG, Felten & Guilleaume Carlswerk, die Firma C. & E. Fein aus Stuttgart, die Maschinenfabrik Esslingen, die Maschinenbau AG Nürnberg vormals Klett & Co., Schuckert & Co und Siemens & Halske.[223] Teilweise produzierten die Firmen ihre Schriften erst während der laufenden Ausstellung, als sich der enorme Publikumserfolg abzeichnete.

Zu dem Bemühen um eine möglichst hohe Ausstellungspublizität gehörte die Organisation von Tagungen und Kongressen während der Ausstellung. Diese sollten die technische Botschaft vom Nutzen der Elektrizität und die politische Botschaft von der Notwendigkeit der Einführung des elektrischen Stroms kommunizieren. Insofern kam der Versammlung Deutscher Städteverwaltungen, die vom 27. bis 29. August 1891 in Frankfurt tagte, eine besondere Bedeutung zu. Rund 150 Kommunen waren anwesend, alle potenzielle Kunden für den Bau von Elektrizitätswerken. Oskar von Miller sah darin eine Akquisechance für sein eigenes Ingenieurbüro. Gerne verknüpfte er seine Funktion als Stellvertretender Vorsitzender des Ausstellungsvorstands mit der intensiven Werbung für seine Tätigkeit als unabhängiger Fachmann für Energiefragen. Bei dem Kongress hielt er dementsprechend ein Grundsatzreferat über die Stromversorgung von Städten.[224] Auf die Tagung der Städteverwaltungen war zeitlich die Kraftübertragung von Lauffen nach Frankfurt zugeschnitten. Rechtzeitig funktionierte am 24. August erstmals die Stromübertragung für die Beleuchtung von Glühlampen in der Halle für Verteilung. Damit konnte den Städtevertretern unmittelbar die Machbarkeit der Stromübertragung auf weite Strecken demonstriert werden. Während der gesamten Ausstellung waren permanent Delegationen aus deutschen und ausländischen Kommunen zu Gast, um sich über die Möglichkeiten der Elektrifizierung ihrer Stadt zu informieren. Zahlreiche städtische Elektrizitätswerke leiten ihre spätere Gründung direkt von den auf der Frankfurter Ausstellung gewonnenen Erkenntnissen ab. Diese Messebesucher boten Miller die Chance, selbst Aufträge zur Errichtung von öffentlichen Elektrizitätswerken zu akquirieren. Bekannt ist, dass Vertreter aus Siebenbürgen, Bozen und Meran die Ausstellung besuchten und dort in Kontakt zu Miller traten, der in den folgenden Jahren an diesen Orten große Kraftwerke baute.

Für die Diskussion um den Kampf der Systeme spielte der Internationale Elektrotechniker Kongress, den über 700 Teilnehmer aus 12 Ländern besuchten, eine wichtige Rolle. Allerdings vermied man es sorgfältig, die Auseinandersetzungen um das «richtige» System zu einem Streit der Firmen selbst eskalieren zu lassen. Weitere Kongresse[225] waren die Tagungen des III. Deutschen Mechanikertages oder der Erste deutsche Glasbläsertag. Selbst auswärtige Kongresse reisten für einen Besuchstag geschlossen nach Frankfurt, so der Verein Deutscher Ingenieure, der Verein deutscher Gas- und Wasserfachleute, die Gesellschaft Deutscher Naturforscher und Ärzte, der Verein Deutscher Papierfabrikanten oder die Teilnehmer des Deutschen Schriftsteller-Verbandes. Politische Bedeutung wiederum kam dem überraschenden Besuch Kaiser Wilhelms II. am 13. Oktober zu. Zwar hatte der Kaiser das ihm von Miller angebotene Ehrenprotektorat für die Ausstellung abgelehnt, doch dokumentierte sein Interesse an der Ausstellung die hohe Bedeutung der Elektrotechnik im wilhelminischen Kaiserreich.[226] Aus dem Ausland wiederum kamen zahlreiche Besuchergruppen, u. a. Delegierte der geplanten Chicagoer Weltausstellung, Mitglieder des Österreichischen Ingenieur- und Architektenvereins oder Professoren und Studenten der Mailänder Hochschule.

Da die Ausstellung von ihrem Grundgedanken und von ihrer Konzeption her die öffentliche Diskussion über das «richtige» Stromsystem zuspitzen wollte, standen Stromerzeugung und -verteilung im Mittelpunkt des Fachinteresses. Optisch kam dies in der Großen Maschinenhalle zum Ausdruck, die das Ausstellungsgelände beherrschte. Für Miller spielte dabei weniger die bloße Präsentation der Maschinen eine Rolle. Vielmehr wollte er, dass möglichst viele Produkte in Betrieb gezeigt würden. Die von den Maschinen in der großen Halle erzeugte Leistung von mehreren Tausend Kilowatt war Mittel zum Zweck. Sie speisten Bogen- und Glühlampen, Scheinwerfer, Ventilatoren, Straßenbahnen, Fahrstühle, Motoren für Pumpen, Werkzeugmaschinen oder elektrochemische Anlagen. Miller hat anlässlich eines Vortrags im Berliner Elektrotechnischen Verein hervorgehoben, dass die Konzeption der Internationalen Elektrotechnischen Ausstellung den Firmen Gelegenheit gebe, «ihre Leistungen mit denen ihrer Industriegenossen im friedlichen Wettkampf zu vergleichen».[227] Diese Idee setzte Miller in der Großen Maschinenhalle um. Dort waren alle führenden deutschen Firmen präsent. Die größten Flächen nahmen Siemens & Halske bzw. Schuckert & Co. ein. Von den bedeutenden Fabriken hatten u. a. die Maschinenfabrik Oerlikon, W. Lahmeyer & Co., Helios, Deutsche Elektrizitätswerke und Gebr. Naglo große Ausstellungsstände. Nur zwei ausländische Firmen waren vertreten, wobei die Thomson-Houston International Electric Co. das größte Renommee besaß. Der von Miller intendierte Leistungsvergleich zeigte sich schon in der Größe der Maschinen, die bis zu 600 PS stark waren. Miller hat diese für damalige Verhältnisse gewaltigen Maschinen berechtigterweise den 100 PS starken Maschinen der Pariser Elektrizitätsausstellung von 1881 gegenübergestellt, die Edison damals als übermäßig groß bezeichnet hatte.[228] Von den verschiedenen Ausstellern wurden auch unterschiedliche Motorentechniken gezeigt. Neben den Dampfmaschinen kamen Gasmotoren aller Art, Petroleummotoren und Benzinmotoren zum Einsatz. Einzig der Antrieb durch Druckluftmotoren, der 1890/91 in der Fachwelt heftig diskutiert wurde, konnte während der Ausstellung nicht vorgeführt werden.[229] Ganz im Sinne des Systemvergleichs waren mit Lahmeyer und Helios genau gegenüber dem Haupteingang zwei konkurrierende Vertreter der Gleichstrom- bzw. Wechselstromtechnik nebeneinander platziert. Zwei andere direkte Konkurrenten in der Systemfrage, Siemens & Halske und Schuckert & Co., waren jeweils an den schmalen Stirnseiten der Halle ebenfalls frontal gegenübergestellt.

Um eine Entscheidung im Frankfurter Systemstreit herbeizuführen, kam den Möglichkeiten der verschiedenen Kraftmaschinen besondere Bedeutung zu. Miller wollte die Frage anhand konkreter Beispiele lösen. Die Vertreter der unterschiedlichen Systeme sollten Gelegenheit haben, die Vorteile ihres Systems darzustellen. So sollte die Gleichstrompartei ihre technische Ausgereiftheit anhand erprobter Motoren zeigen, mit gewaltigen Akkumulatoren die problemlose Speicherfähigkeit des Gleichstroms demonstrieren oder den reibungslosen Antrieb parallel geschalteter Motoren vorführen. Dazu griff Siemens & Halske die Idee Millers auf, historische und moderne Produkte zu präsentieren, um als spezifisches Firmenimage die lange Tradition und Erfahrung zu vermitteln. In einer kleinen historischen Schau wurden alte Generatoren und neuartige Motorentechnik vorgeführt. Den Stand beherrschte die neueste Errungenschaft des Unternehmens, eine 600 Kilowatt starke Gleichstrom-Innenpolmaschine. Diese größte Maschine der gesamten Ausstellung beeindruckte nicht nur durch ihr enormes Gewicht von 26 Tonnen. Als Teil einer großen Zentralanlage zur Verteilung von elektrischem Strom wurde ihre Betriebstüchtigkeit in einer permanenten Vorführung nachgewiesen. Mit dem unübersehbaren Hinweis, dass eine Maschine dieses Typs bei den Berliner Elektricitäts-Werken im Einsatz sei, vermittelte Siemens & Halske auch den wirtschaftlichen Erfolg, der sich aus ihrem Einsatz ergab. Obwohl die Firma eher zur Partei der Gleichstrombefürworter zählte, hatte sie geschickterweise ihre Anlage so eingerichtet, dass sie von Gleich- zu Wechselstrom umgeschaltet werden konnte.[230]

Das erst 1882 gegründete Unternehmen Helios aus Köln setzte als Newcomer ganz auf die Wechselstromtechnik.[231] Helios hatte sich 1885 die Wechselstrompatente der Firma Ganz & Co. für Deutschland gesichert, war also einer der Protagonisten dieser Technik. Im zentralen Eingangsbereich der Großen Maschinenhalle präsentierte Helios ein leistungsstarkes Wechselstromkraftwerk mit einer Generatorleistung von 400 Kilowatt. Eine Besonderheit der Anlage war eine einfallsreich konstruierte Vorrichtung zur Spannungsregelung und Parallelschaltung, die elektrisch oder per Hand bedient werden konnte. Damit war ein altes Problem, mit dem Miller während seiner Berliner Zeit immer wieder konfrontiert worden war, technisch sauber gelöst. Helios trat außerdem mit der Empfehlung an, im Jahr zuvor den Auftrag für ein Wechselstromkraftwerk in Köln erhalten zu haben, dessen Eröffnung für September 1891 geplant war.

Die technisch innovativste Entwicklung war der so genannte Drehstrom. Beim Drehstrom sind drei Wechselströme kombiniert, die um 120° phasenverschoben sind. Beim Drehstrom sind in einem Generator drei Spulen angebracht. Bei Drehung des Polrades wird in jeder Spule eine Wechselspannung induziert. Es entstehen sich laufend ändernde, drehende Pole. Die Vorteile der Drehstrom-Motoren lagen darin, dass sie wenig Platz, wenig Schmieröl und nur eine einfache Bedienung benötigten.[232] Gleichzeitig vermied der Drehstrom die oft kritisierten Nachteile des Wechselstroms im Motorenbetrieb. Den Durchbruch in der Drehstrom-Technik erzielten Friedrich August Haselwander und Michael Dolivo-Dobrowolsky. Auf den langwierigen Streit um die Priorität der Entdeckung muss hier nicht näher eingegangen werden. Entscheidend war, dass es Dolivo-Dobrowolsky bei der AEG schon Anfang 1889 gelungen war, einen kleinen Drehstrommotor zu bauen.[233] Miller kannte die Arbeiten und Ideen Dolivo-Dobrowolskys von der AEG her und sah in ihnen die Möglichkeit, das 1882 mit Gleichstrom praktizierte Prinzip der Kraftübertragung auf weite Strecken jetzt mit Drehstrom realisieren zu können.

Für die Frankfurter Ausstellung hatte Miller verschiedene Systeme zur Demonstration der Kraftübertragung auf größere Strecken ausgewählt.[234] Interessant ist, dass sich auch Firmen, die man üblicherweise der Gleichstrompartei zurechnete, an den Versuchen zur Fernübertragung beteiligten, so Schuckert & Co. oder Siemens & Halske. Schuckert & Co. zeigte eine Übertragung von zweiphasigem Wechselstrom vom Palmengarten zum Ausstellungsgelände, d. h. über eine Entfernung von 3,5 Kilometern. Die Übertragungsspannung betrug 1600 Volt. Die Firma Helios wiederum übertrug Wechselstrom in die umgekehrte Richtung, von der Maschinenhalle zum Palmengarten. Siemens & Halske führte eine Einphasenübertragung von dem Ausstellungsgelände zur Marineausstellung am Main durch. Bei den verschiedenen Vorführungen erhöhte man die Spannung von anfänglich 20 000 Volt auf 48 000 Volt. Allerdings betrug die Entfernung nur wenige Hundert Meter, ähnlich die von Siemens & Halske organisierte Übertragung von Gleichstrom aus der Maschinenhalle zum Standplatz des Fesselballons, wo der Strom eine Winde antrieb. Technisch ausgereifter und anspruchsvoller war die von der Frankfurter Firma W. Lahmeyer & Co. eingerichtete, ca. 10 km lange Übertragungsleitung von Offenbach am Main nach Frankfurt, die mit 2000 Volt Gleichstrom arbeitete.[235] Gegen Ende der Ausstellung wurde die Übertragung sogar auf Drehstrom umgestellt. An dieser Versuchsstrecke wurden verschiedene Experimente durchgeführt, die u. a. den Einfluss des Drehstroms auf Telegrafenleitungen ermitteln sollten. Im Vergleich der Systeme spielte Lahmeyer & Co. eine besondere Rolle. Das Unternehmen setzte alles daran, vor der angekündigten Fernübertragung von Lauffen nach Frankfurt in Betrieb zu gehen. Dies gelang knapp. Am 22. August wurde die Offenbacher Fernübertragung aufgenommen, zwei Tage vor dem großen Lauffener Ereignis. Allerdings wurde sie durch dessen Erfolg völlig in den Schatten gestellt. Die anderen Kraftübertragungen wiederum blieben bedeutungslos, da die installierte Leistung zu gering war, um in der Frage der großflächigen Elektrifizierung von Städten eine Rolle spielen zu können.

Das Hauptereignis der Ausstellung war die erwähnte Drehstromübertragung von Lauffen am Neckar nach Frankfurt am Main über ca. 170 Kilometer.[236] Sie war von Oskar von Miller persönlich initiiert und gegen viele Widerstände realisiert worden. Insofern wurde ihm letztlich auch der Erfolg zugeschrieben. Miller selbst hatte die Idee schon zu Beginn seiner Tätigkeit als Stellvertretender Vorsitzender im Ausstellungsvorstand eingebracht.[237] In einem Vortrag vor dem «Weiteren Ausschuss» am 28. April 1890 betonte er nochmals die hohe Bedeutung der Übertragung von Elektrizität auf weite Entfernungen.[238] Die zentrale Aufgabe der Frankfurter Ausstellung werde die elektrische Kraftverteilung und Kraftübertragung sein.

> *«Es giebt keine Zeit, die so sehr drängen würde, diese Aufgabe zu erfüllen, als die unsere, eine Zeit, in der die Arbeitszeit verkürzt werden soll, und man die Bedürfnisse nicht einschränken will.»*

Die Verbindung der Elektrizitätsversorgung mit der Frage der Arbeitszeitverkürzung und mit sozialen Vorteilen für die Arbeiterschaft verstärkte sich im Denken Millers. Sie war eine von dem sozialdemokratischen Ausstellungsvorstand Sonnemann gerne gehörte Argumentation, um die hohen Kosten für die Ausstellung auch unter sozialen Gesichtspunkten rechtfertigen zu können. Es ist unübersehbar: Die Kraftverteilung wurde bei Miller zunehmend zum Symbol des Fortschritts, der sich in verbesserten Arbeitsbedingungen ebenso niederschlug wie in gesteigerten Produktionszahlen und Unternehmensgewinnen.

Ursprünglich war sich Miller darüber im Unklaren, welche Strecke die Fernübertragung überwinden sollte. Kurzzeitig dachte er daran, Wasserkräfte bei Würzburg bzw. Schweinfurt zu nutzen,[239] also eine kürzere Distanz von etwa 50–60 Kilometer zu wählen, um das Risiko zu minimieren. Es fällt auf, dass Miller bei der Organisation der Frankfurter Drehstromübertragung ebenso zögerte wie bei der Gleichstromübertragung von Miesbach nach München. Auch dort hatte er anfänglich eine kürzere Entfernung anvisiert. Ein Zufall beeinflusste Millers Entscheidung zugunsten der langen Distanz. In Lauffen am Neckar war 1888 das Württembergische Portland-Cementwerk gegründet worden. Die dort vorhandene Wasserkraft überstieg allerdings bei weitem den eigenen Bedarf. Dies führte zu der Überlegung, die überschüssigen Kräfte in das 10 Kilometer entfernte Städtchen Heilbronn zu übertragen, um dort die Kommune mit elektrischer Beleuchtung und Motorenbetrieb zu versorgen. Nachdem das Württembergische Portland-Cementwerk mit verschiedenen Firmen verhandelt hatte, übertrug sie etwa im März 1890 der Bau eines entsprechenden Elektrizitätswerkes dem Technischen Bureau Oskar von Miller. Miller trat dabei als Generalunternehmer auf.[240] Wie der Briefwechsel Millers mit seiner Frau Marie zeigt, liefen die Verhandlungen in Lauffen bzw. Heilbronn und die Besprechungen wegen der Übernahme der Ausstellungsleitung in Frankfurt zeitlich parallel.[241] Die große Entfernung zwischen Lauffen und Heilbronn veranlasste Miller zur Empfehlung des neuartigen Drehstroms, von dem er sich nicht nur eine kostengünstige Fernleitung, sondern auch den Betrieb einfacher Elektromotoren versprach. Die maschinentechnische Ausführung der Zentralstation in Lauffen übernahm die kleine Schweizer Firma Maschinenfabrik Oerlikon. Die Empfehlung zugunsten des Drehstroms war ein erhebliches Wagnis, weil die Technik neu und bisher in keiner deutschen Stadt zur Anwendung gekommen war. Riskant war ebenfalls, dass bisherige Kleinanlagen kaum längere Erprobungsphasen hinter sich hatten. Schließlich mussten für den Versuch Maschinen unterschiedlicher Hersteller zusammenwirken, was bei den wenig normierten Elektrovorschriften ein erhebliches Risiko barg.

Mit Lauffen hatte Miller ausreichend Wasserkraft und ein Elektrizitätswerk zur Verfügung. Da allerdings dessen Inbetriebnahme erst für 1892 geplant war, musste Miller die Anlage ein Jahr früher fertig stellen, um die Kraftübertragung realisieren zu können. Dies erhöhte den Zeitdruck der beteiligten Firmen erheblich. Gleichzeitig gab es keinerlei Betriebserfahrung. Das Elektrizitätswerk in Lauffen wollte Miller als Ausgangsstation für die Kraftübertragung nehmen. Für die geplante Übertragung berechnete Miller, dass eine Spannung von 25 000 Volt notwendig sei, um eine Kraft von etwa 300 PS auf die lange Distanz nach Frankfurt wirtschaftlich zu übertragen.[242] So hohe Spannungen waren bis dahin noch nie benutzt worden. Vorversuche der Maschinenfabrik Oerlikon ergaben, dass sie mit Hilfe von Öltransformatoren sicher erzeugt und mit Ölisolatoren ebenso sicher übertragen werden konnten. Die Arbeiten bei Oerlikon leitete Charles Eugen Lancelot Brown, der Leiter der elektrotechnischen Abteilung der Firma. Brown hatte mit Fernübertragungen einige Erfahrung, da er u. a. die Maschinen für die Gleichstromübertragung von Kriegstetten nach Solothurn (1886) konstruiert hatte. Mit ihm und dem Leiter der Maschinenfabrik Oerlikon, Peter Emil Huber-Werdmüller, hatte Miller zwei wichtige Mitstreiter gewonnen, die bereit waren, ein technisches und finanzielles Risiko einzugehen. Schwieriger gestalteten sich die Verhandlungen mit der AEG. Als Ingenieur war Dolivo-Dobrowolsky von der Herausforderung sofort begeistert, obwohl sich die Firma noch im Stadium der Motorenversuche befand.[243] Rathenau zögerte, da der Aufwand, die Kosten und der enge Zeitplan ein nicht unbeträchtliches Risiko darstellten. Anfang Juli 1890 konnte Miller eine schriftliche Zusage der Maschinenfabrik Oerlikon und der AEG erreichen, die Miller prompt – um dem Wackelkandidaten AEG keinen Rückzieher zu ermöglichen – in der «Elektrotechnischen Zeitschrift» abdrucken ließ.[244] Die Verhandlungen über die Zusammenarbeit der Firmen AEG und Oerlikon zogen sich fast bis Jahresende 1890 hin. Permanent fanden in der Schweiz Tests statt, wo die Maschinenfabrik Oerlikon eine eigene Versuchsanlage aufgebaut hatte. Ab Mitte November testete man bei unterschiedlichsten Witterungsbedingungen Spannungen bis zu 40 000 Volt. Der Durchbruch in den Verhandlungen gelang am 6. Dezember 1890 nach einer sechzehnstündigen Sitzung aller Beteiligten bei Oskar von Miller in München.[245] Die Aufgabenverteilung sah vor, dass die Maschinenfabrik Oerlikon die Dynamomaschinen, die AEG den Motor in Frankfurt und beide Unternehmen zusammen die Transformatoren in Lauffen und in Frankfurt liefern sollten. Die Isolatoren baute die Firma H. Schomburg & Söhne, Berlin. Die Kosten dafür hatten die beiden Unternehmerfirmen übernommen. Den Kupferdraht für die Leitungen stellte die Firma F. A. Hesse Söhne aus Frankfurt-Heddernheim leihweise zur Verfügung. Miller blieb die Aufgabe, die Streckenführung organisatorisch zu planen, die Genehmigung der beteiligten Länder zu erwirken und die Post zu überzeugen, die Leitung auf ihre Kosten auszuführen.

Technisch sah die Fernübertragung vor,[246] dass die Turbine in Lauffen ihre Kraft von 300 PS auf einen Drehstromdynamo der Maschinenfabrik Oerlikon übertrug, welcher zunächst Ströme von 50 Volt Spannung erzeugte. Durch Transformatoren, die die AEG baute, wurde die Spannung auf bis zu 25 000 Volt erhöht. Die Übertragung des hochgespannten Stromes erfolgte dann durch drei Kupferdrähte mit einem Durchmesser von je 4 mm. Die exakt 169,93 Kilometer lange Fernleitung wurde von Lauffen über Heilbronn, Eberbach und Hanau nach Frankfurt gezogen; sie durchquerte mit Württemberg, Baden, Hessen und Preußen vier Länder. Verantwortlich für die Trassierung war Reichspostrat Fritz Ebert.[247] In Frankfurt wurde der hochgespannte Strom durch Transformatoren, die von der AEG bzw. der Maschinenfabrik Oerlikon stammten, wieder auf die normale Gebrauchsspannung gebracht. Die Transformatoren waren das Herzstück des Übertragungsversuchs. Ihr Versagen hätte die Entwicklung des Drehstroms um Jahre zurückgeworfen. Um Pannen auszuschließen, wurden in Lauffen und Frankfurt jeweils drei Transformatoren installiert, wobei bereits einer für die Stromübertragung ausreichend gewesen wäre. Die betont vorsichtige Planung und Absicherung des Versuchs zeigen, wie wichtig der Ausstellungsleitung und den beteiligten Elektrofirmen ein reibungsloses Funktionieren der neu entwickelten Transformatoren war.[248]

Während die AEG und die Maschinenfabrik Oerlikon mit Hochdruck am Bau der neuen Maschinen arbeiteten, musste Miller die Bedenken der Öffentlichkeit ausräumen. Auf der einen Seite gab es höhnende Stimmen, die behaupteten, dass von den in Lauffen erzeugten 300 PS höchstens fünf Prozent in Frankfurt ankommen würden[249]; selbst einige in Frankfurt zur Prüfung der Fernübertragung eingesetzte Kommissionsmitglieder bezweifelten das Gelingen der Übertragung. Auch die Bedenken der Post, durch die hochgespannten Ströme würde der Telefon- und Telegrafenbetrieb beeinträchtigt, mussten im Januar 1891 durch eine Versuchsserie in Oerlikon widerlegt werden. Den experimentell lösbaren Problemen standen auf der anderen Seite allgemeine Befürchtungen wegen der angeblich lebensbedrohlichen Gefahren der Stromübertragung gegenüber. Angesichts der bisher noch nie verwendeten hohen Spannung erscheint die Skepsis durchaus gerechtfertigt. Selbst im renommierten Fachblatt der «Elektrotechnischen Zeitschrift» wurde vor der Gefahr hochgespannter Ströme gewarnt, da sich Unfälle schon aufgrund von Witterungsbedingungen nicht ausschließen ließen.[250] Um die Bevölkerung auf die Gefahren der Stromübertragung aufmerksam zu machen und vor einer Berührung der Leitungen zu warnen, musste auf jeden Mast der Übertragungsleitung ein Totenkopf aufgemalt werden.[251] Im Deutschen Museum hat sich eine originale Mastspitze der Lauffener Kraftübertragung erhalten.[252] Sie ist heute in der Ausstellung «Geschichte des Deutschen Museums» ausgestellt. In Baden wurde im Zusammenhang mit der Fernübertragungsleitung die Vorschrift erlassen, in bestimmten Abständen eigene Häuschen zu bauen, die Miller später spöttisch als «Narrenhäuser» bezeichnete.[253]

In langwierigen Verhandlungen gelang es Miller, die Regierungen der beteiligten vier Länder zur Unterstützung des Versuchs zu gewinnen. Auch den Leitungsbau auf Rechnung der Reichspost konnte Miller durchsetzen. Allerdings kostete die Beseitigung der vielen Widerstände so viel Zeit, dass an eine zeitgleiche Ausstellungseröffnung und Stromübertragung nicht zu denken war. Erst im Juli 1891 konnte mit dem Leitungsbau begonnen werden, der dann aber dank immenser Arbeitsleistung binnen sechs Wochen beendet war. Die Leitung bestand aus ca. 3100 Stangen mit einer Höhe von acht Metern und etwa 540 km Kupferdraht mit einem Gewicht von 60 000 Kilogramm. Größte Probleme verursachte die Herstellung der Isolatoren. Miller und die Ingenieure der AEG sowie der Maschinenfabrik Oerlikon planten, mit Spannungen bis zu 25 000 Volt zu arbeiten. Zur besseren Isolation sollten 10 000 große Isolatoren (pro Mast drei für je eine Leitung) mit drei Ölrinnen verwendet werden. Diese Art der Isolation hatte Charles Brown vorgeschlagen, der in London erfolgreiche Versuche Swinburnes beobachtet hatte. Auch Miller hatte sich diese während eines England-Aufenthaltes angesehen.[254] Da die beauftragte Firma jedoch nicht alle großen Isolatoren rechtzeitig ausliefern konnte, kamen sie nur auf der Strecke von Lauffen nach Eberbach, d. h. etwa auf einem Drittel der Gesamtstrecke, zum Einsatz, während der Rest von etwa 115 Kilometer mit kleineren Isolatoren (und nur einer Ölrinne) ausgerüstet wurde.

Miller plante, die Fernleitung erstmals am 15. August 1891, also gerade noch rechtzeitig vor der Versammlung Deutscher Städteverwaltungen, die er als zentrale Zielgruppe der Kraftübertragung sah, in Betrieb zu setzen. Die Schwierigkeiten mit dem Isoliermaterial und die Zeitprobleme der beteiligten Elektrofirmen führten zu einer Verschiebung des Termins auf den 24. August. Kurz bevor der Versuch starten sollte, erhielt Miller ein Telegramm, dass die badische Regierung den Zusammenschluss der Leitung an der badischen Grenze kategorisch verweigere. Miller erinnert sich:

> *«Nachts noch fuhr ich hin, ging den ganzen Tag mit dem badischen Vertreter die Leitung ab, jede Kleinigkeit, die er beanstandete, wurde sofort behoben, aber als ich abends mit der Kommission nach Eberbach kam, wollte er den Zusammenschluß wiederum verhindern, so dass ich noch nachts zum Minister nach Karlsruhe fahren wollte. Ich war so aufgeregt, daß ich wegen Beamtenbeleidigung fast einen dreiwöchigen Urlaub im Gefängnis bekommen hätte.»*[255]

Letztlich konnte sich Miller durchsetzen. Am 24. August, abends um 20 Uhr, erfolgte der Zusammenschluss der gesamten Leitung auf rund 170 Kilometer Länge. Die Vertreter der württembergischen Behörden waren in Lauffen versammelt, während Dolivo-Dobrowolsy, die badischen und hessischen Delegierten sowie Vertreter der Reichspost an der badisch-hessischen Grenze in Eberbach anwesend waren.[256] Miller hatte es vorgezogen, ebenfalls in Eberbach zu bleiben, um eine eventuelle neuerliche Blockierung des Ver-

Drehstromgenerator der Maschinenfabrik Oerlikon in Lauffen, 1891.

suchs durch den badischen Vertreter zu verhindern. Daher konnte er nicht miterleben, wie der Strom in Frankfurt ankam. Dolivo-Dobrowolsky ließ es sich nicht nehmen, in diesem historischen Augenblick auf einen der Masten zu klettern und von dort zu verkünden: «der Strom ist in Frankfurt».[257] Das kühne und risikoreiche Experiment war erfolgreich. Einen Tag später wurden mit dem übertragenen Strom erstmals elektrische Lampen in der Ausstellung in Betrieb gesetzt, am 8. September für mehrere Stunden auch der symbolträchtige, zehn Meter hohe Wasserfall. Der Beginn der regelmäßigen Vorführungen verzögerte sich bis 12. September, weil zuvor ein defekter Motor bei der AEG in Berlin repariert werden musste. Ab diesem Zeitpunkt arbeitete die Leitung im Vollbetrieb. Mit der Kraft aus Lauffen wurden 1000 Lampen und der Wasserfall regelmäßig versorgt.

Der geglückte Versuch der Stromübertragung auf 170 Kilometer löste in Fachwelt und Öffentlichkeit euphorische Zustimmung aus. Diese wurde noch gesteigert durch die Vorlage der offiziellen Ergebnisse von Seiten der zuständigen Prüfungskommission.[258] Hier ergaben die Messungen bei einer Übertragungsspannung von 8500 bis 7500 Volt (15000 bis 13000 Volt Leiterspannung) bei der kleinsten Leistung einen Wirkungsgrad von 68,5 Prozent. Bei optimaler Übertragung wurden in Frankfurt sogar 75,2 Prozent der von Lauffen abgegebenen Energie ermittelt.[259] Miller hatte mit dem Versuch die Machbarkeit der Stromübertragung auf weite Entfernungen und gleichzeitig eine wirtschaftlich rentable Realisierung bewiesen. Die Fachzeitschriften und die Tageszeitungen berichteten ausführlich über die gelungene Kraftübertragung. Die «Vossische Zeitung» sprach von einer «That von epochemachender Bedeutung; eine neue Periode menschlichen Schaffens erhält durch die Kraftübertragung [...] ihren Markstein».[260] Die Kraftübertragung als Meilenstein in technischer, volkswirtschaftlicher und sozialer Hinsicht betonte auch das Blatt «Die Gegenwart»:

> *«Dieselbe wird in nicht geringerem Grade als die Erfindung der Dampfmaschinen und der Locomotive, die Eröffnung des Suezkanals, die erste Kabellegung zwischen Europa und Amerika zu den hervorragendsten Culturfortschritten zu zählen sein [...] Sozial und wirthschaftlich wird die Elektricität am Ende des 19. und im Anfang des 20. Jahrhunderts revolutionirend wirken.»*[261]

Drehstrommotor der Allgemeinen Elektricitäts-Gesellschaft in Frankfurt, 1891.

Auch international erregte die Übertragung größtes Aufsehen. Berichte erschienen weltweit; besonders breit war die Berichterstattung in den USA. Aus Japan, China, Indien, Brasilien oder Mexiko liefen ebenfalls positive Pressemeldungen bei der Frankfurter Ausstellungsleitung ein.[262] Drei Viertel der 436 angemeldeten Journalisten stammten aus dem Ausland.[263] Der Korrespondent der Londoner «Times» berichtete:

> *«Ich meine mich keiner Uebertreibung schuldig zu machen, wenn ich die Ansicht ausdrücke, daß die Lauffen-Frankfurter-Kraftübertragung das schwerste und wichtigste Experiment in der technischen Elektrizität ist, seitdem diese geheimnißvolle Naturkraft […] der Menschheit dienstbar gemacht worden ist.»*[264]

Kritische Stimmen sind kaum zu finden. So nörgelte die Pariser Zeitschrift «Petit Journal»,

> *«dass der Versuch zwar interessant ist, die Versprechungen des Programms zu verwirklichen, welche vor Eröffnung der Ausstellung im Ueberfluss verbreitet wurden. Durch die mit Todtenköpfen geschmückten Pfähle ist noch nicht das letzte Wort über die Kraftübertragung auf grosse Entfernungen gesprochen worden.»*[265]

Die offizielle Bewertung der Frankfurter Ausstellung findet sich in dem ausführlichen zweibändigen «Offiziellen Bericht», in dem detailliert die Organisation, die technischen Inhalte, der Betrieb und die Presseresonanz dargestellt wurden. Die Ausstellungsleitung zog darin eine durchweg positive Bilanz; negative Aspekte, wie die nicht erreichte Besucherzahl oder Todesfälle während der Ausstellung, wurden in Nebensätzen versteckt oder – wie im Fall der geringen ausländischen Beteiligung der Firmen – überhaupt nicht erwähnt. Der «Offizielle Bericht» erschien allerdings erst mit der üblichen Verspätung von zwei bzw. drei Jahren. Dies hängt teilweise damit zusammen, dass auch nach Ende der eigentlichen Ausstellung weiterhin Versuche durchgeführt wurden, besonders an den Fernleitungen Offenbach – Frankfurt und Lauffen – Frankfurt. Ebenso verzögerte das Ringen um die Prüfungsergebnisse, das hinter den Kulissen stattfand, das Erscheinen, da betroffene Firmen bisweilen versuchten, negative Ergebnisse der Kommissionen im Nachhinein zu korrigieren.

Insgesamt gab es in Frankfurt 456 Aussteller,[266] eine hohe Zahl im Vergleich zu der ebenfalls von Miller organisierten Internationalen Elektricitäts-Ausstellung in München 1882 (156 Aussteller). Andererseits blieb die internationale Beteiligung hinter den Erwartungen zurück, die Sonnemann durch die Verpflichtung Millers gehegt hatte. Nur 69 Firmen, also rund 15 Prozent, kamen aus dem Ausland, darunter viele aus der Schweiz und Österreich. Firmen aus den USA und aus England waren ebenso wie französische Unternehmen kaum präsent. Selbst wenn sie die Ausstellung beschickt hatten, waren sie oft nur mit eingeschränktem Produktangebot zu sehen. Vermutlich sahen gerade die überseeischen Firmen in Deutschland nur einen marginalen Markt. Außerdem dürfte die von Miller verfügte fachliche Zuordnung der Produkte statt der üblichen Firmenstände viele, auch deutsche Aussteller abgeschreckt haben. Die Dominanz der deutschen Unternehmen führte in der Öffentlichkeit zu dem Schluss einer führenden Stellung der deutschen Firmen auf dem Sektor der Elektrotechnik. Dieser Eindruck wurde noch verstärkt durch die erfolgreiche Präsentation von Wechselstromsystemen und des neuartigen Drehstroms. Die deutschen Firmen konnten ihren Heimvorteil in Frankfurt während der folgenden Jahre in wachsenden Aufträgen, besonders im europäischen Ausland, umsetzen. Die Frankfurter Ausstellung 1891 leitete den Elektroboom der neunziger Jahre ein.

Die von Miller initiierte permanente Öffentlichkeitsarbeit hatte Wirkung gezeigt. Insgesamt kamen während der 157 Ausstellungstage 1016565 Besucher auf das Gelände. Die erhoffte Zahl von 1,2 Millionen – so viele Eintrittskarten waren gedruckt worden – wurde also nicht ganz erreicht. Vergleicht man die Frankfurter Zahlen mit früheren Ausstellungen – so kamen zur Berliner Gewerbeausstellung 1879 nur 90000 Menschen, während die Internationale Elektrizitätsausstellung in Paris 1881 rund 840000 Menschen besucht hatten, letztere allerdings in einer um zwei Monate kürzeren Ausstellungszeit – so kann man durchaus von einem zunehmenden Ausstellungsboom sprechen. Die Frankfurter Ausstellungsleitung beurteilte den Besucherzustrom angesichts des «abnorm schlechten Wetters» als sehr zufrieden stellend.[267] Den Zuschauerrekord brachte der 4. Oktober 1891 mit fast 37000 Besuchern. Besonders die von Miller noch nachträglich eingeführten Publikumsattraktionen des Panoramas (336254 Besucher), des Irrgartens (154615) oder des Taucherbeckens (135511) wurden von den Besuchern gestürmt, während sich für die Kunstausstellung lediglich 25761 Menschen interessierten.[268] Die von Miller propagierte Verbindung von elektrotechnischer Ausstellung mit wissenschaftlichen Messungen, Kommerz und Spektakel war erfolgreich.

Durch den etwas geringeren Besuch fiel die finanzielle Bilanz der Ausstellung leicht ungünstiger aus als erhofft.[269] Insgesamt erzielte man rund 1,424 Millionen Mark an Einnahmen. In einem ersten Voranschlag hatte Miller mit 920000 Mark kalkuliert. Insofern übertraf die Bilanz die Erwartungen. Die Gesamtausgaben beliefen sich auf rund 1,326 Millionen Mark. Als Gewinn ergaben sich 97815 Mark. Dass überhaupt ein Gewinn erzielt werden konnte, lag nicht zuletzt daran, dass es Miller gelungen war, zahlreiche Firmen zu eigenen Investitionen zu bewegen und so den Ausstellungsetat zu entlasten. Gerade für die Kraftübertragung von Lauffen nach Frankfurt hatten die beteiligten Firmen erhebliche Mittel zugeschossen. Allein für dieses Projekt waren zusätzlich insgesamt rund 50 000 Mark gestiftet worden, wobei der Zuschuss von Wilhelm II. in Höhe von 10 000 Mark auch ein politisches Signal für die Bedeutung der Elektrizität war. Allerdings erforderte der Versuch erheblich mehr Mittel als ursprünglich vorgesehen, da die Kaiserliche Postverwaltung deutliche Mehrforderungen gestellt hatte. Nach einer Aufstellung aus dem Jahr 1892 wurden für die Kraftübertragung Lauffen – Frankfurt 90 634 Mark ausgegeben.[270]

Die überaus positive Beurteilung dieser Übertragung ließ einige Ausstellungsmängel in den Hintergrund treten. Eine Reihe von Anlagen war nicht rechtzeitig fertig gestellt worden, was Miller schon vor Ausstellungsbeginn absehen konnte.[271] Auch die Fernübertragung Lauffen – Frankfurt war wegen der mehrfach verschobenen Eröffnung nur an einem Drittel der Ausstellungstage in Betrieb. Selbst der Tod eines Maschinisten kurz vor Schluss der Ausstellung konnte die euphorische Einschätzung nicht trüben. Die Organisationsleitung tat alles, um den Todesfall herunterzuspielen. Das Unglück sei keine Folge der in der Öffentlichkeit teilweise prognostizierten Gefahr hochgespannter Ströme, sondern auf einen individuellen Fehler zurückzuführen, der bei einer nicht beauftragten Tätigkeit geschehen sei.[272]

Für die beteiligten Firmen war das Ergebnis zwiespältig. Hatten sie auf Dreh- oder Wechselstrom gesetzt und entsprechende Maschinen oder Teile in ihrer Produktpalette, waren sie mit Sicherheit Gewinner der Ausstellung. Die Akzeptanz dieser beiden Stromsysteme war mit Frankfurt schlagartig gestiegen. Ausschließliche Gleichstrom-Anbieter wurden von der Ausstellung überrollt. Sie mussten sich schleunigst darum bemühen, Lizenzen für den Bau von Wechsel- oder Drehstromanlagen zu erhalten. In besonderer Weise profitierten unter den deutschen Elektrounternehmen sicherlich die AEG, die Maschinenfabrik Oerlikon und die Helios Actiengesellschaft, die entweder an der Kraftübertragung Lauffen – Frankfurt beteiligt waren oder Wechselstrompatente besaßen. Andererseits zeigte sich rasch, dass selbst so strikte Befürworter des Gleichstroms wie Siemens & Halske längst intern an Wechselstromlösungen arbeiteten. Insofern währte der Vorsprung einiger Firmen nicht lange. Aufgrund hoher Investitionskosten, die auf die Firmen zukamen, verschärfte sich die Konzentration in der Elektroindustrie binnen eines Jahrzehnts. So schied beispielsweise die 1891 scheinbar so ideal positionierte Firma Helios aufgrund verfehlter Patentpolitik und finanzieller Probleme schon 1903 aus dem Wettbewerb aus. Das Unternehmen wurde liquidiert.[273]

Die Frage, ob die Internationale Elektrotechnische Ausstellung in Frankfurt ein Wendepunkt in der Geschichte der deutschen Elektrotechnik war, kann auf verschiedenen Ebenen beantwortet werden. Jürgen Steen hat die Einordnung des Jahres 1891 als Epochenjahr mit Recht kritisiert, da die Frankfurter Ausstellung in manchen Bereichen letztlich nicht nur Neustart, sondern auch Abschluss einer kontinuierlichen technischen Entwicklung gewesen sei.[274] Generell ist die Diskussion um so genannte «Epochenjahre» problematisch. Treffender ist vermutlich eine Beschreibung der Jahre zwischen 1881 und 1891 als einer «Sattelzeit» der Elektrotechnik. In dieser Dekade wurde eine Entwicklung in Gang gesetzt, die die folgenden Jahrzehnte beeinflusste. Zu Beginn bestimmte ein erhebliches Maß an Improvisation den Bau von Zentralstationen, die Rückkoppelung zu neuen wissenschaftlichen Ergebnissen war relativ gering. Um 1890 waren dann die neuen Systeme größtenteils konstruiert, aufeinander abgestimmt und technisch weitgehend ausgereift: Wechselstrom – Drehstrom – Transformator – Umformer – Isolierungen – Elektromotoren. Gleichzeitig setzte die Tendenz zur breiten Elektrizitätsversorgung ein. Strom war nicht mehr nur Luxusgut, aber es dauerte noch Jahrzehnte bis zu einer flächendeckenden Stromversorgung. Auffällig ist, dass die Entwicklung der Elektrotechnik eng mit nationalen und internationalen Elektrizitätsausstellungen verbunden ist. Die Ausstellungen in Paris 1881 und in Frankfurt 1891 förderten technische Weiterentwicklungen. Ihre Bedeutung liegt aber nicht zuletzt darin, dass beide ungemein öffentlichkeitswirksam waren; sie begründeten durch ihre Popularität die Einschätzung der Elektrotechnik als Leittechnologie. Unbestreitbar ist Millers Verdienst an diesem Vorgang der Popularisierung. Mit seinen beiden Ausstellungen 1882 in München bzw. 1891 in Frankfurt und den dabei durchgeführten Versuchen zur Kraftübertragung hat er diese Tendenz entscheidend geprägt. Für Deutschland – und darüber hinaus – ist Miller damit eine zentrale Figur in diesem Prozess gewesen.

Die Zeitgenossen, genauer: die elektrotechnisch und allgemein technisch interessierte Öffentlichkeit, beurteilten die Frankfurter Ausstellung als entscheidenden Wendepunkt in der Geschichte der Stromversorgung. Dies dokumentieren auch die ausgewählten Pressestimmen. Man sah, wie es die Frankfurter Zeitung «Kleine Presse» anlässlich der Eröffnung der Internationalen Elektrotechnischen Ausstellung in einem Gedicht auf der Titelseite ausdrückte, «Eine neue Zeit» anbrechen.[275] Die epochale Bedeutung kam darin besonders zur Geltung. Gleichzeitig wurde die Elektrizität zu einem Symbol der Moderne.

Mit dem gelungenen Fernleitungsexperiment in Frankfurt war die Systemfrage aber noch nicht entschieden. Es ist vermutlich eines der zentralen

Ergebnisse der Internationalen Elektrotechnischen Ausstellung in Frankfurt, dass sich die Diskussionen um die Stromsysteme versachlichten.[276] Jetzt gab es unterschiedliche Systeme, die eine Versorgung der Kommunen inner- oder außerhalb des Stadtgebiets ermöglichten. Die Städte waren die eigentlichen Gewinner der Frankfurter Ausstellung. Sie konnten nun selbst Grundbedingungen für ein Elektrizitätswerk festlegen, die auf die Ansprüche, Voraussetzungen und Gegebenheiten ihres Ortes abgestimmt waren. Mit den technischen Möglichkeiten erweiterten sie den Spielraum für eine aktive, städteplanerische Gestaltung. Die Einführung von Elektrizität konnte nun sachlich in den Gesamtkontext kommunalpolitischer Entscheidungsprozesse eingebunden werden.[277] Die Elektrizitätsstatistik der folgenden Jahre zeigt, dass die Städte diese Chance offensiv genutzt haben. Die kommunale Elektrizitätsversorgung stieg rapide an. In diesen Prozess war Oskar von Miller persönlich stark involviert.

Die konkrete Auswirkung auf die Stadt Frankfurt, die den Systemstreit durch die Ausstellung klären wollte, bestand darin, dass sie unmittelbar nach ihrem Ende die Einführung von Elektrizität forcierte.[278] Es verwundert nicht, dass als Sachverständige der schon früher beauftragte William Lindley und jetzt auch Oskar von Miller eingesetzt wurden. Grundbedingung war eine Zentrale, die außerhalb der Stadt am Hafen liegen sollte. Lindley und Miller erarbeiteten bis zum Sommer 1892 ein Gutachten, das ein städtisches Elektrizitätswerk, basierend auf einem Einphasenwechselstrom-Transformatorensystem, empfahl.[279] Die Kosten waren auf rund 2,25 Millionen Mark veranschlagt. Eine von der Stadt Frankfurt eingesetzte Kommission zur Beurteilung des Gutachtens schloss sich dem Vorschlag an. Als sich abzeichnete, dass die Empfehlung in der Stadtverordnetenversammlung keine Mehrheit finden würde, wurde sie zurückgezogen. In den Jahren 1892 und 1893 kam es zu einer Vielzahl neuer Offerten verschiedener Firmen, die die Stadtverwaltung teilweise massiv bedrängten. Immerhin war das Frankfurter Elektrizitätswerk der zu diesem Zeitpunkt größte Auftrag im Deutschen Reich. Gleichzeitig wurden die beiden Gutachter Miller und Lindley heftig wegen Einseitigkeit zugunsten des Wechselstroms attackiert. In einem offenen Brief verteidigten sich beide mit dem Hinweis, keine prinzipiellen Gegner der Gleichstrom- und Akkumulatorentechnik zu sein; sie hätten ihren Vorschlag aufgrund der örtlichen Verhältnisse formuliert.[280] Besonders Miller als unabhängiger Gutachter wurde persönlich und fachlich angegriffen. Dabei wurde das von ihm erbaute und 1892 eröffnete Elektrizitätswerk in Kassel als Misserfolg bezeichnet. Miller antwortete in einem vervielfältigten Rundbrief. «Nachdem vielfach Verdächtigungen über das Elektrizitätswerk Cassel verbreitet wurden, welche nicht nur geeignet sind, den Ruf des Erbauers und des dort verwendeten Systems, sondern den Bau von Centralstationen überhaupt zu schädigen», verwies Miller auf die positive und unabhängige Beurteilung des Kasseler Projekts durch den Redakteur der «Elektrotechnischen Zeitschrift», Friedrich Uppenborn, die dieser in seiner Zeitschrift kurz zuvor veröffentlicht hatte.[281] Trotz neuer und teilweise modifizierter Angebote, u. a. von Siemens & Halske, Schuckert & Co. und W. Lahmeyer, hielten Miller und Lindley an ihrem ursprünglichen Vorschlag fest. In einer Sitzung der Städtischen Elektrizitätskommission im Februar 1893 referierte Miller über die eingegangenen Kostenvoranschläge und befürwortete dabei eine Einzelvergabe der unterschiedlichen Teilpositionen an verschiedene Firmen, wodurch sich eine Kostenersparnis von 30 Prozent ergab.[282] Die Kommission, auch Lindley, sprach sich gegen ein solches Vorgehen aus, da dadurch eine Gesamtgarantie für das Werk erschwert werde. Die Stadtverordnetenversammlung lehnte eine Teilvergabe ebenfalls ab. Im Gegensatz zur anbietenden Firma Helios, die ein Wechselstromsystem mit hochgespanntem Netz innerhalb des Stadtgebietes präferierte, befürworteten Miller und Lindley ein Niederspannungsnetz; als ausführende Firma brachten sie das neu gegründete Unternehmen Brown, Boveri & Cie (BBC) aus Baden in der Schweiz ins Spiel. Die Firma war von Charles Brown, der die Lauffener Primärstation entwickelt hatte, und Walter Boveri nach ihrem Ausscheiden aus der Maschinenfabrik Oerlikon gegründet worden. BBC orientierte sich in ihrem Angebot vollständig an dem von Miller und Lindley favorisierten Einphasenwechselstrom-Transformatorensystem und bot zugleich eine günstige Betriebsführung an. Nachdem eine von den Gutachtern vorgeschlagene Zusammenarbeit von BBC mit Helios von Letzterer abgelehnt worden war,[283] stimmte der Magistrat im Juni 1893 auf Vorschlag von Miller und Lindley der Vergabe an BBC zu. Für BBC sprach das billigste Angebot.

Die geplante Auftragsvergabe an eine ausländische Firma führte zu einer in der Öffentlichkeit geführten Kontroverse. Der Vorsitzende des Verbands deutscher Elektrotechniker, Adolf Slaby, kritisierte die Vergabe als «deutliches Misstrauensvotum gegen die deutsche Industrie», das umso schwerer ins Gewicht falle, da es so kurz nach der Frankfurter Ausstellung erfolge.[284] Kurze Zeit später veröffentlichte er seinen Brief in der Elektrotechnischen Rundschau. Mit Slaby erhielt die Diskussion plötzlich einen nationalistischen Zungenschlag, der in dem bisherigen Systemstreit nicht zu Tage getreten war. Dass bei der Kraftübertragung Lauffen – Frankfurt ebenfalls eine Schweizer Firma (Maschinenfabrik Oerlikon) führend beteiligt gewesen war, blieb in der Debatte unerwähnt. Die Firma Helios intrigierte in der Elektrizitätskommission weiter gegen Miller und Lindley und führte an, dass BBC kaum über geeignetes Material verfüge. In dieser aufgeheizten Stimmung kam es zu einer achtstündigen Debatte in der Stadtverordnetenversammlung.[285] Die Gutachter wurden dabei erneut heftig angegriffen. Lindley wurde die Kompetenz abgesprochen, da er lediglich Fachmann für Kanalfragen sei. Dieser wiederum attackierte die «alten Monopolfirmen» und sprach etwas überzogen vom «genialen Brown». Die anschließende namentliche Abstimmung in der Stadtverordnetenversammlung endete mit 27:21 Stimmen für die Vergabe an BBC. Damit war eine viel beachtete Entscheidung gefallen. Schon am 15. Oktober 1894 wurde das Städtische Elektrizitätswerk Frankfurt in Betrieb genommen. Über den Bau des Werks verfasste die Stadt einen Abschlussbericht, der dann an zahlreiche Kommunen aus dem In- und Ausland geschickt wurde. Interessenten waren u. a. St. Petersburg, Prag, Zürich, London, Brüssel, Paris, Meran und Mühlhausen i. Elsass. Die breite Nachfrage nach dem Erfahrungsbericht dokumentiert die hohe Wirkung, die die Frankfurter Diskussion um die Einführung des elektrischen Stroms gehabt hatte.

Ein letzter Blick auf die Wirkungsgeschichte der Internationalen Elektrotechnischen Ausstellung in Frankfurt berührt die Person Oskar von Millers. Für ihn war sie ein immenser Erfolg, da ihn die geglückte Organisation zu einem der führenden deutschen Elektrotechniker machte. Trotz enormer Anlaufschwierigkeiten und Probleme bei der Realisierung der Fernübertragung hatte Miller seine Ideen weitgehend durchgesetzt und so zum Erfolg der Ausstellung entscheidend beigetragen. Dabei hatte er sein glänzendes Organisationstalent erneut unter Beweis gestellt. Zäh, manchmal barsch, hatte er alle Kritik an seinen Plänen abgewehrt und seine Vorstellungen verwirklicht. Die Internationale Elektrotechnische Ausstellung trägt ganz deutlich Millers persönliche Handschrift. Er hatte die Konzeption entwickelt, lieferte Ideen für die Gestaltung von Ausstellungshallen, kümmerte sich um das Ticketsystem und organisierte selbst kleinste Details. Ein zentraler Gesichtspunkt war, dass es ihm gelungen war, nahezu alle wichtigen deutschen Hersteller zu gewinnen. Als stellvertretender Ausstellungsvorstand und Verantwortlicher für den technischen Bereich trug Miller die Hauptlast der Arbeiten. Eine Vorstellung von deren Umfang vermitteln zwei Zahlen zur Ausstellungskorrespondenz. Das Eingangsjournal des Ausstellungssekretariats zählte dabei fast 18000 Nummern, während das Ausgangsbuch über 20000 Briefe auflistete.[286] Wohl die meisten Briefe hatte Miller diktiert. Ebenfalls Millers Idee war die Kraftübertragung von Lauffen nach Frankfurt. Durch dieses erfolgreiche Experiment setzte Miller ein deutliches Signal für die weitere Entwicklung der Elektrotechnik. Der Versuch beweist die große Risikobereitschaft Millers. Ein Fehlschlag hätte ihn vermutlich als Elektrotechniker desavouiert, der Erfolg gab ihm später Recht. Miller hatte die persönliche Bedeutung der Frankfurter Ausstellung für sich selbst schon vor deren Beginn darin gesehen, wieder mit allen Elektrotechnikern seiner Zeit in Verbindung zu kommen.[287] Finanziell hat Miller vermutlich mit einer größeren Gewinnspanne für sich selbst gerechnet. Die ihm vertraglich bewilligten 15 Prozent des Reinerlöses der Ausstellung beliefen sich letztlich auf 14 672,30 Mark.[288] Allerdings hatte für Miller der finanzielle Gewinn nur sekundäre Bedeutung, der öffentliche Prestigegewinn war entscheidend. Miller befand sich im Jahre 1890 in einer schwierigen Lage, da sein neu gegründetes Ingenieurbüro gegen die Konkurrenz der großen Elektrizitätsfirmen antreten musste. Anfangs hatte er nur wenige Aufträge: Dazu gehörten die Stromversorgung von Heilbronn und der Bau des Elektrizitätswerkes in Kassel. Zwei Jahre später, nach Ausstellungsende, galt Miller europaweit als anerkannter, unparteiischer Gutachter. Das knapp geschilderte Beispiel des Elektrizitätswerks in Frankfurt zeigt, dass Miller noch während oder unmittelbar nach der Ausstellung von Kommunen zur Begutachtung, Projektierung oder Realisierung von lokalen Elektrizitätswerken herangezogen wurde. Frankfurt, Meran und Bozen, Wiesbaden, Hermannstadt, Kaiserslautern, Straßburg, Stuttgart, Nürnberg, Holzkirchen, Schwandorf, Dachau, all das sind Beispiele für Aufträge, die Miller in direktem Zusammenhang mit der Frankfurter Ausstellung übernehmen konnte. Der Erfolg der Ausstellung begründete so den Erfolg des «Technischen Bureaus Oscar von Miller».

Die technische Bilanz der Internationalen Elektrotechnischen Ausstellung zog Miller unter dem Gesichtspunkt des Streits der Systeme. Schon während der Ausstellung, anlässlich eines Vortrages bei der Versammlung Deutscher Städteverwaltungen, resümierte Miller das Ergebnis:

> *«Wenn Sie mich nun, nachdem ich Ihnen alle die verschiedenen Systeme beschrieben habe, fragen, welches ist jetzt das beste der genannten Systeme, so kann ich Ihnen diese Frage leider nicht allgemein beantworten, denn es giebt kein einzig richtiges System […] Es ändert sich das System nach den lokalen Verhältnissen, und diese müssen deshalb in jedem einzelnen Fall genau geprüft werden, bevor man sich für die Wahl des Systems entscheidet.»*[289]

Dieses Urteil war eine politische Aussage des Ausstellungsorganisators, der sich nicht einseitig für ein System entscheiden und bestimmte Aussteller verärgern wollte. Millers Einschätzung wurde zum offiziellen Statement der Ausstellungsleitung im «Frankfurter Systemstreit» erhoben. Der frühere Frankfurter Oberbürgermeister und aktuelle preußische Finanzminister Miquel benutzte in seiner Rede zum Abschluss der Ausstellung fast genau die gleichen Worte.[290] Für den Ingenieur Miller musste das Urteil anders ausfallen. Für ihn hatte sich mit dem Drehstrom die Waage deutlich zuungunsten der Gleichstromtechnik verschoben. Der jahrelang totgesagte Wechselstrom hatte eine geradezu phänomenale Auferstehung gefeiert. Miller selbst hat bei seinen späteren Ingenieurprojekten fast immer auf Wechsel- oder Drehstrom gesetzt und kaum Gleichstromanlagen gebaut. Zur allgemeinen Bedeutung der Internationalen Elektrotechnischen Ausstellung hat sich Oskar von Miller erst später geäußert. Sein Urteil aus späteren Jahren ist besonders von der Kraftübertragung Lauffen – Frankfurt geprägt, die er – so sein Fazit zu Frankfurt – als Ausgangspunkt für das Entstehen der späteren Überlandwerke angesehen hat.[291]

In seiner Präsentation der unterschiedlichen elektrischen Systeme enthielt sich Miller interessanterweise jeder national-chauvinistischen Tendenz. Die Tatsache, dass von der Ausstellerzahl her die deutschen Firmen ein drückendes Übergewicht hatten, war von ihm nicht gewollt, sondern Ergebnis der Ablehnung ausländischer Unternehmen. Miller hatte während einiger Auslandsreisen im Vorfeld der Ausstellung vergeblich um die Beteiligung französischer, englischer oder belgischer Firmen geworben. Völlig fehlte der Frankfurter Ausstellung die sich in den kommenden Jahren verstärkende Tendenz eines imperialistischen Denkens. Die nahe liegende Verbindung der Elektrotechnik mit der Waffentechnik tritt in der Ausstellung praktisch nicht hervor. Vermutlich war dies von Miller so gewollt, um eine negative Konnotation der Elektrizität mit Krieg und Tod von vornherein auszuschließen. Dies hätte seiner Vorstellung von der positiven Weiterentwicklung des menschlichen Lebens durch die Elektrizität widersprochen. Millers Botschaft von 1891 war die Chance einer flächendeckenden Versorgung mit Strom. Mit seiner Konzeption führte er die Münchner Ausstellung von 1882, die besonders die Anwendungsmöglichkeiten des elektrischen Stroms präsentiert hatte, gedanklich fort. Gleichzeitig hatte Miller mit der Lauffen-Frankfurter Kraftübertragung dem Strom den Ruch des Luxusgutes genommen, das bis dato hauptsächlich in innerstädtischen Geschäftsstraßen und repräsentativen Bauten zur Anwendung gekommen war. In dieser Richtung wirkte Miller in den folgenden Jahren weiter.

Mit Frankfurt leistete Miller einen erheblichen Beitrag zur Popularisierung der Elektrotechnik. Dabei half die geglückte symbolische Aufladung der Ausstellung. Zum Ausdruck kommt dies in dem offiziellen Plakat des Malers und Grafikers Frank Kirchbach.[292] Dieses spielt mit einem Motiv aus der griechischen Mythologie. Während Prometheus für sein Vergehen, den Göttern das Feuer entrissen und es den Menschen gebracht zu haben, an einen Felsen geschmiedet wird, dreht die Lithographie das Thema um. Der gefangene Prometheus wird durch die allegorische Figur der weiblichen «Elektrizität» entfesselt, durch sie kommt – dargestellt an einer überdimensionalen Glühbirne – Licht in die dunkle Welt. Auf dem Plakat wird die Miniaturwelt des Ausstellungsgeländes hell erleuchtet. Das Plakat steht motivisch in der Tradition der Gestaltung von «Elektrizität», wie sie die Firmen Schuckert & Co. (1883) und AEG (ca. 1888) schon deutlich vor der Frankfurter Ausstellung verwendet hatten. Die Licht bringende Figur der «Elektrizität» wird in den folgenden Jahren ikonografisch zum Symbol für diese neue Technik ausgebaut.

Ausstellungen waren für Oskar von Miller ein geeignetes Mittel für die Popularisierung des elektrischen Stroms. Er organisierte sie nicht nur in München und Frankfurt, sondern nutzte sie häufig im Kleinen zur Förderung des Absatzes und zur Information. Erstmals geschah dies im Jahre 1886 bei der Musterausstellung der AEG in den oberen Räumen der Blockstation in der Friedrichstraße. Später gestaltete Miller solche lokal begrenzten Ausstellungen an den Orten, an denen er ein größeres Elektrizitätswerk baute. Belegt sind Beispiele in Kaiserslautern, Schwandorf und Ludwigshafen. Mit diesen Miniaturausstellungen wollte er die Kenntnisse der Bevölkerung über Elektrizität vergrößern und die Anwendungsmöglichkeiten des Stroms in Haushalt, Gewerbe und in der Industrie demonstrieren. Letztlich waren diese lokalen Ausstellungen ein gutes Mittel zur Konsum- und damit zur Absatzsteigerung sowie zur Auslastung der kommunalen Elektrizitätswerke.

Die Organisation der Frankfurter Ausstellung 1891 ist ebenso wie die der Ausstellung in München 1882 ein Baustein in der Entwicklung Millers zum späteren Museumsmann. In Ansätzen finden sich in München und Frankfurt Gestaltungsprinzipien, die später im Deutschen Museum verwirklicht wurden. Dazu zählen die erwähnten populären Elemente und Inszenierungen, die in Frankfurt die Besucher begeisterten. Im Jahre 1891 findet sich bei Miller erstmals auch die Verbindung von moderner Technik und deren historischer Darstellung. In der Halle für Medizin und Wissenschaft hatte Miller im Eingangsbereich drei Objekte ausgestellt, die den engen Bezug zwischen Wissenschaft und Technik symbolisieren sollten. Die Gruppierung umfasste die von Johann Wolfgang von Goethe benutzte Elektrisiermaschine, den Telegrafen von Samuel Thomas von Soemmerring und die Versuchsanordnung von Heinrich Hertz, die 1888 zum Nachweis der elektromagnetischen Wellen geführt hatte.[293] Historische Entwicklungsreihen wurden auch in der Halle für Telegrafie und Telefonie präsentiert. Hier hatte die Deutsche Reichspostverwaltung auf Anregung Millers eine rund 400 Gegenstände umfassende Ausstellung zur Historie der beiden Bereiche

Ausstellungsplakat von Frank Kirchbach für die Internationale Elektrotechnische Ausstellung, 1891.

aufgebaut. Gezeigt wurden alte Apparate, darunter Originaltelefone von Johann Philipp Reis und Alexander Graham Bell, historische Leitungs- und Baumaterialien sowie Büsten und Gemälde verdienter Männer der beiden Fachgebiete: Ohm, Gauß, Weber, Steinheil, Morse, Reis.[294] In der Großen Maschinenhalle wiederum war eine historische Schau von Beleuchtungsanlagen der Firma Siemens & Halske zu sehen. Die enge Verknüpfung historischer Originalobjekte mit den führenden Protagonisten – Entdecker, Erfinder, Wissenschaftler – entsprach dem Zeitgeschmack. Dieses Konzept wurde später im Deutschen Museum aufgegriffen. Umgekehrt lernte Miller während der Internationalen Elektrotechnischen Ausstellung Darstellungsformen kennen, die ihn so beeindruckten, dass sie später in ähnlicher Form auch im Deutschen Museum zum Einsatz kamen.

Ein Beispiel dafür war das Panorama «Einfahrt des Norddeutschen Lloyddampfers *Lahn* in den Hafen von New York».[295] Das Genre der Panoramenmalerei[296] hatte nach 1870/71 eine erneute Blüte erlebt. Monumentale Schlachtenbilder des deutsch-französischen Krieges bestimmten die Motivik. Diese gewaltigen Rundumbilder wurden in eigens errichteten Gebäuden ausgestellt, so die Schlacht von Sedan in Berlin im gleichnamigen «Sedan»-Panorama oder, einige Jahre später, in München im Panorama in der Theresienstraße, das erst die «Schlacht an den Spicherner Höhen in Lothringen» zeigte (1891) und später das Rundgemälde «Straßenkämpfe von Bazeilles» (1896), beide von Zeno Diemer gemalt.[297] Passend zum Tenor der positiv besetzten Elektrizität war auf der Frankfurter Ausstellung das Panorama «Hafen von New York» zu einer friedlichen Marineszene umgestaltet worden. Es war schon ein Jahr zuvor auf der Bremer Gewerbe- und Industrieausstellung zu sehen, wo es Miller stark beeindruckt hatte.[298] Gestaltet und auf eigene Kosten angefertigt hatte das Panorama der Münchner Maler Hans Petersen, der es auch in Eigenregie betrieb. In der Art einer multimedialen Darstellung verknüpfte es authentisch und luxuriös eingerichtete Schiffsräume, die ausschließlich mit elektrischem Licht beleuchtet waren, mit einem von Petersen gemalten 360 Grad umfassenden Rundblick von der Schiffsbrücke aus. Der Besucher ließ dabei seinen Blick schwenken von der Meerseite mit vorbeidampfenden Schiffen, über die bereits rückwärtig liegende Freiheitsstatue hin zur Hafeneinfahrt am Hudson River mit einem Gewimmel an Schiffen und Booten und schließlich zum Häusermeer der Stadt. Die offizielle Zeitung «Elektricität» schwärmte:

> *«Die Lebhaftigkeit der Illusion ist die Wirkung des künstlerischen Könnens, das der Schöpfer des Rundgemäldes, der Münchener Maler Hans Petersen, entfaltete; er besiegte die technischen Schwierigkeiten, welche die Wiedergabe der enormen Wasserfläche, die Bewegung der Schiffe und ihrer complizirte Eigenart bot, spielend. Sein Rundgemälde wird zu den interessantesten gehören, welche ein Panorama je dem Beschauer geboten.»*[299]

Der Eindruck dieses Panoramas begeisterte nicht nur Oskar von Miller. Während der Ausstellung besuchten insgesamt 335 843 Besucher das Panoramagebäude. Das Rundgemälde wurde nach der Ausstellung ab- und 1893 in Berlin im so genannten «Marine-Panorama» wieder aufgebaut.[300] Im Deutschen Museum fand die Szene ihre Entsprechung im Panorama «Steuerhaus des Frachters *Adolph Woermann*» aus dem Jahr 1922. Einen der Protagonisten der Panorama-Technik, Zeno Diemer, hat Oskar von Miller später über Jahrzehnte als Maler für die Dioramen des Deutschen Museums herangezogen.

Es führt also eine deutlich erkennbare Linie vom Ausstellungsgestalter Oskar von Miller zum späteren Museumsmacher. Sie wird durch eine Bemerkung Millers verstärkt, der gegen Ende der Frankfurter Ausstellung gegenüber seiner Frau äußerte, dass es an der Zeit sei, eine richtige Ausstellung zu machen. Die Idee zur Gründung eines technischen Museums entstand in direktem Zusammenhang mit der Internationalen Elektrotechnischen Ausstellung.[301]

Die Konzeption der Frankfurter Ausstellung ist auch ein Schlüssel zur Interpretation von Oskar von Millers Persönlichkeit. Die Ausstellung verband optisch eine moderne Technologie mit historisierender Architektur. Millers Vorliebe für das «Altdeutsche» kam in den Ausstellungsgebäuden mit ihren Türmchen und Erkerchen zum Ausdruck. Hinter diesen Fassaden, so Jürgen Steen, sei die Elektrizität «versteckt» worden. Vermutlich muss diese These dahingehend modifiziert werden, dass Miller die Elektrizität in ein traditionelles Weltbild einpasste, unauffällig und optisch kaum sichtbar. Obwohl Miller suggerierte, dass sich die menschliche Lebenswelt durch die Elektrizität äußerlich nur unwesentlich geändert habe, verdeutlichte die Miller'sche Gestaltung der «Ausstellungsstadt» am Frankfurter Hauptbahnhof, dass die Elektrizität in alle Bereiche eindringe und Auswirkungen im einzelnen Haushalt, im kommunalen Sektor, in Handwerk und in der Industrie nach sich ziehe. Die Elektrizität wurde dabei grundsätzlich als nützlich dargestellt, vor allem aber war sie unterhaltsam. Millers Ausstellungsstadt funktionierte in allen Lebensbereichen elektrisch. Die Modernisierung des Haushalts und die Modernisierung der Großstädte in den letzten beiden Dekaden des 19. Jahrhunderts verliefen vor diesem Hintergrund harmonisch und ohne Reibungen. Dies gelang, weil Miller die Elektrifizierung unter sozialen Gesichtspunkten beurteilte. Er schloss in seiner Zielsetzung an die sich in der Folge der Gründerkrise entwickelnde Sozialpolitik des Kaiserreiches an. Ähnlich wie die Sozialgesetzgebung unter Bismarck mit Versicherungen gegen Krankheit (1883), Unfall (1884) und Invalidität (1889) systemstabilisierend wirken sollte, wollte Miller die allgemeine Elektrifizierung auch zum Ausgleich sozialer Unterschiede nutzen. Nicht unter demokratischen Gesichtspunkten wie bei Leopold Sonnemann, sondern als eine Form kontinuierlicher Weiterentwicklung der bürgerlichen Gesellschaft im 19. Jahrhundert war für Miller die Elektrotechnik wichtig. Vor diesem Hintergrund entwickelte er im Laufe der Zeit ein Konzept der Energieversorgung, das von sozialen Gesichtspunkten bestimmt war. Andererseits fühlte er sich als Protagonist der Elektrizität, er verband in seiner beruflichen Laufbahn alte Traditionen mit neuen technischen Entwicklungen. Beides waren für ihn gleichberechtigte Lebenswelten. Für ihn bildeten Alt und Neu keinen Gegensatz, ebenso wenig, wie er in Ausstellungen mit technischen Objekten bzw. wissenschaftlichen Messungen und kommerzialisiertem Spektakel einen Widerspruch sah. Sein Lieblingsmotiv der Grotte mit dem Dampf speienden, elektrisch betriebenen Drachen, der eine Jungfrau raubt, dieses klassische Sagenmotiv, umgemünzt auf moderne Technologie, war dafür symptomatisch. Miller nutzte sein traditionalistisches Weltbild als Korrektiv gegen Auswüchse moderner Technologieentwicklung. Ein wichtiger Gesichtspunkt seiner Weltanschauung war dabei der harmonische, d. h. friedliche Ausgleich unterschiedlicher Interessen.

Das Konzept des «sozialen Stroms»

Die Erwartungen, die Miller mit der Fernübertragung von Strom verbunden hatte, deckten sich weitgehend mit denen seiner Fachkollegen. Sie interessierte primär, ob eine solche technisch möglich sei. Miller ging jedoch sofort einen Schritt weiter, indem er sie wirtschaftlich nutzen wollte. Mit dem Lauffen-Frankfurter Experiment war es möglich geworden, Gebiete mit geringen Energieressourcen von einer entfernt liegenden Kraftquelle kostengünstig zu versorgen. Besonders für Regionen wie Bayern, die nur über geringe Kohlenvorkommen, dafür aber über zahlreiche ungenutzte Wasserkräfte verfügten, war der volkswirtschaftliche Gewinn absehbar. Die künftige Herausforderung lag für Miller darin, diese Wasserkräfte zu erschließen und ein breites Verteilungsnetz aufzubauen. Von 1891 an bestand eine realistische Chance, die Wasserkräfte Bayerns wirtschaftlich zum «Vortheile» des Volkes zu nützen, wie es Miller in seinem Reisebericht zur Internationalen Elektrizitätsausstellung in Paris 1881 noch als Wunsch formuliert hatte.[302] Eine Verbindung zwischen Elektrifizierung und sozialpolitischem Ansatz lässt sich bei Miller also früh feststellen. Auch in seinem Schreiben an das Bayerische Staatsministerium des Innern vom 28. Oktober 1883, in dem er um seine Beurlaubung für einen Wechsel zur Deutschen Edison Gesellschaft für angewandte Elektricität nachgesucht hatte, sprach er von einer Förderung des Kleingewerbes.[303] Zwischen 1881 und 1891 hatte sich für Miller die soziale Dimension des elektrischen Stroms gedanklich präzisiert. Mit der Stromverteilung wurde es seiner Ansicht nach möglich, Elektrizität nicht nur für Beleuchtungszwecke einzusetzen, sondern vor allem auch für den motorischen Betrieb. In seiner AEG-Zeit hatte er die noch sehr kleinräumige Elektrifizierung städtischer Versorgungsgebiete betrieben. In der Kraftübertragung sah er nun das Potenzial für großflächige Stromnetze.

Seit Millers Einstieg in die Elektrotechnik hatte sich die Technik neu konstruierter Elektromotoren so weit stabilisiert, dass ein Einsatz in der Industrie, aber auch in Handwerk und Kleingewerbe realistisch wurde. Die

Entwicklung von Wechsel- und Drehstrommotoren zwischen 1890 und 1900 verstärkte diese Tendenz. Gleichzeitig waren Elektromotoren immer kleiner gebaut und an spezifische Bedürfnisse angepasst worden. Besonders die Motorenentwicklungen der Firmen Helios, Ganz & Co., C. & E. Fein und Brown, Boveri & Cie hatten die ursprünglichen Probleme des Erhitzens und des problematischen Anlaufens der Wechselstrommotoren technisch beseitigt. Außerdem waren die Motoren inzwischen so einfach konstruiert, dass sie von Laien betrieben und gepflegt werden konnten. Den Einsatzmöglichkeiten in unterschiedlichen Handwerksbereichen hatten die Hersteller durch zahlreiche Motorentypen Rechnung getragen. Um 1892/93 waren Kleinstmotoren von etwa 0,05 PS bis hin zu mehreren PS verfügbar. Mit den kleinen Elektromotoren verband Miller seine sozialpolitischen Hoffnungen. Allerdings musste zuerst die Bevölkerung über die Vorzüge von Elektromotoren aufgeklärt werden. Daher hatte Miller einen Schwerpunkt der Frankfurter Ausstellung 1891 darin gesehen, den Betrieb von Elektromotoren in verschiedenen Werkstätten zu demonstrieren. Sein zeitweiliger Mitarbeiter Georg Zapf hat diesen Aspekt des Miller'schen Ausstellungskonzepts betont:

> *«Es handelt sich [bei Miller] darum dem Volk zu zeigen, wie nützlich die Elektrizität in der Werkstätte und im Haushalt sei und wie befruchtend sie in allen Zweigen von Handwerk und Gewerbe sein konnte.»*[304]

Vorgeführt wurden in Frankfurt praktische Beispiele von elektrisch betriebenen Werkstätten für Tischler, Schreiner, Buchdrucker, Schuster oder Schneider. Besonders das Zusammenwirken von Elektromotoren und Werkzeugmaschinen wurde in der Ausstellung demonstriert.[305]

Hinter dem Gedanken des «sozialen Stroms» stand bei Oskar von Miller kein durchformuliertes theoretisches Konzept, das er in einer Veröffentlichung oder einem Vortrag vorgestellt hätte. Miller war generell kein Theoretiker. Sein Denken war in der Regel von praktischen und pragmatischen Erwägungen bestimmt. Aus einer Vielzahl von oft knappen Äußerungen und vor allem aus seiner konkreten Ingenieurtätigkeit muss sorgsam das abstrahiert werden, was in diesem Zusammenhang als Millers «Konzept des sozialen Stroms» verstanden wird.

Millers Idee umfasst zwei Aspekte. Sozialer Strom meinte einerseits eine flächendeckende, möglichst einheitliche Stromversorgung der Bevölkerung insgesamt, also «Strom für alle». Die allgemeine Stromversorgung sollte aber nach Millers Ansicht dahin führen, dass schwächer gestellte Berufsgruppen vom Einsatz des Stroms wirtschaftlich profitierten; dies ist die sozialpolitische Dimension seines Ansatzes. Die allgemeine Elektrifizierung glaubte Miller durch große Elektrizitätsnetze schaffen zu können. Mit ihnen bestand die Möglichkeit, günstige Tarife für die Einzelkunden anzubieten. Noch war allerdings die elektrische Versorgung der Privathaushalte nur unter dem Beleuchtungsaspekt relevant. Elektrische Heizung und Kraftgewinnung spielten noch keine Rolle. Nach der Jahrhundertwende änderte sich dies dahingehend, dass in Privatwohnungen zunehmend elektrische Geräte zum Einsatz kamen. Trotzdem war der Anteil am Gesamtverbrauch minimal (etwa 0,1 Prozent). Vom sozialen Gesichtspunkt her war höchstens die Verbesserung der Luftqualität in Privaträumen (Strom als Ersatz für Kerzen oder Gas) spürbar. Miller selbst maß vor 1900 der Elektrifizierung der Haushalte geringe Bedeutung bei. Privaten Stromkonsum betrachtete er primär unter dem Aspekt eines vergrößerten Absatzmarktes. Erst allmählich dehnte er seinen sozialpolitischen Ansatz auf die Haushalte aus.

Anders ist Millers Einstellung zum motorischen Einsatz der Elektrizität, besonders in der Landwirtschaft, im Handwerk und im Gewerbe zu sehen. Hier setzte sich Miller deutlich von anderen Energiekonzepten seiner Zeit ab. Üblicherweise spielte eine aktive Förderung dieser Bereiche keine Rolle, da bei den Versorgern Rentabilitätsüberlegungen im Vordergrund standen. Zwar wurde in zahlreichen zeitgenössischen Aussagen der Elektromotor als Retter des Handwerks gefeiert, doch war die Gewerbeförderung gerade bei den kommunalen Elektrizitätsversorgern meist nur propagandistisch gemeint.[306] Kleingewerbe und Handwerk umwarb man als Kunden, doch stand ihr wirtschaftliches Potenzial weit hinter dem großer Industrieunternehmen zurück. Diese wiederum deckten verstärkt ihren Energie- und Kraftbedarf durch private Wasserkraft-, Dampf- und Elektroanlagen.

Im Gegensatz zu dieser allgemeinen Tendenz setzte Miller schon früh auf kleine Elektromotoren. Sein Bestreben galt gezielt der Förderung von Handwerk und Kleingewerbe. Durch den Einsatz von Elektromotoren – so Millers These – könne das Handwerk sein Defizit an Kraftmaschinen ausgleichen, gegenüber der Industrie gestärkt werden und verlorenen Boden zurückgewinnen. Elektromotoren waren für Miller nicht nur die anspruchsloseste und am leichtesten zu bedienende Antriebskraft; sie waren Platz sparend und boten die Möglichkeit, Produkte konkurrenzfähig herzustellen.[307] Mit seiner optimistischen Einstellung, durch Elektromotoren die Situation von Handel und Gewerbe verbessern zu können, stand Miller in diesen Jahren nicht allein. Der Professor für Maschinenbau Franz Reuleaux, den Miller seit seiner Berliner Zeit kannte, hatte schon 1885, in den Pionierjahren der Elektrotechnik, die These aufgestellt, dass eine billige Betriebskraft den selbstständigen «Kleinmeister» vor dem Niedergang rette.[308] In dasselbe Horn stießen sein Berliner Kollege Adolf Slaby und der Altvater der deutschen Elektrotechnik, Werner von Siemens.[309] Dementsprechend intensiv setzte sich Miller für die Umstellung von Dampfmaschinen und Gasmotoren auf Elektromotoren ein.

Millers vehementes Eintreten für die Verbilligung von Gewerbestrom darf nicht darüber hinwegtäuschen, dass ein vermehrter Strombezug durch Handwerk und Gewerbe zu einer erhöhten Auslastung der kommunalen Elektrizitätswerke beitrug und damit deren Wirtschaftlichkeit vergrößerte. Normalerweise beschränkte sich zu dieser Zeit die Auslastung der Kraftwerke auf die Abendstunden. Unter dem Strich konnten die wenigen Abendstunden die unrentablen Zeiten selten ausgleichen. Durch die Abgabe von Tagstrom an Gewerbe und Handwerk bestand die Möglichkeit einer besseren Auslastung und damit die Aussicht auf eine höhere Rentabilität. Für ein Planungsbüro wie das Ingenieurbüro Miller war die Kalkulation der Rentabilität eines Elektrizitätswerkes von hoher Bedeutung. Nur unter der Prämisse, dass ein Werk die Kosten amortisieren und letztlich Gewinn erzielen würde, waren die Stadtverwaltungen bereit, in den Bau von Elektrizitätswerken zu investieren. Der betriebswirtschaftliche Aspekt nimmt bei den Projekten Millers einen breiten Raum ein. Er darf jedoch die ideelle Dimension im Miller'schen Denken nicht verdecken. Sie bestimmte seine elektrotechnische Arbeit in größerem Maße, als dies bei vergleichbaren Pionieren der Fall war. Miller konnte sich eine stärker ideelle Begründung der Energieversorgung insofern «erlauben», als er nicht an eine Firma oder an Geld gebende Banken gebunden war, die natürlich auf möglichst hohe Renditen achteten. Daher muss die Aussage hinterfragt werden, ob sich hinter Millers Förderung von Handwerk und Gewerbe lediglich eine «Mischung von Sozialromantik und Fortschrittsglaube» verbarg, die, wie der Technikhistoriker Ulrich Wengenroth schreibt, das Denken ganzer Technikergenerationen vom 19. Jahrhundert bis zum Zweiten Weltkrieg bestimmt habe.[310] Es ist unstrittig, dass Miller den handwerklich-gewerblichen Traditionen, in denen auch seine eigene Familie wurzelte, stark verbunden war. Sicherlich beklagte er die deutlich erkennbare Krise des Handwerks. Andererseits war Miller nicht ausschließlich Traditionalist. Er wollte das Rad der Geschichte nicht zurückdrehen. Sein Optimismus als Ingenieur bestand in der Überzeugung,[311] die Elektrizität könne zur Verbesserung der Situation von Handwerk und Kleingewerbe beitragen. In besonderer Weise beurteilte Miller die Elektrifizierung unter dem Gesichtspunkt der Wirtschaftsförderung kleiner Betriebe. Dabei war er nicht so blauäugig zu glauben, dass mit der elektrischen Kraftübertragung «die Grossindustrie plötzlich verschwinden und das historische Kleingewerbe wieder an seine Stelle treten sollte; denn unsere Wirthschafts- und Verkehrsverhältnisse bedingen eine kaufmännisch organisirte Grossindustrie».[312] Er war also Realist genug, um die strukturellen Probleme der Konkurrenz von Handwerk und Industrie zu sehen.

Eine Möglichkeit der Förderung von Handwerk und Kleingewerbe war ein günstiger Strompreis für den Betrieb von Kleinmotoren. Auf dieses Steuerungsinstrument sozialpolitischer Gewerbeförderung setzte Miller schon früh. Er verfolgte dabei die Absicht, Interessenten mit einem Pauschaltarif zu einem Stromanschluss zu bewegen. Dadurch konnte auf die individuelle Stromverbrauchsmessung und die dafür notwendigen Stromzähler verzichtet werden. Ein günstiger Tarif konnte aber nur greifen, sofern Handwerk und Gewerbe überhaupt über Elektromotoren verfügten. In den Anfangsjahren kommunaler Stromversorgung war dies jedoch selten der Fall. Meist blieb der Einsatz elektrischer Motoren auf Großbetriebe beschränkt. Ebenso selten finden sich zu dieser Zeit in Handwerks- und Kleinbetrieben Dampf- oder Gasgeneratoren zum Antrieb von Werkzeugmaschinen, da ihre Anschaffung teuer und der Betrieb bzw. Unterhalt kostspielig waren. Eine Förderung musste also bei der Bereitstellung motorischer Kraft beginnen. Dies hat Miller frühzeitig erkannt. Schon vor der Frankfurter Ausstellung 1890 findet sich eine interessante Passage in einem Brief an seine Frau Marie. Darin beschreibt er ein Treffen mit dem Bankier Wilhelm Peter von Finck. Ihm erzählte Miller von einigen Plänen, «deren Erfüllung längst ein sehnlicher Wunsch von mir ist».[313] Und weiter:

> *«Ich möchte, daß eine Gesellschaft gegründet wird, welche kleinen Handwerkern Elektromotoren oder sonstige kleine Kraftmaschinen zugleich mit den Hiezu gehörigen Drehbänken, Webstühlen, Nähmaschinen und dergl. leihweise überlässt und sie entweder eine Miethe zahlen lässt oder an dem durch die Kraftlieferung erhöhten Gewinn des Handwerkers sich betheiligt. Ich schilderte Herrn Finck, welchen eminenten Umschwung ein derartiges Unternehmen in die ganze Industrie bringen müsste, wie gut und zeitgemäss es wäre, wenn die Fabriken wieder zertheilt und in die Handwerker Wohnungen verlegt würden, wo kein Streit wegen achtstündiger Arbeitszeit und wegen Beschäftigung von Frauen und Kindern stattfinden könnte. Herr Finck schien von meinen Ideen ziemlich begeistert zu sein, namentlich da ich ihm auch nachzuweisen versuchte, daß solch ein Unternehmen auch gar kein schlechtes Geschäft ist. Um Herrn Finck aber noch geneigter zu stimmen, empfahl ich ihm auch mit den Wasserkräften bei Höllriegelskreuth eine Accumulatorenfabrik zu gründen und nannte ihm die Leute, die für so ein Etablissement zu haben wären. Nun wird noch viel Wasser die Isar hinunter laufen, bis einer meiner Lieblingspläne erfüllt werden wird.»*

Der Gedanke, Handwerkern Elektromotoren gegen Miete zur Verfügung zu stellen, war im Jahre 1890 relativ neu. Entstanden ist diese Idee Millers vermutlich noch während seiner Zeit bei der AEG. Auf Millers Drängen hin hatte die AEG im Sommer 1888 Kraftstrom erstmals deutlich verbilligt, um den Stromabsatz zu fördern.[314] Während bei der AEG der betriebswirtschaftliche Aspekt der Auslastung des Netzes im Vordergrund stand, war für Miller die soziale Dimension bestimmend; die Rendite war für ihn gegenüber den anderen Direktoren der AEG wie gegenüber dem Bankier Finck nur ein Verkaufsargument. Um Handwerk und Gewerbe für den Einsatz von Elektromotoren zu gewinnen, überredete Miller die 1891 neu gegründete Firma Brown, Boveri & Cie (BBC), mit deren Direktoren Charles Eugen Lancelot Brown und Walter Boveri ihn seit der geglückten Kraftübertragung von Lauffen nach Frankfurt enge persönliche und geschäftliche Beziehungen verbanden, zum Bau von kleinen Wechselstrommotoren. Die Anschaffungskosten für einen solchen Kleinmotor beliefen sich für 1 PS auf 560 Mark, für 3 PS auf 850 Mark, während die Preise für einen vergleichbaren Gasmotor oder eine Dampfmaschine von 1 PS mit 1100 Mark bzw. 1400 Mark deutlich höher lagen.[315] Teilweise konnte Miller in Verbindung mit der AEG und BBC eine Vermietung von Elektromotoren anbieten.[316]

Die Umsetzung der Idee des «sozialen Stroms» lässt sich prototypisch an den beiden Elektrizitätswerken in Fürstenfeldbruck bei München und in Hermannstadt in Siebenbürgen erkennen, zwei Aufträge, die Miller unmittelbar nach Ende der Frankfurter Ausstellung annahm. Belegt ist, dass Delegationen aus Fürstenfeldbruck und aus Hermannstadt die Ausstellung besucht hatten, um eine Lösung für ihre Energieversorgung zu finden. Beide Orte sind von ihren strukturellen Voraussetzungen her ziemlich verschieden. Fürstenfeldbruck hatte 1890 rund 3200 Einwohner, während Hermannstadt 1894 mit 21 500 Bewohnern etwa die Größe von Heilbronn besaß. Dort hatte Miller 1891 ebenfalls die Stromversorgung aufgebaut. Während er nach Fürstenfeldbruck (damals noch: «Bruck») von München aus nur wenige Kilometer fahren musste, wurde er in Siebenbürgen in eine andere Welt hineingeführt, die von einem extremen Gefälle zwischen den städtischen Ansiedlungen und den ärmlichen Landgebieten bestimmt wurde. Zu Fürstenfeldbruck hatte Miller enge Beziehungen, da sein Vater dort geboren war und verwandtschaftliche Bande bestanden. 1890 war mit Johann Baptist Miller zudem ein Onkel Bürgermeister des Ortes. Zu Hermannstadt hatte Miller bis 1891 keinerlei Kontakte.

Fallbeispiel: Fürstenfeldbruck

Der Markt Bruck gehörte um 1890 zu einem der vielen unbedeutenden Orte im Königreich Bayern.[317] Das Amtsblatt des Bezirks Bruck gab im Januar 1891 das Ergebnis der ein Jahr zuvor durchgeführten Volkszählung bekannt. In 754 Haushalten lebten insgesamt 3223 Einwohner, davon 1662 männliche und 1561 weibliche Personen.[318] Obwohl Fürstenfeldbruck seit Beginn des 19. Jahrhunderts seine Einwohnerzahl fast verdreifacht hatte, gehörte es damit eher zu den kleinen bayerischen Märkten. Das Dilemma Fürstenfeldbrucks bestand seit jeher darin, dass der Ort im Einzugsbereich der großen Städte München und Augsburg lag. Dies hatte zur Folge, dass sich im Markt keine Industrie ansiedelte. Unternehmen wählten lieber den günstigen Standort der Residenzstadt München mit ihren Arbeitskräften, Absatzmöglichkeiten und Eisenbahnverbindungen. Zwar war München an der Wende zum 20. Jahrhundert keine ausgesprochene Industriestadt, sondern stand in dieser Beziehung hinter Augsburg und Nürnberg zurück. Der Sog der Landeshauptstadt war aber groß genug, um zahlreiche Arbeiter aus Fürstenfeldbruck nach München zu locken. Die 1873 erfolgte Anbindung Fürstenfeldbrucks an das bayerische Schienennetz erleichterte den Weg nach München noch zusätzlich.

Der Ort und sein Umland waren um die Jahrhundertwende vorwiegend agrarisch strukturiert. Damit spiegelte die Gegend gesamtbayerische Verhältnisse wider. Da sie aufgrund ihrer geologischen Struktur nur unbedeutende Bodenschätze besaß, lebten die Einwohner hauptsächlich von Land- und Forstwirtschaft. Im Ort selbst gab es immerhin rund 200 handwerkliche Betriebe, wobei seit der Einführung der Gewerbefreiheit im Jahr 1868 ein Anstieg von über 50 Prozent feststellbar war. Wie viele Menschen im Fürstenfeldbrucker Kleinhandwerk insgesamt tätig waren, lässt sich nicht genau ermitteln. Üblicherweise arbeiteten neben den Gehilfen auch Frauen und Kinder der Handwerker in den Betrieben mit. Ein Teil der Bevölkerung fand in den am Ort ansässigen Behörden Arbeit, etwa im Bezirksamt und im Landgericht. Die Arbeitsmöglichkeiten weisen bereits auf die soziale Lage im Markt hin. Arbeitslosigkeit war kein Hauptthema, die Fürsorgeaufwendungen für die vom Armenpflegschaftsrat der Gemeinde abhängigen Armen blieben unter dem bayerischen Durchschnitt. Das Einkommen der Bevölkerung war andererseits nicht sonderlich hoch, was sich in geringen Steuereinnahmen der Gemeinde ausdrückte. Deren finanzieller Spielraum blieb eng, da keine steuerkräftigen Industriebetriebe angesiedelt waren. Insofern musste sich die Marktverwaltung bei aufwändigen Investitionen zurückhalten.

Die ersten Hinweise auf den Bau eines Elektrizitätswerks in Fürstenfeldbruck reichen in das Jahr 1889 zurück. Damals ging es primär um die Errichtung einer funktionierenden Wasserversorgung. Die Elektrizität sollte lediglich als motorische Kraft für die Brunnenpumpe eingesetzt werden. 21 Monate später, in der Magistratssitzung vom 11. Mai 1891, wurde ein erweitertes Projekt beraten, das den Bau einer Wasserleitung bei gleichzeitiger Einführung von elektrischer Beleuchtung vorsah. Explizit nennt das Protokoll den Namen «Oskar von Miller» als Projektbearbeiter.[319] Vermutlich hatte sich Miller kurz nach der Eröffnung seines Ingenieurbüros 1890 wegen der Elektrizitätsversorgung des Ortes an seinen Onkel Johann Baptist Miller gewandt, der jahrzehntelang Bürgermeister in Bruck war. Im Oktober 1891 fiel die Entscheidung. Der Magistrat beauftragte das «Technische Bureau Oscar von Miller» mit der Projektierung und Ausführung. Millers Projekt ging in seiner Konzeption weit über die ursprüngliche Zielsetzung des Magistrats hinaus. Da im gleichen Monat die Erdarbeiten begannen, muss das Projekt durch Miller parallel zu seiner Tätigkeit bei der Internationalen Elektrotechnischen Ausstellung in Frankfurt ausgearbeitet worden sein. Die Gesamtkosten für den Ankauf der notwendigen Grundstücke, für Planung, Bau und Ausstattung des Kraftwerks Schöngeising einschließlich der Leitungen nach Bruck beliefen sich auf rund 270 000 Mark. Finanziert wurden diese Ausgaben durch mehrere Darlehen, die der Magistrat bei der Bayerischen Hypotheken- und Wechselbank in München aufgenommen hatte. Die größten Posten neben den Geldern für die Grundstücksankäufe bildeten die Ausgaben für das Ingenieurbüro Oskar von Miller (66 000 Mark inklusive der Baukosten für die elektrische Anlage und Straßenbeleuchtung), 54 000 Mark für die Baufirma und 26 000 Mark für die Gothaer Firma Briegleb, Hansen & Co., welche die Turbinen lieferte.[320] Probeweise in Betrieb genommen wurde das Werk im August 1892, die feierliche Eröffnung fand am 16. Oktober 1892 statt.

Sehr zur Freude der Gegner der Elektrizität ereignete sich am Tage der Inbetriebnahme eine Panne, die von den Kritikern etwas voreilig als Symptom für die Unzuverlässigkeit der neuen Energieform interpretiert wurde. Dazu ein Bericht Oskar von Millers, der sich anlässlich der Feier zum 40-jährigen Jubiläum des Elektrizitätswerkes schmunzelnd an die Panne erinnerte:

> *«Als er [Oskar von Miller] nämlich gerade an derselben Stelle wie heute die Eröffnungsrede gehalten habe, sei plötzlich im ganzen Markt das elektrische Licht erloschen. Auf telephonischen Anruf gab das Werk Schöngeising keine Antwort. Sollte es wirklich in die Luft geflogen sein, wie man prophezeit hatte? Ein rascher Einspänner brachte bald Auf-*

klärung. Werksingenieur und Monteure hatten nämlich in Schöngeising die Eröffnung auf ihre Art im Wirtshaus gefeiert und deshalb nicht sehen können, daß an der Maschine ein Treibriemen herabgefallen war.»[321]

Die technische Anlage in Fürstenfeldbruck ist mehrfach beschrieben worden.[322] Als Betriebskraft diente die Wasserkraft der Amper, welche durch den Ankauf einer früheren Mühle in Schöngeising, sieben Kilometer vom Ort entfernt, gewonnen wurde, nachdem in Fürstenfeldbruck kein geeigneter Kraftwerkstandort verfügbar war. Insgesamt betrug die Kraft der Amper bei Schöngeising 200 PS, wovon Miller in einer ersten Ausbauphase 120 PS für das Konsumgebiet in Fürstenfeldbruck nutzbar machen wollte. Für die Turbinenanlage wurde die gesamte Breite der Amper genutzt. Eine seitlich angelegte Kammerschleuse diente als Leerschuss und zur Durchfahrt für die Flößer.

Das Maschinenhaus in Schöngeising enthält noch heute die von Miller geplanten drei Turbinenkammern. Die Turbinenanlage umfasste 1892 erst zwei, später drei Knop-Turbinen der Firma BBC, die mit einer gemeinsamen Transmission verbunden waren. Es ist erstaunlich, dass Oskar von Miller bereits in der Aufbauphase des kleinen Schöngeisinger Kraftwerks eine dritte Turbine vorsah, obwohl der Bedarf in Fürstenfeldbruck bei weitem nicht vorhanden war. Vielleicht dachte er bereits bei der Projektplanung an eine mögliche Versorgung des Umlands von Fürstenfeldbruck, eine Vorstellung, die erst zwanzig Jahre später mit der Ausdehnung zum Überlandwerk realisiert wurde. Die Turbinen trieben mittels Riemen zwei Wechselstrommaschinen der Firma Brown, Boveri & Cie an. Auch in Fürstenfeldbruck setzte Miller also auf dieses neu gegründete Unternehmen, das ein Jahr später nach dem Vorschlag von Miller und Lindley den Großauftrag in Frankfurt bekommen sollte. Die Wechselstrommaschinen waren für je 38 000 Watt angelegt. Beide Maschinen konnten parallel geschaltet werden. Sie erzeugten hochgespannte einphasige Wechselströme von rund 2600 Volt, die an zwei Sammelschienen über eine sieben Kilometer lange, aus sechs Millimeter starkem Kupferdraht bestehende Freileitung bis an die Ortsgrenze von Fürstenfeldbruck geführt wurden. Im Prinzip entsprachen Elektrizitätswerk und Leitung dem in Lauffen am Neckar geschaffenen Vorbild. Allerdings hatte Miller in Fürstenfeldbruck auf die Versorgung mit Drehstrom verzichtet, um die Zahl der oberirdisch geführten Drähte von drei auf zwei verringern zu können.[323] An die Fernleitung schloss sich in Fürstenfeldbruck eine um den Ort laufende Ringleitung an. An diese waren einzelne Transformatoren gebunden (anfangs drei, später erweitert auf zehn Maschinen), welche den hochgespannten Wechselstrom in eine normale Verbrauchsspannung von 110 Volt verwandelten und in ein sekundäres Stromnetz im Ort leiteten. Von dem in Schöngeising erzeugten Strom gingen in der Leitung und in den Transformatoren 17,5 Prozent der Kraft verloren.[324] Um einen möglichst hohen Grad an Sicherheit zu erreichen, wurde die Hochspannungsleitung auf besonders hohen Masten oder Eisenständern über die Hausdächer zu den Transformatorenräumen geführt. Die Transformatoren waren zum Teil in eigenen Häuschen, zum Teil auf Speichern in kleinen, aber vollständig abgeschlossenen Räumen untergebracht. Als Sicherungen für die Transformatoren waren ein Ausschalter, eine Bleisicherung und ein Blitzableiter vorgesehen.

Die Besonderheit der Fürstenfeldbrucker Konzeption bestand darin, dass Miller sämtliche Haupt- und Nebenstraßen des Ortes elektrifiziert hatte. Das Sekundärnetz in Fürstenfeldbruck hatte in seinen Anfängen 1892 bereits eine Länge von 6,75 Kilometern. An diese Verteilung waren die einzelnen elektrischen Anlagen angeschlossen. Sie umfassten die allgemeine Straßenbeleuchtung, eine Beleuchtung von Privathaushalten sowie den Betrieb von Elektromotoren in verschiedenen Gewerbebetrieben. Um die Kosten für das sekundäre Leitungsnetz niedrig zu halten, hatte sich Miller für die oberirdische Drahtanlage und gegen die unterirdische Kabelführung entschieden, was letztlich einen deutlich billigeren Hausanschluss der Privatkonsumenten in Höhe von 20 Mark pro Haus ermöglichte, während eine Kabelführung 200 Mark pro Anschluss bedeutete hätte.[325] Die Straßenbeleuchtung in Fürstenfeldbruck bestand aus fünf Bogenlampen und 80 an Wandarmen befestigten Glühlampen. Die Hausinstallationen waren nach einer Beschreibung Millers

> *«sehr solide, ich möchte fast sagen, luxuriös ausgeführt. Insbesondere ist durch reichliche Verwendung von Ausschaltern und Umschaltern dafür gesorgt, daß Zimmer und Gänge, bevor man sie betritt, von außen erhellt werden können, und daß in Schlafzimmern durch einfache Drücker entweder die Bettlampen oder matte Nachtlampen gebrannt werden können.»*[326]

Die technische Seite des Elektrizitätswerks Fürstenfeldbruck zeigt im Wesentlichen keine großen Auffälligkeiten. Das Werk und das Sekundärnetz entsprachen dem damals üblichen Standard und den vor der Jahrhundertwende noch relativ wenig normierten Sicherheitsbestimmungen. Interessant und beispielhaft war, dass sich Miller um eine möglichst einfache, unkomplizierte und damit auch wenig störanfällige Anlage bemüht hatte.

Die Kosten, die Miller für den Stromverbrauch im öffentlichen und im privaten Bereich errechnete, waren erstaunlich niedrig. Der Preis für eine 16-kerzige Straßenlampe mit einer jährlichen Brenndauer von 2500 Stunden belief sich auf 0,8 Pfennig pro Stunde, während eine gleich starke Lampe in Geschäfts-, Wohn- und Schlafräumen bei einer Mindestbrenndauer von 800 Stunden im Jahr 2,5 Pfennig, eine 5-kerzige Lampe hingegen, die nach der Ansicht Millers für den Betrieb auf Fluren und Küchen ausreichte, nur 0,8 Pfennig pro Stunde kosten sollte.[327] Die Stromkosten für einen Elektromotor beliefen sich pro PS auf eine Mark pro Tag oder bei einem zehnstündigen Betrieb auf 10 Pfennig pro PS und Stunde. Die extrem niedrigen Anschlusskosten und Strompreise weisen auf das Ziel hin, das Oskar von Miller mit einer allgemeinen Stromversorgung erreichen wollte.

Das Projekt in Fürstenfeldbruck war für den selbstständigen Ingenieur nicht nur unter technischen Gesichtspunkten eine Herausforderung. Bei erfolgreicher Realisierung konnte er berechtigterweise mit weiteren Aufträgen in seiner bayerischen Heimat rechnen. Außerdem wollte Miller mit diesem Werk seine spezifisch soziale Komponente der Elektrizitätsversorgung verwirklichen. Erstmals formulierte er diese Idee während eines Vortrages, den er am 7. November 1892, also kurz nach der Inbetriebnahme, im Polytechnischen Verein in München hielt.[328] Dabei vertrat er die Ansicht, dass die noch vor einem Jahrzehnt geäußerte Meinung, das teuere Luxuslicht sei nur in den allergrößten Städten wirtschaftlich sinnvoll, inzwischen überholt sei. Technische Entwicklungen (Verbesserung der Wechselstromübertragungen, Bau neuartiger Wechselstromtransformatoren) hätten es ermöglicht, hohe elektrische Spannungen zu verwenden und Elektrizität über weitere Distanzen wirtschaftlich zu leiten. Eine interessante Anlage hatte Miller 1888 in Rom kennen gelernt, die ihm als Vorbild für eigene Planungen diente. In der Folge zeigte er sich überzeugt davon, dass «auch einzelne kleine Orte trotz geringer Konsumdichte mit Elektrizität versorgt werden können, namentlich wenn zur Stromerzeugung billige, wenn auch weit entfernt liegende Wasserkräfte vorhanden wären».[329] Auf Millers Anregung von 1888 hin wurde vom Münchner AEG-Büro unter Ingenieur Emil Taussig in Bad Reichenhall ein Elektrizitätswerk gebaut, welches die erste Wechselstromanlage Deutschlands installierte.[330] Ähnliche Werke errichtete die AEG später in Bad Tölz, Thalkirchen (heute: München-Thalkirchen), Landsberg oder Burghausen. Vergleichbare bayerische Werke schufen die Firmen Einstein & Co. in dem Münchner Vorort Schwabing, Schuckert & Co. in Berchtesgaden und Siemens & Halske in Erding.

Um Millers Konzept des «sozialen Stroms» vom Fallbeispiel Fürstenfeldbruck her beurteilen zu können, sollte man einen vergleichenden Blick auf den damaligen Stand der Elektrifizierung in Deutschland werfen. Dabei sind die frühen Elektrizitätsstatistiken hilfreich. Diese waren im Jahre 1892 vom Elektrotechnischen Verein in Berlin angeregt worden. Eine Kommission sollte die bis dahin erbauten Zentralstationen quantitativ erfassen.[331] Im 15. Jahrgang der «Elektrotechnischen Zeitschrift» legte der Ingenieur und Redakteur des Blattes, Friedrich Uppenborn, einen ersten Zwischenbericht vor; die ausführliche Statistik erschien ein Jahr später. [332] Alle im Betrieb bzw. im Bau befindlichen Elektrizitätswerke in Deutschland wurden aufgelistet. Angegeben war bei jeder Anlage, mit welchem System sie arbeitete (Gleichstrom, Gleichstrom mit Akkumulatoren, Wechselstrom, Drehstrom), welche Betriebsart sie benützte (Wasser, Dampf, Gas), welche normale Leistung die Maschinen inklusive der Reservekräfte erreichten, wie viele Glühlampen (im Wert einer 50-Watt-Lampe) und Elektromotoren (in PS) angeschlossen waren und wann die Betriebseröffnung gewesen war. Eine weitere Spalte «Bemerkungen» enthielt meist kurze Notizen hinsichtlich der technischen Ausstattung des Werks.

Die Statistik aus dem Jahre 1895 listete insgesamt 148 Elektrizitätswerke an 135 Orten auf, die zusammen eine Totalleistung von 33897 Kilowatt erreichten.[333] Nicht alle erwähnten Orte liegen in Deutschland, genannt sind einige österreichische Werke und Anlagen in Skandinavien. Das Fürstenfeldbrucker Werk gehörte dabei mit 76 Kilowatt zu den kleineren Anlagen. Die folgende Tabelle demonstriert den rasanten Neubau von Elektrizitätswerken in Deutschland bis 1900.[334]

Jahr	Eröffnete Werke	Jahr	Eröffnete Werke
1889	8	1895	57
1890	8	1896	69
1891	13	1897	98
1892	21	1898	144
1893	29	1899	132
1894	37	1900	110

Die Auflistung zeigt, dass bis zum Jahre 1892, der Eröffnung des Fürstenfeldbrucker Werks, jährlich nur wenige Elektrizitätswerke in Betrieb genommen worden waren. Der kleine Ort Fürstenfeldbruck gehörte also 1892 zu der handverlesenen Gruppe von Gemeinden mit eigener Elektrizitätsversorgung. Auffällig sind die Stagnation der Jahre 1889 und 1890 und der rasche Anstieg der Neueröffnungen nach 1891. Beide sind vermutlich damit zu erklären, dass der «Systemstreit» um die «richtige» Stromart die interessierten Kommunen vor 1891 von dem Bau eines Elektrizitätswerkes abhielt. Sie wollten das Ergebnis der Diskussion in Frankfurt abwarten. Der Anstieg nach 1891 verdeutlicht, dass die Erwartungen der Kommunen erfüllt wurden. Gleichzeitig wuchs der Wunsch nach Einführung der Elektrizität von

Jahr zu Jahr. Ebenso hatte der Drehstrom seine Funktionstüchtigkeit und Wirtschaftlichkeit unter Beweis gestellt. Er gab vielen Gemeinden ohne direkte Kraftquelle die Möglichkeit, entfernte Wasserkräfte zu nutzen und den extern gewonnenen Strom in die Zentren zu übertragen. Die Konsequenz dieser Entwicklung war, dass nach 1891 die Kommunen massiv in den Kraftwerkbau einstiegen. Ab 1892 stieg die Zahl der neu eröffneten Werke kontinuierlich an. Erst kurz vor der Jahrhundertwende ist eine erneute Stagnation bzw. ein Rückgang zu erkennen, was mit einer ersten Sättigung des Energiebedarfs erklärt werden kann.

In der Statistik Uppenborns aus dem Jahre 1895, in der 148 Elektrizitätswerke beschrieben sind, wird Fürstenfeldbruck in der Gruppe «Wechselstrom mit Transformatoren mit Sekundärnetz» geführt. Eine vergleichbare Anlage gab es in Deutschland zu dieser Zeit nur in Burghausen. Untersucht man die erhobenen Zahlen genauer, ergibt sich ein überraschendes Ergebnis: In einer Spalte, in der die installierte Wattzahl pro 1000 Einwohner erfasst ist, steht Fürstenfeldbruck nach Triberg im Schwarzwald, einem mit 2500 Einwohnern nur unwesentlich kleineren Ort, an zweiter Stelle in Deutschland. Triberg konnte einen Verbrauch von 445 Hektowatt pro 1000 Einwohner vorweisen, Fürstenfeldbruck immerhin 291. In Berlin lag die entsprechende Vergleichszahl bei 58,1, in Stockholm sogar nur bei 8,3.[335]

Ortsplan von Fürstenfeldbruck mit den angeschlossenen Glühlampen und Motoren, 1892.

Diese erstaunliche Spitzenstellung Fürstenfeldbrucks ist zweifelsohne mit der allgemeinen Elektrifizierung des Ortes, wie sie Oskar von Miller realisiert hatte, zu erklären. Eine Ursache für den hohen Verbrauch Fürstenfeldbrucks ist sicherlich darin zu suchen, dass Millers Konzept der allgemeinen Stromversorgung durch einen ausgesprochen günstigen Pauschaltarif und durch niedrige Anschlusskosten erfolgreich war.

Zeichnete sich Fürstenfeldbruck schon durch einen hohen durchschnittlichen Stromverbrauch seiner Einwohner aus, so nahm der Ort in einem anderen Punkt eine absolute Spitzenreiterstellung in Deutschland ein. In seinem Bericht führte Uppenborn in einer eigenen Spalte den Stromverbrauch von Elektromotoren im Verhältnis zum Gesamtkonsum an. Die Werte für Fürstenfeldbruck erreichen hier einen Anteil am Gesamtverbrauch von 24,1 Prozent. Mit diesem Prozentsatz führt der Markt die Statistik deutlich an. An zweiter und dritter Stelle liegen die Ortschaften Gablonz in Böhmen und Lauffen am Neckar mit 16,6 bzw. 16,1 Prozent. Für Berlin ergibt sich eine entsprechende Prozentzahl von 8,6, für Hamburg nur von 0,5 Prozent. Die motorische Kraft spielte also in den Großstädten bei weitem nicht die Rolle wie in kleineren Ortschaften, obwohl in den Zentren besonders große und leistungsstarke Motoren im Einsatz waren.

Die mehrfache Spitzenstellung Fürstenfeldbrucks erfordert eine Erklärung. Diese ergibt sich fast von selbst, wenn man berücksichtigt, dass auch der in der Statistik an dritter Stelle liegende Ort Lauffen ein von Oskar von Miller erbautes Elektrizitätswerk besaß. Miller hatte schon früh prognostiziert, dass es durch die Einführung des elektrischen Stroms zu einer Besserstellung unterer Schichten, vor allem des Kleinhandwerks, kommen werde. Die damals üblichen transportablen oder fest installierten Dampf- bzw. Gaskraftmaschinen waren im Vergleich zu den neuen Elektromotoren weitaus teurer. Die konventionellen Ungetüme erforderten so viel Platz, dass nur wenige Gewerbetreibende die Maschinen räumlich überhaupt unterbringen konnten. Millers besonderes Bestreben ging in Fürstenfeldbruck, aber auch in anderen Orten, dahin, möglichst viele Häuser an die Stromversorgung anzuschließen und gleichzeitig eine möglichst große Zahl von Elektromotoren zu installieren. Dass ihm dies durch intensive Überzeugungsarbeit gelang, zeigen die Beispiele Fürstenfeldbruck und Lauffen deutlich. Miller hat die Bevölkerung durch eine geschickte Tarifpolitik für den Anschluss von Elektromotoren gewonnen. So kostete der Strom für den Betrieb eines Motors von 1 PS dem Kleinhandwerker rund eine Mark pro Tag. Der exakt gleiche Tarif galt in dem von Miller errichteten Elektrizitätswerk Lauffen a. Neckar.[336] Ein zweites Lockmittel für den Anschluss von Elektromotoren war die verbilligte Bereitstellung von Motoren. Miller überredete die Firma

BBC ca. 1892 zur Entwicklung und zum Bau kleiner Einphasenwechselstrommotoren, die mittels eines Transformators in Gang gesetzt werden konnten. Durch sukzessives Einschalten der Spulen wurden Stromschwankungen vermieden und die Stromentnahme bei langsam ansteigender Spannung ermöglicht. Diejenigen Einwohner in Fürstenfeldbruck, die bereits im Besitz eines Motors waren, konnten diesen zurückgeben und gegen einen verbilligten Motor von BBC eintauschen.

Der Erfolg gab Oskar von Miller Recht. Schon ein Jahr nach Inbetriebnahme des Elektrizitätswerks waren im Ort 16 Elektromotoren mit 20,75 PS angeschlossen. Bis 1897 steigerte sich die Leistung auf 37,25 PS. Die von Miller betriebene Besserstellung des Handwerks durch die Elektrifizierung und den Einsatz von Elektromotoren erregte in der Fachwelt breites Interesse. Das im Kraftwerk Schöngeising aufliegende Fremdenbuch verzeichnete bereits Ende 1893 zahlreiche Besuche aus vielen deutschen, englischen und österreichisch-ungarischen Städten.[337] Auch in elektrotechnischen Vereinen und in Fachblättern wurde über die Fürstenfeldbrucker Musteranlage berichtet. So referierte der Göttinger Ingenieur F. Meissner am 10. Januar 1893 – also kurz nach Eröffnung – im Hannoverschen Elektrotechniker-Verein über Fürstenfeldbruck.[338] Meissner hob dabei den Nutzen kleiner Gemeinden durch die Ausnützung billiger Wasserkräfte bei zweckmäßiger Wahl des Verteilungssystems hervor. Besonderes Interesse verdienten seiner Ansicht nach die zahlreichen kleinen Elektromotoren, die in Fürstenfeldbruck montiert waren und zum Vorteil des Handwerks eingesetzt wurden. Die Fachwelt erkannte also durchaus die Besonderheit der Fürstenfeldbrucker Konzeption im Vergleich zu den sonst üblichen kommunalen Elektrizitätswerken.

Andere Experten dagegen belächelten die komplette Stromversorgung in Fürstenfeldbruck. Anfangs beäugte auch die Kommunalverwaltung des Ortes die große Dimensionierung des Kraftwerks in Schöngeising kritisch. Allerdings wurden die von Miller prognostizierten Verbrauchszahlen bald Realität. Schon einige Jahre später musste Miller die noch leere dritte Turbinenkammer mit einer Maschinenanlage ausstatten. Insgesamt standen jetzt 180 PS zur Verfügung. Diese vorausschauende Planung zeigt, dass Miller den Elektrizitätsverbrauch in Privathaushalten wie in Gewerbebetrieben richtig eingeschätzt hatte. Mit seiner Grundkonzeption des Elektrizitätswerkes aus dem Jahr 1892 legte Miller die Basis für die Entwicklung der lokalen Stromversorgung zu einem Überlandwerk, ein Prozess, der durch den Ausbau des Schöngeisinger Kraftwerks seit 1911 eingeleitet wurde. Damit vollzog der kleine Ort Fürstenfeldbruck prototypisch eine weitere Entwicklungsstufe auf dem Wege zur regionalen Energieversorgung, ein Ziel, das Millers große elektrotechnische Projekte nach der Jahrhundertwende bestimmte.

Fallbeispiel Hermannstadt

Weitaus wichtiger für die Wirkungsgeschichte des Fürstenfeldbrucker Elektrizitätswerks als die Rezeption im akademischen Raum ist die Tatsache, dass Fürstenfeldbruck bald zum Vorbild für andere Kommunen wurde. Ein markantes Beispiel ist das Werk im siebenbürgischen Hermannstadt, dem heutigen Sibiu. Es belegt, dass Millers Energiekonzept nationale wie internationale Anerkennung fand. Es zeigt die Realisierung auch internationaler Projekte und verdeutlicht, dass die Hoffnungen, die sich mit der Einführung der kommunalen Stromversorgung in vielen kleinen und mittleren Städten verbanden, ähnlich waren. Mit dem Beispiel Hermannstadt lässt sich Millers Idee vom sozialen Strom noch augenfälliger demonstrieren.

In Hermannstadt planten einige Bürger unter Federführung des Sparkassendirektors Karl Wolff[339] eine Elektrizitätsversorgung für die Stadt. Eine Delegation aus Siebenbürgen fuhr 1891 zur Internationalen Elektrotechnischen Ausstellung nach Frankfurt und trat dabei mit Oskar von Miller in Kontakt.[340] Besonderen Eindruck hinterließen bei den siebenbürgischen Vertretern die Anwendungsmöglichkeiten von Strom für gewerbliche Zwecke. Die Motoren betrieben Nähmaschinen, Drehbänke, Web- und Strickmaschinen, Holzbearbeitungs-, Schuhfabrikations-, Nadel-, Seifenfabrikations- oder Werkzeugmaschinen, eine Buchdruckschnellpresse und Mahlmühlen.[341] Miller erklärte sich bereit, in Siebenbürgen Voruntersuchungen für ein Elektrizitätswerk zu machen. Im November 1892 reiste er mit zwei Ingenieuren seines Büros nach Hermannstadt. Bis Juni 1893 arbeitete er ein erstes Konzept aus, das er in einem öffentlichen Vortrag in Hermannstadt vorstellte.[342] Der Strom sollte dabei von einer rund 17 Kilometer entfernten Wasserkraft des Zoodtbachs in den Südkarpaten erzeugt und dann nach Hermannstadt geleitet werden. Neu war, dass Miller nicht nur Hermannstadt, sondern auch den Ort Heltau, zwischen dem Kraftwerk am Zoodtbach und Hermannstadt gelegen, mitversorgen wollte. Zudem sahen Millers Planungen eine Straßenbahn in Hermannstadt vor, da seinen Erläuterungen zufolge die Wasserkraft genügend überschüssigen Strom produzierte, um eine elektrische Bahn betreiben zu können.

Auf Einladung Millers besuchte Karl Wolff im August 1893 Fürstenfeldbruck. Seine Eindrücke sind so bezeichnend für die positive Resonanz des dortigen Werks, dass aus ihnen länger zitiert werden soll:

> *«Fürstenfeld-Bruck dürfte bald ein Wallfahrtsort werden, zu welchem die Leute aus Nah und Fern, aus Deutschland und anderen Ländern, pilgern werden, nicht um den ‹verkehrten Kaffee›, der auch sonstwo getrunken wird, sondern um etwas anderes zu sehen, das ‹verkehrt› ist,*

aber in Fürstenfeld-Bruck wieder in Ordnung gebracht wird: das kleine Handwerk, welches, wie überall in der Welt, im Niedergang und Verfall begriffen, aber seinen goldenen Boden in Fürstenfeld-Bruck mit Hilfe des dort von Herrn Oskar v. Miller erbauten Elektrizitätswerkes wiederzugewinnen beginnt. Das ist wie ein Wunder in der heutigen Zeit, in der man sich nachgerade daran gewöhnt hat, das Handwerk als eine überwundene Betriebsform und als einen verlorenen Posten anzusehen, welcher der übermächtigen Konkurrenz der mit Dampfmaschinen, großen Arbeiterheeren, billigen Einkaufs- und Verkaufspreisen arbeitenden Großindustrie rettungslos erliegen müsse, und in der man bereits mit verschränkten Armen oder mitleidigen Achselzucken dem Ringkampfe des einen und anderen sich tüchtig wehrenden Kleinmeisters zusieht, weil doch alle Hilfe vergeblich sei.

In der Elektrizität ist aber dem kleinen Gewerbsmann unverhofft ein Retter und Helfer erstanden, der ihn mit einer billigen Betriebskraft ausstattet, welche ihn, ohne große Kosten, in die Lage versetzt, seinen hart angefochtenen Platz gegenüber der Großindustrie zu behaupten. Das war allerdings in der Theorie richtig; der erste aber, der es praktisch verwirklicht und die Wahrheit theoretischen Erkennens in einem größeren Bilde handgreiflich veranschaulicht hat, ist der Elektrotechniker Herr Oskar v. Miller – der Erbauer des Elektrizitätswerkes zu Fürstenfeld-Bruck und – wie wir hoffen – der baldige Erbauer des von ihm projektierten Hermannstädter Elektrizitätswerks. Das ist eine Großtat, die zu den bedeutungsvollsten dieses Jahrhunderts gehört und welche dem Hause Miller neuen Ruhm zu dem alten sichert.»[343]

Die euphorische Beurteilung des Fürstenfeldbrucker Elektrizitätswerks durch Wolff ist ein eindrucksvolles Beispiel für die hohen Erwartungen, welche die Öffentlichkeit mit der Einführung einer günstigen Betriebskraft und billiger Elektromotoren verband. Die ersten Erfolge in Fürstenfeldbruck zeigen, dass das Handwerk durchaus seine Chance in den elektrischen Kleinmotoren sah, um so Zeit, Arbeitskraft und Hilfsmittel zu sparen. In Hermannstadt[344] war die Situation ähnlich. Der Ort hatte sich gewerblich und industriell wenig weiterentwickelt. Wirtschaftlich dominierte in Siebenbürgen der Ort Kronstadt. Die Elektrifizierung von Hermannstadt geschah daher auch unter dem Aspekt, das eigene Gewerbe zu stärken, um die Bevölkerungsabwanderung einzudämmen. Wolffs Besuche in Fürstenfeldbruck scheinen seinen Optimismus noch verstärkt zu haben. Er sah in den elektrisch betriebenen Werkstätten des Ortes eine auch für andere Städte vorbildhafte Stärkung der Existenzbedingungen des Handwerks.[345]

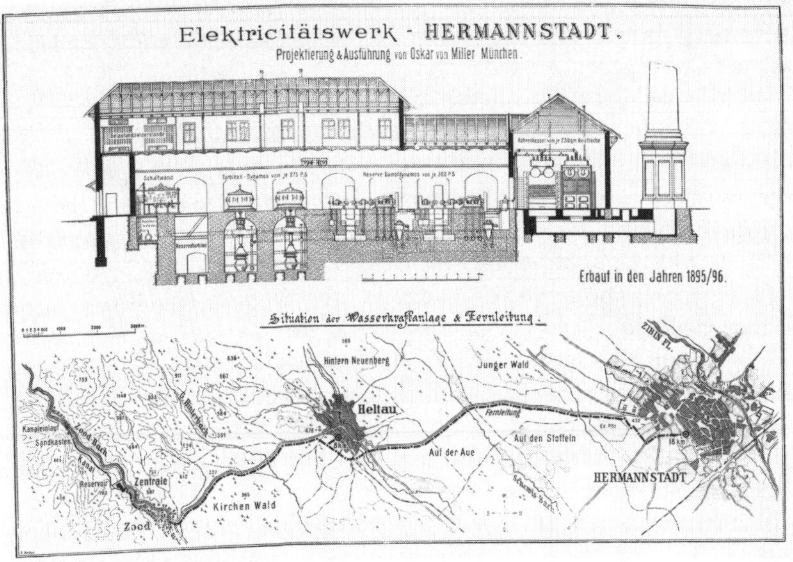

Schnitt durch das Elektrizitätswerk in Hermannstadt und Situationsplan, 1896.

Im Frühjahr 1894 wurde die Konzession für den Kraftwerksbetrieb an die neu gegründete Aktiengesellschaft «Hermannstädter Elektrizitätswerke AG» vergeben. Das Technische Bureau Oscar von Miller übernahm als Generalunternehmer die Lieferung und Ausführung des gesamten maschinellen und elektrischen Teils, während die Wiener Firma Pittel & Brausewetter die Bauarbeiten ausführte.

Das Wasser des Zoodtbachs wurde über einen Betonkanal und durch Rohre zu einem 30 Meter tiefer gelegenen Turbinenhaus geleitet.[346] Hier hatte Miller drei Turbinen mit je einer Leistung von 275 PS eingeplant, von denen in einer ersten Ausbaustufe nur zwei eingebaut werden sollten. Um geringe Wasserstände ausgleichen zu können, wurden als Reservekraft zwei 300 PS starke Dampfmaschinen aufgestellt. Diese sollten mit dem in den Karpaten genügend vorhandenen Holz und nicht mit teurer Kohle geheizt werden. Turbinen und Dampfanlagen waren jeweils einzeln mit Wechselstrommotoren verbunden. Sämtliche Turbinen, die elektrischen Maschinen und Apparate lieferte die Firma Ganz & Co. aus Budapest, die Dampf- und Kesselanlage die Erste Brünner Maschinen-Fabriks-Gesellschaft. Von dem Kraftwerk aus führte eine 17 Kilometer lange Hochspannungsleitung zuerst nach Heltau (ca. 7,5 Kilometer) und dann weiter nach Hermannstadt. In beiden Orten wurde der Strom in Transformatoren auf die normale Gebrauchsspannung reduziert und von dort an die vorhandenen Motorenbetriebe oder über ein oberirdisches Verteilungsnetz, das die einzelnen Häuser versorgte, abgegeben.

Miller hat später beschrieben, wie schwierig es war, die schweren Anlagen in das entlegene Zoodtbachtal zu schaffen, da es kaum Wege, allenfalls Saumpfade gab und oft 20 Büffel- oder Ochsenpaare als Gespanne eingesetzt werden mussten.[347] Die Bauarbeiten begannen 1895, für Dezember 1896 war die Eröffnung geplant. Als Miller kurz vor der Einweihung nach Hermannstadt kam, musste er feststellen, dass die Turbinen nicht betriebsfähig, die Dampfmaschine gebrochen und viele Arbeiten noch unvollendet waren. Sparkassendirektor und Hauptkonzessionär der Werke Karl Wolff dachte schon an eine Verschiebung der Eröffnungsfeier, doch konnte Miller dank energischen Eingreifens die pünktliche Inbetriebnahme retten.[348]

Schon das erste Betriebsjahr brachte so viele Neuanschlüsse und damit Gewinne für die Betreibergesellschaft, dass eine Dividende gezahlt werden konnte. Gleichzeitig wurde beschlossen, bereits jetzt stärkere Dampfmaschinen einzubauen. Ende 1898 waren 7500 Glühlampen, 160 Bogenlampen sowie 32 Motoren mit ca. 130 PS angeschlossen. 1901 wurde Miller gebeten, den von ihm vorgesehenen Ausbau um eine dritte Turbine durchzuführen.

Blick in die Maschinenhalle des Elektrizitätswerks Hermannstadt, 1896.

Wie in Fürstenfeldbruck stellte sich in Hermannstadt schon nach kurzer Betriebsdauer heraus, dass die bestehenden Anlagen den unerwartet hohen Bedarf kaum decken konnten. Wieder bestätigte sich Millers Prognose des Stromkonsums. Es ist für die von ihm konzipierten Elektrizitätswerke kennzeichnend, dass sie großzügig geplant waren. Von Kritikern wurden diese Anlagen zunächst meist als überdimensioniert bezeichnet. In der Regel aber gaben schon wenige Jahre Normalbetrieb Miller Recht. Dann stellte sich heraus, dass die anfänglich kritisch eingeschätzte «Überdimensionierung» in der Ausbaustufe half, Kosten zu sparen, da so aufwändige Umbauten der Maschinenhäuser und Leitungssysteme vermieden werden konnten. Auch in den folgenden Jahren war sein Ingenieurbüro immer wieder für die Hermannstädter Elektrizitätswerke tätig, um den steigenden Stromkonsum zu decken.[349] Binnen eines Jahrzehnts verdoppelte sich der jährliche Reingewinn des Werks. Insofern konnte man Miller attestieren, dass er in Hermannstadt eine technisch ausgereifte und wirtschaftlich erfolgreiche Anlage installiert hatte. Solche Referenzen waren sein bestes Argument bei Verhandlungen mit anderen Kommunen.

Im weitesten Sinne kann man feststellen, dass Miller in seinem Bemühen um den Anschluss möglichst breiter Bevölkerungsschichten an die Stromversorgung in den Fallbeispielen Fürstenfeldbruck und Hermannstadt erfolgreich war. In dem oberbayerischen Ort wurden fast alle Häuser elektrifiziert. In Hermannstadt lag die Quote direkt bei Inbetriebnahme des neuen Elektrizitätswerkes bei ca. 50 Prozent; in den Folgejahren stiegen die Anschlusszahlen noch erheblich. Es zeigte sich, dass das von Miller propagierte Prinzip eines niedrigen Anschlusspreises pro Haushalt und die Berechnung des tatsächlichen Stromverbrauchs – im Gegensatz zu den vielfach praktizierten Jahresfixkosten – wirksam war.[350]

Seine Idee, durch billige Wasserkräfte günstigen Strom zu erzeugen, konnte Miller erneut verwirklichen. Die Strompreise für Hermannstadt waren identisch mit denen in Fürstenfeldbruck. Für eine 16-kerzige Lampe musste ein Privatkonsument pro Stunde im Schnitt nur 1,5 Kreuzer bezahlen (Fürstenfeldbruck: 0,8 Pf.). Miller konnte letztlich Strompreise anbieten, die etwa halb so hoch waren wie in Wien. Ähnlich niedrige Preise bot Miller beim Einsatz von gewerblichen Kleinmotoren an. So kostete der Strom für einen Motor mit einer viertel PS, der zum Betrieb von Werkbänken, Sägen etc. ausreichte, monatlich 3 Gulden 75 Kreuzer. Diese «ungewöhnlich billigen Preise» sah Miller als Voraussetzung für eine Stärkung des örtlichen Gewerbes.[351]

Mit einer Reihe von Maßnahmen gelang es Miller, die Baupreise niedrig zu halten und damit die Investoren zufrieden zu stellen. Kostengünstig wirkte sich aus, dass er im Gegensatz zu der früher in Berlin ausgeführten unterirdischen Stromleitung zu einem oberirdischen Leitungssystem überging. Besonders aber griff die von ihm praktizierte Methode, den Bau eines Kraftwerkes nicht an eine Firma als Komplettauftrag zu vergeben, sondern Bau und Maschinenanlagen einzeln auszuschreiben. Dadurch reduzierten sich die Gesamtkosten erheblich. Die günstigen Investitionskosten eröffneten Spielräume für die Tarife. Mit der Versorgung der Privathaushalte trat eine deutliche Verbesserung der individuellen Wohnsituation ein. Das in ländlichen Gemeinden vorherrschende Petroleumlicht wurde verdrängt, damit auch die Belastung der Haushalte durch die Verbrennungsstoffe. Noch beschränkte sich der private Stromverbrauch im Wesentlichen auf Beleuchtungszwecke. Die Verwendung von Haushaltsgeräten setzte erst nach der Jahrhundertwende langsam ein. In ländlichen Gebieten und kleinen Kommunen blieb dieser Verwendungszweck im Vergleich zu den Großstädten zurück. Daran konnten auch die vielfältigen Werbemaßnahmen Millers zur Steigerung des privaten Stromkonsums wenig ändern. Naturgemäß bestand zwischen dem Einsatz von Haushaltsgeräten und den Produktangeboten der Hersteller eine direkte Verbindung. Meist gab es eine zu geringe Auswahl an Geräten, die außerdem sehr teuer waren. Erst mit dem Beginn der Massenproduktion elektrischer Haushaltsartikel und der damit verbundenen Verbilligung erhöhte sich ihr Einsatz im Privathaushalt.[352]

Neben der Verbesserung der Haushaltssituation war der Kern der Miller'schen Idee des «sozialen Stroms», durch billige motorische Kraft Handel und Gewerbe gegenüber der Industrie zu stärken. Wie viele andere Kommunen erhofften sich auch Fürstenfeldbruck und Hermannstadt einen Aufschwung des heimischen Gewerbes. Die Frage, ob das durch die Elektrifizierung erreicht wurde, lässt sich anhand der vorliegenden Aussagen und Zahlen nur schwer beantworten. Ein Indikator für eine positive Auswirkung ist die Neuinstallation von Motoren im Gewerbe. Dabei muss zwischen dem Handwerker, der allein oder mit Familienangehörigen arbeitete, und Kleinbetrieben mit mehreren Gesellen differenziert werden. Dazu soll hier von «Kleinstbetrieben» und «Kleinbetrieben» gesprochen werden. Problematisch ist, dass eine solche Trennung aus dem überlieferten Zahlenmaterial selten klar nachvollziehbar ist. Geht man allerdings davon aus, dass der Kleinstbetrieb mit einer hohen Spezialisierung nur wenige Maschinen in Betrieb hatte und damit sein Bedarf an Kraftstrom deutlich geringer war, kann für statistische Zwecke der Kleinstbetrieb mit einer Motorenausstattung bis zu 1,5 PS definiert werden. Der Kleinbetrieb dagegen hatte unterschiedliche Maschinen im Einsatz, weshalb er mehr oder leistungsstärkere Motoren benötigte. Die Grenze vom Kleinbetrieb zum mittleren Betrieb mit fabrikähnlicher

Struktur soll hier bei 10 PS gezogen werden. Die in den Fachblättern abgedruckten Übersichten über die Verwendung von Elektromotoren lassen eine solche Grenze als sinnvoll erscheinen. Ein höherer PS-Bedarf ist beispielsweise bei Ziegel- und Maschinenfabriken oder in der Holzindustrie nachweisbar.

Für die ausgewählten Beispiele Fürstenfeldbruck und Hermannstadt/Heltau liegen Vergleichszahlen nur teilweise vor. In Fürstenfeldbruck waren ein Jahr nach Eröffnung des Elektrizitätswerkes 16 Elektromotoren mit einer Leistung von 20,75 PS angeschlossen, darunter elf Kleinstbetriebe mit einem Gesamtbedarf von lediglich 5,75 PS, was im Schnitt etwa einer Motorenleistung von einer halben PS entspricht. Der Einsatz von Kleinmotoren drückt sich auch in der Berufsaufschlüsselung aus. Die Elektromotoren kamen bei Hafnern, Metzgern, Gerbern, Schlossern, Kunstmüllern etc. zum Einsatz. Bis zum Jahr 1897 steigerte sich die Zahl der angeschlossenen Elektromotoren auf 37,25 PS.[353] Detaillierte Zahlen aus späteren Jahren liegen nicht vor.

Für die Situation in Hermannstadt und Heltau kann eine zum zehnjährigen Bestehen der Hermannstädter Elektrizitätswerke erschienene Bilanz von Sigmund Dachler herangezogen werden, die detaillierte Statistiken abdruckt. Hier wurde nicht nur die günstige Entwicklung des privaten Stromverbrauchs vermerkt, sondern auch die Tatsache, «dass durch die Möglichkeit des elektrischen Antriebes manches heimische Gewerbe bedeutend leistungsfähiger geworden ist».[354] Als Ursache für diese Leistungssteigerung wurden die neuartigen Kleinmotoren mit ihrem geringen Raumbedarf und niedrigen Anschaffungs- bzw. Betriebskosten angeführt. Eine positive Veränderung sah Dachler in Heltau. Heltau war ein Ort, in dem früher die Handweberei geblüht hatte, die aber im Jahr 1894 nur noch von rund 310 Wollwebern betrieben wurde.[355] Den ansässigen Wollwebern kam es sehr entgegen, dass sie jetzt Elektromotoren für ihre kleinen mechanischen Spinnereien einsetzen konnten. Dadurch wurde ihr Garn konkurrenzfähiger. Ein Jahrzehnt nach Einführung der Elektrizität, so Dachler weiter, hatten sich die elektrisch angetriebenen Spinnereien auf rund 20 Betriebe mit 3187 Spindeln vermehrt. Um 1906 wurde das mechanische Weben eingeführt.[356] Teilweise bildeten sich Konsortien, die Spinnmaschinen und mechanische Webstühle gemeinsam anschafften.[357]

Ein Jahrzehnt nach der Eröffnung des Elektrizitätswerkes, also im Jahr 1906, waren in Heltau 29 Motoren mit 287,35 PS installiert, in Hermannstadt 89 Motoren mit insgesamt 303,93 PS.[358] Einige Betriebe, vor allem die größeren, verfügten über mehrere Motoren.

Eine Verteilung nach der PS-Zahl ergibt folgendes Bild:

Hermannstadt

	Zahl der Besitzer	PS insgesamt
0–1,5 PS	27	26,18
1,5–10 PS	23	100,09
>10 PS	7	177,66

Heltau

	Zahl der Besitzer	PS insgesamt
0–1,5 PS	8	10,35
1,5–10 PS	5	43,00
>10 PS	16	234,00

Während der Einsatz von Elektromotoren in Hermannstadt nach Berufssparten breit streute (Drechsler, Schlosser, Tuchweber, Strohhutfabrikant, Kammmacher, Konditor, Wäscherei, Gerber, Bürstenbinder, Schreiner, Buchbinder, Messerschleifer etc.), wurden sie in Heltau ausschließlich von Wollspinnereien und Webereien betrieben. Der reine Zahlenvergleich ist insgesamt noch wenig ergiebig. Immerhin zeigt sich, dass in Hermannstadt vergleichsweise viele Kleinstbetriebe über Motoren mit geringer Leistung verfügten. Für zahlreiche Betriebe waren Motoren mit einer halben oder mit einer PS ausreichend. Dieses Ergebnis deckt sich mit den Zahlen von Fürstenfeldbruck. Die etwas größeren Kleinbetriebe hatten im Durchschnitt Motoren von 4 PS. Einige wenige größere Betriebe, darunter die Hermannstädter Elektrizitätswerke, die Stadt selbst, eine Maschinenfabrik oder eine Ziegelfabrik, hatten stärkere Motoren im Einsatz. Dieser Unterschied deutet darauf hin, dass sich in Hermannstadt Kleinst- und Kleinbetriebe zunehmend des elektrischen Motorenantriebs bedienten. Scheinbar verwirrend sind die Zahlen für Heltau, wo Miller und Dachler ebenfalls eine Verbesserung der ökonomischen Situation der Wollspinner und Weber behauptet hatten. Die Zahl der Kleinstmotorenbesitzer erscheint in Heltau auf den ersten Blick ungewöhnlich gering. Diese Zahlen täuschen jedoch. In Heltau hatten sich verschiedene Kleinstunternehmen zum gemeinsamen Betrieb eines Motors zusammengeschlossen, wie sich aus der bei Dachler veröffentlichten Liste ergibt.[359] Sie enthält insgesamt 18 Namen, bei denen eine Bemerkung «… & Genossen» oder «… & Co.» auf diesen gemeinsamen Motorenbetrieb hinweist. Vermutlich handelt es sich dabei um die von Miller erwähnten «Konsortien».[360] Diese Betriebsgemeinschaften verzerren den Blick auf den Motoreneinsatz in Klein- und Kleinstbetrieben. Da man aber annehmen muss, dass sich hinter diesen Konsortien bis zu 15 Gewerbetreibende verbergen, hat die Elektrifizierung des Wollgewerbes in Heltau einen großen Prozentsatz der Kleinstbetriebe in diesem Bereich erfasst. Karl Wolff, der Initiator des Hermannstädter Werks und Vorsitzender der «Hermannstädter Elektrizitätswerke AG», zog in seinen 1929 veröffentlichten Lebenserinnerungen ein positives Fazit der Elektrifizierung. Diese zeige sich nicht nur in den zahlreichen elektrischen Anlagen, sondern in der Tatsache, dass Hermannstadt nach der Einführung des elektrischen Stroms von 19000 auf über 40000 Einwohner angewachsen sei. Die elektrische Stadtbahn befördere inzwischen mehr als vier Millionen Personen jährlich.[361] Vor allem sah Wolff in dem Beispiel Hermannstadt ein Vorbild für den Bau weiterer Elektrizitätswerke in Siebenbürgen, so in Mühlbach, Sächsisch-Regen, Schäßburg und Bistritz.[362] Oskar von Miller errichtete die beiden letzteren Werke und arbeitete zudem 1922 ein umfassendes Projekt einer Siebenbürgischen Landes-Elektrizitäts-Versorgung aus.

Die Fallbeispiele Fürstenfeldbruck und Hermannstadt/Heltau belegen, dass Millers Konzeption des «sozialen Strom» im regionalen Raum erfolgreich war. Zumindest für die Jahrzehnte zwischen 1890 und 1920 ist eine Verbesserung der sozialen Situation von Handwerk und Kleingewerbe dort feststellbar, wo Miller Elektrizitätswerke errichtet hat. Besonders nach der Jahrhundertwende, als die Massenfertigung die Preise kleiner Elektromotoren fast um 30 Prozent sinken ließ, fanden sie in kleinen Betrieben verstärkt Eingang. Miller hat diese Entwicklung mit seinem Engagement für Handwerk und Kleingewerbe früh eingeleitet. Bundesgenossen fand er bei den Firmen AEG und BBC, mit denen Miller bei verschiedensten Gelegenheiten zusammenarbeitete. Die Zielsetzungen Millers und der beiden Unternehmen waren unterschiedlich. Während Miller mit dem Einsatz von Elektromotoren eine sozialpolitische Komponente verband, hatten die Elektrizitätsfirmen eine allgemeine Steigerung des Kraftstroms und verbesserte Renditen im Auge. Zeitweise trafen sich beide Intentionen. Allerdings ist zu beobachten, dass zahlreiche Elektrounternehmen in der ersten Blüte bis ca. 1900 dem Elektromotorenbau zu wenig Beachtung schenkten. Meist wurden nur zwei Typen von Motoren hergestellt, der «Kapselmotor» und der «Straßenbahnmotor». Für andere Einsätze wurden diese Grundtypen lediglich umkonstruiert. Damit blieben aber die Bedürfnisse zahlreicher kleiner Betriebe auf der Strecke. Erst mitten in der Elektrokrise erkannte die Elektroindustrie, dass sie durch zu geringe Neuentwicklungen einen Absatzmarkt verschenkt hatte.[363] Außerdem blieb der Einsatz von Elektromotoren anfangs auf diejenigen Städte beschränkt, in denen zwischen 1890 und 1914 Elektrizitätswerke gebaut wurden. Die soziale Besserstellung von Handwerk und Kleingewerbe war also keine flächendeckende Erscheinung, sondern punktuell auf einzelne Kommunen begrenzt. Je nach Grad der allgemeinen Stromversorgung und in Abhängigkeit von günstigem Kraftstrom konnte das Handwerk von der Elektrifizierung profitieren. Miller stützte diesen Prozess durch seine Kraftwerksbauten. Er erkannte, dass sich eine neue Kluft zwischen Handwerken in Städten mit allgemeiner Stromversorgung und solchen in Kommunen ohne Strom auftat. Für ihn war weniger die generelle Konkurrenz zwischen Fabriken und Kleingewerbe in einem Ort die Ursache sozialer Probleme, sondern die Konkurrenz zwischen verschiedenen Städten. Dabei sah er diejenigen Orte im Vorteil, die über ein Elektrizitätswerk verfügten. Sie konnten eine günstige motorische Kraft anbieten, während Industrie und Gewerbe in der benachbarten Stadt teurer produzieren mussten.[364] Diese Argumentation ließ Miller in seine Gespräche mit interessierten Gemeinden einfließen. Die Bedingungen von Handwerk und Gewerbe waren dabei in verschiedenen Städten unterschiedlich. Gerade in «Elektropolis», wie Berlin genannt wurde, klaffte die Versorgungslage einzelner Stadtteile weit auseinander. In kleineren und mittleren Kommunen wie Fürstenfeldbruck oder Hermannstadt ließ sich die Versorgung von Privatanschlüssen leichter und effizienter realisieren.

Walchenseewerk und Bayernwerk

Die Diskussion über die sozialpolitischen Auswirkungen der Elektrifizierung beeinflusste um 1900 zunehmend innerstädtische Planungen.[365] Unter anderem war die Frage, inwieweit Elektrizitätswerke in privatwirtschaftlicher, städtischer oder staatlicher Regie geführt werden sollten, zentral. Hierbei spielte die Wirtschaftsförderung der heimischen Industrie- und Handwerksbetriebe eine große Rolle. Allerdings zeigte sich bald, dass eine eigene kommunale Energieversorgung oft unmöglich oder unwirtschaftlich war. Dies führte nach der Jahrhundertwende zur Forderung des Aufbaus von regionalen und überregionalen Versorgungsnetzen. Mit dem Größerwerden der Versorgungsgebiete stieg der Grad der allgemeinen Elektrifizierung. In diese Entwicklung war Millers Ingenieurbüro über Jahrzehnte eng eingebunden. Er realisierte dabei die frühesten Verbundsysteme in Deutschland.

Es ist eine besondere Fähigkeit Oskar von Millers, dass er Energieversorgungspotenziale schon Jahre vor der technischen Machbarkeit vorausahnte. Dies traf in besonderer Weise auf die Übertragung von Strom auf weite Entfernungen zu, die er mit den Versuchen von Miesbach nach München 1882 und von Lauffen nach Frankfurt 1891 prototypisch realisierte. Diese gelungenen Experimente ermöglichten später ein flächendeckendes Stromnetz. Damit entwickelte sich die Elektrizitätsversorgung stufenweise von vielen kleinen Einzelstationen zu Überlandnetzen, Landeselektrizitätsversorgungen und nationalen Stromnetzen. Miller war europaweit an der Errichtung kleinerer oder größerer Netze beteiligt. Im Jahre 1898 schuf er mit dem gemeinsamen Verbund der Südtiroler Städte Bozen und Meran erstmals ein solches Überlandnetz; das Prinzip der Landesversorgung verwirklichte er zuerst in der bayerischen Pfalz 1910–1912, später im Bayernwerk 1918–1923, im Thüringenwerk 1920 oder im Karpatenwerk 1922–1925. Der Höhepunkt Miller'scher Planungen war das im Jahre 1929 erstellte Gutachten zu einem Reichselektrizitätsnetz.

Mit den Plänen für eine bayernweite Stromversorgung knüpfte Miller an den letzten Satz seines Berichtes zur Frankreichreise 1883 an, wo er auf die Bedeutung der bisher «unbenützten» Wasserkräfte des Landes hingewiesen hatte.[366] In den folgenden zwei Jahrzehnten wurden in Bayern zwar zahlreiche Elektrizitätswerke gebaut, meist von Firmen wie AEG, Siemens & Halske, Schuckert & Co. oder der Helios AG, doch war die Art der Elektrizitätsversorgung für einen Flächenstaat wie Bayern zu punktuell. Ein einheitlicher Plan zu einer allgemeinen Elektrifizierung des Landes war um 1900 nicht vorhanden.

Häufig blieben die Stromnetze auf Städte beschränkt, wo sich die Privatunternehmen große Konsumentenzahlen erhoffen konnten. Die Kommunen selbst hielten sich mit der Errichtung städtischer Elektrizitätswerke zurück. Nur zögernd waren sie bereit, auf eigenes Risiko eine öffentliche Stromversorgung zu schaffen. Ein typisches Beispiel für die abwartende Haltung der Kommunen war die Residenzstadt München. Zwar war sie wie viele andere Gemeinden an langfristige Verträge mit einem Gasunternehmen gebunden, doch war man in München darüber hinaus nicht bereit, an diesen Verträgen zu rütteln.[367] Die Stadtverwaltung erreichte 1891 durch einen kostspieligen Ablösevertrag mit der Gasgesellschaft immerhin, dass sie die Gaswerke zum 1. November 1899 in städtischen Besitz übernehmen und wenigstens in beschränktem Umfang Elektrizitätswerke bauen durfte. Allerdings war dieses Zugeständnis der Gaswerke im Wesentlichen auf die Stromversorgung elektrischer Straßenbahnen beschränkt. Insgesamt blieb das Münchner Stromnetz lange Jahre ohne zusammenhängendes Konzept. Während beispielsweise Nürnberg am 24. April 1896 die von Oskar von Miller geplante städtische Anlage in Betrieb nahm,[368] wurde dem ersten großen privaten Elektrizitätswerk in Bayern, der «Isarwerke GmbH» in Höllriegelskreuth bei München,[369] eine Stromlieferung in das Stadtgebiet der Landeshauptstadt untersagt. Begründet hatten die Isarwerke der Münchner Baumeister Jakob Heilmann und der Bankier Wilhelm Peter von Finck. Schon 1892 waren Heilmann und Finck an Miller herangetreten, um seine

Meinung über ein Kraftwerk an der Isar einzuholen.[370] Unter der Leitung Millers bauten die Isarwerke ihre Anlagen bis 1895 dann so weit aus, dass sie über das größte und leistungsstärkste Drehstromkraftwerk in Deutschland verfügten.[371] Da Stromlieferungen in die Landeshauptstadt ausgeschlossen waren, errichteten die Isarwerke südlich und westlich von München ein beachtliches Versorgungsgebiet. Ähnliche private Versorgungsunternehmen bildeten sich in Bayern mit der «Amperwerke Elektricitäts-Aktiengesellschaft» (1908) oder der «Oberbayerischen Überland-Centrale AG» (1911).

Die Bildung mittlerer Versorgungsunternehmen hatte zur Folge, dass große Wasserkräfte, die zur Elektrizitätsgewinnung geeignet waren, zunehmend in Privathand gerieten, während unrentable Versorgungsgebiete vom Strom abgeschnitten blieben. An eine großräumige Überlandversorgung wagte sich niemand heran, da dafür ein hoher Kapitalbedarf erforderlich war. Im ersten Jahrzehnt nach 1900 waren nur wenige Firmen wie AEG oder Siemens, unterstützt von den mit ihnen verbundenen Banken, in der Lage, das dafür notwendige Kapital aufzubringen. Auf der anderen Seite wuchs in der Öffentlichkeit der Wunsch nach verbilligtem Strom, um ihn auch für Handwerk und Industrie zu nützen. War bis 1890 Strom nahezu ausschließlich für Beleuchtungszwecke verwendet worden, so stieg der Konsum von Kraftstrom in den folgenden zwei Jahrzehnten durch die technischen Möglichkeiten von Wechsel- und Drehstrom immer mehr an. Noch 1895 lag der Anteil von Kraftstrom am Gesamtverbrauch in Deutschland bei 11,1 Prozent, vergrößerte sich dann bis zum Jahr 1900 aber auf 28,5 Prozent. 1909 schließlich wurden bereits 41,2 Prozent des erzeugten Stroms für Elektromotoren verbraucht.[372] In Bayern war der Einsatz von Elektromotoren deutlich schwächer. So wurden im Jahr 1900 lediglich 18,1 Prozent des produzierten Stroms für motorische Zwecke verwendet.[373]

Bei der Gründung und Realisierung des Bayernwerks spielte Miller von Beginn an eine dominierende Rolle. Das Prinzip einer Landeselektrizitätsversorgung beruhte auf zwei unterschiedlichen Projekten. Mit dem Walchenseewerk sollte eine große Stromerzeugungsanlage gebaut werden, während das künftige Bayernwerk die Funktion der landesweiten Verteilung des Stroms hatte. Beide Projekte waren eng miteinander verknüpft und wurden meist gemeinsam diskutiert. In fast allen beauftragten Gremien war Miller präsent. Besondere Bedeutung hatten seine zahlreichen Gutachten, die er in fast zwei Jahrzehnten Kärrnerarbeit erstellte. Sie mündeten 1918 in den ausgearbeiteten Plan «Bayernwerk zur einheitlichen Versorgung des rechtsrheinischen Bayern».[374] Dieser Vorschlag brachte den Durchbruch und führte zum Bau des Walchenseewerks und zur Errichtung des Bayernwerks. Zwischen 1903 und 1918 warb Miller in der Öffentlichkeit mit Vorträgen und

Turbinenanlage der Isarwerke, 1895.

Aufsätzen für seine Idee. Von den bayerischen Ministerien wurde Miller als Sachverständiger herangezogen. Auf politischer Ebene agierte er im Reichsrat. Seine Berufung in die Erste Kammer am 19. November 1909 ist vermutlich in direktem Zusammenhang mit den Elektrifizierungsplänen zu sehen.[375] Miller war es, der das Bayernwerk immer wieder vorantrieb. Er nutzte die Gunst der Verantwortlichen trotz sich wandelnder politischer Systeme, um das Projekt letztlich durchzusetzen. Seine Idee eines einheitlichen bayerischen Elektrizitätsnetzes war um 1903 der Zeit weit voraus. Er verstand es geschickt, die politischen und wirtschaftlichen Interessen für seine Idee zu kanalisieren. War alles Taktieren erfolglos, drohte er cholerisch mit dem Rücktritt von seinen Ämtern und Posten. Erstaunlich war, dass es Miller als Außenstehendem gelang, die bayerische Regierung in puncto Wasserkraftnutzung jahrelang geschickt zu beeinflussen, obwohl in den Ministerien unterschiedliche und wechselnde Meinungen zu dem Projekt existierten. Gerade am Bayernwerk wird deutlich, mit welcher Verve Miller seine Konzeption einer allgemeinen Elektrizitätsversorgung – auch unter Verzicht auf persönliche Vorteile – betrieben hat.

Millers Gedanke einer einheitlichen Stromversorgung basierte auf der Nutzung der vorhandenen Wasserkräfte Bayerns.[376] Im Zentrum stand dabei das Projekt zur Energiegewinnung am Walchensee. Ziemlich zeitgleich mit der Inbetriebnahme der Isarwerke (1896) tauchte 1897 erstmals der Gedanke auf, das natürliche Gefälle zwischen Walchensee und Kochelsee für die Erzeugung elektrischer Energie zu nutzen.[377] Allerdings blieb dieser Vorschlag weitgehend unbeachtet. Kurz nach der Jahrhundertwende wies Oskar von Miller in Vorträgen auf die Bedeutung der Wasserkräfte für das «Volkswohl» hin.[378] Schon damals warnte er davor, dass die Kohlenlagerstätten bald erschöpft sein würden.

Wasserkraftwerke zur Stromerzeugung waren zu dieser Zeit in kaum nennenswertem Umfang vorhanden. In Deutschland und Österreich nutzte man um die Jahrhundertwende Wasserkräfte mit lediglich rund 180 000 PS.[379] Einen gewissen Wendepunkt bildete im Jahr 1904 eine Eingabe des hessischen Oberbaurats Rudolf Schmick und des Schweizer Ingenieurs Jean Jaquean an die bayerische Regierung, in der eine Konzession zur Nutzung der Wasserkräfte am Walchensee beantragt wurde. Ihr Projekt sah vor, aus der Isar Wasser in den Walchensee überzuleiten, um den Pegel des Sees zu erhöhen. Mithilfe eines Kraftwerks sollte aus der Überleitung des Wassers in den tiefer gelegenen Kochelsee eine Leistung von rund 20 000 PS erzielt werden. Dieser Vorstoß löste in den bayerischen Ministerien eine kontroverse Diskussion über den Wert der staatlichen Wasserkräfte aus. Erstmals erkannte die Regierung ihre Verantwortung für eine gesamtstaatliche Stromversorgung. Als zwei Jahre später, im Januar und im Februar 1906, Major Feodor Maria von Donat ebenfalls ein Konzessionsgesuch zum Bau eines Stausees im Isartal und für ein Kraftwerk am Walchensee mit einer Leistung von 100 000 PS einreichte,[380] entschloss sich die Staatsregierung, ein grundsätzliches Gutachten über die staatlichen Wasserkräfte und ihre Nutzung einzuholen.

Die zeitlich eng zusammenliegenden Vorstöße von Schmick und Donat waren kein Zufall. Kurz nach der Jahrhundertwende betrieb Heinrich von Frauendorfer, Ministerialrat und Leiter der Verkehrsabteilung und ab 1904 Chef des neu gegründeten Verkehrsministeriums, die Elektrifizierung der Staatseisenbahn im südbayerischen Raum. Dafür waren gewaltige Strommengen erforderlich. Der Vorstoß Frauendorfers basierte auf einer Studie, die Oskar von Miller in seinem Auftrag ausgearbeitet hatte.[381] Ergebnis des Gutachtens war der Vorschlag, den Dampfbetrieb der Eisenbahnstrecken München – Lindau und München – Garmisch auf Strom umzustellen. Dadurch sollten jährliche Einsparungen von rund 600 000 Mark erzielt werden. Den Strom für die Elektrifizierung der beiden Strecken wollte Miller ebenfalls durch ein Kraftwerk am Walchensee gewinnen. Interessant an der Studie Millers ist, dass er die Walchenseekraftwerke nur mit 16 000 PS ansetzte; den errechneten Restbedarf von 24 000 PS wollte er durch zusätzliche Wasserkraftwerke an Lech und Isar abdecken. Dieser Vorschlag legt den Schluss nahe, dass Miller schon bei seinem ersten Gutachten für den bayerischen Staat eine weit reichende Gesamtkonzeption der staatlichen Wasserkraftnutzung in Bayern und ein einheitliches Stromversorgungssystem vor Augen hatte. Im Januar 1906 legte Miller eine weitere Projektstudie vor, die auf einer höheren Frequenz des Bahnbetriebs beruhte und ein Einsparungspotenzial von zwei Millionen Mark ergab.[382] Schon zwei Monate später dehnte Miller seinen Entwurf einer Elektrifizierung der Staatseisenbahnen auf alle Hauptstrecken Südbayerns aus.

Als die Pläne zur Wasserkraftausnutzung des Walchensees erstmals bekannt wurden, lösten sie in der Öffentlichkeit eine intensive Diskussion aus. Die Grundsatzfrage war, ob das Projekt vom Staat oder von der Privatwirtschaft ausgeführt werden sollte. Miller war in diese Diskussion eingebunden. Als einer von mehreren Sachverständigen beriet er seit 1906 offiziell die bayerische Regierung.[383]

Am 19. Januar 1907 legte Miller in der Sitzung der «Kommission für die Ausnützung der staatlichen Wasserkräfte» ein weiteres Gutachten vor.[384] Dieses war unabhängig von einer Projektstudie entstanden, die das Hydrotechnische Bureau beim Staatsministerium des Innern erarbeitet hatte. Der Vorschlag war ein mit den übrigen Sachverständigen abgestimmtes Positionspapier. Miller beurteilte die Ausnutzung der Wasserkraft unter dem Aspekt des Stromabsatzes. Hauptabnehmer sollte die Staatseisenbahn werden, die rund 18 Stunden pro Tag Strom benötigte. In zweiter Linie konnten kleinere Industriebetriebe und Gewerbe in Städten und Märkten profitieren, wodurch laut Miller das Gewerbe «außerordentlich» gestärkt werde. Als dritten Abnehmer sah Miller die chemische Industrie. In seinem Gutachten nahm er, wie in einem späteren Projekt vom 6. März 1907, zu den Vorschlägen von Schmick und Donat direkt Stellung. Die Pläne Donats verwarf er als undurchführbar. Aufgrund der Bodenverhältnisse sei die von ihm vorgeschlagene Staumauer nicht zu fundieren; auch sei die anvisierte Wasserführung technisch zu riskant. Gegen den Vorschlag Schmicks sprach die zu geringe Wasserentnahme aus dem Walchensee. Miller forderte eine Ableitung, die zehn Meter unter dem Normalpegel des Walchensees liegen sollte, was letztlich zu einer ganz erheblichen Absenkung führte. Diesen Gedanken formulierte er in dem Zusatzgutachten vom 6. März aus, das dem Protokoll der Sitzung vom 19. Januar beigelegt wurde.[385] Millers Gutachten schlugen alternativ vor, die Isar über einen Tunnel bei Wallgau in den Walchensee zu leiten und den kleinen Rissbach über ein Aquädukt und einen Tunnel ebenfalls in den See zu führen. Ganz im Sinne der üblichen Projekte Millers entstanden dabei erstmals genauere Berechnungen über die Leistungen von Isar und Rissbach und über die erforderlichen Gelder. Dabei konnte er sich auf Erhebungen des Innenministeriums stützen. Diese waren eher konservativ gerechnet und gingen von einer Wasserentnahme auf der Basis mittlerer und trockener Jahre aus. Dadurch besaßen sie gegenüber den Plänen von Schmick und Donat den Vorteil, dass das Projekt wirtschaftlich gesehen plausibler wurde.

Die Vorschläge Millers wurden in der Öffentlichkeit unter verschiedenen Perspektiven diskutiert.[386] Die Regierung führte an, der Staat habe keine befähigten Beamten zur Ausführung eines Gesamtprojekts für Bayern – ein offener Affront gegen den staatlichen Berater Oskar von Miller! Donat wiederum sah sich durch Miller diskreditiert.[387] Die Vertreter des Kohlenbergbaus bezweifelten die Wirtschaftlichkeit einer Elektrifizierung der Staatsbahnen; deren Dampfbetrieb sei durch Kohle billiger zu leisten. Die Fischer am Walchensee und die Isarflößer glaubten durch die projektierte Absenkung des Wasserspiegels am Walchensee und durch die Staumauern die Grundlagen ihrer Berufszweige bedroht. Schon früh kam auch Kritik aus ökologischen Gründen. Eine Bürgerinitiative im oberen Isartal verdammte das Projekt als schweren Eingriff in die Naturschönheiten und befürchtete einen Tourismusrückgang.[388] Die Erhaltung der Natur spielte in der Auseinandersetzung um das Projekt eine zunehmend größere Rolle und beeinflusste die behördliche Entscheidungsfindung. Ein «Landesausschuss für Naturpflege» formulierte 1907/08 verschiedene Eingaben.[389] Um den öffentlichen Druck abzumildern, beschloss die bayerische Regierung im November 1907 die öffentliche Ausschreibung eines Wettbewerbs, der das Projekt auf Wirtschaftlichkeit, Art und Umfang der Wasserzuleitung untersuchen und die Kostenseite klären sollte. Im Preisgericht war auch Oskar von Miller vertreten, nachdem er zwischenzeitlich auf eine Teilnahme verzichten wollte, um sich mit einem eigenen Projekt an der Ausschreibung zu beteiligen.[390] Dieses Vorhaben ließ Miller letztlich fallen, um seine Überparteilichkeit als Berater und Gutachter nicht in Frage zu stellen. Gleichzeitig schlug er vor, das Bayernprojekt durch ihn als staatlich ernannten Kommissar bauen zu lassen. Dabei war er bereit, auf ein Honorar zu verzichten; lediglich die Barauslagen sollten ihm erstattet werden. Das generöse Angebot blieb allerdings ohne Antwort.

Das Siegerprojekt war der Vorschlag «Einfach und Sicher» der Firmen Dyckerhoff & Widmann, der Maschinenfabrik Augsburg-Nürnberg AG und der Siemens-Schuckertwerke. Aber weder ihr Vorschlag noch die anderen platzierten Entwürfe lösten die technischen und administrativen Fragen befriedigend. Außerdem zeigte sich, dass ein Vorhaben von der Größenordnung des Walchenseewerks nur von einigen wenigen Elektrizitätsfirmen zu realisieren war. Auf den ersten Plätzen lagen Entwürfe der großer Anbieter

Siemens-Schuckertwerke, AEG und BBC. Gegen die Monopolstellung der großen Elektrofirmen regte sich Widerstand. Dies hatte zur Folge, dass das Walchenseewerk zunehmend unter staatliche Kontrolle geriet. Nachdem schon 1907 die Oberste Baubehörde eine Denkschrift über «Die Wasserkräfte Bayerns» veröffentlicht hatte, wurde im Ministerium des Innern 1908 eine eigene «Abteilung für Wasserkraftausnützung und Elektrizitätsversorgung» gegründet. Diese war ab 1911 bei beiden Projekten federführend. In den Jahren 1910 bis 1913 erstellte das Ministerium zwei grundsätzliche Denkschriften.[391] Schmick und Donat, die ihre Priorität an dem Walchenseeprojekt behaupten wollten, wurden mit einer erheblichen finanziellen Entschädigung abgefunden.[392] Ganz offensichtlich wollte der bayerische Staat seine Planungsfreiheit unabhängig von Ansprüchen Dritter wahren.

Millers Zielvorstellung war nach wie vor die Erstellung eines «Generalplans» für den Ausbau der bayerischen Wasserkraftwerke, ein Vorschlag, den er bereits 1903 unterbreitet hatte und nun erneuerte.[393] In einem Zwölf-Punkte-Programm stellte er am 20. Juni 1911 die Leitlinien für diesen Generalplan zusammen.[394] Zuerst sollte durch Fragebögen der aktuelle Licht- und Kraftbedarf von Gemeinden, größeren Fabriken und der Bahnverwaltung ermittelt werden. Aus den Zahlen wollte Miller dann den Strombedarf der kommenden Jahre hochrechnen. Außerdem sollten die Erhebungen feststellen, welche Stromerzeugungsanlagen vorhanden waren und in ein künftiges Versorgungssystem einbezogen werden konnten. Für neue Anlagen waren auch generelle Planungen notwendig. Im Anschluss an die Erhebungen sollten dann das Leitungsnetz mit den Transformatorenstationen, die Baukosten, das notwendige Kapital für die einzelnen Bauschritte und die Betriebskosten berechnet werden. Parallel dazu mussten Verträge für die Stromabgabe ausgearbeitet werden.

Millers Vorschläge brachten am 19. Juli 1911 Bewegung in die konkrete Planung des Bayernwerks. An diesem Tag kam Oberregierungsrat Cassimir im Auftrag des Staatsministers des Innern, Brettreich, zu Miller. Über den Besuch berichtete Miller an seine Frau Marie:

> *«Heute früh war Oberregierungsrat Cassimir in meinem Bureau und teilte mir mit, dass Excellenz Brettreich mich ersuchen lässt, ein Projekt für die Elektrisierung von ganz Bayern im Auftrage des Ministeriums auszuarbeiten. Die Arbeit selbst würde mich sehr begeistern, ich weiß aber nicht, wie ich die Kosten berechnen soll, um einerseits nicht persönliche Verluste zu haben und andererseits nicht durch Bezahlungen von der Regierung und vom Ministerium abhängig zu werden […] Jedenfalls ist es erfreulich, dass die Staatsregierung meinem Plan, anstatt*

der vielen kleinen Anlagen, endlich ein großes Elektrizitätswerk für ganz Bayern zu errichten, in verständiger Weise nachgekommen ist.»[395]

Schon am nächsten Tag gab Miller dem Minister eine Zusage.[396] In seiner Antwort betonte er, dass er die Elektrifizierung Bayerns als eine «wichtige Lebensaufgabe» ansehe. Daher sei er bereit, in seinem Ingenieurbüro die Projektierungsarbeiten innerhalb von zwei Jahren auszuführen. Die Planungskosten bezifferte er auf 72000 Mark pro Jahr. Erstmals forderte Miller ein Honorar, nachdem er die bisherigen Vorarbeiten für die Elektrifizierung der bayerischen Staatseisenbahnen bzw. für das Walchenseewerk ohne Entgelt ausgeführt hatte.

Manfred Pohl hat in seinem Buch über das Bayernwerk darauf hingewiesen, dass Miller die Projektierung des Bayernwerks in Analogie zu den von ihm ein Jahr zuvor begonnenen Pfalzwerken ausführen wollte.[397] Für den Auftrag hatte sich Miller vom Landrat der Pfalz weit reichende Vollmachten einräumen lassen, um das Vorhaben in kurzer Zeit realisieren zu können. Ähnliche Kompetenzen erhoffte sich Miller auch für das rechtsrheinische Projekt. Allerdings formierte sich in den bayerischen Überlandwerken und in den großen deutschen Elektrizitätsfirmen eine energische und einflussreiche Partei gegen Miller und seinen Plan einer einheitlichen Stromversorgung Bayerns. Zudem geriet das Projekt in ein Gerangel zwischen dem Innen- und dem Verkehrsministerium, da beide die Zuständigkeit für die Planungen beanspruchten. In dem Streit blieben die definitive Auftragserteilung an das Ingenieurbüro Miller und die Ausfertigung der Arbeitsverträge liegen. Als besonders nachteilig wirkte sich die Verhärtung der parteipolitischen Fronten in Bayern aus. Im Streit zwischen der Zentrumspartei und dem bayerischen Liberalismus verweigerte Erstere im November 1911 dem Etat des Verkehrsministers Heinrich von Frauendorfer die Zustimmung. Die Regierung interpretierte dies als verfassungswidrigen Affront gegen das monarchische Prinzip und löste den Landtag auf.[398] Miller wollte sich in das parteipolitische Gerangel nicht hineinziehen, andererseits aber auch nicht hinhalten lassen. Da die offizielle Beauftragung weiter auf sich warten ließ, erklärte er in einem Brief an Brettreich am Heiligen Abend 1911 seinen Rücktritt als Berater des bayerischen Staates.[399] Als Hauptbegründung für sein Ausscheiden führte er an, dass sich in Oberbayern und in Franken gerade große Überlandwerke bilden würden; durch eine Verschiebung seiner Beauftragung würden diese Privatunternehmen Tatsachen schaffen, die ein einheitliches Versorgungsnetz erschweren würden. Trotz eines versöhnlich gehaltenen Schreibens des Ministers und einer vertraulichen Besprechung beharrte Miller auf seinem Ausscheiden.[400]

Dem im Zuge der Regierungsneubildung mit dem Innenministerium betrauten Max Freiherr von Soden-Fraunhofen gelang es, das Walchenseeprojekt wieder an sein Ministerium zu binden. Deutlich konservativer eingestellt als Brettreich stand Soden-Fraunhofen dem Gesamtplan des Walchenseewerks sehr distanziert gegenüber. Teilweise blockierte er die weiteren Arbeiten bewusst. Ganz auf Miller verzichten wollte Soden-Fraunhofen allerdings nicht. Daher berief er ihn in einen neu gegründeten Ausschuss für elektrotechnische Angelegenheiten, dem neben Miller der Münchner TH-Professor Leo Kadrnozka, der Direktor der Städtischen Elektrizitätswerke, Clemens Zell, und der Vorstand des Polytechnischen Vereins für Bayern, Max Jodlbauer, angehörten.[401] Die Ausschussarbeiten waren für Miller allerdings unbefriedigend. Er drängte auf eine zügige Planung, konnte sich aber damit vorläufig nicht durchsetzen.

Ein Hauptdissens zwischen den unterschiedlichen Parteien und Interessengruppen lag in der Frage, wie der geplante Zusammenschluss verschiedener Elektrizitätsversorger organisiert werden sollte. Wirtschaftsvertreter plädierten für eine privatwirtschaftliche Organisation, während sich konservative Kreise für einen Verbund unter staatlicher Leitung aussprachen. Oskar von Miller argumentierte pragmatisch für ein gemischtwirtschaftliches Unternehmen, in dem der Staat, die bayerischen Kreise, die Städte und die großen Privatwerke zusammenarbeiten sollten. Dieser Vorschlag berücksichtigte die Realitäten am besten. Die bereits bestehenden Elektrizitätsversorger konnten bei einer landesweiten Lösung nicht übergangen werden, da sie teilweise über beträchtliche Stromnetze und Kraftwerke verfügten. Die Schwierigkeit war, sie unter Wahrung ihrer Selbstständigkeit einzubinden, um auf ihre Ressourcen zurückgreifen zu können. Das Druckmittel war die staatliche Autorität zur Vergabe weiterer Wasserkräfte. Nur diejenigen Unternehmen, die sich einer bayernweiten Versorgung anschlossen, konnten damit rechnen, bei künftigen Konzessionen berücksichtigt zu werden. Der Staat konnte und wollte die riesigen Baukosten für das Bayernwerk nicht allein tragen. Trotz dieser schlagenden Argumente lehnten einflussreiche bayerische Politiker wie Soden-Fraunhofen eine gemischtwirtschaftliche Struktur ab.

Miller selbst vollzog mit seinem Vorschlag die Abkehr von einem Elektrizitätsversorgungssystem auf der Grundlage privater Anbieter. Dieser Sinneswandel ist ein bemerkenswerter Einschnitt in seiner Biographie. Miller, der bei der AEG die Interessen der Privatwirtschaft vertreten hatte und selbst als Unternehmer agierte, erkannte in den Jahren vor Ausbruch des Ersten Weltkrieges, dass sich der Staat in gesamtgesellschaftlichen Fragen aktiver als bisher betätigen musste.[402] Private Anbieter waren zwar im ersten Innovationszyklus der Elektrotechnik bei der Einrichtung von Einzelanlagen und der ersten öffentlichen Stromnetze wichtig gewesen; je größer allerdings die Versorgungsgebiete wurden, umso stärker sollten seiner Meinung nach Staat und Kommunen daran beteiligt sein. Hinter dieser Argumentation Millers verbirgt sich seine immer wieder geäußerte Forderung nach einer Stärkung von Gewerbe und Handwerk. Die soziale Komponente seines Elektrifizierungskonzepts ist hierbei unverkennbar. Miller musste mit Recht befürchten, dass bei der großräumigen Stromversorgung nur noch wenige Großfirmen oder Konsortien in der Lage waren, solche Projekte zu schultern. Gleichzeitig sah er die Gefahr, dass sich ein Oligopol der Stromanbieter zum Nachteil für die Konsumenten auswirken würde. Daher lehnte Miller die von Industriekreisen geäußerte privatwirtschaftliche Organisation der bayernweiten Versorgung ab. Dies führte zu einem Konflikt mit den bayerischen Exponenten der Privatindustrie, dem Reichsrat Ernst Maria Graf von Moy de Son, dem Industriellen Hugo von Maffei und dem Bankier Wilhelm von Finck. Obwohl zu Maffei und Finck gute persönliche und geschäftliche Beziehungen bestanden, griff Miller zu schroffen Worten. Das Forum war die Kammer der Reichsräte. Graf von Moy eröffnete dort die Debatte, als er im Mai 1912 eine formelle Anfrage zur Wirtschaftlichkeit des Walchenseekraftwerks stellte.[403] Er bezweifelte die Rentabilität des Werkes, da weder genaue Aussagen über die Baukosten noch über den Stromkonsum vorhanden seien. Maffei und Finck schlossen sich dieser Argumentation an. Besonders Finck, der als Mittelsmann der Deutschen Bank für den Verkauf der Wasserkräfte der Alz an die AEG agierte,[404] wollte den Staat aus der Elektrizitätsversorgung drängen. Miller wiederholte in seiner Rede vor dem Reichsrat am 12. August 1912 seine mehrfach geäußerte Forderung nach einem gemischtwirtschaftlichen Unternehmen. Grundsätzlich sollte der Staat mit seinen Wasserkräften und seinem primären Verteilungsnetz an der Organisation beteiligt sein, ebenso die Kommunen, Überlandzentralen und bestehenden Kraftwerke. Separate Projekte in einzelnen Gegenden lehnte er prinzipiell ab, um den Gesamtplan nicht zu gefährden.[405] In der gleichen Rede kritisierte Miller die fragmentierte Kompetenzzuweisung in Wasser- und Energiefragen an das Innen- bzw. Verkehrsministerium und forderte eine einheitliche Leitung des Gesamtprojekts. Dies war ein deutlicher Hinweis auf die nachteiligen Auswirkungen des Gerangels der beiden Ministerien um die Zuständigkeit in Energiefragen.

Das energische Eintreten Millers hatte Erfolg. Im Januar 1913 übertrug Ministerpräsident Georg Graf von Hertling die Zuständigkeit auf das Innenministerium. Trotzdem war der Streit nicht beigelegt. Um zu einer definitiven Lösung zu kommen, schlug Innenminister Soden-Fraunhofen dem

Oskar von Miller als Reichsrat der Krone Bayerns, 1912.

Landtag vor, das Walchenseewerk ausschließlich mit staatlichen Mitteln zu bauen. Dieses sollte dann zum Ausgangspunkt einer landesweiten Energieversorgung werden. Nachdem die Zweite Kammer zugestimmt hatte, gelangte der Vorschlag im Juni 1914 in die Kammer der Reichsräte. Auch hier wiederholte Miller seine bekannten Forderungen. Wie die Regierung vertrat er den Bau des Walchenseekraftwerks durch den Staat, während das bayernweite Versorgungsunternehmen eine gemischtwirtschaftliche Struktur haben sollte. Miller drängte auf eine rasche Einigung, da durch die schon ein Jahrzehnt währende Debatte zahlreiche Wasserkräfte in den Besitz von Privatunternehmen gelangt seien. Dadurch sei eine einheitliche Lösung unnötig erschwert worden.[406] Sein Vorschlag zielte darauf ab, das Projekt zu einem Festpreis von 17,5 Millionen Mark an einen Generalunternehmer zu vergeben. Sein Hinweis auf ein ähnliches Verfahren bei den Pfalzwerken deutet darauf hin, dass er hoffte, das Projekt mit seinem Ingenieurbüro zu verwirklichen.

Nachdem sich in der Kammer der Reichsräte der bisherige Kritiker Graf Moy dem Vorschlag der Regierung angeschlossen und der Landtag in beiden

Kammern mit großer Mehrheit zugestimmt hatte, schien der Weg für eine rasche Umsetzung des Vorschlags frei zu sein. Allerdings begann nur wenige Wochen nach der Abstimmung der Erste Weltkrieg. Einen Tag nach der Kriegserklärung Deutschlands an Russland am 1. August 1914 vertagte der bayerische König den Landtag. Mit Beginn der Kriegshandlungen trat das zivile Projekt des Walchenseekraftwerks in den Hintergrund. Miller erkannte, dass damit sein Lieblingsprojekt grundsätzlich bedroht war, und entschloss sich noch im September 1914 zu einem überraschenden Schritt, um es zu retten. In einem Brief an das Innenministerium bot er an, die weiteren Projektierungen mit seinem Büro als «freiwilligen Kriegsdienst» durchzuführen.[407] Miller kam es darauf an, trotz des Krieges die Arbeiten so weit voranzutreiben, dass unmittelbar nach Kriegsende mit dem Bau begonnen werden konnte.[408] Innenminister Soden-Fraunhofen, der sich häufig gegen Miller und dessen Walchenseepläne ausgesprochen hatte, wusste nicht, wie er mit Millers Vorschlag umgehen sollte. Letztlich überließ er die Entscheidung dem König. Während einer Audienz bei Ludwig III. trug Miller sein Angebot nochmals vor. Der König zeigte sich besonders von Millers Argument der Arbeitsbeschaffung für heimkehrende Soldaten beeindruckt.[409] Auf Vorschlag des Königs nahm Soden-Fraunhofen das Angebot trotz früherer Bedenken an. Noch im gleichen Monat kam es zu einer Vereinbarung zwischen der bayerischen Staatsregierung und Oskar von Miller.[410] Danach sollte Miller unter staatlicher Ägide an der Projektierung und Verwertung der staatlichen Wasserkräfte mitwirken. Insbesondere sollte er einen Vertragsentwurf ausarbeiten, der die Stromlieferungen aus dem vom Staat gebauten und betriebenen Walchenseekraftwerk an ein – neu zu gründendes – bayerisches Überlandwerk regelte. Dieses Werk, das «Bayernwerk», sollte als Generalunternehmer die weitere Stromverteilung umsetzen. Weiterhin sollte Miller einen Vorschlag ausarbeiten, wie der technische und wirtschaftliche Zusammenschluss im rechtsrheinischen Bayern durchgeführt werden könne. Der dritte Punkt der Vereinbarung sah vor, dass Miller den maschinellen und elektrotechnischen Teil des Walchenseewerkes projektieren sollte. Die Regierung sicherte ihm zu, ihn in alle Gespräche mit Überlandwerken, Firmen, Städten usw. einzubeziehen. Eine Honorierung seiner Arbeiten wurde definitiv ausgeschlossen.

Erste Ergebnisse seines «freiwilligen Kriegsdienstes» konnte Miller Mitte Oktober 1915 vorlegen.[411] In einem Gutachten behielt er die Trennung zwischen einem staatlich erbauten Walchenseewerk und einem davon unabhängigen Betreiberunternehmen, dem «Bayernwerk», bei. Letzteres sollte als gemischtwirtschaftliches Unternehmen realisiert werden. Besondere Sorgfalt legte er bei seinen Berechnungen auf die Ermittlung des Gesamtverbrauchs, der Anlagekosten, der Betriebskosten und des Gewinns, da die Wirtschaftlichkeit eines bayerischen Stromnetzes in den vergangenen Jahren immer wieder in Frage gestellt worden war. Für den Fall eines Zusammenschlusses aller bayerischen Großversorger errechnete er eine jährliche Ersparnis von 4,2 Millionen Mark.[412] Die in dem Gutachten genannten Beträge waren kriegsbedingte Preise, die deutlich höher lagen als die von Miller erwarteten Friedenspreise. In seinen Ausführungen fasste er alle größeren Wasserkräfte am Walchensee, der Stadt München, der Isarwerke, der Amperwerke, der Leitzachwerke, des staatlichen Saalachkraftwerks und der Lech-Elektrizitätswerke zusammen und bezog dabei auch deren Dampfanlagen sowie die mit Braunkohle betriebenen Werke in Schwandorf, Arzberg, der Gewerkschaft Gustav in Dettingen und das Großkraftwerk Franken bei Nürnberg in seine Überlegungen mit ein. Die aufgezählten Stromlieferanten waren gleichzeitig als Stromabnehmer vorgesehen.

Die Vorschläge Millers bildeten die Grundlage für die Beratungen über das Walchenseewerk und das Bayernwerk im Bayerischen Landtag. Nach wie vor war die Betriebsorganisation als gemischtwirtschaftliches Unternehmen umstritten. Die fruchtlosen Diskussionen führten dazu, dass die weiteren Arbeiten an den Plänen – sehr zum Ärger Millers – verzögert wurden. Erst die Entlassung des von Miller ungeliebten Ministers Soden-Fraunhofen im Dezember 1916 und die Wiedereinsetzung Brettreichs als Innenminister gaben dem Projekt neuen Auftrieb. Inzwischen hatte Miller erfolglos versucht, das Bayerische Wasserkraft-Konsortium, eine Vereinigung der wichtigsten Stromversorger, darunter die Städte München, Nürnberg und Augsburg, die großen Überlandversorger und die Elektrizitäts-Aktiengesellschaft vormals Schuckert & Co., enger an die Idee des Bayernwerks zu binden. In einem Bericht an die Regierung vom Oktober 1916[413] lehnte das Konsortium aber genau den entscheidenden Gedanken in Millers Bayernwerk, die vollständige Stromversorgung Bayerns, ab. Den Hintergrund für die reservierte Haltung des Konsortiums bildete die durchaus richtige Einschätzung, dass die bayerische Staatsregierung seit 1904 die Idee einer einheitlichen Stromversorgung Bayerns gefördert und private Unternehmen, die diesem Konzept entgegenstanden, durch restriktive Auflagen eher behindert hatte. Die im Konsortium zusammengeschlossenen Interessengruppen strebten aber eine vom Staat unabhängige, auf privatwirtschaftlicher Basis organisierte Elektrifizierung an, ohne eine flächendeckende Versorgung verwirklichen zu wollen. Besonders die fränkischen Vertreter um das Großkraftwerk Franken hatten große Bedenken gegen eine zu starke Beteiligung der Münchner Zentralregierung an dem Bayernwerk. Im Kern lief die Diskussion auf die Entscheidung hinaus, ob das Bayernwerk sofort oder erst nach

Vollendung des Walchenseekraftwerks gebildet werden sollte. Stromerzeugung und -verteilung wurden vom Konsortium lange als zwei unabhängige Projekte gesehen, während Miller sie eng aneinander gekoppelt wissen wollte. Das Bayernwerk war in den Augen des Konsortiums ein Hemmschuh für die eigene expansive Elektrifizierungspolitik. Auch nachdem das Konsortium im Jahre 1917 die Notwendigkeit eines Bayernwerks anerkannt hatte, wollte es den Staat in jedem Fall zu einem Minoritätspartner machen, während Minister Brettreich mit 51 Prozent die Mehrheit am Bayernwerk für den Staat beanspruchte.[414]

Es ist erstaunlich, mit welcher Intensität Oskar von Miller und sein Ingenieurbüro zwischen 1911 und 1918 an den Projekten des Walchenseekraftwerks und des Bayernwerks gearbeitet haben. Miller und einer seiner engsten Vertrauten, der Ingenieur Artur Schönberg,[415] sind in diesen Jahren in Hunderten von Besprechungsprotokollen erwähnt. Bei diesem hohen Zeiteinsatz muss berücksichtigt werden, dass Miller den Hauptteil der Arbeiten ohne finanzielle Entschädigung übernahm und gleichzeitig sein anderes Großprojekt, den Neubau des Deutschen Museums auf der Museumsinsel, vorantrieb. Schwerpunkt seiner Tätigkeit war einerseits, technische Unterlagen zusammenzustellen und Daten zu erheben. Bis Ende 1916 hatte sein Ingenieurbüro die Pläne und Unterlagen für den wasserbau-, maschinen- und elektrotechnischen Teil des Walchenseeprojekts erstellt und an potenzielle Anbieter weitergeleitet.[416] Andererseits leistete Miller gleichzeitig Überzeugungsarbeit bei den betroffenen staatlichen Ministerien und Gremien, den Interessengruppen, den Firmen und den Abgeordneten der bayerischen Ersten und Zweiten Kammer. Die Akten zeigen, dass Miller Motor der Arbeiten war. Neue Konzepte und Kompromissvorschläge stammten meist von ihm. Oft lässt sich aus den Quellen eine starke Verärgerung Millers ablesen, wenn es zu unnötigen Verzögerungen kam. Sein Ruf als unabhängiger Fachmann, der eben nicht auf der Gehaltsliste der Staatsregierung stand, half ihm, zahlreiche Widerstände zu überwinden. Das Hauptproblem lag dabei nicht auf technischem Gebiet, sondern im staatlich-verwaltungstechnischen Bereich, galt es doch, das Bayernwerk mit ausreichenden Kompetenzen auszustatten, um eine funktionierende Geschäftsleitung installieren zu können.[417] Stück für Stück gelang es ihm, Mehrheiten für seine Vorschläge zu gewinnen. Die Staatsregierung brachte er mit der Drohung, sich gegebenenfalls an der weiteren Gestaltung des Bayernwerks nicht mehr zu beteiligen, «auf Kurs».[418] Besonders erstaunlich ist der Wandel der Mehrheitsverhältnisse in der Kammer der Abgeordneten. Hier gaben die Sozialdemokraten Anfang 1918 ihre Forderung nach einem reinen Staatsbetrieb auf und schlossen sich dem Miller'schen Gedanken eines gemischtwirtschaftlichen Unternehmens an. Die Liberalen vertraten diese Politik schon länger. In der Kammer der Reichsräte wiederum lenkte der Hauptkritiker Wilhelm von Finck ein, da er in den modifizierten Vorschlägen Millers das Privatkapital jetzt genügend berücksichtigt sah.[419] Für die Durchsetzung seiner Ideen bildeten die zunehmenden Versorgungsschwierigkeiten mit Kohle gegen Ende des Ersten Weltkriegs ein zusätzliches Argument für eine rasche flächendeckende Stromversorgung. Als es Miller schließlich im Frühjahr 1918 gelang, die Vertreter des Wasserkraft-Konsortiums in grundlegenden Fragen für seine Vorschläge zu gewinnen – darunter die gemischtwirtschaftliche Form des Unternehmens mit einer 51-prozentigen Staatsbeteiligung –, schienen konkrete Umsetzung und Baubeginn nur eine Frage der Zeit. Am 25./26. März 1918 wurden mit den Vertretern der Städte München, Nürnberg und Augsburg bzw. der großen Überlandwerke die Gründungsmitglieder, deren Kapitaleinbringung und die Rahmenverträge beschlossen.[420] Grundlage für diese Übereinkunft war ein Vorschlag Millers vom 14. März 1918, den er nach einer Besprechung mit dem Wasserkraft-Konsortium einbrachte.[421] Dieser sah eine größere südbayerische und eine kleinere nordbayerische Ringleitung vor; Ableitungen nach Passau, Arzberg und Dettingen wurden dabei aufgegeben. Mit der Teilung in eine nord- und eine südbayerische Gruppe ging eine wirtschaftlich-organisatorische Trennung einher: In der Nordgruppe sollte unter der Führung Nürnbergs, im Süden unter der Leitung der Stadt München die Einbringung des Kapitals erfolgen. Die Stärkung der Kommunen gegenüber dem staatlichen Einfluss führte Staat und Großstädte näher aneinander heran, während die Privatindustrie an Einfluss verlor. Dies schlug sich auch in der Aufteilung des Gesellschaftskapitals von 10 Millionen Mark nieder. Der Staat übernahm 51 Prozent oder 5,1 Millionen Mark. Die drei Städte München, Nürnberg und Augsburg zeichneten je 400 000 Mark. Damit waren fast zwei Drittel des Kapitals in öffentlicher Hand. Die elf beteiligten Überlandwerke übernahmen zwischen 200 000 und 400 000 Mark, insgesamt 2,8 Millionen Mark. Die restlichen 900 000 Mark blieben für weitere interessierte Städte und Unternehmen reserviert.[422]

In den parlamentarischen Gremien wurden die erarbeiteten Vorschläge am 21. Juni 1918 gebilligt und die Finanzbeteiligung des Staates abgesegnet. Die Parlamentarier aller Fraktionen in der Zweiten Kammer brachten in ihren Reden zum Ausdruck, dass die Errichtung des Bayernwerks nur aufgrund der unermüdlichen Tätigkeit Millers realisiert worden sei.[423] Wie hoch sein Ansehen zu dieser Zeit war, zeigt die Tatsache, dass Oskar von Miller kurz zuvor, am 19. Juni 1918, von König Ludwig III. zum Königlichen Kommissär bei den Sitzungen des Landtags berufen worden war.[424]

Der greifbar nahe Baubeginn geriet mit der Revolution in München im November 1918 noch einmal in Gefahr. Mit dem Sturz der Monarchie und der königstreuen Minister, besonders des Ministers Brettreich als wohlwollendem Förderer Millers und des Bayernwerk-Gedankens, mit der mangelnden Materialversorgung und den fehlenden Finanzmitteln drohte das Gesamtprojekt auf Eis gelegt zu werden. In dieser Phase zeigte sich, dass es Miller in jahrelanger Kleinarbeit gelungen war, die Notwendigkeit und Dringlichkeit des Projekts unabhängig vom parteipolitischen Kalkül zu verankern. Die neue Räteregierung führte die bayernweite Elektrizitätsversorgung ohne Verzögerung weiter. Von Vorteil war, dass mit dem Sozialdemokraten Erhard Auer ein Experte für Energiefragen das Innenministerium übernahm. Der parteilose Heinrich von Frauendorfer, bereits von 1904 bis 1912 Fachminister und Initiator des Miller'schen Gutachtens zur Elektrifizierung der bayerischen Staatsbahn, wurde erneut Verkehrsminister. Letzterer bot Miller sofort die Bauleitung des Walchenseekraftwerks und des Bayernwerks an. Schon am 16. November 1918 formulierte Miller selbstbewusst seine Bedingungen für die Annahme. So forderte er eine umfassende Verantwortlichkeit für beide Projekte und die Begrenzung der Einsprüche der Fachministerien. Im Gegenzug sicherte er zu, die Arbeiten ohne finanzielles Entgelt für seine Person zu erledigen.[425] Bemerkenswert ist Millers Hinweis, dass die Arbeiten schnell begonnen werden sollten, um den aus dem Felde heimkehrenden Soldaten Arbeit zu geben.[426]

Überstürzt wollte sich die neue Regierung unter Kurt Eisner nicht in eine zu weit reichende Abhängigkeit von Miller begeben. Millers energisches, forderndes und oft kompromissloses Wesen mahnte die Minister und Fachbeamten zur Vorsicht. Um sich einen Überblick zu verschaffen, gab das Finanzministerium eine «Geheime Bemerkung» über die Hintergründe der langen Planungsphase in Auftrag. Aus diesem Bericht wurden Vorbehalte der alten monarchischen Regierung gegen den oft selbstherrlich agierenden Miller deutlich. Unverkennbar bestand in einigen Ministerien ein tief verankertes Misstrauen gegen ihn. In seiner Person wurde eine Ursache für Verzögerungen bei der Projektrealisierung gesehen, nämlich «dass Herr von Miller einen Widerspruch namentlich von Seiten des Wasserkraft-Konsortiums nicht ertragen wollte und wiederholt mit dem Aufhören seiner Mitarbeit drohte».[427] Die mangelnde Akzeptanz durch das Wasserkraftkonsortium hatte ihren Grund vor allem darin, dass Miller ohne die Autorität eines staatlichen Amtes und manchmal ohne den Rückhalt der Minister verhandeln musste. Da die neue Regierung trotz ihrer Bedenken nicht auf Millers Fachkenntnisse verzichten wollte, bot man ihm die Funktion eines «Staatskommissars» an. Damit gehörte er formell zur Regierung. Unter der Bezeichnung «Staatskommissar für das Walchenseewerk und das Bayernwerk» wurde Miller am 20. Dezember 1918 eingesetzt. In Verhandlungen konnte er erreichen, dass er nur dem Ministerium des Innern und nicht dem gesamten Staatsministerium verantwortlich war, wodurch er erhebliche Reibungsverluste vermeiden konnte.

Dem Anschein nach hat Oskar von Miller den Wechsel vom Reichsrat der Krone Bayerns zum Staatskommissar der Räteregierung problemlos und damit den politischen Systemwandel ohne erkennbare Bedenken vollzogen. Die erstaunliche Annäherung an die neue Regierung bedarf einer Erklärung. Persönlich, beruflich und intellektuell stand Miller dem Wittelsbacher Königshaus und der Monarchie nahe. Sein Vater war ein Schützling König Ludwigs II., sein Bruder Ferdinand d.J. ein persönlicher Freund des Prinzregenten Luitpold gewesen. Der Prinzregent hatte Oskar von Miller selbst zum Lebenslänglichen Reichsrat der Krone Bayerns berufen.[428] Den seit 1913 regierenden König Ludwig III. wiederum hatte Miller schon als Prinzen zum Protektor des von ihm 1903 gegründeten Deutschen Museums gewonnen. Ludwig hatte ihm am 2. Januar 1914 den Titel eines «Königlichen Geheimen Baurats» und im August 1918 das Prädikat «Exzellenz» verliehen.[429] Im Königshaus war der eigenwillige, aber glänzende Unterhalter Miller ein häufig geladener Gast. In seinem politisch konservativen Denken war er ein überzeugter Anhänger des monarchischen Systems. Anders im technischen Bereich. Hier agierte er stets modern und innovativ. Der von ihm in der Energieversorgung propagierte «soziale Strom» war jedoch nicht mit der Prämisse grundsätzlicher politischer Veränderungen verbunden, sondern diente letztlich der Stabilisierung des monarchischen Systems. Auch Millers zahlreiche soziale Maßnahmen für die Mitarbeiter seines Ingenieurbüros und des Deutschen Museums sind unter dem Gesichtspunkt des Patriarchen zu sehen, der im klassischen Sinne für seine «familia» sorgt. Über den politischen Systemwechsel hinaus blieb Miller der Familie Wittelsbach und König Ludwig III. verbunden. Selbst drei Jahre nach der Revolution 1918 brachte der Verwaltungsbericht des Deutschen Museums für 1918–1921 die positive Einstellung Millers zu den abgesetzten Repräsentanten der Monarchie zum Ausdruck. Es sei eine Pflicht, «unabhängig von den politischen Anschauungen der Zeiten und dem Streit der Meinungen» diejenigen Fürsten zu ehren, die so viel für das Museum getan hätten; gleichzeitig äußerte das Museum «dankbares Angedenken» gegenüber dem bayerischen Prinzregenten Luitpold, Kaiser Wilhelm II. und König Ludwig III. von Bayern.[430] Der Wittelsbacher Kronprinz Rupprecht wurde auch nach dem Sturz der Monarchie von Miller zu den Museumsfeiern eingeladen, was nicht selten zu Missstimmungen bei der Reichsregierung führte.[431] Noch im November 1931 schickte

Miller an den in Holland im Exil lebenden Kaiser einen «Huldigungsgruß» anlässlich des 25-jährigen Jubiläums der Grundsteinlegung für das Deutsche Museum im «Zeichen treuen Gedenkens».[432]

So entsprach es eher seiner konservativen Grundhaltung als einer politischen Nähe zur Räteregierung, als sich Miller am 20. November 1918 im Münchner Künstlerhaus an die Spitze eines Ausschusses stellte, der den Empfang der demobilisierten bayerischen Weltkriegssoldaten vorbereiten sollte.[433] Erwartet wurden in München ca. 50–60 000 Mann. Schon die Zusammensetzung des Ausschusses aus Vertretern des Soldatenrates, aus Künstlern und Schriftstellern zeigte, dass die bürgerlichen Kreise ein großes Interesse daran hatten, die heimkehrenden Soldaten nicht in die Arme der Münchner Revolutionsregierung zu treiben, sondern sie im Sinne einer Mythologisierung des Kriegsausganges als «siegreiche» Truppen zu empfangen. Ein Aufruf, den sogar einige Minister der Regierung Eisner unterschrieben hatten und der in den Tageszeitungen veröffentlicht wurde, forderte die Münchner Bevölkerung auf, die Soldaten durch «herzliche Zurufe, Zuwerfen von Blumen und Sträußchen, festlichen Schmuck» willkommen zu heißen.[434] Die als Festzug geplante Rückkehr der Soldaten entsprach weder dem Kriegsausgang noch dem Empfinden der Münchner Bevölkerung. So war die Innenstadt allen Aufrufen zum Trotz nur spärlich geschmückt, und der Einzug der Soldaten glich letztlich der Rückkehr einer geschlagenen Armee. Auch Miller scheint dies so empfunden zu haben, da er Augenzeugenberichten zufolge sehr nachdenklich den Zug verfolgte.[435]

Obwohl Miller mit der Räteregierung für das Walchenseeprojekt zusammenarbeitete und leitend den Empfang der heimkehrenden Soldaten organisierte, wahrte er doch Distanz zur neuen Regierung. Darüber konnte auch seine Teilnahme an der Revolutionsfeier vom 17. November 1918 im rot geschmückten Münchner Nationaltheater nicht hinwegtäuschen. Da es von Miller kaum Äußerungen oder Aussagen zu politischen Parteien gibt, sind wir auch in Hinblick auf seine Einschätzung der Revolution 1918 auf Vermutungen angewiesen. Wahrscheinlich hat Miller an der Revolutionsfeier vorwiegend deshalb teilgenommen, weil er die Unterstützung der Räteregierung für das Walchensee- und Bayernwerk brauchte. Der Jubel Eisners über die neue Zeit, den dieser dort anstimmte, dürfte Miller wenig überzeugt haben. Auch dessen Hoffnung auf «einen neuen Enthusiasmus des Schaffens» wird er skeptisch gesehen haben,[436] so gerne er sich solch eine Haltung mit Blick auf das Walchenseewerk gewünscht hätte. Ganz sicher stimmte Miller nicht in Eisners Hymne an die Revolution ein, die zum Abschluss der Veranstaltung von den Zuhörern stehend gesungen wurde. Symptomatisch für Millers innere Einstellung erscheint die Tatsache, dass er trotz der angespannten revolutionären Lage in München eine der Hauptforderungen der gewerkschaftlich organisierten Arbeiter am Deutschen Museum – die Einführung des 8-Stunden-Tages – kategorisch ablehnte.[437]

Miller bewies während der Revolution in Bayern den für ihn typischen Pragmatismus. Ungeachtet des politischen Wandels verfolgte er seine Elektrifizierungspläne. Nach außen schien es ihm gleichgültig zu sein, unter welcher Regierung er diese durchsetzen konnte. Nach der Revolution wurden teilweise wieder Minister ernannt, mit denen er schon früher zusammengearbeitet hatte. Außerdem waren die leitenden Beamten in den Ministerien trotz des Systemwechsels meist identisch mit der führenden Bürokratie während der Monarchie. Diese Kontinuitäten halfen Miller, seine Projekte nahtlos weiterzubetreiben. In der Öffentlichkeit wurde die angebliche Annäherung Millers an die Räteregierung aufmerksam und teilweise kritisch beurteilt. Besonders nationalkonservative Kreise störten sich an seiner vorgeblichen Anbiederung. Für die Nationalsozialistische Deutsche Arbeiterpartei war Miller seit den Tagen der Räteregierung der «rote Oskar».

Trotz der Revolutionswirren von November 1918 bis Oktober 1919 (Aufhebung des seit 1914 bestehenden Kriegszustandes) mit Demonstrationen der Kommunisten, weißem Terror, Schießereien in München, Reichstagswahl, Ermordung Eisners, Kämpfen zwischen den Revolutionären und

Einzug der bayerischen Truppen nach dem Ende des Ersten Weltkriegs, 1918.

den Truppen der Regierung von Johannes Hoffmann verfolgte Miller unnachgiebig sein Elektrifizierungsprojekt. Mit den Bauarbeiten für das Walchenseewerk begann Miller Ende 1918. Zeitweise waren über 2000 Arbeiter auf der Großbaustelle tätig. Die Arbeiten waren vom Gelände her schwierig. Hinzu kamen anfangs politische Unruhen und Streiks.[438] So forderten die Bauarbeiter der Firma Rudolf Wolle im Januar 1919 höhere Löhne. Miller lehnte dies entschieden ab. Nach der Ausrufung der Räterepublik stellten die Streikenden am 8. April 1919 die Arbeiten am Joch und in Urfeld vollständig ein, während auf den Baustellen in Krün und Wolfern weitergearbeitet wurde. Schwerbewaffnete Arbeiter erschienen bei der Bauleitung und legten einen Vertrag vor, der eine deutlich verbesserte Bezahlung vorsah. Die Verhandlungen waren kritisch, da die Streikenden bewaffnet erschienen waren, Miller aber dennoch unnachgiebig blieb. Erst als eine Eskalation drohte, musste er nachgeben und die Lohnerhöhung akzeptieren. Allerdings nahmen die Arbeiter erst Anfang Mai 1919 ihre Tätigkeit wieder auf.

Im Frühjahr 1919 wurden die Arbeiten immer wieder durch revolutionäre Ereignisse unterbrochen. Im März berief die Reichsregierung Miller nach Berlin, da er als Sachverständiger an den Friedensverhandlungen von Versailles teilnehmen sollte. Bei den Vorbesprechungen in Berlin hielt er sich zurück. Nur in der Sitzung vom 12. März polterte er los. Es entspreche der Stimmung im Volk, dass «wenn der Feind an uns Forderungen stellt, die geeignet sind, das ganze Deutsche Reich zu vernichten, der Friede nicht unterzeichnet werden soll». Und: «Wenn wir Lebensmittel nicht bekommen, dann geben wir unsere Schiffe nicht her.»[439] Millers Ausbruch wurde in der Sitzung ignoriert, da allen Beteiligten klar war, dass die Handlungsspielräume für die deutsche Delegation gering waren. In diesen Wochen pendelte Miller zwischen München und Berlin. Die Situation in Bayern wurde immer undurchsichtiger. Im April wurde in München dann die Räterepublik ausgerufen. Der geflohene bayerische Ministerpräsident Johannes Hoffmann reagierte mit der Aufforderung zur Bildung einer «wahren Volkswehr». Dieser schlossen sich auch die Söhne Millers an, der jüngste, Rudolf, zog mit den Freikorps durch Oberbayern.[440] Mitten in den Münchner Wirren musste Miller Ende April mit der deutschen Delegation nach Versailles abreisen.[441] Seine Familie brachte er auf dem Nussrainhof bei Erding in Sicherheit. Den Bauernhof hatte Miller während des Ersten Weltkriegs gekauft, um die Versorgung der Familie mit Nahrungsmittel zu sichern.

Die deutsche Abordnung mit insgesamt 215 Personen, von denen etwa 50 in die Verhandlungen einbezogen waren, war in Versailles anfangs zum Warten verurteilt. Miller schrieb an die Familie, dass ein fürchterlicher Hass der französischen Bevölkerung gegen die Delegation herrsche.[442] Er selbst wurde von einem Teil der Mitglieder, besonders von den Industrievertretern, als «Sozialist» auf Distanz gehalten.[443] Während man auf die Übergabe der alliierten Bedingungen wartete, versuchte Miller vergebens, Nachricht von seiner Familie zu erhalten. Nach Paris drangen nur Meldungen von heftigen Kämpfen in München und im Umland. An Millers 64. Geburtstag, am 7. Mai 1919, wurden einer kleinen deutschen Gruppe unter Außenminister Ulrich Graf Brockdorff-Rantzau die umfassenden Friedensbedingungen überreicht. Miller war bei der Versammlung nicht anwesend, doch berichtete Brockdorff-Rantzau anschließend «erregt und zitternd» den Delegierten und las ihnen seine bei der Übergabe gehaltene Rede vor.[444] Darin wandte er sich gegen die alleinige Kriegsschuld Deutschlands, versprach aber den Wiederaufbau Belgiens und Nordfrankreichs.

Die harten Friedensbedingungen riefen allgemeine Bestürzung hervor. Da die Alliierten ausdrücklich mündliche Verhandlungen ausgeschlossen hatten und nur schriftliche Anmerkungen zulassen wollten, ging die Diskussion darum, ob man in mehreren Stellungnahmen auf einzelne Punkte antworten oder eine generelle Denkschrift verfassen sollte. Miller sah in den harten Bedingungen eine Chance, die Unterstützung der deutschen Bevölkerung für eine eventuelle Ablehnung des Vertragswerkes zu bekommen, die Front der Kriegsgegner aufzubrechen und die neutralen Staaten zu gewinnen. Aus diesem Grund sprach er sich in der Delegation, aber auch in Einzelgesprächen mit Brockdorff-Rantzau für eine allgemeine Denkschrift aus. Er setzte sich dafür ein, den Alliierten die Folgen ihrer Vorschläge für die Bevölkerung zu verdeutlichen. Einige Tage lang wurde dieser Vorschlag ernsthaft diskutiert, dann aber verworfen und beschlossen, in einzelnen Noten auf die Fragen von Völkerbund, Gebietsabtretung, Gefangenenrückgabe, Rohstoffversorgung etc. zu antworten. Miller erkannte, dass er zwar im privaten Gespräch viele Delegierte von seiner Meinung überzeugen konnte, dass sie aber in offiziellen Runden nicht zur Kenntnis genommen wurde. Erneut arbeitete Miller eine schriftliche Vorlage aus, die er bei einer Fahrt nach Paris mit Brockdorff-Rantzau besprach.

Seine Vorschläge[445] sahen im Wesentlichen vor, Gebietsabtretungen (Kolonien, Elsass-Lothringen, linkes Rheinufer, Schlesien, Danzig, Posen) zu akzeptieren, während das Saargebiet beim Deutschen Reich verbleiben sollte. In den Fragen der Nahrungsmittelversorgung Deutschlands und der alliierten Forderungen nach Rohstofflieferungen sollten die dringendsten Eigenbedürfnisse der deutschen Bevölkerung abgesichert werden. Darüber hinaus wollte Miller als Minimallösung eine verkleinerte Handelsflotte durchsetzen. In der Frage des Völkerbundes schlug er Verbesserungen vor und brachte die Frage einer Weltsprache ins Gespräch. Um eine «Weltrevolution» zu verhindern, sollte Deutschland ein Heer zugestanden werden. Millers Argumentation zielte also weiterhin auf eine generelle Antwort. Sie forderte in erster Linie, die wirtschaftliche Grundlage Deutschlands im Sinne einer ausreichenden Versorgung der Bevölkerung zu erhalten und ein Heer von Millionen Arbeitslosen zu verhindern. Nur bei Annahme dieser Grundbedingungen sollte der Friedensvertrag angenommen werden.

Millers Entwurf blieb wirkungslos. Die offizielle Politik ging dahin, die Vertragsbedingungen in einzelnen Punkten abzumildern. Er selbst reiste Mitte Mai aus Versailles ab, da er bei den Arbeiten am Walchenseewerk gebraucht wurde. In den darauf folgenden Monaten bis zur Unterzeichnung des Friedensvertrages durch das Deutsche Reich im September 1919 war Miller mehrfach an Verhandlungen um die deutschen Gegenvorschläge beteiligt. Im Widerstreit der Meinungen – manche Politiker und Sachverständige wollten erneute Kriegshandlungen in Kauf nehmen – setzte Miller auf mündliche Verhandlungen. Die Meinung der Sachverständigen, zu denen Miller zählte, wurde von den Politikern abgeblockt. Man erklärte ihnen, sie sollten sich nur noch mit wirtschaftlichen Fragen beschäftigen und die politischen Entscheidungen der Regierung überlassen. In der Friedensversammlung am 19. Juni gab Miller nochmals eine Erklärung ab.

> *«Wenn wir trotzdem nach kurzer Zeit gezwungen sein sollten, den Frieden anzunehmen, so erschien es ehrlicher und zweckmässiger zu sein, wenn einem unausführbaren Frieden nicht aufgrund von Drohungen, sondern auf Grund wirklicher Erpressungen zugestimmt wird.»*[446]

Miller beurteilte den Versailler Vertrag von Beginn an als unerfüllbar. Aus dem Briefwechsel mit seiner Frau geht hervor, dass er sich mit seinen Ansichten nicht durchsetzen konnte. Vor allem den Vertretern der Großindustrie war er als Volkskommissar und angeblicher Sozialist verdächtig. Mit diesem Vorurteil hatte Miller in den nächsten Jahren ständig zu kämpfen.

Zurück zu den Arbeiten am Walchenseewerk und zu den Verhandlungen um die Schaffung des Bayernwerks. Seine neue Stellung als Staatskommissar brachte für Miller den Vorteil mit sich, dass er gegenüber den als Gründungsmitgliedern des Bayernwerks vorgesehenen Städten, Überlandzentralen und Unternehmen genügend politische Macht in der Hand hatte, um Widerstände ausräumen oder gegebenenfalls brechen zu können. Allerdings hatte die veränderte politische Situation, vor allem aber die äußerst schwierige wirtschaftliche Lage auch Auswirkungen auf das Gesamtkonzept des Bayernwerks. Durch den inflationären Anstieg von Material- und Lohnkosten war an die Einhaltung der ursprünglich kalkulierten Bausumme nicht mehr zu denken. Allein die Baukosten für das Walchenseewerk waren von ursprünglich 14 auf 300 Millionen Mark im Jahr 1921 angestiegen. Zu Beginn dieses Jahres war endlich auch die «Walchenseewerk AG» gegründet worden, wobei der bayerische Staat das Grundkapital von 50 Millionen Mark fast alleine einbrachte. Ähnliche Kostensteigerungen gab es beim Bayernwerk. Da gerade die beteiligten Kommunen und Unternehmen ihren Anteil an den Kosten nicht erhöhen konnten, musste Miller «schweren Herzens» erkennen[447], dass die von ihm favorisierte gemischtwirtschaftliche Betriebsform nicht mehr realisierbar war. Konsequenterweise schlug Miller daher vor, das Bayernwerk zunächst als reines Staatsunternehmen zu gründen. Außerdem sollte aus der Staatskasse noch für das Jahr 1919 ein deutlich erhöhter Betrag für den Baubeginn bereitgestellt werden. Obwohl der kurzzeitige Innenminister Martin Segitz (SPD) und dann auch Ende Mai 1919 der Landtag diesem radikalen Kurswechsel in der Organisation und der Finanzierung zustimmten, rächten sich jetzt die langwierigen Verzögerungen seit 1903. Die Kosten für das Material und die Löhne stiegen fast täglich.

Die Diskussion um eine staatliche Organisation des Bayernwerks hat ihren Hintergrund in dem zunehmenden Bestreben nach einer Verstaatlichung bestimmter Industriezweige.[448] Mit der Novemberrevolution wurden Forderungen nach einer Vergesellschaftung der Produktionsmittel immer lauter. Große Teile der SPD und verschiedene sozialistische Gruppierungen in Bayern und im Reich standen hinter dieser Politik. Die Sozialisierung wurde zu einer politischen und wirtschaftlichen Grundfrage, indem man sich von ihr auch die dringend erforderliche Steigerung der landwirtschaftlichen und industriellen Produktivität erhoffte. Auch die Elektrizitätswirtschaft sollte sozialisiert werden. Aus Furcht vor einer solchen Entwicklung schreckten Elektrofirmen und Energieversorger vor notwendigen Investitionen zurück, obwohl diese in der Demobilisierungsphase und in der Umstellung von Kriegs- auf Friedenswirtschaft dringend erforderlich gewesen wären.

Miller selbst war in die Debatten um eine Sozialisierung der Energiewirtschaft auf verschiedenen Ebenen eingebunden. Seine Motivationen und Argumente werden aufgrund fehlender Quellen nicht ganz deutlich. Mit öffentlichen Äußerungen hielt er sich zurück. Keinesfalls bestimmte eine sozialdemokratische oder sozialistische Überzeugung sein Denken. Eine einseitige Parteinahme zugunsten der Befürworter war für ihn ebenso wenig möglich wie eine vollständige Ablehnung der Sozialisierungstendenzen, musste er doch als Vorstand des Deutschen Museums Rücksichten auf die politischen Machthaber wie auf die Wirtschaftsführer nehmen. Beide lieferten Geld und Objekte für das Museum. Insofern ist verständlich, dass mancher Historiker Millers Haltung in der Sozialisierungsdebatte als «indifferent» oder «opportunistisch» einstuft.[449] Es hat jedoch den Anschein, als habe Miller diese Diskussion weniger unter politischen Prämissen als vielmehr unter pragmatischen Überlegungen beurteilt. Nach wie vor wollte Miller das Walchenseewerk und das Bayernwerk so rasch wie möglich realisieren. Dies war die zentrale Triebfeder seines Handelns. Andererseits sah er in einer Sozialisierung zumindest des Leitungsnetzes eine logische Fortsetzung seiner Idee des «sozialen Stroms». So konnte der Staat unabhängig von einzelnen privaten Stromanbietern eine flächendeckende Elektrifizierung schaffen und zur Stärkung von Industrie, Handwerk und Gewerbe beitragen. Für Miller bedeutete eine Verstaatlichung der Energiewirtschaft die Chance, ein reichseinheitliches Elektrizitätssystem aufzubauen. Insofern bildeten die politischen Kontroversen nach 1918 für ihn den entscheidenden Anstoß, seine Idee eines nationalen Verbundnetzes zu entwickeln.

Als anerkannter Energiefachmann wurde Oskar von Miller sowohl auf Landes- wie auf Reichsebene in die Sozialisierungsfrage einbezogen. Dass er sich so engagiert beteiligte, lag an den Perspektiven, die er in einer national gesteuerten Energiepolitik sah. Miller erkannte vermutlich, dass gegen den Willen der Reichsregierung eine partikulare Lösung der bayerischen Energieversorgung nicht durchsetzbar war. Außerdem eröffnete eine einheitliche Regelung der Energieversorgung die Chance auf eine finanzielle Unterstützung des bayerischen Projekts durch das Reich. Und schließlich bot ein nationales Versorgungsnetz technisch die Möglichkeit, Überschüsse bei der Verstromung von Wasser- oder Kohlekräften bei Bedarf auszutauschen und so eine stabile und betriebswirtschaftlich sinnvolle Versorgung zu sichern. Der erste Ansatz zu einer reichsweiten Elektrizitätswirtschaft findet sich in einem Gutachten Millers vom November 1919, das er dem zuständigen Ausschuss des Deutschen Reichstags vorlegte. Darin schlug er vor, Deutschland in große Elektrizitätsbezirke einzuteilen, die «unter möglichster Anlehnung an die politischen Grenzen nach elektrizitätswirtschaftlichen Gesichtspunkten» gebildet werden sollten.[450] An der Spitze der Elektrizitätsbezirke sollte ein «Reichs-Elektrizitätsamt» stehen, das dem Reichsschatzminister unterstellt war. Da zu diesem Zeitpunkt allein Bayern ein schlüssiges Konzept für eine Landesversorgung besaß, ist anzunehmen, dass ähnliche Pläne auch für andere deutsche Staaten entwickelt werden sollten. Zum Teil hat Miller in späteren Jahren solche Projekte, wie im Fall des Thüringenwerks, persönlich konzipiert und umgesetzt. Ansätze zu Landesversorgungen hatten im Jahr 1916 die beiden AEG-Ingenieure Georg Klingenberg und Heinrich Büggeln für Norddeutschland bzw. Württemberg entworfen.[451] Beide griffen Millers Idee von einer Landesversorgung auf und formulierten ihr Konzept auf der Basis von Großkraftwerken, die ähnlich dem Walchenseewerk zur Stütze einer Landesversorgung werden sollten. Während die Entwürfe von Klingenberg und Büggeln während des Krieges hauptsächlich unter wirtschaftlichen Gesichtspunkten kritisiert worden waren, kamen sie mit der Revolution 1918 in den Verdacht, lediglich Unternehmensinteressen der Großindustrie zu dienen. Ein Gegenkonzept war die Verstaatlichung der Elektrizitätswirtschaft. Die Reichsregierung und der Reichstag verabschiedeten im Dezember 1919 das «Gesetz betreffend die Sozialisierung der Elektrizitätswirtschaft», das dem Reich die ordnungspolitische Direktive zusprach.[452] Unverkennbar ist, dass dieses Gesetz unter dem Einfluss Millers bzw. seines Gutachtens vom November entstanden war. In den zentralen Absätzen wurde die Bestimmung festgeschrieben, dass das Reich bis 1921 in Versorgungsbezirke eingeteilt werden sollte. Auch die Regelung, dass in diesen Bezirken neue Versorgungsunternehmen aufgebaut werden sollten, entsprach dem Miller'schen Gutachten. Das Reichsgesetz blieb, wie die Verstaatlichungsbemühungen der Reichsregierung in zahlreichen weiteren Wirtschaftsbereichen, letztlich unwirksam, da sich die politische Führung in den folgenden Jahren nicht zu einer aktiven Energiepolitik durchringen konnte. Auch die Widerstände, die dem Gesetz von Seiten der elektrotechnischen Großindustrie und der privaten Versorgungsunternehmen entgegengebracht wurden, dürften maßgeblich zur Wirkungslosigkeit des Gesetzes beigetragen haben. Außerdem musste die Reichsregierung fürchten, dass bei eventuellen Enteignungen von Privateigentum und bei der damit verbundenen Stärkung des Reichsbesitzes die Siegermächte aufgrund des Versailler Vertrages einschreiten würden. Immerhin lagen mit Millers Gutachten und dem Gesetz von 1919 erstmals Ansätze zu einem reichseinheitlichen Versorgungsnetz vor. Miller hat diese Ideen bis 1929 zu einem konkreten System der Reichselektrizitätsversorgung weiterentwickelt.[453]

Während die Umsetzung des «Gesetzes betreffend die Sozialisierung der Elektrizitätswirtschaft» auf Reichsebene zu keinem Ergebnis führte, bedeutete das für die Ausgestaltung des Bayernwerks eine weitere Verzögerung. Dabei spielte vor allem die Regelung der Finanzierung des Unternehmens eine wichtige Rolle. Miller, der im Laufe des Jahres 1919 von der gemischtwirtschaftlichen Organisation abgerückt war, präferierte jetzt ein gemeinwirtschaftliches Unternehmen, das vom bayerischen Staat und der Reichsregierung gemeinsam getragen werden sollte. Fast ein Jahr lang verhandelte er mit dem Reichsschatzministerium über eine Beteiligung.[454] Seine Ziele waren, der Zentralregierung keine allzu großen Einflussmöglichkeiten im geplanten Aufsichtsrat einzuräumen, aber dem bayerischen Staat einen hohen Reichszuschuss zu verschaffen. Weiter war sein Anliegen, für sich und sein Ingenieurbüro eine starke Stellung bei den technischen und wirtschaftlichen Arbeiten für das Bayernwerk zu erreichen. Obwohl Miller es bis zu diesem Zeitpunkt nie öffentlich formuliert hatte, ging er davon aus, dass er die Oberleitung sowohl beim Bayernwerk wie beim Walchenseewerk übernehmen würde. Daher betrachtete er den wachsenden Einfluss der Bayerischen Staatsbank, die bei der Aufbringung der Finanzmittel zunehmend eine größere Rolle spielte, mit Skepsis. Sie plädierte im Gegensatz zu Miller schon früh für die Schaffung einer Bayernwerk-Aktiengesellschaft. Je schwieriger die Verhandlungen mit dem Reich wurden – das Schatzministerium senkte im Laufe des Jahres 1920 seine Beteiligung von 51 auf 30 Prozent –, umso höher wurden der Finanzbedarf Bayerns und damit die Abhängigkeit von der Staatsbank. Nachdem das Reich nach den ultimativen Reparationsforderungen der alliierten Siegermächte als Zuschussgeber ausgefallen war – im Mai 1921 waren die Reparationszahlungen des Deutschen Reiches auf 132 Milliarden Goldmark festgesetzt worden, wodurch dem Finanzhaushalt des Reiches keine Möglichkeit einer Beteiligung am Bayernwerk blieb –, musste Bayern das Unternehmen Bayernwerk aus eigener Tasche bezahlen.

Damit kam der Staatsbank bei den weiteren Verhandlungen um die Finanzierung eine Schlüsselposition zu. Offensichtlich bestanden von Seiten der Bayerischen Staatsbank erhebliche Bedenken gegen den eigenwilligen und oft unnachgiebigen Miller. Vermutlich wollte die Bank ein rasch funktionierendes und sich rentierendes Bayernwerk, während Miller weiter an seiner Vision der flächendeckenden Energieversorgung Bayerns mit der sozialen Dimension der Staatsförderung von Handwerk und Gewerbe hing. Oskar von Miller mag sich in dieser Lage an seine Situation bei der AEG in den Jahren 1887–1889 erinnert haben. Wie damals bestimmten Bankinteressen den weiteren Fortschritt der Elektrifizierung, wie in Berlin sollten sich soziale Ideen und innovative Ingenieurleistungen betriebswirtschaftlichen Faktoren unterordnen. Wie bei der AEG, wo Miller Stück für Stück die Unterstützung Rathenaus und des Aufsichtsrats verloren hatte, schwand 1921 sein Rückhalt bei der bayerischen Staatsregierung. Miller bemühte sich vergeblich darum, seine Position als Staatskommissar zu verteidigen.

Inzwischen machte sich seine ehrenamtliche Tätigkeit für den Staat im eigenen Ingenieurbüro bemerkbar. Die Einnahmen gingen zurück und wurden im Wesentlichen nur noch durch die Betriebsführung von Elektrizitätswerken (Schwandorf, Bad Kissingen, Schweinfurt, Brennerwerke etc.) erzielt. Neue Aufträge konnten nicht gewonnen werden. Die Auftragslage im elektrotechnischen Sektor war insgesamt schlecht. Diese Situation hatte sich im Ingenieurbüro in den letzten Kriegsjahren angedeutet und zeigte sich verstärkt in der unmittelbaren Nachkriegszeit. Mit beginnender Inflation schoben die Kommunen größere Projekte, wie den Bau von Elektrizitätswerken, auf die lange Bank. In der Konsequenz war die finanzielle Situation Millers im Vergleich zu den «goldenen» Jahren zwischen 1895 und 1918 schwierig geworden. Seine Hoffnung, den Auftrag für das gesamte Bayernwerk als Bauleiter übertragen zu bekommen, erwies sich als trügerisch. Um das Ingenieurbüro zu retten und damit seinen Mitarbeitern auch künftig ein Auskommen zu sichern, bot er ab Januar 1920 dem Ministerium des Innern mehrfach an, sein Büro durch den Staat übernehmen zu lassen und ihm als Entschädigung eine Million Mark zu zahlen; er selbst würde dann dem Staat weiterhin ohne Bezahlung zur Verfügung stehen.[455] Miller, damals fast 65 Jahre alt, plante offensichtlich seinen Ruhestand. In einem Brief sprach er die finanzielle Situation des Ingenieurbüros unverblümt an.[456] Solange die Erträge des Büros hoch gewesen seien, habe er die ehrenamtliche Tätigkeit für den Staat leicht ausüben können. Aufgrund der veränderten wirtschaftlichen Verhältnisse müsse er sein Ingenieurbüro von der unbezahlten Arbeit entweder ganz befreien oder es in Teilen dem Staat anbieten. Die von Miller bezifferte Übernahmesumme errechnete sich aus dem Reingewinn seiner Firma, der in den letzten drei bis fünf (Friedens-)Jahren bei durchschnittlich rund 100 000 Mark gelegen habe. Für den zehnfachen Wert eines Jahresertrages war er bereit, alle Akten und Pläne für das staatliche Projekt zu übergeben, die Büros in seinem Wohnhaus zu vermieten und die weitere Oberleitung zu übernehmen. Ausdrücklich forderte Miller für seine führenden Mitarbeiter Artur Schönberg, Ernst Glunk und Ewald Jacobs die Übernahme in den Staatsdienst.

Für Miller war es ein überdeutliches Zeichen, dass die Staatsvertreter reserviert und ausweichend reagierten. Behördenintern tauschte man sich über sein Angebot aus, ohne zu einem Ergebnis zu kommen.[457] Innen- und Finanzministerium hatten gegen die von Miller vorgeschlagene Abfindung keine prinzipiellen Bedenken. Auch sahen sie in der Übernahme der drei Mitarbeiter Millers einen Vorteil, wenn diese aufgrund ihrer Vorkenntnisse ausschließlich für das Walchenseewerk und das Bayernwerk arbeiten würden. Explizit forderte das Finanzministerium eine finanzielle Entschädigung für Millers Tätigkeit. Das im März 1919 neu gegründete Staatsministerium für Handel, Industrie und Wirtschaft zog die Verhandlungen in die Länge. Besonders der zuständige Handelsminister und spätere Reichswirtschaftsminister Eduard Hamm scheint Millers Tätigkeit mit Skepsis betrachtet zu haben. In einem Brief an den Münchner Professor Georg Marx erzählte er 1920 süffisant von einem Gespräch mit dem seit 1919 amtierenden Reichsschatzminister Wilhelm Mayer: «Miller sei ein elektro-technisches Museumsobjekt», habe dieser erklärt, mit dem man in den Verhandlungen mit der Elektroindustrie nicht weiterkommen würde, obwohl sich diese mit ihren Preisangeboten weit auf die bayerische Regierung zubewegt habe.[458] Im Aufsichtsrat des Walchenseewerks wurde die Entschädigungsfrage Millers ebenfalls behandelt, allerdings ohne greifbares Resultat. Miller, der in der Sitzung anwesend war, forderte für sich persönlich eine symbolische Summe von 100 Mark pro Jahr.[459] Die aus seiner Sicht langwierigen Gespräche verletzten seinen Stolz, da er sich gegenüber der Regierung wie ein Bittsteller vorkam. Vermutlich kannte er die zunehmenden Vorbehalte gegen seine Person, wie sie in Bayern und im Reich massiv vorhanden waren. Am 31. März 1921 schrieb er einen denkwürdigen Brief an das Innenministerium.[460] Deutlich verärgert konstatierte er, dass in letzter Zeit seine Ansichten und die des Ministeriums verstärkt differierten und sein Einfluss bei entscheidenden Beschlüssen von Seiten der Regierungsvertreter beschnitten worden sei. Besonders kritisierte Miller die mangelnde Unterstützung der Staatsregierung bei den Verhandlungen mit den Elektrofirmen, weswegen sich diese mit ihren Preisforderungen durchgesetzt hätten. Die Unternehmen hatten schon 1920 bei der Ausschreibung der Maschinen und Transformatoren für das Walchenseewerk offenkundig Preisabsprachen getroffen und identische Preisangebote abgegeben.[461] Ebenso fatal beurteilte Miller die Entscheidung des Ministeriums zum Ausbau der Mittleren Isar durch ein Privatunternehmen, ohne dass eine Anbindung an das Bayernwerk festgeschrieben worden sei. Damit sei das Prinzip, alle bayerischen Wasserkräfte in die staatliche Stromverteilung einzubeziehen, entgegen seinem Generalplan durchbrochen worden.

Als Reaktion auf diese Vorgänge trat Miller von seinen Verpflichtungen als Staatskommissar und als Vorstand des Walchenseewerks zurück. Der Rücktritt geschah fünf Tage vor der offiziellen Gründung des Bayernwerks als Aktiengesellschaft. Miller war zwar bei der Beurkundung noch anwesend, doch stand er für ein Amt im Aufsichtsrat nicht mehr zur Verfügung. Das Grundkapital der Bayernwerk AG wurde auf 100 Millionen Mark festgesetzt.[462] Mit Ausnahme von vier Aktien à 1000 Mark waren alle Papiere in der Hand des bayerischen Staates. Interessanterweise hatte Miller eine dieser Aktien gezeichnet.

Der zuständige Innenminister Gustav von Kahr, mit dem Miller persönlich befreundet war,[463] versuchte ihn zum «Rücktritt vom Rücktritt» zu bewegen, auch weil Millers Entscheidung in der Öffentlichkeit Erstaunen und Verwunderung ausgelöst hatte. Die Chancen standen dafür allerdings nicht gut. Miller wollte sich zu einem solchen Schritt nur unter der Bedingung entschließen, dass ihm weit reichende Kompetenzen eingeräumt würden. Dazu gehörte die Funktion als oberster Leiter des staatlichen Büros für Wasserkraft und die Positionen des Vorstands sowohl in der Bayernwerk AG wie in der Walchenseewerk AG. Mit seinem eigenen Büro wollte Miller alle weiteren Entscheidungen über Bauvorhaben treffen, die Verhandlungen mit

Einbau der Rohre am Walchenseekraftwerk, 1923.

den beteiligten Unternehmen führen sowie die uneingeschränkte Kompetenz über die Verwendung der Finanzmittel haben.[464] Die Staatsregierung war nicht bereit, Miller so große Befugnisse zuzugestehen, vor allem da sie den Vorstand des Bayernwerks selbst bestimmen wollte. Daher zog sich Miller im Februar 1922 völlig aus dem Bayernwerk zurück und trat seine Aktie im Nennwert von 1000 Mark an den Staat ab. Die weiteren Arbeiten wurden in den folgenden zwei Jahren abgeschlossen. Im Januar 1924 lieferte das Walchenseekraftwerk erstmals Strom an das Bayernwerk. Damit begann der reguläre Betrieb der bayerischen Landeselektrizitätsversorgung. Über verschiedene Umspannwerke und 1100 Kilometer Leitungen wurde der Strom quer durch Bayern verteilt.

Nach fast zwei Jahrzehnten war mit der Eröffnung des Bayernwerks ein Traum Millers in Erfüllung gegangen. Bayern besaß als erster deutscher Flächenstaat eine landesweite Stromversorgung. Das Bayernwerk wurde als Versorgungsunternehmen in den folgenden Jahrzehnten zu einem wichtigen Faktor der Wirtschaftsentwicklung. Dies war umso bemerkenswerter, da Miller modernste Technologie in einen weitgehend agrarisch strukturierten Staat implantiert hatte.[465] Seine Konzeption einer Ringleitung bewährte sich trotz oft geäußerter, teilweise massiver Kritik. Das von ihm geschaffene Walchenseewerk ist noch immer eines der größten Hochdruckspeicher-

Kraftwerke Deutschlands. Wie vorausschauend Miller geplant hat, lässt sich auch daran erkennen, dass erst 1984, also nach 60 Betriebsjahren, erstmals die Turbinen ausgewechselt wurden.[466]

Es ist unstrittig, dass Miller an der Verwirklichung beider Werke den entscheidenden Anteil hatte. Er ist schlechthin *der* Pionier des bayerischen Verbundsystems. Insofern war die Realisierung von Walchenseewerk und Bayernwerk für ihn persönlich ein großer Erfolg. Manfred Pohl hat durchaus mit Recht darauf hingewiesen, dass gerade die Neuartigkeit der Miller'schen Konzeption ein Grund dafür war, dass es bei der Umsetzung immer wieder Schwierigkeiten und Terminverschiebungen gab.[467] Die Probleme lagen teilweise im technischen Bereich, wenn es galt, landesweit eine einheitliche Spannung zu gewährleisten, Spitzenkonsum abdecken zu müssen, überschüssigen Strom zu speichern und Reservekräfte aufzubauen bzw. bei Bedarf in das Netz einzuspeisen. Alle diese Fragen konnte Miller letztlich mit positivem Ergebnis klären. Natürlich hat sich das Miller'sche Projekt in 20 Jahren Planungszeit gegenüber der ursprünglichen Idee eines Generalplans für die geschlossene Versorgung Bayerns verändert. Letztlich gelang es Miller nicht, alle Gegenden Bayerns mit Strom zu versorgen. Immerhin war das Netz so konzipiert, dass die Regionen, die nicht sofort versorgt wurden, später an das Verbundsystem angeschlossen werden konnten. Ein Hauptgrund für die nicht vollständige Versorgung lag darin, dass sich während der langen Planungszeit unabhängige Stromversorger gebildet hatten, die ihre Interessen nicht auf Dauer einer staatlichen Energiepolitik unterordnen wollten. Es ist unverkennbar, dass die größten Fortschritte bei der Errichtung des Walchensee- bzw. Bayernwerks in den letzten Jahren der Monarchie erzielt wurden. Diese Zeit war von Kriegswirtschaft und zunehmenden Versorgungsschwierigkeiten im Energiesektor bestimmt. Firmen und Versorgungsunternehmen mussten in diesen Jahren erhebliche Absatzrückgänge hinnehmen. Daher waren sie 1918 bereit, Zugeständnisse an das Gesamtprojekt zu machen. Im monarchischen System wurde auch die manchmal herrische Art Millers leichter akzeptiert als in den ersten Jahren der Demokratisierung Deutschlands. Miller agierte nach 1918 genauso wie vorher. Oft unnachgiebig versuchte er die von ihm festgelegten Standpunkte durchzusetzen, ohne gewandelte Systembedingungen zu berücksichtigen. Dazu gehörte der gestiegene Einfluss der Großstädte auf das Bayernwerk. Zeitweise hatte Miller sie bewusst gestärkt, um den Einfluss von Elektrounternehmen und Großversorgern zu begrenzen. Nachdem ihm dies gelungen war, ließ er die Städte fallen, worauf sich zumindest die fränkischen Kommunen wieder stärker vom Bayernwerk distanzierten. So diplomatisch Miller bisweilen war, so polternd agierte er bei anderen Gelegenheiten. Viele seiner Partner waren mit dieser Art der Verhandlungsführung nicht einverstanden. So baute sich bei den Kommunen und in der Staatsregierung eine zunehmende Distanz auf. Je weiter das Projekt voranschritt, desto entbehrlicher wurde Miller. In der Planungsphase hatte man nicht auf ihn verzichten können. Nachdem die Projektierungsarbeiten und die technischen Berechnungen abgeschlossen waren, war die Regierung in der Lage, unabhängig von ihm vorzugehen. Ein Kriterium für den schwindenden Einfluss Millers war auch, dass er die Kapitalabhängigkeit des bayerischen Staates nach 1918 falsch einschätzte. Ohne Kredite war der Staatshaushalt aufgrund der allgemeinen wirtschaftlichen Lage nicht auszugleichen. Großprojekte wie das Bayernwerk waren aus eigener Kraft nicht finanzierbar. Die Formierung des Bayernwerks als Aktiengesellschaft trug dieser Tatsache letztlich Rechnung.

REICHSELEKTRIZITÄTSVERSORGUNG

Mit dem Bayernwerk hatte Miller erstmals eine großräumige Stromversorgung geschaffen. Seine Verhandlungen mit der Reichsregierung über eine finanzielle Beteiligung führten in Verbindung mit dem Gesetz zur Sozialisierung der Elektrizitätswirtschaft vom Dezember 1919 dazu, dass eine staatliche Energiepolitik auf Reichsebene immer stärker in den Fokus der Öffentlichkeit rückte.[468] Millers Konzept eines reichsweiten Stromnetzes fand besonders bei den großen Elektrizitätsunternehmen und Stromversorgern Anklang. Während diese ein solches Projekt besonders unter betriebswirtschaftlichen Aspekten befürworteten und wie das AEG-Vorstandsmitglied Georg Klingenberg den Bau von Großkraftanlagen forderten, sahen die Regierungen der deutschen Länder in einer staatlich regulierten Energiepolitik ökonomische Vorteile für ihre Bürger, besonders bei der Ansiedlung von Industrie und der Förderung von Handwerk und Gewerbe. In jedem Fall war eine staatlich gelenkte oder beeinflusste Elektrifizierungspolitik umstritten. Dies hatten schon die Diskussionen um das Walchenseewerk in Bayern gezeigt. Nach dem Ersten Weltkrieg und der Revolution wurde die Frage einer Einflussnahme des Staates besonders unter dem Gesichtspunkt eines tatsächlichen oder vorgeblichen «Staatssozialismus» virulent. Je nach politischem Standpunkt betrachteten Befürworter oder Gegner staatliche Eingriffe in die Energieversorgung als schädlich oder nützlich. «Staatliche Gemeinwirtschaft» konnte also eine große Bandbreite von Zwangsregulierung und Enteignung von Privatvermögen bis hin zu einer gezielten Wirtschaftsförderung bedeuten.

Mit dem Ausscheiden Millers als Staatskommissar für das Walchensee- und Bayernwerk stockte die Weiterentwicklung seiner Idee einer Elektrizitätsversorgung für das gesamte Deutsche Reich. Der Reichselektrizitätsbeirat, der seit 1919 regelmäßig tagte und dem auch Miller angehörte, setzte keine Impulse. Allein Georg Klingenberg verfocht nach wie vor dieses Konzept. Mit seinem frühen Tod 1925 und den zunehmend festgefahrenen Positionen zwischen Wirtschaft und Staat drohte ein anhaltender Stillstand. Andererseits war die technische Entwicklung inzwischen so weit fortgeschritten, dass länderübergreifende Elektrizitätsnetze in eine planbare Nähe gerückt waren.

Im Herbst 1926 beauftragte Julius Curtius, der neue Reichswirtschaftsminister, Oskar von Miller, seine 1919 erstmals geäußerte Idee einer Reichselektrizitätsversorgung aufzugreifen und weiterzuentwickeln. Dieser Vorstoß überrascht. Miller war zu diesem Zeitpunkt schon 71 Jahre alt und hatte sich zunehmend von der Projektierung großer Elektrizitätswerke zurückgezogen. Der Kontakt zwischen Curtius und Miller kam vor einer Sitzung des Reichselektrizitätsbeirats Anfang Juli 1926 in Berlin zustande. Während eines gemeinsamen Frühstücks entwickelte Miller im lockeren Gespräch seine Ansichten über eine Elektrizitätsversorgung für das Reich. Der Gedankenaustausch wurde im gleichen Monat im Münchner Büro Millers fortgesetzt. Hier präsentierte er dem Reichswirtschaftsminister die von ihm ausgearbeiteten Projekte für die Pfalzwerke, das Bayernwerk und das Thüringenwerk. Ergebnis dieser ersten Verhandlungen war dann eine formelle Besprechung zwischen Vertretern der Reichsregierung, einzelner Länder und der wichtigsten Elektrizitätsunternehmen am 23. September 1926 in Berlin. Trotz seines Alters nahm Miller im September den Auftrag für ein Gutachten zur Reichselektrizitätsversorgung an.

Der zweite überraschende Aspekt beim Vorstoß des Reichsministers liegt in der Tatsache, dass dieser sich darüber im Klaren sein musste, dass eine Initiative des Reiches in der lange ruhenden Elektrifizierungsfrage den Widerstand der Länder hervorrufen musste. Dies geschah auch prompt. Praktisch mit Bekanntwerden der Beauftragung Millers schlossen sich Preußen, Bayern, Württemberg, Hessen, Sachsen und Thüringen zur Wahrung ihrer «Hoheitsrechte» zusammen.[469] Ziel dabei war nicht, den von Miller angestrebten Generalplan zu sabotieren – ihm als erfahrenen und unabhängigen Elektrotechniker vertrauten sie vermutlich noch am meisten –, sondern die Länder wollten eine Beschneidung ihrer Kompetenzen durch das Reich und damit eine Gefährdung des labilen föderalen Gleichgewichts verhindern. In einer Entschließung stimmten sie der Aufstellung eines Generalplans durch Miller grundsätzlich zu, wollten aber in alle Projektstadien, von der Vorermittlung bis zur Aufstellung des Plans, einbezogen werden. Insbesondere die von Miller vorgeschlagenen Fragebögen zur Ermittlung des Bedarfs und der vorhandenen Kraftquellen sollten mit den Ländern abgesprochen sein.[470] Durch diese so frühzeitig geäußerten Bedenken waren die Chancen für eine spätere Durchsetzung der Ideen Millers schon von Beginn an deutlich gemindert.

Die im Herbst 1926 formulierten Vorstellungen Millers[471] zeigen seine «außerordentliche Fähigkeit zum Denken in weitreichenden Perspektiven».[472] Bereits damals vorgenommene Schätzungen wurden später durch konkrete Datenerhebungen untermauert. Miller erwartete, dass eine Reichselektrizitätsversorgung einen jährlichen Strombedarf von zunächst 30 und später 60 Milliarden Kilowattstunden pro Jahr abdecken müsse. Dies entsprach einer Vervierfachung des augenblicklichen Bedarfs. Ein solcher Verbrauch war auch unter dem Aspekt der Rentabilität wichtig. Er war nur zu erreichen, wenn dem Strom neue Anwendungsgebiete erschlossen würden. In Hinblick auf die Entwicklung in den USA prognostizierte Miller eine ganz erhebliche Konsumsteigerung in Privathaushalten. Diese sollten zu den Trägern einer «neuerlichen, gewaltigen Elektrifizierungswelle werden».[473] Nach Millers Prophezeiungen über die Entwicklung der elektrischen Beleuchtung der Städte in den achtziger Jahren und der Prognostizierung einer steigenden Elektrifizierung von Handwerk und Gewerbe im folgenden Jahrzehnt stand jetzt die Vervielfachung des privaten Konsums visionär vor seinen Augen. Den Hauptbedarf sah Miller im Einsatz neuartiger Haushaltsgeräte beim Heizen, Kochen oder in der Warmwasserbereitung.

Die Erarbeitung des Gutachtens beschäftigte Miller und sein Ingenieurbüro bis Mai 1929. Veröffentlicht wurde der Projektbericht dann ein Jahr später.[474] Der Generalplan war in seiner gesamten Struktur ein typisches Produkt Miller'scher Projektplanung. Er basierte auf detaillierten Vorerhebungen, die er bei den Energieversorgern durchgeführt hatte. Dabei standen von Beginn an belastbare Zahlen zum erwarteten Stromkonsum in seiner räumlichen wie zeitlichen Verteilung und die Ermittlung der günstigsten Kraftquellen im Vordergrund. Bei den Studien über die vorhandenen Kraftwerke sprengte Miller schon 1926 den nationalen Rahmen und forderte die Einbeziehung der günstigen österreichischen Wasserkräfte.[475] Zudem musste Miller in seinem Generalplan auch Art und Verlauf einer künftigen Hochspannungsleitung für ca. 250 000 Volt sowie entsprechende Kuppelstationen zu vorhandenen Werken entwickeln. Letztlich ging es um Fragen der Organisation, der Kapitalbeschaffung und um die Klärung von Vertragsentwürfen. Um die schon schriftlich fixierten Vorbehalte der Länderregierungen auszuräumen, schlug Miller eine gemischte Kommission aus Vertretern der Reichsleitung, der Reichsbetriebe, der Landes- und Provinz-Elektrizitätswerke und einiger Delegierter der großen Privatgesellschaften vor. Für seine Arbeiten erhielt er ein Honorar von 100 000 Reichsmark. Bei der Ausarbeitung des Gutachtens fungierte er als «Generalsachverständiger».[476] Ihm zur Seite gestellt war in gleicher Funktion Erich Block, der bereits bei den Verhandlungen um das Sozialisierungsgesetz als Gutachter aufgetreten war. Block war als Fachmann für den Bau von Kraftwerken bekannt und stand 1918 zeitweise im preußischen Staatsdienst. Bei der weiteren Ausarbeitung des Gutachtens trat er allerdings nicht in Erscheinung. Vermutlich zog er sich früh aus dem Projekt zurück.

Das Wirtschaftsministerium verstand das 1930 veröffentlichte Gutachten offiziell nicht als «Regierungsplan», sondern vorsichtig als eine «Anregung» für die künftige Entwicklung der deutschen Elektrizitätswirtschaft.[477] Auch Miller wollte die Entscheidung über eine Reichselektrizitätsversorgung nicht durch eine gesetzliche Regelung von Seiten des Reiches erzwingen. Er baute darauf, dass die von ihm ermittelten Zahlen ökonomisch so sinnvoll waren, dass die Elektrizitätswirtschaft von sich aus das Projekt realisieren würde. Bei der Erstellung seines Gutachtens standen Miller Ergebnisse der von ihm entwickelten Fragebögen, Schätzungen von Bezirkssachverständigen und Erhebungen der großen Energieversorgungsunternehmen zur Verfügung. Insgesamt lagen ihm Daten aus 13 großen Erhebungsbezirken vor: Bayern, Märkisches Gebiet, Sachsen-Thüringen, Berlin, Wesergebiet, Nordwestdeutsches Gebiet, Pommern, Ostpreußen, Schlesien, Rheinland-Westfalen, Baden und Rheinpfalz, Württemberg sowie Hamburg mit Schleswig-Holstein. Aus den hier ermittelten Daten musste dann auf einen künftigen Verbrauch hochgerechnet werden.[478] In vielen Passagen seines Gutachtens ging Miller souverän über die Schätzungen von Fachkollegen hinaus. Seine eigenen Zahlen lagen in der Regel deutlich höher. Dies betraf insbesondere einen der wichtigsten Faktoren, den erwarteten Stromkonsum. Dabei spielten der öffentliche und private Verbrauch in den Städten und Landbezirken, die Stromabnahme durch die Großindustrie und die Reichsbahn eine Rolle. Für die beiden Letzteren sah Miller einen Bedarf von zusammen 15 Milliarden Kilowattstunden (kWh), für die ländlichen Gegenden erwartete er einen Konsum von sechs Milliarden kWh, für die städtischen Gebiete einen Absatz von 10 Milliarden. Insgesamt addierte sich der prognostizierte Gesamtbedarf einschließlich der etwa zehnprozentigen Leitungsverluste auf 34 Milliarden kWh.[479]

Am stärksten differierten die Schätzungen Millers und der Bezirksgutachter beim privaten Verbrauch. Im Durchschnitt erwarteten Letztere für das Jahr 1935 einen durchschnittlichen Stromverbrauch von 366 kWh pro

Einwohner; Miller dagegen ging von einem Konsum von 492 kWh aus. Zum Vergleich: Im Jahr 1925 lag die Stromabnahme noch bei 137 kWh je Bewohner![480] Millers großzügige Kalkulation stützte sich vor allem auf eine gewaltige Steigerung in den Privathaushalten. Relativ geringe Zuwächse sah er bei der privaten Beleuchtung. Das Wachstumspotenzial erkannte er im Stromverbrauch für Kraft und Wärme im Haushalt. Um 1930 war der Stromkonsum in diesem Bereich noch minimal. Dies lag seiner Ansicht nach daran, dass der Privathaushalt als Absatzmarkt im Gegensatz zu Ländern wie der Schweiz, den USA oder in Skandinavien zu wenig Beachtung gefunden habe. Frühere, vereinzelte Maßnahmen zur Konsumsteigerung wie die Münchner Ausstellung «Die Elektrizität im Haushalt, im Kleingewerbe und in der Landwirtschaft», die der Elektrotechnische Verein schon 1911 durchgeführt hatte, waren wenig durchschlagend gewesen.[481] Das Begleitbuch von Georg Dettmar, des damaligen Generalsekretärs des Verbands Deutscher Elektrotechniker, über «Elektrizität im Hause» beschrieb erstmals umfassend die Anwendungsmöglichkeiten von Strom für Zwecke der Beleuchtung und des Kochens, für Heizung, als Antrieb oder für technische Spielereien wie Klingelanlagen, Einbruchsicherungen, Feuermelder oder elektrische Uhren. Noch 1911 musste Dettmar feststellen, dass die Elektrotechniker «die größten Gegner des elektrischen Kochens» seien, hauptsächlich deshalb, weil Strom zum Kochen zu teuer sei.[482] An dieser Einstellung änderte sich ein Jahrzehnt lang wenig. Weiterhin zögerten die meisten Elektrizitätswerke, Wärmestrom an Haushalte abzugeben, da sie dies für nicht wirtschaftlich hielten. Es war Oskar von Miller, der 1927 die Einführung des elektrischen Kochens gegen den Widerstand von Fachkollegen besonders förderte.[483] Im Jahr 1928 organisierte er in Verbindung mit dem Deutschen Verband Technisch-Wissenschaftlicher Vereine und den führenden Hausfrauenorganisationen die Ausstellung «Heim und Technik» in München. Sie hatte das Ziel, auf immerhin 30 000 m² die technischen Fortschritte im Haushalt – Beleuchtung, Heizung, Kochen, Waschen – in eigens eingerichteten Musterwohnungen zu präsentieren.[484] Ein Teil dieser Messe wurde später in eine Wanderausstellung umgewandelt und in verschiedenen deutschen Städten gezeigt.

Der prognostizierte Stromkonsum in Privathaushalten war in einigen Kommunen, in denen Miller selbst Elektrizitätswerke betrieb, bereits Wirklichkeit geworden. In Schwandorf und Schweinfurt hatte Miller für die Abgabe von Wärmestrom einen besonders niedrigen Tarif entwickelt und bei der Erstbeschaffung von Geräten finanzielle Anreize geboten. Durch die flächendeckende Einführung von Elektroherden und Heißwasserspeichern stieg in beiden Städten der Gesamtstromverbrauch je Haushalt extrem an, teilweise verzwölffachte er sich wie in Schweinfurt. Millers Preispolitik animierte auch andere Energieversorger dazu, Wärmestrom kostengünstig anzubieten. Daher war es durchaus realistisch, wenn Miller in seinem Gutachten für das elektrische Kochen hohe Zuwachsraten prognostizierte, besonders an Orten, wo keine Gasversorgung vorhanden war und bisher mit Kohle, Holz oder Torf geheizt wurde. Um seine Prognose in Relation zu anderen Ländern zu setzen, rechnete er vor, dass die durchschnittliche Stromabgabe in der Schweiz 1925 bereits um 50 Prozent über den von ihm vorausgesagten Zahlen liege, also bei 750 kWh pro Kopf.[485] Der Vergleich mit der Schweiz verdeutlicht, dass Miller das Wachstumspotenzial beim Stromkonsum richtig einschätzte. Er selbst spekulierte in seinem Gutachten sogar, dass der künftige Verbrauch noch höher liegen könne. Aus diesem Grund habe er für «alle Hauptteile der Stromversorgung die Disposition so gewählt, daß auch eine spätere Verdopplung des Konsums befriedigt werden kann, ohne daß die einmal geschaffenen Einrichtungen unnütz würden und beseitigt werden müßten».[486] Miller dachte bei seinen Planungen sehr großzügig, bedenkt man, dass der von ihm geschätzte Stromverbrauch von 34 Milliarden kWh in Deutschland erst 1939 erreicht wurde, nicht zuletzt durch den extrem gestiegenen Stromverbrauch der Rüstungsindustrie. Millers Prognose nahm also die allgemeine Elektrifizierung Deutschlands visionär vorweg. Er erkannte sehr genau das enorme Wachstumspotenzial der Elektrizitätsversorger. In manchen Fällen hatte der rasante Verbrauch bereits eingesetzt. In Berlin, dem deutschen Vorreiter in der Stromversorgung, war beispielsweise zwischen 1926 und 1929, in genau dem Zeitraum, in dem das Miller'sche Gutachten entstand, der Pro-Kopf-Verbrauch von 130 kWh auf 330 kWh angestiegen, was nicht zuletzt daran lag, dass sich der Anteil der elektrifizierten Haushalte in diesen Jahren nahezu verdoppelt hatte.[487] Millers Hochrechnungen waren daher keineswegs realitätsfremd oder Phantasiezahlen. Ein Rezensent des publizierten Gutachtens schrieb vorsichtig, dass der von Miller vorhergesagte Konsum je Einwohner «innerhalb des Möglichen zu liegen scheint».[488]

Der von Miller erwartete Stromkonsum konnte nur durch gesteigerte Leistung der vorhandenen Kraftwerke und durch Neubau weiterer Anlagen abgedeckt werden. Um den Jahresbedarf von 34 Milliarden kWh erbringen zu können, war nach seinen Berechnungen eine gesamte Kraftwerksleistung von 8,5 Millionen Kilowatt (kW) erforderlich. Da der Verbrauch stark schwankte – die Industrie benötigte vorwiegend Tagstrom, während für öffentliche und private Beleuchtungszwecke fast ausschließlich Nachtstrom bezogen wurde –, musste die von den Kraftwerken erzeugte Leistung außerhalb der Spitzenbedarfszeiten gespeichert werden. Miller hatte in seinem Gutachten eine jährliche Spitzenleistung von 3600 Stunden angesetzt, was einem täglichen Maximum von rund 10 Stunden entsprach. Für die Leistungsberechnung hatte Miller die verschiedensten Kraftwerkstypen einbezogen: Lauf- bzw. Speicherwasserkräfte, Pumpenspeicher und Wärmekraftwerke (Braun- und Steinkohle, Torf, Öl). Eine Bestandsaufnahme ergab für das Jahr 1925 eine Werksleistung von 4,75 Millionen kW,[489] lag also deutlich unter der benötigten Endleistung. Daher forderte Miller einen erheblichen Ausbau der vorhandenen Kraftwerke und Neubauten. Insgesamt hatte Miller eine Steigerung der bestehenden Kraftwerksleistung um 5,55 Millionen kW im Auge, um die benötigte Leistung von 8,5 Millionen kW (bei einer Reserveleistung von 1,8 Millionen kW) auch wirklich erbringen zu können. Mit einer derartigen Steigerung war es seiner Ansicht nach möglich, vorläufig auf einen Strombezug aus dem Ausland zu verzichten.[490] Allerdings plante Miller schon zu dieser Zeit, die Reichselektrizitätsversorgung so zu konzipieren, dass Strom von den alpenländischen Nachbarn Schweiz und Österreich eingespeist werden konnte, sofern es im innerdeutschen System Schwierigkeiten geben sollte, Spitzen in der Stromversorgung abzudecken. Mit diesen Überlegungen nahm Miller bereits ein europäisches Verbundsystem vorweg, das erst Jahrzehnte später in Teilen realisiert wurde.

Neben der Stromspeicherung war die Verteilung der erzeugten Leistung ein Schwerpunkt des Gutachtens, da die Auslastungszeiten regional unterschiedlich waren. Kernidee des Leitungssystems war eine besonders leistungsfähige ringförmige Sammelschiene, welche die größten Kräfte zu den Hauptkonsumgebieten bringen sollte. Die Idee der Ringleitung war nahezu identisch mit der geschlossenen Leitung, die Miller für Bayern projektiert hatte. Beim deutschen Ring sollten die großen und kaum ausgenutzten süddeutschen Wasserkräfte ins Ruhrgebiet und in andere Gegenden Deutschlands geführt werden, um so Kohle zu sparen; in den wasserarmen Wintermonaten wiederum sollte die süddeutsche Versorgung mit Strom aus den Kohlerevieren an Rhein und Ruhr und aus den mitteldeutschen Gruben gesichert werden.[491] Die Einspeisung des Stroms in die Ringleitung sollte an rund 30 Sammelpunkten erfolgen. Für die ringförmige Sammelschiene projektierte Miller eine Spannung von 220 Kilovolt (kV), wobei seine Planung eine spätere Spannungserhöhung auf 380 kV vorsah. Die Sammelschiene mit verschiedenen Stichleitungen versorgte mit Ausnahme Ostpreußens alle deutschen Länder. Ostpreußen sollte wegen seines geringen Konsums nicht angeschlossen werden, vielmehr sollten die dortigen Kraftwerke ein eigenes Netz bilden. Vom Hochspannungsring sollte der Strom über Verteilungspunkte in einem primären Verteilungsnetz zu regionalen Konsumschwerpunkten geführt werden. Für das Verteilungsnetz sah Miller eine Spannung von 110 kV vor, wobei er die in Pommern, Thüringen und Württemberg benutzte Spannung von 40 bis 60 kV für vorläufig ausreichend erachtete. Die dortigen Leitungen sollten später dem gesteigerten Konsum angepasst werden. Miller beschränkte sich in seinem Generalplan nur auf die Konzeption der Sammelschiene und eines primären Verteilungsnetzes. Die sekundären Verteilungsnetze sparte er vollständig aus, da die Unterverteilung von den kleineren Städten, Gemeinden und Einzelabnehmern geleistet werden sollte.

Dem technischen Konzept einer deutschlandweiten Stromversorgung fügte Miller in seinem Gutachten eine Wirtschaftlichkeitsberechung bei. Unter Einbeziehung bereits vorhandener Werke errechnete Miller (auf der Basis der Preise vom 1. Mai 1929) Anlagekosten in Höhe von insgesamt 3,663 Milliarden Reichsmark für neue Kraftwerke, Leitungen und Transformatorenstationen. Damit sollte die 1925 verfügbare Kraftwerksleistung verdoppelt und das vorhandene Leitungsnetz von 8000 auf 21000 km Streckenlänge erweitert werden. Die Rentabilität einer Reichselektrizitätsversorgung war nach Ansicht Millers schon bei einem Strompreis von drei Pfennig je kWh zu erreichen, immer vorausgesetzt, dass der von ihm prognostizierte Stromkonsum eintrat.

Das ohne Tabellen und Pläne nur 29 Seiten umfassende Gutachten Oskar von Millers war für eine Reichselektrizitätsversorgung ein großer Wurf. Erstmals lag ein vorausschauender Plan für die Elektrifizierung eines

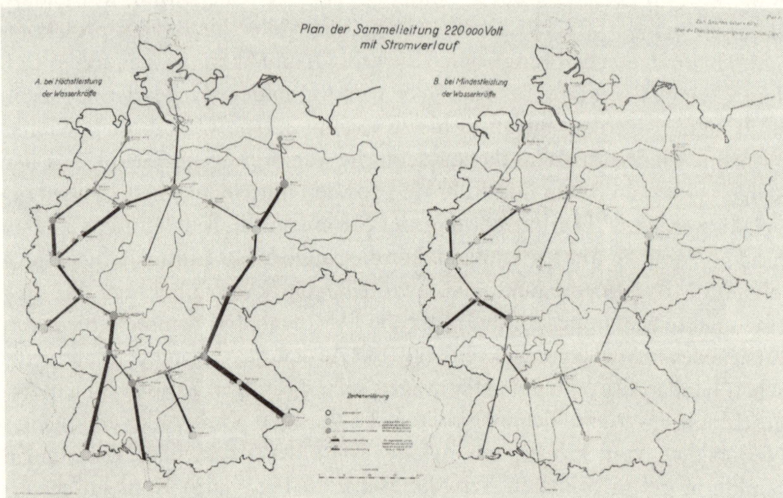

Plan zum Miller'schen Gutachten der «Reichselektrizitätsversorgung», 1930.

ganzen Staates vor. Nach den Pionierjahren der Elektrifizierung vor der Jahrhundertwende, in denen lokale Bedürfnisse ad hoc und ohne verbindende Konzepte mit kleinen Kraftwerksbauten erfüllt worden waren, bedeutete der Generalplan Millers eine genau geplante und organische Entwicklung der deutschen Elektrizitätsversorgung. Gleichzeitig lieferte das Gutachten eine erstaunlich präzise Konsum- und Leistungserhebung, ebenso ein ausgefeiltes Leitungsnetz, das auf vorhandene Netze Rücksicht nahm und darüber hinaus eine geschlossene Sammelschiene für die Stromverteilung vorsah. Die Qualität der Ausarbeitung Millers wurde schon von den Zeitgenossen erkannt. Sein Plan einer einheitlichen und rationellen Stromversorgung für ganz Deutschland beinhaltete, die Energiequellen der gesamten Bevölkerung für Beleuchtung, Kraft- und Wärmeversorgung zugänglich zu machen. «In Herrn von Miller besitzt das deutsche Volk ja einen der wenigen wirklichen Führer, die nicht nur etwa auf technischem Gebiet ihre Bedeutung haben, sondern die den Ehrentitel eines großen Volkswirts verdienen.»[492] Nüchterner, aber trotzdem ausgesprochen positiv hat der Historiker Bernhard Stier die Leistung Millers beschrieben:

> *«Beinahe vier Jahrzehnte nach der technischen Pionierleistung der Lauffen-Frankfurter Drehstromübertragung hatte Miller mit seinem ‹Generalplan› die Elektrizitätswirtschaft erneut revolutioniert – diesmal nicht mit Transformator und Kupferseil wie einst zwischen Lauffen und Frankfurt, sondern mit Rechenschieber und Millimeterpapier. Sein Gutachten stellte nicht nur die gründlichste und am sorgfältigsten differenzierende Bestandsaufnahme der deutschen Stromversorgung dar, die bis zu diesem Zeitpunkt jemals vorgenommen worden war, sondern eröffnete vollkommen neue Horizonte; es sah die kommende Entwicklung richtig voraus und wies – unter den damals herrschenden Bedingungen und Anschauungen – die Elektrizitätswirtschaft wie der sie umrahmenden Politik den richtigen weiteren Aufstieg.»*[493]

Das Gutachten Millers verdeutlicht aber auch, dass Ende der zwanziger Jahre eine weitere Phase der Elektrifizierung Deutschlands begonnen hatte. Nach den kleinteiligen Stromversorgungen in einzelnen Städten oder Landkreisen war eine günstige und rentable Elektrifizierung nur noch über regionale Großversorgung zu sichern. Die kleinen Elektrizitätsunternehmen wurden von großen Versorgern wie dem Bayernwerk, den Rheinisch-Westfälischen Elektrizitätswerken (RWE), der Preußischen Elektrizitäts-AG (PreussenElektra) oder den Vereinigten Elektrizitätswerken Westfalen (VEW) teilweise ganz verdrängt oder zumindest von deren Stromlieferungen abhängig. Diese verständigten sich 1929 unter Einbeziehung mehrerer anderer

Großversorger nicht zuletzt aus Angst vor dem drohenden Gespenst eines von der Reichsregierung initiierten Reichsversorgungsunternehmens und vor dem Hintergrund einer aufziehenden Absatzkrise auf eine Abgrenzung ihrer Versorgungsgebiete. So wurde ein «Elektrokrieg» vermieden.[494] Waren dadurch die Verteilungskämpfe vorläufig beendet, bescherte die Weltwirtschaftskrise ab 1929 den Versorgungsunternehmen zunächst eine Stagnation der Absatzzahlen und ab 1930 sogar einen realen Rückgang des Stromverbrauchs.

Unter diesen Bedingungen war an eine reichsweite Versorgung vorläufig nicht zu denken. Bis zur nationalsozialistischen Machtergreifung 1933 verstummte die Diskussion darüber fast völlig und kam erst nach Millers Tod wieder in Gang.[495] Andererseits forcierte die Absatzkrise eine von Miller schon länger geforderte und erwartete Tendenz: das Werben der Elektrizitätsversorger um die Privathaushalte. Nach 1930 entwickelten die Hersteller von Elektrogeräten und die großen Stromversorger zahlreiche Strategien zur Absatzsteigerung: billigere Elektrogeräte, niedrigere Tarife, Förderung der Elektrotechnik in Küche und Haushalt. Mit der Absatzkrise begann der Durchbruch zu einer breiten Elektrifizierung der Haushalte.

Die Veröffentlichung des Miller'schen Gutachtens zur Reichselektrizitätsversorgung kam gerade rechtzeitig zur Zweiten Weltkraftkonferenz vom 16. bis 25. Juni 1930 in Berlin. Auf dieser Tagung wurde die Verbundidee weiter diskutiert. Millers Projekt regte den Berliner Ingenieur und Direktor der Gesellschaft für elektrische Unternehmungen, Oskar Oliven, zu einem weit gespannten Vorschlag eines europäischen Stromnetzes an,[496] doch entsprang sein Vortrag eher der Euphorie des Ereignisses als konkreten Berechnungen. Seine europäische Höchstspannungsleitung von 400 000 Volt war zu diesem Zeitpunkt technische Utopie. So weit ist Miller nie gegangen, auch wenn er die europäische Dimension seines Projekts einer «Reichselektrizitätsversorgung» in Ansätzen formulierte. Die technische Integration verschiedener Länder, die Möglichkeit des Lastenausgleichs in einem europäischen Verbundsystem, diese Vorschläge waren der politischen Zusammenarbeit europäischer Länder gedanklich weit voraus.

Technische Großprojekte, besonders zur Ausnützung gewaltiger Wasserkräfte und riesige Elektrifizierungsprojekte, geisterten um 1930 durch die Köpfe der Ingenieure, unabhängig davon, ob sie aus den kapitalistischen Vereinigten Staaten oder aus der sozialistischen Sowjetunion stammten.[497] Besonders das gigantische Elektrifizierungsprogramm der Sowjetunion seit Mitte der zwanziger Jahre rang westlichen Ingenieuren Bewunderung ab. Auch Miller zeigte sich nach einer Russlandreise 1929 beeindruckt von den dortigen Ingenieurleistungen.[498] Ähnliche Erfahrungen machte Georg

Dettmar, der 1928 im Auftrag der Sowjetregierung fünf Monate lang die dortigen Großkraftwerke begutachtete.[499] Weltweit sind Großprojekte, wie der 1927 begonnene Dnjepr-Staudamm oder die amerikanischen Wasserkraftbauten der zwanziger Jahre, Ausdruck für die Einschätzung zahlreicher Ingenieure von der Gestaltbarkeit der Welt durch Technik.[500] Die Großprojekte blieben keineswegs auf die Elektrizitätswirtschaft beschränkt. Ein herausragendes Beispiel technischer Großplanung ist das Atlantropa-Projekt Herman Sörgels. Er wollte durch einen gigantischen Staudamm bei Gibraltar das Mittelmeer vom Atlantik absperren und damit das gesamte mediterrane Gebiet verändern, später auch einen europäisch-afrikanischen Großraum schaffen.[501] Der technokratische Glaube der Ingenieure an den Fortschritt schien von Naturbedingungen nicht begrenzbar zu sein. Die großen technologischen Fortschritte stützten diesen Optimismus.[502] Auch Miller war von diesem Fortschrittsglauben der Ingenieure beeinflusst. Allerdings gibt es deutliche Unterschiede zwischen Ingenieuren wie Sörgel und Miller. Millers Projekt der Reichselektrizitätsversorgung stand in der Kontinuität der technischen Entwicklung auf dem Gebiet der Elektrotechnik, die er sehr genau kannte. Seine Planungen basierten auf realistischen Erwartungen. Die theoretischen Probleme für ein Leitungssystem durch Deutschland waren gelöst; die technische Umsetzung war nur eine Frage der Zeit. Millers präzises Zahlenmaterial ließ die Durchführung seines Projekts wahrscheinlicher werden. Anders Sörgel. Er formulierte eine technische Utopie, die zwar programmatisch vorgetragen wurde, jedoch ganz im Gegensatz zu Miller ohne sinnvolle Datenerhebung blieb. Damit tat sich Sörgel schwer, Politik und Wirtschaft für seine Interessen zu gewinnen. Miller agierte bei seinen Elektrifizierungsprojekten dagegen sehr nah an den ökonomischen und politischen Erwartungen von Staat, Industrie und Gesellschaft. Seine «Visionen» wurzelten in dem Gedanken einer organischen Entwicklung von Technik, der von den Protagonisten in Industrie und öffentlicher Verwaltung geteilt wurde. Dies war die Basis seines Erfolgs. Im Interesse seiner Auftraggeber entwickelte Miller sein Stromversorgungskonzept aus kleinsten Anfängen zu einem Großsystem mit modernster Technologie, ohne es mit technokratischen Ordnungsvorstellungen zu überfrachten.[503]

Die Zweite Weltkraftkonferenz vom 16. bis 25. Juni 1930 in Berlin bildete den Höhepunkt in Millers elektrotechnischer Karriere. Die Weltkraftkonferenz war 1924 in London mit dem Ziel gegründet worden, den internationalen Gedankenaustausch über Wasserkraftausnutzung und Elektrizitätsversorgung zu fördern.[504] Ursprünglich hatte man deutsche Vertreter als Weltkriegsgegner ausgegrenzt. Erst allmählich wurden bei den folgenden Teilkonferenzen in Basel und London, später in Barcelona und Japan deutsche Vertreter zugelassen. Insofern war es ein politisches Signal, dass die Organisationsleitung ausgerechnet Berlin zum Tagungsort und einen Deutschen, Oskar von Miller, zum Ehrenpräsidenten der Zweiten Weltkraftkonferenz wählte. Es war die Anerkennung seiner persönlichen Leistung als Elektrotechniker. Für ihn, aber auch für die anwesenden deutschen Politiker, Parlamentarier und Wissenschaftler, war es ein bewegender Moment, als ihm am 15. Juni im Reichstag sein Vorgänger Earl of Derby die Präsidentschaftsinsignien, einen silbernen Gong und einen Hammer, überreichte. Den Kopf des Hammers zierte als Symbol des Kongresses die Weltkugel.[505] Einen Tag später eröffnete Miller die Konferenz mit den für ihn und den Ingenieursstand seiner Zeit kennzeichnenden Worten:

> *«Wenn die Ingenieure aus aller Welt nicht nur gemeinsam beraten, sondern auch gemeinsam arbeiten und schaffen, wird es ihnen gelingen, die Energiequellen der Welt von den höchsten Spitzen der Berge bis zu den tiefsten Schächten zu gewinnen und der Nahrung, Kleidung und Wohnung des Menschen dienstbar zu machen. Der Ingenieur wird genug Kraft und Energie erzeugen können, um Nahrung, Kleidung und Wohnung für alle Menschen zu schaffen.»*[506]

Der Tenor des gemeinsamen Schaffens der Ingenieure wurde während der Weltkraftkonferenz durch die erstmalige radiotelefonische Verbindung zwischen Berlin, London, New York und San Francisco symbolträchtig vorgeführt, durch die Wissenschaftler und Techniker aus der ganzen Welt zusammengeschaltet wurden. Ein besonderes Highlight für Miller persönlich dürfte gewesen sein, dass der Altvater der amerikanischen Elektrotechnik, Thomas Alva Edison, aus seinem Labor in Orange bei New York zu den Teilnehmern der Weltkraftkonferenz sprach. Den Abschluss des als «Weltkraftfest» bezeichneten Abends des 17. Juni bildete die Begrüßung der Teilnehmer durch Trachtengruppen aus verschiedenen deutschen Regionen. Als zum Schluss eine bayerische Trachtengruppe und eine Blaskapelle einzogen, hielt es Oskar von Miller nicht mehr auf dem Podium. Er stellte sich dirigierend an die Spitze der bayerischen Abordnung und zog mit ihr unter tosendem Beifall der Anwesenden in den Sportpalast ein.[507]

In den vielfältigen Tätigkeiten Millers als Elektrotechniker wird sein über Jahrzehnte hinweg anhaltender Einfluss deutlich. Allerdings musste der Erfolg des Ingenieurbüros in einer permanenten Konkurrenzsituation immer wieder neu erarbeitet werden. Es waren weniger die kleinen, unabhängigen Ingenieurbüros, die Miller bei der Auftragsvergabe und -realisierung das Leben schwer machten. Aufgrund des großen Renommees, das sich Miller während seiner AEG-Zeit und als technischer Leiter der Frankfurter Elektrotechnischen Ausstellung 1891 erworben hatte, gab es in Deutschland kaum einen selbstständigen Ingenieur, der sich auch nur annähernd mit ihm messen konnte. Sein herausragender Ruf als Elektrotechniker mit Weitblick ließ ihn zu einem gefragten Ansprechpartner von Behörden und Kommunen werden. Während er zahlreiche Städte in Energiefragen beriet, war er bei der Planung von Industrieanlagen nicht aktiv. Vermutlich wurden dort Beleuchtungs- und Kraftstromanlagen durch Firmeningenieure konstruiert. Vor der Jahrhundertwende sind lediglich einige von ihm entworfene Anlagen für die Wirtschaft nachweisbar (Eisenwerke H. Mülller in Schwelm 1892; Verlag Oldenbourg, München 1894/95).[508]

Die Hauptkonkurrenten seines Ingenieurbüros waren die Hersteller von Elektromaschinen und diejenigen Unternehmen, die in der Planung und beim Bau von Elektrizitätswerken aktiv waren. Meist entstand die Konkurrenzsituation in dem Augenblick, in dem sich die Kommunen konkret für ein bestimmtes Stromsystem – Gleich-, Wechsel- oder Drehstrom – entscheiden mussten. Indem Miller in seinen Gutachten immer eine klare Position bezog, wurde er in den Jahren des «Systemstreits» bis etwa 1900 zu einer Reizfigur der etablierten elektrotechnischen Industrie. Da er sich ab 1890 nahezu ausschließlich für Wechselstrom- und Drehstromlösungen aus-

Miller als Ehrenpräsident der Weltkraftkonferenz, 1930 (1. Reihe, 7. v. r.).

sprach, waren es die alten Gleichstromfirmen, die zuerst zu Gegnern des Miller'schen Ingenieurbüros wurden. Auch andere Elektrofirmen bekämpften ihn energisch, da er bei seinen Ausschreibungen in der Regel Posten für Posten aufführte und die Firmen um detaillierte Angebote bat. Im Gegensatz zu dem damals üblichen Vergabeverfahren beim Bau von Elektrizitätswerken überließ er dann denjenigen Firmen Einzelaufträge, die für die entsprechende Auftragsnummer das günstigste Angebot abgegeben hatten. Dies führte zu einer nicht unbeträchtlichen Kostensenkung für den Auftraggeber, während die Firmen andererseits bei einem Komplettauftrag deutlich höhere Preise durchsetzen konnten. Insofern kam es bei den Stadtverwaltungen oft zu wütenden Interventionen der Elektrounternehmen, sobald bekannt wurde, dass Miller in die Planungen einbezogen sei. Häufig wurde offen gegen ihn intrigiert, in einer Reihe von Fällen sind aus den Akten auch Bestechungen durch Firmen bekannt. Allgemein waren in den Jahren zwischen 1890 und 1910 Patentklagen, Bestechungen, Verdächtigungen, Verleumdungen und Billigstangebote beliebte Mittel, um sich in der schärfer werdenden Konkurrenzsituation, den darauf folgenden Elektrokrisen und im Konzentrationsprozess der Elektroindustrie zu behaupten.

Im Kampf um die Ausrüstung von Elektrizitätswerken mit Wechsel- oder Drehstrom spielte die Firma Helios in Köln eine besondere Rolle. Sie hatte sich unter ihrem Direktor Carl Coerper[509] schon 1885 die modernen Wechselstrompatente von Ganz & Co. (Budapest) für Deutschland gesichert. Damit glaubte die Firma besonders nach der Frankfurter Ausstellung ideal positioniert zu sein, dies umso mehr, nachdem sie 1893/94 alle Patente für mehrphasigen Wechselstrom von Tesla gekauft hatte. Jetzt wähnte sich Helios allen anderen Firmen überlegen und vertraute darauf, dass diese von ihr Lizenzen nehmen müssten. Die Entwicklung lief aber anders. Miller und Lindley hatten in ihrem Frankfurter Gutachten den mit Einphasenwechselstrom betriebenen Maschinen von BBC den Vorzug gegeben. Führende Elektrizitätsfirmen wiederum schlossen sich zusammen, um in einem Musterprozess vor dem Reichsgericht in Leipzig die Zurücknahme der Tesla-Patente zu fordern, da das Unternehmen binnen dreier Jahre keine Anlage mit dem ungarischen Wechselstrompatent gebaut habe. Coerper wehrte sich in langwierigen Prozessen gegen eine Einschränkung seiner Patente, unterlag jedoch letztlich. Überhaupt scheint der Direktor von Helios in vieler Hinsicht ein streitbarer, ja streitlustiger Mann gewesen zu sein.[510] Nicht nur Miller geriet in das Visier Coerpers, sondern ebenso zahlreiche Hochschullehrer, die als Gutachter arbeiteten. Kittler verscherzte sich Coerpers Sympathien, nachdem er mehrfach zu Gleichstromanlagen der Firma Schuckert & Co. geraten hatte, Kohlrausch wiederum hatte sich einmal für Dynamomaschi-

Oskar von Miller und der «medienscheue» Albert Einstein während der Weltkraftkonferenz, 1930.

nen von Lahmeyer und damit gegen Helios ausgesprochen, Slaby wiederum war nach Meinung Coerpers «rettungslos in den Ketten der Berliner Kraftlinien verstrickt».[511] Nachdem Helios bei zwei Angeboten – Kassel und Lauffen – unterlegen war und Miller beide Male den Zuschlag für den Bau erhielt und sich dieser zudem in Frankfurt erneut gegen Helios aussprach, begann eine lange anhaltende Fehde Coerpers gegen Miller, die für den Konkurrenzkampf der Branche zwischen 1890 und 1910 symptomatisch ist. Schon 1890 schrieb Coerper an die Stadt Heilbronn, «man möchte sich doch nicht auf den Oskar Miller verlassen, derselbe verstehe garnichts und sei deshalb auch von der AEG fortgeschickt worden».[512] Für Miller war diese Attacke ein Glücksfall. Der Heilbronner Magistrat erkundigte sich bei Rathenau, der Miller ein glänzendes Zeugnis ausstellte. Miller erhielt den Auftrag. Dann strafte ihn der Direktor von Helios in aller Öffentlichkeit ab, indem er ihm im September 1893 anlässlich der ersten Tagung des Verbands Deutscher Elektrotechniker in Köln den Zutritt zu dem von Helios erbauten Elektrizitätswerk in Köln untersagte.[513] Vorausgegangen war im selben Jahr die Entscheidung der Isarwerke, in ihren Werken das Drehstromsystem von BBC einzubauen; wiederum war Helios unterlegen. Erneut basierte die Vergabe auf dem Rat Millers, dem Planungsingenieur der Isarwerke. Auch bei anderen Aufträgen scheint Miller die Zusammenarbeit mit dem unberechenbaren Coerper eher gemieden zu haben.

Zum Ausbruch kam der Dissens zwischen Miller und Coerper in einem Beleidigungsprozess vor dem Münchner Amtsgericht, den Miller angestrengt hatte. Anlass war die Auftragsvergabe für das Elektrizitätswerk im oberbayerischen Rosenheim gewesen. Dort hatte der Magistrat Oskar von Miller mit der Projektierung einer elektrischen Zentrale beauftragt und ihn in einem gesonderten Vertrag zum Bauleiter bestimmt. Miller plante die Anlage und lud in gewohnter Form Firmen ein, Offerten abzugeben. Die ausgewählte Firma sollte dann unter seiner Leitung das Werk bauen. Gegen Ende der Ausschreibungsfrist ging ein Angebot von Helios ein, das knapp günstiger war als andere. Miller empfahl dieses Angebot dem Magistrat der Stadt Rosenheim und verwies auf die von Helios erbauten Werke in Köln und Amsterdam. Seiner Aufforderung nach einer sofortigen Unterzeichnung des Liefervertrages kam Helios überraschend nicht nach. In der Zwischenzeit arbeitete Coerper in Rosenheim gegen Miller. Unter dem Vorwand, er wolle ein eigenes, neues Projekt einreichen, forderte Coerper, dass kein anderer Konkurrent, vor allem aber nicht Miller, als Sachverständiger für die Beurteilung des Projekts herangezogen werde. Aufgrund der neuen, für die Stadt Rosenheim günstigen Pläne und Kostenvoranschläge beschloss der Magistrat, den Vertrag mit Miller zu lösen und direkt mit Helios weiterzuverhandeln. Dieser protestierte in einem ausführlichen Brief gegen ein solches Vorgehen. Die Forderung nach Ausschluss eines Gutachters zeige, dass sich Helios einer fachlichen Kritik nicht unterziehen wolle. Da er selbst keinerlei Schuld an Verzögerungen bei der Planung habe, forderte er sein volles vertraglich vereinbartes Honorar. Der Magistrat schickte daraufhin Millers Brief an Coerper. In seiner Antwort griff dieser Miller scharf an.[514] Miller vermische Gutachtertätigkeit mit eigenem Unternehmertum und sei deshalb kein unabhängiger Gutachter. So habe er 1890 in Lauffen zwar als solcher gearbeitet, seine Kenntnisse als Gutachter aber dazu benutzt, den Auftrag selbst zu übernehmen. Auch habe Miller mit der Frankfurter Auftragsvergabe an eine ausländische Firma die deutsche Elektrotechnik auf das schwerste geschädigt. Anrüchig sei, dass Miller mit dieser Firma – gemeint war BBC – an anderen Orten eng zusammenarbeite. Zudem warf Coerper seinem Kontrahenten vor, er urteile über Dinge, die er nicht kenne nach dem «Grundsatz des Trödlers, dass das billigste das beste sei». Und weiter:

> *«Herr von Miller hat zu wenig Urteil, um die Minderwertigkeit der von ihm mit billigster Ware hergestellten oder unter seiner Leitung ausgeführten Anlagen zu erkennen, noch mehr fehlen ihm die technischen Kenntnisse, um vorhandene Fehler zu verbessern oder zu vermeiden.*

Wenn Miller gegen die von Helios angebotene Lösung spreche, zeigt dies nur, dass er sein eigenes ungenügendes Projekt verteidige. Ein derartiges Verfahren bezeichnet man im Geschäftsleben als Schwindel.»[515]

Da Coerper den Brief in Kopie auch direkt an Miller schickte, reagierte dieser mit der Beleidigungsklage.

Der folgende Prozess wurde in der Fachwelt mit großem Interesse verfolgt. Obwohl es sich bei der Anlage in Rosenheim nur um einen unbedeutenden Auftrag handelte, erwartete man von dem Prozess eine indirekte Klärung der Frage, inwieweit Millers Gutachter- und Unternehmertätigkeit unzulässig sei. Sollte Millers Klage abgewiesen werden, hätte Coerper seine Vorwürfe mit Recht erhoben.

Nachdem Coerper den Prozess lange verzögert hatte, kam es im Juni 1897 zur Verhandlung. Miller verteidigte sich persönlich und erläuterte die Hintergründe seiner Tätigkeit in Lauffen und Frankfurt.[516] Ursprünglich sei er in Lauffen als Gutachter über das neuartige Drehstromsystem aufgetreten. Erst nachdem eine Berliner Elektrizitätsfirma und später auch Coerper bei der Firmenleitung des Württembergischen Portland-Cementwerks behauptet hätten, man möge Miller nicht trauen, er sei von der AEG fortgejagt worden, habe man ihn aufgefordert, seinen Gegenvorschlag als eigener Unternehmer zu realisieren, um die Richtigkeit seiner Stromwahl unter Beweis zu stellen. In Frankfurt wiederum habe er gemeinsam mit Stadtbaurat Lindley das Projekt von BBC und deren Wechselstromsystem befürwortet, obwohl die öffentliche Meinung dagegen gewesen sei. Die Entscheidung sei aber nur aus Gründen der Wirtschaftlichkeit erfolgt. In dem Prozess führte Miller aus, dass die von Coerper erhobenen Vorwürfe für ihn geschäftsschädigend seien. So habe man ihn an anderer Stelle mit dem unsinnigen Vorwurf konfrontiert, in Rosenheim 10 000 Mark Provision eingestrichen zu haben.

Im Laufe der Verhandlung wurden prominente Zeugen aufgerufen. Der Ingenieur und Unternehmer Charles Brown legte ein Zeugnis für die Loyalität Millers ab; dieser sei bekannt dafür, dass er sich in der Regel für das günstigste Angebot entscheide. Die Haltung Millers sei der Grund, warum sich mehrere große Elektrizitätsfirmen weigern würden, an dessen Ausschreibungen teilzunehmen. Ein anderer Zeuge, der frühere Direktor des Lauffener Zementwerks und Aufsichtsratsmitglied der Isarwerke, Martin Arendt, bestätigte in seiner Aussage die Hintergründe um den Bau einer Drehstromzentrale in Lauffen. Interessant ist, dass Arendt betonte, die Animositäten großer Elektrounternehmen gegen Miller basierten vermutlich darauf, dass Miller mit seinem Prinzip des billigsten Preises nicht nur den

Auftrag gebenden Kommunen große Kosten erspare, sondern damit auch das frühere Monopol dieser Firmen gebrochen habe.

Der Prozess endete mit einer Haftstrafe von 14 Tagen für Coerper, der – so das Gericht – aus blindem Hass und Konkurrenzneid Miller mehrfach und schwer beleidigt habe. Der Vorwurf, Miller sei bestechlich, wurde ebenfalls verworfen. In der Öffentlichkeit und in der Fachpresse erregten der Prozess und sein Ausgang größtes Aufsehen.[517] In den Vorwürfen Coerpers und in den Zeugenaussagen spiegeln sich die permanenten Verdächtigungen wider, denen sich Miller bei seiner Arbeit ausgesetzt sah. Sie standen immer dann im Raum, wenn sich Miller um einen Auftrag bemühte. Dies hatte natürlich negative Auswirkungen auf die Auftragslage seines Ingenieurbüros. Verschiedene Kommunen verzichteten auf Millers Gutachter- oder Unternehmertätigkeit von vornherein, weil sie sich nur von großen Elektrounternehmen beliefern lassen wollten.

Der Vorwurf, Miller vermenge Aufgaben als unabhängiger Gutachter mit eigenen Interessen, taucht über Jahrzehnte immer wieder auf. In regelmäßigen Abständen wurde er angegriffen, beleidigt und diffamiert. Gerade eine seiner frühesten Anlagen, das Elektrizitätswerk in Kassel, wurde von den gegnerischen Elektrizitätsfirmen heftig bekämpft.[518] Nur in seltenen Fällen hat Miller die Gerichte bemüht. Schon im Prozess gegen Coerper wurde eine Aussage Millers zitiert: «Gott was nützt das; ich will das nicht».[519] Besonders in den Anfangsjahren des Ingenieurbüros hatte er lange gegen die Vorwürfe von Firmen zu kämpfen. Vermutlich um sein angeschlagenes Renommee aufzubessern, dachte er um 1898 daran, eine Auswahl der ihm übermittelten Dankschreiben und Referenzen zu veröffentlichen. In den Akten der Stadt Ludwigshafen findet sich eine gedruckte Aufstellung «Urteile über Elektrische Werke ausgeführt nach den Projekten und unter Leitung des technischen Bureaus Oscar von Miller». Darin bestätigten die Kommunen Kaiserslautern, Frankfurt, Kassel, Rothenburg, Nürnberg, Fürstenfeldbruck, Straßburg, Holzkirchen, Dachau, Mittenwald, Hermannstadt, Bozen und Meran, das Württembergische Portland-Cementwerk, die Schwelmer Eisenwerke H. Müller & Co., die chemisch-technische Abteilung der Technischen Hochschule München, die Isarwerke, die Bayerische Vereinsbank, die Nervenheilanstalt Marburg, die Localbahn Aktiengesellschaft München (für die Vollbahn Meckenbeuren-Tettnang) und der R. Oldenbourg Verlag die glänzende Ausführung der Arbeiten Millers. Die beeindruckende Liste von Projekten, die Miller in dem kurzen Zeitraum zwischen 1890 und 1899 realisiert hatte, verdeutlicht noch einmal seinen beruflichen Erfolg. Die gesammelten Dankschreiben hat Miller nicht veröffentlicht, sondern nur bei Auftragsangeboten als Referenzen eingesetzt. Ihm schien es wichtiger zu sein, die technische Ausstattung seiner Projekte bekannt zu machen und die Fakten für sich sprechen zu lassen. Daher publizierte er im Jahr 1899 die Broschüre «Beschreibung und Darstellung elektrischer Werke, welche nach den Projekten und unter Leitung des Technischen Bureaus Oscar von Miller, München ausgeführt sind».

Auch in späteren Jahren hatte Miller gegen offen oder heimlich vorgebrachte Schmähungen zu kämpfen. In der Auseinandersetzung um das Bayernwerk sahen die großen Energieversorger aus dem fränkischen Raum ihre Interessen durch Miller gefährdet. In einem «Exposé»[520], das sie der bayerischen Staatsregierung zuspielten, drängten sie darauf, «den nicht immer segensreichen Einfluss des Herrn Reichsrat Oskar von Miller» einzudämmen. Das Papier ist ein Rundumschlag gegen die bisherige Beratungs- und Unternehmertätigkeit Millers. In vielen Einzelbeispielen wurde Bekanntes, aber auch nachweislich Falsches aufgezählt. Miller sei in zahlreichen Fällen als Gutachter eingeschaltet worden, habe aber dann die Anlagen als Unternehmer selbst gebaut. Ausführlich schilderte das «Exposé» den Fall der Stadt Regensburg. Dort habe er 1907 die Stadtverwaltung in der Frage der Erweiterung des sieben Jahre zuvor von der Fa. Schuckert & Co. erbauten Elektrizitätswerks beraten. Anstatt einer gutachterlichen Äußerung habe Miller aber ein ganz neues Projekt mit der Begründung aufgestellt, dass eine Erweiterung «überhaupt nicht zweckmässig» wäre, da das alte Werk unmodern sei und unrentabel arbeite. Da die Stadt zögerte, schlug Miller vor, das Elektrizitätswerk zu dem von ihm berechneten Preis von 2,7 Millionen Mark in Eigenregie zu erbauen und in Betriebspacht zu übernehmen.[521] Diese Diskussion um Millers Vorschlag beschäftigte den Magistrat auf lange Zeit. Einerseits war die Verlockung groß, ohne eigenes Risiko zu einer Erweiterung zu kommen, andererseits bot die weitere Zusammenarbeit mit der Traditionsfirma Schuckert & Co. die Gewähr von Kontinuität.

Die Liste dieser Auseinandersetzungen ließe sich leicht verlängern. Selbst in den Jahren, in denen Miller als Staatskommissar für das Bayernwerk tätig war, kam es wiederholt zu Angriffen. Sie sind in der Regel vor dem Hintergrund zu verstehen, dass Energieversorger oder Elektrounternehmen ihre Interessen durch die Konstruktion des Bayernwerks beeinträchtigt sahen. Auch der Vorschlag eines «neuen Bayernwerks» von Hans Thoma, der 1918/19 das Miller'sche Projekt grundsätzlich kritisiert hatte, war keine unabhängige Sachverständigenmeinung, sondern das Votum eines einflussreichen bayerischen Energieversorgers, der Mittleren Isar AG, bei der Thoma als Oberingenieur angestellt war.[522] Nach langer, zeitraubender Diskussion wurde Thomas Vorstoß letztlich abgelehnt. Ausschlaggebend war die Meinung verschiedener Experten, darunter Georg Klingenberg und Vertreter mehrerer großer Elektrounternehmen, die den Gegenvorschlag als nicht realisierbar und wirtschaftlich unrentabel beurteilten. Da Thoma Miller persönlich angegriffen hatte, drohte ihm dieser mit einem Gerichtsverfahren. Erst als Thoma eine Ehrenerklärung abgab, ließ Miller die Klage fallen.[523] Im Ringen um Aufträge, Absatz und Einfluss wurde also mit harten Bandagen gekämpft.

In den Jahren nach dem Ersten Weltkrieg wurde die Auftragslage für Millers Ingenieurbüro schwierig. Schließlich sah sich er gezwungen, sein Büro im Sommer 1921 in eine Gesellschaft mit beschränkter Haftung umzuwandeln, um seine Existenz zu sichern. Dies geschah exakt dreißig Jahre nach dessen Gründung. Hintergrund dieser Entscheidung war, dass Miller aufgrund seiner ehrenamtlichen Tätigkeit für den bayerischen Staat, aber auch für das Deutsche Museum zeitlich kaum mehr in der Lage war, aktiv die Geschäfte zu führen. Ein weiterer Grund für seinen Teilrückzug aus der Firma war, dass Miller zu diesem Zeitpunkt schon 66 Jahre alt war und zunehmend mit gesundheitlichen Problemen zu kämpfen hatte. In das neue «Ingenieurbüro Oskar von Miller GmbH» traten als Gesellschafter Miller selbst, einige Mitglieder seiner Familie sowie die drei langjährigen Prokuristen Artur Schönberg und Ernst Glunk, beides Ingenieure, sowie der Kaufmann Ewald Jacobs ein.[524] Eine Pikanterie der Geschichte ist, dass das Ingenieurbüro, das unter Oskar von Miller zwei Jahrzehnte lang für den Staat gearbeitet hatte, offiziell erst im Jahr 1931 als Beratungsbüro vom Bayerischen Staatsministerium des Innern anerkannt wurde.[525]

Die Darstellung der elektrotechnischen Arbeiten Oskar von Millers führte zu einigen bemerkenswerten Ergebnissen. Miller entwickelte sich vom Autodidakten zu einem weltweit anerkannten Spezialisten auf dem Gebiet der Elektrizitätsversorgung. Seinen Ruf erwarb er sich nicht durch revolutionäre Erfindungen, sondern durch seine Fähigkeit, entscheidende Entwicklungen frühzeitig zu erkennen und konsequent zu realisieren. Schon sein Einstieg in die Elektrotechnik, einem damals neuartigen Industriezweig, beweist dies. Dass sich die Elektrotechnik zu einer Leittechnologie und die Energieversorgung zu einem zentralen gesamtgesellschaftlichen Phänomen des 20. Jahrhunderts entwickeln würden, war 1881 – während seines Besuches der elektrotechnischen Ausstellung in Paris – nicht absehbar. Miller scheint jedoch schon zu diesem Zeitpunkt davon überzeugt gewesen zu sein. Es ist charakteristisch für ihn, dass er bereit war, Entscheidungen von hoher Tragweite zu treffen und sie beharrlich umzusetzen. Dazu gehörte eine ebenso große Bereitschaft, Risiken einzugehen. Sein beruflicher Lebensweg als Elektroingenieur ist die Konsequenz dieser Entscheidungsfähigkeit.

Miller verknüpfte die allgemeine Stromversorgung früh mit einer sozialen Dimension, der Idee des «sozialen Stroms». Technik bedeutete für ihn nicht nur maschinellen Fortschritt, sondern auch soziale Weiterentwicklung. Es ist diese Vision, die ihn von zahlreichen Zeitgenossen unterschied. Miller präsentierte bei seinen großen Entwürfen für das Bayernwerk und die Reichselektrizitätsversorgung keine utopischen Konzepte, sondern detaillierte Machbarkeitsstudien.[526] Sein Gedanke einer Stromübertragung auf weite Strecken war anfangs vielen Zeitgenossen suspekt, ebenso ein nationales Stromversorgungssystem oder seine Forderungen nach Elektrifizierung von Handwerk und Haushalten. Immerhin hielt man sie für realisierbar. Mit seiner beruflichen Arbeit bewies Miller Stück für Stück die Richtigkeit seiner Annahmen. Dem Plan einer Reichselektrizitätsversorgung ging der kontinuierliche Ausbau der Blockstation zur Zentralstation, zur Versorgung ganzer Städte, Bezirke und dann einzelner Territorien voraus. In allen diesen Entwicklungsphasen der Energieversorgung demonstrierte Miller die Machbarkeit seiner Konzepte. Dabei war er ein pragmatisch denkender Mensch. Nicht alles, was machbar war, war ökonomisch sinnvoll. Mit dieser Haltung reihte er sich ein in die Mehrheit der deutschen Ingenieure.[527] Schon früh widmete Miller der Ermittlung einer Kosten-Nutzen-Relation besonderes Augenmerk. Die von ihm angewandte Methode der Ermittlung des Bedarfs und der vorhandenen Kraftquellen war schlüssig und wurde zunehmend von der Industrie adaptiert.

Die zielorientierte Planung wurde bei Miller zu einem Kennzeichen seiner Arbeit. Gerade aus den Erfahrungen des oft spontanen, ja improvisierten Vorgehens in der Frühphase der Elektrifizierung bei der DEG bzw. AEG heraus entwickelte er vorausschauende Lösungen. Dies zeigt sich in der Konzeption der von ihm errichteten lokalen Elektrizitätswerke. Miller baute sie nicht unter dem Aspekt einer kurzfristigen Versorgung, was damals üblicherweise einen Zeitraum von ca. drei Jahren bedeutete, sondern er konzipierte sie so, dass die Leistung der eingebauten Maschinen einen wachsenden Konsum leicht abdecken konnte. Von Kritikern wurden Millers «überdimensionierte» Entwürfe oft belächelt und als unwirtschaftlich abgetan. Letztlich aber waren es die von ihm realisierten Lösungen, die sich als besonders wirtschaftlich erwiesen haben. Einwände entkräftete er dadurch, dass er Elektrizitätswerke auf eigene Kosten erbaute und betrieb. Gerade weil die Werke nicht für den kurzfristigen Bedarf konzipiert waren, konnte er mit diesen Anlagen binnen weniger Jahre hohe Renditen erzielen. Diese wiederum überzeugten die Stadtverwaltungen. Meist schon ein Jahrzehnt nach der Eröffnung kauften ihm die anfangs skeptischen Kommunalparlamente die Werke gegen gutes Geld wieder ab. Die langfristige Planung hatte Miller Recht gegeben. Es ist die Verbindung von Elektrotechniker und Volkswirt, die ihn bei seiner Arbeit auszeichnete und die seine Elektrizitätswerke zu musterhaften Vorbildern werden ließ. Miller griff, wie seine Mitarbeiter leidvoll bemerkten, bei der Planung von Elektrizitätswerken immer wieder korrigierend und verbessernd in die Planzeichnungen ein, um modernste Anlagen zu schaffen und sie gleichzeitig einfach und zweckmäßig zu bauen. Auf die größtmögliche Betriebssicherheit und vor allem Wirtschaftlichkeit der Werke wollte er dennoch nicht verzichten.[528]

Als kühler Rechner und vorausschauender Planer großer Elektrizitätsnetze hob sich Miller von zahlreichen Elektrotechnikern seiner Zeit ab. Schon lange vor dem Ersten Weltkrieg wies er mit der Konzeption der Pfalzwerke und des Bayernwerks den Weg zur Großversorgung. Mit seinem Ingenieurbüro wurde er zu einem der führenden Protagonisten der deutschen Energieversorgung. Hierbei kam ihm seine Stellung als selbstständiger Ingenieur zugute. Da er nicht an staatliche, städtische oder firmenpolitische Interessen gebunden war, gelang es ihm, konzeptionell ausgefeilte und unparteiische Lösungen zu finden. Es war das Gesamtkonzept, das Miller zunehmend interessierte. Für ihn wurde das Wort des «Generalplans» entscheidend, ein Begriff, der immer häufiger in seinen Projekten auftauchte. Seit etwa 1903 war Miller ein entschiedener Verfechter einer langfristig geplanten und kontinuierlich aufgebauten Großversorgung. Es ist das Energieversorgungs-«System», das Miller anstrebte. Auch beim Bau von Einzelwerken plante Miller so, dass ein späterer Anschluss an einen Stromverbund möglich war. Beispielhaft dafür sind seine Planungen in der Pfalz, in Siebenbürgen und bei den Isarwerken. Miller hatte große Verbünde vor Augen, wenn er elektrische Anlagen baute. In diesem Sinne ist Miller ein «system builder», wie der amerikanische Technikhistoriker Thomas P. Hughes diesen Typus genannt hat.[529] Sein Beitrag war die kontinuierliche Planung eines nationalen Energieversorgungssystems. Es ist bemerkenswert, dass Miller die Bedeutung eines solchen Systems sowohl unter technischen wie unter ökonomischen und sozialen Gesichtspunkten beurteilte. Obwohl er lange außerhalb des politischen Rahmens agierte, gewann Miller mit seinen konzeptionellen Vorschlägen mehr und mehr an Einfluss. Dabei nutzte er die Foren, die ihm seine Erfolge als Ingenieur allmählich eröffneten: Grundsatzartikel in Fachzeitschriften, Beratungstätigkeiten in Fachgremien und Ausschüssen, Gutachten für Behörden und aktives Engagement als Reichsrat oder Staatskommissar. Millers Beitrag zur Elektrifizierung in Deutschland war dabei von der Praxis bestimmt. Er war kein Theoretiker, der sich in akademischen Erörterungen eines Problems gefiel. Er suchte eine praktische, oft pragmatische Lösung. Obwohl meist unnachgiebig, ja starrsinnig in seinen Ansichten, gelang es ihm trotzdem, seine Widersacher von einer Gesamtlösung zu überzeugen. Geschickt lavierte er zwischen den Interessen der

Industrie, den Forderungen der Politik und den Ansprüchen des Gemeinwohls. Miller kam dabei zugute, dass er über herausragende organisatorische Fähigkeiten verfügte. Er war der geborene Manager, der die zahlreichen parallel laufenden Arbeiten und Planungen souverän im Griff hatte. Miller kümmerte sich ebenso leidenschaftlich um Details wie um die großen Zusammenhänge. Für die konkreten Ausarbeitungen seiner Vorstellungen konnte er sich auf einen exzellenten Mitarbeiterstab verlassen. Wichtig ist, dass es Miller über Jahrzehnte hinweg gelang, an den entscheidenden Schnittstellen der elektrotechnischen Entwicklung präsent zu sein und diese mit seinen Ideen beeinflussen zu können. Seine Berufserfahrung ließ ihn rechtzeitig Schwachpunkte erkennen. Gleichzeitig hatte er es seiner langjährigen Praxis zu verdanken, dass er sowohl die technische wie die politische Entwicklung bestens kannte und sie für den Weiterbau seines «Systems» nutzen konnte. Indem sich die Systeme ständig vergrößerten, wurde der Kraftwerksbau immer komplexer. Frühe, einfache elektrische Anlagen waren noch von kleinen Ingenieurbüros planbar gewesen. Die zunehmende Komplexität der Kraftwerksplanung, die damit verbundenen technischen Anforderungen und die notwendigen Wirtschaftlichkeitsberechnungen erforderten eine aufwändige Datenerhebung sowie eine umfangreiche und detaillierte Planung. Meist konnten Großversorgungsanlagen nur noch von den führenden Elektrounternehmen bzw. in staatlichen Planungsstäben realisiert werden. Unabhängige Ingenieurbüros und auch die Gruppe der Hochschullehrer, die vor 1900 die Begutachtung und teilweise die Projektierung von Elektrizitätswerken dominiert hatte, schieden in dieser Zeit aus dem Wettbewerb aus. Miller dagegen verfügte über einen großen, eingespielten Mitarbeiterstab, der Dutzende von Anlagen geplant und gebaut hatte. Er blieb mit seinem Büro einer der großen «Player» bei der Konzeption regionaler Stromnetze. Seine Firma war eines der führenden Planungsbüros in Europa. Kein anderes hat so viele Stromnetze geplant und aufgebaut: Etschwerke, Pfalzwerke, Bayernwerk, Thüringenwerk, Karpatenwerk, Reichselektrizitätsversorgung. Allerdings ist festzustellen, dass es seit den zwanziger Jahren auch für Miller schwieriger wurde, an große Aufträge zu kommen. So gab er, wenngleich widerwillig, gestalterische Funktionen aus der Hand und beschränkte sich auf repräsentative Aufgaben. Miller wurde unversehens zu einer lebenden Ikone der deutschen Elektrotechnik.

Die Entwicklung der Elektrifizierung in Deutschland zwischen 1880 und 1930 ist an allen entscheidenden Punkten mit der Biographie Millers verknüpft. Er ist ein markanter Repräsentant dieser «langen Jahrhundertwende», in der sich die großen technischen Systeme herauszubilden begannen. Während seine Zeitgenossen Thomas Alva Edison eher den Typ des

«Erfinderunternehmers» und Emil Rathenau den Typ des «Managerunternehmers» verkörpern, steht Miller für den Typ des Organisators.[530] Der Historiker Thomas Hughes hat Miller als einen seltenen Vertreter des «engineer-entrepreneur» bezeichnet.[531] Erfinderunternehmer, Managerunternehmer und Ingenieurunternehmer waren nach Hughes zwischen 1880 und 1930 die entscheidenden Gestalter des Großsystems «Elektrizitätsversorgung». Was Persönlichkeiten wie Edison, Rathenau und Miller kennzeichnet, ist ihr pragmatischer Ansatz zur Lösung von Problemen. «System building» meint nicht in jedem Falle eine theoretisch fundierte Vorgehensweise.

Anders Walther Rathenau, Industrieller und 1922 ermordeter Reichsaußenminister, der mit verschiedenen theoretischen Schriften hervorgetreten ist. Den Sohn von Emil Rathenau interpretiert Hughes als Ingenieur und Industrietheoretiker gleichermaßen,[532] während Miller jeder theoretisierende Ansatz fremd war. Seine Ingenieurleistungen und sein Denken in Netzen basierten nicht auf mathematischen oder physikalischen Grundüberlegungen, sondern auf langjährigen Erfahrungen. Fünfzig Jahre Ingenieurtätigkeit hatten ihn gelehrt, dass Stromversorgung zwar mit Spannung, Widerständen oder Stromkreisen zu tun hatte, dass sie allerdings dann am besten funktionierte, wenn sie technisch sauber geplant war und sich wirtschaftlich rechnete. Zweckmäßig geplante Organisation eines technischen Systems, das war der Anspruch Millers. «Leitung» und «Rückleitung» von Strom waren am günstigsten in einem Netz, nicht in einer einfachen geraden Leitung zu realisieren. Man würde den Begriff des «system builder» in Bezug auf Miller überstrapazieren,[533] wollte man ihm ein geschlossenes und wohl formuliertes Konzept unterstellen. Es gibt von ihm keine Vorträge oder Veröffentlichungen und kaum explizite Äußerungen, in denen er ein solches Konzept thematisierte. Theoretische Überlegungen, wie sie Walther Rathenau in seinem Buch «Zur Kritik der Zeit» mit den «zentrischen Netzen» der Zeit und der «Mechanisierung der Welt» angestellt hat, hat Miller nie angestrebt.[534] Sein Denken ist eher intuitiv. Auch seine Gutachten, Projektstudien und technischen Berichte sind nie von einem theoretischen Ansatz bestimmt. Vielmehr fällt auf, wie nüchtern er seine schriftlichen Ausarbeitungen gestaltet. Fakten und Zahlen wurden in einer Weise dargestellt, dass schon allein ihre Präsentation den Schluss nahe legte, eine sorgfältige Datenerhebung enthalte bereits alle Handlungsanweisungen. «Ich halte es deshalb gegenwärtig für eine wichtige Aufgabe, volkswirtschaftlich richtige Unterlagen für die zweckmäßigste Verwendung des von den Wasserkräften erzeugten Stroms speziell in Bayern zu schaffen», schrieb Miller in einem Aufsatz 1925.[535] Einen höheren Anspruch legte Miller seinen Gutachten nicht zugrunde. «Richtig», «zweckmäßig» und «volkswirtschaftlich» sind die Kategorien, in denen Miller Großversorgungssysteme plante, immer ergänzt durch das Attribut «Nutzen für die Allgemeinheit».[536] Mit seiner Betonung des volkswirtschaftlichen Aspekts ging er über eine abstrakte Idee des Fortschritts durch Technik weit hinaus. Nicht nur ein betriebswirtschaftlicher Nutzen bestimmte Millers Planungen, sondern eine am Gemeinwohl orientierte Stromversorgung. Darin ist Millers genuiner Beitrag zur Entwicklung des Stromversorgungssystems in Deutschland zu sehen.

Forschungsinstitut für Wasserbau und Wasserkraft

Kaum hatte sich Oskar von Miller vom Bayernwerk und vom Walchenseewerk zurückgezogen, regte er schon 1923 die Errichtung einer Großversuchsanlage für Wasserbau am Walchensee an.[537] Die Motivation für die Schaffung einer solchen Forschungsanstalt ist darin zu suchen, dass die von ihm prognostizierten Zuwachszahlen beim Bedarf von Strom aus Wasserkraftanlagen eine möglichst vollständige und ökonomische Nutzung der Wasserkräfte erforderten.[538] Voraussetzung dafür war eine sehr genaue Kenntnis der Bedingungen der Wasserführung. Ebenso wichtig war es, die Veränderungen des Geschiebeverhaltens von Flüssen und Stauseen nach dem Einbau von Wasserkraftanlagen zu analysieren, um unerwünschte Störungen zu vermeiden. Auch die Auswirkungen künstlich geschaffener Staustrecken auf das Grundwasser waren noch wenig erforscht. Für das Terrain am Walchensee sprach, dass hier ein günstiges Gelände und große Wassermengen verfügbar waren. Ganz selbstverständlich ging Miller davon aus, dass der bayerische Staat das Gelände und die benötigten Wassermengen kostenfrei zur Verfügung stellen würde.

Miller stieß mit seinem Vorschlag auf ein wenig erforschtes Gebiet vor. Zwar war die Bedeutung der Nutzbarmachung von Wasserkräften, des Ausbaus der Schifffahrtsstraßen, von Stauwehren und Schutzmaßnahmen gegen Hochwasser in den letzten Jahrzehnten erheblich gewachsen, doch fehlte bis dahin nicht nur in Deutschland eine systematische Erforschung des Strömungsverhaltens von Wasser im praktischen Großversuch. Die Strömungsforschung lief im Wesentlichen im Modellversuch ab.[539] Dazu waren weltweit zahlreiche Fluss- und Wasserbaulaboratorien geschaffen worden. In Deutschland bestanden entsprechende Einrichtungen an den Technischen Hochschulen in Karlsruhe, Darmstadt, Berlin, München und Dresden. Vor allem Dresden hatte sich einen glänzenden Ruf erworben, da dort der Doyen der Wasserbauforschung, Hubert Engels, unterrichtete. Engels hatte im Jahre 1898 den systematischen Modellversuch eingeführt. Die universitären

Einrichtungen waren vor allem auf Unterrichtszwecke ausgerichtet. Die Studenten sollten die Möglichkeit erhalten, in den Laboratorien Beobachtungen zum Strömungsverhalten anzustellen. Die an den Technischen Hochschulen durchgeführten Forschungen beschränkten sich auf flussbau- und maschinenbautechnische Untersuchungen. Allerdings waren die Modellversuche nur eingeschränkt brauchbar, da in der Regel nur kleine Wassermengen und geringes Gefälle zur Verfügung standen. Im außeruniversitären Raum hatten einige größere Hersteller von Turbinen (Escher-Wyss bzw. Briegleb, Hansen & Co.) eigene Versuchsanstalten eingerichtet, die der Prüfung und Verbesserung ihrer Produkte dienten.

Den Hochschullehrern und den Industrietechnikern war klar, dass nicht alle Probleme im Modellversuch nachvollziehbar und erklärbar waren. Ebenso blieb die Reichweite der Ähnlichkeitsgesetze beschränkt, da es schwierig war, zentrale natürliche Faktoren, wie etwa die Rauheit des Geländes, in Modelle umzusetzen. Engels hat die Modell- und Großversuche einmal scherzhaft mit der Erforschung der Maus und des Pferdes verglichen. Prinzipiell könne man an beiden dieselben Untersuchungen vornehmen; wenn aber das Pferd krank würde, sei man doch froh um einen Tierarzt, der im Umgang mit Pferden und nicht mit Mäusen seine Erfahrungen gemacht habe.[540] Insofern war das von Miller vorgeschlagene Forschungsinstitut nicht als Konkurrenz, sondern als Ergänzung zu den bestehenden Forschungsanstalten gedacht. Die Modellversuche, wie er sie in den Wasserbaulaboratorien kennen gelernt hatte, überzeugten ihn nicht.

Die Idee einer eigenen Forschungsanstalt für Wasserbau scheint Miller zuerst dem Präsidenten der Kaiser-Wilhelm-Gesellschaft zur Förderung der Wissenschaften (KWG), Adolf von Harnack, vorgetragen zu haben. Die Verbindung Millers zu Harnack war durch die Ernennung Millers zum Senator der KWG im Jahr 1922 intensiviert worden, nachdem schon über das Deutsche Museum gute Kontakte bestanden hatten.[541] Aus den Quellen ergibt sich, dass das von Miller geplante Forschungsinstitut von Beginn an eine starke Nähe zur KWG pflegte. Vielleicht dachte Miller ursprünglich sogar daran, es als ein eigenes Kaiser-Wilhelm-Institut zu errichten. Vermutlich sah er in einer solchen Konstruktion die Möglichkeit, an Finanzmittel des Reiches zu kommen. So kurz nach der Hyperinflation 1923, in der das Vermögen der KWG zusammengeschmolzen war, zögerte Harnack allerdings, ein neues Institut zu gründen. Daher wandte sich Miller zuerst an den bayerischen Staat, die Stadt München und an die bayerischen Wasserkraftwerke, um von ihrer Seite eine finanzielle Absicherung seines Projekts zu erreichen. Auch hier waren die ersten Reaktionen durchweg negativ, da man die eigenen finanziellen Mittel nicht zersplittern wollte.[542] Um die Idee seines

Forschungsinstituts zu stärken, holte sich Miller drei Gutachten von renommierten Wissenschaftlern ein, von dem genannten Hubert Engels, von Ludwig Prandtl, Doyen der Strömungsforschung und Vorstand der Aerodynamischen Versuchsanstalt in Göttingen,[543] und von Clemens Herschel, dem Pionier im amerikanischen Wasserbau. Alle drei befürworteten Millers Unternehmen. In der Folge gelang es ihm, in Bayern eine Kommission, bestehend aus Vertretern verschiedener Ministerien, Ämter, Versorgungsunternehmen und der Wissenschaft, zu bilden, die im Oktober 1924 zusammentrat und in der Folge einige Grundsätze für die Forschungsarbeiten der angestrebten Einrichtung festlegte. Diese flossen in eine «Denkschrift über die Errichtung eines Forschungs-Institutes für Wasserbau und Wasserkraft am Walchensee» ein.[544] Mit der Ausarbeitung des Projekts wurde Miller beauftragt. Parallel zu seinen bayerischen Bemühungen warb Miller weiter um die Kaiser-Wilhelm-Gesellschaft. Am 16. Dezember 1924 hielt er in Berlin bei der KWG einen Vortrag, in dem er die Notwendigkeit eines solchen Instituts begründete und ein weites Aufgabenfeld vorstellte.[545] Angesprochene allgemeine Themen waren Zusammenhänge zwischen Niederschlägen und Abflussverhalten, die Erforschung von Verdunstung und Versickerung sowie die Untersuchung von Staugebieten und Überflutungen. Speziellere Probleme des Wasserbaus, besonders die Erforschung der Geschiebeführung und des Geschiebeganges, standen ebenso auf der Agenda wie Fragen maschineller Wasserkraftausnützung.[546]

Räumlich war für das Institut ein zehn Hektar großes Gelände im Obernachtal, zwei Kilometer südlich des Walchensees, vorgesehen. Das nutzbare Gefälle betrug acht Meter. Die benötigte Wassermenge wurde dem Isarüberleitungskanal bei der Einleitung in die Obernach entnommen. Zur Verfügung standen etwa acht Kubikmeter pro Sekunde. Die eigentliche Versuchsstrecke hatte eine Gesamtlänge von rund 700 Metern. Die Planungsunterlagen hatte der Oberbaudirektor und Professor für Wasserbau an der Technischen Hochschule München, Kaspar Dantscher, erstellt. Die Idee bestand darin, sowohl eine künstlich geschaffene Versuchsstrecke wie auch die Obernach selbst und das benachbarte Flussgelände für hydrotechnische Versuche zu nutzen. Durch künstliche Einbauten konnten Strömungsgeschwindigkeit und Menge des Wassers unterschiedlich geregelt werden. Am Ende des Versuchskanals war ein Messbecken mit 1200 Kubikmetern Fassungsvermögen vorgesehen, also in einer Größenordnung, wie es noch nie gebaut worden war. Die Kosten für den Ausbau bezifferte die Denkschrift zu Beginn auf 200 000 Reichsmark, für zwei weitere Ausbaustufen waren 1,3 Millionen Reichsmark angesetzt. Die Gelder sollten vom bayerischen Staat und von anderen interessierten Ländern, Kreisen und Städten, vom Reich und von

Wasserwirtschaftsunternehmen eingeworben werden. Organisatorisch sollte die Forschungsanstalt als eingetragener Verein begründet werden.

Die Gründung des «Forschungs-Instituts für Wasserbau und Wasserkraft e.V.» erfolgte am 22. April 1926.[547] Zentrales Gremium war der Verwaltungsrat, der aus drei Vorsitzenden sowie ständigen und gewählten Beisitzern bestand. Je ein Vorsitzender wurde von der Reichsregierung, der Bayerischen Staatsregierung und der Kaiser-Wilhelm-Gesellschaft ernannt. Die ständigen Beisitzer rekrutierten sich aus Delegierten der Einrichtungen, die einen einmaligen Beitrag von mindestens 20 000 Reichsmark entrichtet hatten, während die übrigen Beisitzer von der Mitgliederversammlung gewählt wurden. Oskar von Miller wurde als Vertreter der KWG bestimmt und anschließend zum 1. Vorsitzenden des Verwaltungsrats gewählt. Zum Leiter des Instituts wurde der Maschinen- und Wasserbauingenieur Otto Kirschmer aus München bestimmt, der bis zu seinem Wechsel an die Tech-

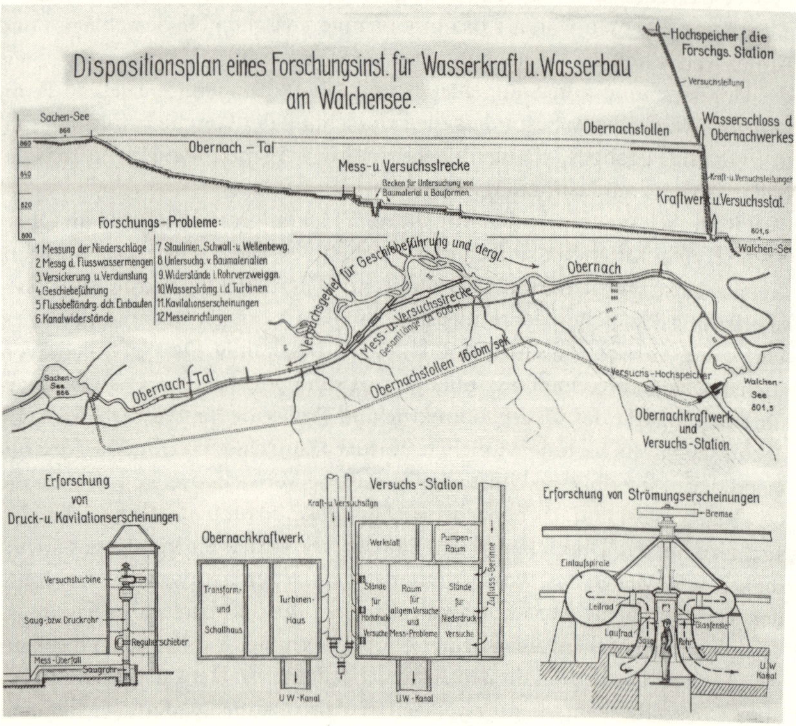

Plan für die Versuchsanlage des Forschungsinstituts für Wasserbau und Wasserkraft am Walchensee, ca. 1928.

nische Hochschule Dresden (1931) die Aufbauarbeiten organisierte.[548] Im Jahr 1928 wurde mit dem Bau der Wasserbau-Versuchsanstalt begonnen, ein Jahr später waren die Arbeiten abgeschlossen, zumindest soweit die Finanzmittel ausgereicht hatten.

Obwohl das Institut bereits im Bau war, blieben die Vorbehalte der Wasserbaulaboratorien an den Technischen Hochschulen gegenüber dem Miller'schen Projekt weiterhin bestehen. Sie fürchteten, wichtige Gutachtergelder an das neue Institut zu verlieren. Millers Beteuerungen, die Anlage sei kein Konkurrenzunternehmen, sondern ergänze die bestehenden Hochschuleinrichtungen, schenkten sie keinen Glauben. Auch in den folgenden Jahren kämpften die universitären Einrichtungen vehement gegen das Obernacher Institut. Noch im Spätsommer 1929 trafen sich auf Initiative des Karlsruher Professors Theodor Rehbock, eines hartnäckigen Gegners der Neugründung, die Vorstände der deutschen Wasserbaulaboratorien in Berlin, um ihre Linie gegen Miller abzustimmen.[549] Die öffentlichen Streitigkeiten verhinderten eine Lösung der schwierigen Finanzsituation des Instituts. So konnte Miller die anvisierten hohen Mitgliedsbeiträge nicht durchsetzen. Die Liste der permanenten Interessenten an den Arbeiten des Instituts war kürzer, als er erwartet hatte. Für den Start des Instituts konnte er zwar rund 300 000 Reichsmark an Beiträgen einwerben, doch waren die Kosten für die Ausbaustufen zu hoch. Zahlreiche Interessenten, die Miller wegen einer Beteiligung ansprach, lehnten eine solche ab.[550] Eine massive Werbeaktion blieb ohne Erfolg. Versuche Millers, über die Notgemeinschaft der Deutschen Wissenschaft an Gelder zu kommen, brachten kein Ergebnis. Ein Angebot des Generalsekretärs der Kaiser-Wilhelm-Gesellschaft, Friedrich Glum, vom Juli 1927, über die KWG beim Reich einen zusätzlichen jährlichen Etat von 50–70 000 Reichsmark für das Forschungsinstitut zu beantragen, lehnte Miller ab.[551] Er wollte «sein» Institut nicht in eine zu starke Abhängigkeit von der KWG bringen. Hintergrund war ein offensichtliches Zerwürfnis zwischen Glum und Miller. Während Glum das Institut näher an die KWG heranführen wollte, beabsichtigte Miller genau das Gegenteil, nämlich dessen Unabhängigkeit durch eine möglichst breit gestreute Mischfinanzierung zu wahren. Auch hoffte er, den bayerischen Einfluss auf das Institut behaupten zu können.

Die schwierige Finanzierungslage verschärfte sich, als das Reich 1929 seinen jährlichen Zuschuss an die KWG kürzte. Um Geld einzusparen, schlug Glum vor, die KWG-Gelder für das Forschungsinstitut zu streichen.[552] Daraufhin drohte Miller in der Verwaltungsratssitzung der KWG vom 14. Mai 1929 mit seinem Rücktritt. Sein süffisanter Vorschlag, der von ihm ungeliebte Glum solle den Vorsitz im Verwaltungsrat des Forschungsinstituts übernehmen, ist ein deutlicher Hinweis auf den schwelenden Konflikt zwischen beiden. Glum lehnte den Posten zwar ab, war aber bereit, als Schatzmeister in das Forschungsinstitut einzutreten. Als Lockmittel stellte er eine Soforthilfe von 25000 Reichsmark in Aussicht.[553] Glum wurde gewählt, und auch Miller konnte von seiner Rücktrittsdrohung vorläufig abgebracht werden. Die Finanzkrise des Instituts in den Jahren 1929/30 und 1930/31 konnte schließlich nur abgewendet werden, da die KWG in diesen beiden Jahren fast 100000 Reichsmark zur Verfügung stellte. Überhaupt bildete die Unterstützung durch die KWG mit über 32 Prozent die größte Einnahmequelle des Forschungsinstituts in den Jahren 1926–1933.[554] Dass die KWG nach dem Tod von Harnack das Institut weiter unterstützte, hing sicherlich mit dem persönlichen Eingreifen des neuen Präsidenten Max Planck zusammen, der mit Oskar von Miller seit der Schulzeit befreundet war. Allerdings konnten kleine Freundschaftsdienste Plancks, so die Zusage der Verdoppelung des jährlichen Beitrags auf 4000 Reichsmark, keine entscheidende Verbesserung bringen.[555] Planck bemühte sich zumindest, Miller als Vorsitzenden zu halten, obwohl dieser jetzt ständig mit Rücktritt drohte. Miller, der die Einsparungen innerhalb der KWG auf alle Institute gleichmäßig verteilen wollte,[556] fand mit seinem Vorschlag wenig Unterstützung. Die Position innerhalb der KWG formulierte der Industrielle Gustav Krupp von Bohlen und Halbach, der als Förderer der KWG agierte und seit Jahren Miller eng verbunden war. Er habe immer die Meinung vertreten, so schrieb Krupp an Miller, dass man nur dann neue Institute in die KWG aufnehmen solle, wenn deren Finanzierung absolut gesichert sei.[557]

Da die Einnahmen weder durch neue Mitglieder noch durch weitere Zuschüsse der KWG bzw. Bayerns noch durch Aufträge erhöht werden konnten, blieb auch der Ausbau hinter den Planungen zurück. Dies wiederum hatte zur Folge, dass die Anlage im Obernachtal nur beschränkt Forschungen für Dritte betreiben und dadurch Geld verdienen konnte. Die vorhandenen Mittel reichten in diesen Jahren gerade zur Deckung der laufenden Personalkosten. Die Probleme des Instituts vergrößerten sich mit dem Weggang von Kirschmer 1931. Sein Nachfolger Bernhard Esterer scheint weniger Gespür für die Auftraggeber des Instituts gehabt zu haben. Nachdem das Institut im Jahre 1930 durch die Vermittlung von Engels erstmals einen Großauftrag erhalten hatte – es sollte im Auftrag der chinesischen Regierung Vorversuche für die geplante Regulierung des Hwangho zum Schutz vor Überschwemmungen durchführen –, verärgerte Esterer die chinesische Delegation so, dass der Folgeauftrag nach Hannover ging.[558]

Die permanenten Querelen um die Finanzierung des Forschungsinstituts für Wasserbau und Wasserkraft, der geringe Erfolg des Instituts, die von

Verwaltungsrat des Forschungsinstituts für Wasserbau und Wasserkraft, 1928.

ihm befürchteten Behinderungen durch die Nationalsozialisten nach der Machtergreifung im Januar 1933 und auch Millers angegriffene Gesundheit führten dazu, dass dieser am 10. April 1933 seinen endgültigen Rücktritt als erster Vorsitzender erklärte.[559] Dieser Rücktritt fällt zeitlich zusammen mit seinem Ausscheiden aus dem Vorstand des Deutschen Museums.

Das Forschungsinstitut für Wasserbau und Wasserkraft ist für Millers Biographie unter verschiedenen Gesichtspunkten wichtig. Zuerst die Idee zur Gründung selbst. Vor dem Hintergrund des von ihm projektierten Bayernwerks und des im Entstehen begriffenen Gutachtens für eine Reichselektrizitätsversorgung ergab sich bei Miller die Überlegung, Wasserbauforschung im großen Stil anzuregen. Ein Forschungsinstitut, das sich mit Problemen der Wasserführung, der Verbesserung der maschinellen Anlagen und mit der Abschätzung von Veränderungen natürlicher Flussläufe und Wasserkräfte durch Kraftwerke beschäftigte, passte konzeptionell in das System einer umfassenden Elektrifizierung, das Miller jahrzehntelang betrieb. Auch die Idee, die bestehenden Modellanstalten an den Universitäten durch eine Großanlage zu ergänzen, war grundsätzlich sinnvoll.

Millers prinzipieller Vorbehalt gegen die Methode der bisher praktizierten Modellversuche der Flussbaulaboratorien[560] zeigt eine andere, für ihn typische Denkweise. Als ausgebildeter Bauingenieur und Mann der Praxis waren ihm die Ergebnisse der Modellversuche zu wenig aussagekräftig. Für ihn waren nicht die Ähnlichkeitsgesetze der Hochschullabors, sondern die Erfahrungen in der natürlichen Umwelt entscheidend. Wie in anderen Zusammenhängen auch argumentierte Miller aus der Sicht eines praktischen Ingenieurs, was für die Konzeption des Forschungsinstituts für Wasserbau und Wasserkraft durchaus problematisch war. Auch wegen seiner Bemühungen um Gelder von der Kaiser-Wilhelm-Gesellschaft vermittelte Miller den Eindruck, eine Einrichtung gründen zu wollen, die ähnlich wie andere Institute der Gesellschaft Grundlagenforschung betreiben sollte. Auch die – mit Zustimmung der KWG geführte – Bezeichnung als »Forschungs-Institut für Wasserbau und Wasserkraft der Kaiser-Wilhelm-Gesellschaft» verdeutlichte die Erwartungen, die an die Neugründung gestellt wurden. Das Institut bekam so einen wissenschaftlichen Anspruch, den Miller bei der Geldeinwerbung gut gebrauchen konnte. In der Praxis dachte sich Miller die Aufgabenstellung des Instituts anders. Im Obernachtal sollten konkrete Beispiele simuliert werden, die sich aus den Planungen für Wasserbauten oder als Konsequenz bereits realisierter Anlagen ergaben. Miller wollte mit dem Institut die Baupraxis und weniger die theoretische Forschung fördern. Daher hatte er den Verwaltungsrat des Forschungsinstituts mit Vertretern von Bauverwaltungen und Kraftwerksunternehmen besetzt, aber nicht mit Wissenschaftlern. Der von Miller gleichzeitig installierte, allerdings nicht in der Satzung verankerte Wissenschaftliche Beirat bestand zwar aus erfahrenen Forschern, blieb jedoch in seinem Einfluss beschränkt. Die von dem ersten Institutsvorstand Kirschmer in seinen Erinnerungen anekdotisch erzählte Geschichte, wie Miller seine erste Forschungsarbeit als Institutsvorstand mit der Bemerkung abgetan habe, dies könne auch ein Dienstmann vom Stachus schreiben,[561] macht deutlich, dass Miller von wissenschaftlichen Fragestellungen wenig verstand. Seine Zielsetzung war, eine Versuchsanlage zu schaffen, praktische Fragen des Wasserbaus zu klären und damit Geld zu verdienen. Unterstützung fand Miller bei dem Ministerialbeamten Theodor Freytag, Vorstand der Abteilung für Wasserkraftausnützung und Elektrizitätsversorgung in Bayern, ebenfalls langjähriger Baupraktiker. Dieser vertrat wie Miller die Meinung, dass die Erfahrung allein den Ingenieur zu seinem Wirken befähige.[562] Mit dieser von Beginn an unklaren Arbeitsvorgabe blieb dem Institut die Durchschlagskraft versagt.

Interessant an den Diskussionen um das Institut am Walchensee ist auch der grenzenlose Optimismus, mit dem Miller die Gründung betrieb, obwohl Deutschland mitten in der Hochinflation steckte. Auch die Weltwirtschaftskrise, die die Obernacher Einrichtung beim Aufbau voll traf, war für ihn kein Grund, seine Idee als Ganzes in Frage zu stellen. Bei den Diskussionen um die Finanzierung des Forschungsinstituts weigerte er sich hartnäckig, durchaus berechtigte Einwände gelten zu lassen, was mit einem gewissen Altersstarrsinn in Verbindung gebracht werden kann. Seine mehrfachen Rücktrittsdrohungen waren das letzte Mittel, um seine Meinung durchsetzen zu können. Weder die bayerische Staatsregierung noch Max Planck als Präsident der Kaiser-Wilhelm-Gesellschaft wollten die Ikone der deutschen Energieversorgung vom Sockel stürzen.

Das große Programm, mit dem Miller angetreten war, konnte nie ausgeführt werden. So ist das Institut auf dem Gebiet der Bodenmechanik, des Grundwassers und des Turbinenbaus nicht ernsthaft tätig geworden.[563] Der wissenschaftliche Ertrag blieb gering, nicht zuletzt da bis 1945 die Anbindung an die Kaiser-Wilhelm-Gesellschaft nur lose und an die Technische Hochschule München überhaupt nicht vorhanden war. Insofern wurde das Potenzial, das in dem Forschungsinstitut im Obernachtal steckte und das zeitweise über eine der größten Versuchsanlagen der Welt verfügte, durch Millers Eigensinnigkeit verschenkt. Erst nach dem Zweiten Weltkrieg, als es der TH München angegliedert wurde, konnte sich das Institut besser entwickeln. Seither führt es nach seinem Gründer den Namen «Oskar-v.-Miller-Institut».

Verkehrssysteme: Auto, Bahn und Flugzeug

Die vom Begriff des «Netzes» geprägten Vorstellungen Millers in der Elektrizitätsversorgung führen zu der Frage, inwieweit sich sein systemisches Denken auch in anderen Arbeitsbereichen als durchgängiges Prinzip feststellen lässt. Obwohl Miller in erster Linie Elektrotechniker war, ist seine Stellung zu Technik und Wissenschaft insgesamt wichtig. Die Diskussion um technische Netzwerke wird in der Technikgeschichte seit längerem geführt. Günther Ropohl hat solche Netze besonders unter dem Aspekt ihrer Strukturelemente untersucht (Knoten, Ring, Stern, Gitter etc.) und unter dem Gesichtspunkt ihrer Funktionalität (Transport-Funktion) beschrieben.[564] Auch Thomas Hughes wendet den Netzwerkbegriff an, wenn er von «networks of power» spricht.[565] Hughes hat Oskar von Miller als einen der herausragenden Protagonisten auf diesem Gebiet dargestellt und dabei seine tragende Rolle als «Akteur» und Gestalter des Netzwerks «Energieversorgung» betont.[566] Bei der Beschreibung seiner Arbeiten als Elektroingenieur hat sich gezeigt, dass er zwar kein Theoretiker war, aber ganz im Sinne von Hughes in großen Netzen dachte. Der Netzwerkbegriff bestimmte seine großen Überlandprojekte, die ein allgemeines Energieversorgungssystem realisieren sollten. Dessen Zielrichtung lag für Miller nicht in der abstrakten Verfügbarkeit von Strom allgemein, sondern in einem gesellschaftlichen Anliegen, der Versorgung von Haushalten, Kleinhandwerk und Gewerbe. Dieser Ansatz bestimmte Millers Systembild.

Während Miller der Elektrotechnik über Jahrzehnte verbunden war, sind seine Tätigkeiten auf anderen Gebieten nur peripher und dürfen nicht überbewertet werden. Für seine Biographie ist allerdings wichtig, dass sich Miller nicht nur als Elektrotechniker verstand. Beruflich oder ehrenamtlich arbeitete Miller in verschiedensten Bereichen mit. Oft nahm er daher neue Unternehmungen in Angriff. Gerade im Verkehrswesen zeigen sich Spuren seines Wirkens. Die Einbeziehung anderer Technikbereiche weitet die Perspektive vom Elektrotechniker Miller auf den Ingenieur Miller.

Auto, Luftschiffe und Flugzeuge sind industrielle Errungenschaften des 20. Jahrhunderts, während die Eisenbahn das 19. Jahrhundert prägte. Die Schifffahrt rückt etwas an den Rand, da sie als Massenverkehrsmittel weniger den Personen- als den Gütertransport bestimmt. Sie spielte bei Miller keine Rolle, sieht man einmal von der Bedeutung ab, die er ihr im Deutschen Museum einräumte.[567] Er selbst benutzte das Schiff lediglich für einige außereuropäische Reisen nach Amerika, Japan, Indien etc. Grundsätzliche Äußerungen – soweit sich solche bei Miller überhaupt finden – fehlen zur Schifffahrt völlig. Auch zum Automobil hatte Miller weder als Ingenieur noch als Nutzer eine besondere Affinität. Wenig bekannt ist, dass Miller schon 1899 in München ein Taxi-Unternehmen mitbegründete.[568] Vorausgegangen war im Jahr zuvor der Antrag des Prinzen Sayn-Wittgenstein-Berleburg auf die Zulassung von 150 Automobilen. Sie sollten ab Januar 1899 als Miettaxis fahren. Aus unbekannten Gründen zog er kurz darauf seine Eingabe zurück und übertrug seine Rechte auf die Firma Motor GmbH. Diese wurde von vier Gesellschaftern getragen, darunter Oskar von Miller. Die ursprünglichen Pläne von Sayn-Wittgenstein wurden kräftig zurückgefahren. Letztlich beantragte die Firma die Zulassung von zehn Taxis, was die Polizeidirektion München am 12. April 1899 bewilligte. Trotz dieser «Pioniertat», das erste Münchner Taxiunternehmen begründet zu haben, hat Miller zeitlebens selten ein Auto benutzt. In München war ihm die Straßenbahn, für weitere Reisen die Eisenbahn lieber. Mit dem bedeutenden Automobilpionier Henry Ford ist Miller aber mehrfach zusammengetroffen. Während seiner Amerikareise 1925 besichtigte Miller auch die von Ford eingeführten Fließbänder. Welche Wirkung sie auf Miller hatten, ist unbekannt. Überhaupt äußert sich Miller nur am Rande zur Mechanisierung von Arbeitsabläufen und zur von Ford eingeführten Massenproduktion.[569] 1930 kam Ford zum Gegenbesuch nach München. Als er erfuhr, dass Miller kein Auto besaß, schenkte er ihm spontan einen «Ford», was Miller zu der Antwort veranlasste: «So groß ist das Museum nicht, Herr Ford, dass ich ein Auto zum Herumfahren brauche, und in der Stadt gibt's die Trambahn.» Obwohl Miller das Geschenk sehr zum Leidwesen seiner Kinder ausgeschlagen hatte, trafen überraschend zwei Automobile aus Detroit ein. Als Miller entrüstet nachfragte, was das zu bedeuten habe, antwortete Ford: «Einen Museums-Wagen und einen Kinder-Wagen».[570]

Mit der Eisenbahn war Miller in verschiedener Weise befasst. Während seiner kurzen Tätigkeit als Bauingenieur in bayerischen Staatsdiensten war er mit der Projektierung von Eisenbahnlinien, -tunneln und -brücken betraut. Die Begeisterung über diese Tätigkeiten hielt sich in Grenzen und ließ keine besondere Liebe zum Eisenbahnbau aufkommen. Gegenüber seiner späteren Frau Marie äußerte er 1881, dass es für einen Bauingenieur bei den Bahnbauten in Bayern nichts Interessantes mehr zu tun gebe.[571] Als technisches System bot die Eisenbahn für Miller also keine Herausforderung mehr. Dies ist auch der Grund, warum er sich nach seinem Studium und der Referendariatszeit einem anderen Technikfeld zuwandte. Eher marginal war seine Beteiligung an der «Eisenbahn-Actiengesellschaft Schaftlach-Gmund-Tegernsee», die als private Nebenbahn zur Erschließung des Tegernseer Tals gegründet und am 1. August 1883 eröffnet worden war. Die Idee dazu stammte von Oskars Vater Ferdinand, der gemeinsam mit dem Bankhaus Merck, Finck & Co das Unternehmen plante. Oskar von Miller selbst trat bei der Gründung als einer der Aktionäre auf, wobei er – wie er in einem Brief an die Eltern schrieb – nur als «Strohmann» agiert habe. Nachdem sich die Linie finanziell rentierte, bedauerte er, sich nicht stärker beteiligt zu haben.[572]

Als Elektroingenieur arbeitete Miller an der Planung verschiedener elektrischer Bahnen, die er teils im Auftrag der AEG, teils als eigenständiger Ingenieur realisierte. Im «Adressbuch der Elektrizitäts-Branche» hatte er als eines seiner Arbeitsgebiete den Bau von elektrischen Bahnen angegeben.[573] Gemeint waren damit elektrische Straßenbahnen, die um 1890 bei der Verbesserung der kommunalen Verkehrsstruktur eine immer wichtigere Rolle spielten. Straßenbahnprojekte verwirklichte Miller in Hermannstadt, Ludwigshafen, Landshut (hier wurde die ursprünglich anvisierte Straßenbahn in eine Pferdebahn umgewandelt), Stuttgart und auf der Linie von Fürth nach Nürnberg. Auch an der Projektierung von Bergbahnen beteiligte er sich.[574]

Nach der Jahrhundertwende gewann die Elektrifizierung der zahlreichen Eisenbahnen in Deutschland an Bedeutung. Wie die Trambahn- waren die Eisenbahnengesellschaften potenzielle Großkonsumenten von Strom und wurden daher von den Elektrizitätswerken umworben. Die Elektrifizierung des Schienennetzes geriet seit etwa 1900 in den Fokus der Öffentlichkeit. Miller selbst leitete die Anfänge der Elektrifizierung von Eisenbahnen modellhaft mit der elektrisch betriebenen normalspurigen Vollbahn von Tettnang (Württemberg) nach Meckenbeuren ein, die 1895/96 gebaut wurde.[575] Die Linie war die Erste dieser Art in Deutschland und betrieb sowohl den öffentlichen Personen- wie den Güterverkehr mit Strom. Den Auftrag für den elektrischen Teil der Linie erhielt Miller über die Localbahn Aktiengesellschaft in München. Die Tettnanger Bürger hatten seit langem den Anschluss ihrer Ortschaft an Meckenbeuren und damit an die Schnellzuglinie Ulm-Friedrichshafen im Auge. Allerdings war ein Dampfbetrieb zu teuer und nicht rentabel. Durch den Vorschlag Millers, in Tettnang ein Elektrizitätswerk zu bauen, das den Beleuchtungs- und Kraftstrom des Ortes, aber auch den Strom zum Betrieb einer elektrischen Eisenbahnlinie liefern sollte, wurde das Unternehmen rentabel. Der Strom für das Elektrizitätswerk wurde durch ein 6,5 km entferntes Wasserwerk an der Schussen erzeugt und über eine Fernleitung nach Tettnang geführt. Als Reservekraft diente eine Dampfanlage am dortigen Bahnhof. Die Elektromotoren lieferte die Maschinenfabrik Oerlikon, mit der Miller beim Drehstromversuch Lauffen-Frankfurt zusammengearbeitet hatte. Die Eisenbahnwagen wurden eigens von der Maschinenbaugesellschaft Nürnberg gefertigt. Die elektri-

Eröffnung der elektrischen Vollbahn von Meckenbeuren nach Tettnang, 1896.

:he Bahnstrecke betrieb man mit einer Spannung von etwa 650 Volt. Die :hlussabnahme der Linie ergab, dass ein rund 50 Tonnen schwerer Eisen- ahnzug auf der ständig ansteigenden Strecke mindestens eine Leistung von ɔ PS erforderte, um eine Geschwindigkeit von 10 Stundenkilometern zu er- eichen. Bei entsprechend reduziertem Gewicht erhöhte sich die Geschwin- igkeit auf bis zu 30 km/h. Sogar eine elektrische Heizung hatte Miller für en Personenzug vorgesehen. Auch wenn die Versuchsstrecke noch relativ urz war und die elektrische Ausstattung der Züge von Miller mit reichlich mprovisationstalent vorgenommen wurde, wies sie den Weg für die künf- ige Elektrifizierung der Eisenbahn. Dieses Projekt hat Miller später als Ver- ntwortlicher für den Walchensee- und Bayernwerkbau energisch betrieben. Die Stromabgabe an die bayerischen Bahnen war ein wichtiger Faktor in der Rentabilitätsberechnung, außerdem führte die Elektrifizierung zu einer Modernisierung des Bahnwesens in Bayern und später in Deutschland. In seinem Gutachten für die Reichselektrizitätsversorgung hat Miller der Elektrifizierung der Bahnen eine besondere Bedeutung beigemessen.

Die Frage der Elektrifizierung des deutschen Bahnwesens war in besonderer Weise von den Auswirkungen des Ersten Weltkriegs bestimmt. Frankreich hatte nach den Erfahrungen des Krieges ein verständliches Sicherheitsbedürfnis gegenüber dem Nachbarland. Gleichzeitig wollte die französische Regierung, stärker als die anderen Siegermächte, die Frage der deutschen Wiedergutmachung umfassend geregelt wissen. Durch die Festlegung der deutschen Kriegsschuld im Versailler Vertrag (Artikel 231) wurde Deutschland zur Zahlung von Reparationen verpflichtet. Die Diskussion um die Höhe der Summe bestimmte die gesamten zwanziger Jahre. Eine gewisse Festlegung brachte der nach dem Amerikaner Charles Gates Dawes benannte «Dawesplan», dem die deutsche Reichsregierung im April 1924 zustimmte. Er wollte unter dem Schlagwort «Business, not politics» einen Beitrag zur Gesundung der deutschen Volkswirtschaft leisten, um die Reparationen auf eine zahlungsfähige Wirtschaft stützen zu können. Inhaltlich sah er bis 1927 eine jährliche Belastung von 1–1,75 Milliarden Reichsmark vor, danach sollten pro Jahr 2,5 Milliarden Reichsmark gezahlt werden. Um die Zahlungen sicherzustellen, übernahm die deutsche Industrie fünf Milliarden Goldmark Obligationen; die Reparationszahlung bestand aus deren jährlicher Verzinsung in Höhe von fünf Prozent. Gleichzeitig wurden die deutschen Eisenbahnen in eine Aktiengesellschaft mit einem Kapital von 15 Milliarden Goldmark umgewandelt. Elf Milliarden wurden als Reparationsschuldverschreibungen auf die deutschen Bahnen eingetragen, die mit ebenfalls fünf Prozent zu verzinsen waren. Die Überwachung der Gesellschaft sollte durch einen ausländischen Eisenbahnkommissar erfolgen.[576]

Die Konsequenz aus dem Dawesplan war, dass 1924 die «Deutsche Reichsbahn-Gesellschaft» (DRG) gegründet wurde.[577] Das Deutsche Reich übertrug am 11. Oktober 1924 das Betriebsrecht am Reichseisenbahnvermögen auf die bis zu einem gewissen Grad autonome DRG und strich die Bahn aus dem allgemeinen Haushalt des Reiches.[578] Damit entfielen die bisherigen Reichszuschüsse. Die DRG war nun der größte Wirtschaftsbetrieb Deutschlands. Auch für die Zahlung der Reparationen war die Bahn ein wichtiger Faktor. Dementsprechend hoch war die Bedeutung, die der Reichsbahn in den folgenden Jahren zukam. An der Spitze wurde ein Verwaltungsrat installiert. Seine Aufgaben bestanden in der Überwachung der Geschäftsführung der DRG und in der Entscheidung über alle wichtigen und grundsätzlichen Probleme allgemeiner Bedeutung.[579] Er setzte sich aus 18 Mitgliedern zusammen, die je zur Hälfte von der Reichsregierung und den Siegermächten benannt wurden. Mit dieser Konstruktion sollten der ausländische Einfluss und die Kontrolle in der Reparationsfrage gewährleistet sein. Die von dem Treuhänder Leverve benannten Persönlichkeiten waren zum Teil Ausländer, so der britische Rechtsanwalt und Eisenbahnexperte Sir William Mitchell Acworth oder der Präsident der Associazione Bancaria Italiana Giuseppe Bianchini, dann Jules Jardot, Vizepräsident der Belgischen Staatsbahn-Gesellschaft, und der Franzose Maurice Margot, Generaldirektor der Paris-Lyon-Mittelmeerbahnen. Die ebenfalls von dem Treuhänder bestimmten deutschen Mitglieder waren die beiden ehemaligen Staatssekretäre Karl Bergmann und Karl von Stieler, der Kaufmann und Präsident der Handelskammer Hamburg Hermann Münchmeyer, der frühere Eisenbahndirektionspräsident Sarre und – Oskar von Miller. Die Wahl Millers in den Verwaltungsrat der Deutschen Reichsbahn-Gesellschaft erstaunt, ist aber ein Hinweis auf seinen ausgezeichneten Ruf im Ausland. Nicht allein das international angelegte Deutsche Museum, sondern auch Millers Kompetenz als Fachmann für Elektrifizierungsfragen dürften für seine Nominierung entscheidend gewesen sein. Außerdem war er parteilos. In jedem Falle war es für Miller eine hohe Anerkennung, als Vertreter der Siegermächte im Verwaltungsrat zu sitzen. Obwohl er Ende 1926 turnusmäßig ausscheiden sollte, wurde er vom Treuhänder erneut berufen[580] und blieb bis Ende Dezember 1931 im Verwaltungsrat. Mit seinem Eintritt in die DRG wurde er zusätzlich in den Technischen Ausschuss gewählt.

Die Einbeziehung der Reichsbahn in die Reparationsfrage bestimmte die Politik des Verwaltungsrats und ließ nur geringe Handlungsspielräume zu. Daran änderte auch der 1929 verabschiedete Young-Plan nichts, der als zentrale Verbesserung die Begrenzung der Reparationszahlungen auf 59 Jahre einführte.

Sitzung des Verwaltungsrats der Deutschen Reichsbahn-Gesellschaft, 1928.

Die schwierige wirtschaftliche Lage beherrschte die Verhandlungen des Verwaltungsrates. Die Abführung von Reparationsleistungen wurde zum Teil über die Bahntarife finanziert. Immer wieder wurde das Problem von Tariferhöhungen diskutiert, um die Einnahmen zu steigern. Auch sollten die zusätzlichen Gelder zur Abdeckung steigender Mindereinnahmen im Güterverkehr, zur Modernisierung des Streckennetzes und des Maschinenparks sowie für Arbeitsbeschaffungsmaßnahmen dienen. Erschwert wurde die Arbeit des Verwaltungsrates durch permanente Einmischungsversuche von Seiten der Reichsregierung, besonders vom Reichsverkehrsministerium. Ihr war die Tatsache ein Dorn im Auge, dass sie laut Dawesplan kein Vertretungsrecht im Verwaltungsrat besaß. Vordergründig wurden die hohen Tarife und Personalkosten kritisiert.[581] Ein weiterer Vorwurf war, der Verwaltungsrat der DRG handle nur aus betriebswirtschaftlichen Motiven heraus, ohne auf die deutsche Volkswirtschaft Rücksicht zu nehmen. Insgesamt formulierte die Regierung in einem Elf-Punkte-Programm ihre Beschwerden und Forderungen.[582]

Ein Hauptthema der Verhandlungen im Technischen Ausschuss und im Verwaltungsrat war die Elektrifizierung verschiedener Strecken.[583] Miller plädierte grundsätzlich für elektrische Bahnen, die angenehmer, billiger und sicherer seien. Selbstredend versprach er sich von einer weiteren Elektrifizierung des Bahnverkehrs steigende Absätze der Energieversorger und damit eine bessere Auslastung der großen Kraftwerke. Noch 1924 wurde die Strecke München – Garmisch auf Strombetrieb umgestellt. Damit war ein Teilaspekt aus Millers Generalplan für Bayern umgesetzt. Mit der Bahn trat ein großer Stromabnehmer als Konsument auf, der permanent, meist bis zu 18 Stunden pro Tag, beträchtliche Strommengen bezog. Die Bahnen spielten in der Absatzpolitik der großen Stromversorger eine wichtige Rolle. Mit wachsender Elektrifizierung stieg die öffentliche Forderung nach einer Vernetzung der Energieerzeuger, ein Wunsch, der mit Millers Idee einer Reichselektrizitätsversorgung bestens harmonierte. Insgesamt war der Elektrobetrieb Anfang 1927 noch kein bedeutender Faktor. Nach den «Mitteilungen über den Elektrischen Fernzugbetrieb» der DRG waren damals nur 976 km Fernlinien elektrifiziert, darunter 479 km in Bayern (München – Garmisch und München – Regensburg), 262 km in Schlesien, 179 km in Sachsen und 49 km in Baden.[584] Aus den Sitzungsprotokollen wird deutlich, dass Miller trotz seines grundsätzlichen Engagements für eine breite Elektrifizierung der Bahnen den Wirtschaftlichkeitsaspekt nicht vernachlässigt sehen wollte. Für ihn stand die Überlegung im Vordergrund, dass die Elektrifizierung in einem Gesamtkonzept abgestimmt sein sollte. Bei diesem Gedanken schwingt Millers Orientierung an großen Netzen mit. Die von ihm bei seinen eigenen Elektrizitätsprojekten propagierten Wirtschaftlichkeitsberechnungen forderte Miller auch bei der Reichsbahn ein. Als 1931 die Elektrifizierung mehrerer süddeutscher Strecken, darunter die Linie München – Stuttgart, diskutiert wurde, plädierte Miller dafür,[585] Daten zu erheben, die über den jeweils benötigten Strombedarf und über die Fahrgastzahlen detailliert Auskunft geben konnten. Für die Linie Augsburg – Stuttgart lag seiner Meinung nach bereits ausreichendes Zahlenmaterial vor, während für die Weiterführung der Bahn nach Karlsruhe die Vorprojektierung noch unzureichend war. Wie sehr Miller auf Gesamtkonzepte achtete, verdeutlicht sein Argument, dass die Elektrifizierung der Bahn im Raum Stuttgart mit der Frage der Stromversorgung der Stadt selbst verbunden werden müsse. Der Verwaltungsrat stimmte letztlich dem Bau der Strecke von Augsburg nach Stuttgart trotz erheblicher Bedenken zu.[586]

Ebenfalls von wirtschaftlichen Erwägungen war Millers Position bei der Einrichtung eines elektrischen Zugbetriebes auf der Berliner Stadt- und Ringbahn bestimmt.[587] Wenngleich er sich prinzipiell dafür aussprach, wollte er das Projekt grundsätzlicher angehen. Seiner Meinung nach sollte darauf geachtet werden, den Übergangsverkehr von einem Verkehrsmittel zum anderen durch bauliche Maßnahmen und durch ein verbilligtes Tarifsystem zu verbessern. Sein Vorschlag war die Errichtung eines Umsteigebahnhofs in Berlin-Charlottenburg.

Günstigere Tarife waren nur durch billigere Elektrizität zu erzielen. Da der Strom von der Berliner Kraft und Licht Aktiengesellschaft (Bewag) und den Elektrowerken geliefert wurde, standen die beiden Stromversorger im Fokus des Interesses. In der Öffentlichkeit wurde diskutiert, ob die Reichsbahn für die Berliner Ringbahn nicht ein eigenes Kraftwerk errichten sollte, um sich aus der Abhängigkeit von den beiden Großlieferanten zu lösen. Vermutlich war die Diskussion von den Siemens-Schuckertwerken angestoßen worden, die sich von einem neuen Kraftwerksbau nicht nur einen einträglichen Auftrag, sondern auch eine Eindämmung der Bewag und der hinter ihr stehenden AEG erhofften. Miller lehnte in der Juli-Sitzung 1926 die Errichtung eines eigenen Kraftwerks ab und sprach sich damit gegen Siemens aus. Er schlug vor, den Strom bei bereits vorhandenen Elektrizitätswerken zu beziehen, forderte aber eine deutliche Reduzierung des Strompreises. Ziel sei ein Preis von etwa 2,4 Pfennig pro Kilowattstunde. Sollte es nicht gelingen, dies auszuhandeln, könne immer noch mit dem Bau eines Reichsbahn-Werkes gedroht werden. Miller drängte auf einen raschen Vertragsabschluss, um den Bau der Ringbahn nicht unnötig zu verzögern. Die Meinung im Verwaltungsrat war in dieser Frage gespalten. Um eine Entscheidung zu forcieren, wurde Miller mit einem Gutachten über die Bedingungen des beabsichtigten Stromliefervertrages beauftragt. Miller kam zu einer insgesamt positiven Beurteilung der von der Geschäftsführung der Reichsbahn ausgehandelten Vereinbarung. Neu war, dass der Einfluss der DRG auf die Stromlieferanten gestärkt werden sollte. Der Vorschlag des Verwaltungsrates ging letztlich dahin, sich an den beiden Kraftwerksgesellschaften zu 1/9 des Gesamtkapitals zu beteiligen. Dies sollte durch ein Darlehen der Reichsbahn in Höhe von 17,5 Millionen Reichsmark erfolgen. Diese Investition war nach Meinung Millers deutlich günstiger als der Bau eines eigenen Kraftwerks, der mehr als 50 Millionen Reichsmark verschlungen hätte. Einen ähnlichen Weg war Miller als Staatskommissar für das Walchensee- und Bayernwerk gegangen. Schon früh hatte er die damals noch bayerische Staatsbahn für eine Beteiligung am Bayernwerk gewonnen. In einem von ihm eingefädelten Vertrag hatte sich die Bahn dazu verpflichtet, jährlich gegen einen festgeschriebenen Betrag Strom aus dem Bayernwerk zu beziehen. Obwohl die Elektrifizierung der Linie München – Augsburg nicht vorankam und die DRG keinen Strom abnehmen konnte, musste sie seit 1928 die vereinbarte Summe von jährlich 400 000 Reichsmark überweisen.

Miller stand bei der Elektrifizierung der Bahnen in Bayern zwischen zwei Interessen. Einerseits musste er als Mitglied des Verwaltungsrats der DRG auf Sparsamkeit achten, andererseits wollte er die Finanzierung des Bayernwerks nicht gefährden. Mit der Ratenzahlung hatte sich die Bahn zu einem weiteren Ausbau des Bayernwerks verpflichtet. Um die permanente Zahlung zu stoppen, argumentierten einige Mitglieder im Verwaltungsrat der DRG damit, das Bayernwerk sei gebaut und weitere Zahlungen daher nicht mehr nötig. Dieser Ansicht widersprach Miller ganz energisch: Walchensee- und Bayernwerk seien erst teilweise ausgebaut.[588] Solange das Walchenseewerk nicht vollständig fertig gestellt sei, müsse die Bahn vertragsgemäß zahlen. Die Diskussion um den Beitrag der DRG beweist, wie geschickt Miller die Verträge für das Walchensee- bzw. Bayernwerk ausgehandelt hatte. Durch die Verpflichtung zu einer jährlichen Stromabnahme in Höhe von 400 000 Reichsmark hatte er die Reichsbahn auch für den Fall gebunden, dass eine Stromabnahme aus technischen Gründen nicht möglich war. Als im Jahr 1928 eine Beteiligung der DRG an den badischen Wasserwerken auf der Tagesordnung stand, war eine solche im Gremium heiß umstritten. Nicht nur aufgrund der schlechten Erfahrungen mit dem Bayernwerk schreckte man von einer erneuten Vertragsbindung zurück. Es überrascht nicht, dass sich Miller in die Diskussion mit keinem Wort eingebracht hat!

Ein zweiter wichtiger Punkt in den Verhandlungen des Verwaltungsrats war die Frage der Finanzen. Miller argumentierte dabei von Fall zu Fall unterschiedlich. Solange er Tariferhöhungen als Voraussetzung für eine Streckenmodernisierung ansah, unterstützte er sie meist uneingeschränkt. Allerdings wehrte er sich vehement gegen ständig steigende Tarife. Er erkannte, dass sie häufig lediglich dazu dienen sollten, Ansprüche des Reiches zu erfüllen. So begründete Verteuerungen lehnte er ab, da sie der DRG nicht direkt nutzten. Ebenso wandte er sich gegen Eingriffe der Reichsregierung; «wenn man uns ständig so beschränkt, treten wir zurück», lautete seine Konsequenz.[589] Es ging ihm letztlich darum, die Reichsbahn in ihren Entwicklungsmöglichkeiten nicht zu hemmen. Dazu passt, dass er sich im Jahr 1926 für die Platzierung einer Anleihe durch die DRG aussprach. Mit den erzielten Geldern wollte Miller den Bau von Arbeiterwohnungen finanzieren. Diese sozial begründete Argumentation ist für Miller typisch. Mit seinem Vorschlag konnte er sich nach längeren Diskussionen durchsetzen. Auch ein im Jahr 1930 beschlossenes Arbeits- und Beschaffungsprogramm in Höhe von 350 Millionen Reichsmark unterstützte Miller. Mit dem Geld sollten weitere Bahnstrecken elektrifiziert und für 10 000 Menschen Arbeit geschaffen werden.

Während Miller zum Automobilbau und zur Schifffahrt ein eher distanziertes Verhältnis pflegte und in puncto Eisenbahnbau mehr aus der Sicht des Elektroingenieurs argumentierte, ist seine Einstellung zur Luftfahrt von Bewunderung für diese Ingenieurleistung geprägt. Miller selbst hat nur selten ein Luftschiff oder ein Flugzeug benutzt.[590] Bekannt sind verschiedene Fahrten mit einem Zeppelin, darunter die Reise von Friedrichshafen nach München im Jahr 1929. Anlässlich dieser Fahrt warf er über München einen Luftbrief ab, der an die Mitarbeiter des Deutschen Museums gerichtet war und noch heute im Archiv erhalten ist.[591]

Zwei Jahre zuvor hatte Miller mit dem bayerischen Ministerpräsidenten Gustav von Kahr mit einer Maschine der Bayerischen Rumpler-Werke einen Flug zum Walchenseekraftwerk unternommen. Miller hat seine Begeisterung in einem Brief an die Werksleitung zusammengefasst. Darin ist von einem Gefühl der Erhabenheit über das «kleinliche Menschengetriebe» und von einer seiner schönsten Erinnerungen die Rede.[592] Als Ingenieur erkannte Miller auf diesem Flug ein bisher ungenutztes Potenzial, nämlich die Möglichkeit der Projektierung von Ingenieurbauten aus der Luft. Anwendbar schien Miller dies besonders beim Bau von Wasserkraftanlagen, da durch den Blick aus der Luft geeignete Stellen für Talsperren, den Kanal- und Tunnelbau oder die Geländeführung für die Trassierung bei Stromleitungen, Bahnlinien, Land- und Wasserstraßen ermittelt werden könnten.

Der bayerische Ministerpräsident Gustav von Kahr (links) mit Oskar von Miller vor dem Flug über die Baustelle des Walchenseekraftwerks, 1921. In der Mitte der Pilot Doldi.

Millers Affinität zur Luftfahrt erklärt sich aus der persönlichen Bekanntschaft mit zwei Pionieren aus diesem Bereich, nämlich Ferdinand Graf Zeppelin und Hugo Junkers. Zu beiden kam der Kontakt über das Deutsche Museum zustande.[593] Luftschifffahrt und Flugzeugbau waren für Miller neben der Elektrotechnik die mit Abstand innovativsten Industrien zu Beginn des 20. Jahrhunderts. Zudem erlebte die Luftfahrt trotz einer Reihe von Rückschlägen – der tödliche Unfall des Pioniers Otto Lilienthal 1896 und der Brand des Zeppelin-Luftschiffs LZ 4 im August 1908 – eine ungeahnte Popularität in Deutschland. Im Jahr 1909 fand in Frankfurt die erste «Internationale Luftschiffahrts-Ausstellung» (ILA) statt, die eine beeindruckende Leistungsschau der Luftfahrttechnik bot. Noch war der Konflikt zwischen den Prinzipien leichter oder schwerer als Luft, also Luftschiff versus Flugzeug, nicht entschieden, allerdings zeichnete sich ab, dass Luftschiffe und Ballone zunehmend ins Hintertreffen gerieten.

Etwa zur selben Zeit wurde die Errichtung einer Versuchsstation für den Luftfahrtbereich diskutiert.[594] Hier prallten die Wortführer der theorieorientierten Naturwissenschaft und der anwendungsorientierten Technikwissenschaft aufeinander. Einer der Verfechter einer Forschungs- und Versuchseinrichtung war Ferdinand Graf Zeppelin. Interessanterweise formulierte er während einer Vorstandsratssitzung des Deutschen Museums im Jahr 1909 seinen Vorschlag, eine solche Versuchsanstalt an sein Werk in Friedrichshafen anzubinden.[595] Die Kritiker Zeppelins bemängelten vor allem die Randlage von Friedrichshafen, die fehlende Anbindung des Ortes an eine Hochschule und die Organisation als «Reichsanstalt». Zur Klärung des Streits wurde Miller zu einer Stellungnahme aufgefordert. In seinem Kurzgutachten betonte er das besondere Potenzial, das in der Luftfahrt stecke.[596] Zeppelin habe mit seiner Fahrt in die Schweiz den Beweis erbracht, dass Luftschiffe nicht nur für militärische Zwecke tauglich, sondern auch für einen regelmäßigen Reiseverkehr einsetzbar seien. Auch für wissenschaftliche Zwecke sah er Möglichkeiten. Miller verkannte nicht die grundsätzlichen theoretischen Probleme der Luftschifffahrt. Allerdings wollte er die Lösung solcher Fragen nicht in die Hände der Versuchsanstalt legen, sondern sie an den Technischen Hochschulen ansiedeln. Die Hauptaufgabe der geplanten Reichsversuchsanstalt für Luftfahrt beschränkte er auf die praktische Erprobung. Aus dieser Überlegung heraus war Friedrichshafen für Miller der geeignete Standort, da dort eine effektive Zusammenarbeit mit dem technischen Personal Zeppelins gewährleistet war. Die Leitung der Reichsversuchsanstalt durch Graf Zeppelin lehnte Miller allerdings ab. Eine solche Tätigkeit würde Zeppelin überfordern und gleichzeitig die Versuchsanstalt zu eng mit einem System, dem der Zeppeline, verknüpfen.

Trotz seiner Vorbehalte gegen Zeppelin war Millers Stellungnahme ein eindeutiges «Pro» für die Luftschifffahrt und ein «Nein» gegen den Motorflug. Flugzeuge als Gegenstand der Erprobung wurden in dem Gutachten Millers nicht erwähnt, obwohl sie auf der ILA in Frankfurt einige Monate vorher so glänzend in Szene gesetzt worden waren.[597] Miller lehnte sich in seiner Stellungnahme eng an Zeppelin an. Dessen Vorstoß während einer Jahrestagung des Deutschen Museums war nicht zufällig erfolgt, sondern sicherlich mit Miller abgesprochen. Zeppelin wollte das mit hochkarätigen Ingenieuren, Wissenschaftlern und Industriellen besetzte Gremium des Vorstandsrats des Deutschen Museums für seine Initiative nützen. Andererseits fällt an Millers Gutachten auf, dass er sich bewusst aus dem Theorie-Praxis-Streit heraushielt. Seine Position war, wie in anderen Fragen auch, die des praktischen Ingenieurs. Er beurteilte die Frage einer Reichsversuchsanstalt für Luftfahrt primär unter dem Gesichtspunkt ihrer Tauglichkeit für die praktische Lufterprobung; die theoretischen Probleme sollten an den Technischen Hochschulen gelöst werden. Die Existenzberechtigung einer Versuchsanstalt stellte Miller ebenso wenig in Frage wie seine Zeitgenossen. Knapp zweieinhalb Jahre später wurde sie als «Deutsche Versuchsanstalt für Luftfahrt» in Berlin begründet.

Ebenso eng wie mit Zeppelin war Miller 15 Jahre später mit dem Flugzeugkonstrukteur Hugo Junkers verbunden. Beide kannten sich aus den Gremien des Deutschen Museums. Vermutlich ist es dieser Tatsache zuzuschreiben, dass sich Miller im Jahr 1923 bereit erklärte, den Vorsitz im Verwaltungsrat der Trans-Europa-Union (TREU) zu übernehmen. Sie bildete eine Holding verschiedener Luftfahrtgesellschaften: Ad Astra Aero AG (Zürich), Rumpler Luftverkehrs AG (München), Österreichische Luftverkehrs AG (Wien), Aero-Expreß R. T. (Budapest), Bayerischer Luft-Lloyd GmbH (München), Südwestdeutsche Luftverkehrs AG (Frankfurt), Junkers Luftverkehrs-AG (Berlin) und Sächsische Luftverkehrs AG (Dresden). Die TREU war am 22. Oktober 1923 in München gegründet worden und führte die von Junkers kontrollierten und koordinierten Luftverkehrsgesellschaften in einem Unternehmen zusammen. Nach der Fusion der TREU mit der Nord-Europa-Union zur «Europa-Union», die am 7. Mai 1925, Oskar von Millers 70. Geburtstag, ins Leben gerufen wurde, endete formal Millers Vorsitz im Verwaltungsrat der TREU.[598] Allerdings wurde die TREU erst zum 1. Januar 1926 endgültig aufgelöst.

Mit der Gründung der TREU fand die Organisation des deutschen Luftverkehrs unter der Führung von Hugo Junkers ihren Abschluss. In den Jahren nach 1925 wurde ihm der Luftverkehr vollständig aus der Hand genommen. In den unmittelbaren Nachkriegsjahren waren seine vielfältigen

Aktivitäten durch die im Versailler Vertrag fixierten Beschränkungen im Flugzeugbau und im Luftverkehr gebremst worden. Das zeitweise verfügte Bauverbot von Flugzeugen in Deutschland (1921/22) hatte die zivile Luftfahrt kurzzeitig blockiert. Der Betrieb im Junkerswerk lag in dieser Zeit still. Junkers wollte sich allerdings mit den Beschränkungen des Bauverbots von Flugzeugen bzw. beim Aufbau eines Luftverkehrs nicht abfinden. Da er in Deutschland keine Militärflugzeuge produzieren durfte, betrieb er deren Entwicklung mit Unterstützung der Reichswehr heimlich im russischen Fili, was eine eklatante Verletzung des Versailler Vertrages darstellte. Inwieweit Miller in diese Aktivitäten eingeweiht war, ist unklar. Im zivilen Bereich suchte Junkers die Verbindung zum Ausland, indem er sich an verschiedenen außerdeutschen Luftfahrtlinien beteiligte. Nachdem das Bauverbot gefallen war, schuf Junkers nicht zuletzt dank seiner führenden Technik beim Bau von Verkehrsflugzeugen (Junkers F 13) binnen kurzer Zeit verschiedene Luftfahrtlinien, die er schließlich in die TREU einbrachte.

Auffällig ist, dass Millers Engagement für die Deutsche Reichsbahn-Gesellschaft und die Trans-Europa-Union zeitlich fast exakt zusammenfallen. Außerdem war seine Wahl in beiden Fällen von dem Gedanken bestimmt, Millers internationales Renommee und seine Unabhängigkeit zu nutzen. Als integre und überparteiliche Persönlichkeit, die in Deutschland großes Ansehen genoss, wurde er von Seiten des alliierten Treuhänders ausgewählt. Junkers wiederum wollte genau diese Einschätzung des Auslandes für seine Zwecke nutzen. In der Gründungsversammlung der Trans-Europa-Union nannte Junkers zur Begründung seines Vorschlags, Miller an die Spitze des Verwaltungsrats zu wählen, dessen hervorragende Organisationsfähigkeit, «vorbildliche Unparteilichkeit» und ausgedehnte Beziehungen.[599] Ein Unternehmen, das einen Mann wie Miller an der Spitze hatte, sollte im Ausland den Eindruck erwecken, dass es sich um ein rein ziviles und rein wirtschaftlich orientiertes Unternehmen handle und jede militärische Dimension ausgeschlossen sei. Natürlich beäugten die Westalliierten den Bau von Flugzeugen in Deutschland mit großer Skepsis, auch wenn es sich lediglich um Verkehrsflugzeuge handelte. Es war ein durchaus gewagtes, doppelbödiges Spiel, das Junkers durch seine russischen Aktivitäten in diesen Jahren betrieb.

Seine Funktion als Aushängeschild hat Miller dabei glänzend erfüllt. In vielfältiger Weise betrieb er Propaganda für die Trans-Europa-Union und die Flugzeuge der Junkerswerke. So organisierte er einen Flug der bayerischen Staatsregierung nach Wien, die sich im Nachrichtenblatt der Junkers-Luftverkehr öffentlich bedankte und von einer gewaltigen Belebung der Luftfahrt sprach.[600] Eine herausragende Öffentlichkeitswirkung hatte der Flug der Reichsregierung von Berlin nach München anlässlich der Neubaueröffnung des Deutschen Museums am 7. Mai 1925.[601] Miller fädelte diesen Werbecoup für Junkers geschickt ein. Neben Reichskanzler Luther nahmen Reichsverkehrsminister Krohne, verschiedene weitere Politiker und einige Pressevertreter am Flug in einem modernen Junkers Großflugzeug teil. Die Landung am Flughafen in München-Oberwiesenfeld wurde zu einem gewaltigen Medienspektakel. Die Bilder von der Landung gingen durch alle Zeitungen. Da Miller die offizielle Eröffnungsfeier in der Mittelhalle des Museums abhielt, in der von der Decke verschiedene Flugzeuge schwebten, wurde der symbolische Charakter – Verbindung von Politik, Technik und Museum – weiter verstärkt. Die nationale Betonung der Luftfahrttechnik und der Leistung der deutschen Luftfahrtingenieure fand in dieser Zeremonie ihre augenfällige Bestätigung. Miller ging in seinem Engagement für Junkers über solche publikumswirksame Gesten hinaus. So ist es vermutlich seinem Einfluss zu verdanken, dass die bayerische Regierung eine Million Reichsmark zur Förderung der Luftfahrt bewilligte und für ein Darlehen von weiteren 1,5 Millionen Reichsmark an die Junkerswerke bürgte.[602]

Während Miller seine Repräsentationsfunktion also durchaus im Sinne von Junkers ausfüllte, fällt beim Durchblättern der Protokolle und Briefwechsel zur Trans-Europa-Union sofort auf, dass er als Vorsitzender des Verwaltungsrates eine eigenständige Position einnahm. Nicht immer entsprachen seine Äußerungen den Wünschen und Zielen der geschäftsführenden Gesellschaft, der Junkers Luftverkehrs-AG, mit ihren führenden Köpfen, Hugo Junkers und Gotthard Sachsenberg, ehemaliger Jagdflieger und geschäftsführender Direktor der TREU. Einige Schlaglichter verdeutlichen Millers grundsätzliche Einschätzungen des modernen Luftverkehrs.

In der ersten, von ihm geleiteten Generalversammlung der Trans-Europa-Union trat Miller für eine möglichst starke Position der Gesellschaft in Deutschland ein.[603] Diese müsse sich durch ein dichtes Flugnetz im Inland und zahlreiche Anschlüsse an internationale Linien auszeichnen. Nur so könne die notwendige Wirtschaftlichkeit des Unternehmens erzielt und frisches Kapital gewonnen werden. Miller dachte bei den Kapitalgebern an die überregionalen Elektrizitätsversorger, die Rhein-Main-Donau AG und die Reichsbahn, da diese von einer Netzverdichtung und der Anbindung an den Personen- und Frachtverkehr der TREU profitieren würden. Mit dem Einstieg interessierter und potenter Kapitalgeber glaubte Miller, ein großes Luftverkehrsnetz aufbauen zu können. Seine Forderung, «Es muss dahin kommen, dass die Flugzeuge dastehen, wie die Autos und jederzeit jeder das Flugzeug benutzen kann»,[604] beschreibt das von ihm angestrebte optimistische Konzept und ist kennzeichnend für den mehrfach beschriebenen Ansatz Millers, Projekte in großen Dimensionen zu denken und zu planen. Sein

Statement, es sei «furchtbar schwer», für eine kleine Sache 50 000 Mark zu bekommen, aber «furchtbar leicht», fünf Millionen für eine große, ist symptomatisch für ihn.[605] Entscheidend war ein «großer Plan» zur Förderung der Luftfahrt. Die von ihm angesprochene Summe war gedacht für den Bau neuer Großflugzeuge. Für Miller waren die ihm vorgerechneten Kosten von 400 000 Goldmark pro Maschine eine bescheidene Summe verglichen mit einer Lokomotive, die fünfmal so viel kostete.

Miller ging es wie Junkers um eine Popularisierung des Luftverkehrs, was nur durch deutlich gesteigerte Passagierzahlen zu erzielen war. Ähnlich wie bei der Elektrifizierung, wo er den allgemeinen Stromanschluss zu möglichst niedrigen Kosten propagiert hatte, befürwortete Miller ein breit angelegtes Luftverkehrsnetz mit reduzierten Flugpreisen. Die Wirtschaftlichkeit des Flugverkehrs müsse den Geldgebern verdeutlicht werden; dann sei frisches Kapital leicht zu gewinnen. Seine Einstellung gipfelte in dem markanten Schlusswort: «Wir müssen bei dem Projekt immer im Auge behalten: 1. Ausbau, 2. Ausbau, 3. Ausbau».[606]

Der «große Plan», für den Miller im Luftverkehr eintrat, wiederholte die typische Rhetorik der Ingenieure des 20. Jahrhunderts, wie sie auch in Zusammenhang mit der Reichselektrizitätsversorgung beschrieben worden ist. Neue technische Entwicklungen boten die Chance, Systeme auf nationaler oder transnationaler Ebene zu schaffen. Die Ingenieure erkannten schnell das Potenzial, das in den neuartigen Flugzeugen steckte. Obwohl die Passagierkabinen in den ersten Verkehrsflugzeugen noch beengt waren, entwickelte sich rasch ein beträchtliches Verkehrsaufkommen. Außerdem veränderten sich Mitte der zwanziger Jahre die Grundbedingungen für den Luftverkehr. Die politischen Verhandlungen der Reichsregierung führten zu einer Entspannung bei den Baubeschränkungen, und die Währungsverhältnisse stabilisierten sich. Für die Trans-Europa-Union drückte sich dies in deutlich verbesserten Betriebsergebnissen aus. Während die Auslastung der Verkehrsflugzeuge im Jahr 1923 noch bei 1,6 zahlenden Passagieren pro Flug gelegen hatte, erreichte sie 1925 im Schnitt 2,055 Personen.[607] Auch wenn man bei den heutigen Fluggastzahlen über diesen Durchschnitt schmunzeln mag, bedeuteten die Zahlen von 1925 eine Auslastung von über 50 Prozent. Zudem wurden rund 100 000 Kilogramm an Post, Fracht und Gepäck befördert. Gerade die Luftpostbeförderung verfünffachte sich binnen eines Jahres. Ebenso nahm die Sicherheit bei den Flügen zu. Bei 5707 Flügen mit einer Flugleistung von 714 875 km im Jahr 1925 kam es lediglich zu fünf Bruchlandungen.

Zu dem «großen Plan» gehörte in Millers Augen, dass der Luftverkehr nicht in der räumlich beschränkten TREU stecken bleiben dürfe, sondern sich zu einer europaweiten Luftverkehrsgesellschaft weiterentwickeln müsse. Insofern begrüßte er die entsprechenden Pläne von Hugo Junkers zur Schaffung der «Europa-Union». Auch in dieser Gesellschaft sollte Miller nach den Vorstellungen von Junkers den Vorsitz übernehmen, doch lehnte dieser das Amt ab. Er wechselte in den Aufsichtsrat über. Für die folgenden Jahre ist über Millers Aktivitäten im Luftverkehr wenig bekannt. Vermutlich hielt sich Miller angesichts der Streitigkeiten von Junkers mit dem Reich nach der Überführung seiner Luftverkehrsgesellschaften in die Luft Hansa bewusst zurück. Nur einmal, im Jahr 1926, wandte er sich an den Reichsgerichtspräsidenten Simons, um zugunsten von Junkers zu intervenieren. In dem Schreiben schilderte Miller das hohe Ansehen, das Junkers und seine Flugzeuge in den USA genießen würden. Ford habe Junkers sogar als sein Vorbild bezeichnet. Wenn jetzt gegen Junkers vorgegangen werde, sei damit auch die «Zerstörung eines grossen Planes» vorprogrammiert.[608] Um Junkers einen wirtschaftlichen Spielraum zu verschaffen, versuchte Miller ein Jahr später, die beiden Konstrukteure Junkers und Claude Dornier für eine strategische Allianz zu gewinnen, die einen kombinierten Rohstoffeinkauf, ein gemeinsames Auslandsgeschäft, Vereinbarungen über Fluglinien und ein abgestimmtes Vorgehen gegen behördliche Maßnahmen vorsah.[609] Letztlich blieben Millers Bemühungen erfolglos. Mit Junkers verband ihn seit dieser Zeit jedoch eine dauerhafte Freundschaft.

Ohne Millers Aktivitäten im Verkehrswesen überstrapazieren zu wollen, so lässt sich hier erneut seine optimistische Grundhaltung zur Technik ablesen. Das Automobil und besonders das Flugzeug hatten seiner Meinung nach ein erhebliches Entwicklungspotenzial. Allerdings fehlte Miller noch der «große Plan», das umfassende Gesamtkonzept, das dem innovativen Flugzeug die Richtung vorgab. Dieser Ansatz ist typisch für Miller.

Millers Optimismus in Hinblick auf die Technik wurde durch den Ersten Weltkrieg nicht erkennbar berührt. Bei Kriegsausbruch ließ er eine ähnlich patriotische Begeisterung erkennen wie die Mehrheit der deutschen Eliten und weite Teile der Bevölkerung. Der bayerischen Staatsregierung bot er sogar die honorarfreie Projektierung des Walchensee- und des Bayernwerks als «freiwilligen Kriegsdienst» an. Auf Kosten des Deutschen Museums stattete er einen Lazarettzug aus, den er dem Militär zur Verfügung stellte.[610] Im Museum richtete er eine Nähstube ein, in der Uniformen gefertigt wurden. Die Familienvilla in Niederpöcking am Starnberger See baute er zu einem Genesungsheim um.[611] Für die Frauen der eingezogenen Mitarbeiter des Museums und des Ingenieurbüros schuf er einen Unterstützungsfonds, um Notfälle zu lindern.

Die Technik selbst hatte sich seiner Ansicht nach im Krieg bewährt. In einer Rede, die Miller im August 1917 halten wollte,[612] kommt sein Technikoptimismus in fast naiver Weise zum Ausdruck. Hier finden sich die üblichen Klischees von der «dicken Berta», unter deren Geschossen die feindlichen Festungen in Schutt und Asche zerfallen seien; der Redeentwurf schilderte die Erfolge des Unterseeboots *U 9*, das drei feindliche Kreuzer gleichzeitig versenkt habe, und pries die Leistungen der Wissenschaftler und Techniker im Krieg, die durch die Erfindung von Ersatzstoffen den Rohstoffmangel eingedämmt hätten. Nur am Rande wurden die Kriegsopfer erwähnt, wenn Miller von dem «schauderhaften Kampfe» des Krieges sprach. Dass die Rede nicht wie geplant in der bayerischen Ersten Kammer gehalten wurde, liegt vermutlich an einer Intervention des Reichskanzlers Georg Michaelis, der den zweiten Teil der Rede für seine eigene Auseinandersetzung mit dem Reichstag um dessen Friedensresolution für kontraproduktiv hielt.[613] Dieser Abschnitt der Rede relativierte die positiven Aussagen über die technischen Leistungen insofern, als Miller darin ein rasches Ende des Krieges forderte. Die riesigen Kriegskosten sollten stattdessen für friedliche Entwicklungen verwendet werden. Gleichzeitig trat Miller für einen ehrenvollen Frieden ein, dessen Annahme allen Kriegsparteien möglich sein werde, sofern auf gegenseitige Forderungen nach Annexionen und Entschädigungen verzichtet würde. Während die geplante Rede Millers im ersten Teil wie ein patriotisches und nationalistisches Hurra-Geschrei wirkt, ist sie im zweiten eine große politische Rede mit dem Plädoyer für einen Frieden ohne Annexionen. Miller war sogar bereit, auf das strittige Elsass-Lothringen zu verzichten, da weite Teile der Bevölkerung trotz vierzigjähriger Zugehörigkeit zum Deutschen Reich nicht Deutsche geworden, sondern Franzosen geblieben seien.[614]

Millers Technikverständnis wird aus einem späteren Vortrag in Essen 1931 zum Thema «Die Technik als Wohltäterin der Menschheit» noch stärker deutlich. Hier zog Miller die Quintessenz aus einer fünfzigjährigen Tätigkeit als Ingenieur. In dem Vortrag spiegeln sich der bekannte Technikoptimismus Millers und seine gesellschaftliche Begründung von Technik wider. Insgesamt zog er eine positive Bilanz der technischen Entwicklung.[615] Zentrale Fortschritte sah er in der Produktion und der Verteilung von Energie, in der Verbesserung der Nahrungssituation durch eine gesteigerte landwirtschaftliche Produktion mit Hilfe von Düngemitteln und in den Möglichkeiten der Nahrungskonservierung durch chemische Verfahren und Kältetechnik, in hygienischen Umwälzungen und medizinischen Verbesserungen sowie in der Entwicklung im Verkehrswesen. Durch engere Verkehrsnetze und schnellere Verkehrsmittel war die Welt enger zusammengerückt. Dadurch war ein internationaler Handel mit einer besseren Verteilung der weltweiten Rohstoffe möglich geworden. Mehr noch als in der verkehrswirtschaftlichen Funktion sah Miller die Bedeutung von Schiff, Auto, Eisenbahn und Flugzeug im Tourismus, durch den sich die Menschen verschiedener Länder besser kennen lernen würden. Damit werde der Friede stärker gesichert als durch Friedenskommissionen.

Soweit die positive Beurteilung der Technik. Millers Grundansatz in der Auseinandersetzung mit den Technikfolgen war, dass er negative Auswirkungen nicht als immanentes Technikproblem interpretierte, sondern die Ursachen darin sah, dass «unsere sozialen Anschauungen, unsere Finanzwirtschaft und unsere Gesetzgebung» mit der Technik nicht gleich schnell vorangeschritten seien.[616] Selbstverständlich erkannte Miller die Nachteile der modernen technischen Entwicklung. Diese sah er weniger in Umweltfaktoren als in der Tatsache, dass Technik teilweise die «Menschenarbeit entbehrlich» gemacht habe. Als Beispiel schilderte Miller in dem Vortrag, dass ein Bagger 100 Arbeiter, eine Lokomotive 100 Fuhrleute ersetze. Mit Hilfe der Technik könnten mehr Güter und Werte produziert werden als früher. «Die Technik lehrte zwar, Werte zu schaffen, aber niemand lehrte den Menschen, sie richtig zu verteilen.»[617] Miller betrachtete die Organisation der Verteilung als Hauptproblem der Gesellschaft. Er lehnte es ab, von einer Überproduktion im Nahrungsmittelbereich zu sprechen, da weltweit Menschen hungern würden. Ähnlich verhielt es sich in der Wirtschaft. Es würden nicht zu viele Produkte erzeugt; nur die Verteilung durch die Menschen funktioniere nicht.

Das Verteilungsprinzip ist zweifellos der Elektrotechnik entlehnt. Güter müssten wie Strom verteilt werden, so seine Ansicht. Die These leuchtet ein. Schwieriger ist es, seinen Ansichten zur Beseitigung von Arbeitslosigkeit zu folgen. Arbeitslosigkeit sah Miller ebenfalls als Verteilungsproblem. Nicht die Tatsache, dass Maschinen mehr und schneller Güter schaffen würden als Menschenhand, sei das Grundproblem, sondern dass es der Gesellschaft bislang nicht gelungen sei, adäquate Konsequenzen zu ziehen. Sein Vorschlag war, Arbeit von anderen Personenkreisen als bisher ausführen zu lassen. So wie man die Kinderarbeit gesetzlich beseitigt habe, sollten jetzt Regelungen geschaffen werden, um Frauen vom Berufsleben zu befreien, um sie in Familie und Haushalt zu beschäftigen. Ihre Arbeit sollte dann von arbeitslosen Männern übernommen werden. Diese Aussage findet sich im Vortragsmanuskript noch deutlicher als in der gekürzten Druckfassung. Die Einschränkung der Frauenarbeit war als Plädoyer für die Familie gemeint, deren Funktion Miller im traditionellen Sinne stärken wollte. 1931 wirkte die Forderung antiquiert, wobei die Kampagne rechter Kreise, insbesondere der Nationalsozialisten, nach einer Abschaffung des «Doppelverdienertums» in dieselbe Richtung zielte. Deutlich moderner war ein anderer Lösungsvorschlag, die Verkürzung der Arbeitszeit. Er überrascht insofern, da Miller noch 1919 ja einen entsprechenden Vorstoß der Mitarbeiter des Deutschen Museums strikt abgelehnt hatte. Einer verkürzten Arbeitszeit und einem Mehr an Freizeit konnte Miller nun, unter dem Eindruck der Massenarbeitslosigkeit in der Weltwirtschaftskrise, positive Seiten insofern abgewinnen, als er in der Konsequenz neue Spielräume für die Menschen zur Weiterbildung und zur Nutzung von Kulturangeboten (Musik, Museen) sah. Sonderlich überzeugend und durchdacht wirken Millers Vorschläge allerdings nicht. Immerhin sprach er mit dem volkswirtschaftlichen Begriff der «Verteilung» ein zentrales Problem an. Näher begründet hat Miller seine Vorschläge nie. Technik und soziale Abfederung der Technik gehörten in seinem Denken eng zusammen. Als Ingenieur wollte er auf notwendige Maßnahmen hinweisen. Eine definitive Lösung überließ er der Politik.

Kapitel 3

Technik und Wissenschaft als Kulturfaktor

Seine Tätigkeit als Ingenieur und Elektrotechniker spiegelt nur die eine Seite der Persönlichkeit Oskar von Millers wider. Hier erwarb er sich einen so glänzenden Ruf und so zahlreiche nationale und internationale Kontakte, dass er sein eigentliches Lebenswerk, die Gründung eines technischen Museums, in Angriff nehmen konnte. Die Idee dazu war in Miller langsam gereift. Die von ihm durchgeführten elektrotechnischen Ausstellungen in München 1882 und Frankfurt 1891, aber auch die zahlreichen kleinen Ausstellungen zeigen, dass er konsequent eine Popularisierung des Stroms anstrebte. Gleichzeitig diente Millers Ausstellungsidee dazu, im Zuge einer massenhaften Stromanwendung in allen Lebensbereichen Berührungsängste abzubauen. Es ist eine Fehleinschätzung zu glauben, dass die Menschen in der Blütezeit der Industrialisierung zwischen 1880 und 1914 die Technik nur optimistisch als Motor von Wachstum betrachteten. Diese Meinung wurde nur von einer schmalen Schicht von Ingenieuren, Unternehmern, Wissenschaftlern und Politikern vertreten. Große Teile der Bevölkerung litten unter den Auswirkungen der Technisierung ihrer Umwelt, erlebten Arbeitslosigkeit und Umweltverschmutzung. Dagegen waren technische Ausstellungen, wie Miller sie plante, Ereignisse, die auf breite Besucherzahlen abzielten. Technik sollte unterhaltend sein und Spaß machen, so seine Intention. Ausstellungen sollten aber auch Kenntnisse über Technik vermitteln. Seine Technikausstellungen waren darüber hinaus Ausdruck eines intensiven Emanzipationsstrebens der Ingenieure im Kaiserreich. Ein technisches Museum zu gründen, war somit keine neuartige und revolutionäre Idee. Allerdings hatte Miller für diese Strömungen ein besonders feines Sensorium.

Die Geschichte technischer Museen hat eine lange Tradition.[1] Sie beginnt mit den Kunst- und Naturalienkabinetten der Renaissancefürsten.

Diese Sammlungen enthielten sowohl Kunstgegenstände als auch handwerkliche und technische Produkte: Waffen, Gemälde, Münzen, Musikinstrumente, Uhren, mathematische und astronomische Instrumente oder merkwürdige Funde aus der Natur. «Curieuse» Objekte, also seltsame und ungewöhnliche Stücke, spielten in den fürstlichen Sammlungen eine besondere Rolle. Diese waren in der Regel unsystematisch aufgebaut. Bemerkenswerte Beispiele dieses Typs der Kunst- und Naturalienkabinette sind auf Schloss Ambras bei Innsbruck, in Dresden, Kassel, Berlin, Florenz und Prag zu finden. Vergleichbare Sammlungen in Bürger- und Kaufmannshäusern waren selten, obwohl der zunehmend weltweite Handel und vereinzelte Expeditionen in kaum entdeckte Länder immer mehr naturwissenschaftliche Objekte und Erkenntnisse nach Europa brachten.[2] Die Begründungszusammenhänge für diese Sammlungen wechselten zwar über die Jahrhunderte, doch sind sie immer auf der Folie gesellschaftlichen Wandels zu sehen. Die Funktion der frühen Raritätenkammern war, dass sie der Erbauung, dem Studium und dem Nutzen dienten, vor allem aber die Größe und die Weisheit Gottes betonen sollten.[3] Auch waren diese Sammlungen dazu gedacht, den eigenen Rang und die eigene Bedeutung zur Schau zu stellen. Mit Beginn der Aufklärung wurden die Sammlungen zunehmend systematischer angelegt. Jetzt bestanden sie in bewusst gesammelten Fundstücken, die als Zeichen einer alles durchdringenden Vernunft gedeutet wurden. Bemerkenswert ist auch die zunehmende Kategorisierung der Natur in dieser Zeit. Die Funde wurden in Klassen und Gruppen eingeteilt und nach ihren Besonderheiten beschrieben. Hauptträger dieser aufklärerischen Sammlungen waren gelehrte Gesellschaften oder Sozietäten, also das interessierte und wirtschaftlich vermögende Bürgertum. Gleichzeitig fand eine Trennung zwischen den «schönen» und den «nützlichen» Künsten statt.[4]

Einen markanten Einschnitt in der Geschichte technisch-wissenschaftlicher Sammlungen bildete die Französische Revolution. Schon kurz nach dem Sturz der Monarchie wurden in Paris 1794/95 eine polytechnische Schule, die École Polytechnique, und nahezu zeitgleich das Conservatoire des Arts et Métiers gegründet.[5] Der Fundus dieses Museums speiste sich aus der Maschinen-, Instrumenten- und Modellsammlung des bedeutenden Mechanikers Jacques de Vaucanson, den technisch-wissenschaftlichen Sammlungen der Académie des Sciences in Paris und aus zahlreichen Einzelstücken. Bei der Gründung des Conservatoire wirkte vor allem der aufklärerische Gedanke vom Bildungswissen breiter Bevölkerungsschichten in Handwerk und Technik nach.

Parallel zum Funktionswandel technisch-wissenschaftlicher Sammlungen seit der Barockzeit änderte sich auch deren Trägerschicht. Die Fürsten wurden abgelöst durch die Gelehrten, später durch das interessierte Bürgertum. Seit der napoleonischen Ära übernahm der moderne Staat den Betrieb technischer Sammlungen. Diese wurden jetzt unter dem Aspekt der Förderung des «Gewerbefleißes» zusammengetragen. Mit der beginnenden Industrialisierung in Deutschland und Österreich im 19. Jahrhundert kam es auch hier zur Errichtung polytechnischer Schulen (Prag 1806, Wien 1815, Karlsruhe 1825, München 1827). Angegliedert waren meist technische Lehrsammlungen. Museale Einrichtungen entstanden erst allmählich. 1850 erfolgte die Gründung des «Musterlagers» in Stuttgart (später: Landesgewerbemuseum),[6] 1852 die des Germanischen Nationalmuseums in Nürnberg. Letzteres sammelte neben deutschen Kunst- und Kulturgegenständen auch kunsthandwerkliche, mathematische, astronomische, naturwissenschaftliche und medizinische Objekte.[7] Die Beschränkung auf die Sammlung von kunsthand- und handwerklichen Produkten in Gewerbemuseen korreliert mit dem technologischen Rückstand Deutschlands Mitte des 19. Jahrhunderts. Führende Technologien, wie die Spinning Jenny, die Dampfmaschine oder die Eisenbahn, waren nicht in Deutschland, sondern im Ausland entwickelt worden. Etwa zeitgleich wurde in London 1851 das South Kensington Museum (heute: Science Museum) gegründet. Während in der Folge in Frankreich und England zentrale technische Museen aufgebaut wurden, verhinderte nicht zuletzt die kleinstaatliche Struktur Deutschlands ähnliche Vorhaben. Die nach der Gründung des Deutschen Reiches 1871 festgeschriebene Kulturhoheit der Einzelstaaten erschwerte die Schaffung eines deutschen Technikmuseums. Ein anderer Motor, der im Ausland den Aufbau technisch-wissenschaftlicher Sammlungen förderte, waren Weltausstellungen. So ging der Gründung des Science Museums in London die erste Weltausstellung 1851 direkt voraus. Während bis zum Jahr 1900 England (London 1851 und 1862), Frankreich (fünfmal Paris) oder die USA (1876 Philadelphia, 1893 Chicago) mehrfach Ausrichter waren und in den Ausstellungen ihre nationale Leistungsfähigkeit betonten, blieben die Bestrebungen zu einer deutschen Weltausstellung in den Anfängen stecken.[8] Damit gelang es auch nicht, dominante Ausstellungssymbole wie den Crystal Palace in London (1851), die Wiener Rotunde (1873) oder den Eiffelturm (1889) als dauerhafte Wahrzeichen zu errichten. Ebenso entfiel damit der Antrieb, auf gesamtdeutscher Ebene naturwissenschaftlich-technisch bedeutsame Objekte aus Vergangenheit und Gegenwart zu sammeln. Deutschland kam im 19. Jahrhundert nicht über Fachmessen und Gewerbeausstellungen hinaus. Große Landesausstellungen wie die beiden Berliner Gewerbeausstellungen 1844 und 1879 oder die «Nordwestdeutsche Gewerbe- und Industrie-Ausstellung» in Bremen 1890 waren die Ausnahme. Statt übergreifender

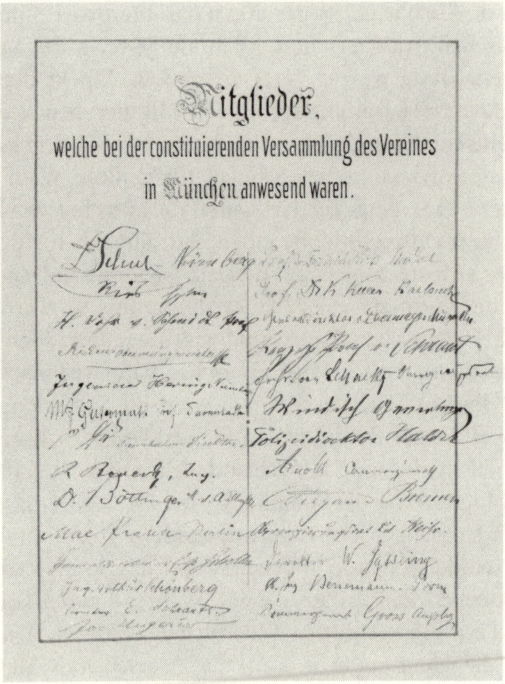
Mitglieder,
welche bei der constituierenden Versammlung des Vereines
in München anwesend waren.

Unterschriften der Gründungsmitglieder des Deutschen Museums (Auszug), 1903.

Ausstellungen setzte früh eine Spezialisierung der Museen ein. Beispiele dafür sind das Museum für Bergbau und Hüttenwesen (1868), das Postmuseum (1872), das Zeughausmuseum (1880) und das Museum für Meereskunde (1905), alle in Berlin ansässig. Zahlreiche Museumsgründungen waren zudem mit der Arbeiterfrage und sozialen Themen verknüpft, so z. B. die Arbeitsschutzausstellung in Berlin oder das Museum für Arbeits- und Wohlfahrtseinrichtungen in München (beide 1899).[9] Unverkennbar ist, dass diese Neugründungen in direktem Zusammenhang mit der Bismarck'schen Sozialgesetzgebung standen. Während die Politik negative Auswirkungen der Industrialisierung abfedern sollte, hatten die neu gegründeten Museen den klaren Auftrag, zur Verbesserung von Hygieneverhältnissen und zum Arbeitsschutz beizutragen. Schließlich muss die Gründung technischer Museen in Zusammenhang mit der Tendenz zu einer neuen «Kulturgeschichtsschreibung» gesehen werden, die nach 1850 neben die traditionelle politische Geschichtsschreibung trat. Sie untersuchte neben volkskundlichen auch technische Themen.[10]

Das System «Deutsches Museum»

Oskar von Miller verfolgte die Ausstellungen seiner Zeit aufmerksam. Aus den Briefwechseln mit seiner Frau und aus seinen persönlichen Erinnerungen geht hervor, dass er zahlreiche Ausstellungen im In- und Ausland besuchte. Die meisten deutschen Museen mit Schwerpunkt auf Gewerbe, Technik und Wissenschaft dürfte er gekannt haben. Besonders die Berliner und Münchner Museen waren ihm geläufig. Auch im Ausland besichtigte er auf seinen dienstlichen Reisen bedeutende Museen. So war er vor der Jahrhundertwende mehrfach im Conservatoire des Arts et Métiers und im South Kensington Museum gewesen. Seine Erfahrungen in diesen Museen waren unterschiedlich, auch wechselten die Eindrücke von Besuch zu Besuch. Während er seit seinem Besuch 1883 das Londoner Museum positiv in Erinnerung hatte, zeigte er sich bei einem erneuten Besuch im Jahr 1913 «sehr enttäuscht».[11] Auch mehrere Weltausstellungen besuchte Miller. Anlässlich der Weltausstellung in Chicago 1893 war Miller Mitglied in dem rund 80 Personen zählenden «Central-Ausschuß» beim Reichsamt des Innern, der mit der Vorbereitung der deutschen Abteilung beauftragt war.[12] Miller selbst stellte dort je einen Plan der Elektrizitätswerke Kassel, Lauffen-Heilbronn und Fürstenfeldbruck sowie Fotos und Beschreibungen dieser Anlagen aus.[13] Die Weltausstellung in Paris 1900 studierte Miller intensiv.

Die Idee zur Gründung eines technischen Museums scheint bei Miller zum ersten Mal kurz vor Ende der Elektrotechnischen Ausstellung in Frankfurt 1891 aufgekommen zu sein. In einem Brief vom 30. Oktober an seine Frau und seine Tochter Elisabeth spricht er davon, dass er sich gerne bald wieder an einem großen «gemeinnützigen Unternehmen» beteiligen wolle.[14] Das hier angedeutete Vorhaben meinte das rund zwanzig Jahre später realisierte «Deutsche Museum». Aufgrund der Quellenverluste finden sich zwischen 1891 und 1903 kaum konkrete Hinweise auf Millers Museumsplanungen. Allerdings beschäftigte ihn dieser Gedanke offensichtlich immer wieder. Als er am 1. Mai 1903 zum ersten Mal mit einem Aufruf zur Gründung eines technischen Museums in München an die Öffentlichkeit trat, geschah dies nicht aus einem momentanen Entschluss heraus, sondern beruhte auf einer geschickt eingefädelten Planung. Als Vorsitzender des bayerischen Bezirksvereins des Vereins Deutscher Ingenieure (VDI) hatte er den Gesamtverein zu seiner Jahrestagung im Juni 1903 nach München eingeladen. Gerade der VDI mit seinem enormen Potenzial an Ingenieuren war für Miller ein geeigneter Multiplikator für seine Pläne. Entschluss und Zeitpunkt des Aufrufs zur Gründung eines technischen Museums kamen für die Öffentlichkeit überraschend.

Millers Initiative griff die verschiedenen Anläufe zur Schaffung eines technischen Nationalmuseums in Deutschland auf und gab ihnen die letztlich entscheidende Richtung.[15] Dass sich die Gründung dann um über ein Jahrzehnt verzögerte, ist ein Symptom für den zähen Kampf der Ingenieure um soziale und gesellschaftliche Anerkennung im Wilhelminischen Kaiserreich.[16] Die Bedeutung der Technik war im 19. Jahrhundert rapide gestiegen, während ihre Träger, die Ingenieure und Techniker, im Sozialgefüge des Kaiserreiches unterprivilegiert blieben. Im universitären Bereich machte sich dies beispielsweise beim Promotionsrecht für Ingenieure bemerkbar, das erst 1899 eingeführt wurde. Ebenso hatten Ingenieure proportional nur wenige höhere Beamtenstellen inne.[17] Der Wunsch nach Gleichstellung von technischer Intelligenz und Bildungsbürgertum implizierte das Streben nach Anerkennung der technischen Leistung in der Gesellschaft. Eine bekannte und markante Einschätzung des Ingenieurstandes findet sich in Thomas Manns Roman «Der Zauberberg». Auf die Frage, was er denn beruflich sei, antwortete der Romanheld Hans Castorp «mit bescheidener Würde»: «Ich bin Ingenieur, Herr Doktor», was bei seinem Gesprächspartner Edhin Krokowski die reservierte, fast pikierte Antwort auslöste: «Ah, Ingenieur! [...] Das ist wacker». Thomas Mann schreibt weiter, dass sich Krokowskis Lächeln gleichsam zurückzog und etwas an Kraft und Herzlichkeit einbüßte.[18] Mit Vorurteilen dieser Art hatten Ingenieure ständig zu kämpfen. Der Wert ihrer Arbeit wurde vom konservativen Bildungsbürgertum kaum anerkannt. Die Emanzipationsbewegung der Ingenieure ging dabei nicht in Richtung einer Demokratisierung des monarchischen Systems, sondern sie war ganz ausdrücklich systemkonform, da es den Technikern und Ingenieuren um ihre Integration in staatstragende Positionen ging. Der Wunsch zur Errichtung eines nationalen Museums für die Geschichte der Technik und der Naturwissenschaften ist daher durchaus auch sozialhistorisch und sozialpsychologisch zu erklären. Zum Emanzipationsstreben der Techniker und Ingenieure gehörte – verkürzt gesagt – die Aufwertung bzw. Anerkennung der von ihnen geleisteten Arbeit. Als Konsequenz sollte im künftigen Museum die technische Leistung als ebenbürtig mit anderen gesellschaftlichen Errungenschaften dargestellt und so die Bedeutung von Naturwissenschaft und Technik für die Kulturgeschichte der Menschheit dokumentiert werden. Im Verein Deutscher Ingenieure hatte Miller also einen idealen Bundesgenossen.

Für Geschichte und Entwicklung des Deutschen Museums ist Oskar von Miller von ausschlaggebender Bedeutung. In seiner Person fokussiert sich die Gründungsgeschichte, um ihn gruppiert sich die Entwicklung des Deutschen Museums im ersten Drittel des 20. Jahrhunderts. Die Persönlichkeit Millers steht für einen spezifischen Typus des Museumsgründers,[19] der besonders in der zweiten Hälfte des 19. und in der ersten Hälfte des 20. Jahrhunderts die Entstehungsgeschichte verschiedener internationaler Museen prägte. Beispiele für diesen Typus des charismatischen Individualisten, der als Netzwerk- und Systembildner personelle und materielle Ressourcen zu bündeln verstand, sind neben Oskar von Miller Hans Freiherr von und zu Aufseß (Germanisches Nationalmuseum, Nürnberg), Karl August Lingner (Deutsches Hygiene-Museum, Dresden) oder im internationalen Raum Wilhelm Franz Exner (Technisches Museum Wien), Artur Hazelius (Freilichtmuseum Skansen) und Julius Rosenwald (Museum of Science and Industry, Chicago).[20] Die Biographien der Gründerväter technischer Museen sind noch wenig untersucht, ähnlich wie die der zahlreichen Ausstellungsorganisatoren und -kommissare, die für die großen europäischen Ausstellungen verantwortlich waren.[21] Auf solche Einzelpersönlichkeiten ist gerade im 19. Jahrhundert die Gründung verschiedener Museen zurückzuführen. Sie lösten den Fürsten oder den Staat als Initiatoren überregionaler Museumsgründungen ab, bevor im 20. Jahrhundert Museumsvereine und Interessengruppen Motoren für derartige Unternehmungen wurden. Die Motivation zur Gründung vergleichbarer Museen durch die genannten Persönlichkeiten ist in den

Er bestimmte den Weg des Deutschen Museums: Oskar von Miller.

verschiedenen Ländern unterschiedlich. Auch die Konzeption der von ihnen geschaffenen Museen ist selten zu vergleichen. Miller hat andere Museumsgründer wie Lingner, Exner oder Rosenwald erst nach der Gründung des Deutschen Museums kennen gelernt, war also von ihren Ideen nicht beeinflusst. Umgekehrt ging aber von seiner Museumsgründung ein starker nationaler und internationaler Impuls für die Gestaltung technischer Museen aus.

Die Jahre zwischen 1903 und 1934 beschreiben die Aufbauphase des Deutschen Museums. Mit dem Tod Oskar von Millers im Jahr 1934 waren alle wesentlichen Arbeiten erledigt und seine ursprüngliche Konzeption nahezu vollständig umgesetzt. Sein Lebenswerk war damit abgeschlossen.[22] Die Geschichte des Deutschen Museums ist insofern ein Teil der Biographie Millers, als er wie kein Zweiter in den ersten dreißig Jahren die Museumsgeschicke geleitet und beeinflusst hat. Dabei war Miller nicht nur der Dirigent des Museums, der den Takt vorgab, sondern er spielte die meisten Instrumente praktischerweise selbst und komponierte die erforderlichen Musikstücke. Miller mischte sich in nahezu alle Fragen des Museumsbetriebs ein, und es war, wie die verschiedensten Schilderungen von Zeitgenossen belegen, schwierig, ihn mit fachlichen Argumenten zu überzeugen. Die Rolle von Politik, Industrie und Gesellschaft beschränkte er gerne auf die Funktion von Lieferanten. Um beim Bild des Konzerthauses zu bleiben: Nur beim Publikum wollte er keine stillsitzenden, sondern quirlige Besucher, die sich aktiv im Museum einbrachten.

Für die Museumsgeschichte unter Millers Leitung bildete das Jahr 1925 einen deutlichen Einschnitt. Während bis zu diesem Jahr das Deutsche Museum in provisorischen, nicht auf seine Bedürfnisse zugeschnittenen Räumen ausstellen musste, bezog es in diesem Jahr ein Gebäude auf der Isarinsel, das Miller in zwanzigjähriger Planungsarbeit bis in die kleinsten Einzelheiten konzipiert hatte. So wie das Museum sich seit diesem Jahr präsentierte, entsprach es dem Wunschbild Millers. Auch im Ausland bezog man sich auf die Ausstellungen im neuen Museum, die jahrzehntelang geradezu Vorbildcharakter hatten. Für die Museumsgeschichte ist das Jahr 1925 also eine markantere Zäsur als der Tod des Museumsgründers neun Jahre später. Die Insel wurde in den Jahren 1928 und 1935 noch um die Bibliothek und um den Kongress-Saal erweitert, aber auch diese Erweiterung lag schon in der ursprünglichen Museumskonzeption Millers begründet. Räumlich wurde es später nur noch um die Autohalle (1937/38) und die neue Luft- und Raumfahrthalle (1978–1984) ergänzt. Erst seit 1992 hat das Deutsche Museum seine Insellage verlassen und sich um die Zweigstellen «Flugwerft Schleißheim» (1992), «Deutsches Museum Bonn» (1995) und «Deutsches Museum. Verkehrszentrum» (2003) vergrößert.

Entwurf Gabriel von Seidls für die Bebauung der Museumsinsel, 1906.
Während das Museumsgebäude im Wesentlichen nach seinen Plänen errichtet wurde, entwarf der Architekt German Bestelmeyer die Bibliothek und den Kongress-Saal völlig neu. Die Gestaltung des markanten Museumsturms löste einen Architektenstreit in München aus.

Schon die räumliche Verteilung auf der Museumsinsel verdeutlicht, dass es Oskar von Miller um mehr ging als nur um die Errichtung eines technischen Museums. Das eigentliche Museumsgebäude, im alten Wortgebrauch häufig als «Sammlungen» bezeichnet, zielte auf die Ausstellung von Objekten. Das Bibliotheksgebäude beherbergte Magazine für den Buchbestand, die Plansammlung, das Archiv und Forscherräume mit den entsprechenden Lesesälen. Der Kongress-Saal diente zu Vorträgen zu Naturwissenschaft und Technik. In den Kellern unter den drei Baueinheiten sollten die nicht ausgestellten Objekte untergebracht werden. Auch wenn die einzelnen Gebäudeeinheiten nacheinander errichtet wurden, waren sie konzeptionell bereits im Gründungsjahr 1903 vorgesehen. Dies spiegelt sich in den ersten Aufrufen zur Gründung des Museums, in der ersten Satzung und im frühesten Baukonzept für die gesamte Insel wider. In einem Gesamtprospekt setzte der spätere Architekt des Museums, Gabriel von Seidl, im Jahr 1906 die Miller'sche Idee baulich um.

Miller zielte also von Beginn an auf eine breite Sammlung, Darstellung, Erforschung und Vermittlung der technischen Kultur, eine Idee, die weit über Ausstellungen im engeren Sinne und vergleichbare Museumskonzeptionen hinausreichte. Diese integrative Konzeption ist im Wesentlichen das, was künftig als das «System Deutsches Museum» verstanden und beschrieben werden wird. Es ist der große Wurf, die große Perspektive, die das Deutsche Museum von Beginn an auszeichnete und es zum Vorbild für andere Museen werden ließ.

Otto Hupps Entwurf für das Museumswappen, 1905.

Der Miller'sche Museumsgedanke umfasste verschiedene Inhalte:

1. Schaffung eines fachübergreifenden Museums
2. Verbindung von Technik und Wissenschaft
3. Integratives Sammeln von Objekten, Büchern und Originalquellen
4. Internationale Ausrichtung des Museums durch den Gedanken der Entwicklungsreihe
5. Museum als volksbildende und unterhaltende Einrichtung.

Bei der Gründung eines technischen Museums in München ging Miller von einem enzyklopädischen Ansatz aus. Dies bedeutete, dass er im Gegensatz zu der bisherigen Entwicklung in Deutschland, die sich durch die zunehmende Einrichtung von Spezialmuseen auszeichnete, möglichst alle Fächer aus Naturwissenschaft und Technik unter einem Dach vereinen wollte. Ausgeklammert hatte Miller die Biowissenschaften und die Medizin. Dieser umfassende Ansatz ist zunächst der bemerkenswerteste Gedanke Millers. Er war zu dieser Zeit eigentlich «unmodern», da er von einer fiktiven Einheit aller Wissensgebiete ausging. In einer Zeit, in der die Spezialisierung alle Lebensbereiche ergriff, lag ein fächerübergreifendes Haus zunächst nicht im Trend der Zeit. Die Realisierung einer derartig komplexen Idee potenzierte die Schwierigkeiten. Die Spezialisierung der Gesellschaft kam in der Diversifizierung der Berufzweige und Ausbildung, aber auch in der Aufspaltung der Wissenschaft in Fachgesellschaften zum Ausdruck. Ein Beispiel dafür ist die Entwicklung der Gesellschaft Deutscher Naturforscher und Ärzte (GDNÄ), die der Naturforscher und Philosoph Lorenz Oken 1822 gegründet hatte. Sie war eine Vereinigung zur Förderung fachübergreifender wissenschaftlicher Information und wollte darüber hinaus die persönlichen Beziehungen zwischen Naturwissenschaftlern und Medizinern fördern. Aus ihr hatten sich 1845 die Deutsche Physikalische Gesellschaft, 1867 die Gesellschaft Deutscher Chemiker oder später der Verband Deutscher Biologen (1954) ausgegründet. Dieser Ausdifferenzierung wollte Miller entgegenwirken. Sein globales Verständnis von Kultur basierte auf einem ineinander greifenden Konzept von Technik, Wissenschaft und Kunst. Dieses geschlossene Bild korrelierte mit seiner privaten Erfahrungswelt. In der Großfamilie Miller hatten die Familienangehörigen ganz unterschiedliche Berufe, sie betrieben ein Handwerk wie der Vater, wirkten als Künstler oder Wissenschaftler wie die Brüder Ferdinand d. J. und Wilhelm oder arbeiteten als Landwirt wie sein Bruder Alphons. Für Miller war es selbstverständlich, dass alle diese Berufsgruppen zusammenwirkten. Dem beruflichen Mikrokosmos der Familie entsprach bei Miller ein Museum, das alle technisch-wissenschaftlichen Bereiche integrierte. Sein System eines enzyklopädischen Museums sollte demonstrieren, wie eng Wissenschaft, Technik und Kunst miteinander verknüpft waren.

Die von Miller angestrebte Verbindung von Technik und Wissenschaft kommt in dem Signet des Museums gut zum Ausdruck. Entworfen hatte es der Münchner Grafiker und Heraldiker Otto Hupp. Es verwundert nicht, dass die grundlegenden Ideen von Miller stammen. Am 16. Januar 1904, also ein halbes Jahr nach der Gründung, wandte sich Miller erstmals an Hupp.[23] Schon einige Tage später legte Hupp erste Entwürfe vor. Sein favorisierter Entwurf war eine leuchtende Flamme inmitten eines Wolkenkranzes, die symbolisch für den «zündenden Gedanken» stehen sollte.[24] Miller zeigte sich wenig begeistert. Er schlug vor, in einem persönlichen Gespräch die Frage des Museumssignets weiter zu besprechen. Ergebnis dieser Unterredung war dann ein Entwurf, über den sich Miller «hocherfreut» zeigte und der auch «allgemeinen Beifall» fand.[25]

Das neue Signet symbolisierte das Programm des Museums in idealer Weise. Es zeigte ein halbes Zahnrad, auf dem eine Eule saß. Das Zahnrad stand für die Technik im Allgemeinen, hatte aber auch eine direkte Verbindung zum Verein Deutscher Ingenieure (VDI), der an der Gründung des Museums beteiligt gewesen war. Der Verein führt in seinem Wappen oder Logo noch immer ein stilisiertes Zahnrad. Die Eule der Minerva war als klassisches Symbol der Wissenschaft und Weisheit sofort zu erkennen. Mit der Verknüpfung von Technik und Wissenschaft verdeutlichte Hupp die Zielrichtung des neuen Museums: Wissenschaft und Technik sollten im Museum gleichberechtigt gezeigt werden; man wollte deren Wechselwirkung demonstrieren und dem Museumsbesucher diejenigen Schnittstellen vor Augen führen, an denen die Verbindung von Wissenschaft und Technik zu innovativen Entwicklungen geführt hatte. Hupp gelang es, die Programmatik noch auszubauen. Das Wappenschild mit Eule und Zahnrad wurde zu beiden Seiten von zwei Löwen gestützt, eine Anspielung auf das bayerische Wappentier und die besondere Förderung des Museums durch das Königreich Bayern. Im Hintergrund beschirmte der Reichsadler die Unternehmung des Deutschen Museums. Damit war die Neugründung als nationale Angelegenheit beschrieben. Der Hupp'sche Entwurf wurde seit 1904 als Briefkopf, als Exlibris, als Titelblatt für den ersten Museumsführer und für die Verwaltungsberichte verwendet.

Die besondere Betonung der Verbindung von Wissenschaft *und* Technik kommt an verschiedenen Stellen zum Ausdruck. Als Berater für die Ausgestaltung der einzelnen Abteilungen sprach Miller Wissenschaftler und Ingenieure gleichermaßen an. Davon wird noch zu reden sein. Selbst im dreiköpfigen Vorstand achtete Miller auf Ausgewogenheit. Diesem geschäftsführenden Gremium gehörten neben Miller der Ingenieur und Industrielle Carl von Linde sowie der Mathematiker und Rektor der Technischen Hochschule Walther von Dyck an.[26] Auch in der Sammlungskonzeption kam die Verknüpfung von Naturwissenschaft und Technik zum Ausdruck. Zum globalen Konzept des Deutschen Museums gehörten von Beginn an neben dem Aufbau einer musealen Sammlung die Einrichtung eines eigenen Archivs zur Naturwissenschafts- und Technikgeschichte sowie die Gründung einer großen Fachbibliothek.[27] Die Dreiheit «Museum – Archiv – Bibliothek» deutet an, dass sich Miller nicht mit der bloßen Ausstellung von Objekten begnügen wollte. Sein Technik- und Museumsverständnis implizierte, Technik erfahrbar und nachvollziehbar zu machen. Die Bewahrung technischer Leistungen war als globale Kulturaufgabe angelegt. Diese Zielperspektive bedeutete in seinem Verständnis außerdem eine umfassende Bildungsaufgabe. Der Besucher sollte im Museum die gegenständlichen Quellen, die Objekte, betrachten können, in der Bibliothek die Gelegenheit zu intensiver und erweiternder Lektüre haben und im Archiv anhand von schriftlichen und zeichnerischen Originalquellen die Naturwissenschafts- und Technikgeschichte erforschen können. Die von Miller propagierte Sammlung eines technisch-naturwissenschaftlichen Fundus zielte auf Objekte, Bücher und Originalquellen gleichermaßen. Die wissenschaftliche Forschung wurde schon 1903 in der Satzung als Aufgabenfeld festgeschrieben.[28] Bei der Realisierung eigener Forschungsarbeiten zeigte sich schnell, dass das Museum in den Anfangsjahren durch seine Aufbauarbeit so ausgelastet war, dass an eigene technik- und wissenschaftshistorische Forschung nicht zu denken war. Erst 1912 erschien der erste Forschungsband des Museums aus der Feder Walther von Dycks über Georg Reichenbach.[29] Allerdings erfuhr dieser Bereich in den zwanziger Jahren eine beträchtliche Ausweitung.

Die Dreiheit von Museum, Bibliothek und Archiv geht im Grundgedanken auf Oskar von Miller zurück. Schon im ersten Aufruf zur Gründung eines Museums wurde von der Errichtung eines Archivs und einer Bibliothek gesprochen.[30] Die erste Satzung des Museums vom 28. Dezember 1903 schrieb diese Idee fest.[31] Alle diese Grundsatzdokumente stammten ausschließlich aus der Feder Millers. Vermutlich waren Bibliothek, Archiv und die wissenschafts- und technikhistorische Forschung Anliegen, die Walther von Dyck, der Wissenschaftler im Vorstand, besonders förderte. Dyck engagierte sich als Hochschullehrer etwa zur selben Zeit an internationalen bibliographischen Projekten, war also mit dem Bibliothekswesen besser vertraut als Miller. Im ersten Verwaltungsbericht des Museums 1903/04 forderte Dyck eine Bibliothek, die «die moderne technische und wissenschaftliche Literatur vollständig enthält».[32] Damit war das Ziel einer deutschen Zentralbibliothek für Technik, Mathematik und Naturwissenschaften vorgegeben.[33] Ein ähnliches nationales Anliegen Millers und Dycks war der Aufbau eines umfassenden Archivs für Originaldokumente aus Naturwissenschaft und Technik. Die hier gesammelten Archivalien sollten teilweise für die musealen Ausstellungen, in besonderer Weise aber als Fundus für die historische Forschung dienen; eine weitere Zielvorgabe des Archivs, eine Sammlung technischer Zeichnungen, die kleinen Gewerbetreibenden als praktisches Vorbild dienen sollte, erwies sich rasch als Fehlschlag und wurde stillschweigend fallen gelassen.[34]

Miller wollte nicht die Ausstellung technischer Objekte allein, sondern Technik und Wissenschaft sollten im Deutschen Museum als wesentlicher Teil der Menschheitsentwicklung, als Bestandteil der menschlichen Kultur insgesamt wahrgenommen werden. Diese Grundkonzeption entwickelte Miller aus den Erfahrungen seiner Museumsbesuche im In- und Ausland. In Teilen formulierte er ähnliche Zielsetzungen wie die Einrichtungen in Paris und London. Wie diese war auch das Deutsche Museum als «Nationalanstalt» konzipiert.[35] Gesammelt werden sollten «deutsche Forschung» und «deutsche Arbeit», wie Miller es in seiner Rede bei der ersten Ausschuss-Sitzung des Museums formulierte.[36] Für Bibliothek und Archiv war ebenfalls explizit ein gesamtdeutscher Sammlungsauftrag vorgegeben. Auch die Aufnahme bedeutender Naturwissenschaftler, Techniker, Ingenieure und Industrieller in den Ehrensaal blieb bis in die allerjüngste Museumsgeschichte auf das Kriterium «deutsch» beschränkt. Allerdings findet sich die Akzentuierung als nationalstaatliche Einrichtung nur in der unmittelbaren

Gründungszeit. Offensichtlich war eine derartige Rhetorik von einem nationalen technischen Museum in dieser Zeit besonders wichtig, um die deutschen Länderregierungen sowie deutsche Industrielle, Wissenschaftler und Techniker für eine Unterstützung gewinnen zu können. Schon nach kurzer Zeit rückte Miller von der nationalstaatlichen Betonung des Deutschen Museums ab. Er verstand die Entwicklung der Technik als internationale Erscheinung. Aus dieser Sicht wollte Miller seine Ausstellungen und Sammlungen explizit international gestalten.[37] Diese Perspektive formulierte er schon 1903. «Allein die von uns darzustellende Entwicklung von Wissenschaft und Technik ist nicht an Landesgrenzen gebunden», betonte er erneut in der ersten Ausschuss-Sitzung 1904.[38] Als Elektrotechniker hatte Miller in seinem Fachgebiet die bedeutenden Leistungen des Auslands über Jahrzehnte beobachtet. Ähnliche Erfahrungen hatten die meisten deutschen Wissenschaftler, Techniker und Ingenieure gemacht. Viele von ihnen hatten Reisen nach Frankreich, England und in die USA unternommen oder dort gearbeitet.[39] Die meisten dachten wie Miller. Die nationale Komponente wurde von der imperialistischen Politik des Kaiserreiches und besonders von der Industrie betont. Letztere erhoffte sich davon ganz konkrete wirtschaftliche Vorteile. Dis Diskussionen um den Bau des Frankfurter Elektrizitätswerkes durch eine ausländische Firma ist ein typisches Beispiel für die Haltung von Industrie und deren Lobbyisten im Wilhelminismus. Eine verengte Sichtweise rein auf deutsche Produkte konnte zwar Industrieausstellungen rechtfertigen, war aber für ein Technikmuseum im Sinne Millers ungeeignet, da sie die Einordnung in eine international geprägte Wissenschafts- und Technikentwicklung zwangsläufig verhinderte.

Der Grat, auf dem Miller zwischen nationalstaatlichem Anspruch und internationaler Technikentwicklung wanderte, war schmal. Er hatte 1905 in einem Ausschreibungsverfahren die Namensbezeichnung «Deutsches Museum» vorgeschlagen, tat sich aber selbst mit einer Begründung dieser Bezeichnung schwer. Seine Argumentation, das Museum führe das Adjektiv «deutsch», nicht weil es ein Staat oder ein Land, sondern «weil die ganze deutsche Nation es geschaffen hat»,[40] wirkt verbal etwas aufgesetzt. Für die unmittelbare Museumsgründungszeit mag eine derartige Argumentation, so sie denn oft genug vorgetragen wurde, noch glaubhaft und möglich gewesen sein. In der Zeit der Konsolidierung des Museums in den zwanziger Jahren bei sich politisch ändernden Verhältnissen wurde sie zunehmend in Frage gestellt. Die deutsche Industrie drängte auf eine stärkere Ausstellung heimischer Produkte. Für die Nationalsozialisten, auch das wird zu zeigen sein, war das Deutsche Museum nicht das, was sie sich von der Namensgebung erhofften. Daher forderten sie schon früh die vermehrte Ausstellung

Die Plansammlung in der provisorischen Bibliothek des Deutschen Museums, 1926.

«deutscher» Objekte unabhängig von ihrer technik- oder wissenschaftshistorischen Bedeutung.

Ein Trick Millers zur Relativierung der nationalstaatlichen Komponente, war der Begriff der «Entwicklungsreihe». Er wurde zu einem bestimmenden Sammlungsbegriff und zu einer auffälligen Präsentationsform des Museums. Millers persönliches Technikbild ging von einer kontinuierlichen Weiterentwicklung der menschlichen Gesellschaft durch technische Erfindungen aus. Dieser Gedanke lag seinem Konzept der musealen Präsentation von Technik und Wissenschaft zugrunde. Die Objekte sollten dabei so aufgestellt werden, dass die Besucher die geschichtliche Entwicklung eines Fachgebiets gleichsam im Vorbeigehen erfahren und nachvollziehen konnten. Jedes Objekt wurde dabei als Teil eines historischen Prozesses interpretiert. In der «Geologie» wurden die Entwicklungszeiten der Erde mit Hilfe der Darstellung des Erdinnern und die Gestaltung der Erdoberfläche durch Phänomene wie Vulkanismus, Wasser, Meer, Gebirgsbildung oder durch Gemälde mit verschiedenen Landschaftsformen gezeigt. Entsprechend der Idee der Entwicklungsreihe stand die Geologie als Ausgangspunkt für die Entwicklung der menschlichen Umwelt und als Basis für die Technik am Anfang des Museumsbesuches. Erst 1992 wurde mit der Beseitigung der Abteilung «Geologie» zugunsten einer Abteilung «Umwelt» dieser Entwicklungsgedanke entscheidend durchbrochen. In den einzelnen Museumsabteilungen begann die Entwicklungsreihe in unterschiedlichen Zeiten. Im Ingenieurbereich (Straßen-, Eisenbahn-, Tunnel- und Brückenbau) setzte die Reihe mit Originalteilen eines römischen Bohlenwegs aus dem 5. Jahrhundert v. Chr. ein, in der «Mathematik» begann die Geometrie mit der Darstellung der mathematischen Kenntnisse der Babylonier und Ägypter 2000 v. Chr., die Geschichte der Rechenmaschinen mit Beispielen des praktischen Rechnens in China und Japan oder die Entwicklung von Recheninstrumenten mit der Nachbildung eines arabischen Ellipsenzirkels. Am Ende der Entwicklungsreihen standen moderne Objekte, Instrumente oder Darstellungen. Oskar von Miller war dabei bewusst, dass das vorläufige Ende der Entwicklung immer wieder durch neue Objekte ergänzt werden musste, um die Dynamik von Technik und Wissenschaft demonstrieren zu können. In diesem Sinne musste die Sammlung ständig aktualisiert werden.[41]

Die angeführten Beispiele lassen auch Millers international angelegtes Museumskonzept deutlich werden. Miller sammelte Objekte, Nachbildungen und Modelle aus unterschiedlichen Ländern. Zumindest in den historischen Entwicklungsreihen war dieser Ansatz stark ausgeprägt. Je moderner die Objekte wurden, umso größer war der Anteil deutscher Entwicklungen. Dies lag weniger an einer grundsätzlichen Überlegung Millers als daran, dass um 1900 die deutsche Industrie in vielen technisch-wissenschaftlichen Bereichen eine Marktführerschaft erreicht hatte. Außerdem war es für Miller leichter, aktuelle Industrieprodukte in Deutschland als im Ausland einzuwerben. Daran konnten auch seine zahlreiche Auslandsreisen letztlich wenig ändern. Immerhin diente die Betonung der internationalen Technik- und Wissenschaftsgeschichte als Korrektiv gegen ein zu nationalstaatlich geprägtes Technikbild.

Bei der Konzeption des Münchner Museums ist Millers Anlehnung an das Germanische Nationalmuseum in Nürnberg unverkennbar. Dieses war 1852 von Hans Freiherr von und zu Aufseß gegründet worden. Das Nürnberger Museum verfolgte ebenfalls einen umfassenden nationalstaatlichen Anspruch mit wissenschaftlichen Sammlungen, Archiv, Bibliothek, Forschungen und Vorträgen. Dies kam schon in der Satzung zum Ausdruck, die formal zum Vorbild für die Münchner Gründung wurde.[42] In ihrem kulturgeschichtlich breiten Anspruch trafen sich das kunsthistorisch-gewerblich orientierte Museum in Nürnberg und das technische Museum in München. Das Germanische Nationalmuseum sammelte Denkmale der deutschen Geschichte, Kunst und Literatur; das Deutsche Museum sollte Gleiches für Naturwissenschaft und Technik leisten. Diese Parallele war von Miller durchaus gewollt.

Ein weiterer Aspekt der Miller'schen Konzeption war die ausgeprägt pädagogische Orientierung. Diese Zielrichtung erklärt sich zunächst aus dem Vermittlungsbedürfnis von Ingenieuren und Technikern, die dem technischen Laien die Bedeutung ihrer Leistungen nahebringen wollten. Der «Durchschnittsbürger» stand zu Beginn des 20. Jahrhunderts den Umwälzungen, die beispielsweise der elektrische Strom oder das Automobil mit sich brachten, nicht nur mit Unverständnis, sondern oft mit Skepsis gegenüber. Das Deutsche Museum sollte zu einer Popularisierung der Technik und einer erhöhten Technikakzeptanz beitragen. Der Wunsch, ein Zentralmuseum für Technik zu schaffen und gleichzeitig Technikverständnis und -akzeptanz zu fördern, setzte eine betont volksnahe und spielerische Gestaltung der Ausstellungsräume voraus. Im Gegensatz zu den Technikmuseen in Paris und London, die Miller als tote Museen bezeichnete, hatte er im Deutschen Museum von Beginn an bewusst didaktisch gestaltete Ausstellungen im Auge.[43] Allerdings konnte diese Konzeption in den Jahren zwischen 1906 und 1925 nur bedingt verwirklicht werden, da die provisorischen Räumlichkeiten nur wenig gestalterische Möglichkeiten boten. Erst mit dem Umzug in das heutige Museumsgebäude im Jahr 1925 konnten die pädagogisch-didaktischen Elemente stärker umgesetzt werden, nicht zuletzt auch deshalb, weil 1921 der Münchner Stadtschulrat und Pädagoge Georg

Kerschensteiner in den Vorstand des Deutschen Museums eingetreten war. Seine Ideen stärkten die didaktische Konzeption des Museums erheblich.[44]

Das Konzept Millers war so umfassend, aber auch so großartig, dass es heute verwundert, wie es ihm gelingen konnte, dieses Großunternehmen trotz ungeheurer Probleme zu realisieren. Im Gegensatz zu vielen anderen Museumsgründungen verfügte das Deutsche Museum beim ersten Aufruf über keinerlei Voraussetzungen. Es fehlte ein geeignetes Gebäude, es hatte kein einziges Objekt, Miller besaß kein geschultes oder museal versiertes Personal und keinerlei Finanzmittel. Gemäß seiner Devise, es sei leichter, eine große Summe für ein großes Vorhaben als eine kleine für ein mittelmäßiges Unternehmen zu bekommen, ging er seine weiteren Planungen an. Erstaunlich ist das hohe Tempo, mit dem er die Gründung in Angriff nahm.

Die eigentliche Gründungsgeschichte drängte sich auf den kurzen Zeitraum zwischen dem 1. Mai und dem 28. Juni 1903 zusammen. Vom 1. Mai datierte der erste Aufruf Oskar von Millers zur Gründung eines Museumsvereins; am 28. Juni fand die offizielle Gründungsversammlung im Vorfeld der Jahrestagung des VDI in München statt. Dass es Miller gelang, in dieser kurzen Zeit die grundsätzlichen Bedenken gegen eine Museumsgründung auszuräumen, ist Beweis für seine Durchsetzungsfähigkeit und auch ein Hinweis darauf, dass er das Unternehmen von langer Hand vorbereitet hatte.

Vorbesprochen hatte Miller das Projekt mit dem bayerischen Staatsminister des Innern Feilitzsch bei einem Abendessen im Miller'schen Haus.[45] Dabei erzählte er von seinem Vorhaben, ein Museum nach dem Vorbild des Conservatoire des Arts et Métiers gründen zu wollen. Die Befürchtung des Ministers, dass der Staat dafür Geld zur Verfügung stellen solle, zerstreute Miller listig mit der Behauptung, er wolle lediglich die Erlaubnis für die Benutzung des Sitzungssaals des Ministeriums. Dies gestand ihm der Minister zu. «Die Tatsache aber, dass ich die erste Besprechung nach dem Sitzungssaal des Ministeriums einberufen durfte, gab dem Gedanken einen gewissen Ernst und Bedeutung», erinnert sich Miller. Am 5. Mai 1903 fand die geplante Unterredung statt. Noch in derselben Nacht entwarf Miller die ersten Statuten, in den nächsten Tagen konnte Carl von Linde für das geplante Museum 100000 Mark von dem Münchner Industriellen Georg von Krauss einwerben. Binnen zweier Tage war das räumliche Problem gelöst, da die bayerische Regierung die Überlassung des Alten Nationalmuseums an Miller unterzeichnete, «so dass nach ungefähr 14 Tagen, ohne dass irgendeine Zeitung das Geringste erfahren hätte, ohne dass die Städte Nürnberg, Frankfurt, Düsseldorf davon ein Wort hörten, die Gründung mit allen Ausschussmitgliedern usw. am ersten Tag des Ingenieurkongresses erfolgen konnte».[46] Die Erwähnung der drei Städte ist ein Hinweis darauf, dass Miller durchaus die Konkurrenz anderer Kommunen fürchten musste, die ebenfalls an einem technischen Museum interessiert waren. Dementsprechend schottete man die Vorarbeiten für die Museumsgründung von der Öffentlichkeit ab, solange dies möglich war.

Im Vorfeld der geplanten Museumsgründung bildete Miller einen Kreis von 37 Persönlichkeiten, der hauptsächlich aus Münchner Ingenieuren, Industriellen, Wissenschaftlern und Ministerialbeamten bestand. Geschickt ausgewählt, repräsentierten sie die Spitzen der Münchner Wissenschaft (Dyck, Röntgen), Industrie (Linde, Maffei, Krauss) und Technik (Diesel) und waren reichsweit bekannt und international geachtet. Mit vielen war Miller seit seiner Schul- oder Studienzeit persönlich befreundet (Dyck, Diesel). Abgesichert war das Museumsprojekt durch private Beziehungen Millers zum bayerischen Herrscherhaus. Dieser Kontakt ergab sich über seinen Bruder Ferdinand, wodurch Prinz Ludwig von Bayern, der spätere König Ludwig III., als Schirmherr oder «Protektor» für das Unternehmen gewonnen wurde. Mit Miller als Organisator des Projekts und dem VDI-Tagungsort München war klar, dass das geplante Museum ebenfalls in München gebaut werden sollte. Angesichts der großen Bedeutung, die ein nationales Technikmuseum für Deutschland hatte, verwundert es, dass die Wahl des Standorts in keiner der Sitzungen in irgendeiner Weise thematisiert wurde. Aufgrund der großen politischen und wirtschaftlichen Bedeutung der Reichshauptstadt, wo die schon erwähnten Spezialmuseen entstanden waren, wäre Berlin ein idealer Standort gewesen. Allerdings hatte Berlin seine Chance zur Schaffung eines großen Technikmuseums bereits vor der Jahrhundertwende vertan. Eine Reihe von Anläufen war letztlich an der Zerstrittenheit der Beteiligten gescheitert. Auch das Ruhrgebiet und das Königreich Sachsen mit ihren potenten Wirtschaftsmagnaten wären aus historischer Sicht denkbare Standorte gewesen. Dort allerdings gab es keinen Motor wie in München die Person Millers. Da außerdem die überwiegende Mehrheit des Provisorischen Komitees aus Bayern stammte, wurden außerbayerische Standorte nicht diskutiert. Von Vorteil war, dass die bayerische Regierung zu einer Unterstützung des Miller'schen Vorhabens bereit war, ebenso der Münchner Magistrat mit Bürgermeister Wilhelm von Borscht an der Spitze. Schließlich erhoffte man sich bei einem Erfolg Millers einen erheblichen Prestigegewinn für München und Bayern – eine Erwartung, die sich im Laufe des vergangenen Jahrhunderts mehr als erfüllt hat. Die Standortfrage wurde innerhalb der Reichsregierung ebenfalls nur am Rande thematisiert. Man wies den preußischen Gesandten in München, Graf Pourtalès, an, einen Bericht darüber zu erstatten, ob das Komitee die Gewähr für eine wirklich deutsche Ein-

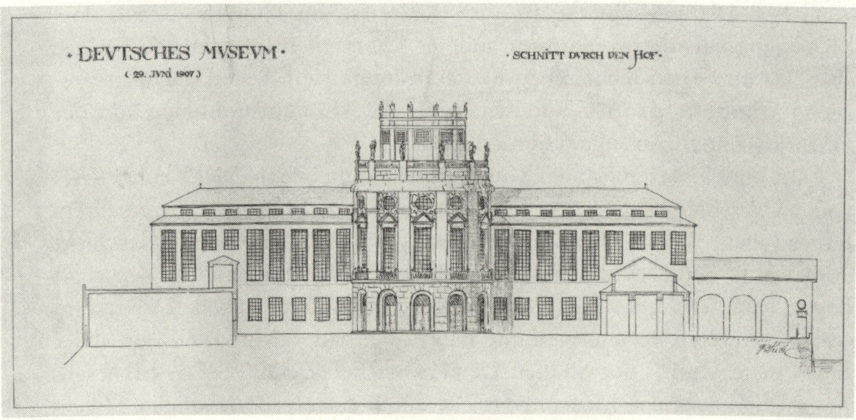

Entwurf Gabriel von Seidls für das Deutsche Museum (Schnitt durch den Hof), 1907.

richtung biete oder ob das Museum einen bayerischen Partikularismus stützen würde. Der Gesandte wollte Bedenken gegen die Museumsgründung aus politischen Gründen nicht teilen. An der nationalen Gesinnung der Unterzeichner sei nicht zu zweifeln; auch sei die Errichtung eines technischen Museums in Bayern unbedenklich, vielmehr stütze es die Integration Bayerns in das Reich.[47]

In den ersten Monaten und Jahren schritt die Entwicklung des Museums rasch voran. Noch vor der eigentlichen Gründung dokumentierte die Stadt München in einer prachtvollen Urkunde ihre Absicht, einen Teil der Kohleninsel in der Isar am Rande der Altstadt für einen Museumsneubau zur Verfügung zu stellen.[48] Damit war der Platz für ein eigenes Museumsgebäude gesichert und die jahrelange Diskussion um die Nutzung der Insel beendet.[49] Ursprünglich ein Lagerplatz für Holz und Holzkohle, daher der Name «Kohleninsel», sollte die Insel nach dem Abzug der dort in der «Isarkaserne» stationierten Soldaten und nach der zeitweiligen Verwendung als Ausstellungsgelände (II. Kraft- und Arbeitsmaschinenausstellung 1898, Allgemeine Deutsche Sportausstellung 1899) städteplanerisch umgenutzt werden. So wurde 1898 ein Wettbewerb für die Gestaltung ausgelobt. Um 1900 schlug der Eisenbahningenieur Theodor Lechner einen Inselbahnhof vor;[50] der Münchner Architekt Theodor Fischer wiederum wollte ein geschlossenes Ensemble eines spätmittelalterlichen Städtchens errichten. Mit der Übertragung der Insel an das Museum erhielt Miller einen Standort mit einer attraktiven Citylage, der die Möglichkeit eröffnete, ein Museum nach seinen Vorstellungen zu errichten.

Die bauliche Ausgestaltung der Kohleninsel wurde in einem Vorprojekt dem Münchner Architekten Gabriel von Seidl übertragen. Er gewann später auch den eigentlichen Wettbewerb.[51] Seidl gehörte um die Jahrhundertwende zu den bedeutendsten deutschen Architekten. Mit seinem bisherigen Hauptwerk, dem im Jahr 1900 eröffneten Bayerischen Nationalmuseum, konnte er Erfahrungen mit Museumsbauten nachweisen. Mit dem Bauherrn Miller und mit der Familie seiner Frau Marie verband ihn eine lange Freundschaft. Diese wurde durch den Museumsneubau ziemlich strapaziert. In einem Nachruf auf Seidl, der am 27. April 1913 verstarb, würdigte Miller das Wirken des Architekten und gestand dabei andeutungsweise ein, in welche Schwierigkeiten er seinen Baumeister im vergangenen Jahrzehnt gebracht hatte:

> *«Die Aufgabe des bauleitenden Architekten war keine leichte, war es doch nötig, die Baupläne in ständiger Fühlungsnahme mit der Museumsleitung wiederholt durchgreifenden Änderungen zu unterziehen, wobei es oft recht schwierig war, die technischen Bedürfnisse des Museums mit den Erfordernissen der künstlerischen Ausgestaltung so zu vereinen, daß ein mustergültiges Bauwerk entstehen konnte.»*[52]

Miller selbst hatte seine Idee von dem künftigen Museumsgebäude schon 1903/04 in einer flüchtigen Skizze festgehalten und damit bereits den Planungsspielraum des Architekten umrissen.[53] Er hatte ein repräsentatives Gebäude vor Augen, das zum einen als nationales Symbol dienen, zum anderen der Bedeutung von Wissenschaft und Technik gerecht werden sollte. Das Museum sollte darüber hinaus weithin sichtbar das Stadtbild bestimmen. Dazu wurde ein 65 Meter hoher Turm errichtet, damals eines der höchsten Profanbauwerke der Stadt München. Dieser Turm führte zu einem langwierigen «Architektenstreit», in den sich Miller als Mitglied der Baukommission immer wieder einschaltete. Auch den Bau selbst wollte Miller als ein technisches Meisterwerk errichtet sehen. Dementsprechend sollte er in innovativer Betonbauweise ausgeführt werden. Viele Jahre lang war die Insel daher die größte Stahlbetonbaustelle Deutschlands.[54] Die zahlreichen Erfahrungen, die Miller mit seinem Museum in den provisorischen Räumen machte, aber auch seine Erkenntnisse während verschiedener Studienreisen nach England und Frankreich zur Besichtigung von Museums- und Hallenbauten führten in den Anfangsjahren zu wesentlichen Abänderungen der Baupläne.[55] Das Gebäude wurde zusätzlich unterkellert, um Platz für Lagerräume zu schaffen, das Dachgeschoß für Ausstellungsräume umgestaltet. Probleme bereitete die Insellage mit ihrem Schwemmkies. Geologische Untersuchungen ergaben, dass man erst in 10–12 Meter Tiefe mit tragfähigem Baugrund rechnen konnte, um das Gebäude zu fundieren. Da Miller aufwändige und zeitraubende Schacht- und Erdarbeiten sowie die Kosten für eine intensive Wasserhaltung vermeiden wollte, wurde die Technik der Pfahlgründung gewählt. Dabei wurden Eisenrohre bis zum Flinzboden gebohrt, der Kies entleert und dann die Rohre mit Eisenbeton ausgegossen, wodurch ein Betonpfahl entstand. Insgesamt wurden über 1500 solcher Pfähle gesetzt, auf denen das heutige Museum errichtet wurde.

Die Feiern um den Baufortschritt nutzte Miller, um seinem Förderkreis prächtige Feste zu bieten. Zur Grundsteinlegung am 12. November 1906 erschien der Kaiser und verdeutlichte damit seine Verbundenheit mit dem Museum. Am Tag darauf wurden die ersten Ausstellungen im Alten Nationalmuseum, dem heutigen Staatlichen Museum für Völkerkunde, in der Maximilianstraße eröffnet. Damit war nach nur dreijähriger Vorbereitungszeit das Technikmuseum eröffnet. Miller hatte in den ersten Jahren ein hohes Tempo vorgelegt. Mit nur wenigen Mitarbeitern, die zudem keinerlei Erfahrungen in der Gestaltung eines Museums hatten, begann er das Sammeln und richtete die Säle im Alten Nationalmuseum ein. Das Gebäude war für ein Technikmuseum schlecht geeignet. Es bestand aus kleinen Räumen, die keine schweren Objekte aufnehmen konnten. Um diesen Missstand auszugleichen, wurde im Hof eine Halle für den Landverkehr errichtet. Dort kamen Automobile und Eisenbahnen zur Ausstellung.

Das neue Museum wurde von den Besuchern sofort gut angenommen. Im ersten regulären Betriebsjahr 1907 kamen 211000 Menschen ins Museum.[56] In den Folgejahren stiegen die Besucherzahlen kontinuierlich an. Da im Alten Nationalmuseum nur ein Teil der Ausstellungen untergebracht werden konnte, wurden am 1. Januar 1909 weitere Räume in der Schwere-Reiter-Kaserne, auf dem Gelände des heutigen Deutschen Patentamtes, für zusätzliche 14 Abteilungen genutzt. Das ehemalige Kasernengelände war noch schlechter für Ausstellungen geeignet als das Hauptgebäude in der Maximilianstraße. In ehemalige Pferdeställe zog Miller mit seiner Zweigstelle ein. Der Vorteil der Kaserne bestand allerdings darin, dass dort genügend Platz für Depots vorhanden war. Bei weitem nicht alle Objekte, die in den ersten Jahren in das Museum kamen, konnten ausgestellt werden. Im Jahr nach der Eröffnung der Zweigstelle übersprang die Besucherzahl die Marke von 300000. Die hohe Zahl war ein gewichtiges Argument Millers, den Neubau voranzutreiben. Schon 1911 konnte Miller zur Feier des Richtfestes einladen. Die Eröffnung legte er anfangs für das Jahr 1913, dann für 1915 fest. Auch der letzte Termin wurde um ein weiteres Jahr verschoben, da 1915 die Zentenarfeier der hundertjährigen Zugehörigkeit des Rheinlandes zu Preußen in Düsseldorf mit einer großen Ausstellung begangen werden sollte.[57] Hier sollte ein Schwerpunkt die Darstellung der technischen und wirtschaftlichen Entwicklung des Rheinlandes im vergangenen Jahrhundert sein. Viele der Exponate, die gezeigt werden sollten, waren von München ebenfalls umworben. Allerdings musste Miller zur Kenntnis nehmen, dass die rheinische Industrie die Objekte in Düsseldorf ausstellen wollte. Um die Museumspläne in München und Düsseldorf abzustimmen, wurde beschlossen, die Zentenarfeier offiziell unter ausdrücklicher Mitwirkung des Deutschen Museums durchzuführen. Miller wurde in die Ausstellungsleitung gewählt. Für ihn war nicht der Posten wichtig, sondern die Zusicherung, dass diejenigen Objekte, die für das Deutsche Museum interessant waren, anschließend nach München gehen sollten. Auch einen eventuellen Reingewinn wollte man zwischen beiden Projekten teilen.[58] Die Verschiebung des Eröffnungstermins war ein erheblicher Einschnitt in Millers Plänen. Andererseits hatte er durch zähe Verhandlungen erreicht, dass die Düsseldorfer Ausstellung nur temporär gezeigt wurde. Zunächst war zu erwarten, dass sich aus dem Unternehmen ein eigenes Museum für Gewerbe, Handwerk und Industrie herausbilden würde. Miller hat die Gefahr einer solchen Neugrün-

Zur Prüfung ausgegrabener Straußpfahl, 1909. Rund 1500 solcher Eisenbetonpfähle tragen das Museumsgebäude.

dung erkannt. Durch ein spezielles Technikmuseum im Rheinland wäre das Deutsche Museum in seiner angestrebten nationalen Bedeutung erheblich eingeschränkt worden. Die Industrie an Rhein und Ruhr hätte vermutlich ein Museum in Düsseldorf stärker unterstützt. Damit drohte das «Deutsche» Museum auf bayerische Dimensionen reduziert zu werden.

Überhaupt bedeuteten Ausstellungsprojekte in den verschiedenen Städten immer die Gefahr der Gründung eigener Technikmuseen. Solange das Deutsche Museum den Neubau nicht endgültig eröffnet hatte, verfolgte Miller solche Vorhaben mit großem Argwohn. Schon die Internationale Luftfahrtausstellung in Frankfurt (ILA) 1909 hatte Miller als Konkurrenzunternehmen angesehen, da das Deutsche Museum zu diesem Zeitpunkt noch keine eigene Abteilung «Luftfahrt» besaß.[59] Noch während der Ausstellung verbreitete der Frankfurter Louis Liebmann einen Aufruf zur Gründung eines nationalen Luftfahrtmuseums.[60] Miller erfuhr von diesen Plänen durch den Dessauer Fabrikanten Wilhelm von Oechelhäuser, der von 1906 bis 1908 Vorsitzender des Vorstands im Deutschen Museum gewesen war.[61] Für das Münchner Museum wäre die Errichtung eines separaten Luftfahrtmuseums ein schwerer Rückschlag gewesen. Am 24. August 1909 informierte Miller Ferdinand Graf Zeppelin – zu diesem Zeitpunkt Nachfolger Oechelhäusers als Vorsitzender des Museumsvorstands – von diesen Bestrebungen und teilte ihm seine Befürchtung mit,

> *«dass durch die Zersplitterung eine würdige Darstellung der Luftfahrt unmöglich wird. Wir möchten deshalb befürworten, dass die geplanten Luftschiffunternehmungen mit unserem Museum vereinigt werden, zumal in unserem definitiven Museum die grosse mächtige Mittelhalle für die Aufnahme der historischen Objekte wohl den würdigsten Raum bieten dürfte».*[62]

Graf Zeppelin kam in dem Gerangel um ein nationales Luftfahrtmuseum eine besondere Bedeutung zu, da er die ILA mit Leihgaben gefördert hatte. Von Zeppelins Votum wollte auch Wilhelm II. seine eigene Unterstützung für ein Frankfurter Museum abhängig machen.[63] Miller dürfte ein Stein vom Herzen gefallen sein, als Graf Zeppelin in der Sitzung des Vorstandsrats des Deutschen Museums am 28. September 1909 vor einer Gründung von Luftfahrtmuseen an verschiedenen Orten warnte, wodurch nicht nur das Deutsche Museum, sondern auch die deutsche Luftfahrt geschädigt werde.[64] Dieses deutliche Votum zugunsten Münchens kippte das Museumsprojekt in Frankfurt. Nachdem in derselben Sitzung Carl Georg Busley im Namen der deutschen Luftschifffahrtsvereine dem Deutschen Museum ebenfalls seine Unterstützung zugesagt hatte, war das Frankfurter Projekt ohne prominente

Grundsteinlegung für den Neubau des Deutschen Museums durch Kaiser Wilhelm II. (1. v. r.). Gemälde von Georg Waltenberger, 1916 (Ausschnitt). Links vom Federbusch des Kaisers Oskar von Miller, rechts davon Wilhelm Conrad Röntgen.

Zustimmung. Seine Abwehrhaltung gegen andere Museumsprojekte gab Miller erst nach 1925 auf. Von diesem Zeitpunkt an baute er verstärkt auf ein Netz technischer Museen in ganz Deutschland.

Der Ausbruch des Ersten Weltkriegs im August 1914 brachte Oskar von Miller in eine völlig neue Situation. Direkt mit Kriegsbeginn wurde aus personellen Gründen die Zweigstelle in der Schwere-Reiter-Kaserne geschlossen. Die Fertigstellung des Museums verzögerte sich auf unbestimmte Zeit. Zahlreiche Mitarbeiter wurden zum Militärdienst eingezogen. Die Kupferdächer mussten abgedeckt und abgeliefert werden. Seit etwa 1916 war Material nur schwer zu beziehen und zu transportieren. Dies führte dazu, dass Miller im Dezember 1916 die Einstellung der Bauarbeiten bekannt gab.[65] Auch musste er die 1911 erneut aufgenommenen Bemühungen um ein Bibliotheksgebäude und einen Kongress-Saal wieder auf Eis legen. Noch 1912 hatte er mit einer Kommission aus Museumsmitarbeitern und Mitgliedern des Vorstandsrats eine Informationsreise in die Vereinigten Staaten unternommen, um die dortigen Bibliotheksverhältnisse zu studieren.[66] Die

Festzug anlässlich der Eröffnung des Deutschen Museums, 1925: Wagen der Elektrizität.

Projektierung dafür ging während des Krieges weiter, ebenso intensiv die Arbeit an der Ausgestaltung der Ausstellungen.[67] Die mit Kriegsbeginn geschlossene Abteilung II in der Schwere-Reiter-Kaserne musste Ende 1918 für Notwohnungen für heimkehrende Soldaten geräumt werden. Alle Exponate, die hier in der Ausstellung oder im Depot untergebracht waren, wurden in das zweite Obergeschoss des Gebäudes auf der Insel verlegt.[68]

Nach dem Ersten Weltkrieg war die Finanzlage des Deutschen Museums desolat. Aufgrund der allgemeinen Teuerung schrumpfte das Barvermögen dramatisch zusammen. Gleichzeitig sanken die Eigeneinnahmen aus Eintrittsgeldern.[69] Inflationsbedingte Erhöhungen der Zuschüsse seitens der Stadt München (von jährlich 15 000 auf 100 000 Mark), der bayerischen Staatsregierung und der Reichsregierung (jeweils von 50 000 auf 500 000 Mark) konnten die Schere nicht schließen. Nach Schätzungen vom Oktober 1920 belief sich allein der für die Fertigstellung des Museumsbaus notwendige Betrag – aufgrund der Geldentwertung – auf etwa 24 Millionen Mark.[70] Wenngleich das Reich und Bayern 12 Millionen Mark für den Weiterbau zusagten und das Museum sein Kapital von vier Millionen vollständig einbrachte, blieb eine Finanzierungslücke von acht Millionen Mark. Diese

Summe wollte die Museumsleitung trotz der allgemeinen Wirtschaftsprobleme bei der Industrie in Form von Geld- und Sachstiftungen einwerben.

Die Jahre zwischen 1921 und 1925 müssen rückblickend als die schwierigsten in der gesamten Museumsgeschichte bezeichnet werden. Während die ökonomische Entwicklung gerade die Industrie von einer verstärkten Spendenbereitschaft abhielt, hatte sich Miller mit der Eröffnung des Museums an seinem 70. Geburtstag (1925) ein ehrgeiziges Ziel gesetzt. Die Probleme lagen weniger im baulichen Abschluss des Museumsgebäudes als vielmehr in der Einrichtung der einzelnen Abteilungen, die, nicht zuletzt wegen vielfacher Änderungswünsche Millers, immer wieder umgeplant werden mussten. Der Druck wurde noch verstärkt durch den Beschluss, ab 1. Oktober 1923 das alte Gebäude in der Maximilianstraße zu schließen und sukzessive zu räumen, um die Objekte und das gesamte Personal für den Umzug zur Verfügung zu haben. Diese Entscheidung fiel mitten im Ruhrkampf; in Bayern war als Reaktion auf separatistische Tendenzen in der bayerischen Pfalz der Ausnahmezustand ausgerufen worden. Im Oktober/November 1923 erreichte die Inflation ihren Höhepunkt. Im Streit zwischen der bayerischen Regierung und der Reichsregierung um das Verbot des «Völkischen Beobachters» als Organ der NSDAP – die Zeitung hatte den Chef der Heeresleitung scharf angegriffen – standen die Zeichen für die Fortsetzung der gemeinsamen finanziellen Förderung des Museums durch Reich und Freistaat nicht günstig. Durch die Inflation hatte außerdem die Mittelschicht ihr erspartes Geld verloren und fiel als Stifter weitgehend aus. Die Eigenreserven des Museums waren vernichtet, und die Großindustrie zog sich als Sponsor zurück. In seiner Geldnot plante das Museum sogar den Verkauf von Dubletten und aller entbehrlichen Gegenstände;[71] letztlich verhinderte aber das durch die Geldentwertung hervorgerufene Desinteresse der Öffentlichkeit einen Verkauf.

Wie in der Museumsgeschichte niemals zuvor stand die Vollendung des Deutschen Museums nach 1918 auf der Kippe. Miller selbst gestand bei der Jahresversammlung 1921 ein, dass sich damals kaum mehr die Alternative gestellt habe, wann das Museum eröffnet werde, «sondern die Frage lautete, ob das Museum fertig wird».[72] Um den Bau nicht vollständig zum Erliegen zu bringen, entschloss sich Miller zu einem verlangsamten Weiterbau. Ein Stillstand der Arbeiten hätte vermutlich das Ende des Museums auf der Insel bedeutet. Durch die kleinen Baumaßnahmen konnte er den Anspruch der Stadt abwehren, im Neubau Notwohnungen einzurichten. Außerdem bestand einige Zeit die Gefahr, dass das Museum zu Büroraum umgewandelt würde.[73] Die Konsequenz aus der allgemeinen wirtschaftlichen Lage war, dass eine vollständige Eröffnung des gesamten Neubaus nicht realisiert werden konnte. Die Einrichtung des zweiten Obergeschosses sowie der Halle für Schiffbau im zentralen Mittelbau wurde auf einen späteren Zeitpunkt verschoben.[74] Auch in den anderen Räumen war ein endgültiger Abschluss nicht zu erreichen. Bemerkenswert oft findet sich in den internen Protokollen von 1923 an das Wort «provisorisch», wenn es um die Ausgestaltung der einzelnen Abschnitte ging. Viele notwendige Detailarbeiten wurden auf die Zeit nach der Einweihung vertagt. Mehr noch als in früheren Jahren musste Miller sein Talent zum Einwerben von Material beweisen. Da er über wenig Geld verfügte, um Arbeitskräfte zu bezahlen, überzeugte er Hunderte von Arbeitern aus den unterschiedlichsten Berufen zu kostenloser Arbeit an Samstagnachmittagen und an Sonntagen!

Trotz immenser Schwierigkeiten konnte Oskar von Miller das neue Gebäude an seinem 70. Geburtstag am 7. Mai 1925 eröffnen. Er organisierte dieses Ereignis auf eine für ihn typische Weise. Die Eröffnung wurde zu einem eindrucksvollen Fest, das oft als das letzte Fest der Weimarer Republik bezeichnet worden ist.[75] Den Schriftsteller Gerhart Hauptmann gewann Miller für die Dichtung eines «Festaktus zur Eröffnung des Deutschen Museums».[76] Die gesamten Feierlichkeiten trugen einen barocken Zug. Sie teilten sich in einen offiziellen Festakt und einen Festzug am 5. Mai durch die Innenstadt, den Münchner Künstler gestaltet hatten. Bei den Behörden hatte Miller durchgesetzt, dass die Ämter und die Schulen schlossen, damit die Münchner den Festzug feiern konnten. Betrachtet man heute Fotografien vom Festzug, staunt man, unter welch reger Beteiligung er stattfand. Er war in drei Gruppen eingeteilt. Die erste stellte die verschiedenen Abteilungen des Museums dar, u. a. Verkehrswesen, Chemie, Bergwesen, Musik und Landwirtschaft. Eine zweite Gruppe versinnbildlichte die vier Elemente Feuer, Wasser, Luft und Erde, während sich die letzte aus den Festwagen der Münchner Gewerbe und Zünfte zusammensetzte. Ähnlich dem Oktoberfestzug waren die Wagen prächtig geschmückt. Den Abschluss der Feierlichkeiten bildete eine Festvorstellung im Nationaltheater, wo die deutsche Erstaufführung der «Ruinen von Athen» von Richard Strauss gegeben wurde.[77]

Mit der Eröffnung des Museums auf der Insel hatte Miller sein Hauptziel erreicht. Die folgenden Jahre war er mit der Einrichtung des zweiten Obergeschosses und mit den Vorbereitungen für den seit 1906 geplanten Bau des Bibliotheksgebäudes und des Kongress-Saales beschäftigt.[78] Die Planung hatte sich über viele Jahre hingezogen. Diese Zeit hatte Miller zu verschiedenen Studienreisen genutzt, um vor allem das amerikanische Bibliothekswesen für seine Zwecke zu adaptieren.[79] 1927 wurde ein Wettbewerb ausgeschrieben. Keiner der Vorschläge fand Millers Zustimmung, so dass nur zwei zweite Preise vergeben wurden. Eigenmächtig und gegen die Ausschreibungsregeln verstoßend, beauftragte Miller den Leiter des Neubaubüros im Museum, German Bestelmeyer,[80] mit der Ausführung. Den Grundstein für die beiden Gebäudekomplexe legte Reichspräsident Hindenburg während der Jahresversammlung 1928. Die Tragkonstruktion war in Stahlskelettbauweise vorgesehen, die dazwischen liegenden Geschossdecken sollten mit Eisenbeton ausgeführt werden, um die notwendige Tragfähigkeit für die Büchermagazine zu erreichen. Millers Bau war der bei weitem größte deutsche Bibliotheksneubau der Zwischenkriegszeit. Schon 1930 war Richtfest, zwei Jahre später konnte die Bibliothek mit einem Festakt eingeweiht werden. Am Kongress-Saal wurde noch bis 1935 gebaut, dessen Eröffnung Miller nicht mehr erlebte.

Rückblickend kann die Tatsache, dass es Miller gelang, den Neubau wie geplant 1925 zu eröffnen, nicht hoch genug bewertet werden. Er stellte in diesen Jahren dem Museum seine ganze Arbeitskraft zur Verfügung. Er zog sich aus der Leitung des Bayern- und des Walchenseewerks zurück und wandelte sein Ingenieurbüro in eine GmbH um, um für sich Freiräume zu schaffen. In wirtschaftlich schwierigsten Zeiten entschied er sich für die Vollendung des Museumsprojekts und nahm für sich und seine Familie persönliche Nachteile in Kauf.

Montage des Stahlskeletts für die Bibliothek des Deutschen Museums, 1929.

Festakt zur Eröffnung der Bibliothek: Hans Pfitzner dirigiert in der Eingangshalle sein Lied «Die Klage», 1932.

FREUNDE UND FÖRDERER

Wie Miller rückblickend festgehalten hat, war er bei der Gründung des Deutschen Museums bemüht, «die größte Sorgfalt auf eine planmäßige Projektierung» zu legen.[81] Diese Planung erstreckte sich nicht nur auf den Erwerb von Exponaten, sondern auch auf den Aufbau eines breit gefächerten Netzes von Kontaktpersonen in Politik, Industrie, Institutionen, Verbänden und Vereinen. Dabei ist bedeutsam, dass es gelang, die Umsetzung des Projekts in einer ungemein gedrängten Zeitspanne zu realisieren. Schon im ersten halben Jahr nach der konstituierenden Sitzung am 28. Juni 1903 waren mit der Satzung das formale Gerüst und der Charakter als Körperschaft des öffentlichen Rechts fixiert. Gleichzeitig hatte man im Alten Nationalmuseum Räumlichkeiten für provisorische Ausstellungen gefunden. Mit dem Baugelände der Stadt München auf der Kohleninsel war eine Langzeitperspektive für das Museum eröffnet. Bayern und die Reichsregierung wiederum hatten erhebliche jährliche Mittel in Höhe von jeweils 50000 Mark zugesagt. Bereits in der ersten Sitzung des Wissenschaftlichen Ausschusses im Mai 1903 hatte sich das renommierte Akademiemitglied und der spätere Akademiepräsident Hugo von Seeliger für die Übergabe der rund 2100 Nummern zählenden Sammlung der Bayerischen Akademie der Wissenschaften ausgesprochen, eine unverbindliche Ankündigung, die Miller werbewirksam als Faktum verbreiten ließ.[82] Die Akademiesammlung wurde dementsprechend in den offiziellen Verlautbarungen des Museums als leuchtendes Beispiel für erfolgreiche Sammlungspolitik angeführt. Von entscheidender Bedeutung war, dass der Museumsplan in kürzester Zeit in der breiten Öffentlichkeit bekannt wurde. Hier kamen Miller seine Erfahrungen bei der Organisation der elektrotechnischen Ausstellungen in München und Frankfurt zugute. Er wusste um die Bedeutung einer möglichst breit gestreuten und positiven Berichterstattung in der Presse. Geschickt gelang es ihm, die wichtigsten Fachzeitschriften zu überzeugen, den ersten Aufruf zur Unterstützung der Münchner Museumsgründung kostenlos zu verbreiten. So wurden beispielsweise 21000 Exemplare in der Zeitschrift des Vereins Deutscher Ingenieure, 11500 in der Deutschen Bauzeitung, 8400 in der «Elektrotechnischen Zeitschrift», im Zentralblatt der Bauverwaltung 5350, je 1600 Exemplare in Dinglers Polytechnischem Journal sowie in der Zeitschrift des Polytechnischen Vereins und 1600 in Glasers Annalen verteilt.[83] Auf diese Weise erreichte Miller die primäre Zielgruppe: Ingenieure, Techniker und Industrielle. Die Tagespresse ihrerseits wurde mit Nachrichten versorgt. Es handelte sich in der Regel um Erfolgsmeldungen über wichtige Objekterwerbungen oder Notizen über die glanzvollen Gremiensitzungen des Museums. Diese aktive Kommunikationsstrategie war in einer Referentensitzung vom 15. Juli 1905 beschlossen worden. Danach sollte das Museum alle 8–14 Tage Pressemeldungen verschicken, um seine Präsenz und Aktivität in der Öffentlichkeit zu demonstrieren;[84] auch in Fachzeitschriften sollte über den Museumsausbau und über Vorträge im Museum publiziert werden. Diese Vorgabe wurde erfolgreich realisiert.

Dank der breiten Streuung der Aufrufe und der permanenten Presseberichterstattung wurde die Bereitschaft einflussreicher Persönlichkeiten zur Unterstützung des neuen Museums gefördert. Geplant war, sowohl finanzielle Mittel in Form von Spenden als auch geeignete Sammlungs- und Ausstellungsobjekte einzuwerben. Um dies zu erreichen, baute Miller gezielt ein personelles Netzwerk auf. Seine vielfältigen beruflichen Kontakte zu bayerischen und deutschen Regierungsmitgliedern, zu Industrieunternehmen oder Stadtverwaltungen waren dabei äußerst hilfreich. Ebenso mobilisierte Miller seine familiären Beziehungen. Die ganze Familie Miller, besonders seine Brüder, wurden in den Aufbau eines Freundeskreises einbezogen. Erste Ansprechpartner waren die Teilnehmer der Tagung des Vereins Deutscher Ingenieure Ende Juni 1903. Im Vorfeld der Versammlung hatte Miller zahlreiche Persönlichkeiten angeschrieben und um Teilnahme an der Gründungsversammlung gebeten.[85] Bewusst nutzten Miller und das «Vorbereitende Komitee» die bevorstehende Jahresversammlung des VDI zur Bekanntgabe der offiziellen Museumsgründung. In der Tat stellte sich die seit 1856 existierende Standesorganisation der Ingenieure hinter die Museumsbewegung und setzte ein politisches Signal. Um die Gründung zu fördern, gab der VDI seine Mitgliederkartei an Miller weiter.[86] Dadurch konnte Miller rund 20 000 VDI-Mitglieder direkt ansprechen und um Unterstützung bitten. Im Gegenzug erhielt der VDI in der Satzung ein permanentes Vertretungsrecht im Vorstandsrat des Museums.

Der hohe Bekanntheitsgrad, den Millers Museumsplan nach kurzer Zeit erreichte, trug ebenso wie die außerordentlich geschickte institutionelle Verankerung des Museums dazu bei, dass die Museumspläne binnen kurzer Zeit unumkehrbar wurden. Während sich das Deutsche Museum in seiner inhaltlichen Ausgestaltung an das Germanische Nationalmuseum in Nürnberg anlehnte, folgte es bei der Konstruktion seiner Gremien dem französischen Vorbild des «Conseil de Perfectionnement» am Conservatoire des Arts et Métiers. Dieses bestand aus zahlreichen gewählten Vertretern sowie ernannten Mitgliedern aus Behörden und Vereinen.[87] Millers Intention ging dahin, ähnlich wie in Paris maßgebliche Behörden- und Vereinsvertreter, Industrielle und Techniker einzubinden. Um das Museum auf diese breite Basis zu stellen und den Charakter als nationale Unternehmung zu unterstreichen, erhielten durch die Satzung von 1903 das Reich, die Länderregierungen und die Stadt München eigene Vertreter im «Vorstandsrat». In diesem Gremium waren auch der VDI, verschiedene Reichsministerien (für Verkehr, Post, Luftfahrt), Reichsanstalten, Akademien sowie die wichtigsten Gesellschaften, Vereine und Verbände mit einem Repräsentanten vertreten.[88] Hinzu kamen einige Museen (Germanisches Nationalmuseum und Bayerisches Gewerbemuseum, beide Nürnberg, Technisches Museum für Industrie und Gewerbe, Wien). Die Zahl der Vorstandsratsmitglieder sollte ursprünglich bei maximal 50 liegen, doch wurde sie 1906 auf 100 erhöht.[89]

Während der Vorstandsrat als stärker politisch geprägtes Gremium eingerichtet war, sollten im so genannten «Ausschuss» alle die Persönlichkeiten vertreten sein, die das Museum ideell und materiell unterstützten, so die Mitglieder des «Provisorischen Komitees» und des Vorstands sowie weitere gewählte Persönlichkeiten. Aufgenommen wurden Einzelpersonen, die als «besondere Gönner» dem Museum eine Geldsumme von mindestens 5000 Mark gespendet hatten.[90] Durch die Möglichkeit, über eine hohe Stiftung einen permanenten Sitz im Ausschuss zu erhalten, war die Zahl der Mitglieder faktisch unbeschränkt. Außerdem war die Amtsdauer der Ausschussmitglieder unbegrenzt. Ab 1906 war lediglich die formale Mitgliedschaft im Museum erforderlich.[91] Ab 1912 konnten erstmals Körperschaften und Firmen, die einmalig mindestens 10 000 Mark (oder eine entsprechende Summe auf fünf Jahre verteilt) gestiftet hatten, für 25 Jahre einen Vertreter in den Ausschuss entsenden.[92] Seine Funktion bestand in der Entscheidung über die Aufnahme neuer Ehrenmitglieder bzw. von Bildnissen bedeutender Förderer von Naturwissenschaft und Technik sowie in der Beschlussfassung über den Museumshaushalt bzw. die Anträge des Vorstandsrats und über Satzungsänderungen.[93] Formal war er damit das höchste Gremium des Museums, doch war seine Entscheidungskompetenz abhängig von den Vorarbeiten des personell kleineren Vorstandsrats.[94] Letzterer konnte zudem durch Zuwahl neue Ausschussmitglieder bestimmen. Mit diesem Passus hatte der Vorstandsrat das entscheidende Machtmittel in der Hand.

Die eigentliche Geschäftsführung lag beim «Vorstand», der aus Oskar von Miller, Walther von Dyck, Mathematiker und ab 1903 Rektor der TH München, und dem Industriellen und Kältetechniker Carl von Linde bestand. Er war das entscheidende Gremium, dem satzungsgemäß die wissenschaftliche, technische und geschäftliche Leitung oblag. Der Vorstand blieb personell lange unverändert; erst 1921 schied Linde aus und wurde durch Georg von Kerschensteiner ersetzt. Das eigentliche Museumsoberhaupt war Miller. Formell bezeichnete er sich als «Vorsitzender des Vorstands». Miller erledigte alle laufenden Arbeiten, koordinierte die Bau- und Ausstellungsarbeiten, warb die finanziellen Mittel ein und führte die laufende Korrespondenz. Der Arbeitsaufwand in der Aufbauphase war gewaltig. Seine Arbeitsleistung ist umso erstaunlicher, als er zur gleichen Zeit intensiv am Walchenseeprojekt arbeitete und sein Ingenieurbüro mit zahlreichen Elektrizitätswerken in ganz Europa, von Riga bis Siebenbürgen, beschäftigt war. Während Miller die Fäden zog, blieb er bei öffentlichen Anlässen gerne im Hintergrund, um den Vorsitzenden des Vorstandsrates als formell obersten Vertreter des Museums auftreten zu lassen. Der Vorsitzende des Vorstandsrates war abwechselnd eine Person aus der Industrie bzw. der Wissenschaft, darunter die Nobelpreisträger Wilhelm Conrad Röntgen, Wilhelm Wien und Max Planck.

Die Konstruktion der Gremien zeigt, dass Miller ihre Zusammensetzung mit einem hohen Maß an Pragmatismus betrieben hat. Ihm war wichtig, die Förderer eng an sich zu binden. Dabei ging er so weit, die Satzung häufig zu ändern, um die gewünschte Unterstützung zu erreichen. Miller erkannte, dass die Zugehörigkeit zu einem Gremium deren Mitgliedern einen besonderen gesellschaftlichen Status verlieh. Diese öffentliche Einschätzung nutzte er geschickt aus. In der Regel kamen die Gremien einmal jährlich anlässlich der Jahresversammlungen des Museums zusammen. Diese Feiern galten als gesellschaftliche Ereignisse, die im Kaiserreich und später in der Weimarer Republik hohe Beachtung fanden. Miller verstand es, die Jahresversammlungen prächtig zu inszenieren. Typischerweise gab es ein Konzert oder eine Oper im Nationaltheater; die Stadt München lud zu einem aufwändigen Empfang ein, für den verschiedene Schriftsteller eigens kleine Theaterstücke oder Gedichte verfassten. So schrieben abwechselnd Joseph von Schmädel, der Miller schon bei der Elektrotechnischen Ausstellung 1882 unterstützt hatte, Hermann Roth, dessen Sohn Eugen Roth sowie Fritz von Ostini immer wieder köstliche Szenen. Neben professionellen Schauspielern wurden Mitarbeiter des Museums und die Kinder Oskar von Millers in die Aufführungen eingebunden. Der bayerische Komiker Karl Valentin trat bei den Jahresversammlungen ebenso auf wie sein kaum weniger bekannter Kollege «Weiß Ferdl», der sich 1931 als «Museumsdiener» vorstellte.[95] Miller liebte diese jährlichen Museumstreffen und kümmerte sich selbst um kleinste Details. Das Feiern gehörte für ihn ebenso selbstverständlich zum Museum wie tagtägliche Arbeit. Immer wieder versuchte er, seinen Gästen etwas Besonderes zu bieten. So ließ er 1904 alle Teilnehmer zu Prinz Ludwig auf dessen Gut Leutstetten einladen, 1905 fuhren die Gremien nach Stuttgart, um das dortige Landesgewerbemuseum und das Ingenieurlaboratorium der Technischen Hochschule zu besuchen, 1906 war die prächtige Grundsteinlegung für den Museumsbau in Anwesenheit Wilhelms II., 1907 trafen sich der Vorstandsrat und der Ausschuss auf Einladung des Kaisers in Berlin, ein Jahr später fand im Herbst die Vorbesichtigung der Zweigstelle in der Schwere-Reiter-Kaserne statt, die zum 1. Januar 1909 für das Publikum geöffnet wurde. 1911 war großes Richtfest des neuen Gebäudes auf der Museumsinsel. So ging es Jahr für Jahr weiter. Auch technische Sensationen inszenierte Miller zu diesen Anlässen. Noch zwei Tage vor der eigentlichen Gründung des deutschen Unterhaltungsrundfunks im Berliner Vox-Haus am 29. Oktober 1923 organisierte Miller eine eigene Funkübertragung eines Festkonzertes von Eberswalde (bei Berlin) nach München zur Jahresversammlung ins Deutsche Museum. Beim Begrüßungsabend 1932 wurde in München erstmals elektronische Musik durch den Physiker Walther Nernst und Friedrich Trautwein, den Konstrukteur des nach ihm benannten «Trautoniums», vorgeführt.[96] Zum Abschluss jeder Jahresversammlung verteilte Miller an jeden Teilnehmer ein Gastgeschenk, das jährlich wechselte. Angesichts der von Miller gepflegten Gastlichkeit und der Möglichkeit, bei den Jahresversammlungen sich auch geschäftlich auszutauschen, verwundert es nicht, dass die Spitzen von Industrie und Wissenschaft gerne nach München kamen. Miller richtete diese Feiern mit einer ihm angeborenen Lust an prächtigen gesellschaftlichen Ereignissen, aber auch unter dem Aspekt des Nutzens für das Museum aus. Fast unverblümt appellierte er an die anwesenden Gäste um Unterstützung. Die wenigsten konnten sich dem Charme des Feierns entziehen und spendeten fleißig.

Bei der Organisation der Museumsgremien war Miller bemüht, ein möglichst ausgewogenes Verhältnis zwischen Politik, Industrie und Wissenschaft herzustellen. Bei der Betrachtung der Gremienmitglieder überrascht der hohe Prozentsatz an Wissenschaftlern. Sie sollten sowohl im Vorstandsrat wie im Ausschuss einen Gegenpol zu den Interessen der Industrie bilden. Die gleiche Absicht findet sich bei der Auswahl der «Referenten» wieder. Ihre Aufgabe bestand darin, gemäß dem Museumsprogramm Listen für die künftigen Ausstellungen und Sammlungen zu erstellen. In ihnen sollten alle wünschenswerten Originale, Nachbildungen, Modelle, Demonstrationsobjekte, Zeichnungen, Fotos etc. erfasst werden. 1905 gab es 56 Referenten und zusätzlich 134 externe Mitarbeiter, die ihre Unterstützung zugesagt hatten.[97] Wie im «Wissenschaftlichen Ausschuss» dominierten bei den Referenten Namen aus dem akademischen Bereich. Drei Viertel waren Hochschullehrer, nur sieben Personen kamen aus der Industrie. Bei den externen Mitarbeitern war der Anteil der Lehrenden deutlich geringer. Von den 134 Namen sind 41 den Hochschulen und Akademien, 43 der Industrie zuzurechnen.[98] Die Besetzung war hochkarätig: Berühmte Referenten waren Wilhelm Conrad Röntgen, Wilhelm Wien, Wilhelm Ostwald oder Alois Riedler.[99]

Dem Kreis der Referenten kam besonders in den Anfangsjahren des Museums eine besondere Rolle zu. Die ausgewählten Persönlichkeiten sollten geeignete Objekte für die Ausstellungen vorschlagen und bei der Beschaffung behilflich sein. Dabei ist zu beobachten, dass Miller gerade in den Jahren 1903 bis 1909 die meisten Anschaffungsvorschläge zur Begutachtung an die zuständigen Referenten und externen Mitarbeiter weiterleitete. Damit vermittelte er den beteiligten Industriellen und Wissenschaftlern das Gefühl, sie seien aktiv am Museumsaufbau beteiligt. Über die Referenten und externen Mitarbeiter hinaus wurden häufig zusätzliche Experten herangezogen und damit das Netz weiter verbreitert. Dieses Netzwerk hatte die Funktion, möglichst viele Personen an das Museum zu binden und den Zustimmungsgrad zur Museumskonzeption hochzuhalten. Manchem mag diese permanente Inanspruchnahme fast zu viel geworden sein, da Miller jedes Angebot vorlegte. Anfangs finden sich in den Akten noch ausführliche Stellungnahmen der Referenten, doch werden sie von Jahr zu Jahr dürftiger. Mehr und mehr blieb die Entscheidung zur Übernahme von Objekten dem Vorstand, insbesondere Miller, überlassen.

Das Verhältnis zwischen Wissenschafts- und Industrievertretern änderte sich bis zum Jahr 1925. Mit den prozentual schrumpfenden Geldzuweisungen der öffentlichen Hand in den zwanziger Jahren, dem Verlust eigener

Geldreserven im Inflationsjahr 1923 und der bevorstehenden Eröffnung des neuen Museumsgebäudes auf der Kohleninsel wuchs der Einfluss der Industrie durch Geld- und Sachspenden. Gerade vor dem Umzug auf die Insel war Miller in besonderem Maße auf die Industrie angewiesen. Zwischen 1920 und 1925 kamen fast 7000 Objekte neu ins Museum, viele davon stammten aus der aktuellen Industrieproduktion. Da gerade in den ersten Jahren der Weimarer Republik die Beziehungen Deutschlands zum Ausland angespannt waren, gestaltete sich die Einwerbung ausländischer Objekte in diesen Jahren für Miller und das Deutsche Museum nicht einfach. Die Konsequenz war, dass sich – im Gegensatz zu den provisorischen Ausstellungen im Alten Nationalmuseum und in der Schwere-Reiter-Kaserne – der Akzent zwischenzeitlich deutlich in Richtung moderner deutscher Industrieprodukte verschob. In den Jahren nach 1925 wurden dann wieder verstärkt ausländische Objekte aufgenommen.

Einen weiteren Ring des konzentrisch um den Vorstand gelegten Unterstützernetzes bildeten die Mitglieder des Deutschen Museums. Die Mitgliedschaft erwerben konnten Einzelpersonen, Firmen und Verbände. Die Bedingungen für die Mitgliedschaft wechselten. Grundsätzlich war ein jährlicher Beitrag zu entrichten, doch konnte die Mitgliedschaft auch durch einen höheren einmaligen Beitrag oder durch die Stiftung eines wertvollen Sammlungsobjekts erworben werden.[100] Die Mitgliederzahlen sind in den Jahresberichten veröffentlicht; besonders in den Anfangsjahren wurden regelmäßig gedruckte Mitgliederlisten verteilt.[101] Die Werbewirkung für das Museum stand auch hier im Vordergrund. Im Jahr 1904 lag die Mitgliederzahl bei etwa 800; sie stieg nach der Eröffnung der Ausstellungen im Alten Nationalmuseum auf ca. 2250 (1907), nach der Eröffnung der Schwere-Reiter-Kaserne weiter auf 4178 (1910) an. Trotz der Schließung der Zweigstelle seit 1914 blieb die Zahl konstant bei über 4000 Mitgliedern. In der Nachkriegszeit und während der Inflationsjahre bewegte sie sich leicht nach unten. 1925, im Jahr der Einweihung des Hauptgebäudes, lag die Mitgliederzahl bei etwa 6000. Diesen hohen Stand konnte Miller trotz aller Bemühungen nicht halten. In den folgenden Jahren verlor das Museum über ein Drittel seiner Mitglieder. Im Jahr 1933 hatte es nur noch 4362 Mitglieder. Bis 1944 ist noch einmal ein Schwund von etwa 700 Personen zu verzeichnen.[102] Die sinkenden Zahlen zwischen 1933 und 1945 sind durch den Ausschluss jüdischer Gremienmitglieder und den Austritt jüdischer Mitglieder zu erklären. Begründungen tauchen in den Akten nur in wenigen Fällen auf. So erklärte Alfred Berliner, beschäftigt bei den Siemens-Schuckertwerken in Berlin, 1933 seinen Austritt als «christlicher Nichtarier».[103] In anderen Beispielen findet sich bei vermutlich jüdischen Mitgliedern ein Stempel auf der Kartei-

Eingang zu der ersten Ausstellung des Deutschen Museums in der Maximilianstraße (mit einem Denkmal Joseph von Fraunhofers), 1914.

karte «Unbekannt verzogen», was wohl als Hinweis auf die Deportation in Konzentrationslager verstanden werden muss.

Das Museum bemühte sich mit aller Kraft um neue Mitglieder. Regelmäßig wurden die Gremienmitglieder angesprochen und aufgefordert, ihrerseits Mitglieder zu werben. Man setzte auf die Multiplikatoren- und Vorbildfunktion renommierter Gremienmitglieder. Ein Beispiel für dieses «Schneeballsystem» ist der Mannheimer Chemiefabrikant Fritz Engelhorn. Aus seiner Korrespondenz mit Oskar von Miller wird deutlich, dass Engelhorn sich besonders bemühte, dem Museum neue und finanzkräftige Mitglieder zuzuführen.[104] 1909 schickte er dem Museum eine Liste mit 38 Namen von Fabrikanten, Ingenieuren und örtlichen Honoratioren aus dem Raum Mannheim, die das Museum unterstützen wollten. Am Heiligen Abend 1909 teilte er mit, dass er weitere elf Firmen für eine korporative Mitgliedschaft gewonnen habe.[105] Ähnlich aktiv waren viele andere Gremienmitglieder, wie Gustav von Brüning, Direktor der Farbwerke Hoechst, oder Wilhelm von Siemens.[106]

Eine statistische Auswertung der Mitglieder, die das Museum 1908 und 1910 vornahm,[107] gibt Aufschluss über deren geografische Herkunft. In den beiden untersuchten Jahren waren 2103 bzw. 4178 Mitglieder eingeschrieben. Natürlich stammten die meisten Mitglieder aus München, wobei ihr Anteil von 37,2 Prozent auf 27,1 Prozent im Jahr 1910 absank. Diese Tendenz setzte sich in den folgenden zwei Jahrzehnten fort. Gerade nach 1925 stieg der Prozentsatz der nichtbayerischen Mitglieder stark an. Überraschend ist der geringe Mitgliederanteil aus dem hoch industrialisierten Ruhrgebiet und aus dem Rheinland. Aus den Städten an Rhein und Ruhr stammten 1908 nur 116 (5,5 Prozent), zwei Jahre später immerhin 303 Mitglieder (7,3 Prozent). Das einwohnerschwächere, aber ebenfalls stark industrialisierte Sachsen erreichte deutlich höhere Prozentwerte. Insgesamt gesehen lassen sich die Zahlen dahingehend interpretieren, dass sich das Deutsche Museum rasch von einem Münchner Unternehmen zu einer im ganzen Deutschen Reich akzeptierten Einrichtung entwickelte und damit die seit den ersten Aufrufen beanspruchte Rolle als nationales Museum für die Geschichte der Technik und Naturwissenschaften ausfüllen konnte. Diese Aussage gilt zumindest für die am Museum direkt interessierten Kreise, für Ingenieure, Wissenschaftler, Techniker, Industrielle oder Wirtschaftsverbände. Für sie hatte die Gründung eines Technikmuseums in Deutschland hohe Bedeutung.

Den äußersten Kreis der Förderer bildeten die nicht organisierten Stifter, die ebenfalls über die Gremien angesprochen wurden. Dabei muss unterschieden werden zwischen Stiftern, die Exponate bereitstellten, und Spendern von Geld. Beide wurden öffentlichkeitswirksam über die Presse bekannt gegeben. Die wichtigsten Objektstiftungen wurden im jährlichen

Verwaltungsbericht publiziert, während die Geldspenden in das «Gedenkbuch an die Stifter des Deutschen Museums von Meisterwerken der Naturwissenschaft und Technik», kurz: «Stifterbuch», eingetragen wurden.[108] Es lag ab 1906 öffentlich im Ehrensaal des Alten Nationalmuseums aus. Die frühesten Stiftungen kamen aus dem Umfeld des ersten Vorstands, wobei hier persönliche und berufliche Beziehungen Millers eine große Rolle spielten.[109] Von Mai 1903 bis Oktober 1906[110] sind Barspenden in Höhe von 952 250 Mark vermerkt, was durchschnittlich rund 6000 Mark pro Mäzen bedeutete. Die hohen Summen der Anfangsjahre lassen sich mit der ersten Begeisterung für das neue Museum erklären, wobei einige besonders große Spenden (so die des Industriellen Georg von Krauss über 100 000 Mark) die Durchschnittswerte erheblich nach oben korrigieren. Schon einige Jahre später hatte sich die Spendenbereitschaft deutlich gelegt. Zwischen März 1910 und Januar 1914 sind im Stifterbuch nur 180 889 Mark vermerkt. Im Zeitraum von April 1914 bis November 1918 wiederum sind in das Stifterbuch 2 874 895 Mark an einmaligen Beiträgen notiert.[111] Der Historiker Gerhard Neumeier hat mit Recht auf die Kriegsgewinne der florierenden Eisen-, Kohle-, Stahl- oder Elektroindustrie hingewiesen, die hohe Spenden ermöglichten.[112] In den Jahren nach dem Ersten Weltkrieg gingen die Spenden merklich zurück. Mit den Inflationsjahren stiegen die Geldspenden zwar in astronomische Höhen, hatten aber keine reale Kaufkraft mehr. Im Januar 1922 bricht die Aufzeichnung der Geldspenden ab.

Das «Stifterbuch» verstärkt den Eindruck der Mitgliederanalyse. In den ersten 15 Jahren Museumsgeschichte verschob sich die regionale Herkunft der Stifter. Während anfangs Mäzene aus dem bayerischen Raum dominierten, bevorzugt aus den Städten München, Nürnberg und Augsburg[113], verlagerte sich die Spendenbereitschaft zunehmend auf das gesamte Deutsche Reich. Die Personenkreise um das Deutsche Museum überschnitten sich in vielfacher Weise. Viele Gremienmitglieder waren zahlende Mitglieder, traten als Stifter auf oder stellten sich als Fachreferenten zur Verfügung. Insofern ist der eigentliche Unterstützerkreis personell deutlich kleiner. Im Wesentlichen handelte es sich um eine politische, wirtschaftliche und bildungsbürgerliche Elite, was die hohen Mitgliederzahlen nur teilweise überdecken können.

Das Unterstützernetzwerk des Deutschen Museums und die personelle Kontinuität in den Gremien bestanden nach dem Sturz der deutschen Monarchien 1918 auch bis in die Weimarer Zeit im Wesentlichen ohne größere Brüche weiter. Die Verbundenheit Millers mit den gestürzten Monarchen blieb unverändert bestehen. Ebenso gab es in der Organisationsstruktur des Museums nach 1918 kaum Änderungen. Die Funktion der Fürsten in den Museumsgremien wurde nun von demokratisch gewählten Politikern übernommen. Da gerade im Vorstandsrat die Mitgliedschaft auf formelle Kriterien beschränkt gewesen war – Vertretung von Reichsregierung oder von einzelnen Territorien –, wurden lediglich Namen ausgetauscht. Eine echte Demokratisierung der Gremien kam nicht zustande. Dies lag zum einen daran, dass die Positionen in der Industrie auch nach der Revolution in den gleichen Händen lagen wie vorher. Der Kreis der Wirtschaftsführer als Ansprechpartner Millers änderte sich durch den politischen Umsturz nicht. Im Automatismus des Einwerbens von Geld und Objekten blieben die traditionellen Beziehungen bestehen. Ähnlich verhielt es sich in der Politik und in der öffentlichen Verwaltung, wo nur die Spitzen ausgetauscht wurden, während das Gros der Ansprechpartner Millers gleich blieb. Die personelle und ideelle Kontinuität im ersten Drittel des 20. Jahrhunderts ist ein auffallendes Faktum der Museumsgeschichte. Sie spiegelt im Mikrokosmos des Museums letztlich eine allgemeine Entwicklung wider. Dass eine Demokratisierung in den Gremien des Museums nach 1918 nicht durchgeführt wurde, liegt in besonderem Maße an der Person Millers. Er dachte nicht daran, seine Art der Museumsleitung, eigentlich müsste man sagen: sein Regiment, zu ändern. Sowohl Verwaltung wie Gremienzusammensetzung waren formell wie praktisch auf Miller zugeschnitten. Da es einen eigenen hauptamtlichen Museumsdirektor in der Ära Miller nicht gab, liefen alle Entscheidungen bei ihm zusammen. Sein Status als «heimlicher» Museumschef wurde in keiner Weise durch die Tatsache berührt, dass er nur ehrenamtlich agierte. Täglich verbrachte er viele Stunden im Museum und das, obwohl er ein florierendes Ingenieurbüro betrieb. In den zwanziger Jahren regierte er das Museum noch autoritärer als zuvor. Gegen seinen Willen konnte im Museum keine Entscheidung von Tragweite herbeigeführt werden. Der Nobelpreisträger Richard Willstätter brachte es auf den Punkt: «man stöhnte, aber parierte».[114]

Auch wenn man die mangelnde Demokratisierung der Museumsgremien mit Recht beklagen mag, zeigt sich aus historischer Perspektive, dass sich das Deutsche Museum unter der Leitung Oskar von Millers als Institution mit hoher Eigendynamik und Unabhängigkeit etabliert hat. Das Museum blieb in seiner hierarchischen Organisation den konservativen Denkstrukturen der in ihm vertretenen politischen und wirtschaftlichen Eliten verhaftet. Die spätere Feststellung Millers, er habe das Museum immer frei von politischem Einfluss gehalten,[115] entspricht dem apolitischen Verständnis gesellschaftlichen Handelns der wirtschaftlichen und wissenschaftlich-technischen Eliten Deutschlands in der ersten Hälfte des 20. Jahrhunderts. Millers Aussage bezog sich mehr auf parteipolitischen Einfluss als auf wertkonservative Vorstellungen. Diese blieben zumindest in der «Ära Miller» konstant.

Die Finanzierung des Museums

Für die laufende Finanzierung waren die Mitgliedsbeiträge von untergeordneter Bedeutung. 1904 ergaben sie Einnahmen von 18000 Mark, 1910 von 53000 Mark. Zwischen 1911 und 1918 summierten sie sich auf jährlich etwa 60000 Mark. In der Spitze, dem Haushaltsjahr 1925/26, betrugen sie 72000 Reichsmark. Prozentual gesehen lagen sie 1904 noch bei 10,6 Prozent des Gesamthaushalts. Bis 1917 sank der Anteil auf 4,1 Prozent. Selbst im besonders mitgliederstarken Jahr 1925/26 machten sie nur 6,9 Prozent des Museumshaushalts aus.[116]

Die Finanzierung des Deutschen Museums ist vor dem Hintergrund seiner Bedeutung für die Stadt München, für Bayern und für das Reich zu sehen. Das Deutsche Museum wurde von den Regierungen zumindest bis 1933 als eine nationale Aufgabe empfunden. Seine Unterstützung war unabhängig von der jeweiligen Staatsform. Dementsprechend hoch waren die jährlichen Zuschüsse, die von der Stadt München, der bayerischen Ersten und Zweiten Kammer und vom Deutschen Reich bewilligt wurden. Auch die Regierungen anderer deutscher Einzelstaaten beteiligten sich in unterschiedlicher Form an der Finanzierung. Die Kollegien der Stadt München erklärten sich bereits im November bzw. Dezember 1903 zu einer Jahreszahlung von 15000 Mark bereit,[117] Bayern steuerte 50000 Mark bei.[118] Dabei waren die Zahlungen der Sitzstadt München und des Landes unproblematisch. Bayern hatte schon im Jahre 1903 jährliche Finanzmittel zugesichert. Schwieriger gestalteten sich die Verhandlungen mit dem Reich. Über den mit ihm befreundeten Staatssekretär im Reichsschatzamt, Hermann Freiherr von Stengel, hatte Miller auf eine Unterstützung durch das Reich gedrungen. Allerdings verwiesen die Bevollmächtigten darauf, dass das Reich lediglich ein Schutz- und Trutzbündnis sei und die Kulturaufgaben den einzelnen Staaten obliegen würden.[119] Geschickt ließ Miller in die Gespräche einfließen, dass ihm an einer Beteiligung des Reiches viel liege; er könne viel leichter vom bayerischen Landtag vier Millionen Mark erhalten, wenn «die Preussen nicht mitreden dürften», als zwei Millionen, wenn man mit ihrer Einmischung rechnen müsse. Millers Erinnerungen zufolge machte diese Bemerkung «sichtlich» Eindruck. Nach einigen Telegrammwechseln mit Berlin wurde ein finanzieller Beitrag des Reiches zugesagt. Allerdings kam Miller im Oktober 1903 noch einmal in Schwierigkeiten, als es darum ging, mit dem Staatssekretär im Reichsinnenministerium, Arthur Graf Posadowsky-Wehner, die konkrete Summe auszuhandeln. Der Staatssekretär zeigte sich im Gespräch verwundert darüber, dass Miller in den Entwurf der Satzungen eigenmächtig eine Beteiligung und eine Vertretung des Reiches hineingeschrieben habe, ohne dass eine entsprechende Zusicherung vorgelegen habe.[120] Miller konnte sich diesem berechtigten Vorwurf nur mit dem Hinweis entziehen, dass die Gründung sehr schnell erfolgt sei; eine rasche Zusage des Reiches sei binnen acht Tagen nicht zu erreichen gewesen, weswegen er sich dafür entschieden habe, die Beteiligung des Reiches in den Statuten zu fixieren, da es leichter gewesen sei, sie zu diesem Zeitpunkt aufzunehmen als durch eine spätere Satzungsänderung. Die Scheinheiligkeit, mit der Miller argumentierte, verblüfft. Natürlich war es ihm ebenso klar wie seinem Gesprächspartner, dass er mit seiner Eigenmächtigkeit die Reichsregierung überrumpelt hatte. Für sie bestand kaum mehr die Möglichkeit, sich vom Museum zurückzuziehen. Als es dann um die konkrete jährliche Zuweisung des Reiches ging, war die Verstimmung Posadowsky-Wehners bereits verschwunden: «Ich hatte aber den Eindruck, dass ich höchstens den vierten Teil des Geldes bekommen würde, den ich verlangte, und da ich 25000 M haben wollte, erbat ich 100000 M, von denen 50000 bewilligt wurden.»[121] Damit hatte Miller einen gleich hohen Jahresbeitrag von Bayern wie vom Reich ausgehandelt.[122]

Die geschilderte Auseinandersetzung um die Beteiligung des Reiches zeigt, wie eigenwillig Miller die Museumsgründung verfolgt hat. Widerstände, wie sie von Seiten der Reichsregierung oder des Kaisers zu erwarten waren, schreckten ihn nicht. Souverän setzte er sich über eventuelle Bedenken hinweg. Er ging dabei nach der Methode vor, Fakten zu schaffen, die nur unter erheblichem Gesichtsverlust seiner Verhandlungspartner wieder aus der Welt zu schaffen gewesen wären. In der Regel hatte Miller mit dieser Taktik Erfolg. Die Gründung eines nationalen technischen Museums in München war schnell zu einer Prestigeangelegenheit geworden. Sie nicht zu unterstützen, konnte sich die Reichsregierung nicht leisten.

Zu diesen drei großen Posten – Stadt München, Bayern und Reich – kamen die jährlichen Mitgliedsbeiträge von Firmen, Verbänden und Vereinen, darunter der Jahresbeitrag des VDI (5000 Mark), des Centralverbands deutscher Industrieller (1000 Mark), der Jubiläumsstiftung der Deutschen Industrie (2000 Mark) und des Industrievereins Augsburg (1000 Mark)[123]. Im ersten regulären Haushaltsjahr 1904 beliefen sich die Gesamteinnahmen auf 201000 Mark, wobei drei Viertel aus den erwähnten fixen Zuschüssen und den festen Jahresbeiträgen stammten.[124] Über dieses Niveau kamen die Einnahmen bis zum Ende des Ersten Weltkriegs nicht hinaus. Für die Jahre 1918 bis 1924/25 weisen die Verwaltungsberichte die entsprechenden Zahlen nicht aus, was angesichts der Inflation verständlich ist. Erst nach der Währungsumstellung sind den Jahresberichten wieder verlässliche Zahlen zu entnehmen. Im Rechnungsjahr 1925/26 sind als reguläre Zuweisungen vom Reich und vom Freistaat Bayern jeweils rund 140 000 Reichsmark angesetzt, eine Zahl, die Miller in den folgenden Jahren kontinuierlich steigern konnte. Im Jahr seines Ausscheidens (1933) trugen das Reich und das Land Bayern jeweils 202 000 Reichsmark zum Museumshaushalt bei, was einem Prozentsatz von rund 67 Prozent entsprach. Der Anteil der öffentlichen Hand von rund zwei Drittel blieb in den zwanziger Jahren trotz einiger Jahresschwankungen im Schnitt etwa unverändert. Das restliche Drittel stammte aus privaten Beiträgen, Stiftungen, Mieteinnahmen, Eintrittsgeldern und sonstigen Einnahmen.

Im Gegensatz zu den in etwa gleich bleibenden Zuschüssen wuchsen die Einnahmen aus den Mitgliedsbeiträgen, seit Eröffnung der Ausstellungen 1906/09 auch die Einnahmen aus Eintrittsgeldern, Dauer-, Vortrags- und Führungskarten, Führern und Postkarten. Erst in den Kriegsjahren gingen die Zahlen zurück, was auf das verminderte Angebot (Schließung der Zweigstelle in der Schwere-Reiter-Kaserne) zurückzuführen sein dürfte. Im Jahr 1925/26 lagen die Einnahmen in diesem Haushaltsposten bei 427 000 Reichsmark;[125] dies entsprach über 40 Prozent des gesamten Etats. Der Rekord von über einer Million Besuchern erklärt diesen kräftigen Anstieg. Zwischen 1928 und 1933 lag der Anteil der Einnahmen dann deutlich niedriger, meist bei rund 20 Prozent. Zu den ordentlichen Einnahmen aus Zuschüssen, Beiträgen und Eintrittsgeldern kam eine gewichtige Summe aus den «außerordentlichen Einnahmen», den Zinsen aus Stiftungsgeldern und den Haushaltsüberträgen. Da die Ausgaben in den ersten Jahren deutlich niedriger waren als die Einnahmen, hatten sich aus den Überschüssen der Vorjahre und aus Zinserträgen von Stiftungsgeldern erhebliche Mittel angesammelt, die dann aber in der Inflation nahezu komplett entwertet wurden. Bis 1933 gelang es Miller nicht mehr, einen entsprechenden Fonds aufzubauen, da alle verfügbaren Finanzmittel für die Errichtung der Bibliothek und des Kongress-Saales benötigt wurden.

Zu den jährlichen Haushaltszuweisungen kamen bedeutende Zuschüsse für den Bau des Museumsgebäudes auf der Kohleninsel. Ursprünglich waren dafür 10 Millionen Mark veranschlagt, die zur Hälfte aus öffentlichen Mitteln (München: 1 Million; Reich: 2 Millionen; Bayern: 2 Millionen), zur anderen Hälfte von der Industrie aufgebracht werden sollten.[126] Ab 1908 flossen jährliche Bauraten in Höhe von 800 000 Mark.[127] Mit dem Jahr 1914 wurden die Zahlungen weitgehend eingestellt. Das Reich erfüllte seine Verpflichtungen, nicht dagegen Bayern und München. Mit Kriegsende forderte Miller für die Vollendung des Baus weitere 12 Millionen Mark, wovon das Reich drei Viertel und Bayern ein Viertel tragen sollten; die Industriezuschüsse dafür wurden mit acht Millionen Mark angesetzt. Allerdings sind diese Zahlen bereits Inflationszahlen; letztlich flossen jährlich etwa 250 000 Mark durch das Reich und Bayern. Die von der Industrie zur Verfügung gestellten Bar- und Sachspenden blieben weit hinter den Erwartungen zurück und summierten sich auf lediglich 16,7 Prozent der öffentlichen Mittel.

Aufgrund von Inflation und Geldwertänderungen sind die kompletten Baukosten für das Museumsgebäude kaum festzustellen. Bis Ende 1916 waren rund 3,7 Millionen Mark verbaut. Die Vollendung des Rohbaus, die Ausbauarbeiten einschließlich der Museumseinrichtung sowie die Baukosten für den östlichen Verbindungsbau erhöhten die Ausgaben auf 15 Millionen.[128] Die genauen Baukosten sind aufgrund der zahlreichen kostenlosen Materialstiftungen, die von verschiedenen Industrien geliefert wurden, nicht zu ermitteln. Die innere Ausgestaltung des Museums war noch nicht beendet, als Miller bereits mit einem neuen Projekt, dem Bau eines Bibliotheks- und Vortragssaals, an die Öffentlichkeit trat. Dabei waren für den meist als «Studienbau» bezeichneten Trakt praktisch keine Finanzmittel vorhanden. Zwar hatte Miller von der Stadt München schon am 7. Mai 1927 die Zusage über einen Beitrag von einer Million Reichsmark und – über die Vermittlung des Vorstandsvorsitzenden der I. G. Farben, Carl Duisberg, – von der chemischen Industrie 50 000 Reichsmark sowie von dem Stahlmagnaten Albert Vögler ebenfalls 50 000 Reichsmark zugesichert bekommen,[129] doch fehlte eine massive Unterstützung der öffentlichen Hand. Weder von Bayern noch vom Reich konnte Miller Gelder für weitere Baumaßnahmen erhalten. Die von Miller propagierte deutsche Zentralbibliothek für Technik fand dort keine Gegenliebe. Auch die noch 1903 bis 1906 erfolgreich eingesetzte nationalstaatliche Argumentation zeigte in den zwanziger Jahren keine Wirkung mehr. Millers schier unersättliche Geldforderungen waren den Zuwendungsgebern ein Dorn im Auge. Allerdings fand Miller, getreu seinem Motto «wenn wir einmal angefangen haben […] dann hören wir nimmer auf»,[130] neue Finanzierungsquellen für den Studienbau. Mit Unterstützung des Reichsbankpräsidenten Hjalmar Schacht wurde für den Bau eine Anleihe in Höhe von fünf Millionen Reichsmark aufgelegt.[131] Sie konnte größtenteils untergebracht werden, wodurch die Finanzierung im Wesentlichen gesichert war.

Untersucht man die Verwendung der Ausgaben, so lässt sich feststellen, dass rund die Hälfte der ordentlichen Einnahmen für Löhne und Gehälter ausgegeben wurde. Der Anteil der Lohnkosten stieg in den zwanziger Jahren, wenngleich das Museum sehr zum Leidwesen seiner Mitarbeiter niedrigere Gehälter zahlte, als sie sonst bei Reichs- und Staatsbeamten üblich waren.[132] Weitere 20 Prozent des Haushalts flossen in den Unterhalt von Gebäuden, Museumsobjekten und Einrichtungen. Nur geringe Mittel waren für den Ankauf von Objekten oder für die Herstellung von Modellen eingeplant.

Der Aufbau von Objektsammlungen

Die schnelle Gründung des Deutschen Museums hatte zwar zu einer raschen Institutionalisierung geführt, brachte aber auch enorme Nachteile. So fehlte zunächst jeglicher Objektfundus. Trotzdem wurden schon drei Jahre später, im November 1906, die ersten Ausstellungen eröffnet. Dieses in der deutschen Museumslandschaft nahezu einmalige Faktum[133] fordert die Frage nach der Sammlungsstrategie geradezu heraus.[134] Hierbei ist das Verhältnis von Sammeln und Ausstellen entscheidend sowie die Antwort auf die Frage, unter welchen Bedingungen und Zielvorstellungen in den Gründungsjahren des Deutschen Museums technische und wissenschaftliche Objekte zusammengetragen wurden. Die Intentionen zur Ausstellung von Artefakten sind andere als die zum Aufbau einer umfassenden enzyklopädischen Sammlung technischer Objekte. In mancher Hinsicht können sich beide Bereiche überschneiden, in anderen sind sie diametral verschieden. Vorrangig ist die Frage, inwieweit Miller in den dreißig Jahren, die er für das Museum arbeitete, seine Sammlungsstrategien und damit auch die Ausstellungen selbst verändert hat.

Die Sammlungspolitik war von Museumsgründung an ein Kind Millers. Ausgangspunkt für ihre Beurteilung sind schriftlich formulierte Stellungnahmen des Museumsgründers zu seinen Sammlungsprinzipien. Anhand von zwei ausgewählten Fachgebieten – «Dampfmaschinen» und «Luftschifffahrt» – lässt sich exemplarisch überprüfen, wie sich allgemeine Zielvorgaben auf die konkrete Sammlung bestimmter Technikbereiche auswirkten. Die Dampfmaschinen stehen dabei für die traditionelle historische Technik, waren sie doch Motor der Industrialisierung. Die Luftfahrt hingegen war zur Zeit der Museumsgründung ein höchst aktueller und innovativer Technikbereich. Bis 1925 hatte sich die Luftfahrt dann zu einem expandierenden und sich stabilisierenden Verkehrssystem entwickelt. Für die Geschichte der Sammlungen (und der Ausstellungen) ist dabei wichtig zu verfolgen, welche Akteure die Sammlungsprinzipien beeinflussten und welche Handlungsmöglichkeiten bzw. -spielräume gegeben waren.

Ein frühes Statement des Museumsgründers zum Thema Sammeln und Ausstellen findet sich in der ersten Satzung:

> *«Das Museum von Meisterwerken der Naturwissenschaft und Technik hat den Zweck, die historische Entwickelung der naturwissenschaftlichen Forschung, Technik und Industrie in ihrer Wechselwirkung darzustellen und ihre wichtigsten Stufen insbesondere durch hervorragende und typische Meisterwerke zu veranschaulichen. Es ist eine deutsche Nationalanstalt, bestimmt, dem gesamten deutschen Volke zu Ehr' und Vorbild zu dienen.»*[135]

Der zitierte Paragraf 1 der ersten Satzung, die schon am 28. Dezember 1903 – also wenige Monate nach der Gründung – von der bayerischen Regierung genehmigt wurde, formulierte und zementierte die zentralen Gesichtspunkte der Ausstellungskonzeption. Der Passus, «ihre wichtigsten Stufen insbesondere durch hervorragende und typische Meisterwerke zu veranschaulichen», blieb fast zwei Jahrzehnte unverändert. Erst eine Satzungsänderung vom 1. Oktober 1921 erweiterte ihn dahingehend, dass die wichtigsten Stufen jetzt auch durch «belehrende und anregende Darstellungen»[136] gezeigt werden sollten. Diese gravierende Veränderung war ein Reflex auf die Bildungsdiskussion der Jahre zwischen 1900 und 1920 und trug dem Einfluss Kerschensteiners Rechnung.[137]

Das obige Zitat ist vor dem Hintergrund der um die Jahrhundertwende lebhaften Diskussion um die Verwissenschaftlichung der Ingenieursausbildung und um den Theorie-Praxis-Streit in den Ingenieurwissenschaften zu sehen.[138] Diese Diskussion wurde im Deutschen Museum, wohl nicht zuletzt unter dem Einfluss Dycks,[139] dahin gehend aufgenommen, dass das künftige Museum nicht nur dem Präsentieren von technischen Objekten dienen, sondern gerade den Einfluss der naturwissenschaftlichen Forschung auf Technik und Industrie herausarbeiten sollte. Lässt man die plakativen Aspekte der Satzung – Deutsches Museum als Nationalanstalt, Funktion des Museums als «Walhalla» der Technik – weg, so kristallisiert sich in dem Paragrafen besonders der Ausstellungsgedanke heraus. In seiner Formulierung spiegelte er in mehrfacher Weise die zeitgenössischen Wahrnehmungen und Repräsentationsformen von Technik wider. Zu nennen ist zuerst die hervorstechende Überhöhung von Objekten als «Meisterwerke» der Technik. Sie lässt eine deutliche Anlehnung an die Meisterwerke der Kunstgeschichte erkennen, wodurch der Techniker oder Ingenieur in die Nähe des bildenden Künstlers gerückt wurde. Damit sollte dem Streben der Techniker und Ingenieure nach Anerkennung ihrer Arbeit als Kulturleistung Rechnung getragen werden. Indem die Meisterwerke der Technik im Deutschen Museum zur Aufstellung kamen, wurden sie als herausragende Objekte der Kulturgeschichte gewürdigt und der Öffentlichkeit zur ehrfurchtsvollen Bewunderung übergeben. Die Musealisierung von Technik bedeutete einen Einschnitt im gesellschaftlichen Umgang mit Technik, der sich bis dahin auf die alltägliche Arbeitswelt der Berufstätigen und partiell auf die lebensweltlichen Bereiche von Haushalt und Freizeit beschränkt hatte.

Unverkennbar ist, dass Miller, wohl vor dem Hintergrund der «Meisterwerks-Idee», die Zahl der Exponate in den Ausstellungen gering halten wollte. Aus einer spezifischen Quellengattung, den so genannten «Wunschlisten», in denen die für das Museum wichtigen Objekte aufgelistet waren, lässt sich errechnen, dass er um 1905 etwa 7000 Exponate für die Darstellung von rund 45 Fachgebieten für ausreichend hielt.[140] Objekte, die dem Museum angeboten, aber nicht ausgestellt werden konnten, sollten in den so genannten Studiensammlungen untergebracht werden. Diesem Gedankengang kann man entnehmen, dass es Miller ursprünglich hauptsächlich um ein Museum für Naturwissenschaft und Technik ging; an eine darüber hinausreichende, breit gefächerte Sammlung technischen Kulturguts dachte er zumindest in den Aufbaujahren des Deutschen Museums nicht. Sein Sammlungsansatz reduzierte sich weitestgehend auf Exponate.

Millers primäre Sammlungspolitik änderte sich bis zu seinem Rücktritt im Jahr 1933 nur teilweise. Während Miller und Dyck die Bibliothek des Museums als Zentralbibliothek für Technik und Wissenschaft etablieren wollten, ist ein ähnlich breiter Ansatz in der Sammlung technisch-wissenschaftlicher Objekte nicht zu erkennen. Verständlicherweise verstärkte sich in den Monaten vor der Eröffnung neuer Abteilungen die Akquisitionstätigkeit des Museums. Die Aufgabe einer Sicherung technischen Kulturguts interpretierte das Museum dahingehend, herausragende und wichtige Objekte zur Geschichte von Naturwissenschaft und Technik im Rahmen von Entwicklungsreihen zu sammeln und auszustellen. Eine Sammlung von technikhistorisch interessanten Gegenständen über den augenblicklichen Zweck der Ausstellung hinaus fand nicht statt. Dass Miller einem auf Vollständigkeit abzielenden Sammeln wenig Raum eingeräumt hat, lässt sich auch aus der Tatsache erkennen, dass er zwar den Ausstellungen einen hohen Platzbedarf zusprach, großen Depots aber kaum Aufmerksamkeit schenkte. Alle nicht ausgestellten Objekte waren provisorisch untergebracht. In den Anfangsjahren wurden leere Räume der Schwere-Reiter-Kaserne und in der Isarkaserne auf der Kohleninsel als Depot genutzt. Als nach dem Ersten Weltkrieg die Schwere-Reiter-Kaserne als Wohnraum benötigt wurde, verlagerte Miller einen Teil des Depots in den Rohbau des Museums. Auch dies konnte nur eine vorübergehende Lösung sein, da der Platz für Ausstellungen vorgesehen war. Bei dem wachsenden Missverhältnis von Gegenständen in der Ausstellung und in Depots wäre ein eigenes Bauprojekt für nicht ausgestellte Objekte dringend erforderlich gewesen. Einen Depotbau hat Miller allerdings nie geplant. Es entspricht ganz seiner Fokussierung auf Exponate, wenn er bei verschiedenen Gelegenheiten an die Aussonderung von Objekten dachte. Schon während der Vorbereitungen für den Umzug auf die Museumsinsel 1918 plante Miller den Tausch, Verkauf und die Aussonderung von Objekten aus dem Depot,[141] einen Gedanken, den er 1920/21 erneut aufgriff. In der Nachkriegszeit erhoffte sich Miller vor allem durch den Verkauf von Musikinstrumenten höhere Einnahmen. Allerdings verhinderte die Inflation dieses Vorhaben. Auch später hat Miller eine Ausdünnung der Sammlungen befürwortet.[142] Zumindest in den Ausstellungen sei es notwendig, neue Entwicklungen durch ebenso neue Exponate darzustellen und ältere Stücke auszusondern. Diese Aussagen belegen, dass es Miller lange nicht um einen kulturhistorisch wertvollen Sammlungsbestand ging. Sein erstes Interesse galt den Ausstellungen.

Die Museumsakten lassen erkennen, dass Miller und seine Vorstandskollegen Dyck und Linde die Gestaltung der Ausstellungen gezielt angingen. Dazu wurde schon am 11. Mai 1903, noch vor der formellen Museumsgründung, der so genannte «Wissenschaftliche Ausschuss» gebildet. Ihm gehörten neben Miller, Dyck und Linde die Professoren Hermann Ebert, Paul Ritter von Groth, Egbert von Hoyer, Paul von Lossow, Konrad Oebbeke, Wilhelm Conrad Röntgen, Moritz Schröter, Hugo von Seeliger, Franz Ritter von Winckel und Karl Alfred Ritter von Zittel an. Die Namen zeigen, dass der Wissenschaftliche Ausschuss in seinen Anfängen ein auf München beschränktes Gremium war. Der dominierende Einfluss von Hochschullehrern auf die Objektauswahl war als Gegengewicht zur Industrie und zur Vermeidung einer Industrieschau gedacht. Die «Akademisierung» des Museums ist aber auch ein Indiz für die Verwissenschaftlichung aller Lebensbereiche, die sich insbesondere in Deutschland nach der Jahrhundertwende stark beschleunigte.[143] Die Zusammensetzung des Wissenschaftlichen Ausschusses zeigt auch, dass man auf eine wissenschaftlich fundierte Vorgehensweise bei der Einwerbung großen Wert legte. In der Praxis scheint der Ausschuss aber eine rasche Beurteilung der sammlungswürdigen Objekte eher behindert zu haben. Mit der Satzung von 1903, also schon ein halbes Jahr später, wurde die Entscheidungsbefugnis über die Aufnahme von Objekten aus der Zuständigkeit des Wissenschaftlichen Ausschusses auf den Vorstandsrat übertragen.[144] Dieses große Gremium wiederum – Ende 1903 bestand es aus 49 Mitgliedern – war in der Behandlung von Objektanträgen zu schwerfällig. Aus diesem Grund sah sich der Vorstandsrat am 27. Juni 1904 veranlasst, die Entscheidung über die Aufnahme eines Objekts auf den aus drei Personen bestehenden Vorstand zu delegieren.[145] Faktisch bedeutete dies eine weitere Stärkung des Vorsitzenden des Vorstands, Oskar von Miller, der damit die Auswahl geeigneter Objekte quasi allein in der Hand hatte. Im ersten Jahrzehnt der Museumsgründung hielt sich Miller dabei noch stark zurück und vertraute dem Urteil der Fachgelehrten und kompetenter Industrievertreter. In den Jahren zwischen 1914 und 1925 griff Miller oft mit persönlichen Entscheidungen in die Erwerbungspolitik ein. In den Jahren bis zu seinem Tod warb er bei seinen Auslandsreisen verstärkt Objekte ein. Diese Gegenstände stärkten einerseits den internationalen Charakter des Museums, ihre

Auswahl war aber zufällig, da sie ganz vom Reiseziel Millers und seinem Geschmack abhing. So brachte er von seiner Reise nach Indien und Java (November 1926 bis März 1927) zahlreiche Gegenstände mit: ein Fischerboot aus Madras, das Modell eines Wohnhauses auf Sumatra, künstlerisch gestaltete Tempellampen aus Ceylon oder das Modell eines Hindutempels aus Indien.[146] Die eingeworbenen Objekte waren dabei unter kulturhistorischen Gesichtspunkten interessanter als hinsichtlich ihrer technikhistorischen Bedeutung. Insofern setzen die Ausstellungen im neuen Museumsgebäude deutlich andere Akzente als in den provisorischen Sammlungen. Nicht nur die Zahl der Exponate war angewachsen, auch die gezeigten Techniken waren internationaler und in kulturhistorische Zusammenhänge eingebettet worden.

Der Wissenschaftliche Ausschuss legte in der Sitzung vom 11. Mai 1903 Grundsätze fest, nach denen der Sammlungsaufbau erfolgen sollte:

> «*Die verschiedenen Zweige der Technik, welche mit der Wissenschaft in enger Beziehung stehen, sollen in ihrer Entwicklung durch historische Apparate, durch Modelle, sonstige typische und hervorragende Meisterstücke, sowie durch Zeichnungen und Urkunden zur Darstellung gebracht werden, dabei sollen sowohl Industriezweige Berücksichtigung finden, die ihren Anfang durch wissenschaftliche Forschungen nahmen,*

Miller auf Einwerbungstour in Indien. Besuch des Observatoriums in Benares, 1926/27.

> *als auch solche, welche durch die wissenschaftlichen Bestrebungen in ihrer späteren Entwickelung hervorragend beeinflusst wurden […] In erster Linie sollen deutsche Museums-Gegenstände gesammelt werden, doch seien zur Vervollständigung einer historischen Darstellung der Industriezweige auch hervorragende ausländische Meisterstücke zuzulassen.»*[147]

Diese Vorgaben waren jedoch zu allgemein, um für ein konkretes Sammeln hilfreich zu sein. Angesichts der Flut eingehender Objekte blieben sie wirkungslos. Viele Firmen schickten, teilweise unaufgefordert, ihre neuesten Produkte. 1904 beklagte Miller, dass ein großer Schienenhersteller dem Museum eine riesige Sammlung von Schienenprofilen übersandt habe, die zwar als «Zierde jeder industriellen Ausstellung» gelten könne, für ein «wissenschaftliches Museum» aber völlig unbrauchbar sei.[148] Dennoch wurde diese Schenkung nicht abgelehnt. Miller ging es aus pragmatischen Gründen in erster Linie darum, die breite Unterstützung von Industrie und Politik, von Verwaltungen und Einzelpersonen nicht zu verlieren; dafür nahm er das Anschwellen der Depots in Kauf. Verlautbarungen, wie das erste Rundschreiben des «Provisorischen Comités für die Errichtung eines deutschen Museums von Meisterwerken der Wissenschaft und Technik» vom 17. Juni 1903, demzufolge im Museum «die geschichtliche Entwickelung der Industrien bis zu den neuesten Errungenschaften» dargestellt werden sollte,[149] wurden von der Industrie geradezu als Aufforderung verstanden, ihre neuesten Produkte zu stiften. Die Gefahr, dass das Museum als reine Industrieschau benutzt werden könnte, war also nicht gering. Dennoch war Miller bemüht, den Stiftungsgedanken – zumindest bis zur Eröffnung des eigentlichen Museumsbaus – hochzuhalten. Die Konsequenz: Im ersten Jahrzehnt nach der Gründung stieg die Zahl der Objekte auf über 36 000, bis zur Einweihung des Museums auf der Kohleninsel (1925) weiter auf 55 624 an. 1933, beim Ausscheiden Millers, gab es im Museum 65 926 Objekte.[150]

Die rasante Vergrößerung des Fundus, die ja nicht zuletzt durch zahlreiche Industriestiftungen zustande gekommen war, hatte zur Folge, dass sich der Museumsbestand schließlich weder für eine vollständige Ausstellung noch für eine übersichtliche Studiensammlung eignete. In den Anfangsjahren entstand der Fundus, so sehr man sich auch um ein konzentriertes Vorgehen bemühte, nicht als Produkt gezielten Sammelns oder reflektierter Sammlungskriterien, sondern eher zufällig, ja gegen den eigentlichen Willen Millers. Die Einschätzung des Sammlungsbestandes hat sich in der jüngeren Museumsgeschichte verändert. Heute gelten die Objektsammlungen des Deutschen Museums als die bedeutendsten Bestände zur Technik- und

Naturwissenschaftsgeschichte in Deutschland. Dementsprechend sind sie als Forschungsobjekte stark gefragt. Trotz der Zufälligkeit des Zustandekommens des Objektbestandes kann man ihn heute als ein Spiegelbild für die zeitgenössische Einschätzung technischer Artefakte, für ihre historisch-kulturelle Bedeutung, als Ausdruck der Fortschrittsgläubigkeit, aber auch als Sachzeugnis der technischen Leistungsfähigkeit der Industrie interpretieren.

Für die Geschichte der Sammlungen und der Ausstellungen des Deutschen Museums ist die Kenntnis über die von Miller geforderte «planmäßige Projektierung» aufschlussreich.[151] Schon 1903 brachte er Vorschlagslisten für Erwerbungen in Umlauf, die von den Mitgliedern des Ausschusses bearbeitet werden sollten. Die ersten Sammlungsvorschläge gingen bereits 1903/04 bei der Museumsleitung ein, allerdings begann die aktive Einwerbung erst ab etwa Jahresbeginn 1904. Bis dahin hatte Miller mit einigen Mitarbeitern aus seinem privaten Ingenieurbüro eine grobe Einteilung des Museums vorgelegt. Anfangs dachte man an 29 Fachgruppen,[152] bis 1905 erweiterte man die Zahl auf 45.[153] Die Zahl blieb bis 1934 weitgehend unverändert, der Fächerkanon damit – trotz eines vergrößerten Platzangebots auf der Museumsinsel – konstant.

Das System der Beratung durch externe Referenten wurde bis etwa 1911 beibehalten, obwohl das Museum sich zunehmend auf eigenes wissenschaftliches Personal stützte. Die Aufgabe der Referenten bestand darin, für ein Fachgebiet Listen zu erstellen, in denen alle wünschenswerten Originale, Nachbildungen, Modelle, Demonstrationsobjekte, Zeichnungen, Fotos etc. erfasst werden sollten. Diese Verzeichnisse wurden als «Wunschlisten» bezeichnet. Bis Ende 1905 lagen für alle 45 Gruppen Wunschlisten vor.[154] Bis auf wenige Ausnahmen datieren alle erhaltenen Listen aus den Jahren 1905–1911, d.h. sie stehen in engem Zusammenhang mit den frühen Ausstellungen. Für die Ausgestaltung des Museums auf der Kohleninsel wurden nur noch vereinzelt Wunschlisten in Auftrag gegeben.[155] Daran zeigt sich, dass das Museum Mitte der zwanziger Jahre autonomer und selbstständiger agierte. Zwar zog Miller weiterhin prominente Externe für Objektvorschläge, -bewertung und -einwerbung sowie für das Verfassen von Objekttexten und Artikeln in Museumsführern und Publikationen des Museums heran,[156] doch war ihr konkreter Einfluss auf die Ausstellungen weitgehend begrenzt. Ihre Mitwirkung wurde jetzt primär als Teil der Außenwirkung des Museums angesehen. Die Tendenz, auf externe Mitarbeiter zu verzichten, läuft parallel mit dem Aufbau eines eigenen fachlich gebildeten Mitarbeiterstamms.

Die angesprochenen «Wunschlisten» sind eine instruktive Quelle für die Geschichte von Sammlungen insgesamt und reichen weit über die konkrete Akquisitionstätigkeit des Deutschen Museums hinaus. Vergleichbare

Fälle einer ähnlich umfassenden Sammlungskonzeption sind zumindest für Deutschland nicht bekannt. Erstmals mit dem Stichjahr 1905 wurde eine Bestandsaufnahme der Geschichte von Technik und Wissenschaft vorgenommen und wichtige Entwicklungsschritte mit Einzelobjekten verbunden. Dass die Wunschlisten zur konkreten Einwerbung von Objekten führten, verleiht ihnen zusätzliche Bedeutung. Meist waren herausragende Objekte mit individuellen Entdecker- und Erfinderpersönlichkeiten verbunden. Die Tendenz Millers, die Tradition der historistischen Geschichtsschreibung – «Männer machen Geschichte» – auf die Technik- und Wissenschaftsgeschichte zu übertragen, ist dabei unverkennbar. Über Jahrzehnte hinweg blieb dieses Verständnis ungebrochen und hatte direkte Auswirkungen auf die eigene Sammlungstätigkeit. Nicht nur der Kanon festgeschriebener Gruppen, auch die Verbindung mit anderen Fachdisziplinen blieb relativ starr. Mit den Wunschlisten wurde auch das für das Deutsche Museum typische Prinzip der historischen Entwicklungsreihe festgeschrieben.

Während einerseits die Einengung historischer Entwicklung auf Einzelobjekte und Einzelpersonen – Erfinder, Entdecker, Pioniere – einen raschen Sammlungsaufbau ermöglichte, ging andererseits der Objektzusammenhang, der gesellschaftliche Kontext der technischen Entwicklung, verloren. Dass dieses Vorgehen nicht unproblematisch war, scheint den Museumsgründern durchaus bewusst gewesen zu sein. Die breit verschickten Wunschlisten von 1905 fanden fast durchgehend Zustimmung. Kritik wurde kaum geäußert. Es wird in diesem Zusammenhang häufig eine generelle Kritik von Alois Riedler aus dem Jahr 1905 zitiert.[157] Riedler war Professor für Maschinenbau an der TH Charlottenburg und hatte am kaiserlichen Hof großen Einfluss. Seine Kritik an der Sammlungskonzeption wirkt noch heute aktuell,[158] da seine Vorschläge nicht nur die Anerkennung der technischen Wissenschaften enthielten, sondern auch die Bedeutung und Auswirkung der Technik für Kultur und Gesellschaft verdeutlichen wollten. In ihrer zeitgenössischen Wirkung werden sie von der Forschung jedoch meist überschätzt. Kaum einer von Riedlers akademischen Kollegen, geschweige denn die Mehrheit der Techniker und Ingenieure, trug seine Kritik mit. Dies schlägt sich in der Reaktion der Referenten nieder, denen Miller die Denkschrift Riedlers zugesandt hatte. Fast durchgängig zeigten sie Desinteresse an seinen Vorstellungen.[159] Riedler selbst milderte seine zeitweise vehement an der Museumskonzeption und den Wunschlisten geäußerte Kritik wenig später ab. Wie andere Wissenschaftler und Ingenieure auch wollte er keinesfalls das Projekt eines nationalen technischen Museums gefährden.

Inhaltlich decken die «Wunschlisten» die Palette der natur- und technikwissenschaftlichen Fächer, wie man sie in den Lehrbüchern jener Zeit findet, nahezu vollständig ab. Ebenso waren relativ junge Technikfelder wie Automobilwesen oder Luftfahrt bereits 1905 als Gruppen vertreten, wenngleich noch mit nur wenigen Vorschlägen.[160] Andererseits hatten Bereiche wie «Uhren und Messtechnik» und auch «Physik» mit ihren Gruppen Mechanik, Optik, Wärme, Akustik, Magnetismus und Elektrizität überproportionales Gewicht. Die Physik beispielsweise mit insgesamt rund 1350 Objekten war dominant. Die starke Gewichtung der Physik ist u. a. auf die Tatsache zurückzuführen, dass die erste Erwerbung des Museums, die mathematisch-physikalische Sammlung der Bayerischen Akademie der Wissenschaften («Akademiesammlung»), ausgesprochen viele Objekte zur Physik enthielt. Ein anderer Schwerpunkt lag auf dem «Ingenieurbau» (Brücken-, Fluss-, Kanal- und Tunnelbau), dem Fachgebiet also, das Miller selbst studiert hatte. Auffällig ist, dass Gruppen, welche die Errungenschaften der Alltagstechnik verdeutlichten, breit vertreten waren: «Beleuchtung», «Elektrotechnik», «Gastechnik», «Heizung und Lüftung», «Molkereiwesen und Landwirtschaft», «Städtehygiene», «Wohn- und Städtebau». Miller hat später betont, dass in den frühen Ausstellungen diejenigen Gebiete bevorzugt wurden,

> *«welche für die allgemeine Volksbildung besonders wichtig erschienen: unter den Naturwissenschaften die Mathematik, Astronomie, Physik, Chemie und Geologie; aus dem Gebiet des Verkehrswesens die Straßen, die Bahnen, die Kanäle, die Landtransportmittel, die Schiffe, die Flugzeuge; von den zahlreichen Industrien der Bergbau, das Hüttenwesen, die Kraftmaschinen, das Textilgewerbe, die Landwirtschaft usw.; aus dem Gebiet des Bauwesens die Baumaterialien, der Hausbau, der Städtebau und die Versorgung der Städte und Wohnungen mit Licht, Wärme, Wasser, Gas und Elektrizität usw.»*[161]

Erstaunlich ist eine eigene Gruppe «Theaterwesen» mit immerhin 47 Objekten. Die 1903 noch anvisierte Gruppe «Medizinische Apparate» wurde in diese Wunschlisten nicht mehr aufgenommen.[162] Dies verdeutlicht eine gezielte Ausgrenzung der – modern gesprochen – Lebenswissenschaften aus dem Sammlungsspektrum. Eine ursprünglich noch projektierte Gruppe zu «Militärwesen» wurde bald fallen gelassen. Angesichts des weit verbreiteten Imperialismus-Gedankens, der Betonung einer starken Militärmacht Deutschlands und besonders der expansiven Flottenpolitik des Kaiserreiches ist diese defensive Haltung Millers erstaunlich. Allerdings entsprach es weitgehend seinem Verständnis der Fachgebiete, dass technische «Meisterwerke» auf dem Gebiet der Militärtechnik jeweils an passender Stelle in die Abteilungen aufgenommen wurden: Die berühmten Krupp'schen Panzerplatten kamen in der Schifffahrt zur Ausstellung, Luftschiffe und später

Kampfflugzeuge wurden in der Abteilung «Flugtechnik» gezeigt. Auf die Ausstellung von Panzern verzichtete Miller völlig. Die reservierte Sammlungs- und Ausstellungstätigkeit Millers, was militärische Objekte angeht, lässt sich vermutlich auch dadurch erklären, dass er nicht in Konkurrenz zum 1905 eröffneten Bayerischen Armeemuseum treten wollte.[163]

Dass die «Wunschlisten» konkret zur Planung der ersten Ausstellungen dienten, ergibt sich schon aus ihrer formalen Struktur. Die einzelnen Spalten beschrieben 1. die Jahreszahl der Entdeckung/Erfindung, 2. den Gegenstand, 3. die Art der Beschaffung (Schenkung, Leihe, Kauf), 4. die gewünschte Darstellung im Museum (Original, Modell, Zeichnung, Foto) und 5. den dafür erforderlichen Raumbedarf an Boden- oder Wandfläche. Gemeinsam sind den meisten frühen Wunschlisten die Stringenz der historischen Entwicklungsreihe und die starke Betonung der Historie, wobei moderne Objekte relativ vernachlässigt wurden. Je nach Fachgebiet ist die Verteilung von Originalen bzw. Nachbildungen, Rekonstruktionen, Modellen unterschiedlich. In der Gruppe der «Dampfmaschinen» ist der Anteil an Originalen mit 35 Nummern hoch, ebenso in der Wunschliste «Elektrotechnik» vom November 1905 (139 Originale) und «Geodäsie», August 1905 (153 Originale bei 161 gewünschten Objekten), während er in Gruppen wie «Brückenbau», «Kanalbau» und «Binnenschiffahrt» oder bei «Wohn- und Städtebau» gegen Null tendierte.[164] Die geringe Zahl an Originalen ergibt sich aus der Tatsache, dass diese zu groß für eine Ausstellung waren. In diesem Fall behalf sich das Museum mit Nachbildungen, Teilen von Originalen oder Modellen. Es ist jedoch unverkennbar, dass Miller dem originalen Objekt den Vorrang einräumte. Allerdings sollte ein Großteil der als Original bezeichneten Nummern geschnitten präsentiert werden und damit das jeweilige technische Innenleben offenbaren.

Für manche Fächergruppen existieren Wunschlisten aus unterschiedlichen Jahren. Sie geben Aufschluss darüber, inwieweit sich die Vorstellungen und Wünsche des Museums geändert haben. Eine generelle Beobachtung ist, dass die Zahl moderner Produkte zu- und die Zahl der historischen Objekte abnahm, je näher die geplante Eröffnung der Ausstellung auf der Museumsinsel rückte. In gleichem Maße wuchs der Einfluss der Industrie. In der Öffentlichkeit wurde diese Art der Ausstellungsgestaltung durchaus kritisch gesehen; die «Münchner Post» beispielsweise sprach von einem «Reklamefeldzug» der Industrie.[165]

Abgesehen vom wachsenden Industrieeinfluss zeichnen die frühen Wunschlisten von 1905 ein prägnantes und durchaus zutreffendes Bild der historischen Entwicklung der einzelnen Technikbereiche. Meist sind die Reihungen lehrbuchartig und an den Stoffplänen des Fächerkanons der techni-

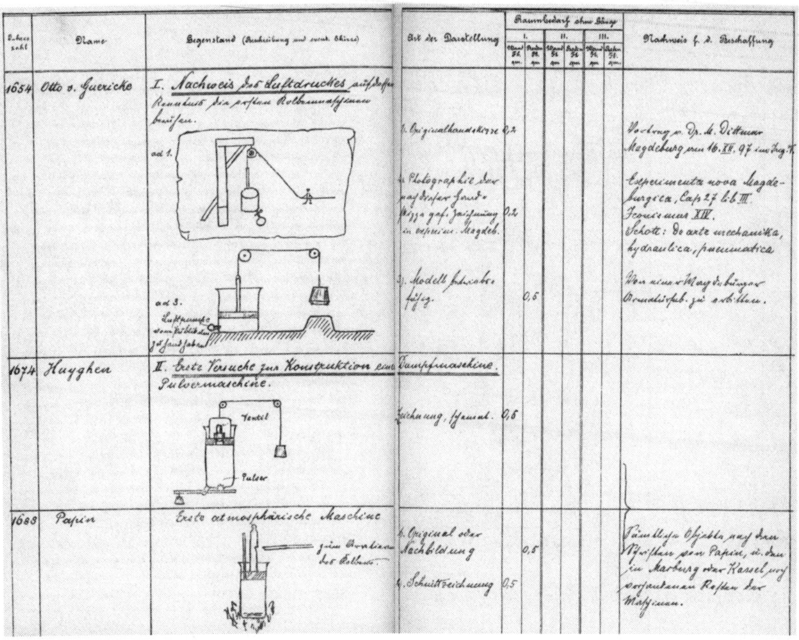

Die früheste Wunschliste zu «Dampfmaschinen» (Auszug), 1904.

schen Hochschulen in Deutschland orientiert. Eine spezielle Betonung deutscher Entwicklungen ist nicht feststellbar. Ausländische Maschinen wurden meist nur deshalb nicht im Original gezeigt, weil man sie nicht beschaffen konnte. In den Augen der nach dem Hitlerputsch 1923 stärker werdenden Nationalsozialisten nahm die Erwerbungspolitik des Deutschen Museums im Gegenteil zu wenig Rücksicht auf nationale Heroen und Entwicklungen. Hier liegt eine Wurzel für den späteren Konflikt Millers mit den Nationalsozialisten.

Als zweites Beispiel für frühe Wunschlisten bietet sich die Luftfahrt oder, wie es ursprünglich hieß, die «Luftschiffahrt» an. Während die Abteilung «Dampfmaschinen» eine traditionelle Technik musealisierte, spielte die Luftfahrt in Deutschland zur Zeit der Museumsgründung als Industriezweig und im öffentlichen Bewusstsein kaum eine Rolle, obwohl ihr innovativer Charakter unverkennbar war.[166] Zum Zeitpunkt der Neubaueröffnung 1925 war der Luftverkehr dann zu einer – trotz der Beschränkungen durch den Versailler Friedensvertrag 1919 – wichtigen Industrie geworden. Aus späteren Jahren existieren allerdings keine Wunschlisten. Zur Luftfahrt hatte

Die Abteilung «Luftschiffahrt» in der Schwere-Reiter-Kaserne, ca. 1910.

Miller eine spezifische Affinität, die nicht nur in der persönlichen Beziehung zu Hugo Junkers ihren Ausdruck fand, sondern auch in der Tatsache, dass Miller Mitte der zwanziger Jahre Vorsitzender einer Luftfahrtgesellschaft, der Trans-Europa-Union, war.

In den drei frühen Wunschlisten zur «Luftschiffahrt» aus den Jahren 1905 und 1909 lässt sich die technologische Entwicklung der Flugtechnik im ersten Jahrzehnt des 20. Jahrhunderts gut nachvollziehen. Sie verdeutlichen, wie das Deutsche Museum im Spannungsfeld von Geschichte und Aktualität agierte, wollte es doch «die geschichtliche Entwickelung der Industrien bis zu den neuesten Errungenschaften» musealisieren.[167] Für die Luftfahrt gilt wie für andere Fachgebiete, dass eine Verengung auf eine nationale Perspektive nicht erkennbar ist.

Da die Luftschifffahrt im Alten Nationalmuseum keinen Platz fand, blieben die ersten Wunschlisten 1905 relativ unspezifisch. Erst für die bevorstehende Eröffnung der Zweigstelle in der ehemaligen Kaserne an der Zweibrückenstraße am 1. Januar 1909 wurden die frühen Listen überarbeitet und erheblich aufgefüllt. Neben zahlenmäßiger Ausweitung erfuhr die Liste inhaltliche Verschiebungen.

Betrachtet man die Geschichte der Flugtechnik bis 1925 und die Art ihrer Darstellung im Deutschen Museum, fällt auf, dass sich Miller der Bedeutung der Luftfahrt für die technische, wirtschaftliche und gesellschaftliche Entwicklung bewusst war. Er erkannte sehr genau, dass die Luftfahrt trotz vielfacher technischer Fehlschläge in der Öffentlichkeit hohe Aufmerksamkeit und großes Interesse fand. Die vielfach beschriebene Luftschifffahrt-Euphorie verweist auf den «Neuen Nationalismus» und den technologischen Imperialismus der bürgerlichen Öffentlichkeit am Vorabend des Ersten Weltkriegs.[168] Auch hatte die Flugtechnik, gerade in der Nachkriegszeit, Konjunktur. An nahezu allen Hochschulen bildeten sich akademische Fliegervereine. Personalisieren lässt sich die Luftfahrtsentwicklung in Deutschland im ersten Drittel des 20. Jahrhunderts in Gestalt von Ferdinand Graf Zeppelin[169] und Hugo Junkers. Beide wurden von Miller für seine Zwecke instrumentalisiert. Schon im Januar 1909 hatte das Museum Graf Zeppelin für zwei Jahre zum Vorsitzenden des Vorstandsrats des Deutschen Museums und damit zum nominell obersten Repräsentanten gewählt. Junkers hatte diese Funktion von 1929 bis 1932 inne. Die Einbeziehung dieser beiden Pioniere ist von verschiedenen Motivationen bestimmt. Zuerst ging es dem Museum um den Auf- und Ausbau der Sammlungen und um die Darstellung neuer Technologien, letztlich also um eine Verbindung historischer Objekte mit aktueller Technik. Die Zeppeline wie die Junkers-Maschinen waren dafür Musterbeispiele. Zweitens wollte Miller die enorme Popularität Zeppelins und Junkers' für seine Zwecke nutzen. Nicht zuletzt erhielt Miller durch die beiden Luftfahrtpioniere viele hochaktuelle Stiftungen – Objekte, Modelle, Fotos und Zeichnungen. In einer Reihe von Fällen ermöglichte Zeppelin persönlich die Übergabe wertvoller Objekte und förderte den Ausbau des Museums. Auch Junkers unterstützte das Haus in ähnlicher Weise, wobei seine persönlichen und engen geschäftlichen Beziehungen zu Miller eine Rolle spielten. Für Zeppelin wie für Junkers war die Ausstellung ihrer Technik von enormer Werbewirksamkeit, bedeutete doch die Präsentation der Luftschiffe bzw. Junkers-Maschinen im Deutschen Museum quasi eine Anerkennung der technischen Qualität und die autoritative Feststellung, ein «Meisterwerk» geschaffen zu haben.

Museumsausstellungen im Wandel

Die frühen Wunschlisten von 1905 waren die Theorie, die Ausstellungen ab 1906 die Praxis. Um Kontinuitäten oder Brüche in der Technikdarstellung und Ausstellungsgestaltung Millers feststellen zu können, bietet sich der Vergleich von Abteilungen in den provisorischen Sammlungen von 1906/09 und mit denen im Neubau seit 1925 an.[170]

Der Fülle an vorhandenen Exponaten stand ursprünglich eine stark limitierte Ausstellungsfläche gegenüber. Im Alten Nationalmuseum hatte das Deutsche Museum eine Stellfläche von 4600 m^2; hinzu kamen 400 m^2 durch die Halle für Landverkehr im Hof des Geländes. Mit der Ausdehnung des Museums auf die Schwere-Reiter-Kaserne erweiterte sich 1909 die Grundfläche auf rund 10 000 m^2. Mit der Einweihung des neuen Museumsgebäudes stand eine nutzbare Fläche von 23 000 m^2 zur Verfügung.[171] 1928, nach dem Ausbau der Schifffahrtshalle und des zweiten Obergeschosses, erreichte die Ausstellungsfläche 40 000 m^2. Der enorme Flächengewinn schlug sich in neuen Sammlungsgebieten und in einer breiteren Darstellung einzelner Disziplinen nieder.

Vergleicht man die Ausstellungssystematik in den provisorischen Räumen und im neuen Gebäude, so sind gravierende Unterschiede nicht erkennbar.[172] Der Fächerkanon blieb im Wesentlichen erhalten, wenngleich einzelne Fachgebiete 1925 eine deutliche Ausweitung erfuhren (Landverkehr, besonders Schienenverkehr). Ebenso änderte sich die Reihenfolge der Ausstellungseinheiten kaum. 1928 wurden die früher in der Schwere-Reiter-Kaserne ausgestellten Gebiete «Metallbearbeitung», «Technische Akustik» und «Luftschiffahrt» im neuen Museum an passende Fachgebiete angegliedert. «Metallbearbeitung» wurde im Anschluss an «Bergwesen» und «Metallhüttenwesen» gezeigt, die «Technische Akustik» mit der Physik, genauer: der «Physikalischen Akustik» verbunden. Die «Flugtechnik» fand aufgrund ihrer gestiegenen Bedeutung und ihres enormen Flächenbedarfs schon 1925 in der zentralen Mittelhalle des Museumsneubaus Platz. Die anderen Fachgebiete, die in der Schwere-Reiter-Kaserne ausgestellt waren – «Gastechnik», «Elektrotechnik», «Beleuchtungswesen», «Straßen-», «Brücken-», «Tunnel-» und «Wohnungsbau» sowie «Wasserversorgung», «Kanalisation», «Heizung» und «Lüftung» –, kamen als «angewandte» Techniken in das zweite Obergeschoss, das aber erst nach 1925 sukzessive fertig gestellt wurde.[173]

Innerhalb der einzelnen Abteilungen setzte Miller teilweise Akzente, die nicht immer der aktuellen industriellen Entwicklung Rechnung trugen. So ist in der ersten Ausstellung «Brückenbau» von 1909 eine deutliche Betonung von Stein-, Holz- und Eisenbrücken zu erkennen, während Betonbrücken kaum eine Rolle spielten.[174] Die Bedeutung von Beton für den Brückenbau wurde erst in der Ausstellung von 1925 herausgestellt, wobei die ursprüngliche Schwerpunktsetzung auch im Neubau beibehalten wurde.[175] Was die im Zusammenhang mit den Wunschlisten besprochene Abteilung «Dampfmaschinen» betrifft, ist bemerkenswert, dass die Projektierung einer weitgehenden Realisierung in der ersten Ausstellung von 1906 entspricht. Im ersten Museumsführer wurde sie als «besonders wichtige Abteilung» beschrieben,[176] da sie wertvolle historische Objekte enthalte. Ein Vergleich mit der Ausstellung «Kraftmaschinen» 1925 zeigt inhaltlich keine großen Veränderungen. Hier erweiterte Miller die im Alten Nationalmuseum aufgebaute Entwicklungsreihe um einige Objekte und nahm Modernisierungen vor. Selbst die nischenartige Anordnung der einzelnen Gruppen blieb erhalten. Ebenfalls vergrößert wurde im Neubau der Bereich der Gas-, Diesel- und Verbrennungsmotoren, wobei die beiden Letzteren in Hinblick auf die rasche Entwicklung im Automobilsektor eine Rolle spielten. Völlig neu waren Beispiele für die Anwendung der Wasserkraft zur Gewinnung von elektrischem Strom. Hier ließ Miller seine eigenen Erfahrungen einfließen. Zur Ausstellung kamen zwei Großmodelle des Walchenseekraftwerks und der Etschwerke Bozen-Meran. Beide Projekte hatte er selbst konzipiert und realisiert. Insofern nutzte er das Deutsche Museum durchaus zur Darstellung der Leistungsfähigkeit seines eigenen Ingenieurbüros. Dies stieß bei den großen Elektrofirmen auf viel Kritik.

Der Bereich «Luftschiffahrt» erfuhr in der Neugestaltung der Ausstellung «Flugtechnik» im Museum seit 1925 die größte Veränderung. Hier war nicht nur die technische Entwicklung weitergegangen, sondern durch den Ersten Weltkrieg waren auch neue Rahmenbedingungen geschaffen worden. Deutlich erkennbar ist, dass Ballone und Luftschiffe im Museum zugunsten von Motorflugzeugen zurückgedrängt wurden. Im Juli 1919 wurde vereinbart, anstelle der Luftschiffe, die «zurzeit zu viel Raum» einnähmen,[177] moderne Flugzeuge, wie eine Fokker D VII und eine Rumpler-Taube, auszustellen, in einer Reihe mit dem Grade-Eindecker von 1909 und dem Wright-Doppeldecker, der 1909 erstmals in Deutschland geflogen war[178]. Die starke Betonung der aktuellen Technik zeigt sich in der Tatsache, dass man sich 1919 nicht weiter um das Gerüst und die Gondel des Luftschiffs LZ 1 bemühen wollte, obwohl man lange Jahre an der Übernahme gearbeitet hatte.[179] Die technische Entwicklung war über den vorher im Museum hoch geehrten Grafen Zeppelin und seine Luftschiffe hinweggegangen. Die genannten Flugzeuge wurden im Zentrum der großen Mittelhalle aufgehängt.[180] Die Symbolkraft dieser Anordnung ist unverkennbar: Die Luftfahrt hatte die klassischen Verkehrstechniken wie Schifffahrt, Schienenverkehr und Automobile, wenngleich noch nicht als Massentransportmittel, so doch als modernste Verkehrstechnologie verdrängt und sich den optisch auffälligsten Platz im Museum gesichert. Sinnfällig wurde diese Anordnung für alle Festgäste während der Eröffnung 1925. Sie nahmen direkt unter diesen Flugzeugen sitzend am Festakt in der heutigen Schifffahrtshalle teil. Dass auch die Vertreter der Reichsregierung zu den Feierlichkeiten mit dem Flugzeug anreisten, erhöhte den Stellenwert der Luftfahrt zusätzlich.

Die Darstellung von Technik war in den provisorischen Ausstellungen bis 1925 in besonderer Weise von dem Aspekt der Anwendung in Haushalt und Gewerbe geprägt. Der Museumsbesucher sollte über technische Zusammenhänge und Wirkungsweisen aufgeklärt und informiert werden. Miller griff hier eines seiner Lieblingsthemen auf. Schon als Elektroingenieur hatte er versucht, in Ausstellungen Anwendungsmöglichkeiten für die Elektrizität zu präsentieren. Im Zweigmuseum in der Schwere-Reiter-Kaserne wollte Miller dem Besucher eine breite Palette von Nutzungsmöglichkeiten verdeutlichen. Themen waren Haustechnik, Gastechnik, Städte- und Wohnungsbau sowie Kanalisation. Während diese frühen Ausstellungen die Wirkungsweise bestimmter technischer Vorgänge in den Vordergrund stellten, zielten die Ausstellungen ab 1925 stärker darauf ab, den Museumsbesucher als Konsumenten zu bilden. Diese Intention Millers kommt im offiziellen Führer von 1925 deutlich zum Ausdruck:

> *«Angesichts der ständig zunehmenden Verwendung der Elektrizität auf allen Gebieten des öffentlichen und privaten Lebens kommt dieser Abteilung eine besondere Bedeutung zu. Sie soll dem Besucher die Stromerzeugung, die Fortleitung, Verteilung und Nutzbarmachung der elektrischen Energie vor Augen führen, ihn überhaupt mit dem ganzen Gebiet der Starkstromtechnik vertraut machen.»* [181]

Der Praxisbezug vieler Ausstellungen ist ein Hinweis darauf, dass die grundlegende Museumskonzeption, nämlich zu informieren und zu bilden, im Neubau keine gravierende Veränderung erfuhr. Die Fachgebiete blieben im Wesentlichen gleich. Die grundlegenden Konzepte der personenbezogenen Entdeckungs- und Erfindungsgeschichte sowie der «Entwicklungsreihe» erfuhren auch im neuen Gebäude keine Änderungen. Sie waren nach Ansicht Millers besonders geeignet, den Bildungsanspruch des Deutschen Museums einzulösen.[182]

Um dieser Anforderung gerecht zu werden, wurden im Deutschen Museum seit seiner Eröffnung eine Reihe spezifischer Ausstellungstechniken eingesetzt bzw. entwickelt, die nach Millers Überzeugung geeignet waren, den Besuchern Wirkungsweisen von Technik und wissenschaftlichen Prozessen vor Augen zu führen. Im Vordergrund standen die Originale, die dem Museumsbesucher ein Gefühl historischer Authentizität und einer Sachquelle vermittelten.[183] Allerdings war die Aneinanderreihung vieler Exponate nicht unproblematisch, da die Objekte so zu anonymen Gegenständen wurden, denen der Besucher ratlos gegenüberstand. Da er ihn stärker einbeziehen wollte, ließ Miller in nicht wenigen Fällen Originalmaschinen aufschneiden, um für den Besucher die *black box* der Technik zu öffnen. Dieser rigorose Umgang mit Exponaten verdeutlicht, dass Miller bereit war, dem Bildungsaspekt weit reichende Zugeständnisse zu machen. Das Schnittmodell wurde zu einer beliebten Ausstellungsform, die Miller schon im Alten Nationalmuseum einsetzte. Häufig wurden Originale und Schnittmodelle mit anderen Ausstellungsformen kombiniert. Ein typisches Beispiel ist eine fotografische Aufnahme des Raums «Kühlung» aus dem Jahr 1928. Die Einteilung dieser Ausstellungseinheit folgt der pädagogischen Wirkung, die Miller beabsichtigte: Unter einer Reihe von Erläuterungstafeln standen in einer geschichtlichen Gruppe zusammengefasst fünf Maschinen unterschiedlicher Bauweise aus der Zeit zwischen 1876 und 1885, die den Stand der Kältetechnik in Frankreich, England und den USA vor der Patentierung der Luftverflüssigung durch Carl von Linde darstellen.[184] Sie waren teilweise geschnitten, teilweise, wie die Kaltluftmaschine «System Lightfoot», als funktionsfähiges Original ausgestellt. Die technischen Artefakte und ihre Erläuterungen wurden an der nächsten Wand ergänzt mit der Darstellung «Erzeugung und die Verwertung der künstlichen Kälte». In einem mehrteiligen Schnittmodell, das die Firma Linde auf der Pariser Weltausstellung im

Raumansicht «Kühlung» mit Schnittmodellen, Funktionsmodell, Großfotografien, Bild- und Texttafeln, 1928.

Jahr 1900 vorgeführt hatte, wurde die Kältegewinnung in einer Kühlfabrik gezeigt: Maschinenanlage, Eisfabrik, Brauerei (nicht im Bild) sowie verschiedene Kühlräume. Es entspricht ganz der Intention Millers, den Museumsbesuchern die Kältetechnik in ihrer historischen Entwicklung *und* in ihrer modernen Anwendung zu zeigen. Hierzu dienten die großformatigen Fotos aus einem Schlachthaus. Es handelte sich also um ganz verschiedene Ausstellungsmedien, die Miller einsetzte.

Was auffällt sind die umfangreichen Texttafeln, welche die Arbeitsweise der Kältemaschinen und die verschiedenen Typen beschreiben. Das große Tableau erklärte das Grundprinzip der Kühlung und die wichtigsten Maschinentypen, während die darunter angebrachten kleineren Tafeln die ausgestellten Maschinen erläuterten. Die Tafeln, meist handschriftlich von eigens angestellten Schriftenmalern angefertigt, verbinden Textbeschreibungen mit Schnitt- und Funktionszeichnungen. Das in dieser Reihe herausragende Exponat, das Original einer «Kohlesäure-Kompressions-Kaltdampfmaschine von Windhausen» (Bildmitte, hinten) wurde als die älteste erhaltene Maschine dieses Typs eigens gewürdigt und ihre Funktionsweise in mehreren zusätzlichen Tafeln beschrieben.

Blättert man die alten Museumsführer durch, kann man leicht erkennen, dass ausführliche Text- und Erläuterungstafeln in fast allen Abteilungen angebracht waren. Ihre Zahl und ihr Umfang stiegen im neuen Gebäude noch an. Manchmal wurde ein Tableau auch dazu benutzt, fehlende Objekte zu kompensieren. Auf der Tafel «Die Entwicklung der Schiffs-Steuerung» wurde beispielsweise die Geschichte manueller und maschineller Steuerungen von den Ägyptern bis in die Neuzeit zusammengefasst. Ganz generell fällt auf, dass die Erläuterungstafeln sehr ausführlich waren. Die Texte waren so umfangreich, dass sie der Museumsbesucher kaum durchlesen konnte. Trotzdem maß Miller den Ausstellungstexten besondere Bedeutung bei.[185] Die Anordnung der Erläuterungen war dabei nicht zufällig. Als Einführung zu jeder Abteilung wurde eine Art Inhaltsübersicht über die ausgestellten Bereiche geliefert. Die zweite Textkategorie betraf die jeweilige Entwicklungsgeschichte, die verbal verdeutlicht werden sollte. Schließlich wurde jedes Exponat einzeln beschrieben. Besonders wichtig war für Miller, bei beweglichen Modellen die Erläuterungen abschnittsweise zu beschreiben, wobei zu jedem Arbeitsvorgang ein passender Text angebracht wurde. Noch aufwändiger waren die Beschriftungen zu Versuchsanordnungen. Die Texte waren insofern schematisiert, als sie kurze Angaben über den Zweck eines Versuches, die möglichst kurze und treffende Anweisung für die Durchführung und genaue Angaben über die beobachteten Ergebnisse enthalten sollten. Für die Ausarbeitung der Museumstexte zog Miller die schon erwähn-

Tafel «Die Entwicklung der Schiffs-Steuerung» in der Abteilung «Schiffbau», 1928.

ten Referenten und externen Berater heran, behielt sich aber immer vor, umständliche Texte persönlich zu kürzen oder umzuschreiben.

Konnte man eine originale Maschine wegen ihrer Abmessungen nicht im Museum aufstellen, griff man auf Modelle in unterschiedlichen Größen zurück. Ein typisches Beispiel für den vermehrten Einsatz von Modellen bietet die Schifffahrtsabteilung des Museums. Sie orientierte sich an den traditionellen Ausstellungen verschiedener Schifffahrtsmuseen, so in Berlin, Paris oder London. Die Modellbautechnik hatte um 1900 ein beachtliches Niveau erreicht; Schiffsmodelle wurden in allen Größen und Preislagen hergestellt. Luxusanfertigungen für das Deutsche Museum waren beispielsweise das vom König von Spanien gestiftete Modell der *Santa Maria*, mit der Kolumbus nach Amerika gesegelt war, oder die *Rheinland*, ein Geschenk Wilhelms II.[186] In den provisorischen Ausstellungen wurde Modell um Modell aneinander gereiht, Ruder- und Segelboote, Segelyachten, eine chinesische Dschunke, das Modell eines Wikingerschiffes, Segel- und Dampfschiffe sowie verschiedene Kriegsschiffe. So prachtvoll manche Modelle auch waren, die Abteilung wirkte wenig originell und fiel im Vergleich zu anderen Museumsbereichen stark ab. Schnittmodelle wurden ursprünglich kaum ausgestellt. Auch beim Umzug auf die Insel blieb die Aneinanderreihung verschiedener Schiffsmodelle erhalten. Im Jahre 1928 waren im «Schiffbau» rund 80 Modelle ausgestellt.[187] Eine entscheidende Erweiterung erfuhr die Schifffahrtsabteilung nach dem Umzug durch Aufstellung des Unterseebootes *U 1* im Untergeschoss. Es war lange Zeit eines der größten und schwersten Objekte im Museum.[188]

Miller hat sich um die Erwerbung dieses Objekts besonders bemüht. Als Kriegsschiff unterlag es dem Versailler Vertrag und sollte demnach verschrottet werden. 1919 war es schon so weit abgewrackt, dass es für Museumszwecke kaum noch geeignet war. Trotzdem hielt Miller an der Übernahme fest und ließ die Teile des Unterseebootes per Bahn nach München bringen. Für ihn bedeutete das *U1* weniger eine Heroisierung der zweifelhaften Rolle der Unterseeboote im Ersten Weltkrieg; vielmehr ging es ihm darum, die Schifffahrtsabteilung durch ein großes Original aufzuwerten. Es sollte dabei in das System der Entwicklungsreihe passen und die bisherige Reduzierung des Schiffbaus auf die Ausstellung von Modellen aufbrechen. Miller wies selbstkritisch während der Jahresversammlung 1927 auf die ungenügende Präsenz der Schifffahrt im Museum hin. Er habe sich inzwischen davon überzeugt, «dass diese Modelle für den Besucher fast wertlos sind».[189] Die Lösung sah er in einer naturgetreuen Nachbildung eines Maschinenraumes.

Stückweise Einbringung des *U1* in das Deutsche Museum, 1921.

Andere Präsentationsformen im Museum waren Nachbildungen von Originalen, die Miller nicht für das Museum gewinnen konnte, so der Nachbau der Lokomotive *Puffing Billy*, der detailgenau und funktionstüchtig erfolgte. Schon in den provisorischen Ausstellungen kamen die ersten Druckknopfexperimente zum Einsatz. Sie hatte Miller vermutlich während seiner Tätigkeit bei der AEG in der Berliner Urania kennen gelernt. Die Urania, als Volksbildungseinrichtung 1888 gegründet, zeigte eine Ausstellung moderner Instrumente und bot den Besuchern die Möglichkeit, aktiv Experimente durch Kurbeln oder Druckknopf auszulösen.[190] Das Verhältnis Millers zur Urania war freilich gespalten. An deren Gründung und Aufbau beteiligte er sich im Gegensatz zu anderen Berliner Elektrotechnikern wie Werner von Siemens und Emil Rathenau nicht, auch als Referent stellte er sich nicht zur Verfügung. Jahre später trat er auch dem Versuch, in München eine Urania-Zweigstelle einzurichten,[191] energisch entgegen. Wie bei den Museumsprojekten in Frankfurt und Düsseldorf wollte er keine unerwünschte Konkurrenz zum Deutschen Museum zulassen. Die Druckknöpfe als Ausstellungsmittel übernahm er von der Urania jedoch gerne. Schon 1905 regte er bei dem Chemiker Wilhelm Ostwald möglichst viele Demonstrationen und Apparate «ähnlich wie in der Urania in Berlin» an.[192] Den kurz vor Museumseröffnung zunächst als Praktikanten, dann als Konservator eingestellten Physiker Franz Fuchs schickte er 1906 zum Studium der Urania nach Berlin.[193] Miller war wichtig, dass alle in den Abteilungen eingesetzten Versuchseinrichtungen «außerordentlich einfach in der Handhabung» und «sehr robust» waren. Sie sollten, so seine Forderung, die gewünschten Ergebnisse rasch und anschaulich zeigen und für den Dauerbetrieb gebaut sein.[194] Das System der Druckknöpfe war im Alten Nationalmuseum und in der Schwere-Reiter-Kaserne eines der beliebtesten Ausstellungsmittel Millers, im Neubau wurde ihr Einsatz noch weiter verstärkt.

Um seinen Anspruch einzulösen, das Museum müsse eine Stätte der Volksbelehrung sein, ließ sich Miller eine Vielzahl an Ausstellungsformen einfallen. Neben den Druckknöpfen konnten die Besucher an Kurbeln drehen. Es gab Modelle, die die Wirklichkeit verkleinerten, wie eine Serie von Bergwerksmodellen, oder die sie vergrößerten, wie die Wählscheibe eines Telefons. Neben den Versuchseinrichtungen, die vom Besucher selbst in Gang gesetzt werden konnten, hatte Miller eine Reihe von Demonstrationen eingerichtet, die während der regelmäßigen Führungen durch die «Vorführer» in Gang gesetzt wurden. Zu den aufwändigsten und spektakulärsten Demonstrationen gehörte das Projektionsplanetarium, das Miller durch die Jenaer Firma Zeiss in jahrelanger Kleinarbeit von 1913 bis 1925 entwickeln ließ.[195] Die Grundidee stammte von Miller selbst, der damit die Projektionstechnik in Planetarien revolutionierte. Beim Umzug auf die Museumsinsel 1925 wurden viele der bereits in den provisorischen Ausstellungen eingesetzten Stilmittel übernommen. Es gab aber auch andere, die Miller im Neubau erstmals oder akzentuiert anwandte. Dazu gehörten vor allem die an vielen Stellen eingebauten «Ensembles», die als historische «Erlebnisräume» wirkten. In Ansätzen hatte es solche historischen Ensembles schon im Alten Nationalmuseum gegeben. Dort waren verschiedene historische Laboratorien – alchemistisches Laboratorium, Laboratorium des 19. Jahrhunderts, Liebig-Laboratorium – vorhanden, eine Konzeption, die bis heute unverändert geblieben ist.[196] Auslöser für das neuartige Genre der Ensembles war eine Studienreise Millers nach Skandinavien vom 16. Juni bis 13. Juli 1914, wobei er u. a. das Nationalmuseum und das Nordische Museum mit dem Freilichtmuseum Skansen in Kopenhagen, die Jahrhundertausstellung in Oslo (damals «Christiania»), das Historische Museum Oslo, das Freilichtmuseum in Bygdø und die Baltische Ausstellung in Malmö besuchte.[197] Die Skandinavienreise schloss an vorausgegangene Studienreisen zu verschiedenen deutschen und ausländischen Museen an, wie dem South Kensington Museum, dem Conservatoire des Arts et Métiers, zu einigen Sammlungen in der Schweiz und Österreich und zu den wichtigsten Museen in den Vereinigten Staaten. Hatten schon die Erfahrungen der USA-Reise 1912 einen prägenden Einfluss auf die Ausstellungsgestaltung im Museumsneubau gehabt, vor allem aber für den Neubau der Bibliothek, so war der Einfluss der skandinavischen Museen für Millers Ausstellungsmethoden von herausragender Bedeutung. Bei Miller und den Kommissionsmitgliedern hinterließen beispielsweise die im Freien aufgestellten Zeltlager der Lappen, die Hütten, Mühlen, Bauernhäuser etc. einen nachhaltigen Eindruck. In einem Brief an seine Frau Marie schrieb Miller:

> *«Es ist schade, daß ich nicht schon vor Jahren dieses Museum gesehen habe, denn ich hätte an dem Bau und der ganzen Einrichtung mir ein Beispiel nehmen können. Ich bin froh, daß ich wenigstens jetzt noch einiges in diesem Museum studieren kann, denn ich halte es für wesentlich besser als alle ähnlichen Museen in Frankreich, England u. s. w. Meine Ingenieure müssen fleissig skizzieren und bleiben wahrscheinlich länger wie ich…»*[198]

Als Konsequenz dieser Erfahrungen plante Miller für das neue Museum ähnliche Installationen. Dazu gehörten u. a. eine historische Apotheke, eine Schwarzwälder Uhrmacherwerkstatt, eine Gutenbergstube, eine alte Mühle mit Löffelrad, die Bergmannstube, eine alte Schmiede, eine Papiermühle, eine Branntweinbrennerei und eine bayerische Sennhütte.[199] Diese Ensembles sollten historische Lebenswelten, besonders aus dem Bereich des Hand-

Diorama: Pfahlbauten am Starnberger See, 1928.

werks, verdeutlichen. Die ausgedehnten Reisen Millers und seiner Mitarbeiter demonstrierten, dass Miller bei seiner Museumsgestaltung die Elemente einsetzen wollte, die er für seine Zielsetzung am geeignetsten hielt. Zum Teil wurden Versuche nachgebaut, meist aber in den eigenen Museumswerkstätten neu entwickelt.

Ebenfalls aus Skandinavien brachte Miller die Idee zum Bau von Dioramen mit. Dioramen sind Schaukästen, die eine Maschine, eine Werkstatt, einen Betrieb, eine technische oder bauliche Anlage modellhaft in ihrer natürlichen Umwelt zeigen.[200] Interessant an dieser Darstellungstechnik ist, dass sie dem Besucher einen dreidimensionalen Blick vermittelt. Damit das Modell und sein Hintergrund plastisch wirken, müssen beim Dioramenbau Maler, Bildhauer und Modellbauer eng zusammenarbeiten. Vor allem die perspektivische Verkürzung der natürlichen Umwelt, in der sich das Modell befindet, ist beim Dioramenbau entscheidend. Alle horizontalen Linien laufen in einem Fluchtpunkt zusammen. Es gibt keine rechten Winkel bei den Modellen, was bautechnisch schwierig umzusetzen ist. Leitungsdrähte einer Fernleitung beispielsweise müssen eine konische Form haben, da sie sonst für den Betrachter nicht mehr sichtbar sind, je weiter sie sich im Hintergrund verlieren. Dieser ist bei allen Dioramen gerundet, da dadurch der räumliche Eindruck verstärkt wird. Die Anwendung richtiger perspektivischer Verhältnisse ist die Grundlage des Dioramenbaus. Eine wichtige Gestaltungstechnik ist der fließende, kaum erkennbare Übergang vom Modellbau zur Hintergrundmalerei.

Echte Dioramen wurden im Deutschen Museum erst nach Millers Skandinavienreise gebaut. Die schon früher in den Zugangsbüchern inventarisierten «Dioramen» waren in der Regel Modelle, denen der typische Übergang zum Hintergrund und die Veränderung der Perspektive fehlten.[201] Das Deutsche Museum schrieb sich in der Entstehungsgeschichte der Dioramen früher gerne eine Vorreiterrolle zu. Dioramen seien in Anlehnung an den alpenländischen Krippenbau entstanden.[202] Gestützt wurde die These durch Miller, der in seinem Haus in der Weihnachtszeit eine sich von Jahr zu Jahr verändernde Krippe aufbaute. In den Museumsakten finden sich einige Hinweise, die die Affinität Millers zum Krippenbau dokumentieren. So forderte Miller den Modellbauer Josef Moser, der ein Modell der Etschwerke anfertigen sollte, auf, nach München zu kommen, um «Studien über die Darstellung von Landschaften in den Krippen des Nationalmuseums zu machen».[203] Die Technik des Dioramas ist jedoch deutlich älter. Karen Wonders hat mit Recht darauf hingewiesen, dass sie schon in dem Londoner Diorama-Gebäude (1823) und bei Daguerre und dessen Bühnenbauten (1839) zu finden ist.[204] Im Museumsbereich wurden die Dioramen zuerst in Naturkundemuseen rezipiert, wo die Darstellung des Lebensraumes von Tieren eine wichtige Form der Präsentation war.[205] Über die Weltausstellung fanden sie in relativ kurzer Zeit in unterschiedlichen Museumstypen Eingang.

Trotz der Vielfalt der eingesetzten Ausstellungsmedien blieb Millers grundsätzliche Museumskonzeption unverrückbar. Die skandinavischen Vorbilder brachten Miller nicht dazu, das Deutsche Museum vom Artefaktenmuseum umzubauen zu einem Museum mit stärker sozialgeschichtlichem Bezug. Auch die zentrale Bedeutung des «Meisterwerks» blieb durchgängig erhalten. Bei der Durchsicht historischer Fotos und zeitgenössischer Museumsführer fällt auf, dass wichtige Exponate schon in den provisorischen Ausstellungen in den Vordergrund gerückt wurden. Ihr Gewicht wurde auch dadurch verstärkt, dass sie mit einer Vielzahl von erläuternden Texttafeln, Zeichnungen und Fotos versehen wurden. Ein Musterbeispiel dafür ist die Präsentation der Wassersäulenmaschine von Georg von Reichenbach aus dem Jahr 1817. Allein deren «ingeniöser Aufbau» mit einer Höhe von rund sechs Metern biete «so recht das Bild eines Meisterwerks» – so Millers offizielle Darstellung.[206] Die historische Maschine war in eine

Umgebung von vier schematischen Zeichnungen, einer erläuternden Texttafel, einem Foto von Reichenbach, einem gläsernen Betriebsmodell (das der Besucher in Gang setzen konnte) sowie Modellen von späteren Typen dieser Maschine gestellt.[207] Noch stärker hervorgehoben waren andere «Meisterwerke», die in speziell gefertigten Vitrinen gezeigt wurden. Sie wurden im wahrsten Sinne des Wortes aufs Podest gehoben und oft in das Zentrum des jeweiligen Saals gerückt.[208] Diese Exponate waren aufgrund ihrer technikhistorischen Bedeutung einprägsam und wirkten durch ihre Inszenierung auf die Besucher. Beispiele sind «Meisterwerke» wie die Magdeburger Halbkugeln Otto von Guerickes, die Originalapparate Joseph von Fraunhofers, die von Georg Simon Ohm benutzte Elektrisiermaschine mit Flaschenbatterie, die Apparaturen von André Marie Ampère, die zur Entdeckung der elektrodynamischen Gesetze geführt hatten, oder die Originale des ersten elektrischen Telegrafen von Samuel Thomas Soemmerring aus dem Jahr 1809 bzw. des ersten Telefons von Philipp Reis (1863).[209]

Objektauswahl und Präsentation wurden verstärkt durch die «Führungsvorträge». Mit Eröffnung der Ausstellungen im Alten Nationalmuseum und in der Schwere-Reiter-Kaserne wurden den Besuchern ein- bis zweistündige Fachführungen angeboten. Sie zielten auf eine vertiefte wissenschaftliche Einordnung der Exponate. Die Führungsvorträge mussten von den jeweiligen Referenten schriftlich ausgearbeitet und der Museumsleitung zur Begutachtung vorgelegt werden. In den erhaltenen Beispielen erkennt man die korrigierende Hand der Abteilungsleiter und bisweilen die von Oskar von Miller selbst.[210] Auch die Aufseher und Vorführer wurden von Miller eigens geschult. Jeder musste mit Miller seine Erläuterungen absprechen. Miller wollte also ein genau kontrolliertes Technikbild vermitteln.

Die Konstruktion von thematischen Zusammenhängen ist auch in der Raumabfolge von Abteilungen erkennbar. So bildeten 1906 «Landwirtschaft», «Gärungswesen» und «Chemische Industrie» eine Einheit, ebenso «Straßen-», «Brücken-», «Tunnel-» «Wohnungsbau», «Wasserversorgung», «Kanalisation», «Heizung und Lüftung» und «Kältetechnik». Die Abfolge der Abteilungen von der «Landwirtschaft» zur «Chemie» suggerierte eine scheinbar naturgesetzliche Entwicklung von der bäuerlichen Bodenbearbeitung zur chemischen Düngung. Die einzelnen Säle dieser Abteilungen bildeten die Linie «Bodenbearbeitung, Pflanzenernährung, Düngung» (Saal 36) – «Landwirtschaft: Ernte und Tierzucht» (Saal 37) – «Landwirtschaft: Molkereiwesen» (Saal 38) – «Gärungswesen» (Saal 39) – «Chemische Industrie» (Saal 40) – verschiedene historische und zeitgenössische Laboratorien (Saal 41–44) – hin zur «Elektrochemie» (Saal 45).[211] Da die einzelnen Räume direkt aneinander anschlossen und nur in dieser Reihenfolge betreten werden konnten, wurde allein schon durch das Raumprogramm ein enger Zusammenhang hergestellt. Im Neubau verzichtete man auf diese Sinnkonstruktion zugunsten einer ausgeprägten «Konsumentenbildung».

Die ersten zwei Jahrzehnte in der Geschichte des Deutschen Museums sind mehr als eine Aufbauzeit. Sie legten in der Gremienorganisation, in der Finanzierung, im Sammlungs- und im Ausstellungsbereich Grundstrukturen fest, die im Wesentlichen die politischen Systemwechsel bis in die Zeit weit nach dem Zweiten Weltkrieg überdauerten. Technikbild und Ausstellungskonzeption entsprachen lange weitgehend den Vorstellungen und Idealen der Zeit um die Jahrhundertwende. Am dynamischsten war die Entwicklung der Ausstellungsmedien zwischen 1906 und 1925. Während die alten Ausstellungen als Provisorien gedacht waren und wohl auch Millers Geschmack nach viel zu lange unverändert blieben, waren sie doch seine «Spielwiese», wo er neue Techniken der Museumspräsentation ausprobieren, auf ihre Tauglichkeit prüfen und verfeinern konnte. Bis zur Einrichtung des Neubaus auf der Kohleninsel beobachtete das Museum sorgfältig die internationale Museumslandschaft und adaptierte geeignete Ausstellungstechniken. Umgekehrt entwickelte sich das Deutsche Museum zu einem dominanten Vorbild, das jahrzehntelang – oft unkritisch – imitiert wurde.

Der Vorführer Franz Herb demonstriert den Drehimpuls, 1926.

Der Bettelmönch

Betrachtet man den Entstehungsprozess des Deutschen Museums zwischen 1903 und 1934, fällt die ungeheure Aufbauarbeit ins Auge, die in diesen drei Jahrzehnten geleistet wurde. Auch wenn das gesellschaftlich-politische Umfeld Auf- und Ausbau des Museums förderte,[212] so war es letztlich der individuellen Tatkraft Oskar von Millers zu verdanken, dass die Gründung so erfolgreich verlief. Miller war es, der die Idee und Zielsetzung für das Museum formulierte, er gewann rasch die Spitzen aus Politik, Wissenschaft, Kultur und Industrie, organisierte den gesamten Geschäftsablauf und besorgte Geld, Objekte, Bücher und Archivalien.[213] Natürlich ließ er seine «Beute» jahrelang kostenlos von den Eisenbahnverwaltungen befördern. Miller hatte ein ausgesprochenes Talent, sich all das zu erbetteln, was für «sein» Museum gebraucht wurde. Dabei entwickelte er einen Einfallsreichtum, der sprichwörtlich wurde. Um seine Art, für das Museum zu werben, rankten sich im Laufe der Jahre zahlreiche Anekdoten. Im heutigen Sprachgebrauch würde man Miller als genialen «Fundraiser» bezeichnen. Er schuf ein ausgeklügeltes System von Förderern, das er erfolgreich für die Aufbauarbeit einsetzte. Das Netz der Referenten, die verschiedenen Gremien, die Mitglieder, die pompösen Jahresversammlungen, alles diente dem Zweck, ideelle, vor allem aber materielle Unterstützung für das Museum zu erhalten. Für die Objekteinwerbung hat Miller Tausende von Firmen, Universitäten, Hochschulen, Schulen, Behörden, Ämter, Vereine, Gesellschaften, Akademien, Einzelpersonen etc. angeschrieben. Sobald er von interessanten Gegenständen erfuhr, nahm er die Jagd auf. Schon seine erste große Akquisition, die Übernahme der mathematisch-physikalischen Sammlung der Bayerischen Akademie der Wissenschaften, zeigt Millers rigorose Art. Hatte das Akademiemitglied Hugo von Seeliger während der ersten Vorgespräche zur Gründung des Museums leichtsinnigerweise eine Abgabe dieser Sammlung für denkbar gehalten, nahm Miller diese vage Ankündigung als Faktum, das er unverzüglich als feste Zusage in der Öffentlichkeit verbreitete. Als die Akademie letztlich zögerte, ließ sich Miller von der bayerischen Regierung kurzerhand die Sammlung übertragen. Nachdem sich die Akademie noch immer sträubte, erschien Miller unerwartet im Akademiegebäude, legte dem überrumpelten Konservator Ernst Voit die Abgabeerklärung vor, packte mit seinen Mitarbeitern die ganze Sammlung inklusive einiger Schauschränke ein und verschwand noch am selben Tag.[214] Ähnlich unverfroren zeigte sich Miller in den Verhandlungen mit Graf Posadowsky-Wehner um den Reichszuschuss. Auch den Kaiser verschonte Miller nicht. Als im Vorfeld der Grundsteinlegung 1906 zwischen der kaiserlichen Kanzlei und dem Museum

Oskar von Miller als Bettelmönch, dem von allen Seiten Geld und Objekte zugetragen werden. Karikatur auf einem Programm des Landesausstellungsparks in Berlin, 1907.

diskutiert wurde, was Wilhelm II. als Geschenk mitbringen sollte, wünschte sich Miller ein Modell eines neuen Linienschiffes im Maßstab 1:25 und – damit nicht genug – das Ganze als Schnittmodell, um den Museumsbesuchern Einblicke in die Technik des Kriegsschiffes zu ermöglichen. Das Reichsmarineamt lehnte den Vorschlag ab; man befürchtete in Berlin einen «Geheimnisverrat» neuester Militärtechnik. Jeder andere hätte sich der Absage gebeugt, nicht so Miller. Er formulierte sein berühmt gewordenes Telegramm an den Kaiser: «Trotz eifrigem Nachdenkens ist mir noch immer keine andere Stiftung als das Schnittmodell eines Linienschiffes eingefallen.»[215] Das Telegramm zeigte die gewünschte Wirkung, Miller bekam sein Luxusmodell, die *Rheinland*, 5,80 Meter lang! Den Kaiser kostete sein «Mitbringsel» 100 000 Mark.[216]

Miller kümmerte sich nicht nur intensiv um die Einwerbung von Objekten, sondern verhandelte mit zahlreichen Firmen und Verbänden über die kostenlose Bereitstellung von Material für den Neubau des Museums. Er erreichte, dass die Industrie 60 000 m^3 Sand und Kies, 1700 Eisenbahnwaggons mit Zement, 400 Waggons mit Kalk, drei Millionen Kilogramm Eisen, sieben Millionen Ziegelsteine und 33 000 laufende Meter Gussrohre kostenfrei lieferte! Ebenso verfuhr Miller bei der Inneneinrichtung. Er fand immer einen Ansprechpartner, der den Marmor für den Ehrensaal oder das Parkett für den Musiksaal stiftete. Selbst bei Kleinigkeiten war sich Miller nicht zu schade, um eine Stiftung zu betteln. So kümmerte er sich bei der Organisation der Jahresversammlungen um das Freibier oder die Stiftung von Zigarren für die Herren und von Konfekt für die Damen. Kein Schreiben war ihm zu mühevoll. Als Miller einmal gefragt wurde, warum er nur Bettelbriefe schreibe, wies er dies entrüstet zurück: «nur die Hälfte waren Bettelbriefe, die andere Hälfte waren Dankbriefe».[217] Als Miller sich bei der Firma Krupp zu Besuch angemeldet hatte, wurde firmenintern die Order ausgegeben, die besten Stücke zu verstecken – Miller komme! Eine schöne Anekdote entstand auch während seiner Mexiko-Reise 1925. Angeblich wurde die Reisekolonne Millers von Banditen überfallen und ausgeraubt. Als die Reihe an Oskar von Miller kam und der Räuberhauptmann seinen Namen erfuhr, soll der Mexikaner geantwortet haben: «Der Miller! Aus München vom Deutschen Museum? Nein, von Kollegen nehmen wir nichts!»

Diese Geschichte wurde zum festen Bestandteil der Erzählungen über Oskar von Miller. Die Mexiko-Anekdote brachte Millers Fähigkeiten überspitzt auf den Punkt. Wer nicht freiwillig geben wollte, musste von Miller überredet werden! Die Anekdotenbildung um Miller hat lange Zeit die Einschätzung seiner Person und seiner Arbeit geprägt, scheint sie doch eine ideale literarische Form zu sein, in der Oskar von Millers Eigenheiten prägnant herausgestellt werden konnten. Seine Eigenwilligkeit forderte die übertreibende Ausschmückung geradezu heraus. Viele, die mit Miller zu tun hatten, wussten von einer kuriosen Situation zu berichten. Vorwiegend von seinen Mitarbeitern und von der Familie Miller wurde dieses humorige Bild vermittelt. Sein Leben wurde in zahllosen Geschichten verklärt. Der Journalist Wilhelm Lukas Kristl hat in seinem Büchlein «Hier darf jeder tun, was ich will» die überlieferten Anekdoten zusammengefasst.[218] Kristl hat aber letztlich nur die Geschichten niedergeschrieben, die der Sohn Oskars, Rudolf von Miller, fesselnd zu erzählen wusste.

Selbstverständlich war die Mexiko-Geschichte erfunden. Fakt war lediglich, dass Miller während seines dortigen Aufenthaltes von zwei Franzosen erfuhr, die in der Gegend, in der sich Miller aufhielt, überfallen worden waren. In seinem Reisetagebuch hat er die Episode kurz festgehalten.[219] Allerdings kann man sich gut vorstellen, wie die Anekdote um den «Kollegen» Miller langsam wuchs und weiter erzählt wurde.

Obwohl Förderer und Freunde des Museums, besonders aber die Teilnehmer an den Jahresversammlungen stets fürchten mussten, von Miller um die Stiftung neuer Materialien, Objekte oder größerer Geldsummen angegangen zu werden, kamen sie doch gerne. Viele von ihnen betrachteten es als Auszeichnung, an dem großen Werk Millers mitarbeiten zu können. Die Idee eines Museums für die Naturwissenschaft und Technik begeisterte die meisten von ihnen. Teilweise brachte die Mitarbeit am Deutschen Museum Einzelnen konkrete Vorteile; in der Regel gab man sich mit dem Gefühl zufrieden, an diesem nationalen Projekt persönlich beteiligt zu sein. Manche Unternehmen, die am Museum mitarbeiteten, verbreiteten ihre Unterstützung publikumswirksam. Siemens & Halske bzw. die Siemens-Schuckertwerke brachten schon im Jahre 1906 einen eigenen Katalog heraus, der die Objektstiftungen zugunsten des Museums zusammenfasste.[220] Andere nutzten ihre Beteiligung am Bau des Museumsgebäudes oder der Bibliothek, um auf ihre Verdienste hinzuweisen. Zahlreiche Firmen profitierten mit Anschlussaufträgen von ihrem Engagement für das Museum. So konnte die Baufirma Rudolf Wolle aus Leipzig, die für einen Bauabschnitt des Ausstellungsgebäudes auf der Insel verantwortlich war, später auch das Miller'sche Forschungsinstitut am Walchensee errichten. Zugunsten besonders herausragender Stifter setzte sich Miller während der Monarchie für die Verleihung von Orden oder sogar für eine Nobilitierung ein. Als mit der Revolution die bei Stiftern beliebte Form der Erhebung in den Adelsstand wegfiel, schuf Miller ein ausgeklügeltes System von Ehrungen, die bei der Jahresversammlung verliehen wurden: Ehrenmitgliedschaft, Goldener Ehrenring (verliehen von der Bayerischen Staatsregierung), Oskar-von-Miller-Medaille in Gold,

Wir Wilhelm, von Gottes Gnaden Deutscher Kaiser, König von Preußen, Markgraf zu Brandenburg, Burggraf zu Nürnberg und Graf zu Hohenzollern

entbieten dem Deutschen Museum in München zur Feier seiner Eröffnung und der Grundsteinlegung seines endgültigen Baues Unseren Kaiserlichen Gruß und Glückwunsch.

Ins Leben gerufen durch eine Reihe hervorragender Vertreter der deutschen Naturwissenschaft und Technik hat das Museum unter der Obhut und der fördernden Huld des Bayerischen Königshauses, thatkräftig unterstützt durch das Reich, das Königreich Bayern und die Haupt- und Residenzstadt München dem hohen Ziel, eine alle Zweige der Naturwissenschaft und Technik umfassende vaterländische Sammlungsstätte zu werden, wirksam zugestrebt. Möge ihm auch fernerhin unter dem Gedeihen verbürgenden Schutz von Reich und Staat die Theilnahme der das Geistes- und Wirthschaftsleben des Vaterlandes leitenden Kräfte erhalten bleiben und es dadurch befähigt werden, der deutschen Arbeit reiche Anregung zuzuführen. Zum Ausdruck Unserer Kaiserlichen Huld und Fürsorge wollen Wir dem Museum für seine Sammlungen das Schnittmodell eines Unserer im Bau befindlichen Kriegsschiffe stiften als ein Merkzeichen der Errungenschaften deutschen Gewerbfleißes und der im Reich geeinigten Wehrkraft des Deutschen Volks.

Gegeben, München, den 13. November 1906.

Wilhelm I.R.

Urkunde Kaiser Wilhelms II. über die Stiftung eines Schiffsmodells der *Rheinland*, 1906.

Dankplakette für Mitarbeiter und Freunde des Museums, ca. 1930.

Oskar-von-Miller-Plakette in Bronze, Silberner Ehrenring und die 1925 anlässlich der Neubaueröffnung geschaffene Oskar-von-Miller-Denkmünze.

Auch wenn die Ehrungen nur symbolischen Charakter hatten, waren sie so öffentlichkeitswirksam, dass sie mancher Geehrte in seinem Lebenslauf im «Wer ist wer» angab. Wie hoch das Prestige des Museums war, zeigt sich in der Tatsache, dass in den biographischen Nachschlagewerken der Zeit in zahlreichen Fällen die Funktion am Deutschen Museum vermerkt wurde. Verlage, die der Bibliothek ihre Verlagsproduktion zur Verfügung stellten, bekamen eigens angefertigte Stiftungsurkunden ausgehändigt. Erstaunlich ist, dass man Millers permanente Forderungen mit viel Humor ertrug. Verärgerung über seine manchmal forsche Art der Einwerbung gab es selten. Nur einige reagierten pikiert wie einmal Walther von Dyck, dem während einer gemeinsamen Reise in die USA Millers aufdringliche Art der Werbung zu viel wurde.[221] Typischer ist die launige Antwort des Industriellen Albert Vögler auf Millers Werben um eine finanzielle Unterstützung des Bibliotheksbaus:

«Wir haben nun von Exzellenz von Miller zu unserer freudigen Überraschung gehört, daß wir heute zu einem Geburtstagsfest, zu einem Tauffeste versammelt sind. Da will es alter Brauch, daß die Paten kommen, ihr Sprüchlein sagen und ihr Scherflein bringen. Den ersten hat Herr Geheimrat Miller in Herrn von Duisburg [sic!] schon zu Wort kommen lassen. Wenn nun meine Antenne richtig eingestellt ist, dann erwartet er von mir einen gleich angenehmen Patengruß. Ich will ihn gern im Namen der von mir vertretenen Industrie darbringen, und die gleiche Summe zur Verfügung stellen wie Herr Duisburg [sic!]. Zwar weiß ich nicht, wo ich das Geld hernehmen soll, und Sie mögen daraus ersehen, wie selbst verhältnismäßig besonnene Leute durch große Vorbilder verführt werden können.»[222]

Ähnlich wie Vögler ging es vielen Industriellen. Der Überzeugungskraft Millers konnten sie sich nicht entziehen. Unter Millers Museumsleitung hatten die finanziellen und materiellen Zuwendungen der Industrie einen Umfang, den sie später nie mehr erreichten.

Miller und die Industriearchäologie

Miller begnügte sich nicht mit der Einrichtung von Ausstellungen. Sein Anspruch war, mit dem Deutschen Museum ein Zentrum technischer Kultur aufzubauen. Diesem Ziel diente sein integratives Museumskonzept, das Ausstellungen, eine Bibliothek, ein Archiv und ein technikhistorisches Forschungsinstitut in einem Haus integrieren wollte. Das rasante Tempo der Aufbaujahre ließ allerdings nicht zu, dass Miller alle Ziele gleichzeitig und mit gleicher Intensität verfolgte. Außerdem konnte er in den Bereichen Archiv, Bibliothek und Forschung wenig gestalterisch tätig sein, da ihm die fachlichen Voraussetzungen fehlten. Mit seinem Talent zum Einwerben konnte er zwar Originalquellen und Bücher für das Museum gewinnen, es blieb allerdings einer Persönlichkeit wie Walther von Dyck vorbehalten, den ersten Forschungsband, der unter dem Namen des Deutschen Museums firmierte, zu schreiben.[223] Miller selbst hat nie historische Bücher oder Aufsätze verfasst. Insofern ist sein eigenes Geschichtsbild nur indirekt aus den Quellen erkennbar. Deutlich ist, dass sich sein Geschichtsverständnis an der Bedeutung der individuellen Persönlichkeit orientierte. Dementsprechend betonte er im Museum die Rolle von Entdeckern, Erfindern, Ingenieuren, Industriepionieren. Sein personenzentriertes Verständnis spiegelt sich in besonderer Weise im «Ehrensaal» wider. Schon in den provisorischen Sammlungen gab es einen Ehrensaal, im Neubau auf der Museumsinsel platzierte ihn Miller als zentralen Raum über dem Eingang im ersten Stockwerk. Im Ehrensaal waren Abbildungen herausragender Pioniere versammelt, die für Deutschland besonders wichtig gewesen waren. Direkt im Anschluss an den Ehrensaal gab es den Bildersaal, in dem ebenfalls Gemälde bedeutender Naturwissenschaftler und Techniker hingen. Gleichzeitig ergänzte Miller einzelne Abteilungen um zusätzliche «Ehrenräume», so die Chemie, die Elektrotechnik und das Verkehrswesen. Auch sie waren den Pionieren ihres Fachs gewidmet. Schließlich waren in fast allen Abteilungen Porträts oder Büsten wichtiger Persönlichkeiten angebracht.[224]

Dem biographischen Ansatz Millers trug die vom Museum geförderte technikhistorische Forschung Rechnung. Dycks Forschungsband beschäftigte sich mit einem der Pioniere der bayerischen Industriegeschichte, Georg von Reichenbach. Als monographische Arbeit blieb Dycks Veröffentlichung lange Jahre singulär, obwohl der Band den Auftakt für die Reihe «Deutsches Museum. Lebensbeschreibungen und Urkunden» bilden sollte. Die Reihe «Vorträge und Berichte», später in «Abhandlungen und Berichte» umfirmiert, konnte mit den hier publizierten knappen Lebensbeschreibungen nicht die Erwartungen Millers erfüllen.

An seinem biographischen Konzept hielt Miller bis zu seinem Ausscheiden fest. Es blieb das vorherrschende innere Gestaltungselement des Museums. Dennoch erfuhr die Idee des Deutschen Museums in den zwanziger Jahren eine entscheidende Ausweitung, wobei erneut die Skandinavienfahrt Millers 1914 den Impuls gab. Sie wirkte sich nicht nur auf die Einführung von Dioramen und die Einrichtung historischer Ensembles im Museum aus. Sie bildete auch den Anstoß dafür, dass Miller seinen Blick über die Museumsmauern ausdehnte, als es galt, technische Kultur zu bewahren und auszustellen.

Millers Erfahrung in Skandinavien war einfach: Ihn begeisterten die weitläufigen Freiluftanlagen der dortigen Naturkundemuseen, in denen besonders die nordische Bauweise vom Zeltlager der Lappländer bis hin zu skandinavischen Bauernhäusern und Kirchen im Original oder Nachbau gezeigt wurden. Jeweils im Stil ihrer Zeit eingerichtet, boten sie ein breites Spektrum landwirtschaftlicher, gewerblicher, technischer und kirchlicher Kultur. Ergänzt wurden die Freilichtanlagen durch spezifische Sammlungen zur Volkskunst in Dänemark, Schweden und Norwegen. Der Besuch hinterließ bei Miller einen so «mächtigen Eindruck», dass er während der nächsten Jahresversammlung des Deutschen Museums die skandinavischen Museen als Studienobjekte für deutsche Kunsthistoriker empfahl. Für das Deutsche Museum zog er die Konsequenz, analog zu den skandinavischen Freilicht-

Entwurf Gabriel von Seidls für den prächtigen Ehrensaal im Neubau, 1909.

museen in Deutschland «wichtige Betriebsstätten, wie alte Schmieden, Uhrmacherwerkstätten, Webstuben, Mühlen [...] in möglichster Vollständigkeit» zu erhalten.[225] Der Skandinavienbesuch machte Miller bewusst, dass das Deutsche Museum nicht in der Lage war, eine umfassende Sammlung kompletter Ensembles in das eigene Haus zu integrieren. Auch eine Ausdehnung in den Museumsgarten, wo eine Windmühle und verschiedene Signalanlagen aufgebaut wurden, konnte diesen Missstand nicht beseitigen. Wollte man historische «Betriebsstätten» im Original, vollständig und in größerer Zahl erhalten, musste dies außerhalb des Deutschen Museums geschehen, möglichst dort, wo die «technischen Kulturdenkmale» noch vorhanden waren. Sein Grundgedanke war, historische Ensembles und technische Großobjekte an der Stelle zu bewahren, an der sie entstanden waren. Dabei wurde Miller rasch klar, dass es nicht genügte, die Anlage in Skansen zu kopieren und in Deutschland ein oder mehrere Freilichtmuseen zu gründen. Er dachte vielmehr an ein Netz zahlreicher Standorte. Sie alle sollten unter der Führung des Deutschen Museums miteinander verbunden sein. Zu diesem Zweck plante er eine eigene Gesellschaft.[226] Millers Skandinavienreise ist also die Geburtsstunde der «Industriearchäologie» in Deutschland.[227]

Sein Vorstoß ging zunächst ins Leere, da kurz nach seiner Rückkehr der Erste Weltkrieg ausbrach. Über eine lange Zeit hinweg bestanden kein Interesse und keine Möglichkeit, die technischen Kulturdenkmale zu erfassen und zu sichern. Mit seiner Idee der vernetzten Bewahrung von Technikkultur erweiterte Miller die Zielsetzung des Deutschen Museums ganz erheblich.

Während er jahrelang Bestrebungen zur Gründung einzelner Technikmuseen wegen der Konkurrenz zum eigenen Haus bekämpft hatte, ging seine Initiative für technischen Denkmalschutz in die entgegengesetzte Richtung. Sie löste eine weit reichende Bewegung aus. Diese verband sich mit den seit dem letzten Drittel des 19. Jahrhunderts aus dem Boden schießenden Heimatvereinen und der kunst- und architekturhistorischen Denkmalpflege. Letztere hatte in der seit 1899 erscheinenden Zeitschrift «Denkmalpflege» ein Forum, während die Heimatpflege im 1904 gegründeten «Bund für Heimatschutz» eine überregionale Dachorganisation fand. Der Denkmalschutz und die Heimatschutzbewegung entstanden nicht primär aus einer kulturpessimistischen und antimodernistischen Haltung heraus, sondern hatten das Ziel, materielle Kultur zu bewahren. Diese Grundausrichtung wollte Miller für die technische Kultur nutzen.

Miller verfolgte beide Bewegungen seit langem. Besonders zum Heimatschutz stand er in enger Verbindung, da der Architekt des Museums, Gabriel von Seidl, gemeinsam mit dem Architekten Theodor Fischer im Jahr 1902 den Münchner «Verein für Volkskunst und Volkskunde» ins Leben gerufen hatte. Dieser Verein entwickelte sich zur Keimzelle des heutigen «Bayerischen Landesvereins für Heimatpflege».[228] Millers Bruder Ferdinand engagierte sich hier ebenso wie der spätere bayerische Ministerpräsident und Miller-Freund Gustav Ritter von Kahr. Beide führten Miller vor Augen, welche Wirkung die Heimatpflege im regionalen Raum haben konnte. Den Verein wollte er für das Deutsche Museum und für die Erhaltung technischer Kultur in Deutschland insgesamt instrumentalisieren. Es war jedoch ein schwieriger Spagat zwischen der Technikhistoriografie des Deutschen Museums und den volkskundlichen Ansätzen der Heimatvereine. Auch wenn Miller am Prinzip von «Männer machen Geschichte» festhielt, in der technikhistorischen Geschichtsschreibung vollzog sich seit den zwanziger Jahren allmählich der Wandel zu einer kulturgeschichtlich geprägten Historiografie, welche die Wechselwirkungen zwischen Technik und Kultur untersuchte.[229]

Millers Anregung wurde erst nach der Eröffnung des Neubaus auf der Isarinsel erneut aufgegriffen. Er dachte daran, eine umfassende Organisation für die Erfassung und den Erhalt technischer Kulturdenkmäler aufzubauen. Zum Wortführer und Organisator bestimmte er Conrad Matschoß, den geschäftsführenden Direktor des Vereins Deutscher Ingenieure und Professor für «Geschichte der Maschinentechnik» in Berlin.[230] Durch die Einbeziehung des VDI wollte Miller seiner Initiative einen zusätzlichen Schub verleihen. Matschoß nahm diese Anregung gerne auf. Auch er sah – zumindest anfänglich – die Vorteile der Zusammenarbeit zwischen Deutschem Museum und dem VDI. Das Museum sollte dem Unternehmen Autorität und Kompetenz verleihen. In der Ausschuss-Sitzung des Deutschen Museums im Jahre 1926 brachte Matschoß die Initiative der «Technischen Kulturdenkmale» offiziell ein, nicht ohne deutlich auf die geistige Urheberschaft Millers hinzuweisen.[231] Nachdem das Projekt abgesegnet war, veröffentlichte Matschoß in den VDI-Nachrichten einen Aufruf, in dem er um Einsendung von Informationen zu historisch wertvollen technischen Anlagen bat.[232] Damit wollte er eine breite Öffentlichkeit herstellen. Zunächst war die Inventarisierung relevanter Kulturdenkmale vorgesehen. Wie von Miller gewünscht, blieb die Koordination in der Hand des Deutschen Museums. Das Arbeitsfeld wurde mit der Erfassung alter Wasserräder, Windmühlen, Pferdegöpel, Brücken, Kräne, Schöpfwerke, Schmieden, Schleifmühlen, Brennöfen, Weinpressen, Salinen, Webstuben etc. umschrieben. Industriedenkmale wurden anfangs nicht einbezogen. Von Seiten der Heimatschutzbewegung signalisierte von Kahr sofort Interesse an einer Zusammenarbeit. Matschoß wiederum strebte die rasche Gründung einer «Arbeitsgemeinschaft oder Gesellschaft für technikgeschichtliche Arbeiten» an, um ein einheitliches Vorgehen zu sichern.[233] Miller stimmte ihm hierbei zu. Die Arbeitsgemeinschaft sollte als Anlaufstelle dienen und für die Begutachtung der technischen Denkmäler zuständig sein. Miller versprach, im Deutschen Museum ein «Archiv für technische Kulturdenkmäler» einzurichten, wo alle Unterlagen (Fotos, Zeichnungen, Urkunden) zu solchen Objekten zusammengetragen werden sollten. Auch sollte im Museum eine Art Denkmalliste geführt werden. Dem VDI kam die Funktion zu, das notwendige Material zu sammeln.[234]

Im Mai 1928 verständigten sich die drei Institutionen auf gemeinsame Richtlinien. Für Miller war wichtig, dass das Deutsche Museum und der VDI die eigentliche Organisation in der Hand behielten, während der Deutsche Bund Heimatschutz den – von Miller ungeliebten und zeitraubenden – Briefverkehr mit den Behörden und lokalen Organisationen pflegen sollte. Es zeichnete sich zu diesem Zeitpunkt bereits ab, dass das Unternehmen deutlich aufwändiger war, als Miller ursprünglich angenommen hatte. Vor allem war es ohne Finanzmittel nicht effektiv zu betreiben. Miller lehnte eine eigene Werbekampagne für die «Technischen Kulturdenkmale» unter dem Namen des Deutschen Museums ab. Er war zu diesem Zeitpunkt intensiv mit der Beschaffung von Geldmitteln für den Bibliotheksbau beschäftigt. Der Deutsche Bund Heimatschutz, besonders dessen Geschäftsführer Werner Lindner, übernahm diese Aufgabe gerne, da sie die eigene Öffentlichkeitsarbeit aufwertete. Beim VDI beauftragte Matschoß seinen Mitarbeiter Friedrich Haßler mit den anfallenden Aufgaben.[235] Die Aufgabenverteilung in der Arbeitsgemeinschaft zeigt, dass Miller die Fäden in der Hand behalten wollte. Allerdings musste er schon Mitte 1929 einsehen, dass die zersplitterte Organisation für die drei beteiligten Einrichtungen zu arbeitsintensiv war. Alle eingehenden Schreiben mussten mehrfach verteilt werden; auch hatte bisher kein einziges Arbeitstreffen zur Begutachtung der vielen vorgeschlagenen technischen Kulturdenkmale stattgefunden. Konsequenterweise plädierte er dafür, die Organisation dem Deutschen Bund Heimatschutz zu übertragen, nicht ohne den deutlichen Auftrag, dass dieser in seine Satzung zusätzlich zu der bisherigen Zielsetzung der Erhaltung von Natur- und Kunstdenkmälern auch «die technischen Denkmale» aufnehme.[236]

Miller zeigte sich in den folgenden Jahren oft unzufrieden mit dem schleppenden Fortgang des Unternehmens. Den von Lindner ausgearbeiteten Fragebogen zur Erfassung von technischen Denkmalen fand er zu kompliziert; kurzerhand reduzierte er ihn auf einige Grundfragen. Auch die von Lindner vorgeschlagene Rekonstruktion der Arbeitsprozesse, wie sie früher in den ermittelten Objekten abgelaufen waren, lehnte er als zu aufwändig ab. Ihm und Matschoß ging es primär darum, technische Denkmale zu inventarisieren, sie unter dem Gesichtspunkt ihrer technischen Konstruktion zu dokumentieren und ihre Anwendungsgebiete zu erklären. Der von Lindner

Miller als Berater des Museum of Science and Industry in Chicago, 1929.

betriebene sozialgeschichtliche Ansatz ging Miller zu weit.[237] Miller musste feststellen, dass der in mehreren Tausend Exemplaren verteilte Aufruf zur Meldung wichtiger technischer Kulturdenkmale einen großen Rücklauf erfuhr und damit die Kapazitäten der Arbeitsgruppe sprengte. Es galt zu entscheiden, was mit diesen Objekten jeweils geschehen sollte. In vielen Fällen wurde die Arbeitsgemeinschaft angeschrieben, wenn ein technisches Denkmal akut gefährdet war und beseitigt werden sollte. Schon die Frage, ob man es vor Ort erhalten, restaurieren, in ein Museum überführen oder lediglich dokumentieren sollte, zeigt die Spannweite der Aufgaben, mit denen sich Miller, Matschoß und Lindner konfrontiert sahen. Für die meisten Objekte musste außerdem eine finanzielle Lösung für den Erhalt gesucht werden.

Millers Bestreben war es, für den Bereich der technischen «Denkmale» ein Reichsgesetz zu initiieren, das diese ebenso unter Schutz stellte wie kunsthistorische Denkmäler. Seine Überlegungen fasste Miller 1930 nochmals für einen Vortrag in Wien zum Thema «Technische Kulturdenkmale» zusammen.[238] Über eine Reichsgesetzgebung hoffte er eine staatliche Förderung zu erreichen. Um seinem Anliegen Nachdruck zu verleihen, schlug er vor, einen «Baedeker für technische Denkmale» zu schaffen,[239] in dem alle technisch wichtigen Objekte verzeichnet sein sollten. Miller stellte mit der Forderung nach einem technischen Kulturführer Objekte aus Technik und Wissenschaft auf die gleiche Stufe wie Architektur- und Kunstwerke. Dementsprechend wollte er sie durch den Staat in gleicher Weise gefördert sehen. Seine Argumentation verdeutlicht Millers Grundanliegen. Es ging ihm bei der Erfassung technischer Kulturdenkmale um eine Aufwertung und Anerkennung der Technik. Der Deutsche Bund Heimatschutz war ein wichtiger Verbündeter, um diese Idee unabhängig vom Deutschen Museum im regionalen Raum, in den Köpfen der Menschen vor Ort zu verankern. Die Möglichkeiten des Deutschen Museums waren in dieser Hinsicht beschränkt, da sie nur den Museumsbesucher erreichten. Überhaupt sah er den Nachteil technischer Museen darin, dass sie nur ausgewählte Exponate ausstellen konnten, während im regionalen Bereich technische Kulturdenkmale in größerer Zahl erhalten werden sollten. Außerdem bestand dort ein enger Bezug zur eigenen Geschichte. In seinem Vorschlag, Freilichtmuseen nach skandinavischem Vorbild zu errichten, sah er die Möglichkeit, eine Vielzahl technischer Objekte vor dem Verlust zu bewahren.

> *«Derartige vereinzelt stehende technische Kulturdenkmale wirken auf die Beschauer in ähnlicher Weise wie Kunstdenkmäler und sie können wesentlich dazu beitragen, den Sinn des Volkes für die Wichtigkeit technischer Fortschritte zu wecken und zu heben.»*[240]

Die von Miller bei der Gründung des Deutschen Museums propagierte «Bildung der Museumsbesucher» und «Aufwertung technischer Kultur» fanden in seiner Initiative zur Errichtung von Freilichtmuseen ihre konsequente Fortsetzung. Mit diesem Vorschlag integrierte er das Deutsche Museum in ein landesweites System der Heimatpflege und Industriearchäologie. Die Aufgabe des Deutschen Museums wurde durch diesen Ansatz nicht geschmälert, sondern erweitert. Im Schnittpunkt der Bemühungen um Freilichtmuseen wurde das Museum als nationales «Kompetenzzentrum» technischer Kultur noch gestärkt. Miller wollte aber mit seinem Vorstoß nicht an nationalen Grenzen stehen bleiben. Ähnliche Freilichtmuseen sollten auch in anderen Ländern ins Leben gerufen werden. In Österreich, wo er 1930 seinen Vortrag «Technische Kulturdenkmale» hielt, sah er bereits durch das Denkmalschutzgesetz gute Voraussetzungen für eine rasche Realisierung ähnlicher Freilichtmuseen.[241]

Mit seinem Vorschlag der Erfassung und Bewahrung technischer Kulturdenkmale formulierte Miller eine globale Aufgabe. Gleichzeitig setzte er sich für die Gründung neuer wissenschaftlich-technischer Museen weltweit ein. Er sah darin keine «unliebsame Konkurrenz», sondern eine «Mitarbeit an gemeinsamen Zielen».[242] War Miller schon nach der Eröffnung der provisorischen Sammlungen ein gefragter Partner bei der Beratung technischer Museen, wuchs sein internationaler Einfluss nach dem Erfolg der neuen Ausstellungen auf der Museumsinsel seit 1925 weiter.[243] Das Deutsche Museum wurde zum Vorbild ähnlicher Museumsgründungen. Miller hatte im Neubau durch neuartige Ausstellungskonzepte und museumsdidaktische Methoden einen weltweiten Standard geschaffen. So wie Miller früher als Lern- und Wissbegieriger durch fremde Museen gewandert war, so kamen jetzt regelmäßig in- und ausländische Delegationen nach München, um sich vor Ort zu informieren. Miller wurde zu einem beliebten Gesprächspartner und zu einem der wichtigsten Museumsberater. Zahllose Einrichtungen orientierten sich am Deutschen Museum, so die technischen Museen in Wien, Prag, Budapest, Amsterdam, Kairo, San Francisco, Konstantinopel, Rio de Janeiro, Tokio, Warschau und Philadelphia. Henry Ford übernahm für sein Museum in Dearborn das Münchner Vorbild. In Buenos Aires entstand eine Sammlung technischer Modelle. Selbst in der Sowjetunion war München vorbildhaft. «Deutsches Museum in Moskau» titelte die Moskauer Rundschau, als 1930 ein neues technisches Museum geplant wurde.[244] In Stockholm entstand unter Torsten Althin das Tekniska Museet, das sich ebenfalls an das Deutsche Museum anlehnte. Das Museum of Science and Industry in Chicago kopierte das Münchner Vorbild weitgehend. Dessen Gründer Julius Rosenwald hatte 1911 das Deutsche Museum besucht und

Oskar von Miller mit dem indischen Dichter und Philosophen Rabindranath Tagore, 1930.

daraufhin beschlossen, in Chicago ein ähnliches Museum zu bauen. Als Berater gewann er Miller. Dieser begutachtete die Baupläne, schickte Fotos der Innenausstattung des Deutschen Museums an Rosenwald und ließ für die USA Objekte aus dem Fundus des Deutschen Museums nachbauen.[245] Wie München bekam auch Chicago ein Schaubergwerk. Das Bergwerk des Deutschen Museums, von Miller nach dem Vorbild der Weltausstellung in Paris 1900 eingerichtet, wurde weltweit immer wieder kopiert, so in Wien oder in Falun.[246] Auch die Weltneuheit des Projektionsplanetariums wurde ein internationaler Standard; die Dioramen, Technikgemälde, Druckknopfexperimente, Schnitt- und Funktionsmodelle etc. waren in jedem Technikmuseum zu finden.

Die Breitenwirkung des Deutschen Museums besonders in den Jahren nach 1925 war enorm. Miller wirkte in diesen Jahren aber nicht nur als Berater ausländischer Museen, sondern er war auch an der Errichtung nichttech-

Miller mit dem amerikanischen Industriellen Henry Ford (Mitte), 1930.

nischer Museen in Deutschland beteiligt. Hatte er in früheren Jahren den Bau von Spezialmuseen bekämpft und dem Deutschen Museum einen fachübergreifenden Auftrag in die Satzung geschrieben, forderte Miller 1929 die Einrichtung solcher Fachmuseen für Verkehr, Textilindustrie und die chemische Industrie.[247] Diese sah er jetzt als Ergänzung zu seinem Museum mit all seinen Beschränkungen, die sich ein Überblicksmuseum wie das Deutsche Museum auferlegen musste. So wirkte Miller beim Bau des Hygiene-Museums in Dresden mit. In Düsseldorf regte er 1926 die Neugründung eines «Reichsmuseums für Gesellschafts- und Wirtschaftskunde» an. Es sollte sozialwissenschaftliche und ökonomische Erkenntnisse veranschaulichen, Bereiche, die im Deutschen Museum keine Rolle spielten. In der Gründungsversammlung des «Reichswirtschaftsmuseums», wie es kurz genannt wurde, wies Miller auf die Bedeutung wirtschaftlicher Faktoren für die Gesellschaft hin. Als Abteilungen waren in Düsseldorf u. a. Bevölkerungswesen, Geschichte der menschlichen Arbeit, Stellung der Ehe- und Hausfrau im Wandel der Zeit, die internationale Arbeiterfürsorge, die deutsche Rationalisierungsbewegung und die Nahrungsmittelversorgung geplant.[248]

Mit der Entstehung nationaler und internationaler Museen fand das von Miller propagierte «System Deutsches Museum» seinen Abschluss. Er selbst konnte mit der von ihm eingeleiteten Entwicklung zufrieden sein.

Allerdings war das, was in der historischen Rückschau als relativ geschlossenes System sichtbar wird, bei der Gründung des Deutschen Museums so noch nicht angelegt. Gerade die Idee einer nationalen und internationalen Arbeitsteilung in der Museumslandschaft ist bei Miller erst allmählich entstanden. Die Entwicklung verlief nicht linear. Je mehr sich Oskar von Miller zum Museumsexperten entwickelte, umso stärker erkannte er die Unzulänglichkeiten und eingeschränkten Möglichkeiten seines Hauses.

Der gravierende Einfluss des Deutschen Museums auf die internationale Museumslandschaft währte nur wenige Jahre. Spätestens im Zweiten Weltkrieg zerriss das von Miller geflochtene Netz technischer Museen. In den Kriegsjahren blieben Besuche aus dem Ausland, besonders aus außereuropäischen Ländern, fast ganz aus. Ende 1944 musste das Deutsche Museum nach erheblichen Zerstörungen durch Spreng- und Brandbomben für den Besucherverkehr geschlossen werden. Die Nachkriegsjahre waren davon bestimmt, die Kriegsschäden zu beseitigen und die Ausstellungen einzurichten. Die damalige Museumsleitung sah ihr erklärtes Ziel darin, das Deutsche Museum im Stil der Vorkriegsjahre wieder aufzubauen. Damit wollte man Millers Museumskonzept die Referenz erweisen. Allerdings wurde dabei übersehen, dass in anderen Ländern die Entwicklung technischer Museen mittlerweile rapide vorangeschritten war.

Kapitel 4

Rücktritt

Die große nationale und internationale Wirkung des Deutschen Museums überdeckt die massiven internen Probleme, mit denen Miller in den zwanziger Jahren zu kämpfen hatte. Lange Zeit hatte er mit Humor und Hartnäckigkeit seine Wünsche durchgesetzt. Schwierig wurde die Situation seit dem Ersten Weltkrieg. Aufgrund der Wirtschaftslage waren die Stifter nicht mehr im gleichen Maße ansprechbar wie in der Vorkriegszeit. Oft gelang es Miller nur noch unter großen Mühen, die notwendigen Finanzmittel und Stiftungen einzusammeln. Nicht selten argumentierten potenzielle Stifter, das Museum sei eröffnet und eine weitere Unterstützung nicht erforderlich. Nur für den Studienbau konnte Miller noch einmal die Spendenbereitschaft der Industrie anregen, allerdings auch hier bei weitem nicht mehr in dem Ausmaße, wie ihm dies noch 1906 für das Museumsgebäude gelungen war. Da außerdem die Reichsregierung und die bayerische Staatsregierung ihre Unterstützung des Museums einschränkten, wurde es für Miller schwieriger, hochfliegende Pläne umzusetzen. Gerade was den Bau der Bibliothek betraf, war die bayerische Staatsregierung nicht mehr bereit, Millers Projekt uneingeschränkt zu fördern. Ein von ihm gefordertes viertes Stockwerk wurde gestrichen, da der Staat drei Etagen für ausreichend hielt. Es spricht für Millers Selbstherrlichkeit und für seinen Einfallsreichtum, dass er die staatliche Vorgabe umging, indem er das dritte Geschoss doppelt so hoch wie die anderen planen ließ und durch diese List sein ursprünglich anvisiertes viertes Obergeschoss indirekt noch erhielt. Den daraufhin verhängten Baustopp konnte Miller nur dadurch umgehen, dass er zum wiederholten Male seinen Rücktritt androhte. Doch selbst dieses Instrument wurde allmählich stumpf. Die zwanziger Jahre, die man mit Blick auf die Person Millers auch die «Zeit der permanenten Rücktritte» nennen könnte, beweisen, dass seine Spielräume wirtschaftlich und politisch enger wurden. Seine manchmal durch Altersstarrsinn geprägte Unnachgiebigkeit wurde nicht mehr widerspruchslos hingenommen. Die Rücktritte Millers als Staatskommissar für das Walchensee- und das Bayernwerk, als Organisator der Ausstellung «Heim und Technik» in München oder als Leiter des Forschungsinstituts für Wasserbau und Wasserkraft sind symptomatisch für seinen geschwundenen Einfluss. Die Ära des «weißblauen Despoten» neigte sich dem Ende zu.

Die wirtschaftlichen Schwierigkeiten und die zunehmend reservierte Stiftungsbereitschaft hatten direkte Konsequenzen für die Ausgestaltung des Museums. Obwohl Miller mit seinen Mitarbeitern die Kriegsjahre dafür genutzt hatte, Raum für Raum exakt durchzuplanen, schritt der Innenausbau nur langsam voran. Miller hatte ursprünglich gehofft, das Museum direkt nach Kriegsende zu eröffnen. Diese Planung erwies sich schon bald als Illusion. Der wegen Materialmangels im Juni 1917 verfügte Baustopp warf das Museum weit zurück. Nach Wiederaufnahme der Arbeiten musste Miller erkennen, dass das Haus nicht komplett eröffnet werden konnte. Schuld daran war Miller teilweise selbst, da er ständig neue Ideen einbrachte. Auch ließ er die Innenraumaufteilung immer wieder umgestalten, da er mit der Ausführung nicht zufrieden war. Ganze Abteilungen wurden umgeplant, Zeichnungen verworfen und neu ausgeführt. Das Wort «Änderung» wurde zwischen 1913 und 1923 zu einem der häufigsten Begriffe bei internen Besprechungen.[1] Der Leiter des 1928 eingerichteten Neubaubüros, Karl Bäßler, lieferte in seinen Erinnerungen eine interessante Erklärung für die ständigen Änderungswünsche Millers. Seiner Meinung nach fehlte Miller das räumliche Vorstellungsvermögen; er konnte aus den Grundrissen und Schnitten der ihm vorgelegten Baupläne nicht die reale Situation einschätzen und war dann überrascht, sobald ein Vorhaben ausgeführt war. Bäßler wählte daher den Ausweg, für Miller immer Modelle anfertigen zu lassen und minimierte so seine «Schwierigkeiten».[2] Ein anderer Grund für Millers permanente Änderungswünsche war, dass er durch seine Reisen stets neue Eindrücke gewann, die er in den Museumsplanungen umgesetzt wissen wollte. Gleichzeitig kamen Neuerwerbungen ins Museum, die ebenfalls ausgestellt werden sollten.

Symptomatisch für Millers Schwierigkeiten ist die lange Vorgeschichte des Bibliotheksbaus. In der Sitzung des Vorstandsrats vom 9. Juni 1917 forderte Miller, den Bibliotheksbau endlich in Angriff zu nehmen.[3] Damit sollte der ursprüngliche Plan Gabriel von Seidls aus dem Jahr 1905 wiederbelebt werden. Die Initiative Millers überrascht, da exakt im gleichen Monat der Baustopp für das Museum verhängt werden musste. Es wirkt wie eine Trotzhaltung Millers, wenn er genau zu diesem Zeitpunkt ein neues Projekt ins Spiel brachte. Aber er hatte kühl kalkuliert. Er erkannte, dass ihm zwar aufgrund der Kriegswirtschaft das Material fehlte, dass aber umgekehrt bei der Industrie große Kapitalien vorhanden waren. Miller setzte bei seinem

Vorstoß auf die hohen Kriegsgewinne der Eisen- und Stahlindustrie. Beizeiten wollte er Spenden abschöpfen, um die Bibliothek später bauen zu können. In seiner Einschätzung wurde er von dem Schwerindustriellen Gustav Krupp von Bohlen und Halbach bestärkt, der auf «reiche Mittel» verwies, die gerade jetzt vielen Firmen und Persönlichkeiten zur Verfügung stehen würden.[4] Gleichsam zur Untermauerung seiner Behauptung stellte Krupp 500 000 Mark zur Verfügung. Um den Bibliotheksbau umzusetzen, wurde noch im gleichen Jahr eine Denkschrift ausgearbeitet.[5] Diese verpuffte allerdings in den letzten Kriegsmonaten wirkungslos. Es dauerte ein Jahrzehnt, bis der Grundstein gelegt wurde.

Ähnliche Verzögerungen ergaben sich beim Ausbau des zweiten Obergeschosses im neuen Museumsgebäude. Aus den Quellen ist nicht genau abzulesen, wann Miller sich dazu durchrang, diesen Bereich nicht sofort zu eröffnen. In den Detailplanungen des Museums finden sich schon ab 1918 keine Notizen mehr zur weiteren Ausgestaltung dieses Stockwerks. Der Verzicht überrascht, da gerade in dieser Etage Abteilungen ausgestellt werden sollten, die Miller unter dem Gesichtspunkt der «allgemeinen Volksbildung» wichtig gewesen waren: «Beleuchtung», «Elektrotechnik», «Gastechnik», «Heizung und Lüftung», «Wasserversorgung».[6] Ihre Bedeutung war bis 1925 eher noch gestiegen. Gerade der Elektrizitätseinsatz im Haushalt war dem Elektrotechniker Miller ein besonderes Anliegen. Da er diese Abteilungen schon vor der Revolution 1918 und vor den Inflationsjahren aus der Planung herausgenommen hat, waren wirtschaftliche Überlegungen wohl nicht ausschlaggebend. Miller konnte zu einem so frühen Zeitpunkt die bevorstehenden wirtschaftlichen Krisen der Elektro-, Gas- oder Installationsfirmen nicht vorhersehen. Der Grund liegt vermutlich woanders. Schon bei der Eröffnung des Provisorischen Museums in der Maximilianstraße hatte Miller sein ureigenstes Fachgebiet, die Elektrotechnik, ausgeklammert und erst 1909 in die Zweigstelle «Schwere-Reiter-Kaserne» aufgenommen. Die Verschiebung von 1925 wiederholte diesen Vorgang. Blättert man die Akten des Fachgebiets «Elektrotechnik» in den Jahren zwischen 1905 und 1930 durch,[7] fällt auf, dass viele renommierte Firmen nicht oder nur sehr zögerlich Objekte abgaben und Geld stifteten. Die beiden Großunternehmen AEG und Siemens-Schuckertwerke bildeten die Ausnahme. Hintergrund ist vermutlich die Anfeindung Millers durch Teile der Elektroindustrie wegen seiner oft kritisierten Vermengung von Gutachter- und Unternehmertätigkeit. Da Miller bevorzugt mit einigen Herstellern (AEG, BBC) zusammenarbeitete, befürchteten die Konkurrenzfirmen eine einseitige Darstellung der Elektrotechnik im Museum. Indem er mit Modellen der von ihm projektierten Elektrizitätswerke im Museum Werbung für sein Ingenieurbüro machte, lag dieser Verdacht nicht allzu fern. Inwieweit aber die weit reichende Befürchtung der Industrie gerechtfertigt war, ist schwer nachzuvollziehen. Leider hat sich von der ersten Abteilung 1909 keine ausführliche Dokumentation erhalten, so dass Art und Herkunft der Objekte nicht eindeutig zuzuordnen sind. Auch die frühen Museumsführer bis 1914 erläuterten die Elektrotechnik wie die anderen Abteilungen in der Schwere-Reiter-Kaserne nur kursorisch. Ein eigener Museumsführer für die Zweigstelle ist nicht erschienen. Gut dokumentiert ist erst die Aufstellung der «Elektrotechnik» auf der Museumsinsel.[8] Auffällig ist, dass die beiden Stifterfirmen AEG und Siemens-Schuckertwerke mit zahlreichen Objekten vertreten sind, was ihrer historischen Bedeutung in den ersten 50 Jahren der Elektrotechnik durchaus gerecht wird. Zahlreiche andere Firmen der Pionierzeit vor 1900 waren nicht präsent, dagegen ist der Anteil ausländischer Hersteller in der Abteilung relativ hoch. Die elektrotechnische Abteilung blieb wegen fehlender Unterstützung der Industrie in der Zeit vor dem Zweiten Weltkrieg ein Stiefkind, obwohl verschiedene Anläufe zu einer Umgestaltung erfolgten. Erst die nach dem Krieg durchgeführte Verlagerung in das Erdgeschoss und die mit spektakulären Vorführungen ergänzte Ausstellung «Starkstromtechnik» aus dem Jahr 1953 veränderte die Abteilung grundsätzlich.

Zu den Problemen Millers mit einzelnen Industriezweigen kamen Ende der zwanziger Jahre Auseinandersetzungen mit den erstarkten Nationalsozialisten. Nach dem gescheiterten Hitlerputsch im November 1923 und der Entlassung aus der Festungshaft hatte Adolf Hitler die Nationalsozialistische Deutsche Arbeiterpartei (NSDAP) neu gegründet. Bei den Münchner Stadtratswahlen im Herbst 1929 eroberte die Partei acht Sitze. Bis zur Machtergreifung der Nationalsozialisten im Januar 1933 baute sie ihren Stimmenanteil auch in der bayerischen Landeshauptstadt aus. Damit stieg ihr Einfluss auf die Kommunalpolitik allgemein, aber auch auf die Kulturpolitik. Ob sich Miller und Hitler einmal persönlich begegnet sind, ist nicht bekannt. Schon früh zeigte sich jedenfalls, dass die Nationalsozialisten Miller und mit seiner Person das Deutsche Museum ins Visier nahmen. Es gab zwei generelle Angriffspunkte. Zum einen war Oskar von Miller den Nationalsozialisten als Kommissar der Räteregierung für das Walchensee- und das Bayernwerk suspekt. Da er 1918 an der Revolutionsfeier im rot geschmückten Nationaltheater teilgenommen hatte, wurden er und sein engster Mitarbeiter im Ingenieurbüro, Artur Schönberg, als «die ersten Jünger Kurt Eisners» diffamiert.[9] Angeblich, so wurde behauptet, habe Miller seine Nähe zur Räteregierung durch «Lobhudeleien über die Person des Staatsverbrechers Eisner» bewiesen.[10] Damit war Miller als der «rote Oskar», also als Kommunistenfreund, abgestempelt.[11] Diese Einschätzung wurde im «Völkischen Beobachter» häufig wiederholt. Anonyme Briefe an das Museum gingen in dieselbe Richtung.[12] Auch renommierte Wissenschaftler, wie der Physiker und Nobelpreisträger Philipp Lenard, einer der Protagonisten der gegen die Relativitätstheorie gerichteten «Deutschen Physik»,[13] schlugen in die gleiche Kerbe. So weigerte sich Lenard, dem Deutschen Museum Objekte aus seiner eigenen Forschungstätigkeit zur Verfügung zu stellen, da das «rote» Museum nicht der geeignete Ort dafür sei.[14] In den Augen der Nationalsozialisten untermauerte Miller seine Nähe zum sozialistischen Gedankengut, als er im Januar 1929 nach einer Russlandreise in einem Münchner Bierkeller seine positiven Eindrücke von der russischen Wirtschaft schilderte. Imponiert hatten ihm besonders die gewaltigen russischen Wasser- und Stromversorgungsprojekte.[15] Wegen dieser Äußerungen erhielt er noch Jahre später Schmäh- und Drohbriefe, die er aber unbeeindruckt in den Papierkorb warf.[16]

Der zweite Kritikpunkt der Nationalsozialisten betraf Millers Art der Museumsleitung. Dass im Deutschen Museum zahlreiche Sozialdemokraten und Kommunisten beschäftigt waren, war für sie in Anbetracht der Gesinnung Millers nicht verwunderlich. Gleichzeitig verweigerte Miller anderen Mitarbeitern die Teilnahme an den Umzügen der NSDAP oder der SA, auch wenn sie Mitglieder dieser Organisationen waren.[17] Die fundamentale Kritik der Nationalsozialisten betraf jedoch die Museumskonzeption. Sie war zu international orientiert, während Ikonen deutscher Technik nicht aufgenommen wurden. Diese Vorwürfe lassen sich an zwei Beispielen konkretisieren: die von Miller abgelehnte Aufstellung einer Bismarck-Statue im Museum und die Zurückweisung der *Bremen.*

Der erste Streitfall betraf die Stiftung einer Statue des Reichsgründers Otto von Bismarck, die heute an der Boschbrücke zum Deutschen Museum steht.[18] Der Vorschlag kam von dem rheinischen Industriellen Paul Reusch während einer Sitzung des Vorstandsrats Anfang 1926. Dieser begründete seinen Vorschlag damit, dass Bismarck «als Schmied des Deutschen Reiches der Wissenschaft und Technik in Deutschland den Weg wie kaum ein anderer» geebnet habe.[19] Gleichzeitig bot Reusch an, das Denkmal zu stiften. Während alle Anwesenden, einschließlich des bayerischen Ministerpräsidenten Heinrich Held, den Vorstoß Reuschs unterstützten, legte Miller Widerspruch ein. Die Errichtung von Bismarck-Denkmälern sei zwar populär, Bismarck habe aber nur indirekt Technik und Wissenschaften gefördert. Insofern müsse die Aufstellung einer derartigen Statue in der Öffentlichkeit als eine «politische Manifestation» verstanden werden, die dem «völlig unpolitisch zu führenden Unternehmen» des Museums schaden würde.[20] In der Argumentation prallten zwei unterschiedliche Grundhaltungen aufeinander. Während Reusch Bismarck als konservativen Politiker, Gründer des Deutschen Reiches und als nationales Symbol ausgestellt wissen wollte, damit also vermutlich bewusst ein politisches Signal setzen wollte, ging es Miller darum, genau dieses zu verhindern. Er verstand wohl, dass Reusch mit der Bismarck-Statue die Errichtung eines nationalen Symbols forderte, das in den Jahren nach dem verlorenen Krieg, nach wirtschaftlichen Krisen und ständigen Forderungen des Auslands nach deutschen Reparationen eine selbstbewusste Demonstration nationaler Einigkeit sein sollte. Hierfür wollte Miller aber das Museum nicht missbrauchen lassen. Er verwahrte sich dagegen, sein Technikmuseum auf nationale Belange zu reduzieren. Ihm war gerade der internationale Charakter wichtig:

> *«Die Wissenschaft und Technik ist nicht an Landesgrenzen gebunden, sie ist, wie immer auch die Beziehungen der Völker zueinander sein mögen, international, und es muss deshalb auch ein Museum von Wissenschaft und Technik nach internationalen Gesichtspunkten geleitet werden, besonders, da es der Mitwirkung und Unterstützung aller Nationen bedarf, wenn es seine Aufgabe ganz erfüllen soll. Der Name ‹Deutsches Museum› bot bei Verhandlungen mit fremden Instituten und Persönlichkeiten manchmal Schwierigkeiten, weil der Name ‹Deutsches Museum›, der als Gegensatz zu einem Münchener und Bayerischen Museum gewählt war, den Verdacht erweckte, als ob nicht die Leistungen aller Länder im Museum in gerechter und unparteiischer Weise Berücksichtigung finden würden. Die Ansicht, daß es sich lediglich um ein nationales Unternehmen handele, für das eine fremde Unterstützung nicht in Frage käme, könnte durch die Aufstellung eines Denkmals von einem so hervorragenden Staatsmann wie Bismarck noch verstärkt werden.»*[21]

Bei seiner ablehnenden Haltung dürfte auch Millers bayerischer Patriotismus und somit die Ablehnung des Preußen Bismarck eine gewisse Rolle gespielt haben.[22] Seine Forderung, dass das Deutsche Museum «unpolitisch» sein müsse, rief in der Öffentlichkeit aber genau die entgegengesetzte Reaktion hervor. Zu Wortführern gegen Miller schwangen sich die Nationalsozialisten auf, die in der Person Hermann Essers, Herausgeber des «Völkischen Beobachters», der Parteizeitung der NSDAP, und einer ihrer führenden Propagandisten, Miller und das Museum attackierten. In bekannter Manier wurde Miller als Parteigänger der Räteregierung angegriffen. Um über die Reaktion auf Millers ablehnende Haltung zu beraten und ein Vorgehen der Stadt zu erzwingen, trommelte Esser im März 1929 die Parteigenossen im Thomasbräukeller zusammen. Karl Bäßler, seit 1928 Leiter des Neubaubüros des Deutschen Museums und späterer Verwaltungsdirektor, nahm an dieser Versammlung teil und fertigte ein «Gedächtnisprotokoll» an. Daraus lässt sich neben allgemeinen Vorwürfen gegen Miller («Byzantinismus», «Charakterlosigkeit», «Stütze des monarchischen Systems») auch der Kern der nationalsozialistischen Kritik herauslesen:

> *«Gehen Sie einmal in die Flugzeugabteilung, das erste Flugzeug, dass [sic!] Sie sehen, ist das Flugzeug eines Amerikaners. Ein anderes Flugzeug stammt von einer französischen Flugzeugfabrik [...] Das französische Flugzeug kann aufgehängt werden, das deutsche Flugzeug ist nicht berechtigt unerhört! pfui!»*[23]

Während Miller den Internationalismus seines Hauses betonte, war den Nationalsozialisten genau diese Ausrichtung ein Dorn im Auge. Der «Völkische Beobachter» sprach von einer «Verhimmelung des Auslands».[24] Unverhohlen drohte Esser, die Unterstützung der Stadt an das Museum einzustellen. Die Drohung war massiv:

> *«Wenn wir an der Regierung sind, dann kann Oskar von Miller zuschauen, dann entscheiden nationale Männer, dann werden wir Gericht sitzen, ob die Gelder richtig verwendet sind.»*[25]

Miller selbst scheint von den Drohungen nicht sonderlich beeindruckt gewesen zu sein. Zwar lancierte er über den Schriftsteller Hermann Roth, der auch für die Jahresversammlungen des Museums schrieb, eine Art Gegendarstellung in den Münchner Neuesten Nachrichten,[26] sah aber sonst keine Veranlassung, seine Meinung zu ändern. Auch eine eigens angesetzte Debatte des Hauptausschusses des Münchner Stadtrats im Februar 1931 blieb ohne Wirkung. Dort nutzten die Nationalsozialisten erneut die Chance, Miller und das Museum anzugreifen. Da aber die Stadt nicht in museumsinterne Angelegenheiten eingreifen und Miller nicht zur Aufstellung des Denkmals innerhalb des Museums zwingen konnte, beschloss der Stadtrat, die Statue vor dem Kongress-Saal auf städtischem Boden zu errichten. Die Stadt München bezog also offiziell Position im Bismarckstreit. Auch die Reichsregierung beschäftigte sich jetzt mit der Bismarckaffäre. Die Meinung in der Reichskanzlei ging dahin, dass die Stiftung eines solchen Denkmals ein «durchaus erfreuliches Zeichen» sei, das die Regierung begrüße.[27] Millers Versuch, die Aufstellung der Bismarck-Statue von der museumsinternen Tagesordnung zu nehmen und still zu vertagen, hatte zwar lange funktioniert, war aber letztlich gescheitert. Das Museum lebte eben nicht im unpolitischen Raum, wie Miller glaubte. Mit der Politisierung der Gesellschaft und mit öffentlichen Agitationen konnte Miller schlecht umgehen. Außerdem wurde er von Reusch insofern überrascht, als dieser nicht mehr eine kleine Büste für den Ehrensaal des Museums oder für die Vorhalle im Auge hatte, sondern eine 3,5 m hohe Rolandstatue aus Stein mit den Zügen des Reichskanzlers Bismarck anfertigen ließ.

Je länger die Diskussion um das Bismarck-Denkmal dauerte, umso schädlicher erwies sie sich für das Deutsche Museum. Reusch war über Miller so verärgert, dass er gegen das Museum opponierte. Die Folge war, dass sich Miller bei den Verhandlungen um die Museumsanleihe besonders schwer tat, im Rheinland Unterstützung zu finden. Gleichzeitig zeigten die Stahlfirmen an Rhein und Ruhr wenig Neigung, das Museum durch großzügige Stiftungen beim Stahlskelettbau der Bibliothek zu fördern. Ein weiterer einflussreicher Industrieller, Gustav Krupp von Bohlen und Halbach, wandte sich von Miller ab. Auch er unterstützte Reusch und wollte sich als Ehrenmitglied des Museums von Miller nicht seine Meinung zu Bismarck vorschreiben lassen.[28] Miller reagierte trotzig: «Ich kann aber als verantwortlicher Leiter des Deutschen Museums mir unmöglich eine Maßnahme aufzwingen lassen, die ich nach meiner innersten Ueberzeugung für falsch und verderblich halte.»[29] Mit Recht fürchtete Miller, dass «bei einem Wechsel der jeweils herrschenden Partei auch die Aufstellung von Denkmälern anderer Staatsmänner» verlangt würde;[30] vermutlich dachte Miller an eine Hitler-Büste. Da sich Miller in der Frage der Statue nicht erweichen ließ, griff der beauftragte Künstler Fritz Behn zu einer ungewöhnlichen Maßnahme. Im September 1931 ließ er die monumentale Statue über Nacht heimlich vor dem Kongress-Saal des Museums aufstellen, dort, wo sich normalerweise Marktstände befanden. Zu Füßen Bismarcks legte er einen Trauerkranz nieder, auf dessen Flor Behns Quintessenz der Diskussion um die Statue zu lesen war: «Beschämt und betrübt.»[31] Miller schäumte. Die Nationalsozialisten im Stadtrat forderten einen würdigen Standort für das Denkmal und eine angemessene Feier für die Denkmal-Einweihung. Bürgermeister Scharnagl distanzierte sich von der Aufstellung, die ohne Wissen der Stadtverwaltung erfolgt sei. Kurz: Die Stadt hatte ihren Skandal. Formal hatte sich Miller durchgesetzt, da er eine Aufstellung des Denkmals im Museum oder auf Museumsgrund verhindert hatte. Allerdings schadete das Gezerre um die Statue dem Museum ganz erheblich. Im Streit mit den Nationalsozialisten hatte sich eine bedrohliche Front gebildet. Die politischen Konsequenzen zeigten sich schon bald.

Zu etwa gleicher Zeit gab es die ebenfalls mit den Nationalsozialisten geführte Diskussion um die *Bremen*. Im April 1928 war es einer Crew, bestehend aus Ehrenfried Freiherr von Hünefeld, Hermann Köhl und dem Iren James C. Fitzmaurice, gelungen, mit dem Junkers-Flugzeug W 33 *Bremen* zum ersten Mal den Atlantik in einem Non-Stop-Flug in Ost-West-Richtung zu überqueren. Damit wiederholten sie den spektakulären Flug von Charles

Lindbergh in der aufgrund der Windverhältnisse schwierigeren Gegenrichtung. In der Öffentlichkeit, besonders in Deutschland, fand der Flug begeisterte Aufnahme, galt er doch als Beweis herausragender deutscher Flugzeugtechnik und fliegerischer Kühnheit. Kurz darauf bot Hünefeld das Flugzeug dem Deutschen Museum als Stiftung an. In einer ersten Stellungnahme lehnte es Miller mit der kurzen Begründung ab, dass das Museum aufgrund seiner Statuten nur Objekte sammeln dürfe, die eine «technisch wichtige Entwicklungsstufe bilden».[32] Diese Ablehnung verärgerte Hünefeld derart, dass er sie im «Deutschen Adelsblatt» veröffentlichte. Zahlreiche Zeitungen druckten die Meldung nach.[33] Gleichzeitig bot er das Flugzeug amerikanischen Museen an. Als Reaktion auf die allgemeine Verwunderung über die Haltung des Museums entwarf Miller eine Pressemitteilung, in der zwar der fliegerischen Leistung der Piloten Respekt gezollt, an der Grundaussage aber festgehalten wurde: Die *Bremen* sei keine besondere Stufe der Flugzeugtechnik und könne auch nicht als Spezialkonstruktion für Ozeanflugzeuge eingestuft werden.[34] Eine echte Neuheit sei lediglich das erste Metallflugzeug von Junkers, das bereits im Museum ausgestellt sei. An dieser Argumentation hielt das Museum fest, trotz zahlreicher Protestbriefe sowie der Intervention des Bayerischen Staatsministeriums des Innern und des Reichsverkehrsministeriums. Letztlich schenkte Hünefeld die *Bremen* dem Museum in Dearborn, USA. Für die Nationalsozialisten war die Zurückweisung des Flugzeugs eine bewusste Brüskierung deutscher Technik und deutscher Flugleistung durch Miller. In einem anonymen Brief wurde die Museumsleitung sogar als «egoistische, zopfige, voreingenommene, dumme Bande» bezeichnet, die ein historisches Geschenk ausschlage.[35] Die öffentliche Erregung legte sich jedoch nach relativ kurzer Zeit. Hünefeld fand nicht die breite Unterstützung, die er sich erhofft hatte. Als überzeugter Monarchist, der den gestürzten Kaiser in seinem holländischen Exil besucht hatte, taugte er nicht für die Propaganda demokratischer Kreise. Die Nationalsozialisten wiederum ließen ihn fallen, nachdem seine arische Herkunft in Frage gestellt worden war.[36] Mit dem Tode Hünefelds im Februar 1929 spielte die Ablehnung der *Bremen* nur noch im Zusammenhang mit Millers unpatriotischer Museumsgestaltung eine Rolle.

Die Diskussionen um die *Bremen* und das Bismarck-Denkmal hatten Miller und das Deutsche Museum in eine ungewohnte Rolle gebracht. Trotz Millers Bestreben, das Museum nicht in Parteiränke hineinziehen zu lassen, war es in die zunehmende Politisierung der Gesellschaft hineingeraten. Gleichzeitig hatten sich die Nationalsozialisten erneut als offenkundige und unnachgiebige Gegner gezeigt. Ebenso verhärtete sich unter den von Miller sonst gepflegten Zuwendungsgebern eine ungewohnte Front gegen das

Museum. Das Verhalten der Stadt München und die Reaktion der rheinischen Industrie verdeutlichen, dass man sich von Miller nicht gängeln lassen wollte. Das von Miller in der Museumsgründungszeit sorgfältig und fein gesponnene Netz von Förderern verlor einzelne Maschen und begann schnell zu zerreißen. Einflussreiche Gremienmitglieder fühlten sich brüskiert. Die Ablehnung der *Bremen* und des Bismarck-Denkmals hatte direkte Auswirkungen auf die Spendenzusagen. In den Jahren 1929–1932 gingen die Spendeneinnahmen, ausgewiesen im Haushalt unter sonstigen Einnahmen, von 319000 auf 50000 Reichsmark zurück, und dies nicht nur aufgrund der Weltwirtschaftskrise.[37] Es war mehr als nur eine vorübergehende Krise, in der sich das Museum zu Beginn der dreißiger Jahre befand.

Miller hat den Nationalsozialismus einmal mit einer Suppe verglichen, «in der einiges herumschwimmt, was ich gern mag: Eierstiche, Champignons und Krebsschwänze; wenn man sie aber bis zum Grunde auslöffelt, so liegt leider eine tote Maus drin. Und dann graust mir von dieser Suppe».[38] Dieses drastische Bild deutet an, dass Miller die vordergründige Wirkungsmächtigkeit der NS-Ideologie durchschaut hatte. Dagegen kämpfte er an, ohne sich von seiner als überparteilich verstandenen Position abbringen zu lassen. Mit der Machtergreifung durch die Nationalsozialisten am 30. Januar 1933 und der Erstürmung des Münchner Rathauses am 9. März, bei der die Nationalsozialisten die Hakenkreuzfahne hissten, war die NSDAP im Reich und in München zum entscheidenden Machtfaktor geworden. Jetzt hatte sie direkte Einflussmöglichkeiten auf das Deutsche Museum, und sie war gewillt, dies sofort zu demonstrieren. Am 13. März kam eine telefonische Anfrage aus dem Büro des Reichskommissars in Bayern, warum das Deutsche Museum nicht angemessen beflaggt sei. Gemeint war eine fehlende Hakenkreuzfahne auf dem Museumsturm.[39] In Absprache mit seinem designierten Nachfolger Jonathan Zenneck weigerte sich Miller zunächst, diese zu hissen. Die allgemeine Anweisung einer Beflaggung öffentlicher Gebäude wies er mit dem Argument zurück, dass das Museum keine Reichs- oder Landesanstalt, sondern eine Körperschaft des öffentlichen Rechts sei. Dieses vorgeschobene Argument zeigte keine Wirkung. Innerhalb der nächsten 24 Stunden unternahm Miller verschiedene Versuche, das Aufziehen der Hakenkreuzfahne zu verhindern. Um die Nationalsozialisten zu besänftigen, ließ er die schwarz-weiß-rote Reichsflagge hissen. Als von der Parteileitung die Drohung kam, dass man die Hakenkreuzfahne durch die Leibstandarte anbringen würde, musste Miller nachgeben. Nach Aussagen seiner Nichte war Miller äußerst erregt und tobte wegen einer derartigen Beflaggung des Deutschen Museums.[40] Am 15. März ließ Miller das Hakenkreuz neben der deutschen, bayerischen und Münchner Fahne auf dem Museumsturm anbringen. In einem Brief an Epp protestierte er nochmals gegen die Einmischung durch die Nationalsozialisten. Erneut betonte er die Unparteilichkeit des Museums, «das niemals von irgend einer politischen Strömung beeinflusst worden» sei;[41] nur so sei es möglich gewesen, dass sich das Deutsche Museum nicht nur in Deutschland, sondern auch im Ausland größtes Ansehen erworben habe. Der Protest blieb fruchtlos.

Ihren neu gewonnenen Einfluss auf die Münchner Stadtpolitik demonstrierten die Nationalsozialisten unverzüglich. Obwohl es seit dreißig Jahren üblich gewesen war, dass die Stadt München die Teilnehmer der Jahresversammlung des Deutschen Museums zu einem Begrüßungsabend einlud, wurde für die Veranstaltung im Mai 1933 der entsprechende Zuschuss verweigert. Jetzt begannen die Nationalsozialisten die Drohung Essers über die «richtige» Verwendung der Mittel umzusetzen. Zwar wurde vordergründig mit nicht vorhandenen Finanzmitteln argumentiert, bezeichnenderweise aber in der gleichen Sitzung der Vorschlag eingebracht, mit der eingesparten Summe einer größeren Zahl von SA-Leuten einen Besuch des Bismarck-Denkmals am Starnberger See zu ermöglichen.[42] Die Spitze gegen Miller war überdeutlich. Da zur gleichen Zeit Hitler in seiner Funktion als Reichskanzler die sonst übliche Übernahme des Ehrenpräsidiums im Deutschen Museum ablehnte, musste Miller einsehen, dass die Zeichen auf Konfrontation standen. Er erkannte, dass eine Entscheidung über die weitere Leitung des Museums fallen musste. Um Abstand zu gewinnen, reiste er in die Schweiz zu einem Besuch des Landesmuseums und der Eidgenössisch Technischen Hochschule in Zürich. Bei seiner Rückkehr diktierte er am 30. März 1933 gleich lautende Briefe an Walther von Dyck bzw. Carl Köttgen, Generaldirektor der Siemens-Schuckertwerke, die damals Vorsitzende des Vorstandsrats waren, an seinen langjährigen Weggefährten Conrad Matschoß sowie an seinen Nachfolger Jonathan Zenneck. Ohne mit einem Wort auf die Hintergründe seines Ausscheidens einzugehen, schrieb er:

> *«Mein hohes Alter und das damit verbundene Augenleiden veranlassen mich, meine Stelle als erster Vorstand des Deutschen Museums niederzulegen.*
> *Ich bin hierzu auch gezwungen, weil die wirtschaftlichen Verhältnisse es erforderlich machen, daß ich mich meiner Privattätigkeit, die ich seit Errichtung des Deutschen Museums vernachlässigt habe, wieder in stärkerem Maße widme.»*[43]

Seinen Rücktritt rechtfertigte Miller also ausschließlich mit persönlichen, vor allem aber mit gesundheitlichen Gründen. Für seine Mitstreiter Dyck und Zenneck war allerdings klar, dass Millers Schritt andere Motive hatte. In einem Brief an Köttgen schrieben sie, dass Miller hauptsächlich aus der Befürchtung heraus gehandelt habe, «dass seine Person unter den veränderten Verhältnissen einer ruhigen Fortentwickelung des Deutschen Museums im Wege stehen könnte».[44] Köttgen, den mit Miller eine lange Freundschaft verband, versuchte in der Reichskanzlei mit einer umfangreichen Eingabe einen Stimmungsumschwung herbeizuführen. Er verwies auf die Verdienste Millers, relativierte die Bedeutung des Bismarckstreits, führte Millers internationale Reputation ins Feld und sprach die Befürchtung aus, dass das deutsche Ansehen im Ausland Schaden erleiden könne, wenn zum jetzigen Zeitpunkt – d. h. kurz nach der Machtergreifung Hitlers – Miller zurücktrete. Im Kern ging es Köttgen darum, die Ablehnung des Ehrenpräsidiums durch Hitler rückgängig zu machen.[45] Hitler blieb aber aus prinzipiellen Gründen bei seiner Entscheidung; auch eine Teilnahme an der Jahresversammlung wies er zurück. Die Nationalsozialisten im Reich jubelten. Johannes Stark, neben Lenard einer der Verfechter der Deutschen Physik und Präsident der Physikalisch-Technischen Reichsanstalt,[46] schrieb einen begeisterten Brief an Hitler:

> *«Mein Führer! Als deutscher Naturforscher und Nationalsozialist danke ich Ihnen zugleich im Namen Gleichgesinnter dafür, dass Sie dem Deutschen Museum nicht die Ehre Ihres Erscheinens am letzten Montag erwiesen haben. Dieser jüdische liberalistische Theater- und Reklamebetrieb, in dem früher Marxisten, Juden und Kapitalisten unter der Regie des roten Miller die grosse Rolle spielten, ist weder der deutschen Naturforschung noch des deutschen Volkes würdig.»*[47]

Stark formulierte, was viele Nationalsozialisten dachten. Miller war sich bewusst, dass sein Rücktritt auch ein gefährliches Vakuum schuf, wenngleich er sein Ausscheiden als Museumschef schon seit längerer Zeit eingeleitet hatte. Im Jahr 1930 hatte er als Nachfolger den renommierten Münchner Experimentalphysiker Jonathan Zenneck bestimmt und ihn in den Vorstand wählen lassen.[48] Zenneck nahm hier die Stelle Walther von Dycks ein, der in den Vorstandsrat wechselte. Der Schüler des Nobelpreisträgers Ferdinand Braun genoss als Wissenschaftler einen hervorragenden Ruf, er hatte über Telegrafie und die Ionosphäre geforscht, besaß beste nationale und internationale Kontakte und verfügte über eine energische Persönlichkeit. Für einige Jahre hatte Zenneck in der Industrie (BASF) gearbeitet und war – kriegsbedingt – längere Zeit in den USA gewesen. Außerdem war Zenneck ein hervorragender und amüsanter Rhetoriker. Er war der Mann, der Millers Vertrauen genoss. Darüber hinaus – das war Miller wichtig – war Zenneck kein Mitglied der NSDAP und trat nie in die Partei ein. Bei seiner Auswahl war

Miller durch Dyck unterstützt worden, der seinen Kollegen von der Technischen Hochschule kannte und wärmstens empfahl.[49] Vermutlich sahen Miller und Dyck Zennecks Aufgabe primär darin, die Bibliothek als nationalstaatliche Einrichtung aufzubauen und den Kongress-Saal mit interessanten Vorträgen zu füllen. Miller selbst sollte im Hintergrund die Museumsfäden ziehen. Seit 1930 arbeitete Miller seinen Nachfolger sukzessive in die Museumsgeschäfte ein.

Formal wurde die Konstruktion der Museumsleitung beibehalten, wie sie in der Satzung vorgesehen war. Ein dreiköpfiger Vorstand (Miller, Matschoß, Zenneck) stand als Exekutivorgan an der Spitze. Als Miller zurücktrat, musste die dritte Position neu besetzt werden. Sowohl Miller als auch den Verantwortlichen im Vorstandsrat war klar, dass der dritte Vorstandsposten große Bedeutung hatte. Einerseits sollte der Gewählte unabhängig und dem Museum eng verbunden sein, andererseits von den neuen Machthabern akzeptiert werden, um deren Attacken auf das Museum einzudämmen. Millers Intention ging dahin, eine direkte Einflussnahme auf das Museum in Form eines NS-Funktionärs im Vorstand abzuwehren. Dies konnte Miller 1933 noch durchsetzen. Vier Jahre später musste sich das Museum dem Druck der Partei beugen: Mit Fritz Todt und Albert Pietzsch wurden zwei überzeugte Parteigänger in den jetzt auf fünf Personen erweiterten Vorstand aufgenommen.

Für den dritten Vorstand zeichnete sich 1933 schon bald eine befriedigende Lösung ab. Miller schlug dafür den Münchner Verleger Hugo Bruckmann vor. Dieser war, wie Miller selbst erkannte, aufgrund seiner «guten Beziehungen zu führenden Kreisen» der «geeignetste Herr».[50] Bruckmann hatte engsten Kontakt zu Hitler, den er in München salonfähig gemacht hatte. Andererseits war seine Wahl insofern geschickt, als er der Onkel von Alfred Bruckmann war, der seit 1927 mit der Tochter Oskar von Millers, Marianne, verheiratet war. Über die Familienbande glaubte Miller, seinen Einfluss auf den Vorstand unauffällig wahren zu können. In den Jahren, in denen Bruckmann für das Museum tätig war, erfüllte er die Erwartungen Millers. Er trat nicht als Sachwalter nationalsozialistischer Ideen auf, sondern wehrte im Gegenteil Versuche von Parteiorganisationen ab, Einfluss auf das Museum zu gewinnen. Auch verstand er es, Hitler für eine Erweiterung des Museums (Bau der Halle für Kraftfahrwesen) zu gewinnen. Da Bruckmann in die Position des ausgeschiedenen Oskar von Miller rückte, wurde er formell als «Museumsleiter» bezeichnet,[51] obwohl Zenneck die Fäden in der Hand hielt.

Kapitel 5

Der Privatmann

«Bin plötzlich sehr alt geworden», leitete Miller seine Rede zur Amtseinführung von Hugo Bruckmann am 9. Dezember 1933 ein.[1] Ein halbes Jahr vorher war er, kurz vor seinem 78. Geburtstag, nach 30 Jahren aus dem Deutschen Museum ausgeschieden. Noch länger, über 50 Jahre, hatte er damals bereits als Elektrotechniker gearbeitet. Seine vielfältigen Tätigkeiten als selbstständiger Ingenieur und Museumsmacher haben die Privatperson Oskar von Miller fast vollständig in den Hintergrund treten lassen.

Dies ist bezeichnend für Millers Leben. Sein ungeheuerer Arbeitseinsatz bei der AEG, in seinem Ingenieurbüro und bei seinen ehrenamtlichen Tätigkeiten für die Elektrifizierung Bayerns und für das Deutsche Museum, seine zahlreichen Posten in Gremien, Gesellschaften und Vereinen ließen für ein Privatleben wenig Zeit übrig.[2]

Als Ingenieur und Vorstand des Deutschen Museums war Miller ein gefragter Mann, der von zahlreichen Einrichtungen um Rat und Unterstützung gebeten wurde. Ein Verzeichnis listet insgesamt 61 Mitgliedschaften Millers auf.[3] Bei seinem Tod war er Ehrenmitglied in 35 Gesellschaften, Vereinen oder Museen, darunter in den renommierten berufsständischen Organisationen des Verbands Deutscher Elektrotechniker, der Vereinigung der Elektrizitäts-Werke, des Bayerischen Bezirksvereins des Vereins Deutscher Ingenieure, der Elektrotechnischen Gesellschaft in Frankfurt und des Akademischen Elektro-Ingenieur-Vereins in München, genauso wie in den internationalen Gesellschaften, beispielsweise der American Association of Museums, der American Geographical Society, der schweizerischen Société des Arts und dem Koninklijk Instituut van Ingenieurs. Ebenso war er im Kuratorium der Physikalisch-Technischen Reichsanstalt (seit 1916) und Senator in der Kaiser-Wilhelm-Gesellschaft (1922–1933). Eine Unterscheidung zwischen persönlichen Mitgliedschaften und Mitgliedschaften im Interesse des Deutschen Museums bzw. des Ingenieurbüros Oskar von Miller ist nicht immer leicht zu treffen. Gewissenhaft nahm er an den Sitzungen der Preußischen Akademie der Wissenschaften teil ebenso wie an den Besprechungen der Akademie des Bauwesens, der er seit 1923 als außerordentliches Mitglied angehörte. Sein besonderes Interesse an der Luftfahrt zeigte sich in der Mitgliedschaft in der Wissenschaftlichen Gesellschaft für Luftfahrt in Berlin, in der er als technischer Beirat fungierte. Als Ingenieur war Miller dem Verein Deutscher Ingenieure zeit seines Lebens eng verbunden.[4] Im Jahre 1902 zum Vorsitzenden des Bayerischen Bezirksvereins des VDI gewählt, nutzte er sein Amt, um ein Jahr später das Deutsche Museum zu gründen. Fast ein Jahrzehnt später wurde er während der Versammlung des VDI in Breslau zum Vorsitzenden des Gesamtvereins für die Jahre 1912 bis 1914 gewählt. In dieser Eigenschaft war er zuständig für den Bau eines neuen VDI-Hauses an der Dorotheenstraße in Berlin. Am 15. Juni 1914 konnte er das Gebäude mit der prunkvollen Fassade gegenüber dem Reichstag einweihen. Die Verbindung zum VDI war eng, besonders zu Conrad Matschoß, der seine Tätigkeit beim VDI und im Deutschen Museum ganz im Sinne Millers geschickt mit den Interessen des Museums verknüpfte.

Die zahlreichen Verpflichtungen, die sich aus seinen ehrenamtlichen Tätigkeiten ergaben, nahm Miller gerne wahr. Selbst an Tagen, an denen keine offiziellen Termine anstanden, liebte es Miller, von Menschen umgeben zu sein. Dann lud er Gäste ein oder ging allein auf das Oktoberfest. Als Geschäftsmann war er in der Blütezeit seines Ingenieurbüros bis 1914 sehr häufig auf Reisen quer durch Europa. Als in den zwanziger Jahren die beruflichen Verpflichtungen geringer wurden, nutzte er die freie Zeit für ausgedehnte Weltreisen. Nach der Eröffnung des Deutschen Museums fuhr er drei Monate lang durch die Karibik und die USA, von November 1926 bis Mitte März 1927 war er in Indien und auf Java. Auf dieser Reise lernte er den indischen Dichter und Philosophen Rabindranath Tagore kennen, der 1930 zum Gegenbesuch nach München kam. 1929 nutzte er eine Einladung der deutsch-russischen Gesellschaft «Kultur und Technik» zu einer Russlandreise und fuhr im gleichen Jahr rund um die Welt. Miller bevorzugte ausgedehnte Reisen. Während früher berufliche Verpflichtungen der Anlass seiner Fahrten waren, nutzte er um 1930 seine Position innerhalb der Weltkraftkonferenz, um an den Folgekongressen, u. a. in Japan, in den USA und in Norwegen, teilzunehmen. Für seine Begleiter waren diese Reisen meist ziemlich anstrengend. Conrad Matschoß klagte in einem Brief an Jonathan Zenneck: «Paris war sehr heiss, und ich hatte wieder Gelegenheit, die ungebrochene Lebenskraft des Herrn von Miller staunend zu bewundern, der sich nicht genug tun konnte, bei der grössten Hitze Paris zu sehen und alle Museen zu besuchen».[5] Zu diesem Zeitpunkt war Miller bereits 77 Jahre alt.

Miller auf Japanreise, 1929.

Die Vorstellungen und Werte, die er in seinem Elternhaus kennen lernte, gab er in gleichem Maße an seine Familie weiter. Miller, der in seiner Jugend wegen schlechter Noten und angeblich ausschweifendem Lebenswandel mit dem Vater häufig Auseinandersetzungen hatte, war bei seinen Kindern ebenso unduldsam wie dieser. Auch die in seinem Elternhause gepflegte Sparsamkeit hat er in seinem eigenen Leben oft betont zur Schau gestellt. Miller war berühmt dafür, dass er sich in Gaststätten immer das billigste Gericht servieren ließ.[6] Ebenso gern wird erzählt, dass er auf seine Kleidung wenig Wert legte. Anzüge wurden, sooft es ging, «gewendet», was manchmal dazu führte, dass der Schneider vor dem Auftrag kapitulieren musste, da der Gehrock schon gewendet war.[7] Auch die Familie hielt er zur Sparsamkeit an. In einem Brief tadelte er 1911 seine Frau wegen zu hoher Ausgaben.[8] Seine Kinder mussten den Schulweg von rund 45 Minuten immer zu Fuß gehen; eine Fahrkarte für die Straßenbahn wurde – aus erzieherischen Gründen – nur im Winter gekauft.[9] Sparsamkeit sah er als eine Grundtugend an. Sie hatte nichts mit seinen Einkommens- und Vermögensverhältnissen zu tun. Schon während der Jahre bei der AEG verfügte er über ein ungewöhnlich hohes Einkommen. Binnen weniger Jahre hatte sich ein Vermögen von rund 70 000 Mark angesammelt.[10] Die finanziell schwierige Zeit zu Beginn seiner Tätigkeit als selbstständiger Ingenieur war rasch überwunden. Schon nach kurzer Zeit hatte er so viele Aufträge, dass er nicht nur sein Büro ständig erweitern musste, sondern auch über ein beachtliches Vermögen verfügte.[11] Miller war durchaus geschäftstüchtig. Bereits in den Anfangsjahren als selbstständiger Ingenieur kaufte er aus Spekulationsgründen Wasserrechte auf, um sie dann beim Bau von Elektrizitätswerken weiterzuveräußern. Auch seine Beteiligung an dem Münchner Taxiunternehmen war von wirtschaftlichen Interessen bestimmt. Nach dem Tod der Eltern teilte er sich mit den Geschwistern ein beträchtliches Erbe, das vorwiegend aus Grund- und Hausbesitz in München, am Starnberger See und am Tegernsee bestand. Einige Jahre später erwarb Miller von seinen Geschwistern das Schlösschen in Niederpöcking, das sein Vater im Geburtsjahr Oskars erbaut hatte. Dieses Haus direkt am Ufer des Starnberger Sees mit seiner Quelle ließ er mit beträchtlichem Kapitaleinsatz trocken legen. In den Sommermonaten wurde «Quellenheim», wie es im Familienkreis genannt wurde, zeitweise von der Familie bewohnt.

Wohnhaus Oskar von Millers am Ferdinand-von-Miller-Platz in München, 1900.

Seine Rücklagen nutzte er im Jahr 1899 dazu, um auf dem Gelände der Erzgießerei, gegenüber der heutigen St. Benno-Kirche, ein großes Haus zu bauen. Während sich sein Freund Rudolf Diesel in Bogenhausen eine aufwändige Villa einrichtete, plante Miller anders. Sein Neubau war als Wohn- und Geschäftshaus angelegt und so großzügig konzipiert, dass später auch seine Kinder und deren Familien darin Platz fanden. Der Architekt war Leonhard Romeis, der u. a. die benachbarte St. Benno-Kirche und das Wohnhaus von Georg Kerschensteiner erbaut sowie das Grabdenkmal für Ferdinand von Miller entworfen hatte. Ganz im Gegensatz zu seiner nach außen hin betonten Sparsamkeit war das Millerhaus aufwändig und geschmackvoll, aber nicht protzig eingerichtet. Teile des Mobiliars kaufte Miller aus dem Dachauer Schloss auf.[12] Das Treppenhaus war mit Marmor verkleidet, die Decken waren stuckiert und die Wände mit farbigen Fresken geschmückt. Das Badezimmer war mit Delfter Kacheln ausgelegt und hatte eine versenkbare Badewanne. Im ganzen Haus ließ Miller eine Zentralheizung einbauen; vermutlich war es damit eines der ersten Münchner Wohnhäuser, die über einen solchen Luxus verfügten.[13] Auch die Küche war mit modernen technischen Einrichtungen ausgestattet, so z. B. mit Gas und einem Müllschlucker. Es war der bürgerliche Wohlstand, den Miller innerhalb seines Hauses genoss, während es äußerlich Münchner Mietshäusern glich. Er verstand es, gut zu leben, ohne seinen Wohlstand zur Schau zu stellen.

Das gesamte erste Stockwerk war für das Ingenieurbüro mit seinen zahlreichen Angestellten reserviert. Die Familie Miller wohnte in der zweiten Etage. Mittelpunkt des Hauses war der große Saal, der Ausdruck von Millers Gemeinschaftsgefühl war. Er bot nicht nur Platz für die engere Kernfamilie, sondern war so geräumig, dass darin große Feste mit vielen Gästen gefeiert werden konnten. In diesem Sinne hat Miller ihn genutzt. Hier gab er seine persönlichen Einladungen, wenn es galt, für das Museum besondere Spenden einzuwerben oder wichtige Entscheidungen zu fällen.[14] Auch die «Dienstagsgesellschaft», zu der u. a. Rudolf Diesel und der Geograf Erich von Drygalski gehörten, traf sich regelmäßig zu unterschiedlichen Vorträgen – bei immer gleich bleibender Speisefolge: Suppe, Kalbsbraten, Nachspeise. Das Millerhaus spiegelte seine Persönlichkeit und seinen ausgesprochenen Familiensinn wider. In einem eigenen Wandschrank, der von innen beleuchtet war, bewahrte Miller Erinnerungsstücke aus seinem Leben auf, besonders die zahllosen Auszeichnungen, aber auch Erinnerungen an Eltern und Großeltern und an die Familie seiner Frau.

Millers Sparsamkeit stand im Gegensatz zu seiner ausgeprägten Vorliebe für Feste. Diese wurden immer im großen Stil begangen, besonders die Familienfeiern. Auch hier führte Miller die im Elternhaus gepflegte Tradition weiter. Runde Geburtstage wurden ausgiebig vorbereitet, der Hochzeitstag von Ferdinand und Anna von Miller alljährlich in der Neuhauser Kirche begangen. In besonderer Weise war Miller verschiedenen Geselligkeitsvereinen verbunden. Schon in der Jugend gehörte er dem Freundeskreis «Semper amici» an. Wie sein Vater und die Brüder Ferdinand, Fritz und Ludwig schloss er sich der «Harbni» und der «Humpenburg» an.[15] Während der erste Verein in der Art einer romantisch verklärten Rittergesellschaft – mit stark parodistischen Zügen! – organisiert war, war die «Humpenburg» ein bürgerlicher Geselligkeitsverein.[16] Als «Ritter» nannte sich Miller «Oskar von der Haydt», in der Humpenburg war er der «Oskar Funkensteiner», eine Anspielung auf seinen Beruf. In beiden Gesellschaften fanden sich vorwiegend Mitglieder aus dem wohlhabenden Bürgertum, Künstler und Verwaltungsbeamte zusammen: Anton Heß, Adolph Halbreiter, Adolph Eberle, Rudolf von Seitz, Joseph von Schmädel, Gabriel und Emanuel von Seidl etc., um nur einige Namen zu nennen. Diese bürgerlichen Zirkel grenzten sich scharf ab von den modernen Literatenkreisen im aufstrebenden Schwabing. Mit vielen seiner Vereinsmitglieder hatte Miller auch beruflich zu tun: Schmädel war an der elektrotechnischen Ausstellung 1882 in München beteiligt, die beiden Seidls waren die Architekten des Deutschen Museums. Miller pflegte diese Freundeskreise. Man unternahm regelmäßige Ausflüge und gemeinsame Familienfahrten und traf sich gerne auf der Burg Karneid bei Bozen, die Oskars Bruder Ferdinand erworben hatte. Die Geselligkeitsvereine bildeten sein privates «Netzwerk». Intensive Freundschaften sind dagegen nicht bekannt. Mit vielen bedeutenden Industriellen und Wissenschaftlern pflegte er das vertraute «Du», mit Carl Duisberg, Hugo Junkers, natürlich mit seinen Schulkameraden Walther von Dyck und Max Planck. Engere Freundschaften verbanden ihn mit seinen Schul- und Studienkameraden Gustav von Hößlin, Mediziner und Besitzer der Kuranstalt Neuwittelsbach, und mit Rudolf Diesel. Eine Reihe von Problemen wurde im Kreise der Geschwister besprochen. Besonders eng scheint die Beziehung zu seinem Bruder Wilhelm gewesen zu sein, den er beruflich wie privat gerne um Rat fragte. Dessen früher Tod im Jahr 1899 traf ihn sehr.

Eine andere sehr enge Beziehung, auch wenn sie beruflicher Art war, bestand zwischen Miller und dem Ingenieur Artur Schönberg.[17] Schönberg stammte aus Wien und war um 1900 nach einer Zwischenstation bei der AEG in das Miller'sche Büro eingetreten. Bald schätzte Miller Schönberg so, dass dieser sein engster Vertrauter wurde. Bei allen größeren Projekten stand er seinem Chef zur Seite. Man findet ihn in den Besprechungsprotokollen zum Walchensee- und zum Bayernwerk ebenso wie bei der Gründung des Deutschen Museums. Dort nahm er in den Anfangsjahren die Rolle des

Büroleiters ein und war für die wissenschaftlichen Arbeiten im Museum verantwortlich. In Ergänzung zum Organisator Miller bewältigte Schönberg alle notwendigen theoretischen Arbeiten und Detailberechnungen. Aus seiner Feder stammten die meisten Entwürfe zum Bayernwerk und zur Reichselektrizitätsversorgung. Miller beförderte ihn rasch zum Prokuristen und nahm ihn 1921 als Gesellschafter in das Ingenieurbüro auf.

Schönberg ist für Millers Leben eine wichtige Persönlichkeit, die sich aber unauffällig ganz in den Schatten des großen Oskar von Miller stellte. Schönberg ist ein Beispiel für eine Reihe exzellenter Mitarbeiter im Ingenieurbüro und im Deutschen Museum. Miller war der Mann, der Projekte einfädelte und durchsetzte. Für die Vorbereitung und die Realisierung war er aber auf gute Angestellte angewiesen. Miller verstand es, sich einen ungewöhnlich guten Mitarbeiterstab aufzubauen. Im Ingenieurbüro waren dies die Ingenieure Artur Schönberg und Ernst Glunk sowie der Diplomkaufmann Ewald Jacobs, im Deutschen Museum die späteren Abteilungsleiter Franz Fuchs, Theodor Conzelmann und Karl Bäßler. Trotz seiner oft ruppigen Art waren seine führenden Mitarbeiter jahrzehntelang bei ihm beschäftigt. Ihnen konnte er in besonderer Weise vertrauen. Über die meisten Angestellten Millers ist wenig bekannt. Manchmal fehlen sogar einfache biographische Daten. Dennoch waren sie ein wesentlicher Teil des Miller'schen Erfolges. Viele seiner Ingenieure setzte er zu Betriebsleitern der von ihm erbauten Elektrizitätswerke ein. Die Werke in Nürnberg, Bozen/Meran, Matrei und Ludwigshafen sind dafür nur einige Beispiele. Auf diese Weise entstand ein dichtes Netz von Betriebsleitern, die Miller eng verbunden waren.

Fixpunkte seines privaten Lebens waren das Wohnhaus am Ferdinand-Miller-Platz Nr. 3 und seine Familie. Verheiratet war er seit dem 23. Februar 1884 mit Marie Seitz, Tochter des Mediziners Franz von Seitz, mit deren Bruder Rudolf er befreundet war. Kennen gelernt hatte er Marie schon 1876/77. Kurz vor seiner Reise zur Elektrizitätsausstellung in Paris fand am 31. Juli 1881 die Verlobung statt, sie wurde aber vor den Freunden, vor allem aber vor der Familie Miller, geheim gehalten. Grund hierfür war die unterschiedliche Konfession. Die Familie Miller war streng katholisch, die Familie Seitz protestantisch. Oskar selbst war ein überzeugter Katholik. In ihren Tagebüchern vermerkte Marie Seitz, ihr Verlobter sei «gottesfürchtig und religiös», was bei Männern in ihrem Bekanntenkreis selten vorkomme.[18] Miller ging regelmäßig zur Kirche, auch auf Reisen. Überliefert ist ein Besuch bei Paul Reusch in Oberhausen. Als er zur Frühmesse aufbrechen wollte, bot ihm der Industrielle an, ihn mit dem Auto dorthin chauffieren zu lassen. Millers einprägsame Antwort: «Meinen Herrgott pflege ich zu Fuß aufzusuchen.»[19]

Ein Höhepunkt seines Privatlebens war eine Audienz beim Oberhaupt der katholischen Kirche, Papst Pius XI., im Jahre 1931.[20]

Für Oskars Vater war eine Mischehe undenkbar. Die Ablehnung seiner Braut hatte Miller in Ansätzen erfahren müssen, als er in Paris versehentlich einen Brief an Marie in einen Umschlag an seinen Bruder Fritz steckte. Dieser machte ihm daraufhin wegen der Verlobung und der Religionsfrage heftige Vorwürfe. Miller verteidigte sich mit einem ausführlichen Antwortbrief. Seine Beziehung sei keine Liebelei, die katholische Kirche gestatte gemischte Ehen, daher könne eine solche nicht unrecht sein. In jedem Falle werde er katholisch heiraten.[21] Trotzdem traute sich Miller zwei Jahre lang nicht, Marie mit seinen Eltern bekannt zu machen. Erst kurz vor seiner Reise in die USA 1883 wagte er es, die Eltern einzuweihen. Der Vater reagierte fast wie erwartet. Er schickte einen ausführlichen Brief an den Vater der Braut, in dem er seine Vorbehalte gegen eine Verbindung deutlich formulierte. Er habe nie geglaubt, dass seine Familie einmal in solche Sorge kommen würde, schrieb er. Er würde eine Heirat begrüßen, «wenn sie [die Verlobten] nicht verschiedenen Religions-Bekenntnissen angehörten»; ein «dauerndes Glück» könne er sich nicht vorstellen. Letztlich werde er aber einer Verehelichung seine Zustimmung nicht verweigern.[22] So konnte Oskar die Heirat schließlich durchsetzen. Allerdings wurde trotz des Widerstands von Marie festgelegt, dass die Kinder katholisch getauft und erzogen würden. Ein Jahr später fand die Hochzeit in München statt. Miller war zu dieser Zeit bereits bei der AEG, seine Frau folgte ihm einige Zeit später nach Berlin. In ihrem religiösen Leben gingen Oskar und Marie getrennte Wege. Während er mit den Kindern sonntags die Messe (und den anschließenden Frühschoppen) aufsuchte, nahm seine Frau an einem evangelischen Gottesdienst teil. Eine religiöse Einflussnahme Millers auf seine Frau fand nie statt.[23]

Die Ehepartner waren ein ungleiches Paar. Während Oskar ein kraftstrotzender, lebenslustiger Mensch war, der Empfänge und Einladungen liebte, war Marie eine zarte, zurückgezogene Frau, die zeit ihres Lebens mit gesundheitlichen Problemen (Asthma) zu kämpfen hatte. Aus diesem Grund konnte sie häufig nicht an den Reisen ihres Mannes teilnehmen. Marie von Miller war wie ihr Bruder Rudolf künstlerisch begabt und nutzte freie Stunden gerne für die Malerei. Ihr Mann war ihr zu lebhaft, wie dies schon seine Lehrer festgestellt hatten. In seiner dominanten Art griff er ständig in das Leben der Familie ein. Ohne Vorankündigung kam er mit Geschäftsfreunden in die Wohnung zum Mittagessen, was bei der überraschten Dame des Hauses nicht immer Vergnügen auslöste, wie sie ihren Tagebüchern anvertraute. Zum 70. Geburtstag seiner Frau lud Miller, gegen den ausdrücklichen Wunsch Maries, die im engsten Familienkreis feiern wollte, 70 Gäste ein, die dem Geburtstagskind dann viel Arbeit verursachten. Er selbst kleidete sich an diesem Tag in einem Frack und legte seine sämtlichen Orden an, um Marie seine Referenz zu erweisen.[24] Selbst die Tagebücher seiner Frau waren vor Miller und seiner Art, immer und überall seinen Duktus vorgeben zu wollen, nicht sicher. An einer Stelle kann man erkennen, dass er nicht nur ihr Tagebuch las, sondern darin auch Sätze durchstrich, um eigenhändig seine Version hinzuzufügen! Marie von Miller nahm dies widerspruchslos hin. Ganz dem Denken ihrer Zeit gemäß nahm sie die ihr zugedachte Rolle als Hausfrau und Mutter an. Die Ehe mit Oskar scheint trotzdem sehr harmonisch gewesen zu sein. Miller schrieb an Marie zahllose Briefe und Ansichtskarten, nicht nur während der Verlobungszeit und in den ersten Ehejahren. Auf seinen Reisen schickte er fast täglich einen kurzen Gruß nach München. Der Beginn «Mein liebes Weiberl» wurde zur Standardanrede.

Aus der Ehe mit Marie gingen sieben Kinder hervor, drei Söhne und vier Töchter. Zwei der Töchter starben früh. Marianne heiratete den Verleger Alfred Bruckmann, Julie («Lulu») den Opernsänger Walther von Bomhard. Der älteste Sohn Hermann studierte Bauingenieurwesen und ging als Ministerialrat in den Ruhestand, Walther wurde Rechtsanwalt und war in der Nachkriegszeit einige Jahre zweiter Bürgermeister der Stadt München. Das jüngste Kind, Rudolf von Miller, geboren 1899, wurde wie sein Vater Ingenieur und folgte ihm im Ingenieurbüro nach. Auch im Deutschen Museum war Rudolf später über Jahrzehnte stark engagiert.[25] Seine Kinder bezog Oskar in das Museumsleben ein. Bei den Jahresversammlungen mussten sie an den eigens hierfür geschriebenen Schauspielen teilnehmen. Aufgrund der zahlreichen Reisen und Geschäftstermine war Miller für die Kinder aber meist nicht ansprechbar. Aus persönlichen Gesprächen des Autors mit Rudolf von Miller wird deutlich, dass der Vater so verehrt und bewundert wurde, dass die Kinder nicht wagten, den unnahbaren Vater anzusprechen. Die Kinder hatten vor seiner Strenge Angst, obwohl er sie wohl nie geschlagen hat.[26] Sein Sohn Walther hat ihn mit einem Satz charakterisiert: «Miller ist ein Patriarch, im eigenen Hause wie im Büro.»[27] Als Vater, der mit seinen Kindern spielte, wird er nie geschildert. Auf Pünktlichkeit legte er größten Wert. Waren seine Kinder oder Enkel rechtzeitig vor dem Frühstück im Speisesaal, wurden sie von ihm mit einem Bonbon belohnt, kamen sie zu spät, mussten sie in der Küche essen. Millers Sohn Hermann schrieb in seinen Erinnerungen, dass der Tod seiner Schwester Elisabeth im Jahr 1904 den Vater stark verändert habe. Die bis dahin äußerst strenge Erziehung der Kinder wurde gelockert. Ein Beispiel für die neue «Großzügigkeit» war, dass der Sohn Walther es sich erlauben durfte, das tägliche Tischgebet abzulehnen.[28]

Miller war ein Freund des Theaters, weniger der Musik, obwohl er in seiner Jugend Klavierunterricht hatte und manchmal mit seiner damaligen Verlobten Marie vierhändig spielte.[29] An Sonntagen besuchte er gerne die populären Volkskonzerte in der Münchner Tonhalle, die, wie sein Weggenosse in der Wasserbauversuchsanstalt Otto Kirschmer anmerkte, sich dadurch auszeichneten, dass man bei diesen Konzerten Bier trinken konnte.[30] Für die Familie hatte er in verschiedenen Münchner Theatern Abonnements erworben, die er mit den Kindern gerne nutzte. Seine Vorliebe galt dem Volkstheater, besonders den Stücken der österreichischen Dichter Ferdinand Raimund und Johann Nestroy. Dessen Zauberposse «Der böse Geist Lumpazivagabundus» gehörte zu seinen Lieblingsstücken. Freie Tage wurden mit gemeinsamen Bergwanderungen, die Miller liebte, verbracht. Meist war Marie aus gesundheitlichen Gründen an diesen Touren nicht beteiligt. Urlaubsreisen wurden praktischerweise mit beruflichen Verpflichtungen verbunden. Dementsprechend häufig war man im Sommer in der Gegend von Matrei, wo Miller die Betriebsführung der Brennerwerke inne hatte, oder in Südtirol, wo er das Überlandwerk zwischen Bozen und Meran baute. Sonst spielte sich das Leben der Millerkinder, wie früher bei Oskar selbst, auf dem Gelände der Erzgießerei ab. Das große Areal wirkte wie ein eigenes Dorf. Die Brüder Oskars, die die Erzgießerei betrieben, wohnten direkt in der Nachbarschaft. Hier befand sich die eigene Kegelbahn, die von Erwachsenen wie Kindern gerne genutzt wurde. Als das Tennisspiel modern wurde, baten Millers Kinder darum, ebenfalls einem Verein beitreten zu dürfen. Solche großbürgerlichen Attitüden waren Miller jedoch verhasst. Seine Kinder in Gesellschaft reicher Industrieller – das ließ er nicht zu. Eine für ihn typische Lösung war, dass er den Vereinsbeitritt verbot, um dann den Kindern in Niederpöcking einen eigenen Tennisplatz zu errichten.

Seinen Angestellten hatte Oskar von Miller auf dem Grundstück eine abgetrennte Fläche zur Verfügung gestellt, die sie zum Anbau von Obst und Gemüse nutzen konnten. Die gesamte Organisation des Geländes verstärkt den Eindruck seines Sohnes Walther, wenn er vom «Patriarchen» Miller spricht. Familie und Beruf standen bei ihm in einer engen Beziehung. Er sorgte für seine Mitarbeiter, so wie er ihnen Überstunden abverlangte, sobald es erforderlich war. Er organisierte gemeinsame Büroausflüge, verschenkte Theaterabonnements an die Mitarbeiter und stellte ihnen Geldmittel für Studienreisen zur Verfügung. Das Miller'sche Prinzip der sozialen Fürsorge für die Angestellten speiste sich aus der Familientradition und in Teilen aus der katholischen Soziallehre. Allerdings funktionierte sie nur, solange von seinem Personal keine Leistungen eingefordert wurden. Urlaubsanträge lehnte er meist ab.[31] Im Büro verlangte er unbedingte Unterordnung, er hasste es, sich in Arbeitsverträge und Gehaltsregelungen hineinreden zu lassen. Als nach dem Betriebsrätegesetz im Ingenieurbüro ein Betriebsrat aufgestellt werden musste, reagierte er verärgert.[32]

Die Kenntnis von Millers Privatleben bleibt fragmentarisch. Nach seinem 70. Geburtstag musste er trotz einer erstaunlichen Vitalität mit gesundheitlichen Problemen kämpfen. Im Jahr 1930 hatte er einen Bluterguss am linken Auge, was dazu führte, dass er nur noch mit einem starken Vergrößerungsglas Buchstaben erkennen konnte. Auf Anraten seines Augenarztes wandte er sich an die Firma Carl Zeiss in Jena. Diese empfahl ihm eine so genannte Fernrohrbrille, die durch zusätzlich aufgesteckte Linsen eine fünfeinhalbfache Vergrößerung erzielte.[33] Trotzdem wurde seine Sehkraft immer schwächer, was dazu führte, dass ihm alle Briefe und Nachrichten vorgelesen werden mussten. Auch bei Reisen war er auf eine Begleitperson angewiesen. Die Funktion übernahm in seinen letzten Lebensjahren seine Tochter Lulu von Bomhard. Gleichzeitig hatte Miller mit Schwerhörigkeit zu kämpfen. Auf Berufsstress und falsche Ernährung dürfte seine Angina pectoris zurückzuführen sein. Diese Herzerkrankung machte ihm in seinen letzten Jahren sehr zu schaffen.

Trotz gesundheitlicher Probleme war seine Tatkraft ungebrochen. Nach dem Rücktritt von der Museumsleitung plante er bereits die großen Feiern zum 50. Hochzeitstag im April 1934 und zu seinem 80. Geburtstag im Mai 1935. Beide Feiern fanden nicht mehr statt. Im Sommer 1933 verunglückte seine Frau Marie bei einem Autounfall schwer. Miller besuchte sie zwei Mal täglich im Krankenhaus in Seeshaupt. Die Verletzungen waren so gravierend, dass Marie von Miller am 18. August 1933 daran verstarb. Der Tod berührte Miller sehr. Er, der tief religiöse Katholik, wetterte gegen einen ungerechten Gott! Der Tod seiner Frau, seine Augenschwäche und sein Ausscheiden aus dem Museum führten dazu, dass er sich seit dieser Zeit zurückzog. Zum Andenken an seine Frau stiftete er die wertvolle Uhr am Uhrenturm des Deutschen Museums.[34]

In seinen letzten Lebenstagen war Miller noch mehrfach im Deutschen Museum. Gegen seine Gewohnheit musste er sich jetzt mit dem ungeliebten Automobil fahren lassen. Am 4. April 1934 fand eine gemeinsame Sitzung des Museumsvorstands statt. Bei dieser Gelegenheit hielt Miller seine letzte Rede, die in Stichworten erhalten ist.[35] Wie bei der Gründung vor 31 Jahren betonte er die Volksbildung als Aufgabe des Deutschen Museums und verband damit die Hoffnung, dass es auch unter der nationalsozialistischen Regierung die Unterstützung finde, wie dies unter den «alten Regierungen» der Fall gewesen sei. Die Rede ist keine Abschiedsrede und kein programmatischer Schlussstrich unter sein Leben. Von seinen letzten Tagen schreibt sein Sohn Walther von Miller, dass er am folgenden Sonntag wie üblich die Messe in St. Benno besuchte und anschließend den Kirchenchor zu sich einlud. Einen Tag später war er erneut im Museum und im Ingenieurbüro. Am Nachmittag dieses Tages, den 9. April 1934, verstarb Miller an einem Herzanfall.[36]

Oskar von Miller war schon zu Lebzeiten zu einer Ikone geworden. Die – besonders im Ausland zur Kenntnis genommene – politische Konstellation seines Rücktritts hatte die Sympathien für seine Person noch verstärkt. Ihre Gegnerschaft zu Miller zeigten die Nationalsozialisten auch nach seinem Tod, indem sie einen Staatsakt zur Beisetzung verweigerten, obwohl er als Staatskommissar tätig gewesen war. Miller wurde im Ehrensaal des Deutschen Museums aufgebahrt, wo rund 15000 Menschen an dem Sarg vorbeizogen. Die politische Auseinandersetzung fand bei der Beerdigungsfeier im Neuhauser Friedhof kein Ende. Reichsstatthalter Epp ließ sich wegen «Unpässlichkeit» entschuldigen. An der Trauerfeier nahm im Namen des Reichspräsidenten und der Reichsregierung der neue bayerische Ministerpräsident Ludwig Siebert teil. Dieser legte einen Kranz nieder und würdigte Miller in einer Rede, die er bewusst knapp hielt, «weil bekanntlich Herr von Miller als linksgerichtet angesehen wurde und insbesondere seinerseits im Stadtrat München erhebliche Kritik wegen seiner politischen Richtung erfahren habe».[37]

Die Nachricht vom Tod Millers verbreiteten Zeitungen und Radiostationen. Rund 50 gedruckte Nachrufe haben sich erhalten, eine sicher erhebliche Dunkelziffer nicht mitgerechnet.[38] Die Nachrufe orientierten sich zum größten Teil an den ebenso zahlreichen Würdigungen zu Millers 70. und 75. Geburtstag. Zusätzliche Informationen stammten aus dem Museum selbst. Die beiden Vorstandsmitglieder Jonathan Zenneck und Conrad Matschoß verlasen einen Tag nach Millers Tod im Reichssender München bzw. auf dem Kurzwellensender Berlin Nachrufe. Ein Satz wie «Große Männer sind in dieser Welt so selten wie große Staatsmänner» (Matschoß) und eine Charakterisierung als «Ingenieur von besonderem Weitblick», der zu den «hervorragendsten Persönlichkeiten gehört, die unser Land hervorgebracht hat» (Zenneck), waren nicht nur dem Genre des Nachrufs geschuldet, sondern drückten aus, was viele Menschen von Miller dachten.[39]

Bei den Nachrufen fallen einige Gemeinsamkeiten auf. Selbstverständlich werden Millers Leistungen um die Energieversorgung Deutschlands und bei der Gründung des Deutschen Museums angesprochen. Bemerkenswert ist die besondere Betonung seiner Tätigkeit für die Internationale Elektricitäts-Ausstellung in München 1882, während die Frankfurter Ausstellung seltener erwähnt wird. Praktisch ohne Niederschlag blieben seine sonstigen Aktivitäten. Insgesamt ergab sich aus den Nachrufen eine deutliche Reduktion der Persönlichkeit Millers auf einige wenige hervorstechende Eigenschaften. Die Hervorhebung der Münchner Ausstellung stand im Zusammenhang mit Millers Museumsaktivitäten. Hier wurde eine direkte Verbindungslinie zwischen der Popularisierung der Elektrotechnik 1882 und dem ebenso volksbildenden Museum gezogen. Die Tendenz der Nachrufe ging dahin, ein geschlossenes und lineares Persönlichkeitsbild Millers zu vermitteln. Aus kleinen Anfängen, so Zenneck, entwickelte sich das große Werk Millers.

In den Nachrufen, die aus dem Museum stammten, wurden die kritischen Punkte der Biographie Millers gerne weggelassen.[40] Die Frankfurter Ausstellung war trotz ihres großen Erfolgs der Ausgangspunkt zu vielfachen Streitigkeiten Millers mit der Elektroindustrie. In ihren Rundfunkansprachen erwähnten Zenneck und Matschoß die Ausstellung deshalb überhaupt nicht. In anderen Fällen beschränkte man sich auf den geglückten Drehstromversuch mit seinen Auswirkungen. Umgangen wurde auch Millers Arbeit für das Walchenseewerk und das Bayernwerk, da es als nicht opportun galt, unter der nationalsozialistischen Regierung seine Rolle als Staatskommissar der Räteregierung besonders zu betonen. Dementsprechend war meist nur von seiner Bedeutung für die Energieversorgung Deutschlands allgemein die Rede. Völlig unverfänglich war Millers Bedeutung für das Deutsche Museum. Die Streitigkeiten Millers mit den Nationalsozialisten wegen der Aufstellung des Bismarck-Denkmals waren im Wesentlichen nur den Münchnern geläufig, während seine Leistungen beim Aufbau des Museums Allgemeingut waren. In diesem Sinne strich man seine Museumsaktivitäten besonders heraus. Matschoß und Zenneck charakterisierten diese Leistung als eine Tätigkeit für das ganze Volk, nicht ohne geschickt anzufügen, dass das Werk noch unvollendet sei. Die Tendenz des Museumsvorstands ging also dahin, mögliche Reibungspunkte mit den Nationalsozialisten unbedingt zu vermeiden. Insofern waren die Nachrufe von Matschoß, Zenneck und Fuchs auch politische Aussagen.

Die Nachrufliteratur aus den Jahren 1934 und 1935 strukturierte viele Kurzbiographien über Miller vor. Entgegen der Einschätzung seiner Zeitgenossen, die in ihm den Elektrotechniker *und* den Museumsmann sahen, wurde in diesen Jahren seine Bedeutung für das Deutsche Museum in den Vordergrund gerückt. Diese Gewichtung ist heute nach wie vor Allgemeingut. Oskar von Miller, der noch im Jahr 2003 bei einem Ranking der Leser einer Münchner Zeitung Platz 10 der beliebtesten Münchner einnahm, gilt als der Gründer des Deutschen Museums. Deutlich seltener wird Miller als Schöpfer des Walchenseewerks angesehen. Seine Bedeutung als Pionier der deutschen Energieversorgung ist fast in Vergessenheit geraten.

Ein abschließender Blick auf die Person Oskar von Millers greift die in der Einleitung gestellte Frage nach dem Typischen seiner Biographie wieder auf. Singulär ist seine Persönlichkeit, energisch, hartnäckig, strategisch denkend. Das Besondere und Auffällige an seiner Person ist, dass er nicht nur Ideenlieferant für Großprojekte wie das Bayernwerk und das Deutsche Museum war, sondern dass er als Einzelperson der Motor dieser Projekte war und dass er sie in jahrzehntelanger Detailarbeit Schritt für Schritt und gegen viele Widerstände zum Abschluss bringen konnte. Ebenso ist er ein typischer Vertreter des Ingenieurstandes zwischen 1880 und 1930. Seine Suche nach einer geeigneten Beschäftigung gleicht der vieler anderer Ingenieure im letzten Drittel des 19. Jahrhunderts. Miller wollte seine Berufslaufbahn nicht, wie ihm Hefner-Alteneck 1881 vorgeschlagen hatte, als Lehrling in einer Werkstatt neu beginnen. Diesen Weg beschritten viele seiner Berufskollegen, andere waren in diesen Jahren gezwungen, untergeordnete Tätigkeiten in großen Konstruktionsbüros anzunehmen. Millers persönlicher Glücksfall war, dass er sich für eine innovative Technologie engagierte, in der noch große Handlungsspielräume bestanden. Seine Entscheidung für die Elektrotechnik gab ihm den Gestaltungsrahmen, den er sich gewünscht hatte. Seine Arbeit bei der AEG vermittelte ihm das Gefühl, an der Gestaltung der Welt durch die Technik und am Fortschritt mitzuwirken. Dieser Optimismus war kennzeichnend für viele Ingenieure gegen Ende des langen 19. Jahrhunderts.[41] Aktives Gestalten bedeutete für ihn zuerst praktische Tätigkeit, keine theoretischen Konzepte. Miller war ein Mann der Praxis, in diesem Sinne war er in der Erzgießerei seines Vaters sozialisiert worden. Als Ingenieur bei der AEG galt es in den Anfangsjahren beim Bau elektrischer Zentralen, jeweils individuelle und pragmatische Lösungen zu finden. Als Mann der Tat, in Hemdsärmeln und mit einem Sekteimer voller Eis, um heißgelaufene Maschinen zu kühlen, so stilisierte sich Miller am liebsten. Anekdoten dieser Art pflegte er in seinen zahlreichen Vorträgen und kleinen Aufsätzen zur Geschichte der Elektrotechnik wiederzugeben.

Je größer und komplexer mit den Jahren die Versorgungsnetze wurden, umso mehr stand eine wirtschaftliche Planung im Vordergrund. Schon nach wenigen Jahren bei der AEG musste Miller erkennen, dass es nicht allein um die Ingenieurleistung an sich ging. Die an der AEG beteiligten Banken forderten eine rasche Rendite und gaben sich nicht mit dem Stolz von Rathenau und Miller zufrieden, eine großartige technische Leistung vollbracht zu haben. Bei der AEG rieb sich Miller deshalb an Felix Deutsch und Paul Mamroth, die in der Firma für den kaufmännischen Teil verantwortlich waren. Zu Beginn seiner Tätigkeit als selbstständiger Ingenieur wurde Miller dann die Bedeutung eines kaufmännischen Mitarbeiters bewusst. Bald darauf stellte er einen Kaufmann ein. Für ein erfolgreiches Ingenieurbüro war der Betriebswirt ebenso wichtig wie der praktische Ingenieur.

Für Millers selbstständige Ingenieurtätigkeit wurde der «große Plan» ein zentraler Begriff. Er bedeutete, dass große Versorgungssysteme nur dann realisiert werden konnten, wenn sorgfältige Planungsunterlagen als Entscheidungsgrundlage vorhanden waren. Miller legte mit seinem Ingenieurbüro auf den Aspekt der Planung besonderen Wert. Jedem Entwurf eines Elektrizitätswerks und Versorgungsnetzes ging die detaillierte Erhebung des erwarteten Stromkonsums und der vorhandenen Kraftquellen voraus. Darauf aufbauend ergaben sich die technische Umsetzung und die betriebswirtschaftliche Kalkulation zur Tarifgestaltung.

Der zweite Aspekt des «großen Plans» war, dass Miller es frühzeitig verstand, in regionalen und nationalen Netzen zu planen. Er hatte beim Bau elektrischer Werke große, zusammenhängende Systeme vor Augen. Seine Entwicklung flächendeckender Versorgungsgebiete begann mit dem Bau der Isarwerke, weitete sich mit den Etschwerken von Bozen und Meran aus und setzte sich mit den verschiedenen Überlandwerken (Pfalzwerke, Bayernwerk, Thüringenwerk etc.) bis zu einer Reichselektrizitätsversorgung fort. Die Besonderheit seines Systemkonzepts war, dass er elektrische Netze letztlich nach ihrem gesellschaftlichen Nutzen beurteilte, vor allem auch in Hinblick auf eine Verbesserung der sozialen und wirtschaftlichen Bedingungen in Handwerk und Gewerbe. Die Orientierung am «Gemeinwohl» war Miller wichtig.

Millers Netzbegriff und sein Ansatz des «großen Plans» spielten bei der Gründung des Deutschen Museum wieder eine wichtige Rolle. Er plante das Museum wie ein Elektrizitätsnetz. Der «Bedarf» an Objekten wurde in Wunschlisten ermittelt, sein sorgfältig aufgebautes Netz an Freunden und Förderern leitete statt Strom nun Ideen, Objekte und Geld in das Deutsche Museum. Konsumenten waren die Museumsbesucher. Sie sollten, ähnlich wie die Besucher der Elektrizitätsausstellungen in München und Frankfurt, spielerisch mit Technik und ihren Vorzügen vertraut gemacht werden. Auch das System «Deutsches Museum» hat Miller kontinuierlich ausgebaut, nach innen durch die Ausweitung der Forschung und durch ein Konzept öffentlicher Vorträge, nach außen durch die Ausdehnung des Museumsgedankens in den technischen Denkmalschutz und in die Industriearchäologie. Die strikten Planungen gaben seinen Vorschlägen eine bestechende Logik. So konnte Miller Projekte realisieren, die schon in ihrer Zeit bewundert wurden.

Dank

Es ist nicht möglich, allen einzeln zu danken, die zum Gelingen dieses Buches beigetragen haben. Zahlreiche Mitarbeiter aus Archiven, Bibliotheken, Museen und Unternehmen unterstützten die Quellen- und Literaturrecherche ebenso wie die Familie von Miller. Meine Kolleginnen und Kollegen im Deutschen Museum hatten einen entscheidenden Anteil am Abschluss des Buches: Sie haben mir viele Alltagsarbeiten abgenommen und Freiräume zum Forschen geschaffen, Korrektur gelesen und Foto- bzw. Kopieraufträge geduldig erledigt.

Ein ganz besonderer Dank gilt meiner Frau Uschi und meinem Sohn Johannes. Sie haben die vielen Einschränkungen unseres Familienlebens während der Manuskripterstellung klaglos und rücksichtsvoll hingenommen und den Abschluss des Buches mit Aufmunterung, Rat und Tat ermöglicht.

Anhang

Abkürzungsverzeichnis

AEG	Allgemeine Elektricitäts-Gesellschaft
AEM	Archiv des Erzbistums München und Freising
Anm.	Anmerkung
BA	Bundesarchiv
BayHStA	Bayerisches Hauptstaatsarchiv, München
BBC	Brown, Boveri & Cie
bes.	besonders
BEW	Berliner Elektricitäts-Werke
DEG	Deutsche Edison Gesellschaft
ders./dies.	derselbe/dieselbe
DMA	Archiv des Deutschen Museums, München
DRG	Deutsche Reichsbahn-Gesellschaft
ETZ	Elektrotechnische Zeitschrift
GStA	Geheimes Staatsarchiv Preußischer Kulturbesitz, Berlin
H.	Heft
KWG	Kaiser-Wilhelm-Gesellschaft
MPG	Max-Planck-Gesellschaft
o. D.	undatiert
o. J.	ohne Jahresangabe
o. O.	ohne Ortsangabe
PTV	Polytechnischer Verein in Bayern
S.	Seite
Sp.	Spalte
StA	Stadtarchiv
StEW	Städtische Elektricitäts-Werke
VB	Verwaltungsbericht
VDI	Verein Deutscher Ingenieure
Verf.	Verfasser
ZVdI	Zeitschrift des Vereins deutscher Ingenieure

Anmerkungen

Einleitung

1 Vgl. Weber / Engelskirchen: Streit 2000, S. 2; Dienel: Zweckoptimismus 1998, S. 10 ff.

2 Stand: November 2004.

3 Z. B. in: Meyers Neues Lexikon, Bd. 5, 1980, S. 374; und Farbiges Großes Volkslexikon, Bd. 7, 1981, S. 630.

4 Kalkschmidt: Miller 1924; Walther von Miller: Miller 1932; Zenneck: Miller 1934; Nockher: Miller 1953; Kristl: Despot 1965; ders.: Hier darf jeder tun 1978; Pörtner: Miller 1987.

5 Heuss: Miller 1950.

6 Miller: Entwicklung 1906; ders.: Erinnerungen 1906; ders.: Jubiläum 1916; ders.: Entwicklung 1917; ders.: Entwicklung 1931; ders.: Erinnerungen 1932; ders.: Erinnerungen (Manuskript), DMA, NL 114 / Vorl. Nr. 398. Diese autobiographischen Skizzen überschneiden sich inhaltlich.

7 Vgl. Walther von Miller: Miller 1930; Hermann von Miller: Erinnerungen 1962.

8 So der Titel einer Biographie von Kristl.

9 Füßl / Ittner: Biographie 1999, S. 61 (hier der Beitrag von Füßl; mit weiterführender Literatur).

10 Vgl Szöllösi-Janze: Haber 1998, S. 13.

11 Dienel: Herrschaft 1992, S. 20.

12 Vgl. u. a. Hortleder: Gesellschaftsbild 1970.

13 Vgl. Hughes: Rathenau 1990, S. 16.

14 Vgl. u. a. Bruche: Elektrizitätsversorgung 1977; Ott: Energiestatistik 1986; Zängl: Strom 1989; Gilson: Konzepte 1994; Stier: Staat 1999. Regionale Studien für Bayern, Württemberg und Preußen liefern Blaich: Energiepolitik 1981; Leiner: Geschichte 1982–1985; Henniger: Elektrifizierung 1988; Pohl: Bayernwerk 1996; Schott: Vernetzung 1999.

15 Hughes: Networks 1983, S. 335.

16 Matschoß an Zenneck, 25.3.1941; DMA, VA 0959.

17 Auf eine ausführliche Darstellung der Quellenlage kann hier verzichtet werden. Eine Übersicht der benutzten Archive findet sich im Anhang.

Eine bürgerliche Jugend

1 Zur Familie Miller vgl. Stadelmayer: Ingenieur 1959; Zierler-Skrabal: Ahnen 1968; Unterlagen im Nachlass Millers: Max Miller: Millerblut in fünf Jahrhunderten. Abriß einer Familiengeschichte, 1945 (Manuskript); DMA, NL 114/Vorl. Nr. 484 (mit zahlreichen Quellenauszügen).
2 Ein Tagwerk entspricht etwa 34 Ar (3407,27 m^2).
3 Spindler: Geschichte 1974, S. 764 f.
4 Zu Miller vgl. Rattelmüller: Miller 1989; Volk: Miller 1994; Erz-Zeit 1999; Scherer: Erzgießer 2002.
5 Fritz von Miller: Miller 1979, S. 12.
6 Simon Miller: Jahre 1924.
7 Volk: Miller 1999, S. 22.
8 Fritz von Miller: Miller 1979, S. 41 ff.
9 Matschoß: Miller 1913, S. 210 f.
10 Mappe «Reichstag»; Familienarchiv Ferdinand von Miller, Bad Wiessee (ohne Nummer).
11 Vgl. Simon Miller: Jahre 1924, S. 55 ff.
12 Vgl. ebd., S. 57.
13 Angermair: München 1992, bes. S. 308.
14 Stadelmayer: Ingenieur 1959, S. 304.
15 Rank: Museum 2000, bes. S. 112 f.; zum Vereinswesen allgemein: Tornow: Vereinswesen 1977. Schwanthaler hatte die «Humpenburg» 1819 als Künstlervereinigung gegründet. Zwischenzeitlich war sie aufgelöst, so dass 1858 als Gründungsjahr der neuen «Humpenburg» gilt; vgl. Erinnerung 1908.
16 Chronik der Humpenburger (13. November 1906); Familienarchiv Ferdinand von Miller, Bad Wiessee (ohne Nummer).
17 Familienarchiv Ferdinand von Miller, Bad Wiessee (ohne Nummer).
18 AEM, München Matrikel 224, S. 202. Die Schreibweise zwischen «Müller» und «Miller» wechselt in den Kirchenbüchern.
19 AEM, München Matrikel 238, S. 198.
20 Zu der Niederpöckinger Villenkolonie vgl. Schober: Landkreis 1989, S. 226 ff.; Hölz/Kratsch: Villa 1999.
21 Stollreither: Miller 1932, S. 2.
22 Miller: Not 1932, S. 9.
23 Ebd.
24 Müller: Rande 1958, S. 126.
25 Miller: Lebensweg 1931, S. 1.
26 Fritz von Miller: Miller 1979, S. 68 f. Zu den Erkrankungen des Vaters vgl. ebd., S. 68, 123, 169 ff., 176, 186.
27 Familienarchiv Ferdinand von Miller, Bad Wiessee (ohne Nummer); vgl. Ferdinand von Miller d. Ä.: Lose Erinnerungen an König Ludwig I. (Manuskript), S. 14; ebd.
28 Stollreither: Miller 1932, S. 31.
29 Zitiert in der Rede von Hermann von Miller beim Familientag 1969; Manuskript im Familienarchiv Ferdinand von Miller, Bad Wiessee (ohne Nummer).

30 Zu Anna von Miller vgl. Fritz von Miller: Miller 1979, S. 176 ff.
31 Ich danke Christina Gräfin Podewils für zahlreiche Hinweise.
32 Stollreither: Miller 1932, S. 14.
33 Fritz von Miller: Miller 1979, S. 157.
34 Zu Wilhelm von Miller vgl. Wöbke: Miller 1994.
35 Matschoß: Miller 1913, S. 204.
36 Archiv des Maximiliansgymnasiums, Zeugnisprotokoll 1867/68.
37 Bauer: Jahre 1999, S. 15; vgl. Scharold: Jahre 1949.
38 Archiv des Maximiliansgymnasiums, Zeugnisprotokoll 1867/68 ff.
39 Ebd., 1867/68. Zu Planck vgl. Hermann: Planck 1973; Heilbron: Planck 1988. Die bei Heilbron abgedruckte Autobiographie Plancks (S. 225–252) geht kaum auf die Schulzeit ein. Zu Dyck vgl. Hashagen: Dyck 2003.
40 Zum Folgenden vgl. Archiv des Maximiliansgymnasiums, Zeugnisprotokoll 1867/68 bis 1869/70; Schuh: Miller 1955; ders.: Miller 1964.
41 Zu den Noten der drei Schüler vgl. Hashagen: Dyck 2003, S. 30.
42 Archiv des Maximiliansgymnasiums, Zeugnisprotokoll 1868/69; Schuh: Miller 1964, S. 37.
43 Miller an Wilhelm Miller, 7.2.1870; DMA, NL 114/Vorl. Nr. 380.
44 Archiv des Maximiliansgymnasiums, Zeugnisprotokoll 1869/70; Schuh: Miller 1955, S. 122.
45 Zum Folgenden vgl. Archiv des Oskar-von-Miller-Gymnasiums, Censurbuch 1864/65 bis 1873/74, Nr. 260: Oscar Miller.
46 Ebd.; Schuh: Miller 1955, S. 123.
47 Ferdinand von Miller an N.N. (Johannes Wölfle?), 13.11.1883; DMA, NL 114/Vorl. Nr. 486.
48 Ich danke Frau Rosemarie Noris, Enkelin Oskar von Millers, für ihre Erzählungen.
49 Archiv des Oskar-von-Miller-Gymnasiums, Censurbuch 1864/65 bis 1873/74, Nr. 260: Oscar Miller; Schuh: Miller 1955, S. 123.
50 Archiv des Oskar-von-Miller-Gymnasiums, Censurbuch 1864/65 bis 1873/74, Nr. 260: Oscar Miller; Schuh: Miller 1964, S. 38.
51 Schuh: Miller 1955, S. 124; Kristl: Despot 1965, S. 39.
52 Archiv des Oskar-von-Miller-Gymnasiums, Censurbuch 1864/65 bis 1873/74, Nr. 260: Oscar Miller.
53 Bescheinigung der Ersatzkommission des I. Infanterie-Brigade-Bezirks, 11.6.1875; DMA, NL 114/Vorl. Nr. 482.
54 Zur Entwicklung des technischen Hochschulwesens in Bayern: Dienel/Hilz: Jahre 1993, S. 41 ff.
55 Zum Folgenden vgl. Dienel: Weg 1993.
56 So stiegen die Investitionen im Eisenbahnbau zwischen 1869–1872 um das Zweieinhalbfache; vgl. Nipperdey: Geschichte 1990, S. 284.
57 Vgl. die Berichte über die Königl. Polytechnische Schule 1870–1871 bzw. 1874–1875.
58 Jahresbericht der Technischen Hochschule zu München 1878–1879. München 1879.
59 Vgl. Hilz: Wirtschaftswissenschaften 1993, S. 156 f.

60 Vgl. die Beschreibungen der Exkursionen in den jeweiligen Jahresberichten der Polytechnischen Schule.
61 Zu Diesel vgl. u. a. Thomas: Diesel 1987; Knie: Diesel 1991.
62 Jahresbericht der Technischen Hochschule zu München 1877–1878. München 1878, S. 42.
63 Vgl. das entsprechende Zeugnis der Königlichen Eisenbahnbau-Sektion, 21.1.1880; DMA, NL 114/Vorl. Nr. 250.
64 Miller: Lebensweg 1931, S. 1; Miller: Erinnerungen (Manuskript), S. 17; DMA, NL 114/Vorl. Nr. 398.
65 Miller: Erinnerungen (Manuskript), S. 17; ebd.
66 Miller: Erinnerungen (Manuskript), S. 28; ebd.
67 DMA, NL 114/Vorl. Nr. 397; vgl. das Zeugnis der Königlichen Eisenbahnbau-Sektion Kreuzwertheim, 2.2.1881; ebd., Vorl. Nr. 250.
68 Walther von Miller: Miller 1955, S. 16.
69 Miller: Erinnerungen (Manuskript), S. 19; DMA, NL 114/Vorl. Nr. 398.
70 Tagebuch von Marie Seitz 1881/1882, S. 16, 20, 53 f.; Privatbesitz.
71 Ferdinand von Miller an Oskar von Miller, 24.11.1880; zitiert in der Rede von Hermann von Miller anlässlich des Familientages 1969; Manuskript im Familienarchiv Ferdinand von Miller, Bad Wiessee (ohne Nummer).
72 Tagebuch von Marie Seitz 1881/1882, S. 23 f.; Privatbesitz.
73 Ebd., S. 74.
74 Zitiert bei Kristl: Despot 1965, S. 39.
75 Miller: Erinnerungen (Manuskript), S. 16; DMA, NL 114/Vorl. Nr. 398.
76 Miller: Lebensweg 1931, S. 2.
77 Miller an Marie Seitz, o. D. (ca. August/September 1881); DMA, NL 114/Vorl. Nr. 203.
78 Miller: Erinnerungen (Manuskript), S. 21; DMA, NL 114/Vorl. Nr. 398.
79 Zum Folgenden vgl. Oskar von Miller: Die geschichtliche Entwicklung der Elektrotechnik (Vortrag). 1906. Typoskript in der Bibliothek des Deutschen Museums, Signatur: 4° VIII A Miller; ders.: Erinnerungen (Manuskript), S. 21 ff.; DMA, NL 114/Vorl. Nr. 398; ders.: Kapitel 1927, S. 23–25; ders.: Erinnerungen 1932.
80 Zu Edison und seinem Werk gibt es eine umfangreiche Literatur. Unter biographischem Aspekt bes. interessant: Josephson: Edison 1961; Nye: Invented self 1983; Friedel/Israel: Light 1986; Hughes: Erfindung 1991, S. 34 ff.; Bazermann: Languages 1999; Baldwin: Edison 2001; Pretzer: Working 2002.
81 Oskar von Miller an Marie Seitz, 20.9.1881; DMA, NL 114/Vorl. Nr. 203.
82 Miller: Lebensweg 1931, S. 2.
83 Exposition 1882 (Handexemplar Millers: Bibliothek des Deutschen Museums: 8° XXV B.1.b. Catalogue).
84 Füßl: Deprez 1996.
85 Miller: Erinnerungen 1932, S. 154 f.
86 Miller: Deprez 1919, S. 146; ders.: Lebensweg 1931, S. 2.
87 Das Original des Berichts befindet sich in DMA, NL 114/Vorl. Nr. 324, S. 34–45. Das Original aus den Ministerialakten wurde Oskar von Miller anlässlich eines Festaktes zum 50-jährigen Jubiläum der Internationalen Elektrotechni-

schen Ausstellung in München 1882 vom Staatsminister des Innern Dr. Karl Stützel überreicht; vgl. Denkschrift zum 40-jährigen Bestehen des Elektrotechnischen Vereins München 1933, S. 10.

88 Bericht Millers; DMA, NL 114/Vorl. Nr. 324, S. 42 f.

89 Ebd., S. 47.

Stromnetze und Popularisierung der Elektrizität

1 Miller an Marie Seitz, 3.10.1881; DMA, NL 114/Vorl. Nr. 203.

2 Ein Nachruf auf Hefner-Alteneck findet sich in: ETZ 25 (1904), S. 63 f.

3 Miller an Marie Seitz, o. D. (ca. Mitte Oktober 1881); DMA, NL 114/Vorl. Nr. 203.

4 Miller: Mittheilungen 1882. Zur Popularisierung der Elektrotechnik vgl. Schivelbusch: Lichtblicke 1983.

5 Walther von Miller: Miller 1955, S. 22.

6 DMA, PTV 182–196.

7 Schmädel: Chronik 1883, S. 2.

8 Liste der Zeichner der Garantiescheine in: DMA, PTV 182,5.

9 Miller: Erinnerungen 1932, S. 156 f.

10 Zur Geschichte der elektrischen Ausstellungen. In: Elektricität. Offizielle Zeitung 1891, S. 12–13. Die Angaben sind in dem offiziellen Katalog höher, da die Firmen teilweise mehrfach gezählt sind; vgl. Exposition 1882.

11 Verzeichnis der Aussteller in Carl: Catalog 1882, S. 21–63; die Angaben in den Akten des Polytechnischen Vereins weichen leicht davon ab; DMA, PTV 182,5.

12 Zitiert bei Kristl: Despot 1965, S. 44.

13 Zur Firma J. Einstein & Cie vgl. Hettler: Firma 1996, S. 42–50.

14 Miller: Erinnerungen 1932, S. 158 f.

15 Zur Gestaltung der Ausstellung vgl. Schmädel: Rundgang 1883, S. 37–72.

16 Tagebuch von Marie Seitz 1882/1883, S. 28; Privatbesitz.

17 Offizieller Bericht 1883, S. 139; vgl. ETZ 3 (1882), S. 359 f.

18 Tagebuch von Marie Seitz 1882/1883, S. 34; Privatbesitz.

19 Briefkonzept Millers, 12.4.1882; DMA, PTV 188 (Ausgang Nr. 29).

20 Schreiben vom 15.4.1882; DMA, PTV 189 (Einlauf Nr. 59).

21 Carl: Catalog 1882, S. 88; Lehmhaus: Miesbach 1983, S. 14.

22 Miller: Erinnerungen 1932, S. 164 f.

23 Zur Person von Herz und seinen Beziehungen zu Rothschild vgl. den Bericht des bayerischen Gesandten in Paris, 25.5.1884; BayHStA, MA 78515.

24 Miller: Erinnerungen (Manuskript), S. 30; DMA, NL 114/Vorl. Nr. 398.

25 Miller an Deprez, 26.5.1882 (Konzept); DMA, NL 114/Vorl. Nr. 325. Das Schreiben Millers ist abgedruckt in: Miller: Erinnerungen 1932, S. 165 f.

26 Deprez an Beetz, 4.7.1882, DMA, NL 114/Vorl. Nr. 325.

27 ETZ 3 (1882), S. 310.

28 Deprez an Beetz, 25.7.1882, DMA, NL 114/Vorl. Nr. 325.

29 Miller an Deprez, 28.7.1882; DMA, PTV 188 (Ausgang Nr. 284).

30 Im offiziellen Zertifikat für den Versuch Deprez' (o. D.) wird von einer erstmaligen Übertragung am 26. September gesprochen. Der zeitliche Unterschied erklärt sich vermutlich aus der Heimlichkeit des einen Tag früher durchgeführten Versuchs. Miller: Erinnerungen (Manuskript), S. 30; DMA, NL 114/Vorl. Nr. 398.

31 Miller: Erinnerungen 1932, S. 168.

32 Wißner: Maschinenschaden 1958, S. 64.

33 Handschriftlicher Bericht über das Kommissionsergebnis, 8.12.1882; DMA, NL 114/Vorl. Nr. 325. Vgl. ETZ 3 (1882), S. 414. Ein Bericht des Aachener Professors Adolph Wüllner über die Übertragungsversuche findet sich in: GStA Berlin, Rep. 76Vc, Sekt. 1, Tit. 11 Teil VI, Nr. 5, Bd. 2.

34 Vgl. La Lumière Électrique 4 (1882), S. 403–404, 424–425, 448–449; Miller: Erinnerungen 1932, S. 168.

35 Miller: Entwicklung 1906, S. 11.

36 Slaby: Kraftübertragung 1883, S. 8. Kritisch äußerten sich auch Gravier: Kraftübertragung 1882, Christiani: Bericht 1883 und Frölich: Kraftübertragung 1883. Zu Slaby vgl. Manegold: Slaby 1990; Blumtritt: Slaby 1995.

37 Zitiert bei König: Engels 1989, S. 11.

38 Schmädel: Chronik 1883, S. 13.

39 Ebd., S. 13.

40 Offizieller Bericht 1883, S. 140.

41 Miller: Erinnerungen (Manuskript), S. 28; DMA, NL 114/Vorl. Nr. 398.

42 Zur Konkurrenz zwischen Gas und Elektrizität als Beleuchtungssysteme vgl. Braun: Gas 1980.

43 Voigt: Nachdenkliches 1925, S. 78.

44 Zum Folgenden: Bericht der Ministerialkommission, 27.12.1882; GStA, Rep. 76Vc, Sekt. 1 Tit. 11, Teil VI, Nr. 5, Bd. 2, fol. 7–27.

45 Einen vorzüglichen Forschungsbericht zur Geschichte der Weltausstellungen liefert Geppert: Welttheater 2002.

46 Zur Königsberger Ausstellung vgl. die entsprechenden Berichte in der ETZ 4 (1883).

47 ETZ 3 (1882), S. 325.

48 Hettler: Firma 1996, S. 17–19.

49 Offizieller Bericht 1983, S. 35. In der Vorstandssitzung vom 3.12.1882 wurde noch von einem Überschuss von 38 000 Mark gesprochen; DMA, PTV 192.

50 Die Akten der Versuchsstation sind enthalten in DMA, PTV 197–201; zu ihrer Tätigkeit vgl. Hettler: Firma 1996, S. 73–80.

51 München 1883, S. 85–107, 188–196.

52 Tagebuch von Marie Seitz 1882/1883, S. 48; Privatbesitz.

53 Zum Folgenden vgl. Miller: Geschichte der Wasserkraft an der Isar zwischen der Maximilians- und Prinzregentenbrücke, 28.3.1890; DMA, NL 114/Vorl. Nr. 269.

54 B. Hofmann: Finck 1953, S. 67 und 105.

55 Miller an Ferdinand von Miller, 16.8.1883; DMA, NL 114/Vorl. Nr. 200.

56 Miller: Erinnerungen (Manuskript), S. 38; DMA, NL 114/Vorl. Nr. 398.

57 Zum Folgenden vgl. ebd., S. 38 ff.

58 Walther von Miller: Miller 1955, S. 28.

59 Zum Folgenden vgl. ebd., S. 29.
60 Ebd., S. 31.
61 DM, Inv.-Nr. 1905–4619. Die Gravur lautet: «Presented by T. A. Edison to Oscar von Miller. New York July 25th 1883».
62 Walther von Miller: Miller 1955, S. 32 f.
63 Pohl: Bayernwerk 1996, S. 35.
64 Miller an Marie Seitz, 11.9.1883; DMA, NL 114/Vorl. Nr. 218. Zur Ausstellung vgl. Illustrierter Führer durch die Internationale Elektrische Ausstellung in Wien 1883. Wien [2]1883; Bericht über die Internationale Elektrische Ausstellung Wien 1883. Wien 1885.
65 Miller an Marie Seitz, 15.9.1883; DMA, NL 114/Vorl. Nr. 218.
66 Ebd.
67 Miller an Marie Seitz, 28.9.1883; ebd.
68 Ebd.
69 Miller an Marie Seitz, o. D. (Sept./Okt.) 1883; ebd.
70 Miller an Marie Seitz, 2.10.1883; ebd.
71 Walther von Miller: Miller 1955, S. 35 f.
72 Zum Folgenden: Miller an Anna von Miller, 10.10.1883; DMA, NL 114/Vorl. Nr. 201.
73 Miller: Erinnerungen (Manuskript), S. 47; DMA, NL 114/Vorl. Nr. 398.
74 Miller an Marie Seitz, 5.11.1883; DMA, NL 114/Vorl. Nr. 218.
75 Ebd.
76 Miller an Marie Seitz, 7.11.1883; ebd.
77 Arbeitsvertrag Millers; ebd., Vorl. Nr. 326.
78 Ebd., § 6.
79 Zur Biographie Rathenaus vgl. Fürst: Rathenau 1915; Pinner: Rathenau 1918; Pohl: Rathenau 1988.
80 Carl: Catalog 1882, S. 54 f.
81 Ebd. (Anhang).
82 Deutsch: Leben 1928, S. 17. Die hier abgedruckten Lebenserinnerungen sind Teil einer umfangreicheren Autobiographie von Deutsch im Deutschen Technikmuseum, I.2.060 FA AEG-Telefunken, Nr. A 401.
83 Der Vertrag ist abgedruckt bei Pohl: Rathenau 1988, S. 219–225.
84 Biographische Angaben und Erzählungen aus der AEG-Zeit: Deutsch: Leben 1928.
85 Eine alphabetische und chronologische Aufstellung der Theaterbrände bis 1889 findet sich bei: Fölsch: Erinnerungen 1889, S. 199–235; zum Wiener Theaterbrand vgl. Körting: Geschichte 1963, S. 179.
86 Wilke: Elektrizität 1898, S. 247. Die 1859 komponierte Oper hatte in Frankreich den Titel «Faust».
87 Ebd., S. 243. Zur Geschichte der elektrischen Bühnenbeleuchtung vgl. AEG: Elektrizität 1925.
88 Zur technischen Ausstattung der beiden Münchner Theater vgl. ETZ 6 (1885), S. 81 f.
89 Miller an Ferdinand von Miller d. Ä., 5.9.1884; DMA, NL 114/Vorl. Nr. 186.
90 Zitiert bei Walther von Miller: Miller 1955, S. 37.

91 Miller: Jubiläum 1916, S. 3.
92 Deutsch: Leben 1928, S. 17.
93 Miller: Erinnerungen (Manuskript), S. 51; DMA, NL 114/Vorl. Nr. 398.
94 Miller: Jubiläum 1916, S. 7.
95 Miller an Ferdinand von Miller d. Ä., 5.9.1884; DMA, NL 114/Vorl. Nr. 186; vgl. Walther von Miller: Miller 1955, S. 38 f. (Zitat dort frei nach dem Original).
96 Vgl. Bericht über die Eröffnung: ETZ 5 (1884), S. 369 f.
97 Miller an Ferdinand von Miller d. Ä., 14.9.1884; DMA, NL 114/Vorl. Nr. 186.
98 Ose: Wechselstrom-Kraftwerke 1987, S. 12.
99 Der Text des Vertrages ist abgedruckt bei Pohl: Rathenau 1988, S. 226–229.
100 Eine technische Beschreibung der Anlage findet sich in: ETZ 5 (1884), S. 497–499.
101 Bahde / Bürgel / Hahn: Jahre 1984, S. 478.
102 Wengenroth: Energie 1991, S. 34.
103 Diskussionsbeitrag Millers anlässlich der Versammlung Deutscher Städteverwaltungen in Frankfurt am 27.8.1891; ETZ 12 (1891), S. 613.
104 Zum Folgenden vgl. Miller: Erinnerungen (Manuskript), S. 55; DMA, NL 114/Vorl. Nr. 398; ders.: Jubiläum 1916, S. 10 f.; Walther von Miller: Miller 1955, S. 40 f.
105 Walther von Miller: Miller 1955, S. 41; vgl. Deutsch: Leben 1928, S. 20.
106 Matschoß / Schulz / Groß: Jahre 1934, S. 19; Walther von Miller: Miller 1955, S. 41.
107 Haubner: Anfängen 1962, S. 5 Anm. 7.
108 Matschoß / Schulz / Groß: Jahre 1934, S. 13 f.
109 Vgl. Wilke: Elektricitäts-Werke 1890; Matschoß / Schulz / Groß: Jahre 1934.
110 Vgl. Pohl: Rathenau 1988, S. 55 ff.; Matschoß / Schulz / Groß: Jahre 1934, S. 13 ff.; Pinner: Rathenau 1918, S. 123 ff.
111 Dritter Geschäftsbericht der Deutschen Edison Gesellschaft für angewandte Elektricität betreffend das Geschäftsjahr 1885. Berlin 1886, S. 3.
112 Zur Ausstellung vgl. Dettmar: Entwicklung I 1989, S. 237. Johannes Benecke: Meine Erinnerungen an die B.E.W. Berlin 1929 (Manuskript), S. 14 f.; Archiv der Bewag, Ordner 8/00.
113 Autobiographie von Deutsch; Deutsches Technikmuseum, Archiv, I.2.060 FA AEG-Telefunken, Nr. A 401, S. 95.
114 Vgl. Zängl: Strom 1989, S. 69 ff.; Heßler: Einführung 1998; dies.: Woman 2001.
115 Vgl. Autobiographie von Deutsch; Deutsches Technikmuseum, Archiv, I.2.060 FA AEG-Telefunken, Nr. A 401, S. 95.
116 Zum Folgenden vgl. A. Gall: Bank 1995, S. 35–40.
117 Miller an Anna von Miller, 23.7.1885; DMA, NL 114/Vorl. Nr. 188.
118 Miller an Ferdinand von Miller d. Ä., 3.12.1886; ebd.
119 Ebd.
120 Der Text des Vertrages ist abgedruckt bei Pohl: Rathenau 1988, S. 236–239.
121 Deutsch: Leben 1928, S. 12 ff.; vgl. Schulin: Diotima 1993, S. 56.
122 Autobiographie von Deutsch; Deutsches Technikmuseum, Archiv, I.2.060 FA AEG-Telefunken, Nr. A 401, S. 95.

123 Ebd., S. 98 f.
124 Vgl. Vierter Geschäftsbericht der Deutschen Edison Gesellschaft für angewandte Elektricität betreffend das Geschäftsjahr 1886. Berlin 1887, S. 5.
125 AEG-Zeitung vom 11.12.1908. Festnummer: Der siebzigste Geburtstag Emil Rathenaus, S. 17; Miller: Lebensweg 1931, S. 3.
126 Miller an Marie Seitz, 6.12.1883; DMA, NL 114/Vorl. Nr. 218.
127 Miller an Ferdinand von Miller d. Ä., 11.1.1884; DMA, NL 114/Vorl. Nr. 186.
128 Miller an Ferdinand von Miller d. Ä., 5.12.1883; DMA, NL 114/Vorl. Nr. 202/1.
129 Handschriftliche Notiz Millers auf einem Brief von Rathenau an Miller, 10.5.1887; DMA, NL 114/Vorl. Nr. 133.
130 Miller an Ferdinand von Miller d. Ä., 18.1.1887; DMA, NL 114/Vorl. Nr. 189.
131 Der Brief ist abgedruckt bei Pohl: Rathenau 1988, S. 119 f.
132 Ebd., S. 120.
133 Rathenau an Miller, 28.6.1888; DMA, NL 114/Vorl. Nr. 331.
134 Pinner: Rathenau 1918, S. 126.
135 Vertragsentwurf der AEG für Miller, o. D. (ca. 1888); NL 114/Vorl. Nr. 326.
136 Miller an Anna von Miller, 3.7.1888; DMA, NL 114/Vorl. Nr. 190.
137 Vgl. Pohl: Rathenau 1988, S. 82 ff.
138 Vgl. Millers Vortrag über den Ausbau der Berliner Zentralstationen; Miller: Erweiterungen 1889.
139 Miller: Erinnerungen (Manuskript), S. 57; DMA, NL 114/Vorl. Nr. 398.
140 Miller: Entwicklung 1917, S. 529.
141 Miller an Ferdinand von Miller d. Ä., 3.12.1886; DMA, NL 114/Vorl. Nr. 188.
142 Autobiographie von Deutsch; Deutsches Technikmuseum, Archiv, I.2.060 FA AEG-Telefunken, Nr. A 401, Mappe J. C. G., A.
143 Stellungnahme Millers zu Vertragsverletzungen seitens der Fa. Siemens & Halske, o. D. (ca. 1888); DMA, NL 114/Vorl. Nr. 329.
144 Ebd.
145 Ebd.
146 Die Diskussionsbeiträge von Siemens und Miller sind abgedruckt in der ETZ 9 (1888), S. 323–328.
147 Ebd., S. 328.
148 Autobiographie von Deutsch; Deutsches Technikmuseum, Archiv, I.2.060 FA AEG-Telefunken, Nr. A 401, S. 100.
149 Zum Folgenden: Miller an Marie von Miller, 19.4.1889 bzw. 21.4.1889; DMA, NL 114/Vorl. Nr. 208.
150 Deutsches Technikmuseum, Archiv, I.2.060 FA AEG-Telefunken, Nr. PD 2403. Eine Kopie des Originalschreibens ist vorhanden in: DMA, HS 1973–4.
151 Autobiographie von Deutsch; Deutsches Technikmuseum, Archiv, I.2.060 FA AEG-Telefunken, Nr. A 401, S. 101.
152 Protokoll der Sitzung des Aufsichtsrats vom 22.5.1889; DMA, NL 114/Vorl. Nr. 330.
153 Siebenter Geschäftsbericht der Allgemeinen Elektricitäts-Gesellschaft betreffend das Geschäftsjahr vom 1. Juli 1888 bis zum 30. Juni 1889. Berlin 1889, S. 12.
154 Miller an Marie von Miller, 29.7.1889; DMA, NL 114/Vorl. Nr. 208.
155 Ebd.

156 Wilhelm von Miller an Fritz von Miller, 21.8.1889; Familienarchiv Ferdinand von Miller, Bad Wiessee (ohne Nummer).
157 ETZ 11 (1890), S. 14.
158 Deutsches Museum, Inv.-Nr. 1905–3720.
159 Miller: Zentralstationen 1889, S. 18.
160 Wengenroth: Energie 1991, S. 34. Die Zahlen beziehen sich auf diejenigen Firmen, die ihren Kraftstrom aus dem öffentlichen Verkehrsnetz bezogen. Unternehmen mit eigener Stromversorgung sind damit nicht erfasst. Vgl. Matschoß/Schulz/Groß: Jahre 1934, S. 25. Hier werden für das Jahr 1888 rund ein Dutzend Elektromotoren in Berlin genannt.
161 Matschoß/Schultz/Groß: Jahre 1934, S. 26; Walther von Miller: Miller 1955, S. 43; Stadelmayer: Ingenieur 1959, S. 309; Kristl: Despot 1965, S. 92; Pörtner: Miller 1987, S. 29 f.
162 Miller: Erinnerungen (Manuskript), S. 58; DMA, NL 114/Vorl. Nr. 398.
163 Vgl. Denkschrift und Antrag betreffend die künftige Regelung des Beleuchtungswesens von München mit besonderer Berücksichtigung des Vertragsverhältnisses zwischen Gasbeleuchtungsgesellschaft und Stadtgemeinde. München 1889.
164 Isarwerke 1908, S. 7.
165 Miller an Marie von Miller, 19.4.1889; DMA, NL 114/Vorl. Nr. 208.
166 Miller an Marie von Miller, 10.1.1887; DMA, NL 114/Vorl. Nr. 206.
167 Ebd.
168 Wilhelm von Miller an Fritz von Miller, 21.8.1889; Familienarchiv Ferdinand von Miller, Bad Wiessee (ohne Nummer).
169 Hesselmann: Wirtschaftsbürgertum 1985, S. 174.
170 Miller: Beschreibung 1899, Vorwort (ohne Seitenangaben).
171 Vgl. Personalakt Metzgers, DMA, VA, PA 1403.
172 Zur Geschichte des Fachs Elektrotechnik vgl. u. a. Buchheim: Voraussetzungen 1980; Kaiser: Akademisierung 1992; König: Erasmus 1986, bes. S. XV–XLII; ders.: Hochschullehrer 1987; Gilson: Konzepte 1994, S. 26–42.
173 Die Geschichte unabhängiger Ingenieurbüros und ihre wichtige Rolle bei der Elektrifizierung Deutschlands sind noch wenig erforscht. Besonders im Bereich der Elektrizitätswirtschaft beschränken sich die Untersuchungen meist auf die Funktion der großen Elektrizitätsversorger; vgl. Gilson: Konzepte 1994, S. 26 ff.
174 Vgl. Geschäftsjubiläum 1924; 60 Jahre Philipp Jung 1934.
175 Vgl. ETZ 15 (1894), S. 693; StA Frankfurt, Magistratsakten, T 2024, Bd. VI.
176 Adressbuch der Elektricitäts-Branche. Bd. 1: Deutschland. Berlin 1892.
177 Zur Projektierung von Elektrizitätswerken und der Frage der Rentabilität vgl. Gilson: Konzepte 1994, S. 26–60.
178 Miller: Versorgung 1896–1903.
179 Hoppe legte in seinem Werk einen Schwerpunkt auf die Untersuchung der Rentabilität von Gleichstromanlagen. Sein Fazit war so vernichtend, dass er heftige Kritik in der Fachpresse erntete. Vgl. ETZ 27 (1906), S. 968–973, 989–993; vgl. Gilson: Konzepte 1994, S. 36 f.
180 Miller: Versorgung 1 1896, S. VII.

181 Ebd., S. II.
182 Vgl. Gilson: Konzepte 1994, S. 30 (mit weiterführender Literatur).
183 Ingenieurbüro Oskar von Miller: Arbeitsgebiet (ca. 1930), S. 2.
184 Hinweise zu Projekten bieten elektrotechnische Fachzeitschriften und kommunale bzw. staatliche Archivbestände. Letztere konnten nur dann ausgewertet werden, sofern Hinweise auf ein Miller'sches Projekt bekannt waren. Projekte, die aus verschiedenen Gründen nicht realisiert wurden, sind nur schwer nachweisbar.
185 Miller an Marie von Miller, o. D. (September 1890); DMA, NL 114/Vorl. Nr. 210.
186 Zum Folgenden vgl. Miller: Geschichte der Wasserkraft an der Isar zwischen der Maximilians- und Prinzregentenbrücke, 28.3.1890; DMA, NL 114/Vorl. Nr. 269; Prinzregent Luitpold an Miller, 2.8.1890; ebd.
187 Miller an Marie von Miller, 29.9.1890; DMA, NL 114/Vorl. Nr. 210.
188 Miller: Erinnerungen (Manuskript), S. 58; DMA, NL 114/Vorl. Nr. 398.
189 Zur Elektrifizierung Frankfurts und zur Internationalen Elektrotechnischen Ausstellung gibt es eine Fülle an Literatur. Miller: Beschreibung 1899, Nr. 6 (ohne Seitenangaben); Henniger: Bedeutung 1986; Steen: Revolution 1981; Eine neue Zeit 1991, S. 15–21 und 673–676; Böhme: Geist 1994; Horstmann: Ausstellung 1991; Gugerli: Technikbewertung 1994; Steen: Fée 2001. Einen zeitgenössischen Überblick bietet die Schrift Elektricitätswerk 1898. Umfassende Detailinformationen liefert das während der Ausstellung permanent erscheinende Blatt «Elektricität. Offizielle Zeitung» 1891, das in 30 Nummern gedruckt wurde.
190 AEG an Rudolf Sulzbach, 2.5.1888; StA Frankfurt, Magistratsakten T 2024, Bd. 1.
191 Die Angebote der AEG, Ganz & Co. etc. aus dem Jahr 1888 sind enthalten in: StA Frankfurt, Magistratsakten T 2024, Bd. 1.
192 Zur Kommission gehörten: Galileo Ferraris (Turin), Erasmus Kittler (Darmstadt), William H. Lindley (Frankfurt), Friedrich Uppenborn (Berlin), Heinrich Friedrich Weber (Zürich); zur Tätigkeit der Kommission vgl. StA Frankfurt, Stadtwerke, Nr. 231. Das Gutachten ist veröffentlicht in ETZ 11 (1890), S. 109–113 und 129–132.
193 Sonnemann: Entstehung 1891, S. 3.
194 Eine neue Zeit 1991, S. 24.
195 Zu den Verhandlungen Millers im Auftrag der AEG vgl. StA Frankfurt, Magistratsakten T 2024, Bd. 1; Steen: Revolution 1981, S. 125.
196 Die Akten der Ausstellung sind im Zweiten Weltkrieg verbrannt, ebenso der Hauptteil des Nachlasses Millers.
197 Miller an Marie von Miller, 4.3.1890; DMA, NL 114/Vorl. Nr. 210.
198 Miller an Sonnemann, 7.3.1890 (Abschrift; = Beilage zum Brief an Marie von Miller, 4.3.1890); ebd.
199 Miller an Marie von Miller, 9.3.1890; ebd.
200 Die Entwurf ist abgebildet in: Eine neue Zeit 1991, S. 265.
201 Zum Ticketsystem vgl. Elektricität. Offizielle Zeitung 1891, S. 34; Offizieller Bericht, Bd. 1 1893, S. 65 ff.

202 Zum Komplex Kunstausstellung und Kunstgewerbe auf der Frankfurter Elektrizitätsausstellung vgl. Horstmann: Ausstellung 1991.
203 Miller an Sonnemann, 8.3.1890 (Abschrift; = Beilage zum Brief an Marie von Miller, 4.3.1890); DMA, NL 114/Vorl. Nr. 210.
204 ETZ 11 (1890), S. 17 f.
205 Miller an Marie von Miller, 14.10.1890; DMA, NL 114/Vorl. Nr. 210.
206 Lebenserinnerungen von Georg Zapf; Archiv Felten & Guilleaume II/B/a.
207 Miller: Bericht 1891, S. 7.
208 Elektricität. Offizielle Zeitung 1891, S. 117.
209 Miller an Marie von Miller, 7.7.1890; DMA, NL 114/Vorl. Nr. 210.
210 Ebd.
211 Lebenserinnerungen von Georg Zapf; Archiv Felten & Guilleaume II/B/a. Eine Liste der beteiligten Mitarbeiter des Technischen Büros findet sich in: Eine neue Zeit 1991, S. 269.
212 Zu den einzelnen Bauten vgl. Offizieller Bericht, Bd. 1 1893, S. 11–28.
213 Zur Ausstellungsarchitektur vgl. den Katalog: Eine neue Zeit 1991, S. 59–182.
214 Zu den sich um die Jahrhundertwende rasch ausbreitenden Vergnügungsstätten, die intensiv die jeweils neueste Technik nutzten vgl. Poser/Zachmann: Homo 2003.
215 Elektricität. Offizielle Zeitung 1891, S. 110.
216 Eine neue Zeit 1991, S. 256.
217 Ebd., S. 225. Eine technische Beschreibung der Grotte in: ETZ 12 (1891), S. 552–553.
218 Elektricität. Offizielle Zeitung 1891, S. 420 und 460.
219 DMA, NL 114/Vorl. Nr. 324, S. 47.
220 Vgl. die Rede von Slaby anlässlich der Geburtstagsfeier Kaiser Wilhelms II. in der Aula der Technischen Hochschule Berlin, in der Slaby ebenfalls die Metapher des ungezügelten Gebirgsflusses auf die Elektrizität überträgt; ETZ 16 (1895), S. 91–93; Dienel: Herrschaft 1992, S. 94 und 183.
221 Vgl. Eine neue Zeit 1991, S. 311 ff.; Gugerli: Technikbewertung 1994.
222 Der «Offizielle Bericht» erschien 1893/94 in zwei Bänden.
223 Vgl. Eine neue Zeit 1991, S. 332–337.
224 Elektricität. Offizielle Zeitung 1891, S. 685.
225 Zu den verschiedenen Besuchen und Kongressen vgl. Offizieller Bericht, Bd. 1 1893, S. 71–113.
226 Vgl. GStA Berlin, Rep. 76Vc, Sekt. 1 Tit. 11, Teil VI, Nr. 5, Bd. 2, fol. 327.
227 Miller: Ausstellung 1891, S. 236.
228 Ebd.
229 Ebd., S. 237. Zur Diskussion um das Druckluftsystem Popp vgl. ETZ 11 (1890) (verschiedene Artikel).
230 Offizieller Katalog 1891, S. 145 f.
231 Zur Geschichte der Firma vgl. Voit: Nachdenkliches 1925, S. 7–12, 41–45; Hübschmann: Helios 1984; Wessel: Aufstieg 1984.
232 Miller: Fortschritt 1891, S. LXV.
233 Vgl. jüngst Neidhöfer: Dolivo-Dobrowolsky 2004.

234 Zur Geschichte der Kraftübertragungen vor 1891 vgl. Heilbronner: Fernübertragungsanlagen.
235 Zum Folgenden vgl. Eine neue Zeit 1991, S. 188 f.; Dettmar: Entwicklung II 1991, S. 124 f.
236 Im Gegensatz zu der modernen Literatur, die die Länge der Strecke auf 175 Kilometer beziffert, wird im offiziellen Kommissionsbericht von knapp 170 Kilometer gesprochen. Diese Zahl wird im Folgenden weiter verwendet.
237 Miller: Entwicklung 1931, S. 1242.
238 Auszüge aus dem Vortrag Millers in ETZ 11 (1890), S. 277 f.
239 Miller: Erinnerungen (Manuskript), S. 2; DMA, NL 114/Vorl. Nr. 398.
240 Miller: Beschreibung 1899, Nr. 4 (ohne Seitenangaben): Elektricitätswerk Lauffen a. N. – Heilbronn.
241 DMA, NL 114/Vorl. Nr. 191.
242 Zum Folgenden vgl. Miller: Erinnerungen (Manuskript), S. 2 ff.; DMA, NL 114/Vorl. Nr. 398; Miller: Entwicklung 1931, S. 1242.
243 Dolivo-Dobrowolsky: Geschichte 1917, S. 367.
244 ETZ 11 (1890), S. 409.
245 Protokoll der Sitzung vom 6.12.1890; DMA, NL 114/Vorl. Nr. 268.
246 Miller: Beschreibung 1899, Nr. 3 (ohne Seitenangaben): Elektrische Kraftübertragung Lauffen – Frankfurt. Eine ausführliche technische Beschreibung der einzelnen Komponenten der Kraftübertragung findet sich in: Elektricität. Offizielle Zeitung 1891, S. 597–599, 825–830; Offizieller Bericht, Bd. 1 1893, S. 375–388, Bd. 2 1894, S. 319–451. Vgl. Erinnerung an die Kraftübertragung. o. J.
247 Nachruf in: ETZ 25 (1903), S. 408.
248 Vgl. Allgemeine Elektricitäts-Gesellschaft: Drehstromanlagen, S. 17.
249 Miller: Entwicklung 1931, S. 1242; zur öffentlichen Kritik vgl. Dolivo-Dobrowolsky: Geschichte 1917, S. 367.
250 ETZ 12 (1891), S. 111 f.
251 Miller: Erinnerungen (Manuskript), S. 8; DMA, NL 114/Vorl. Nr. 398.
252 Deutsches Museum, Inv.-Nr. 62858.
253 Miller: Entwicklung 1931, S. 1242.
254 Walther von Miller: Miller, S. 45.
255 Miller: Entwicklung 1931, S. 1242. Das Beispiel der Reglementierung von Leitungssystemen ist symptomatisch für den reservierten Umgang staatlicher oder städtischer Bürokratie mit den vermuteten Gefahren der Elektrizität. Schon in Berlin war, wie Miller später süffisant bemerkte, in den DEG-Zeiten die Genehmigung von 12 Behörden notwendig, bis die Kabel für die ersten Zentralstationen verlegt werden durften. Dies führte zur Bildung einer Reichskommission zur Schaffung einheitlicher Vorschriften. Ihr gehörten neben Helmholtz auch Slaby, Voit und Schuckert an. Vgl. Diskussionsbeitrag Millers anlässlich der Versammlung Deutscher Städteverwaltungen in Frankfurt am 27.8.1891; ETZ 12 (1891), S. 613.
256 ETZ 12 (1891), S. 480 f.
257 Miller: Entwicklung 1931, S. 1242.
258 Der umfassende Bericht ist abgedruckt in: Offizieller Bericht, Bd. 2 1894, S. 319–451.

259 Ebd., S. 412.
260 Vossische Zeitung, 13.10.1901, S. 2. Eine Auswahl der Reaktionen ist abgedruckt in: Eine neue Zeit 1991, S. 383–389.
261 Die Gegenwart 44 (1891), S. 277 f.
262 Rede Sonnemanns bei der Abschlussfeier der Ausstellung am 19.10.1919; Elektricität. Offizielle Zeitung 1891, S. 977–981, hier S. 979.
263 Offizieller Bericht, Bd. 1 1893, S. 117.
264 The Times, 8.9.1891.
265 Zitiert nach ETZ 12 (1891), S. 547.
266 Offizieller Bericht, Bd. 1 1893, S. 125.
267 Ebd., S. 67.
268 Elektricität. Offizielle Zeitung 1891, S. 1028.
269 Der Finanzbericht ist abgedruckt in: Offizieller Bericht, Bd. 1 1893, S. 535–550.
270 Bericht über das finanzielle Ergebnis der Internationalen Elektrotechnischen Ausstellung, 1.10.1892; StA Frankfurt, Magistratsakten S 2303.
271 Elektricität. Offizielle Zeitung 1891, S. 978.
272 ETZ 12 (1891), S. 571; vgl. Elektricität. Offizielle Zeitung 1891, S. 980.
273 Vgl. Wessel: Aufstieg 1984.
274 Eine Neue Zeit 1991, S. 678 f.
275 Kleine Presse, 17.5.1891, Erstes Blatt (Titelseite).
276 König/Weber: Netzwerke 1990, S. 335.
277 Schott: Vernetzung 1999, S. 52.
278 Eine Zusammenfassung findet sich bei: Elektricitätswerk 1898; Steen: Revolution, S. 219–223; Eine Neue Zeit 1991, S. 673–676.
279 Elektrizitätswerk Frankfurt a. M. Gutachten und Projekte von Oscar von Miller und William H. Lindley. Frankfurt am Main 1892 (mit Beilagen und Plänen). Zur Diskussion des Berichts und zu den weiteren Verhandlungen vgl. StA Frankfurt, Magistratsakten T 2024, Bd. 3 und 4.
280 Offener Brief von Lindley und Miller, 2.9.1892; StA Frankfurt, Magistratsakten T 2024, Bd. 4.
281 Rundschreiben Millers, 31.3.1893 (mit einem Sonderdruck des Artikels von Uppenborn); StA Frankfurt, Magistratsakten T 2024, Bd. 4; vgl. Uppenborn: Elektricitätswerk 1893.
282 Sitzungsprotokoll vom Februar 1893; StA Frankfurt, Stadtwerke, Nr. 290.
283 Protokoll einer Besprechung zwischen Helios, Lindley, Miller und BBC, 24.2.1893; StA Frankfurt, Stadtwerke, Nr. 290.
284 Slaby an Magistrat der Stadt Frankfurt, 3.7.1893; StA Frankfurt, Stadtwerke, Nr. 311. Der Brief ist gedruckt in: Elektrotechnische Rundschau 10 (1892/93), S. 178.
285 Die Debatte findet sich u. a. in den Akten der Stadtwerke; StA Frankfurt, Stadtwerke, Nr. 311.
286 Offizieller Bericht, Bd. 1 1893, S. 9.
287 Miller an Marie von Miller, 9.3.1890; DMA, NL 114/Vorl. Nr. 210.
288 Offizieller Bericht, Bd. 1 1893, S. 545.
289 Miller: Systeme 1891, S. 617.
290 Elektricität. Offizielle Zeitung 1891, S. 1014.

291 Miller: Entwicklung 1906, S. 22; ders.: Jubiläum 1916, S. 15.
292 Zum Plakat der Frankfurter Ausstellung vgl. Eine neue Zeit 1991, S. 329; Osietzki: Geschlechter 2001, S. 16 ff.
293 Eine neue Zeit 1991, S. 160.
294 Elektricität. Offizielle Zeitung 1891, S. 297–301.
295 Ebd., S. 243 f.; Offizieller Bericht, Bd. 1 1893, S. 47; Eine neue Zeit 1991, S. 237 f.
296 Zur Geschichte des Panoramabildes vgl. Buddemeier: Panorama 1970; Oettermann: Panorama 1980, S. 188 ff.
297 Oettermann: Panorama 1980, S. 200.
298 Miller an Marie von Miller, 14.10.1890; DMA, NL 114/Vorl. Nr. 210: «Die Ausstellung ist sehr großartig und dürfen wir uns in Frankfurt alle Mühe geben.»
299 Elektricität. Offizielle Zeitung 1891, S. 244.
300 Oettermann: Panorama 1980, S. 212 ff.
301 Füßl: Gründung 2003, S. 59.
302 Ebd., S. 47.
303 Walther von Miller: Miller 1955, S. 35.
304 Lebenserinnerungen von Georg Zapf; Archiv Felten & Guilleaume II/B/a.
305 Miller: Fernübertragung 1916, S. 260; ders.; Kapitel 1927, S. 25.
306 Höflein: Elektrifizierung 1993, S. 84; Wengenroth: Motoren 1989, S. 189 ff.
307 Miller: Elektromotoren 1893, S. 540.
308 Reuleaux: Maschine 1885, S. 20.
309 Wengenroth: Motoren 1989, S. 179 ff.; vgl. Lackner: Elektromotor 1998.
310 Wengenroth: Motoren 1989, S. 178.
311 Vgl. Dienel: Zweckoptimismus 1998.
312 Miller: Fortschritt 1891, S. LXVI.
313 Miller an Marie von Miller, 6.7.1890; DMA, NL 114/Vorl. Nr. 210.
314 Matschoß/Schulz/Groß: 50 Jahre 1934, S. 25. Die AEG gründete eine eigene Gesellschaft, die Elektromotor GmbH, um Stromkonsumenten alte Verbrennungsmotoren abzunehmen und diese durch moderne Elektromotoren zu ersetzen.
315 Miller: Elektromotoren 1893, S. 530.
316 Matschoß/Schulz/Groß: 50 Jahre 1934, S. 213.
317 Zur Einführung der Elektrizitätsversorgung in Fürstenfeldbruck vgl. Füßl: Entwicklung 1992, S. 9–75. Technische Einzelheiten bei Miller: Beschreibung 1899, Nr. 7 (ohne Seitenangaben).
318 Brucker Blätter. Jahrbuch des Historischen Vereins für die Stadt und den Landkreis Fürstenfeldbruck 1991, Heft 2; Beckedorf: Fürstenfeldbruck 1966, S. 62 nennt etwas höhere Zahlen.
319 StA Fürstenfeldbruck, Beschlussbücher 1891. Sitzung vom 11. Mai 1891.
320 Quittung vom 1.4.1893; Stadtwerke Fürstenfeldbruck, Akt Abrechnungen und Quittungen 1891–1895.
321 Artikel: Ein märchenhaft elektrisch Lichtermeer; Fürstenfeldbrucker Zeitung, 7.7.1931.
322 ETZ 14 (1893), S. 223–228; Miller: Zentralstationen 1893; Miller: Elektrizitätswerk 1893; Aumiller: Führer 1894, S. 30 ff.
323 Miller: Zentralstationen 1893, S. 6.

324 Ebd., S. 23.
325 Ebd., S. 11.
326 Ebd.
327 Ebd., S. 25.
328 Ebd., S. 2–8, 11–16, 23–27.
329 Ebd., S. 2.
330 Schmidberger: Wechselstrom-Kraftwerk 1890 geht nicht auf die Vorgeschichte des Reichenhaller Elektrizitätswerkes ein.
331 Zur frühen Elektrizitätsstatistik vgl. Dettmar: Entwicklung II 1991, S. 103 ff.
332 ETZ 15 (1894), S. 256–259, ETZ 16 (1895), S. 195–196 und 223–226. Diese ersten Statistiken waren noch mangelhaft. So weicht die Zahl der seit 1888 errichteten Elektrizitätswerke von den späteren jährlichen Zusammenfassungen in der «Elektrotechnischen Zeitschrift» erheblich ab. Neben den Zahlen in der ETZ gab es seit 1892 eine Statistik, die vom Verband der Elektrizitätswerke ebenfalls jährlich herausgegeben wurde. Diese erfasste allerdings nur solche Werke, die in dem Verband inkorporiert waren. Das Werk in Fürstenfeldbruck gehörte offensichtlich nicht dazu, da es in der Zusammenstellung nicht erwähnt ist. Insofern kommt der Verbandsstatistik nur eine untergeordnete Bedeutung zu. Im Folgenden werden die Zahlen aus der zuverlässigeren Quelle der ETZ zitiert.
333 ETZ 16 (1895), S. 223–226.
334 ETZ 22 (1901), S. 742.
335 ETZ 15 (1894), S. 257, Tabelle 1.
336 ETZ 14 (1893), S. 409.
337 Wolff: Besuch 1893, S. 5.
338 Zusammenfassung des Referats in: ETZ 14 (1893), S. 103–104. Hannover hatte 1891 ein eigenes E-Werk gebaut. Vgl. 1891–1991. 100 Jahre Strom für Hannover 1991.
339 Wolff spielte in der Geschichte des siebenbürgischen Genossenschaftswesens eine wichtige Rolle. Wie Miller setzte sich Wolff für die Verbesserung des heimischen Gewerbes durch eine breite Elektrifizierung ein.
340 Bericht 1891.
341 Bericht 1891, S. 37.
342 Miller: Elektrizitätswerk Hermannstadt 1893.
343 Wolff: Besuch 1893.
344 Miller: Beschreibung 1899, Nr. 21 (ohne Seitenangaben).
345 Wolff: Besuch 1893, S. 6.
346 Zur technischen Beschreibung des Hermannstädter Elektrizitätswerks vgl. Miller: Beschreibung 1899, Nr. 21 (ohne Seitenangaben); Dachler: Elektrizitätswerk 1906.
347 Miller: Beschreibung 1899, Nr. 21 (ohne Seitenangaben).
348 Miller an Marie von Miller, 13.12.1896; DMA, NL 114/Vorl. Nr. 212.
349 Dachler: Elektrizitätswerk 1906, S. 5 f., 11 ff., 25 ff.
350 Ursprünglich hatte Miller für Hermannstadt einen Pauschaltarif vorgeschlagen, um den Abnehmern die Kosten für Stromzähler zu ersparen; vgl. Miller: Elektrizitätswerk Hermannstadt 1893, S. 12.

351 Miller: Elektrizitätswerk Hermannstadt 1893, S. 15; ders.: Vereinigung 1896, S. 116.
352 Vgl. Zängl: Strom 1989, S. 69 ff.; Heßler: Einführung 1998; dies.: Woman 2001.
353 Füßl: Entwicklung 1992, S. 40 f.
354 Dachler: Elektrizitätswerk 1906, S. 16 f.
355 Wolff: Wege 1894, S. 3.
356 Dachler: Elektrizitätswerk 1906, S. 17.
357 Miller: Beschreibung 1899, Nr. 21 (ohne Seitenangaben).
358 Dachler: Elektrizitätswerk 1906, S. 18–20.
359 Ebd.
360 Miller: Beschreibung 1899, Nr. 21 (ohne Seitenangaben).
361 Wolff: Leben 1929, S. 39 f.
362 Wolff: Schriften 1976, S. 104.
363 ETZ 23 (1902), S. 995.
364 Miller: Elektrizitätswerk 1893, S. 15.
365 Zur Elektrifizierungspolitik der Städte vgl. u. a. Schott: Vernetzung 1999 (für Darmstadt, Mannheim, Mainz).
366 DMA, NL 114/Vorl. Nr. 324, S. 47. Zur Elektrifizierung Bayerns vgl. Blaich: Energiepolitik 1981.
367 Denkschrift und Antrag betreffend die künftige Regelung des Beleuchtungwesens von München mit besonderer Berücksichtigung des Vertragsverhältnisses zwischen Gasbeleuchtungsgesellschaft und Stadtgemeinde. München 1889; Uppenborn: Elektricitätswerke 1897; ders.: Elektricitätswerke 1898.
368 Miller: Projekt für ein Elektrizitätswerk in Nürnberg. Nürnberg 1894; Scholtes: Elektrizitätswerk 1898; 100 Jahre Strom für Nürnberg 1996; Stöckel: Licht 1996; Bauernfeind: Bürgermeister 2000.
369 Miller: Isarwerke 1895; Isarwerke 1908; Sechzig Jahre Isarwerke 1954.
370 Besprechungsprotokoll Millers über eine Unterredung mit Heilmann und Finck, 14.10.1892; DMA, NL 114/Vorl. Nr. 272.
371 Statistik der Elektrizitätswerke in Deutschland 1895 vgl. ETZ 16 (1895), S. 223–226.
372 Ott: Statistik 1986, S. XXIV.
373 Ebd., S. 302.
374 München 1918.
375 Zur Ernennung vgl. BayHStA, MInn 47157.
376 Eine umfassende und quellenbasierte Arbeit zum Bayernwerk verfasste Pohl: Bayernwerk 1996 zum 75-jährigen Jubiläum des Unternehmens.
377 Schömig: Walchensee-Kraftwerk 1983, S. 193.
378 Miller: Naturkräfte 1902; Miller: Wasserkräfte 1903.
379 Miller: Naturkräfte 1902, S. 824.
380 Bericht des Hydrotechnischen Bureaus vom 15.7.1906; BayHStA, MF 67742.
381 Zum Folgenden Protokoll der Sitzung vom 5.3.1906; BayHStA, MF 67742. Vgl. die Notizen «Arbeiten betreffend die Elektrifizierung der bayerischen Staatseisenbahn»; DMA, NL 114/Vorl. Nr. 270.

382 Ebd.
383 Ebd.
384 Protokoll der Sitzung vom 19.1.1907; BayHStA, MF 67742.
385 Gutachten Millers vom 6.3.1907; ebd.
386 Vgl. Miller: Arbeiten betr. Ausnützung der Bayerischen Wasserkräfte, o. D. (Abschrift), S. 1; DMA, NL 114/Vorl. Nr. 388; Pohl: Bayernwerk 1996, S. 87 f.
387 Ebd.
388 Vgl. u. a. die Artikel in den Münchner Neuesten Nachrichten, Nr. 568, 570 f. (Albert Schmid), 575 (Gabriel von Seidl) von 1907, Augsburger Abendzeitung, Nr. 356, 1907 (Otto Freiherr von und zu Aufseß) bzw. 19.9.1908 und in der Frankfurter Zeitung, Nr. 151, 31.5.1908 (Robert Piloty).
389 Die Eingaben sind zusammengefasst in der «Denkschrift zum Walchensee-projekt. München 1909»; BayHStA, MF 67743.
390 Briefkonzept Millers, 18.11.1907; DMA, NL 114/Vorl. Nr. 388.
391 «Bericht über den Stand der Wasserkraftausnützung und Elektrizitätsversorgung in Bayern in den Jahren 1910 und 1911»; «Bericht über den Stand der Elektrizitätsversorgung am Ende des Jahres 1913».
392 Staatsministerium für Verkehrsangelegenheiten an Schmick bzw. Donat, 13.10.1910; BayHStA, MF 67743.
393 Vgl. Walther von Miller: Miller 1955, S. 56; Miller: Ausnützung 1925, S. 1.
394 Miller an Brettreich, 20.6.1911 (Abschrift); DMA, NL 114/Vorl. Nr. 387.
395 Miller an Marie von Miller, 19.7.1911; DMA, NL 114/Vorl. Nr. 221.
396 Miller an Brettreich, 20.7.1911 (Abschrift); DMA, NL 114/Vorl. Nr. 387.
397 Pohl: Bayernwerk 1996, S. 41.
398 Vgl. Spindler: Geschichte 1 1975, S. 357 ff.
399 Miller an Brettreich, 24.12.1911; DMA, NL 114/Vorl. Nr. 387.
400 Miller an Brettreich, 27.1.1912; ebd.
401 Pohl: Bayernwerk 1996, S. 46.
402 Die politische Steuerung der Energieversorgung durch den Staat untersucht die glänzende Arbeit von Stier: Strom 1999.
403 Zum Folgenden vgl. Pohl: Bayernwerk 1996, S. 46–51.
404 Ebd., S. 47.
405 Entwurf für die Reichsratsrede Millers am 12.8.1912; DMA, NL 114/Vorl. Nr. 387.
406 Rede Millers am 13.6.1914; Stenographischer Bericht der Verhandlungen der Kammer der Reichsräte, Bd. II, Nr. 36, S. 321 ff. Ein Abdruck der Rede findet sich in den Akten des Finanzministeriums; BayHStA, MF 67745.
407 Miller an Cassimir, 22.9.1914 (Abschrift); DMA, NL 114/Vorl. Nr. 388.
408 Miller: Verwertung 1916, S. 85.
409 Staatsministerium des Äußern an Staatsministerium für Verkehrsangelegenheiten, 7.10.1914; BayHStA, MWi 2880.
410 Die undatierte Vereinbarung findet sich in BayHStA, MF 67746. Laut einer handschriftlichen Notiz wurden die Vorschläge Millers angenommen.
411 «Vorschläge des Herrn von Miller in München über den Ausbau und die Verwertung der Walchenseekraft (Oktober 1915)»; DMA, NL 114/Vorl. Nr. 388; vgl. BayHStA, MF 67746.

412 Ebd., S. 14.
413 BayHStA, MF 67739.
414 Pohl: Bayernwerk 1996, S. 59.
415 Artur Schönberg war einer der engsten Mitarbeiter im Ingenieurbüro Oskar von Millers. Er hatte wesentlichen Anteil an der Gründung des Deutschen Museums. Eine Würdigung seiner Person steht noch aus.
416 Schreiben des Ministeriums des Innern an Miller, 5.1.1917; BayHStA, MF 67747.
417 Gilson: Konzepte 1994, S. 109 Anm. 17.
418 Protokoll der Ministerialbesprechung vom 11.2.1918 (Referat Cassimirs); BayHStA, MWi 2881.
419 Pohl: Bayernwerk 1996, S. 60.
420 Ebd., S. 61.
421 BayHStA, MWi 2881.
422 Pohl: Bayernwerk 1996, S. 62 f.
423 Sonderabdruck aus dem Stenographischen Bericht über die Verhandlungen der Bayerischen Kammer der Abgeordneten, 488. Sitzung, 21.6.1918, S. 10, 12, 18, 20.
424 Ernennungsurkunde vom 10.6.1918; DMA, NL 114/Vorl. Nr. 387.
425 Miller: Grundzüge für die Übertragung des Kommissoriums für das Walchenseewerk und das Bayernwerk; DMA, NL 114/Vorl. Nr. 388.
426 Zum Demobilisierungsproblem s. bes. Feldman: Disorder 1993 (mit weiterführender Literatur).
427 «Geheime Bemerkung», 17.12.1918; BayHStA, MF 67747; ausführlich zitiert bei Pohl: Bayernwerk 1996, S. 64.
428 Zur Berufung Millers vgl. BayHStA, MInn 47157. Millers Eintritt in die Kammer der Reichsräte wurde in der Öffentlichkeit besonders registriert, da mit ihm erstmals ein Techniker in der Kammer saß; vgl. Münchner Zeitung, 25.11.1909.
429 Urkunden König Ludwigs III., 2.1.1914 und 14.8.1918; DMA, NL 114/Vorl. Nr. 244–245.
430 DMA, VB 1918–1921, S. 3; vgl. Duffy: Spannungsfeld 2003, S. 107.
431 Duffy: Spannungsfeld 2003, S. 108 Anm. 11.
432 Antworttelegramm Kaiser Wilhelms II. an Miller, 14.11.1931; DMA, HS 1932–16.
433 Revolution und Räteherrschaft 1968, S. 33; Herz/Halfbrodt: Revolution 1988, S. 97. Zur Revolution in München und Bayern vgl. Mitchell: Revolution 1967.
434 Münchner Zeitung, 23.11.1918.
435 Müller: Rande 1958, S. 124 f. Fotos des Festzuges sind abgedruckt in: Herz/Halfbrodt: Revolution 1988, S. 98 f.
436 Revolution und Räteherrschaft 1968, S. 31.
437 Protokollbuch der Mitarbeitervertreter am Deutschen Museum, Sitzung vom 27.3.1919; DMA, VA 2348, S. 120.
438 Zu den Unruhen bei den Bauarbeiten vgl. BayHStA, MF 67748.
439 Protokoll der Sitzung vom 12.3.1919; Akten 1982, S. 290.

440 Vgl. den Film von Birgit Eckelt: «Die Familie von Miller. Eine bayerische Chronik». Bayerisches Fernsehen 2001.

441 Zum Versailler Vertrag und den Friedensverhandlungen siehe u. a. Wengst: Brockdorff-Rantzau 1986; Haffner: Vertrag 1988; Boden: Nationalversammlung 2000; Schwabe: Quellen 2001; Krumeich: Versailles 2001.

442 Miller an Marie von Miller, 2.5.1919; DMA, NL 114/Vorl. Nr. 386. Teile des Briefwechsels aus Versailles sind veröffentlicht bei Walther von Miller: Miller 1955, S. 91–94. Einige Passagen sind verstümmelt wiedergegeben.

443 Ebd.

444 Miller an Marie von Miller, 9.5.1919; ebd.

445 Miller: «Gerippe für eine einheitliche Beantwortung der feindlichen Friedensvorschläge», 12.5. 1919 (Abschrift); ebd.

446 Miller: «Erklärung», 19.6.1919; ebd.

447 Pohl: Bayernwerk 1996, S. 67.

448 Eine detaillierte Beschreibung und Beurteilung staatlicher Strompolitik bei Stier: Staat 1999, bes. seine Zusammenfassung, S. 499 ff.; vgl. Bruche: Elektrizitätsversorgung 1977.

449 Pohl: Bayernwerk 1996, S. 70.

450 Ebd.

451 Klingenberg: Großwirtschaft 1916; Büggeln: Großwirtschaft 1917. Zur Einordnung dieser Pläne vgl. Leiner: Geschichte 1985, Bd. 2, S. 261 ff.; Gilson: Konzepte 1994, S. 106 ff.; Stier: Staat 1999, S. 166 ff.

452 Vgl. Bruche: Elektrizitätsversorgung 1977; Stier: Staat 1999, S. 397 ff.

453 Miller: Gutachten 1930.

454 Die Verhandlungen sind dokumentiert in: BayHStA, MF 67740.

455 Briefe Millers, 1.3.1920 und 24.1.1921 (Abschriften); BayHStA, MF 67740 und 70489.

456 Brief Millers, 1.3.1920 (Abschrift); BayHStA, MF 67740.

457 Briefwechsel zwischen Innen- und Finanzministerium, 1.1.1921 [vermutlich: 1.2.1921] und 22.3.1921; BayHStA, MF 70489 bzw. MF 67748.

458 Hamm an Marx, 4.8.1920; BayHStA, MH 13841.

459 Sitzungsprotokoll des Aufsichtsrats des Walchenseewerks vom 23.3.1921; BayHStA, MF 67748.

460 Schreiben Millers vom 31.3.1921; BayHStA, MF 70489.

461 Sitzungsprotokoll vom 30.3.1920; BayHStA, MF 67748.

462 Gründungsurkunde der Bayernwerk AG vom 5.4.1921; BayHStA, MF 70489.

463 Kahr widmet Miller und dem Deutschen Museum in seinen unveröffentlichten Memoiren mehrere Seiten. Vgl. Kahr: Lebenserinnerungen 1925–1928 (Manuskript), BayHStA, NL Kahr, Nr. 51, S. 220–226.

464 Schreiben Millers vom 2.5.1921; BayHStA, MF 70489.

465 Vgl. Hughes: Networks 1983, S. 350.

466 Süddeutsche Zeitung, 16.11.1984.

467 Vgl. Pohl: Bayernwerk 1996, S. 110.

468 Vgl. dazu Stier: Staat 1999, bes. S. 355–489 mit weiterführender Literatur.

469 Entschließung der Münchner Konferenz vom 5.11.1926 (Abschrift); DMA, NL 114/Vorl. Nr. 387.

470 Ebd.
471 Vgl. Miller an Curtius, 6.10.1926 (Abschrift); DMA, NL 114/Vorl. Nr. 387; Äußerung Millers gegenüber dem Enquête-Ausschuss vom 28.10.1926, zitiert bei Stier: Staat 1999, S. 437 f.
472 Stier: Staat 1999, S. 437.
473 Ebd.
474 Miller: Gutachten 1930.
475 Miller an Curtius, 6.10.1926 (Abschrift); DMA, NL 114/Vorl. Nr. 387.
476 Curtius an Miller 3.7.1927 (Abschrift); ebd.
477 Miller: Gutachten 1930, S. V (Vorwort von Curtius).
478 Die Bezirksgutachter gingen bei ihren Schätzungen von einem Stromverbrauch im Jahre 1935 aus. Miller legte kein Stichjahr fest.
479 Miller: Gutachten 1930, S. 3.
480 Ebd., S. 2. Der Durchschnittskonsum pro Einwohner setzte sich nach dieser Rechnung zusammen aus Strom für private Beleuchtungszwecke, Haushaltsstrom (Kraft und Wärme), Kleingewerbe, Straßen- und Stadtbahnen, städtische Betriebe und Energie für die Landwirtschaft. Auch der Verbrauch in der Industrie und für die Bahnen wurde pro Einwohner dazugerechnet. Ebenso waren die erwarteten Übertragungsverluste in diesen Zahlen enthalten.
481 Vgl. ETZ 32 (1911), S. 538, 1202, 1230.
482 Dettmar: Elektrizität 1911, S. 60.
483 Vgl. Schönberg: Küche 1929; Artikel «Elektrisches Kochen und Kraftwerkbelastung». In: ZVdI 74 (1930), S. 93.
484 Miller: Ausstellung 1927; ders.: Ausstellung 1927/28; vgl. ETZ 48 (1929), S. 1269 f.
485 Miller: Gutachten 1930, S. 7.
486 Ebd.
487 Vgl. Zängl: Strom 1989, S. 102 und 112.
488 ZVdI 74 (1930), S. 255.
489 Miller: Gutachten 1930, S. 11.
490 Ebd., S. 11 f.
491 Zum Folgenden ebd., 12 ff.
492 Reismann: Reichselektrizitätsversorgung 1930, S. 207.
493 Stier: Staat 1999, S. 439 f.
494 Zängl: Strom 1989, S. 123 ff.
495 Stier: Staat 1999, S. 443 ff.; vgl. Pohl: Bayernwerk 1996, S. 215–242.
496 Oliven: Großkraftlinien 1930.
497 Vgl. Haumann: Beginn 1974; Huß/Tangemann: Bedeutung 1992; Josephson: Projects 1995; Laak: Elefanten 1999, S. 99.
498 Matschoß: Russland 1929.
499 Dettmar: Elektrizitätsversorgung 1929.
500 Vgl. Willeke: Technokratiebewegung 1995.
501 Vgl. A. Gall: Atlantropa 1998; Voigt: Atlantropa 1999; Laak: Elefanten, S. 166–173.
502 Peukert: Republik 1993, S. 137–139; A. Gall: Atlantropa 1998, bes. S. 95 ff.
503 Vgl. Hughes: Networks 1983, S. 349.
504 Zur Weltkraftkonferenz vgl. die Vorträge und Berichte in: Zweite Weltkraft-

konferenz 1930; Gesamtbericht 1930–1931. Eine kurze Chronik findet sich: Ebd., Bd. 1, S. IX–XXIII; ZVdI 74 (1930), S. 1061–1065; vgl. Braun: Weltenergiekonferenzen 1984.

505 ZVdI 74 (1930), S. 1062.

506 Zitiert bei Kristl: Despot 1965, S. 276; ein Entwurf der Rede findet sich in DMA, VA 2541.

507 Walther von Miller: Miller 1955, S. 88.

508 Miller: Beschreibung 1899 (ohne Seitenangaben).

509 Zu Coerper vgl. Hübschmann: Coerper 1996.

510 Voigt: Nachdenkliches 1925, S. 15 f. und 42 ff.

511 Ebd., S. 45.

512 Miller: Erinnerungen (Manuskript), S. 59; DMA, NL 114/Vorl. Nr. 398.

513 Voigt: Nachdenkliches 1925, S. 44.

514 Coerper an Magistrat der Stadt Rosenheim, 15.7.1896; StA Rosenheim, VII A 4d, 79.

515 Ebd., S. 7.

516 Zum Prozess vgl. den ausführlichen Bericht in: Augsburger Abendzeitung, 11.6.1897, S. 4–6.

517 Vgl. Münchner Neueste Nachrichten, 14.6.1897, S. 3 f.; ETZ 18 (1897), S. 362.

518 Miller: Erinnerungen (Manuskript), S. 60; DMA, NL 114/Vorl. Nr. 398.

519 Augsburger Abendzeitung, 11.6.1897, S. 5.

520 Das undatierte «Exposé» stammt vermutlich aus der Zeit um 1910; zum Folgenden BayHStA, NL Held 1233.

521 Zum Bau des Regensburger Elektrizitätswerks vgl. Siegert: Elektrizität 1985, S. 21–27.

522 Zum Projekt von Thoma vgl. seine undatierte Eingabe; BayHStA, MF 67740; vgl. Gilson: Konzepte 1994, S. 119–121; Pohl: Bayernwerk 1996, S. 69 f. Zur Biographie von Thoma vgl. Gilson: Konzepte 1994, S. 421 f.

523 Vgl. Protokoll der Besprechung Bayernwerk, 26.11.1919; BayHStA, MF 67740.

524 Miller an Bayerisches Staatsministerium für Handel, Industrie und Gewerbe, 1.8.1921; BayHStA, MWi 2968.

525 Bayerischer Staatsanzeiger, 25.4.1931.

526 Zur Diskussion um neuzeitliche Utopiekonzepte vgl. Vosskamp: Utopieforschung 1985, bes. den Beitrag von Hölscher.

527 Vgl. Laak: Elefanten 1999, S. 234.

528 Schönberg/Glunk: Landeselektrizitätswerke 1926, S. VI.

529 Hughes: Networks 1983, S. 335.

530 Hughes: Rathenau 1990, S. 11.

531 Hughes: Networks 1983, S. 350.

532 Hughes: Rathenau 1990, S. 10. Zu Walther Rathenau gibt es eine Fülle biographischer Literatur, vgl. u. a. Mader: Rathenau 1974; Schulin: Rathenau 1979; Berglar: Rathenau 1987; Hughes: Erfindung 1991; Letourneau: Rathenau 1995. Der Ausstellungskatalog Wilderotter: Extreme 1993 bringt unterschiedliche Aufsätze, wichtig bes. Struck: Karriere 1993.

533 Vgl. die Kritik von Lepenies an dem Begriff des «system builder». Lepenies: Geheimnis 1990, S. 142.

534 Rathenau: Kritik 1917.
535 Miller: Restlose Ausnützung 1925, S. 2.
536 Miller: Bayernwerk. Erläuterungs-Bericht 1918, S. 1.
537 Zum Forschungsinstitut vgl. Miller: Ausnützung 1925; Kirschmer: Forschungsinstitut 1929; ders.: Versuchsanlagen 1929; ders.: Bedeutung 1931; ders.: Professoren 1967, bes. S. 130–168.
538 Miller: Ausnützung 1925, S. 182.
539 Vgl. Thierry/Matschoß: Wasserbaulaboratorien 1926.
540 Kirschmer: Forschungsinstitut 1929, S. 23.
541 Zur Tätigkeit Millers bei der KWG vgl. dessen Personalakt; MPG, Archiv, I. Abt. Rep. I A, Nr. 3000/3. Miller wurde ursprünglich für sechs Jahre gewählt. Von 1928–1933 erfolgte seine Wiederwahl. 1933 schied er im Zuge einer Verkleinerung des Senats der KWG und aus politischen Gründen aus.
542 Kirschmer: Professoren 1967, S. 134.
543 Zu Prandtl und zur Geschichte seines Instituts vgl. Rotta: Versuchsanstalt 1990.
544 Die Denkschrift findet sich in: MPG, Archiv, I. Abt. Rep. I A, Nr. 2324.
545 Der Vortrag ist publiziert in: Miller: Ausnützung 1925.
546 Denkschrift über die Errichtung eines Forschungs-Institutes; MPG, Archiv, I. Abt. Rep. I A, Nr. 2324, S. 2–5; ebenfalls in BayHStA, MK 40111.
547 Satzung des Forschungsinstituts; MPG, Archiv, I. Abt. Rep. I A, Nr. 2324.
548 Zu seiner Biographie vgl. Kirschmer: Professoren 1967; Kirschmer: Art. Kirschmer 1977.
549 Bericht Kirschmers an KWG, 12.9.1929; MPG, Archiv, I. Abt. Rep. I A, Nr. 2317.
550 Kirschmer: Stimmungsbericht über das Forschungsinstitut für Wasserbau und Wasserkraft; ca. Mai 1935, S. 4.; MPG, Archiv, I. Abt. Rep. I A, Nr. 2319.
551 Ebd.
552 Aktennotiz Glums, 22.4.1929; MPG, Archiv, I. Abt. Rep. I A, Nr. 2328.
553 BA, R 15.01, Nr. 26798, fol. 83v–84r.
554 Kirschmer an Glum, 24.4.1933 (Anlage); MPG, Archiv, I. Abt. Rep. I A, Nr. 2325.
555 Aktenvermerk der Generalverwaltung, 16.2.1931; MPG, Archiv, I. Abt. Rep. I A, Nr. 2317.
556 Miller an Planck, 3.1.1931; MPG, Archiv, I. Abt. Rep. I A, Nr. 2335.
557 Krupp an Miller (Durchschlag), 25.1.1931; ebd. Nicht auszuschließen ist, dass Krupp wegen Millers Haltung im Bismarckstreit verärgert war; vgl. Kapitel «Rücktritt».
558 Kirschmer an Glum, 17.10.1933; MPG, Archiv, I. Abt. Rep. I A, Nr. 2318. Für das Projekt wurde ein 140 Meter langes Modell des Hwangho erstellt. Vgl. Verwaltungsbericht für das 9. Geschäftsjahr 1934/35; MPG, Archiv, I. Abt. Rep. I A, Nr. 2319.
559 Schreiben Millers (Abschrift), 10.4.1933; MPG, Archiv, I. Abt. Rep. I A, Nr. 2325.
560 Kirschmer: Professoren 1967, S. 133.
561 Ebd., S. 135 f.
562 Kirschmer: Stimmungsbericht über das Forschungsinstitut für Wasserbau und Wasserkraft; ca. Mai 1935, S. 4; MPG, Archiv, I. Abt. Rep. I A, Nr. 2319, S. 1.

563 Hartung: Wasserbauversuchsanstalt 1977, S. 12.
564 Ropohl: Technologie 1988.
565 So der Titel seines Buches von 1983.
566 Hughes: Networks 1983, S. 334–350.
567 Zur Geschichte der Abteilung «Schifffahrt» im Deutschen Museum vgl. Broelmann: Globus 2003; ders.: Deutsches Museum – Panorama der Seefahrt (erscheint 2005).
568 Vgl. Kubisch: Taxi 1993, S. 35.
569 Miller: Die Technik, Wohltäterin der Menschheit. In: Deutsche Bergwerks-Zeitung, 15.10.1931 (Kurzfassung des Vortrags «Die Technik als Wohltäterin der Menschheit», 1931; Manuskript in DMA, VA 0957). Einen interessanten Beitrag zur Rationalisierung in Deutschland und ihrer gesellschaftlichen Auswirkungen liefert Maier: Taylorismus 1980; vgl. Peuckert: Republik 1993, S. 137 ff.
570 Zitiert bei Kristl: Despot 1965, S. 273.
571 Tagebuch von Marie Seitz 1881/1882, S. 23; Privatbesitz.
572 Miller an Ferdinand und Anna von Miller; 16.8.1883; DMA, NL 114/Vorl. Nr. 200.
573 Adressbuch 1892/93, S. 140.
574 ETZ 12 (1891), S. 234.
575 Miller: Beschreibung 1899, Abschnitt «Elektrische Vollbahn und Elektrizitätswerk Meckenbeuren-Tettnang» (ohne Seitenangaben); ETZ 16 (1895), S. 296 und 809; ETZ 17 (1896), S. 335 und 353.
576 Ein dritter Punkt sah die Verpfändung von Einnahmen des Reiches vor, um die Reparationen abzusichern, so aus bestimmten Zöllen und indirekten Steuern.
577 Zur Geschichte der Reichsbahn-Gesellschaft vgl. Sarter: Reichsbahn-Gesellschaft 1924; 6 Jahre Deutsche Reichsbahn-Gesellschaft. 1931; Mierzejewski: Asset 1999–2000.
578 Sechs Jahre Deutsche Reichsbahn-Gesellschaft, S. 8.
579 Sitzungsprotokoll, 1.10.1924; BA, R 005/020001.
580 Sitzungsprotokoll, 24.11.1926 und 24.–26.1.1927; BA, R 005/020016 und 020017.
581 Sitzungsprotokoll, 22.–24.3.1926; BA, R 005/020011.
582 Abramowski: Kabinette I 1988, S. 63–67.
583 Zu den Sitzungsprotokollen der Jahre 1924–1931 vgl. BA, R 005/020001–020050.
584 Enthalten in: BA, R 005/020018.
585 Zum Folgenden vgl. Sitzungsprotokoll, 26.–27.1.1931; BA, R 005/020011.
586 Sitzungsprotokoll, 23.–24.3.1931; BA, R 005/020043.
587 Zum Folgenden vgl. die Sitzungsprotokolle, 25.–28.1., 6.–8.7. und 20.–22.9. 1926; BA, R 005/020010, R 005/020014 und R 005/020015.
588 Sitzungsprotokoll, 26.–28.3.1928; BA, R 005/020024.
589 Sitzungsprotokoll, 27.–28.5.1929; BA, R 005/020032.
590 Freundliche Auskunft von Gräfin Podewils.
591 DMA, HS 08081.

592 Abgedruckt in: Miller: Besichtigung 1921; vgl. ders.: Flugzeug 1921.
593 Vgl. Kapitel 3 (Der Aufbau von Objektsammlungen).
594 Vgl. Trischler: Luft- und Raumfahrtforschung 1992, S. 56–83; Hirschel/Prem/Madelung: Luftfahrtforschung 2001, S. 45–55.
595 Protokoll der Vorstandssitzung vom 28.9.1909; DMA, VA 3972.
596 Zum Folgenden vgl. Gutachten Millers, 11.12.1909 (Abschrift); Staatsarchiv Preußischer Kulturbesitz, Berlin, Abt. Merseburg, Rep. 120, Tn Nr. 11, Bd. 1.
597 Vgl. Liebmann/Wahl: Katalog 1912.
598 Miller betrachtete sich mit der Gründung der Europa-Union nicht mehr als Vorsitzender; vgl. Brief Millers, 18.5.1925; DMA, JuA Luft 0503 T10.
599 Vgl. Junkers – Luftverkehr. Nachrichtenblatt 1 (1923), Nr. 1, 3.6.1923.
600 Ebd.; Knilling an Junkerswerke AG, 9.4.1923 (Abschrift); DMA, JuA 0503 T7.
601 Vgl. Junkers – Luftverkehr. Nachrichtenblatt 3 (1925), Nr. 7, 8.5.1925.
602 Vgl. Aktennotiz des Hauptbüros der Junkerswerke, 6.2.1925; DMA, JuA Luft 0503 T9.
603 Protokoll der Generalversammlung der TREU am 28.2.1924; DMA, JuA Luft 0503 T7.
604 Ebd., S. 45.
605 Ebd., S. 44.
606 Ebd., S. 47.
607 Bericht über das Geschäftsjahr 1925, 29.4.1926; DMA, JuA Luft 0503.
608 Miller an Simons, 14.5.1926 (Entwurf); DMA, JuA Luft 0301 T12.
609 Miller an Junkers, 12.7.1927; DMA, JuA Luft 0503 T03.
610 Lazarettzug 1915; Matschoß: Lazarettzug 1915.
611 Münchner Neueste Nachrichten, 7.5.1915.
612 Redemanuskript Millers, August 1918; DMA, NL 114/Vorl. Nr. 390/1.
613 Vgl. eine spätere Anmerkung seines Sohnes Walther von Miller auf dem Redemanuskript.
614 Miller: Friedensgedanken, 12.8.1918 (Manuskript); ebd.
615 Vgl. Miller: Technik 1931; Auszüge aus dem Vortrag: DMA, VA 0957.
616 Auszüge aus dem Vortrag Millers, S. 3; DMA, VA 0957.
617 Ebd., S. 2.

Technik und Wissenschaft als Kulturfaktor

1 Die Frühgeschichte naturwissenschaftlich-technischer Museen ist gut erforscht. Vgl. Klemm: Geschichte 1973; Impey/MacGregor: Origins 1985; Becker: Raritäten-Kabinett 1996; Wolfschmidt: Raritätenkabinett 2002; Weber: Vorgeschichte 2003. Zur Geschichte der Kunstmuseen vgl. Sheehan: Geschichte 2002 (mit weiterführender Literatur).
2 Vgl. Neikel (d. i. Jenkel): Museographie 1727.
3 Ebd., S. 439.
4 Weber: Vorgeschichte 2003, S. 46.
5 Vgl. Harten: Museen 1989, bes. S. 81–107.
6 Klemm: Geschichte 1973, S. 49.

7 Vgl. Deneke/Kahsnitz: Nationalmuseum 1978, bes. S. 127 ff.; Hochreiter: Musentempel 1994, S. 58–86.

8 Vgl. Geppert: Welttheater 2002, S. 25 ff.

9 Albrecht: Anfänge 1993; Poser: Museum 1998; Weber: Vorgeschichte 2003.

10 Hochreiter: Musentempel 1994, S. 79 ff.

11 Miller an Marie von Miller, o. D. (April 1913); DMA, NL 114/Vorl. Nr. 213. Eine ähnlich negative Einschätzung des Museums als «magazinmäßig» findet sich in einem weiteren Brief vom 14.9.1930; ebd., Vorl. Nr. 487.

12 Zur Weltausstellung 1893 vgl. Weltausstellung Chicago 1893; Bericht 1894.

13 Vgl. Weltausstellung Chicago 1893, S. 100.

14 Miller an Marie und Elisabeth von Miller, 20.10.1891; DMA, NL 114/Vorl. Nr. 210/1.

15 Literatur zum Deutschen Museum: Osietzki: Gründung 1984; dies.: Gründungsgeschichte 1985; Mayerhofer: Interesse 1988; Weber: Gründungsgeschichte 1991; Hochreiter: Musentempel 1994; Füßl: Museum 1995; Menzel: Musealisierung 2001; Duffy: Science 2002; Füßl/Trischler: Museum 2003.

16 Vgl. u. a. Hortleder: Gesellschaftsbild 1970; Osietzki: Gründungsgeschichte 1985; dies.: Technikbegeisterung 1993.

17 Vgl. Braun: Professionalisierungsprozeß 1980.

18 Mann: Zauberberg 1981, S. 21.

19 Vgl. Alexander: Museum 1983, bes. S. 341–375.

20 Zu den genannten Museumsgründern sind verschiedene wissenschaftliche Biographien in Vorbereitung, etwa von Walter Büchi zu Lingner; vgl. Funke: Lingner 1996. Die Publikation von Renisch: Exner 1999 ist zwar materialreich, genügt wissenschaftlichen Ansprüchen aber nicht. Zu Rosenwald vgl. Marks: Hort 2003.

21 Vgl. Geppert: Welttheater 2002, S. 41.

22 Vgl. dazu die verschiedenen Beiträge in dem Sammelband Füßl/Trischler: Museum 2003.

23 Miller an Hupp, 16.1.1904; DMA, VA 0016/3. Zu Hupp vgl. den Ausstellungskatalog Hupp 1984.

24 Hupp an Miller, 21.1.1904; DMA, VA 0016/3.

25 Miller an Hupp, 28.3.1904; ebd.

26 Vgl. Dienel: Ingenieure 1995; Hashagen: Mathematiker 2000; ders.: Dyck 2003.

27 Sammlungen, Archiv und Bibliothek waren bereits 1903 als Satzungsziele formuliert; Deutsches Museum: Satzung 1903, § 2. Zum Folgenden vgl. Füßl/Hilz/Trischler: Forschung 2003.

28 Deutsches Museum: Satzung 1903, § 3.

29 Dyck: Reichenbach 1912.

30 Vgl. DMA, VA 3969.

31 Deutsches Museum: Satzung 1903, § 2 Abs. 1.

32 DMA, VB 1903/04, S. 31.

33 Vgl. Füßl/Hilz/Trischler: Forschung 2003, S. 339.

34 Ebd., S. 351. Zum Archiv des Deutschen Museums vgl. Füßl/Mayring: Schatzkammer 1994; dies.: Archives 1994; Füßl: Bestände 2001.

35 Deutsches Museum: Satzung 1903, § 1.
36 DMA, VB 1903/04, S. 21.
37 Protokoll der Sitzung des Wissenschaftlichen Ausschusses, 11.5.1903; DMA, VA 3969.
38 DMA, VB 1903/04, S. 21.
39 Vgl. Picht: Amerikareisen 1994.
40 Rede Millers anlässlich der Eröffnung des Deutschen Museums, 7.5.1925; abgedruckt in: Chronik 1927, S. 87.
41 Miller: Museen 1929, S. 18.
42 Satzung vom 15.6.1894, abgedruckt in Deneke/Kahsnitz: Nationalmuseum 1978, S. 956–960.
43 Miller: Museen 1929, S. 4–6.
44 Zu Kerschensteiner vgl. Wilhelm: Pädagogik 1957; Teichmann/Noschka-Ross/Weber: Museum 2003, S. 368 ff. sowie den Sammelband von Wehle: Kerschensteiner 1979 (mit Werkverzeichnis).
45 Zum Folgenden: Miller: Erinnerungen (Manuskript), S. 65 ff; DMA, NL 114/Vorl. Nr. 398.
46 Ebd., S. 66.
47 Bericht von Pourtalès an das Auswärtige Amt, 4.7.1903; BA, R 9.01, Nr. 37936.
48 Urkunde der Stadt München vom 24.6.1903; DMA, VA 4021.
49 Vgl. Dienel: Museum 1998, S. 16; Chevalley/Weski: Landeshauptstadt 2004, S. 449.
50 Vgl. Lechner: Bebauung 1900.
51 Zur Baugeschichte des Deutschen Museums vgl. Bosch: Museumsbau 1925; Pilsak: Architektur 1989, bes. S. 29–87; Schickel: Turm 2003. Zu Seidl: dies.: Architekt 2000.
52 DMA, VB 1912/13, S. 11.
53 Die Skizze befindet sich in der Plankammer des Deutschen Museums.
54 Schickel: Turm 2003, S. 26.
55 Bosch: Museumsbau 1925, S. 52.
56 Statistik der Besucherzahlen von 1907–1910:

1907	211 000	1908	258 100
1909	293 700	1910	318 200

Quelle: DMA, VB 1903/04–1910/11.
57 Vgl. Geppert: Welttheater 2002, S. 31. Die Ziele der Ausstellung sind beschrieben in: Denkschrift über die Große Ausstellung Düsseldorf 1915. o. O. o. J.; Große Ausstellung Düsseldorf 1915. Aus hundert Jahren Kultur und Kunst. Unter Mitwirkung des Deutschen Museums, München. Allgemeine Ausstellungs-Bedingungen, Ausgabe III. o. O. 1913 (beide Schriften sind in einem Sammelband in der Bibliothek des Deutschen Museums vorhanden (Signatur: 1925 B 159).
58 Die Verhandlungen sind dokumentiert in: DMA, VA 2190 und VA 2191.
59 Vgl. Füßl: Graf 2000, S. 171 ff.
60 Liebmann war Mitherausgeber eines Katalogs zum historischen Teil der Frankfurter Ausstellung; vgl. Liebmann/Wahl: Katalog 1912.
61 DMA, VA 1429.

62 DMA, VA 0729.
63 Deutsches Museum an Graf Zeppelin, 24.8.1909; ebd.
64 Sitzung vom 28.9.1909; DMA, VA 3969, Nr. 69, S. 8.
65 Besprechung Millers mit Mitarbeitern des Deutschen Museums, 19.12.1916; DMA, VA 3970.
66 Vgl. DMA, VA 0359–0362 sowie den Beitrag von Füßl/Hilz/Trischler: Forschung 2003.
67 Vgl. die zahlreichen Besprechungsprotokolle in DMA, VA 3969 und 3970.
68 Bericht zu den Entwürfen für die Beton- und Eisenbetonarbeiten, o. D. [12.3.1918]; DMA, VA 3970.
69 Die Besucherzahlen sanken von 301 420 im Jahr 1913 auf 118 512 im Jahr 1917. Bis zur Eröffnung des Hauptbaus erreichten sie nicht mehr die Vorkriegszahlen.
70 DMA, VB 1918–1921, S. 12.
71 Protokoll der Sitzung der Baukommission, 3.10.1911; DMA, VA 3970.
72 Rede Millers in der Ausschuss-Sitzung, 30.9.1921; DMA, VB 1918–1921, S. 23.
73 Ebd., S. 24.
74 Besprechung Millers mit Mitarbeitern des Deutschen Museums, 6.6.1924; DMA, VA 3971. Die Planungen für die Abteilungen begannen ab Mitte 1926; Besprechung Millers mit Mitarbeitern des Deutschen Museums, 10.7.1926.
75 Zum Festzug vgl. W. Hartmann: Festzug 1976.
76 Hauptmann: Festaktus 1925; vgl. Klemm: Miller 1966.
77 Zu den Feierlichkeiten vgl. DMA, VB 1924/26, S. 33–42.
78 Zum Bau der Bibliothek und des Kongress-Saals vgl. Harbers: Neubau 1927; Bestelmeyer: Studienbau 1928; L. Hartmann: Bibliothek 1930; Bäßler: Erinnerungen 1968, S. 102 ff.; Pilsak: Architektur 1989, S. 88–90.
79 Vgl. Füßl/Hilz/Trischler: Forschung 2003, S. 338–343.
80 Vgl. Koch: Bestelmeyer 1999.
81 Miller: Museen 1929, S. 2.
82 Vgl. Fuchs: Aufbau 1957, hier S. 7. Formell wurde die Abgabe der Akademiesammlung erst Anfang 1905 genehmigt; ebd., S. 8. Eine Auswahl von Objekten der «Akademiesammlung» wird seit Mai 2003 gemeinsam mit der «Geschichte des Deutschen Museums» in einer Dauerausstellung gezeigt.
83 DMA, VA 4033/10.
84 Sitzung der Referenten vom 15.7.1905; DMA, VA 3969.
85 Siehe dazu die Briefe Millers; DMA, VA 0001.
86 Vgl. DMA, VA 4033/11. Zum VDI vgl. Ludwig/König: Technik 1981.
87 Vgl. DMA, VB 1903/04, S. 28.
88 Vertretungsrecht hatten u. a.: Gesellschaft Deutscher Naturforscher und Ärzte, Deutsche Physikalische Gesellschaft, Deutsche Chemische Gesellschaft, Verein zur Beförderung des Gewerbefleißes in Berlin, Polytechnischer Verein in München, Verein deutscher Eisenhüttenleute, Verband deutscher Elektrotechniker, Verband deutscher Architekten und Ingenieure, Zentralverband deutscher Industrieller; Deutsches Museum: Satzung 1903, § 6.
89 Vgl. Deutsches Museum: Satzung 1906, § 6. Im Jahr 1928 wurde die Zahl auf max. 150 erweitert; vgl. Deutsches Museum: Satzung 1928, § 6. Nach dem

Zweiten Weltkrieg fand eine weit reichende Umstrukturierung der Gremien statt.

90 Deutsches Museum: Satzung 1903, § 7 Satz 5.

91 Deutsches Museum: Satzung 1906, § 7 Satz 1.

92 Deutsches Museum: Satzung 1912, § 7 Satz 7.

93 Deutsches Museum: Satzung 1903, § 7.

94 Hochreiter betont mit Recht die fragwürdige Gestaltungskompetenz von Vorstandsrat und Ausschuss; Hochreiter: Musentempel 1994, S. 143.

95 Vgl. die Jahresberichte des Deutschen Museums; DMA, VB 1903/04–1933/34.

96 Vgl. Tetzlaff: Trautonium 1998.

97 Hochreiter: Musentempel 1994, S. 5–9. Die hier aufgeführte Referentenliste ist weitgehend identisch mit der bei Stange abgedruckten Übersicht. Die Namen Witt, Schilling, Förderreuther und Lautenschläger erscheinen bei Stange nicht. Vgl. Stange: Museum 1906, S. 117–125.

98 Vgl. DMA, VA 4014. Zu deren Aufgaben s. Füßl: Konstruktion 2003.

99 Die Beziehungen von Naturwissenschaftlern zum Deutschen Museum (bes. von Physikern) wurden in den letzten Jahren durch eine Reihe von Arbeiten untersucht. Vgl. Füßl: Röntgen 1996; Ruepp: Wien 1998; Taufertshöfer: Hittorf 2000.

100 Diese Möglichkeit der Mitgliedschaft bestand seit der Satzungsänderung von 1912.

101 Deutsches Museum von Meisterwerken der Naturwissenschaft und Technik. Mitglieder-Verzeichnis. Stand 1904, 1905, 1909, 1910, 1913.

102 Zu den Zahlen vgl. die jeweiligen Verwaltungsberichte.

103 Mitgliedskarte «Berliner»; DMA, Mitgliederkartei.

104 Briefwechsel des Deutschen Museums mit Engelhorn; DMA, VA 0089 und 0090 (sub E).

105 DMA, VA 0089 (sub E).

106 Neumeier: Mäzenatentum 1998, S. 147.

107 Zum Folgenden DMA, VB 1907/08, S. 5, und 1909/10, S. 5. Die Mitglieder wurden jeweils mit Stand September verglichen. Ausgewertet wurde nur die Mitgliedschaft in Städten mit mehr als 50 000 Einwohnern.

108 DMA, VA 2399. Die Spenden sind zwischen 1903 und Januar 1922 erfasst. Mit Beginn der Inflation brechen die Eintragungen ab.

109 Zum Folgenden vgl. Neumeier: Mäzenatentum 1998.

110 Genauere Datierungen sind dem Stifterbuch nicht zu entnehmen.

111 DMA, VA 2399, S. 66–82.

112 Neumeier: Mäzenatentum 1998, S. 156.

113 Bemerkenswert ist die konfessionelle Aufschlüsselung bei Neumeier: Mäzenatentum 1998, S. 151 f. Während der Anteil der Katholiken zwar 82 Prozent der Münchner Bevölkerung betrug, waren sie nur mit 44 Prozent unter den Stiftern vertreten. Bei den Protestanten war das Verhältnis umgekehrt: 15 Prozent Bevölkerungs- und 41 Prozent Stifteranteil. Juden wiederum waren lediglich mit zwei Prozent an der Bevölkerung vertreten, aber mit 15 Prozent an den Stiftungen zugunsten des Museums. Über den Zusammenhang von Mäzenatentum und Integration von Juden in die bürgerliche Gesellschaft der Jahrhundertwende vgl.

Treue: Mäzenatentum 1992; Gleibs: Juden 1981; zur Münchner Kunstfinanzierung vgl. H. Ludwig: Kunst 1986.

114 Zitiert bei Pörtner: Miller 1987, S. 113.

115 DMA, VA 4006; vgl. Duffy: Spannungsfeld 2003.

116 Alle Zahlen sind den jeweiligen Verwaltungsberichten entnommen.

117 DMA, VA 4033.

118 Vgl. die Gutschriften der staatlichen Überweisungen 1903–1904; DMA, VA 3860.

119 Zum Folgenden vgl. Miller: Erinnerungen (Manuskript), S. 67 f.; DMA, NL 114/ Vorl. Nr. 398.

120 Ebd., S. 68.

121 Ebd.

122 Miller an Hugo Graf von und zu Lerchenfeld (Bayerischer Gesandter in Berlin), 15.10.1903; DMA, VA 4033/3.

123 Vgl. die Angaben des Stifterbuchs; DMA, VA 2399.

124 DMA, VB 1904/05, Beil. C

125 Einnahmen aus Eintrittsgeldern: 1907: 53 433 Mark; 1910: 72 508 Mark; 1918: 15 864 Mark; DMA, VB 1907/08–1925/26.

126 Vgl. die Broschüre «Deutsches Museum von Meisterwerken der Naturwissenschaft und Technik» [1909/10], S. 1.

127 Das Reich steuerte durchschnittlich jährlich 300 000, Bayern 400 000 und die Stadt München 100 000 Mark bei.

128 Matschoß: Museum 1925, S. 83.

129 DMA, VB 1926/27, S. 23 f. und 28 f.

130 Ebd., S. 24.

131 DMA, VB 1929/30, S. 24. Zu Schacht: Peterson: Schacht 1954; Simpson: Schacht 1969; Pentzlin: Schacht 1980; Weitz: Bankier 1998.

132 Vgl. Münchner Post, 30.3.1920; Münchner Neueste Nachrichten, 7.4.1920.

133 Die Entstehungsgeschichte der vergleichbaren großen technischen Nationalmuseen in Paris und London wird hier ausgeklammert. Viele deutsche Technikmuseen konnten zum Zeitpunkt ihrer formellen Gründung auf eine oft jahrzehntelange Sammlungstätigkeit von Einzelpersonen oder Interessensgruppen zurückgreifen. Vgl. zur Entstehungsgeschichte des Museums für Verkehr und Technik in Berlin (heute: Deutsches Technikmuseum) und zum Landesmuseum für Technik und Arbeit in Mannheim: H. Möbius: Jahre 1983; Suhling: Landesmuseum 1991.

134 Das Thema Sammeln hat in den letzten Jahren durchaus Konjunktur, es wird theoretisch, philosophisch, aber auch praktisch eingekreist. Viele Arbeiten beschränken sich auf den Zeitraum zwischen Barock und Ende des 19. Jahrhunderts, thematisch meist auf naturgeschichtliche Sammlungen und Kunstkammern. Vgl. u. a. Impey/MacGregor: Origins 1985; Findlen: Possessing 1994; Becker: Raritäten-Kabinett 1996; Spray: Utopia 2000. Zum Deutschen Museum vgl. jetzt die Beiträge in: Blumtritt/Hashagen/Trischler: Circa 1903. 2003. Die Arbeit von Menzel: Musealisierung 2001 bringt wenig neue Ergebnisse.

135 Deutsches Museum. Satzung 1903, § 1.

136 Deutsches Museum. Satzung 1921, § 1.

137 Zu Kerschensteiner und der Tradition der Volksbildung vgl. Teichmann / Noschka-Roos: Museum 2003.

138 Vgl. u.a. Manegold: Universität 1970; Mauersberger: Herausbildung 1980.

139 Hinter dieser Festlegung stand die spezifische Sicht eines Kreises an der TH München. Andere Hochschullehrer mit der Forderung nach einer stärkeren Praxisorientierung der Wissenschaften, so Alois Riedler (Berlin) und Carl von Bach (Stuttgart), lehnten solche Bestrebungen ab; vgl. u.a. Naumann: Bach 1998.

140 Die Zahl ergibt sich aus der Addition der Objekte in den Wunschlisten; vgl. Museum von Meisterwerken der Naturwissenschaft und Technik. Verzeichnis der für die Ausgestaltung des provisorischen Museums zunächst in Aussicht genommenen Sammlungsgegenstände. München [1905]; DMA, VA 4014. Zu einzelnen Sammlungs- und Ausstellungsbereichen vgl. die Beiträge von Broelmann, Freymann und Vaupel im Sammelband Füßl / Trischler: Museum 2003.

141 Besprechungsprotokoll vom 30.4.1918; DMA, VA 3970, Nr. 48.

142 Miller: Museen 1929, S. 18.

143 Vgl. dazu den Sammelband von Bruch / Kaderas: Wissenschaften 2002 (mit weiterführender Literatur).

144 Deutsches Museum: Satzung 1903, § 6, vorletzter Absatz. Vgl. Chronik 1927, S. 18 f.

145 Protokoll der Sitzung des Vorstandsrats, 27.6.1904; DMA, VA 3969, Nr. 12.

146 DMA, VB 1926 / 27, S. 20 f.

147 Protokoll der Sitzung des Wissenschaftlichen Ausschusses, 11.5.1903; DMA, VA 3969, Nr. 3.

148 Miller an Hartmann, 22.12.1904; DMA, VA 0015; vgl. Menzel: Musealisierung 2001, S. 163.

149 DMA, VA 3969.

150 Die Zahlen sind den entsprechenden Verwaltungsberichten entnommen.

151 Zum Folgenden vgl. Füßl: Konstruktion 2003.

152 Protokoll der Sitzung der Referenten, 15.7.1905; DMA, VA 3972, Nr. 17.

153 Museum von Meisterwerken der Naturwissenschaft und Technik. Verzeichnis der für die Ausgestaltung des provisorischen Museums zunächst in Aussicht genommenen Sammlungsgegenstände. München [1905], S. 5–6; DMA, VA 4014.

154 Protokoll der Sitzung des Vorstandsrats, 2.10.1905; DMA, VA 3972, Nr. 19.

155 Späte Beispiele sind die Abteilung «Bergbau» (1914) oder die Gruppe «Waagen und Gewichte» (1923); DMA, VA 6107–6111 und VA 4026.

156 Vgl. die Autorenliste bei Matschoß: Museum 1925, u.a. Walther von Dyck, Sebastian Finsterwalder, Leo Graetz, Georg Kerschensteiner, Conrad Matschoß, Wilhelm Wien, Richard Willstätter und Max Wolf.

157 Vgl. Osietzki: Gründungsgeschichte 1985, S. 62–64; dies.: Technikbegeisterung, S. 84 f.; Hochreiter: Musentempel 1994, S. 163–167. Diese Darstellungen relativiert Menzel: Musealisierung 2001, S. 116–136.

158 Riedler kritisierte die fachgebundene Einteilung des Museums und zielte auf «eine umfassende Darstellung der sozialen Auswirkungen technischer Umwälzung»; Hochreiter: Musentempel 1994, S. 164. Riedlers sozialhistorische Mu-

seumskonzeption ist ein Meilenstein in der Geschichte technischer Museen. 1905/06 blieb sie wirkungslos.

159 Vgl. Hochreiter: Musentempel 1994, S. 165.

160 Zum Folgenden vgl. Füßl: Konstruktion 2003.

161 Miller: Museen 1929, S. 2. Vgl. Duffy: Spannungsfeld 2003.

162 Vgl. Gruppenverzeichnis 1903, Beilage zum Schreiben an die Mitglieder des Vorstandsrats vom 18.12.1903; DMA, VA 4034. Vgl. Menzel: Musealisierung 2001, S. 113.

163 Vgl. Fuchs an F. Meyer, 28.8.1928; DMA, VA 0365 (sub M). Fuchs spricht davon, dass man die Ausstellung von Waffentechnik zwar ursprünglich geplant, dies aber mit Eröffnung des Armeemuseums aufgegeben habe.

164 Vgl. DMA, VA 4011–4013.

165 Münchner Post, 12.11.1906.

166 Vgl. Füßl: Konstruktion 2003; Trischler/Holzer: Dimension 2003.

167 Rundschreiben des Provisorischen Comités für die Errichtung eines deutschen Museums von Meisterwerken der Wissenschaft und Technik, 17.6.1903; DMA, VA 3969.

168 Vgl. Chickering: Men 1984; Dülffer/Holl: Krieg 1986; Syon: Zeppelin 2002.

169 Vgl. Füßl: Graf 2000.

170 Für die Ausstellungen zwischen 1906 und 1925 stehen an Quellen bes. die internen Besprechungsprotokolle, eine Reihe von Museumsführern, die Verwaltungsberichte und der Band von Matschoß: Museum 1925 zur Verfügung. Fotografische Aufnahmen sind vergleichsweise wenige vorhanden, da diese Ende der fünfziger Jahre in großem Umfang ausgeschieden wurden, was zu erheblichen Überlieferungslücken geführt hat.

171 Matschoß: Museum 1925, S. 62.

172 Vgl. zum Folgenden: Deutsches Museum. Führer 1907; Deutsches Museum. Führer 1925.

173 Vgl. Duffy: Spannungsfeld 2003, S. 110 ff.

174 Vgl. Bühler: Illerbrücken 2003.

175 Deutsches Museum: Führer 1925, S. 155–156.

176 Deutsches Museum: Führer 1907, S. 30.

177 Protokoll der Besprechung Millers mit Mitarbeitern des Deutschen Museums vom 8.–10.7.1919 (in Murnau); DMA, VA 3970, Nr. 51.

178 Vgl. Trischler/Holzer: Dimension 2003. Der Wright-Flyer wurde 2003/04 in einer Sonderausstellung gewürdigt; vgl. Holzer: Gebrüder 2003.

179 Protokoll der Besprechung Millers mit Mitarbeitern des Deutschen Museums vom 8.–10.7.1919 (in Murnau); DMA, VA 3970, Nr. 51.

180 Vgl. die Ansicht der Halle für Flugtechnik, in: Deutsches Museum: Führer 1925, S. 190.

181 Deutsches Museum: Führer 1925, S. 305.

182 Zum Deutschen Museum als Bildungsanstalt bes. Kuntz: Museum 1980, S. 31 ff.; Fingerle: Fragen 1992; Teichmann/Noschka-Roos/Weber: Museum 2003.

183 Vgl. Broelmann: Zeitzeuge 1999; Lubar/Kingery: History 1998, bes. die Beiträge von Robert B. Gordon und Steven Lubar.

184 Zur Entwicklung der Kältetechnik vgl. Dienel: Ingenieure 1995; zur Darstellung im Deutschen Museum s. Weitze: Luftverflüssigungsanlage 2003.

185 Miller: Museen 1929, S. 7 f.

186 Deutsches Museum: Führer 1907, S. 145.

187 Deutsches Museum: Führer 1928, S. 164–176.

188 Broelmann: *U 1* 2003.

189 DMA, VB 1926/27, S. 19. Gemeint sind hier Modelle für den Schiffsantrieb.

190 Zur Urania vgl. Entwicklung 1881; M.W. Meyer: Führer 1892; ders.: Urania-Meyer 1908; Foerster: Lebenserinnerungen 1911; Henning: Urania 1964; Möbius: Jahre 1983, S. 111–118; Tiemann: Urania 1988; Lührs: Food 1992; Wolfschmidt: Raritätenkabinett 2002, S. 107–111. Zum «Erfinder» der Druckknopftechnik vgl. Hübner: Goldstein 2000.

191 Die Verhandlungen um eine «Süddeutsche Urania» sind dokumentiert in: BayHStA, MK 41185.

192 Miller an Ostwald, 11.1.1905; DMA, VA 1250; zum Aufbau der Abteilung Chemie im Deutschen Museum vgl. Vaupel: Weltjahrmarkt 2003.

193 Fuchs: Aufbau 1957, S. 15.

194 Miller: Museen 1929, S. 4.

195 Vgl. Bauersfeld: Projektions-Planetarium 1924; Villiger: Zeiss-Planetarium [1925]; Pfau: Geschichte 1967; Hartl: Planeten 1993; Flitner/Wittig: Optik 2000; Hartl: Astronomie 2004.

196 Vgl. Vaupel: Weltjahrmarkt 2003, S. 177 ff.

197 Ein Reisebericht findet sich in DMA, VB 1913/14, S. 12–13. Wie zahlreiche Reiseberichte (mit teilweise akribischen Zeichnungen) belegen, besuchten verschiedene Mitarbeiter des Museums vor der Eröffnung des Museumsneubaus viele in- und ausländische Museen; vgl. DMA, VA 3948.

198 Miller an Marie von Miller, 11.7.1914; DMA, NL 114/Vorl. Nr. 418.

199 Vgl. DMA, VB 1916/17, S. 13; DMA, VB 1917/18, S. 12–13. Auch die Technikgemälde, die Miller für die neuen Ausstellungen anfertigen ließ, hatten die Funktion, Produktionsprozesse aus Landwirtschaft, Technik und Industrie zu zeigen; vgl. den Sammelband von Türk: Arbeit 1997, bes. die Beiträge von Cleve, Döbereiner, Benz-Zauner/Lucas und Dienel.

200 Vgl. Wißner: Kulissen 1969, S. 555 f.; zur Technik des Dioramas und seiner Entstehungsgeschichte vgl. Buddemeier: Panorama 1970; K.O. Meyer: Dioramen 1982; Lindqvist: Stadium 1993; Wonders: Diorama 1993.

201 Ein Beispiel ist das Modellfeld mit Darstellung der Entwicklung der Pflüge; vgl. Deutsches Museum. Führer 1907, S. 113.

202 Wißner: Kulissen 1965, S. 555.

203 Miller an Hassold, 9.1.1905; DMA, VA 1396.

204 Wonders: Diorama 1993, S. 12 f.; vgl. Daguerre: Daguerreotyp 1988.

205 Vgl. Lindqvist: Stadium 1993, S. 43 ff.

206 Chronik 1927, S. 20.

207 Deutsches Museum: Führer 1907, S. 28 f.

208 Schon 1904 war festgelegt worden, dass die typischen Meisterwerke durch die Art der Aufstellung bzw. der Aufschrift besonders hervorgehoben werden sollten; DMA, VA 3969, Nr. 15.

209 Deutsches Museum: Führer 1907, S. 61, 67, 83, 86, 93, 95.
210 Vgl. DMA, VA 6031–6106. Zu den Dampfmaschinen liegt ein Manuskript des Diplomingenieurs Max Burgmayer aus dem Jahr 1911 vor (VA 6071), zur Luftschifffahrt eine anonyme Ausarbeitung aus der Zeit um 1910 (VA 6089).
211 Deutsches Museum: Führer 1907, Planübersicht.
212 Vgl. Hochreiter: Musentempel 1994, S. 133 f.
213 Einen Überblick über die Spendentätigkeit zugunsten des Deutschen Museums gibt Runge: Millionen 1969.
214 Vgl. Fuchs: Aufbau 1955, S. 7 f.; vgl. Kristl: Despot 1965, S. 130 f.
215 Miller: Erinnerungen (Manuskript), S. 69; DMA, NL 114/Vorl. Nr. 398.
216 Vgl. Broelmann: Globus 2003, S. 233; Füßl: Dokumente 2003 (Abschnitt: Objekte / Sammlungsschwerpunkte).
217 Kirschmer: Professoren 1967, S. 130.
218 Kristl: Hier 1978.
219 DMA, NL 114/Vorl. Nr. 404.
220 Katalog Siemens 1905.
221 Dyck: Tagebuch meiner zweiten Amerikanischen Reise; Privatbesitz.
222 Redebeitrag Vöglers anlässlich der Ausschuss-Sitzung des Deutschen Museums am 7. Mai 1927; DMA, VB 1927/28, S. 28 f.
223 Dyck: Reichenbach 1912; zur Entwicklung der technikhistorischen Forschung am Deutschen Museum vgl. Füßl / Hilz / Trischler: Forschung 2003, bes. S. 324–328.
224 Vgl. Mayring: Porträt 2003; zum Ehrensaal vgl. Exner: Ehrensaal 1930.
225 DMA, VB 1913/14, S. 13.
226 Matschoß/Lindner: Kulturdenkmale 1932, S. 3.
227 Zu den Anfängen der Industriearchäologie vgl. Matschoß/Lindner: Kulturdenkmale 1932, bes. S. 1–4; Linse: Entdeckung 1986; Beckmann: Kulturdenkmale 1996; Kierdorf/Hassler: Denkmale 2000; Rasch: Selbstbewußtsein 2002.
228 Vgl. H. Roth: Erbe 2002, S. 11 ff.
229 Vgl. Weber/Engelskirchen: Streit 2000, S. 39 ff.
230 Zu Matschoß vgl. Treue: Matschoß 1971; König: Programmatik 1983; ders.: Männer 1985.
231 DMA, VB 1925/26, S. 23 f. Zum Folgenden vgl. Linse: Entdeckung 1986, S. 205 ff.; Kierdorf / Hassler: Denkmale 2000, S. 35 ff.
232 VDI-Nachrichten, 4.8.1926. Die Verhandlungen zu den «Technischen Kulturdenkmalen» sind dokumentiert in: DMA, VA 0433–0434 und VA 0956–0957.
233 Matschoß an Miller, 20.5.1927; DMA, VA 0434.
234 Miller an Matschoß, 20.3.1928; ebd. Schon ein Jahr später rückte Miller von diesen Zusagen, vermutlich aus Mangel an personellen Ressourcen, wieder ab.
235 Zu Haßler vgl. Weber/Engelskirchen: Streit 2000, S. 27. Ein Teilnachlass Haßlers wird im Archiv des Deutschen Museums verwahrt.
236 Protokoll über die Besprechung der Erhaltung der technischen Kulturdenkmale in Deutschland, 10.6.1929; DMA, VA 0434.
237 Linse: Entdeckung 1986, S. 213.
238 Zum Folgenden vgl. Miller: Kulturdenkmale (Vortragsmanuskript 1930); DMA, VA 0434.

239 Miller: Kulturdenkmale 1930, S. 2.
240 Miller: Kulturdenkmale (Vortragsmanuskript 1930), S. 3; DMA, VA 0434.
241 Ebd., S. 6.
242 Miller: Museen 1929, S. 18.
243 Zum Einfluss des Deutschen Museums auf internationale Gründungen gibt es eine Fülle von Literatur. Vgl. Jilek/Majer: Museum 1930; Habacher: Museum 1968; Upward: Home 1969, S. 70 f.; Alexander: Museums, 1979; Molella: Museum 1991; Lindqvist: Stadium 1992; Marks: Hort 2003; Finn: Einfluss 2003. Eine Aufstellung findet sich in DMA, VA 0883; zum Aufbau eines Technikmuseums in Moskau vgl. DMA, VA 2842.
244 Moskauer Rundschau. Wirtschaft und Technik, 16.8.1931; DMA, VA 2842.
245 Vgl. Marks: Hort 2003; Finn: Einfluss 2003, S. 397–400.
246 Vgl. Freymann: Bergbau 2003; Vaupel: Trocadéro 2003.
247 Miller: Museen 1929, S. 18.
248 Bericht über die Gründungsversammlung 1926, bes. S. 13–23 (Rede Millers).

Rücktritt

1 Vgl. die Besprechungsprotokolle dieser Jahre; DMA, VA 3970.
2 Bäßler: Rückblick 1968, S. 106.
3 Sitzungsprotokoll vom 9.6.1917; DMA, VA 3972, Nr. 44.
4 Ebd.
5 Entwurf der Denkschrift vom Oktober 1917; DMA, VA 3970, Nr. 47.
6 Miller: Museen 1929, S. 2; vgl. Duffy: Spannungsfeld 2003, S. 111.
7 Vgl. DMA, VA 1396–1411.
8 Deutsches Museum. Führer 1928, S. 376–385.
9 Eingabe Franz Reinthalers an das Bayerische Kultusministerium, 3.11.1933; DMA, VA, PA 1671.
10 Ebd.
11 Vgl. Zenneck: Jahre 1953, S. 13.
12 Vgl. einen Brief an die Direktion des Deutschen Museums, 1.2.1929 (Unterschrift unleserlich); DMA, VA 1444.
13 Zur «Deutschen Physik» vgl. Mehrtens/Richter: Naturwissenschaft 1980; Beyerchen: Wissenschaftler 1980; Walker: Nazi 1995. Die Wirkungen auf das Deutsche Museum untersucht Eckert: Physik 1985; vgl. auch Duffy: Science 2002.
14 Vgl. Lenard an Deutsches Museum, 28.4.1924; DMA, NL 009/43; vgl. Schirrmacher: Atom 2003, S. 149 ff.
15 Vgl. Matschoß: Russland 1929; Artikel: Die «Woche der Deutschen Technik» in Moskau. In: Der Ost-Europa-Markt 9 (1929), Nr. 9, S. 129–130.
16 Walther von Miller: Miller 1955, S. 96.
17 Vgl. die Beschwerden Reinthalers; DMA, VA, PA 1671.
18 Zum Bismarckstreit vgl. Hlava: Zeitgeschichte 1984, S. 29–39; Duffy: Science 2002; dies.: Spannungsfeld 2003, S. 115–122. Zur Thematik von Bismarck-Denkmälern allgemein: Reinartz/Krockow: Bismarck 1991; Kloss/Seele: Bismarck-Türme 1997; Krauskopf: Bismarckdenkmäler 2002.

19 Sitzungsprotokoll vom 22.2.1926; DMA, VA 3972, Nr. 57.
20 Ebd.
21 Bericht Millers, 24.12.1930; DMA, VA 2157.
22 Zum Folgenden vgl. Duffy: Spannungsfeld 2003, S. 117 f.
23 Gedächtnisprotokoll Bäßlers, März 1931; DMA, VA 2157. Vgl. Bäßler: Rückblick 1968, S. 125 f.
24 Völkischer Beobachter, 22.1.1930, Beilage.
25 Gedächtnisprotokoll Bäßlers, März 1931; DMA, VA 2157.
26 Münchner Neueste Nachrichten, 6.3.1931.
27 Reichskanzlei an Scharnagl, 23.1.1931; BA, R 43 I/823.
28 Krupp von Bohlen und Halbach an Miller, 11.5.1932; DMA, VA 2157.
29 Miller an Scharnagl, 24.12.1930; zitiert ebd., S. 29.
30 Bericht Millers, 24.12.1930; ebd.
31 Duffy: Spannungsfeld 2003, S. 120; Münchner Neueste Zeitung, 12.9.1931.
32 Telegramm Millers an Paul, 16.6.1928; DMA, VA 1444.
33 Vgl. u. a. Hannoverscher Anzeiger, 18.1.1928.
34 Entwurf der Presseerklärung [Juni 1928]; DMA, VA 1444.
35 Anonymer Brief («Ein tief Entrüsteter») an das Deutsche Museum, Januar 1929; ebd.
36 Hünefelds Mutter war Halbjüdin; vgl. «Der historische Flug der ‹Bremen›». In: Flugzeug. Aktuell. Historie. Modell 14 (1998), Nr. 1, S. 23–27, hier S. 26.
37 Vgl. die Verwaltungsberichte dieser Jahre.
38 Walther von Miller: Miller 1955, S. 99.
39 Vgl. DMA, VA 3990; Duffy: Spannungsfeld 2003, S. 121.
40 Ich danke Frau Rosemarie Noris für ihre Auskünfte.
41 Miller an Epp, 14.3.1933; DMA, VA 3990.
42 Schreiben Köttgens an Willuhn, 7.4.1933; BA, R 43 I/823 (Abschrift in DMA, VA 4006).
43 Abgedruckt in DMA, VB 1932/33, S. 22.
44 Dyck und Zenneck an Köttgen, 30.3.1933; DMA, VA 4006.
45 Schreiben Köttgens an Willuhn, 7.4.1933; BA, R 43 I/823 (Abschrift in DMA, VA 4006).
46 Vgl. Beyerchen: Wissenschaftler 1980, S. 146 ff.
47 Stark an Hitler, 11.5.1934; BA, R 43 I/823.
48 Zu Zenneck vgl. Zenneck: Erinnerungen 1960; Dieminger: Zenneck 1961; Füßl: Zenneck 1996; Schmucker: Zenneck 1999; Duffy: Spannungsfeld 2003, 124 ff.
49 Vgl. DMA, VB 1929/30, S. 21.
50 So Miller anlässlich der Amtseinführung Bruckmanns; DMA, VA 0418.
51 Vgl. Deutsche Allgemeine Zeitung, 12.12.1933; Süddeutsche Sonntagszeitung, 1934 (ohne weitere Datierung); DMA, Zeitungsausschnittsammlung. Auch in den Verwaltungsberichten wurde Bruckmann später vor Zenneck genannt; vgl. DMA, VB 1935/36, S. 4.

Der Privatmann

1 «Stichworte der Reden von Herrn Dr. von Miller und Herrn Hugo Bruckmann», 9.12.1933 (Abschrift); DMA, VA 4000.
2 Zahlreiche der im Folgenden geschilderten privaten Erinnerungen beruhen auf Erzählungen von Kindern, Enkelinnen und Enkeln Oskar von Millers, denen ich für ihre Offenheit besonders danke.
3 Vgl. DMA, VA 3938.
4 Zur Tätigkeit Millers als Ingenieur und im VDI vgl. Hassler: Miller 1955.
5 Matschoß an Zenneck, 13.7.1932; DMA, VA 0957.
6 Kirschmer: Professoren 1967, S. 143.
7 Ebd.
8 Miller an Marie von Miller, 28.8.1911; DMA, NL 114/Vorl. Nr. 221.
9 Hermann von Miller: Erinnerungen 1962, S. 13.
10 Miller an Marie von Miller, 10.1.1887; DMA, NL 114/Vorl. Nr. 206.
11 Die Steuerakten Millers sind nicht erhalten. Freundliche Auskunft von Dr. Christoph Bachmann, Staatsarchiv München.
12 Freundliche Auskunft von Christina Gräfin Podewils.
13 Hermann von Miller: Erinnerungen 1962, S. 18.
14 Walther von Miller: Miller 1955, S. 85.
15 Chronik der Humpenburger; Familienarchiv Ferdinand von Miller, Bad Wiessee (ohne Nummer).
16 Vgl. Tornow: Vereinswesen 1977.
17 Eine Würdigung der Person Schönbergs steht noch aus. Zahlreiche Informationen zu seiner Biographie verdanke ich seiner verstorbenen Tochter Else Schönberg.
18 Marie Seitz: Tagebuch 27.4.1881–18.6.1882 (Eintrag vom 23.11.1881); Privatbesitz.
19 Herzog: Reusch 1967, S. 24.
20 Vgl. die Berichte der Münchner Neuesten Nachrichten über den Italienbesuch Millers (u. a. bei Mussolini; 23.3.1931 ff.).
21 Miller an Fritz von Miller; 18.11.1881; DMA, NL 114/Vorl. Nr. 488.
22 Ferdinand von Miller an Franz von Seitz, 10.3.1883; DMA, NL 114/Vorl. Nr. 489.
23 Hermann von Miller: Erinnerungen 1962, S. 12.
24 Ebd., S. 159.
25 Zu Rudolf von Miller vgl. Füßl/Trischler: Geschichte 2003, bes. die Beiträge von Fehlhammer (S. 17–19) und Mayr (S. 159–161).
26 Hermann von Miller: Erinnerungen 1962, S. 6.
27 Walther von Miller: Miller 1955, S. 88.
28 Hermann von Miller: Erinnerungen 1962, S. 40.
29 Marie Seitz: Tagebuch Oktober 1882–17.9.1883, S. 3; Privatbesitz.
30 Kirschmer: Professoren 1967, S. 145.
31 Hermann von Miller: Erinnerungen 1962, S. 21.
32 Walther von Miller: Miller 1955, S. 88.
33 Briefwechsel Millers mit Fa. Carl Zeiss, 17.8.1931 und 21.8.1931; DMA, VA 0321.
34 Vgl. DMA, VB 1934/35, S. 18.

35 Vgl. DMA, VA 4000.
36 Walther von Miller: Miller 1955, S. 99.
37 Zitiert bei Hlava: Zeitgeschichte 1984, S. 42.
38 Die Nachrufe sind in der Bibliothek des Deutschen Museums verkartet. Ein Teil befindet sich in der Zeitungsausschnittsammlung im Archiv. Vgl. Füßl: Mythologisierung 1999, S. 62.
39 Die Typoskripte der Reden von Zenneck und Matschoß in: DMA, VA 4000.
40 Vgl. die Nachrufe von Franz Fuchs in: Museumskunde, Neue Folge 6 (1934), S. 51–58 bzw. in: Geistige Arbeit 1934, Nr. 19, S. 12, von Conrad Matschoß in: Forschungen und Fortschritte 19 (1934), Nr. 13, S. 175–176 bzw. in: ZVdI 78 (1934), S. 483–485, und Zenneck in: Die Erholung 25 (1934), H. 5, S. 53–54.
41 Vgl. Dienel: Zweckoptimismus 1998, S. 10 ff.

Quellenverzeichnis

Berlin

Archiv der Berliner Elektrizitätswerke AG
Ordner 8/00: Johannes Benecke: Meine Erinnerungen.

Archiv der Max-Planck-Gesellschaft
I. Abt. Rep. I A, Nr. 2317–2319, 2324, 2325, 2328, 2335, 3000/3.

Bundesarchiv
R 9.01, Nr. 37936.
R 005/020001 – R 005/020050.
R 15.01, Nr. 26798.
R 43 I/823.

Deutsches Technikmuseum, Archiv
I.2.060 FA AEG-Telefunken, Nr. A 401.
I.2.060 FA AEG-Telefunken, Nr. PD 2403.

Geheimes Staatsarchiv Preußischer Kulturbesitz
Rep. 76Vc, Sekt. 1 Tit. 11, Teil VI, Nr. 5, Bd. 2.
Rep. 120, Tn Nr. 11, Bd. 1.

Frankfurt am Main

Stadtarchiv
Magistratsakten S 2303, T 2024, Bd. 1, 3, 4, 6.
Stadtwerke, Nr. 231, 290, 311.

Fürstenfeldbruck

Stadtarchiv
Beschlussbücher 1891.

Stadtwerke Fürstenfeldbruck
Akt Abrechnungen und Quittungen 1891–1895.

Köln

Archiv Felten & Guilleaume
II/B/a: Lebenserinnerungen von Georg Zapf.

München

Archiv des Deutschen Museums
Handschriften
HS 08081, HS 1932–16, HS 1973–4.
Junkersarchiv
JuA Luft 0301 T12, JuA Luft 0503 T3, JuA Luft 0503 T7, JuA Luft 0503 T9, JuA Luft 0503 T10.
Nachlass Lenard
NL 009/43.
Nachlass Miller (NL 114/Vorl. Nr.)
133, 186, 188–191, 200, 201, 202/1, 203, 206, 208, 210, 210/1, 212, 213, 218, 221, 244, 245, 250, 268–270, 272, 324–326, 329–331, 380, 386–388, 390/1, 397, 398, 404, 418, 482, 484, 486–489.
Polytechnischer Verein
PTV 182–201.
Verwaltungsarchiv des Deutschen Museums
- Mitgliederkartei.
- Verwaltungsberichte 1903/04–1934/35.

- Personalakten
  PA 1403, 1671.
- Verwaltungsakten (VA)
  0001, 0016/3, 0089, 0090, 0321, 0365, 0418, 0433, 0434, 0729, 0883, 0956, 0957, 1250, 1396–1411, 1429, 1444, 2157, 2190, 2191, 2348, 2399, 2541, 2842, 3860, 3948, 3969–3972, 3990, 4000, 4006, 4011–4014, 4021, 4026, 4033, 4033/3 4033/10, 4033/11, 4034, 6031, 6107–6111.

Archiv des Erzbistums München und Freising
München Matrikel 224, 238.

Archiv des Maximiliansgymnasiums
Zeugnisprotokoll 1867/68–1869/70.

Archiv des Oskar-von-Miller-Gymnasiums
Censurbuch 1864/65 bis 1873/74: Oscar Miller; Philipp Dietrich.

Bayerisches Hauptstaatsarchiv
Ministerium des Äußeren
MA 78515.
Ministerium der Finanzen
MF 67739, 67740, 67742, 67743, 67745–67748, 70489.
Ministerium für Handel
MH 13841.
Ministerium des Innern
MInn 47157.
Ministerium für Unterricht und Kultus
MK 40111, 41185.
Ministerium für Wirtschaft
MWi 2880, 2881, 2968.
Sammlungen und Nachlässe
NL Held 1233.
NL Kahr, Nr. 51.

Rosenheim

Stadtarchiv
VII A 4d, 79.

Familienarchiv Ferdinand von Miller, Bad Wiessee

- Chronik der Humpenburger.
- Ferdinand von Miller d.Ä.: Lose Erinnerungen an König Ludwig I. (Manuskript).
- Ferdinand von Miller d. Ä. an Oskar von Miller, 15.3.1880 und 24.11.1880;
- Redemanuskript von Hermann von Miller anlässlich des Familientages 1969.
- Mappe «Reichstag».

Privatbesitz

Marie Seitz: Tagebücher 1881/1882, 1882/1883.
Walther von Dyck: Tagebuch meiner zweiten Amerikanischen Reise.

Literaturverzeichnis

Abramowski, Günter (Bearbeiter): Die Kabinette Marx III und IV. Bd. 1 (Akten der Reichskanzlei. Weimarer Republik). Boppard a. Rhein 1988.

Adressbuch der Elektricitäts-Branche von Europa. Bd. I: Deutschland. 1892/93. Berlin 1892; 1897/98: Leipzig 1898; 1908/09. Leipzig 1909.

Akten zur deutschen auswärtigen Politik 1918–1945. Serie A. 1918–1925, Bd. 1. Göttingen 1982.

Albrecht, Dieter: Die Anfänge des Münchner Arbeitermuseums. In: ders./Dirk Götschen (Hrsg.): Forschungen zur bayerischen Geschichte (Festschrift Wilhelm Folkerts). Frankfurt a. Main 1993, S. 255–272.

Alexander, Edward P.: Museum masters. Their museums and their influence. Nashville 1983.

–: Museums in Motion. An introduction to the history and functions of museums. Nashville 1979.

Allgemeine Elektricitäts-Gesellschaft (Hrsg.): Elektrische Centralstationen. Ausgeführt von der Allgemeinen Elektricitäts-Gesellschaft Berlin. Berlin (1898).

–: Die Drehstromanlagen und die Kraftübertragung Lauffen – Frankfurt a. M. auf der internationalen elektrotechnischen Ausstellung Frankfurt a. M. 1891. Berlin o. J.

–: Elektrizität im Theater. Berlin 1925.

Ambrosius, Gerold: Die öffentliche Wirtschaft in der Weimarer Republik. Kommunale Versorgungsunternehmen als Instrumente der Wirtschaftspolitik. Baden-Baden 1984.

Angermair, Elisabeth: München als süddeutsche Metropole. Die Organisation des Großstadtbaus 1870–1914. In: Richard Bauer (Hrsg.): Geschichte der Stadt München. München 1992, S. 307–335.

Aumiller, August: Führer durch Bruck und seine Umgebung. Fürstenfeldbruck 1894.

Bade, Wilfried: Der Studienbau des Deutschen Museums. In: Bayerische Industrie- und Handelszeitung 60 (1930), S. 266–270.

Bäßler, Karl: Ein Rückblick auf acht Jahrzehnte. o. O. 1968.

Bahde, Curt/Bürgel, Klaus/Hahn, Wolfgang: 100 Jahre Stromverteilung in Berlin. In: Elektrizitätswirtschaft 83 (1984), S. 476–493.

Baldwin, Neil: Edison. Inventing the century. Chicago/London 2001.

Bamberger, Rainer / Holstein, Hartwig: Die Bildungsarbeit des Deutschen Museums. Geschichtliche Entwicklung, Darstellung und Beurteilung (Diplomarbeit). München 1978.
Bauer, Ingolf (Hrsg.): Das bayerische Nationalmuseum. Der Neubau an der Prinzregentenstraße 1892–1900. München 2000.
Bauer, Winfried (Hrsg.): 150 Jahre Maximiliansgymnasium. Chronik 1849–1999. München 1999.
Bauernfeind, Martina: Bürgermeister Georg Ritter von Schuh. Stadtentwicklung in Erlangen und Nürnberg im Zeitalter der Hochindustrialisierung 1878–1913 (Nürnberger Werkstücke zur Stadt- und Landesgeschichte 60). Nürnberg 2000.
Bauersfeld, Walther: Das Projektions-Planetarium des Deutschen Museums in München. In: Zeitschrift des Vereins Deutscher Ingenieure 68 (1924), S. 793–797.
Bazermann, Charles: The languages of Edison's light. Cambridge / London 1999.
Beckedorf, Wilhelm: Fürstenfeldbruck. Historisch-geographische Entwicklung und heutige Struktur (Zulassungsarbeit). München 1966.
Becker, Christoph: Vom Raritäten-Kabinett zur Sammlung als Institution. Sammeln und Ordnen im Zeitalter der Aufklärung. Egelsbach u. a. 1996.
Beckmann, Uwe: Technische Kulturdenkmale als Objekte technischer Kultur bei deutschen Ingenieuren und Heimatschützern. In: Burkhard Dietz / Michael Fessner / Helmut Maier (Hrsg.): Technische Intelligenz und «Kulturfaktor Technik». Kulturvorstellungen von Technikern und Ingenieuren zwischen Kaiserreich und früher Bundesrepublik Deutschland. Münster u. a. 1996, S. 177–188.
Die Beleuchtungs- und Wasserversorgungsanlagen der Stadt Rosenheim. Rosenheim 1901.
Berglar, Peter: Walther Rathenau. Ein Leben zwischen Philosophie und Politik. Graz 1987.
Bericht des Carl Albrich sen., Leiter der Realschule, Julius Sigerus, Magistratsrat, und Gustav Fabritius, Fabrikant, über ihre zufolge Auftrages des löblichen Magistrates in Hermannstadt zur internationalen elektrischen Ausstellung in Frankfurt a. M. im Jahr 1891 unternommene Studienreise. Hermannstadt 1892.
Bericht über die Internationale Elektrische Ausstellung Wien 1883. Wien 1885.
Offizieller Bericht über die Internationale Elektrotechnische Ausstellung in Frankfurt 1891. 2 Bde. Frankfurt a. Main 1893–1894.
Offizieller Bericht über die im Königlichen Glaspalaste zu München 1882 unter dem Protektorate Sr. Majestät des Königs Ludwig II. von Bayern stattgehabte Internationale Elektricitäts-Ausstellung verbunden mit elektrotechnischen Versuchen. München 1883.
Bericht über die Gründungsversammlung des Reichsmuseums für Gesellschafts- und Wirtschaftskunde in Düsseldorf am 19. November 1926. Düsseldorf ²1926.
Bericht über die Grundsteinlegung des Deutschen Hygiene-Museums in Dresden, 7. und 8. Oktober 1927. o. O. o. J. (1927).
Bericht über die Königl. Polytechnische Schule zu München für das Studienjahr 1870–1871 ff. München 1871 ff.
Bericht des Vorstands der Gesellschaft Urania. Berlin 1894/95 ff.
Amtlicher Bericht über die Weltausstellung in Chicago 1893 erstattet vom Reichskommissar. 2 Bde. Berlin 1894.

Bestelmeyer, German: Der Studienbau des Deutschen Museums in München. In: Deutsche Bauzeitung 62 (1928), S. 645–648.

Beyerchen, Alan D.: Wissenschaftler unter Hitler. Physiker im Dritten Reich. Frankfurt a. Main 1980.

Blaich, Fritz: Energiepolitik Bayerns 1900–1921 (Regensburger Historische Studien 8). Kallmünz 1981.

Blumtritt, Oskar: Adolf Slaby, pioniere della radio per grazie dell'imperatore. In: Anna Guagnini/Guilano Pancaldi (Hrsg.): Cento anni di radio. Le radici dell' invenzione. Turin 1995, S. 467–522.

Boden, Ragna: Die Weimarer Nationalversammlung und die deutsche Außenpolitik. Waffenstillstand, Friedensverhandlungen und internationale Beziehungen in den Debatten von Februar bis August 1919 (Europäische Hochschulschriften 3/884). Frankfurt a. Main u. a. 2000.

Böhme, Helmut: Vom «Geist der Unruhe» – «Elektrizität» und «Neuer Kurs». Bemerkungen zur politischen und kultur-technischen Bedeutung der Einführung einer neuen Technologie anlässlich der «Internationalen Elektrotechnischen Ausstellung» in Frankfurt am Main 1891. In: Volker Benad-Wagenhoff (Hrsg.): Industrialisierung. Begriffe und Prozesse (Festschrift Akos Paulinyi). (Schriftenreihe der Carlo und Karin Giersch-Stiftung. Technische Hochschule Darmstadt 1). Stuttgart 1994, S. 143–161.

–/Schott, Dieter (Hrsg.): Wege regionaler Elektrifizierung in der Rhein-Main-Neckar-Region. Geschichte und Gegenwart. Darmstadt 1993.

Bosch, Carl: Der Museumsbau. In: Conrad Matschoß (Bearbeiter): Das Deutsche Museum. Geschichte – Aufgaben – Ziele. Berlin/München 1925, S. 51–83.

Boveri, Wilhelm: 75 Jahre Wechselstrom-Kraftübertragung Lauffen/Neckar – Frankfurt/Main. In: BBC-Nachrichten 48 (1966), S. 523–525.

Braun, Hans-Joachim: Gas oder Elektrizität? Zur Konkurrenz zweier Beleuchtungssysteme 1880–1914. In: Technikgeschichte 47 (1980), S. 1–19.

–: Nachlässe von Ingenieuren als technikgeschichtliche Quelle. In: Technikgeschichte 49 (1982), S. 306–315.

–: Professionalisierungsprozeß, sozialökonomische Interessen und «Standesfragen». Zur Sozialgeschichte des Ingenieurs 1850–1914. In: Volker Schmidtchen/Eckhard Jäger (Hrsg.): Wirtschaft, Technik und Geschichte. Berlin 1980, S. 317–332.

–: Die Weltenergiekonferenzen als Beispiel internationaler Kooperation. In: Energie in der Geschichte/Energy in history. Zur Aktualität der Technikgeschichte. Düsseldorf 1984, S. 10–16.

Breunig, Willi: Vom Handelsplatz zur Industriestadt. Wirtschaftsentwicklung in Ludwigshafen am Rhein 1820–1920. Ludwigshafen a. Rhein 1986.

Broelmann, Jobst: Der weiß-blaue Globus. Schifffahrt und Meereskunde. In: Wilhelm Füßl/Helmuth Trischler (Hrsg.): Geschichte des Deutschen Museums. Akteure, Artefakte, Ausstellungen. München 2003, S. 219–253.

–: U 1 – die unsichtbare Waffe. In: Ulf Hashagen/Oskar Blumtritt/Helmuth Trischler (Hrsg.): Circa 1903. Artefakte in der Gründungszeit des Deutschen Museums (Abhandlungen und Berichte, Neue Folge 19). München 2003, S. 179–202.

–: Zeitzeuge oder Zeitmaschine? Objekte als «Gegenständliche Quellen» und ihre Verwendung und Behandlung in technischen Museen. In: Dresdner Beiträge zur Geschichte der Technikwissenschaften (1999), H. 26, S. 35–42.

Brown, Charles Eugen Lancelot: Kraftübertragung mittels Wechselströmen von verschiedenen Phasen (Drehstrom). In: Elektrotechnische Zeitschrift 12 (1891), S. 149–153, 161–163.

–: Hohe Spannungen, Fortleitung und Verwendung derselben. In: Elektrotechnische Zeitschrift 12 (1891), S. 146–148.

Bruch, Rüdiger vom / Kaderas, Brigitte (Hrsg.): Wissenschaften und Wissenschaftspolitik. Bestandsaufnahmen zu Formationen, Brüchen und Kontinuitäten im Deutschland des 20. Jahrhunderts. Wiesbaden 2002.

Bruche, Gert: Elektrizitätsversorgung und Staatsfunktion. Das Regulierungssystem der öffentlichen Elektrizitätsversorgung in der Bundesrepublik Deutschland. Frankfurt a. Main / New York 1977.

Buchhaupt, Siegfried: Die Gründung der Kraftwerke Mainz-Wiesbaden AG (KMW) – einer Insel inmitten der «Elektrizitätsprovinzen». In: Volker Benad-Wagenhoff (Hrsg.): Industrialisierung und Begriffe (Festschrift Akos Paulinyi) (Schriftenreihe der Carlo und Karin Giersch-Stiftung. Technische Hochschule Darmstadt 1). Stuttgart 1994, S. 163–179.

Buchheim, Gisela: Zu einigen Voraussetzungen für das Entstehen der Elektrotechnik als technikwissenschaftliche Disziplin. In: Dresdener Beiträge zur Geschichte der Technikwissenschaften 2 (1980), S. 52–67.

Buddemeier, Hans: Panorama, Diorama, Photographie. Entstehung und Wirkung neuer Medien im 19. Jahrhundert (Theorie und Geschichte der Literatur und der schönen Künste 7). München 1970.

Büggeln, Heinrich: Elektrische Großwirtschaft unter staatlicher Mitwirkung in Württemberg. In: Elektrotechnische Zeitschrift 38 (1917), S. 33–35.

Bühler, Dirk: Die Illerbrücken in Kempten: Beton in der Bautechnik um 1903. In: Ulf Hashagen / Oskar Blumtritt / Helmuth Trischler (Hrsg.): Circa 1903. Artefakte in der Gründungszeit des Deutschen Museums (Abhandlungen und Berichte, Neue Folge 19). München 2003, S. 475–498.

Bürgel, Bruno H.: Vom Arbeiter zum Astronomen. Der Aufstieg eines Lebenskämpfers. Berlin 1935.

Chickering, Roger: We men who feel most German. A cultural study of the Pan-German League 1886–1914. Boston 1984.

Christiani, Wilhelm: Bericht über die Münchener Internationale elektrische Ausstellung. In: Elektrotechnische Zeitschrift 4 (1883), S. 1–3.

Chronik des Deutschen Museums von Meisterwerken der Naturwissenschaft und Technik. Gründung, Grundsteinlegung und Eröffnung 1903–1925. München 1927.

Chronik Harbni-Ordensfest (18. März 1925). Im Festsaale des Künstlerhauses zu München. Auf Befehl des hochedlen Großmeisters Wilm von Täublinger zu Basewitz getreulich aufgezeichnet vom Ordenskaplan Hans von Hoenberg, geschmückt mit Schildereien von der Hand des Edlen Franz von Gebraching. o. O. (1925).

Dachler, Sigmund: Das Hermannstädter Elektrizitätswerk während seines 10jähr. Bestandes (19. Dezember 1896 bis Dezember 1906). Hermannstadt 1906.

Daguerre, Louis Jacques Mandé: Das Daguerreotyp und das Diorama oder genaue und authentische Beschreibung meines Verfahrens und meiner Apparate zu Fixierung der Bilder der Camera obscura und der von mir bei dem Diorama angewendeten Art und Weise der Malerei und der Beleuchtung. Stuttgart 1839 (ND Hannover 1988).

Denkschrift und Antrag betreffend die künftige Regelung des Beleuchtungswesens von München mit besonderer Berücksichtigung des Vertragsverhältnisses zwischen Gasbeleuchtungsgesellschaft und Stadtgemeinde. München 1889.

Denkschrift über die Große Ausstellung Düsseldorf 1915. o. O. o. J.

Denkschrift zum 40jährigen Bestehen des Elektrotechnischen Vereins München e.V. 1893–1933. München 1933.

Denkschrift des Kunstgewerbevereins. Die würdige Ausgestaltung der Kohleninsel. München/Leipzig 1900.

Dettmar, Georg: Elektrizität im Hause. In ihrer Anwendung und Wirtschaftlichkeit dargestellt. Berlin 1911.

–: Elektrizitätsversorgung Sowjetrußlands. In: Elektrotechnische Zeitschrift 50 (1929), S. 665–673, 705–711.

–: Die Entwicklung der Starkstromtechnik in Deutschland. Bd. 1–2 (Reprint der Ausgabe von 1940). Berlin 1989–1991.

Deutsch, Felix: Meine Eindrücke in Amerika. In: Spannung. Die AEG-Umschau 1 (1928/29), S. 129–133, 168–172.

–: Aus dem Leben von Felix Deutsch. Nach eigenen Aufzeichnungen. In: Dr. Felix Deutsch zum 70. Geburtstag. Sonderdruck der AEG-Umschau am 16. Mai 1928. Berlin 1928, S. 7–40.

Deutsches Museum von Meisterwerken der Naturwissenschaft und Technik. Führer durch die Sammlungen. München 1907.

Deutsches Museum von Meisterwerken der Naturwissenschaft und Technik. Amtlicher Führer durch die Sammlungen. München 1925 (2. Auflage 1928).

Deutsches Museum von Meisterwerken der Naturwissenschaft und Technik. Mitglieder-Verzeichnis. München 1904 ff.

Deutsches Museum von Meisterwerken der Naturwissenschaft und Technik. Rundgang durch die Sammlungen. Bearbeitet von Theodor Conzelmann. München ³1938.

Deutsches Museum von Meisterwerken der Naturwissenschaft und Technik. Satzung 1903 ff. München 1904 ff.

Dieminger, Walter: Jonathan Zenneck. In: Deutsches Museum. Abhandlungen und Berichte 29 (1961), H. 1, S. 1–44.

Dienel, Hans-Liudger: Herrschaft über die Natur. Naturvorstellungen deutscher Ingenieure 1871–1914. Stuttgart 1992.

–: Ideologie der Artefakte. Die ideologische Botschaft des Deutschen Museums 1903–1945. In: Ideologie der Objekte – Objekt der Ideologie. Naturwissenschaft, Medizin und Technik in Museen des 20. Jahrhunderts. Kassel 1991.

–: Ingenieure zwischen Hochschule und Industrie. Kältetechnik in Deutschland und Amerika 1870–1930 (Schriftenreihe der Historischen Kommission bei der Bayerischen Akademie der Wissenschaften 54). Göttingen 1995.

–: Der Münchner Weg im Theorie-Praxis-Streit um die Emanzipation des wissenschaftlichen Maschinenbaus. In: Ulrich Wengenroth (Hrsg.): Die Technische Universität München. Annäherungen an ihre Geschichte. München 1993, S. 87–115.
–: Zweckoptimismus und -pessimismus der Ingenieure um 1900. In: ders. (Hrsg.): Der Optimismus der Ingenieure. Triumph der Technik in der Krise der Moderne um 1900. Stuttgart 1998, S. 9–24.
–/Hilz, Helmut: 125 Jahre Technische Universität München. Bayerns Weg in das technische Zeitalter. München 1993.
Döbereiner, Manfred: Bilder der Arbeit, Technik und Industrie in Museumskontexten. Der Gemäldebestand des Deutschen Museums. In: Klaus Türk (Hrsg.): Arbeit und Industrie in der bildenden Kunst. Beiträge eines interdisziplinären Symposiums. Stuttgart 1997, S. 160–179.
Dolivo-Dobrowolsky, Michael von: Aus der Geschichte des Drehstroms. In: Elektrotechnische Zeitschrift 38 (1917), S. 341–344, 354–357, 366–369, 376–377.
–: Kraftübertragung mittels Wechsel-Strömen von verschiedenen Phasen (Drehstrom). In: Elektrotechnische Zeitschrift 12 (1891), S. 149–153, S. 161–163.
Dülffer, Jost/Holl, Karl (Hrsg.): Bereit zum Krieg. Kriegsmentalität im wilhelminischen Deutschland 1890–1914. Göttingen 1986.
Duerout, Auguste: L'Exposition International d'Électricité. In: La Lumière Électrique 4 (1882), S. 403–404.
Duffy, Eve Marie: Representing science and technology. Politics and display in the Deutsches Museum 1903–1945 (Diss.). Chapel Hill 2002.
–: Im Spannungsfeld von Selbststeuerung und Fremdbestimmung 1925–1944. In: Wilhelm Füßl/Helmuth Trischler (Hrsg.): Geschichte des Deutschen Museums. Akteure, Artefakte, Ausstellungen. München 2003, S. 59–101.
Dyck, Walther von: Georg Reichenbach (Deutsches Museum. Lebensbeschreibungen und Urkunden). München 1912.
Eckert, Michael: Die «Deutsche Physik» und das Deutsche Museum. Eine Fallstudie über das Verhältnis von NS-Ideologie, Wissenschaft und Institution. In: Physikalische Blätter 41 (1985), S. 87–92.
Edeler, Ingrid: Zur Typologie des kulturhistorischen Museums. Freilichtmuseen und kulturhistorische Räume (Europäische Hochschulschriften, Reihe 28, Bd. 79). Frankfurt a. Main 1988.
Elektricität. Offizielle Zeitung der Internationalen Elektrotechnischen Ausstellung. Frankfurt am Main 1891, Nr. 1–30. Frankfurt a. Main 1891.
Das städtische Elektricitätswerk in Frankfurt am Main. Frankfurt a. Main 1898.
Ueber die Entwicklung und die Ziele der Gesellschaft Urania in Berlin. (Berlin 1888).
Geschichtliche Entwicklung der Wasserwirtschaft und des Wasserbaus in Bayern. 2 Bde. München 1981.
Zur Erinnerung an das 50. Stiftungsfest der «Humpenburg», gefeiert am Stephanitag (26. Dez.) 1908 auf Schloß Karneid bei Bozen. o. O. o. J. (1908).
Zur Erinnerung an die Kraftübertragung Lauffen – Frankfurt 1891. Lauffen a. Neckar o. J. (ca. 1956).
Erker, Paul: Keine Sehnsucht nach der Ruhr. Grundzüge der Industrialisierung in Bayern 1900–1970. In: Geschichte und Gesellschaft 17 (1991), S. 480–511.

Erz-Zeit. Ferdinand von Miller – zum 150. Geburtstag der Bavaria. München 1999.

Exner, Wilhelm: Der Ehrensaal des Deutschen Museums. In: Deutsches Museum. Abhandlungen und Berichte 2 (1930), H. 2, S. 33–64.

–: Erlebnisse. Wien 1929.

Exposition Internationale d'Électricité Paris 1881. Catalogue général officiel. Paris 1882.

Fasolt, Friedrich: Die sieben größten deutschen Elektrizitätsgesellschaften. Ihre Entwicklung und Unternehmertätigkeit. Eine volkswirtschaftliche Studie (Mitteilungen der Gesellschaft für wirtschaftliche Ausbildung 2). Dresden 1904.

Feldman, Gerald D.: The great disorder. Politics, economics, and society in the German inflation 1914–1924. New York/Oxford 1993.

Festschrift aus Anlass des 75jährigen Bestehens der Versuchsanstalt für Wasserbau und Wasserwirtschaft der Technischen Universität München in Obernach. Oskar v. Miller-Institut (Berichte des Lehrstuhls und der Versuchsanstalt für Wasserbau und Wasserwirtschaft 91). München 2001.

Findlen, Paula: Possessing nature: museums, collecting and scientific culture in early modern Italy. Berkeley 1994.

Fingerle, Karlheinz: Fragen an die Museumsdidaktik am Beispiel des Deutschen Museums. München [4]1992.

Finn, Bernard S.: Der Einfluss des Deutschen Museums auf die internationale Landschaft der Wissenschafts- und Technikmuseen. In: Wilhelm Füßl/Helmuth Trischler (Hrsg.): Geschichte des Deutschen Museums. Akteure, Artefakte, Ausstellungen. München 2003, S. 397–405.

Fölsch, August: Erinnerungen aus dem Leben eines Technikers. Fragmente seinen Freunden gewidmet. Hamburg 1889.

Foerster, Wilhelm: Lebenserinnerungen und Lebenshoffnungen. Berlin 1911.

Freymann, Klaus: Bergbau auf der Kohleninsel. Zur Entstehung des Anschauungsbergwerks. In: Wilhelm Füßl/Helmuth Trischler (Hrsg.): Geschichte des Deutschen Museums. Akteure, Artefakte, Ausstellungen. München 2003, S. 289–322.

Friedel, Robert/Israel, Paul: Edison's electric light. Biography of an invention. New Brunswick 1986.

Frölich, Oskar: Zur elektrischen Kraftübertragung. In: Elektrotechnische Zeitschrift 4 (1883), S. 60–72.

Fuchs, Franz: Amerikaberichte (masch.). München 1912.

–: Der Aufbau der Astronomie im Deutschen Museum 1905–1925. In: Deutsches Museum. Abhandlungen und Berichte 23 (1955), H. 1, S. 1–65.

–: Der Aufbau der Physik im Deutschen Museum 1903–1933. In: Deutsches Museum. Abhandlungen und Berichte 25 (1957), H. 3, S. 1–68.

Illustrierter Führer durch die Internationale Elektrische Ausstellung in Wien 1883. Wien [2]1883.

Fürst, Artur: Emil Rathenau. Der Mann und sein Werk. Berlin 1915.

Füßl, Wilhelm: Art. «Deprez, Marcel». In: Kurt Jäger (Hrsg.): Lexikon der Elektrotechniker. Berlin 1996, S. 93–94.

–: Art. «Zenneck, Jonathan Adolf». In: Ebd., S. 414–415.

–: Technisch-wissenschaftliche Bestände im Museum. Das Archiv des Deutschen Museums. In: Naturwissenschaften und Archive. Naturwissenschaftliche und

technische Überlieferungen wissenschaftlicher Einrichtungen. Frühjahrstagung der Fachgruppe 8 des Verbands Deutscher Archivarinnen und Archivare am 27. März 2001 in Rostock. Rostock 2001, S. 7–15.
–: Die Entwicklung der Stadtwerke Fürstenfeldbruck von ihren Anfängen bis zum Ende des Zweiten Weltkriegs, In: 100 Jahre Stadtwerke Fürstenfeldbruck. Ein historischer Abriß. Bearbeitet von Wilhelm Füßl und Josef Teichner. Fürstenfeldbruck 1992, S. 9–75.
–: Graf Zeppelin und das Deutsche Museum. In: Wolfgang Meighörner (Hrsg.): Der Graf (1838–1917). Friedrichshafen 2000, S. 167–175.
–: Gründung und Aufbau 1903–1925. In: Wilhelm Füßl / Helmuth Trischler (Hrsg.): Geschichte des Deutschen Museums. Akteure, Artefakte, Ausstellungen. München 2003, S. 59–101.
–: Konstruktion technischer Kultur. Die Sammlungspolitik des Deutschen Museums in den Aufbaujahren 1903–1909. In: Ulf Hashagen / Oskar Blumtritt / Helmuth Trischler (Hrsg.): Circa 1903. Artefakte in der Gründungszeit des Deutschen Museums (Abhandlungen und Berichte, Neue Folge 19). München 2003, S. 33–53.
–: «Mehr Licht!» Der Bau des Rothenburger Elektrizitätswerkes. In: Die Linde. Beilage zum Fränkischen Anzeiger für Geschichte und Heimatkunde von Rothenburg / Tbr. 79 (1997), Nr. 6, S. 42–48.
–: Il Deutsches Museum a Monaco: origini e storia. In: Archivi e Imprese 11/12 (1995), S. 97–110.
–: Zwischen Mythologisierung und Dekonstruktion. Die Funktion des Biographen, in: ders. / Stefan Ittner (Hrsg.): Biographie und Technikgeschichte (BIOS. Zeitschrift für Biographieforschung und Oral History, Sonderheft 1998). Leverkusen 1999, S. 59–69.
–: Wilhelm Conrad Röntgen und das Deutsche Museum. In: Kultur & Technik 20 (1996), H. 1, S. 10–19.
– / Hilz, Helmut / Trischler, Helmuth (Hrsg.): Forschung, Bibliothek, Archiv. Der Wissenschaftsstandort Deutsches Museum. In: Wilhelm Füßl / Helmuth Trischler (Hrsg.): Geschichte des Deutschen Museums. Akteure, Artefakte, Ausstellungen. München 2003, S. 323–361.
– / Knopp, Matthias / Siemer, Stefan / Victor, Sebastian: Dokumente zur Geschichte des Deutschen Museums (CD-ROM). München 2003.
– / Mayring, Eva A.: The Archives and Special Collections of the Deutsches Museum in Munich, in: Science & Technology Libraries 14 (1994), S. 7–16.
– / Mayring, Eva A.: Eine Schatzkammer stellt sich vor. Das Archiv des Deutschen Museums zu Naturwissenschaft und Technik. München 1994.
– / Trischler, Helmuth (Hrsg.): Geschichte des Deutschen Museums. Akteure, Artefakte, Ausstellungen. München 2003.
Funke, Ulf-Norbert: Karl August Lingner. Leben und Werk eines gemeinnützigen Großindustriellen (Dresdener Monographien 1). Dresden 1996.
Gall, Alexander: Das Atlantropa-Projekt. Die Geschichte einer gescheiterten Vision. Herman Sörgel und die Absenkung des Mittelmeers. Frankfurt a. Main / New York 1998.
Gall, Lothar u. a.: Die Deutsche Bank 1870–1995. München 1995.

–: Bürgerliche Repräsentationskultur und familiäre Intimität. In: Klaus Tenfelde (Hrsg.): Bilder von Krupp. Fotografie und Geschichte im Industriezeitalter. München 1994, S. 203–214.

Geppert, Alexander C. T.: Welttheater: Die Geschichte des europäischen Ausstellungswesens im 19. und 20. Jahrhundert. Ein Forschungsbericht. In: Neue Politische Literatur 47 (2002), S. 10–61.

Gesamtbericht Zweite Weltkraftkonferenz. Transactions Second World Power Conference. Compte Rendu Deuxième Conférence Mondial de l'Ènergie. Berlin 1930. 20 Bde. Berlin 1930–1931.

Geschäftsbericht der Deutschen Edison-Gesellschaft. Berlin 1883 ff.

Zum 50jährigen Geschäftsjubiläum der Firma Philipp Jung. Freiburg i. Breisgau 1924.

Geschichte der Stadt Ludwigshafen am Rhein. Entstehung und Entwicklung einer Industrie- und Handelsstadt in fünfzig Jahren. 1853–1903. Mit einem geschichtlichen Überblick. Ludwigshafen (1903).

Geschichte des Vereines deutscher Ingenieure. Nach hinterlassenen Papieren von Th. Peters. Im Auftrag des Vorstandes hrsg. und bis 1910 vervollständigt. Berlin 1912.

Gilson, Norbert: Elektrizitätswirtschaft als wissenschaftliche Teildisziplin und die Ökonomie der Verbundwirtschaft. In: Helmut Böhme/Dieter Schott (Hrsg.): Wege regionaler Elektrifizierung in der Rhein-Main-Neckar-Region. Geschichte und Gegenwart. Darmstadt 1993, S. 93–103.

–: Konzepte von Elektrizitätsversorgung und Elektrizitätswirtschaft. Die Entstehung eines neuen Fachgebietes der Technikwissenschaften zwischen 1880 und 1945. Stuttgart 1994.

Gleibs, Yvonne: Juden im kulturellen und wissenschaftlichen Leben Münchens in der zweiten Hälfte des 19. Jahrhunderts (Miscellanea Bavarica Monacensia 76). München 1981.

Gottmann, Günther: Zum Bildungsauftrag eines technikgeschichtlichen Museums. Bericht aus dem Deutschen Museum. In: Ingolf Bauer/Nina Gockerell (Hrsg.): Museumsdidaktik und Museumspraxis. München 1976, S. 227–237.

Grasskamp, Walter: Museumsgründer und Museumsstürmer. Zur Sozialgeschichte des Kunstmuseums. München 1981.

Gravier, A.: Die Kraftübertragung von Marcel Deprez. In: Elektrotechnische Zeitschrift 3 (1882), S. 402–403.

Habacher, Maria: Das Technische Museum für Industrie und Gewerbe in Wien. Von seiner Gründung bis zur Verstaatlichung 1907–1922. In: Blätter für Technikgeschichte 30 (1968), S. 1–71.

Haffner, Sebastian u. a. (Hrsg.): Der Vertrag von Versailles. Frankfurt a. Main 1988.

Harten, Elke: Museen und Museumsprojekte der Französischen Revolution. Ein Beitrag zur Entstehungsgeschichte einer Institution (Kunstgeschichte. Form und Interesse 24). Münster 1989.

Hartl, Gerhard: Astronomie für die Sinne. Das Zeiss-Planetarium im Wandel von 80 Jahren. In: Kultur & Technik 28 (2004); H. 4, S. 39–41.

– u. a.: Planeten, Sterne Welteninseln. Astronomie im Deutschen Museum. München 1993.

Hartmann, Ludwig: Die Entwicklung der provisorischen Bibliothek. In: Deutsches Museum. Abhandlungen und Berichte 2 (1930), H. 1, S. 17–31.

Hartmann, Wolfgang: Der historische Festzug. Seine Entstehung und Entwicklung im 19. und 20. Jahrhundert (Studien zur Kunst des neunzehnten Jahrhunderts 35). München 1976.

Hartung, Fritz: Die Wasserbauversuchsanstalt Obernach im Strom der Zeit. In: Versuchsanstalt für Wasserbau der Technischen Universität München, Oskar v. Miller Institut, Nr. 34. München/Obernach 1977, S. 9–54.

Hashagen, Ulf: Der Mathematiker Walther von Dyck und die «wissenschaftliche» Technische Hochschule. In: Ivo Schneider/Helmuth Trischler/Ulrich Wengenroth (Hrsg.): Oszillationen. Naturwissenschaftler und Ingenieure zwischen Forschung und Macht (Abhandlungen und Berichte, Neue Folge 13). München 2000, S. 267–296.

–: Walther von Dyck (1856–1934). Mathematik, Technik und Wissenschaftsorganisation an der TH München (Boethius. Texte und Abhandlungen zur Geschichte der Mathematik und der Naturwissenschaften 47). Stuttgart 2003.

Haßler, Friedrich: Oskar von Miller, der Ingenieur und Energiewirtschaftler. Zur 25. Wiederkehr seines Todestages am 9. April 1959. In: VDI-Nachrichten 13 (1959), Nr. 8, S. 6.

–: Oskar von Miller. Zur 100. Wiederkehr seines Geburtstages am 7. Mai 1955. In: VDI-Nachrichten 9 (1955), Nr. 9, S. 6.

Haubner, Fritz: Aus den Anfängen der öffentlichen Elektrizitätsversorgung in Berlin (1882–1899). In: Tradition 7 (1962), H. 1, S. 1–11.

Haumann, Heiko: Beginn der Planwirtschaft. Elektrifizierung, Wirtschaftsplanung und gesellschaftliche Entwicklung Sowjetrußlands 1917–1921. Düsseldorf 1974.

Hauptmann, Gerhart: Festaktus zur Eröffnung des Deutschen Museums. München 1925.

Heilbron, John L.: Max Planck. Ein Leben für die Wissenschaft 1858–1947. Mit einer Auswahl der allgemeinverständlichen Schriften von Max Planck. Stuttgart 1988.

Heilbronner, Friedrich: Fernübertragungsanlagen als Vorläufer der Energieübertragung von Lauffen nach Frankfurt. In: Horst A. Wessel (Hrsg.): Moderne Energie für eine neue Zeit (Geschichte der Elektrotechnik 11). Berlin/Offenbach 1991, S. 155–168.

Heilmann, Jakob: Lebenserinnerungen. München 1921.

Henniger, Gerd: Die Bedeutung der Internationalen Ausstellung 1891 in Frankfurt/M. für die Weiterentwicklung der Elektrotechnik. In: Technik und Technikwissenschaften in der Geschichte. Proceedings of the ICOHTEC Symposium Dresden, 25.–29. August 1986. Berlin 1987, S. 105–108.

–: Eigenerzeugung oder Anschluß an das öffentliche Netz: Die Rolle der Industrie als Stromkonsument bei der Herausbildung der Überlandversorgung. In: Helmut Böhme/Dieter Schott (Hrsg.): Wege regionaler Elektrifizierung in der Rhein-Main-Neckar-Region. Geschichte und Gegenwart. Darmstadt 1993, S. 105–126.

–: Elektrifizierung in Preußen. Ein Beitrag zur Geschichte der Elektrifizierung der Industrie 1830–1914 (Diss. masch.). Berlin 1988.

Henning, Otto: Urania Berlin (Berlin. Gestalt und Geist 4). Berlin 1964.

Hermann, Armin: Max Planck in Selbstzeugnissen und Bilddokumenten (rowohlts monographien). Reinbek 1973.

Hermannstädter Elektrizitätswerk 1891–1896. Gesammelte Vorträge, Flugschriften und Berichte. Hermannstadt 1897.

Herz, Rudolf/Halfbrodt, Dirk: Revolution und Fotografie. München 1918/19. Berlin 1988.

Herzig, Thomas: Wirtschaftsgeschichtliche Aspekte der deutschen Elektrizitätsversorgung 1880 bis 1990. In: Wolfram Fischer (Hrsg.): Die Geschichte der Stromversorgung. Frankfurt a. Main 1992, S. 123–166.

Herzog, Bodo: Paul Reusch und das Deutsche Museum in München. Zum 100. Geburtstag von Paul Reusch. Deutsches Museum. Abhandlungen und Berichte 35 (1967), H. 3, S. 1–37.

Hesselmann, Hans: Das Wirtschaftsbürgertum in Bayern 1890–1914. Ein Beitrag zur Analyse der Wechselbeziehungen zwischen Wirtschaft und Politik am Beispiel des Wirtschaftsbürgertums im Bayern der Prinzregentenzeit (Beiträge zur Wirtschafts- und Sozialgeschichte 32). München 1985.

Heßler, Martina: Die Einführung elektrischer Haushaltsgeräte in der Zwischenkriegszeit. Der Angebotspush der Produzenten und die Reaktion der Konsumenten. In: Technikgeschichte 65 (1998), S. 297–311.

–: «Mrs. Modern Woman». Zur Sozial- und Kulturgeschichte der Haushaltstechnisierung. Frankfurt a. Main u. a. 2001.

Hettler, Nicolaus: Die Elektrotechnische Firma J. Einstein & Cie in München 1876–1894. Eine Firmengeschichte (Diss.). Stuttgart 1996.

Heuss, Theodor: Oskar von Miller und der Weg der Technik. Rede des Bundespräsidenten bei der Festsitzung am 7. Mai 1950. München 1950.

Heys, Johann Wilhelm van: Das neue Elektrizitätswerk der Residenzstadt Cassel. Kassel (1911).

Hilz, Helmut: Wirtschaftswissenschaften an einer TH. Das Beispiel München. In: Ulrich Wengenroth (Hrsg.): Die Technische Universität München. Annäherungen an ihre Geschichte. München 1993, S. 156–172.

Hirschel, Ernst Heinrich/Prem, Horst/Madelung, Gero: Luftfahrtforschung in Deutschland (Die deutsche Luftfahrt 30). Bonn 2001.

Hlava, Zdenka: 1925–1945. Kleine Zeitgeschichte, gesehen von der Museumsinsel in der Isar. In: Kultur & Technik 8 (1984), H. 1/2, S. 9–97.

–: Oskar von Miller. Ingenieur aus Begeisterung. Vor 50 Jahren starb der Gründer des Deutschen Museums. In: VDI-Nachrichten 38 (1984), Nr. 18, S. 39.

Hochreiter, Walter: Vom Musentempel zum Lernort. Zur Sozialgeschichte deutscher Museen 1800–1914. Darmstadt 1994.

Höflein, Harald: Elektrifizierung aus der Sicht der «Peripherie». Die Stromversorgung der Umlandgemeinde Ober-Ramstadt bis 1914. In: Helmut Böhme/Dieter Schott (Hrsg.): Wege regionaler Elektrifizierung in der Rhein-Main-Neckar-Region. Geschichte und Gegenwart. Darmstadt 1993, S. 79–91.

Höhler, Sabine: Luftfahrtforschung und Luftfahrtmythos. Wissenschaftliche Ballonfahrt in Deutschland, 1880–1910 (Campus Forschung 792). Frankfurt a. Main/New York 2001.

Hölz, Christoph/Kratsch, Klaus: Die Villa Quellenheim am Starnberger See. In: Erz-Zeit. Ferdinand von Miller – zum 150. Geburtstag der Bavaria. München 1999, S. 66–83.

Hoffmann, Bernhard: Wilhelm von Finck. 1848–1924. Lebensbild eines deutschen Bankiers. München 1953.

Hollweck, Ludwig: Das Leben Oskar von Millers. In: Münchner Stadtanzeiger 36 (1980), Nr. 42, S. 4.

Holzer, Hans: Die Gebrüder Wright und der Beginn des Motorflugs. München 2004.

Horstmann, Theo: »Die elektrische Ausstellung wollte der Mitwirkung der Künste nicht entrathen»: Kunst und Kunstgewerbe auf der Internationalen Elektrotechnischen Ausstellung 1891 in Frankfurt. In: Horst A. Wessel (Hrsg.): Moderne Energie für eine neue Zeit (Geschichte der Elektrotechnik 11). Berlin/Offenbach 1991, S. 113–138.

Hortleder, Gert: Das Gesellschaftsbild des Ingenieurs. Zum politischen Verhalten der Technischen Intelligenz in Deutschland. Frankfurt a. Main 1970.

Hübner, Klaus: Eugen Goldstein und die frühe Verwertung der Röntgenschen Entdeckung in Berlin. Eugen Goldstein zum 150. Geburtstag (Berliner Beiträge zur Geschichte der Naturwissenschaft und der Technik 26). Berlin 2000.

Hübschmann, Werner: Art. «Coerper, Carl Theodor». In: Kurt Jäger (Hrsg.): Lexikon der Elektrotechniker. Berlin 1996, S. 81–82.

–: Helios – ein frühes Großunternehmen der deutschen Elektrotechnik. Technische Aspekte. In: Elektrotechnik im Wandel der Zeit. Drittes VDE-Kolloquium am 4. April 1984 (Geschichte der Elektrotechnik 1). Berlin/Offenbach 1984, S. 9–16.

Hughes, Thomas P.: Die Erfindung Amerikas. Der technologische Aufstieg der USA seit 1870. München 1991.

–: Networks of power. Electrification in western society 1880–1930. Baltimore/London 1983.

–: Walther Rathenau: «system builder». In: Ders. u. a. (Hrsg.): Ein Mann vieler Eigenschaften. Walther Rathenau und die Kultur der Moderne (Kleine kulturwissenschaftliche Bibliothek 21). Berlin 1990, S. 9–31.

Otto Hupp. Meister der Wappenkunst. 1859–1949 (Ausstellungskataloge der Staatlichen Archive Bayerns 19). Neustadt a. d. Aisch 1984.

Huß, Guido/Tangemann, Michael: Die Bedeutung der Elektrotechnik in der Gründungsphase der Sowjetunion. In: Armin Hermann/Hans-Peter Sang (Hrsg.): Technik und Staat (Technik und Kultur 9). Düsseldorf 1992, S. 120–136.

Impey, Oliver/MacGregor, Arthur (Hrsg.): The origins of museums. The cabinet of curiosities in sixteenth and seventeenth century Europe. Oxford 1985.

Ingenieurbüro Oskar von Miller: Arbeitsgebiet des Ingenieurbüros Oskar von Miller G.m.b.H. München o. J. (ca. 1930).

Isarwerke G.m.b.H. München. München 1908.

40 Jahre Elektrizitätswerk Fürstenfeldbruck. Festschrift zur Erinnerung an die Gründung des Elektrizitäts- u. Überlandswerkes Fürstenfeldbruck vor 40 Jahren 1891–1931. Fürstenfeldbruck 1931.

90 Jahre Ingenieurbüro Oskar von Miller 1891–1981. Hrsg: vom Ingenieurbüro Oskar von Miller GmbH. München 1981.

Sechzig Jahre Isarwerke 1894–1954. München 1954.

60 Jahre Philipp Jung. Ingenieur. Installationsbüro, elektrische Licht- und Kraftanlagen. Freiburg im Breisgau. 1874–1934. Freiburg i. Br. 1934.

150 Jahre Technikgeschichte Schwandorf und Umgebung. 100 Jahre Elektrizitätswerk Schwandorf GmbH. Herausgegeben vom EWS Elektrizitätswerk Schwandorf. Schwandorf 1995.

6 Jahre Deutsche Reichsbahn-Gesellschaft. Aufbau, Entwicklung, Statistik und Finanzen der Deutschen Reichsbahn-Gesellschaft. Berlin 1931.

100 Jahre Strom für Rosenheim. 100 Jahre Wasserkraftwerk Oberwöhr. Rosenheim 1996.

100 Jahre Strom für Nürnberg. Die Geschichte der öffentlichen Stromversorgung. Nürnberg 1996.

50 Jahre Elektrotechnischer Verein 1879–1929. Berlin 1929.

Siebenter Jahres-Bericht über das Königliche Realgymnasium in München für das Schuljahr 1870/71. München 1871.

Jilek, Frantisek/Majer, Jiri: National Technical Museum Praha. Prag 1930.

Joachimides, Alexis: Die Museumsreformbewegung in Deutschland und die Entstehung des modernen Museums 1880–1940. Dresden 2001.

Josephson, Matthew: Thomas Alva Edison. Biographie. Icking/München 1969.

Josephson, Paul R.: »Projects of the century« in Soviet History. Large-scale technologies from Lenin to Gorbachev. In: Technology and Culture 36 (1995), S. 519–559.

Kaldewei, Gerhard: Museumspädagogik und Reformpädagogische Bewegung 1900–1933. Eine historisch-systematische Untersuchung zur Identifikation und Legitimation der Museumspädagogik (Europäische Hochschulschriften, Reihe XI/436). Frankfurt a. Main u. a. 1990.

Kalkschmidt, Eugen: Oskar von Miller. Ein Führer deutscher Technik. Stuttgart 1924.

Karp, Ivan/Lavine, Steven D.: Exhibiting Cultures. The Poetics and Politics of Museum Display. Washington 1991.

Officieller Katalog der Internationalen Elektrotechnischen Ausstellung in Frankfurt am Main 1891. Frankfurt a. Main ^{2}1891.

Katalog der seitens der Firmen Siemens & Halske A.-G., Berlin und Siemens-Schuckertwerke G.m.b.H., Berlin dem «Deutschen Museum von Meisterwerken der Naturwissenschaft und Technik» zu München gestifteten Gegenstände, darstellend die für die Entwicklung der Elektrotechnik wichtigen Erzeugnisse ihrer Werke. (Berlin) 1906.

Kempf, Wilhelm: Oskar von Miller. In: Der GMD-Spiegel 1976, Nr. 2, S. 4–8.

Kerschensteiner, Georg: Ferdinand Freiherr von Miller. Geboren am 8. Juni 1842. Gestorben am 18. Dezember 1929. Gedächtnisrede im Künstlerhaus am 26. Januar 1930. o. O. o. J. (München 1930).

Kierdorf, Alexander/Hassler, Uta: Denkmale des Industriezeitalters. Von der Geschichte des Umgangs mit Industriekultur. Tübingen/Berlin 2000.

Kirschmer, Gottlob: Art.: Kirschmer, Otto. In: Neue Deutsche Biographie, Bd. 11. München 1977, S. 674–675.

Kirschmer, Otto: Die Bedeutung der wasserbautechnischen Forschung. In: Zeitschrift für Binnenschiffahrt 63 (1931), S. 131–133.

–: Das Forschungsinstitut für Wasserbau und Wasserkraft am Walchensee. In: Deutsches Museum. Abhandlungen und Berichte 1 (1929), H. 4, S. 22–29.

–: Auch Professoren sind Menschen. Nachdenkliche und heitere Erinnerungen eines Hochschullehrers. München 1967.

–: Versuchsanlagen des Forschungsinstituts für Wasserbau und Wasserkraft im Obernachtal nahe dem Walchensee. In: Wasserkraft und Wasserwirtschaft 24 (1929), S. 1–4.
–: Die Wasserbau-Versuchsanlagen am Walchensee. Forschungsinstitut für Wasserbau und Wasserkraft. In: Zeitschrift des Vereins deutscher Ingenieure 74 (1930), S. 51–53.
Klein, Hans Joachim: Vom Meisterwerk zum Werkmeister. Publikumsinteressen und Wahrnehmungsweisen bei der Darstellung von Technik und Industriekultur. In: Museumskunde 56 (1991), S. 148–161.
Klemm, Friedrich: Geschichte der naturwissenschaftlichen und technischen Museen. In: Deutsches Museum. Abhandlungen und Berichte 41 (1973), H. 2, S. 1–59.
–: Oskar von Miller und Gerhart Hauptmann. Eine Dokumentation. Zusammengestellt von Friedrich Klemm. In: Deutsches Museum. Abhandlungen und Berichte 34 (1966), H. 1, S. 34–46.
Kloss, Günter/Seele, Sieglinde: Bismarck-Türme und Bismarck-Säulen. Eine Bestandsaufnahme. Petersberg 1997.
Knie, Andreas: Diesel. Karriere einer Technik. Berlin 1991.
Koch, Florian: German Bestelmeyer – ein Architekt in einer Zeit des Übergangs. Zu seinem 125. Geburtstag. In: Schönere Heimat 88 (1999), S. 165–170.
König, Wolfgang: Erasmus Kittler. Handbuch der Elektrotechnik in zwei Bänden (Reprint). Düsseldorf 1986.
–: Friedrich Engels und «Die elektrotechnische Revolution». Technikutopie und Technikeuphorie im Sozialismus in den 1880er Jahren. In: Technikgeschichte 56 (1989), S. 9–38.
–: Hochschullehrer und Elektrifizierungsberater Erasmus Kittler, das «Darmstädter Modell» und die frühe Elektrifizierung im Spiegel seiner Briefe aus den Jahren 1888/89. In: Technikgeschichte 54 (1987), S. 1–14.
–: Künstler und Strichezieher. Konstruktions- und Technikkulturen im deutschen, britischen, amerikanischen und französischen Maschinenbau zwischen 1850 und 1930. Frankfurt a. Main 1999.
–: Programmatik, Theorie und Methodologie der Technikgeschichte bei Conrad Matschoß. In: Technikgeschichte 50 (1983), S. 306–336.
– / Weber, Wolfhard: Netzwerke Stahl und Strom. 1840–1914 (Propyläen Technikgeschichte 4). Berlin 1990.
Körting, Johannes: Geschichte der deutschen Gasindustrie. Mit Vorgeschichte und bestimmenden Einflüssen des Auslandes. Essen 1963.
Konnerth, Josef: Das projektierte Elektrizitätswerk für Hermannstadt und Heltau von der Schattenseite. Hermannstadt 1893.
Krauskopf, Kai: Bismarckdenkmäler. Ein bizarrer Aufbruch in die Moderne. Hamburg 2002.
Kriechbaum, Karl: Die Energieübertragung von Lauffen a.N. nach Frankfurt a. M. In: Horst A. Wessel (Hrsg.): Moderne Energie für eine neue Zeit (Geschichte der Elektrotechnik 11). Berlin/Offenbach 1991, S. 183–191.
Kristl, Wilhelm L: Hier darf jeder tun was ich will. Oskar von Miller in Anekdoten und Momentaufnahmen. Mit einer Lebens- und Werkchronik von Rudolf von Miller. Pfaffenhofen 1978.

–: Der weiß-blaue Despot. Oskar von Miller in seiner Zeit. München (1965).

Krumeich, Gerd (Hrsg.): Versailles 1919. Ziele, Wirkung, Wahrnehmung (Schriften der Bibliothek für Zeitgeschichte, Neue Folge 14). Essen 2001.

Kubisch, Ulrich: Taxi. Das mobilste Gewerbe der Welt (Berliner Beiträge zur Technikgeschichte und Industriekultur 12). Berlin 1993.

Kuhn, Thomas S.: Die Struktur wissenschaftlicher Revolutionen. Frankfurt a. Main 1976.

Kuntz, Andreas: Das Museum als Volksbildungsstätte. Museumskonzeptionen in der deutschen Volksbildungsbewegung von 1871 bis 1918. Marburg 1980.

Laak, Dirk van: Weiße Elefanten. Anspruch und Scheitern technischer Großprojekte im 20. Jahrhundert. Stuttgart 1999.

Lackner, Helmut: Der Elektromotor als Retter des Handwerks. Mythos oder Realität. In: Klaus Plitzner (Hrsg.): Elektrizität in der Geistesgeschichte. Bassum 1998, S. 155–168.

–/Luxbacher, Günther/Hannesschläger, Christian: Technikgeschichte in Österreich. München 1992.

Landré, Berta: Frauen machen Erfindungen für gleislose Fahrzeuge. Über die Frauenspende im Deutschen Museum in München. In: Die Neue Zeitung, Nr. 184, 6.8.1953, S. 6.

Der Bayerische Lazarettzug Nr. 2, welcher auf Befehl Sr. Majestät des Königs Ludwig III. von Bayern unter Mitwirkung des Deutschen Museums ausgerüstet und Sr. Majestät dem Deutschen Kaiser zur Verfügung gestellt wurde (Deutsches Museum. Vorträge und Berichte 14). München 1915.

Lehmhaus, Friedrich: Von Miesbach–München 1882 zum Strom-Verbundnetz. In: Deutsches Museum. Abhandlungen und Berichte 51 (1983), H. 3, S. 1–74.

Leiner, Wolfgang: Geschichte der Elektrizitätswirtschaft in Württemberg. 2 Bde. Stuttgart 1982–1985.

Lepenies, Wolf: Das Geheimnis des Ganzen. In: Thomas P. Hughes u. a. (Hrsg.): Ein Mann vieler Eigenschaften. Walther Rathenau und die Kultur der Moderne (Kleine kulturwissenschaftliche Bibliothek 21). Berlin 1990, S. 143–145.

Létourneau, Paul: Walther Rathenau 1867–1922. Straßburg 1995.

Lichtwark, Alfred: Museen als Bildungsstätten. Einleitung zum Mannheimer Museumstag. In: Centralstelle der Arbeiterwohlfahrteinrichtungen (Hrsg.): Die Museen als Volksbildungsstätten. Ergebnisse der 12. Konferenz der Centralstelle der Arbeiterwohlfahrteinrichtungen (Schriften der Centralstelle der Arbeiterwohlfahrteinrichtungen 25). Berlin 1904.

Liebmann, Louis/Wahl, Gustav: Katalog der historischen Abteilung der Ersten Internationalen Luftschiffahrts-Ausstellung (ILA) zu Frankfurt a. M. 1909. Frankfurt a. Main 1912.

Lindner, Helmut: Strom. Erzeugung, Verteilung und Anwendung der Elektrizität. Reinbek 1985.

Lindqvist, Svante: An olympic stadium of technology: Deutsches Museum and Sweden's Tekniska Museet. In: Brigitte Schröder-Gudehus (Hrsg.). Industrial society and its museums 1890–1990. Chur/Paris 1993, S. 37–54.

Linse, Ulrich: Die Entdeckung der technischen Denkmäler. Über die Anfänge der «Industriearchäologie» in Deutschland. In: Technikgeschichte 53 (1986), S. 201–222.

Löffler, Bernhard: Die bayerische Kammer der Reichsräte 1848 bis 1918. Grundlagen, Zusammensetzung, Politik (Schriftenreihe zur Bayerischen Landesgeschichte 108). München 1996.

Lubar, Steven/Kingery, David W. (Hrsg.): History from things. Essays on material culture. Washington [4]1998.

Ludwig, Horst: Kunst, Geld und Politik um 1900 in München. Formen und Ziele der Kunstfinanzierung und Kunstpolitik während der Prinzregentenära (1886–1912) (Kunst, Kultur und Politik im deutschen Kaiserreich 8). Berlin 1986.

Ludwig, Karl-Heinz/König, Wolfgang (Hrsg.): Technik, Ingenieure und Gesellschaft. Geschichte des Vereins Deutscher Ingenieure 1856–1981. Düsseldorf 1981.

Lührs, Otto: Food for thought and discussion. In: Ecsite Newsletter, Frühjahr 1992, S. 6–7.

Mader, Ursula: Emil und Walther Rathenau in der elektrochemischen Industrie (1888–1907). Eine historische Studie (Gesellschaft – Geschichte – Gegenwart. Schriftenreihe des Vereins «Gesellschaftswissenschaftliches Forum e.V.» 30). Berlin 2001.

Ein Mäzen des Deutschen Museums: Carl Duisberg. Zum 25. Todestag am 19. März 1960. Herausgegeben vom Vorstand des Deutschen Museums. München 1960.

Maier, Charles: Zwischen Taylorismus und Technokratie, Gesellschaftspolitik im Zeichen industrieller Rationalität in den zwanziger Jahren in Europa. In: Michael Stürmer (Hrsg.): Die Weimarer Republik. Belagerte Civitas. Königstein/Ts. 1980, S. 188–213.

Manegold, Karl-Heinz: Adolf Slaby. In: Wilhelm Treue/Wolfgang König (Hrsg.): Berlinische Lebensbilder: Techniker. Berlin 1990, S. 309–324.

–: Universität, Technische Hochschule und Industrie. Ein Beitrag zur Emanzipation der Technik im 19. Jahrhundert unter besonderer Berücksichtigung der Bestrebungen Felix Kleins. Berlin 1970.

Mann, Thomas: Der Zauberberg. Frankfurt a. Main 1981.

Marks, Tracy: Hort der Musen. Das Museum of Science and Industry in Chicago. In: Kultur & Technik 27 (2003), H. 2, S. 44–49.

Matschoß, Conrad: Ferdinand von Miller, der Erzgießer. Zur Erinnerung an die 100. Wiederkehr seines Geburtstages. In: Beiträge zur Geschichte der Technik und Industrie 5 (1913), S. 174–213.

–: Der Lazarettzug des Deutschen Museums in München. In: Zeitschrift des Vereins deutscher Ingenieure 59 (1915), S. 349–354.

– (Bearbeiter): Das Deutsche Museum. Geschichte – Aufgaben – Ziele. Berlin/München 1925 ([2]1928, [3]1933).

–: Russland. Deutsche Technische Woche in Moskau. In: VDI-Nachrichten, 9. Jg., Nr. 6, 6.2.1929, S. 1–2.

–/Lindner, Werner (Hrsg.): Technische Kulturdenkmale. München 1932.

–/Schulz, Erich/Groß, Arnold T.: 50 Jahre Berliner Elektrizitätswerke 1884–1934 (Veröffentlichungen der Bewag 2/14). Berlin 1934.

Mauersberger, Klaus: Die Herausbildung der technischen Mechanik und ihr Anteil bei der Verwissenschaftlichung des Maschinenwesens. In: Dresdener Beiträge zur Geschichte der Technikwissenschaften 2 (1980), S. 1–52.

Mayerhofer, Ingrid: Gesellschaftliches und politisches Interesse am Bau eines «Museums für Meisterwerke der Naturwissenschaft und Technik» in München zu Beginn des 20. Jahrhunderts (Magisterarbeit). München 1988.

Mayring, Eva A.: Das Porträt als Programm. In: Ulf Hashagen/Oskar Blumtritt/Helmuth Trischler (Hrsg.): Circa 1903. Artefakte in der Gründungszeit des Deutschen Museums (Abhandlungen und Berichte, Neue Folge 19). München 2003, S. 55–77.

Menzel, Ulrich: Die Musealisierung des Technischen. Die Gründung des Deutschen Museums von Meisterwerken der Naturwissenschaft und Technik in München (Diss.). Braunschweig 2001.

Mehrtens, Herbert/Richter, Steffen: Naturwissenschaft, Technik und NS-Ideologie. Beiträge zur Wissenschaftsgeschichte des Dritten Reiches (Suhrkamp Wissenschaft 303). Frankfurt a. Main 1980.

Meyer, Max Wilhelm: Führer durch die Urania zu Berlin. Zugleich ein Illustrirter Leitfaden der Astronomie, Physik und Mikroskopie (Sammlung populärer Schriften 12). Berlin 1892.

–: Die Urania zu Berlin. Bericht (von M.W. Meyer) (Sammlung populärer Schriften 5). Berlin 1891.

–: Wie ich der Urania-Meyer wurde. Eine Geschichte für alle, die etwas werden wollen. Hamburg 1908.

Michel, Alexander: Von der Fabrikzeitung zum Führungsmittel. Werkzeitschriften industrieller Großunternehmen von 1890 bis 1945 (Beiträge zur Unternehmensgeschichte 96, NF 2). Stuttgart 1997.

Mierzejewski, Alfred C.: The most valuable asset of the Reich. A history of the German National Railway. 2 Bde. Chapel Hill/London 1999–2000.

Miller: Ferdinand d. Ä. von: Erinnerungen an den Regenten. In: Süddeutsche Monatshefte 27 (1929), S. 696–700.

–: Jugenderinnerungen. (München) 1927.

Miller, Fritz von: Ferdinand von Miller sen., der Erzgießer. Sein Lebensbild dessen Enkeln und Enkelkindern erzählt von Fritz von Miller. München [2]1979.

Miller, Hermann von: Erinnerungen. Maschinenschriftliches Manuskript. (1962).

Miller, Oskar von (chronologische Reihenfolge):

–: Mittheilungen aus dem Gebiete der Electrotechnik (Vortrag). In: Zeitschrift für Baukunde 5 (1882), Sp. 393–414.

–: Dynamo-elektrische Maschinen. In: Offizieller Bericht über die im Königlichen Glaspalaste zu München 1882 unter dem Protektorate Sr. Majestät des Königs Ludwig II. von Bayern stattgehabte Internationale Elektricitäts-Ausstellung verbunden mit elektrotechnischen Versuchen. München 1883, S. 85–99.

–: Kraftübertragung. In: ebd., S. 99–107.

–: Leitungsdrähte und Kabel. In: ebd., S. 188–192.

–: Accumulatoren. In: ebd., S. 194–196.

–: Ueber die von der Deutschen Edison Gesellschaft ausgeführten Zentralanlagen. In: Elektrotechnische Zeitschrift 6 (1885), S. 325–330, 510–513.

–: Ueber elektrische Städtebeleuchtung unter besonderer Berücksichtigung der Akkumulatoren. In: Sitzungsberichte des Vereins zur Förderung des Gewerbefleißes 1886, S. 176–189.

–: Lieferung elektrischer Ströme für ganze Städte. In: Journal für Gasbeleuchtung 32 (1889), S. 853–865.
–: Erweiterungen der Berliner Zentralstationen (Vortrag). In: Elektrotechnische Zeitschrift 10 (1889), S. 253–262.
–: Über die elektrischen Zentralstationen in Berlin. In: Zeitschrift des Vereins Deutscher Ingenieure 33 (1889), S. 17–18.
–: Technischer Bericht über die Ausstellung. In: Elektricität. Offizielle Zeitung der Internationalen Elektrotechnischen Ausstellung Frankfurt am Main, Nr. 1, 15.4.1891, S. 7–10.
–: Ueber die internationale elektrotechnische Ausstellung in Frankfurt a. Main 1891 (Vortrag). In: Elektrotechnische Zeitschrift 12 (1891), S. 236–240.
–: Über den Fortschritt der Elektrotechnik auf der Frankfurter Ausstellung (Vortrag). In: Verhandlungen der Gesellschaft Deutscher Naturforscher und Ärzte, 64. Versammlung Halle a. S. Leipzig 1891, S. LXI–LXVIII.
–: Die Licht- und Kraftversorgung von Städten durch entfernt liegende Zentralen. In: Journal für Gasbeleuchtung 34 (1891), S. 469–471, 492–494. Auch abgedruckt in: Bayerisches Industrie- und Gewerbeblatt, Neue Folge 23 (1891), S. 285–290, 295–299, 305–307.
–: Ueber die verschiedenen Systeme der Stromvertheilung zur Beleuchtung und Kraftübertragung in den Städten (Vortrag). In: Elektrotechnische Zeitschrift 12 (1891), S. 613–617.
– / Lindley, William H.: Elektrizitätswerk Frankfurt a. M. Gutachten und Projekte. Frankfurt a. Main / München 1892.
–: Elektricitätswerk Lauffen-Heilbronn o. O. o. J. (wohl München 1892).
–: Elektrische Zentralstationen für kleinere Städte (Vortrag). In: Bayerisches Industrie- und Gewerbeblatt, Neue Folge 24 (1893), S. 2–8, 11–16, 23–27.
–: Ueber Elektromotoren und deren Verwendung im Kleingewerbe (Vortrag). In: Ebd., S. 515–519, 527–532 und 539–542.
–: Das projektierte Elektrizitätswerk für Hermannstadt und Heltau (Vortrag). Sonderdruck aus: Siebenbürgisch-Deutsches Volksblatt 1893, Nr. 5950. Hermannstadt 1893.
–: Elektrizitätswerk Frankfurt a. Main. Bericht über die eingelaufenen Arbeiten. o. O. 1893.
–: Elektrizitätswerk Stuttgart. Projekt einer Elektrischen Centrale für die Haupt- und Residenzstadt Stuttgart, Stuttgart 1893.
–: Projekt einer elektrischen Centrale für die Stadt Straßburg i. E. Straßburg 1893.
–: Projekt für ein Elektrizitätswerk in Nürnberg, Nürnberg (Stadtmagistrat) 1894.
–: Über das Entwerfen elektrischer Zentral-Stationen. In: Zeitschrift des Vereins Deutscher Ingenieure 39 (1895), S. 83–84.
–: Isarwerke (Vortrag). In: Elektrotechnische Zeitschrift 16 (1895), S. 700–703.
–: Betriebs-Bericht des städtischen Elektrizitäts-Werkes zu Kaiserslautern für die Zeit vom 1. September 1894 bis 31.12.1895. Kaiserslautern 1896.
–: Gutachten über die elektrische Straßenbahn betr. Nürnberg. In: Mitteilungen des Vereins für die Förderung des Lokal- und Straßenbahnwesens 4 (1896), S. 149–153.
–: Ueber Vereinigung von Orten zu gemeinsamen Elektrizitätswerken (Vortrag). In: Bayerisches Industrie- und Gewerbeblatt, Neue Folge 28 (1896), S. 115–117.

–: Die Versorgung der Städte mit Elektricität (Der städtische Tiefbau 5). 2 Bde. Stuttgart 1896–1903.
–/Voit, Ernst: Elektrotechnik in München. In: Die Entwicklung Münchens unter dem Einflusse der Naturwissenschaften während der letzten Dezennien. Festschrift der 71. Jahresversammlung deutscher Naturforscher und Ärzte. München 1898, S. 125–145.
–: Beschreibung und Darstellung elektrischer Werke, welche nach den Projekten und unter Leitung des Technischen Bureau Oscar von Miller, München ausgeführt sind. o. O. o. J. (1899).
–: Die Etschwerke zur Versorgung der Städte Bozen, Meran und Nachbarorte mit Elektricität. In: Elektrotechnische Zeitschrift 20 (1899), S. 615–619.
–: Verwertung von Wasserkräften für elektrochemische Zwecke. In: Zeitschrift für Elektrochemie 7 (1900), S. 172–186.
–: Von der Pariser Weltausstellung. Die Elektrotechnik. In: Frankfurter Zeitung, 25.8.1900, Nr. 234, 2.9.1900, Nr. 242, 30.9.1900, Nr. 270, 7.10.1900, Nr. 277.
–: Die Naturkräfte im Dienste der Elektrotechnik (Vortrag). In: Verhandlungen der Gesellschaft Deutscher Naturforscher und Ärzte, 74. Versammlung Karlsbad 1902. Leipzig 1903, S. 92–100. Auch abgedruckt in: Die Umschau 6 (1902), S. 821–825.
–: Wert der Wasserkräfte für Elektrizitätswerke (Vortrag). In: Süddeutsche Bauzeitung 12 (1902), S. 137–140, 144–148, 151.
–: Die Wasserkräfte am Nordabhange der Alpen. In: Zeitschrift des Vereins Deutscher Ingenieure 47 (1903), S. 1002–1008.
–: Aus den Anfängen der Elektrotechnik (Vortrag). In: 25 Jahre Elektrotechnische Gesellschaft Frankfurt. Festschrift 1906 (Maschinenschriftliches Manuskript unter dem Titel: Die geschichtliche Entwicklung der Elektrotechnik. o. O. 1906).
–: Erinnerungen zur Geschichte der Elektrotechnik (Maschinenschriftliches Manuskript). o. O. 1906.
–: Entwicklung der Elektrotechnik. In: Gaea 42 (1906), S. 610–617.
–: Die Ausnutzung der deutschen Wasserkräfte (Vortrag). In: Zeitschrift für Agrarpolitik 6 (1908), Sp. 401–405.
–: Die Popularisierung der elektrischen Beleuchtung. In: Elektrotechnische Zeitschrift 30 (1909), S. 726–727.
–: Denkschrift über die Errichtung einer Pfälzischen Überlandzentrale. Speyer 1911.
–: Versorgung Bayerns r.d. Rh. mit Elektrizität. Rede in der Sitzung der Kammer der Reichsräte vom 20. August 1912. In: Süddeutsche Bauzeitung 22 (1912), S. 330–331, 334–336.
–: Bayerns Wasserkräfte. In: Süddeutsche Bauzeitung 22 (1912), S. 213–214.
–: Die Versorgung Bayerns mit Elektrizität. In: Elektrotechnische Zeitschrift 34 (1913), S. 297–298.
–: Vorschläge des Herrn Oskar v. Miller über den Ausbau und die Verwertung der Walchenseekraft. Oktober 1915, München 1915.
–: 25 Jahre Fernübertragung. Die Internationale Elektrotechnische Ausstellung in Frankfurt 1891. In: Mitteilungen der Vereinigung der Elektrizitätswerke 15 (1916), S. 257–261.
–: Zum 25. Jubiläum der Lauffener Kraftübertragung. Vortrag (Maschinenschriftliches Manuskript). o. O. 1916.

–: Die Verwertung der Walchensee-Wasserkraft für ein Bayernwerk. In: Elektrotechnische Zeitschrift 37 (1916), S. 85–89, 102–105.
–: Das Deutsche Museum in München, ein Schwesterinstitut des Technischen Museums in Wien (Vortrag) (masch. Auszug). o. O. 1917.
–: Die Entwicklung der Elektrizitätswerke (Vortrag). In: Elektrotechnische Zeitschrift 38 (1917), S. 528–530.
–: Zum 100. Geburtstag Werner von Siemens (Vortrag). In: Ebd., S. 145–147.
–: Bayernwerk zur einheitlichen Versorgung des rechtsrheinischen Bayern mit Elektrizität. Erläuterungs-Bericht. München 1918.
–: Gutachten zu den von den Lechwerken eingereichten Vorschlägen betr. Abänderung der Tarife und Stromliefer-Bedingungen. Augsburg 1918.
–: Die bayerischen Wasserkräfte und die Elektrizitätsversorgung von Bayern. In: Zeitschrift des österreichischen Ingenieur- und Architekten-Vereines 70 (1918), S. 149–153.
–: Das Bayernwerk (Walchensee) (Vortrag). In: Allgemeine Zeitung 1919, S. 157.
–: Das Bayernwerk. In: Das technische Blatt. Illustrierte Beilage der Frankfurter Zeitung 1 (1919), S. 1–3.
–: Marcel Deprez. In: Zeitschrift des Vereins Deutscher Ingenieure 63 (1919), S. 146.
–: Die wirtschaftliche Bedeutung der Wasserkräfte (Vortrag). In: Die chemische Industrie 43 (1920), S. 563–569.
–: Die Verwertung der Wasserkraft-Elektrizität in Bayern unter Berücksichtigung des Bayernwerks. In: Wasser und Gas 12 (1921), Sp. 221–232.
–/Dachler, Sigmund: Überlandwerk Siebenbürgen. Projekt einer Siebenbürgischen Landes-Elektrizitäts-Versorgung. Ausgeführt vom Ingenieurbüro Oskar von Miller GmbH München unter Mitwirkung der Hermannstädter Elektrizitätswerk A. G. München/Hermannstadt 1922.
–: Das Flugzeug im Dienste des Ingenieurs. In: VDI-Nachrichten 1 (1921), Nr. 48a, S. 85–86. Auch abgedruckt unter dem Titel: Eine Besichtigung der Walchenseebauten im Flug. In: Zeitschrift des Verbandes diplomierter Ingenieure 12 (1921), S. 177–178.
–: Die Wasserkräfte Bayerns und die bayerische Elektrizitätsversorgung. In: Die Woche 24 (1922), S. 342–343.
–: Die Ausnutzung und Verwertung der bayerischen Wasserkräfte (Vortrag). In: Die Bauzeitung 20 (1923), S. 103.
–: Das «Bayernwerk» zur Stromversorgung des rechtsrheinischen Bayern. In: Bayerischer Hauskalender der Münchner Neuesten Nachrichten 1924, S. 150–157.
–: Probleme des Luftverkehrs. In: VDI-Nachrichten 4 (1924), Nr. 28.
–: Die Ausnützung der Wasserkräfte. In: Die Naturwissenschaften 13 (1925), S. 181–188.
–: Die Förderer des Deutschen Museums. In: Conrad Matschoß (Hrsg.): Das Deutsche Museum. Geschichte/Aufgaben/Ziele. Berlin/München 1925, S. 357–364.
–: Die restlose Ausnützung der bayerischen Wasserkräfte. In: Elektrotechnische Zeitschrift 46 (1925), S. 1–6.
–: Technik und Gemeinden. Übersicht über die Gebiete des Gemeindewesens, die auf der Entwicklung der fortschrittlichen Technik beruhen. In: Zeitschrift des Vereins Deutscher Ingenieure 70 (1926), S. 1505–1507.

–: The German Museum in Munich. In: Mechanical Engineering 48 (1926), S. 21–26.
–: Die Ausstellung «Heim und Technik München 1928». In: VDI-Nachrichten 7 (1927), Nr. 32, S. 9.
–: Ein Kapitel aus der Geschichte der Elektrotechnik. In: Wirtschaftshefte der Frankfurter Zeitung. Beiträge zur Wirtschaftserkenntnis. Heft 2: Elektrizität. Frankfurt 1927, S. 23–25.
–: Projekt einer Landes-Elektrizitätsversorgung für Thüringen im Anschluß an den Ausbau der Saale-Wasserkräfte, der Ulster- und Werra-Kräfte und der staatlichen Braunkohlelager. Ausgeführt vom Ingenieurbüro Oskar von Miller München. München 1927.
–: Energiequellen und ihre elektrische Verteilung. In: Wasserkraft und Wasserwirtschaft 23 (1928), S. 351–352.
–: Technische Museen als Stätten der Volksbildung. In: Deutsches Museum. Abhandlungen und Berichte 1 (1929), H. 5, S. 1–27.
–: Die Energiewirtschaft im letzten Jahrhundert. In: Zeitschrift des Vereins Deutscher Ingenieure 74 (1930), S. 777–780.
–: Von Österreichs Ingenieurarbeiten (Rede). In: Ebd., S. 1285.
–: Technische Kulturdenkmäler. In: Bayerische Industrie- und Handelszeitung 60 (1930), S. 263.
–: The World Power Conference and the provision of work. In: The Dawes Way 1930, Nr. 6, S. 60–61, 77–78, 90–91.
–: Der Plan eines europäischen Kraftnetzes. In: Graz-Köflacher-Eisenbahn und Bergbau-Gesellschaftszeitung 1930, Nr. 28, S. 424–425.
–: Gutachten über die Reichselektrizitätsversorgung. Berlin 1930.
–: Wissenschaftliche und technische Museen. In: Heinrich Zerkaulen (Hrsg.): Das Deutsche Hygiene-Museum. Festschrift zur Eröffnung des Museums und der Internationalen Hygiene-Ausstellung Dresden 1930. Dresden 1930, S. 37–38.
–: Was bestimmend war für meinen Lebensweg. In: Die Umschau 35 (1931), H. 1, S. 1–3.
–: Zusammenarbeit zwischen Österreich und Deutschland. In: Deutsche Presse 21 (1931), S. 267.
–: Die Technik als Wohltäterin der Menschheit (masch. Auszug aus Vortrag 1931). Auch abgedruckt in: Deutsche Bergwerks-Zeitung, Nr. 242, 15.10.1931.
–: Die geschichtliche Entwicklung der elektrischen Kraftübertragung auf weite Entfernung. In: Elektrotechnische Zeitschrift 52 (1931), S. 1241–1245.
–: Geleitwort. In: Adolf Weber: Weltwirtschaft. Was jeder davon wissen muß. München 1931, S. XI.
–: Die technischen Museen Deutschlands als Quellen für das Studium der Geschichte der Elektrotechnik (Maschinenschriftliches Manuskript). o. O. o. J. (ca. 1931).
–: Art. «Koch, Albert». In: Deutsches Biographisches Jahrbuch 1929. Stuttgart 1932, S. 158–159.
–: Erinnerungen an die Internationale Elektrizitätsausstellung im Glaspalast zu München im Jahre 1882 in: Deutsches Museum. Abhandlungen und Berichte 4 (1932), H. 6, S. 153–178.

–: Deutsche Not – Deutsche Hoffnung. Rundfunkrede. In: Deutsche Not – Deutsche Hoffnung. Sechs Rundfunkreden an die Deutsche Nation, Berlin 1932, S. 7–11.
–: A great library for selfeducation. In: The New York Times, 31.7.1932.
–: Das Deutsche Museum, seine Aufgaben und Ziele. In: Das Bayerland 1933, Nr. 8/9, S. 1–3.
Miller, Rudolf von: Ein Halbjahrhundert deutscher Stromversorgung aus deutschen Elektrizitätswerken. In: Technikgeschichte 25 (1936), S. 111–125.
Miller, Simon: Hundert Jahre Kgl. Erzgießerei F. von Miller in München (1824–1924). In: Kunst und Handwerk 1924, S. 51–67.
Miller, Walther von: Oskar von Miller. Pionier der Energiewirtschaft. Schöpfer des Deutschen Museums. München ^{2}1955.
Mitchell, Allan: Revolution in Bayern 1918/1919. Die Eisner-Regierung und die Räterepublik. München 1967.
Möbius Hanno u. a.: Vierhundert Jahre technische Sammlungen in Berlin. Von der Raritätenkammer der Kurfürsten zum Museum für Verkehr und Technik. Berlin 1983.
Möckl, Karl: Die Prinzregentenzeit. Gesellschaft und Politik während der Ära des Prinzregenten Luitpold in Bayern. München/Wien 1972.
Molella, Arthur: The museum that might have been. The Smithsonian's National Museum of Engineering and Industry. In: Technology and Culture 32 (1991), S. 237–263.
Müller, Karl Alexander von: Am Rande der Geschichte. Münchner Begegnungen und Gestalten. München ^{2}1958.
Naumann, Friedrich (Hrsg.): Carl Julius von Bach (1847–1931). Pionier – Gestalter – Forscher – Lehrer – Visionär. Stuttgart 1998.
Neidhöfer, Gerhard: Michael von Dolivo-Dobrowolsky und der Drehstrom. Anfänge der modernen Antriebstechnik und Stromversorgung (Geschichte der Elektrotechnik 19). Berlin/Offenbach 2004.
Neikel, Caspar Friedrich (d. i. Jenkel): Museographie oder Anleitung zum rechten Begriff und nützlicher Anlegung Museorum oder Raritäten-Kammern. Leipzig/Breslau 1727.
Neumeier, Gerhard: Bürgerliches Mäzenatentum in München vor dem Ersten Weltkrieg. Das Beispiel des Deutschen Museums. In: Jürgen Kocka/Manuel Frey (Hrsg.): Bürgerkultur und Mäzenatentum im 19. Jahrhundert (Bürgerlichkeit, Wertewandel, Mäzenatentum 2). Berlin 1998, S. 144–162.
Nipperdey, Thomas: Deutsche Geschichte 1866–1918. Erster Band: Arbeitswelt und Bürgergeist. München 1990.
Nockher, Ludwig: Oskar von Miller. Der Gründer des Deutschen Museums von Meisterwerken der Naturwissenschaften und Technik (Große Naturforscher 12). Stuttgart 1953.
Novy, Klaus: Strategien der Sozialisierung. Die Diskussion der Wirtschaftsreform in der Weimarer Republik. Frankfurt a. Main/New York 1978.
Nye, David: The invented self. An anti-biography, from documents of Thomas A. Edison (Odense University. Studies in English 7). Odense 1983.
Obpacher, Ernst: Die Organisation und Wirtschaft der Bayer. Elektrizitäts-Versorgung (nach dem Stande Mitte 1925). München 1925.

–: Ueberblick über die Organisation der Elektrizitätswirtschaft in Bayern nach dem Stande im Mai 1920. In: Zeitschrift des Bayerischen Revisions-Vereins 24 (1920), S. 85–87, 94–97, 103–105, 111–113.

Oettermann, Stephan: Das Panorama. Geschichte eines Massenmediums. Frankfurt a. Main 1980.

Ose, Karl: Die Wechselstrom-Kraftwerke in Deutschland. Übergangslösung vom Gleich- zum Drehstrom. In: Kurt Jäger (Hrsg.): Wechselstrom-Kraftwerke in Deutschland. Der Übergang vom Gleich- zum Drehstrom (Geschichte der Elektrotechnik 5). Berlin / Offenbach 1987, S. 7–48.

Osietzki, Maria: Die allegorischen Geschlechter der Energie. In: Rolf Spilker (Hrsg.): unbedingt modern sein. elektrizität und zeitgeist um 1900. Osnabrück 2001, S. 12–25.

–: Die Gründung des Deutschen Museums. Motive und Kontroversen. In: Kultur und Technik 8 (1984), H. 1/2, S. 1–8.

–: Die Gründungsgeschichte des Deutschen Museums von Meisterwerken der Naturwissenschaften und Technik in München 1903–1906. In: Technikgeschichte 52 (1985), S. 49–75.

–: Technikbegeisterung und Emanzipationsstreben. Oskar von Miller und sein Museum für Volk und Eliten. In: Dresdener Beiträge zur Geschichte der Technikwissenschaften 21 (1993), S. 81–89.

Oskar von Miller im Dienste der Energiewirtschaft. Zum 100. Geburtstag am 7. Mai 1955. München (Ingenieurbüro Oskar v. Miller GmbH) 1955.

Ostwald, Wilhelm: Lebenslinien: Eine Selbstbiographie. Berlin 1927.

Ott, Hugo: Historische Energiestatistik von Deutschland. Bd. 1: Statistik der öffentlichen Elektrizitätsversorgung Deutschlands 1890–1913 (Quellen und Forschungen zur historischen Statistik von Deutschland 1). St. Katharinen 1986.

Pentzlin, Heinz: Hjalmar Schacht. Leben und Wirken einer umstrittenen Persönlichkeit. Berlin 1980.

Petersen, Waldemar: Entwicklung der Krafterzeugung und Kraftübertragung der letzten 50 Jahre in Deutschland. In: Elektrotechnische Zeitschrift 51 (1930), S. 107–113.

Peterson, Edward Norman: Hjalmar Schacht for and against Hitler. A political-economic study of Germany 1923–1945. Boston 1954.

Petzold, Hartmut: «Technikmuseum» – Begegnungen mit historisch-technischen Objekten im Deutschen Museum. In: Michael Matthes / Marc-Denis Weitze: Science Center, Technikmuseum, Öffentlichkeit (Mitteilungen und Berichte aus dem Institut für Museumskunde 26). Berlin 2003, S. 15–21.

Peukert, Detlev: Die Weimarer Republik. Krisenjahre der Klassischen Moderne. Frankfurt a. Main 1993.

Pfau, Fritz: Zur Geschichte des Planetariums. In: Jenaer Rundschau 12 (1967), S. 177–181.

Pflaumann, Ingrid: Der Maler Georg Waltenberger (1865–1961). Suche nach verschollenen Werken dieses Münchner Künstlers. In: Schönere Heimat 85 (1996), S. 238–240.

Physick, John: The Victoria and Albert Museum. The history of its buildings. Oxford 1982.

Picht, Clemens: Amerikareisen, Amerikaerfahrung und Amerikabild deutscher Elektroindustrieller vor dem Ersten Weltkrieg. Eine Skizze. In: Gangolf Hübinger / Jürgen Osterhammel / Erich Pelzer (Hrsg): Universalgeschichte und Nationalgeschichte. Freiburg 1994, S. 231–247.

Pilsak, Angelika: Die Architektur des Deutschen Museums München (Magisterarbeit). München 1989.

Pinner, Felix: Emil Rathenau und das elektrische Zeitalter (Große Männer. Studien zur Biologie des Genies 6). Berlin 1918.

Pörtner, Rudolf: Oskar von Miller. Der Münchner, der das Deutsche Museum «erfand». Düsseldorf / Wien / New York 1987.

Pohl, Hans: Vom Stadtwerk zum Elektrizitätsgroßunternehmen. Gründung, Aufbau und Ausbau der «Rheinisch-Westfälischen Elektrizitätswerk AG» (RWE) 1898–1918 (Zeitschrift für Unternehmensgeschichte, Beiheft 73). Stuttgart 1992.

Pohl, Manfred: Das Bayernwerk. 1921 bis 1996. München / Zürich 1996.

–: Emil Rathenau und die AEG. Mainz 1988.

Poser, Stefan: Museum der Gefahren. Die gesellschaftliche Bedeutung der Sicherheitstechnik. Das Beispiel der Hygiene-Ausstellungen und Museen für Arbeitsschutz in Wien, Berlin und Dresden um die Jahrhundertwende (Cottbuser Studien zur Geschichte von Technik, Arbeit und Umwelt 3). Münster u. a. 1998.

– / Zachmann, Karin (Hrsg): Homo faber ludens. Geschichten zu Wechselbeziehungen von Technik und Spiel. Frankfurt a. Main u. a. 2003.

Pretzer, William S. (Hrsg.): Working at inventing. Thomas A. Edison and the Menlo Park experience. Baltimore / London 2002.

Prinz, Arthur: Juden im deutschen Wirtschaftsleben 1850–1914. Soziale und wirtschaftliche Struktur im Wandel (Schriftenreihe Wissenschaftlicher Abhandlungen des Leo Baeck Instituts 43). Tübingen 1984.

Die Protokolle der Landtagsfraktion der Bayerischen Zentrumspartei 1893–1914, 4 Bde. Herausgegeben und bearbeitet von Dieter Albrecht (Schriftenreihe zur bayerischen Landesgeschichte 91–94). München 1989–1992.

Rasch, Manfred: Bürgerliches Selbstbewußtsein und bürgerliche Selbstdarstellung. Zur Musealisierung von Industrie- und Technikgeschichte in Duisburg zu Beginn des 20. Jahrhunderts. In: Susanne Sommer / Peter Dunas (Hrsg.): 1902–2002. Kultur- und Stadthistorisches Museum Duisburg. Festschrift zum 100jährigen Bestehen (Duisburger Forschungen 48). Duisburg 2002, S. 145–179.

Rathenau, Walther: Zur Kritik der Zeit. Berlin ^{9}1917.

Rattelmüller, Paul Ernst: Ferdinand von Miller 1813–1887. Fürstenfeldbruck 1989.

Die Reichsbahn. Amtliches Nachrichtenblatt der Deutschen Reichsbahn-Gesellschaft. Berlin 1 (1925) ff.

Reichshandbuch der Deutschen Gesellschaft. Das Handbuch der Persönlichkeiten in Wort und Bild. 3 Bde. Berlin 1930–1931.

Reinartz, Dirk / Krockow, Christian Graf von: Bismarck. Vom Verrat der Denkmäler. Göttingen 1991.

Reising, Gerd: Das Museum als Öffentlichkeitsform und Bildungsträger bürgerlicher Kultur. Unter besonderer Berücksichtigung des South Kensington Museums in London (Darmstädter Beiträge zur Kulturgeschichte 19). Darmstadt 1986.

Reismann, Otto: Großer Plan der Reichselektrizitätsversorgung. Ein großer Plan Oskar von Millers. In: Bayerische Industrie- und Handelszeitung 60 (1930), S. 207–208.

Reithinger, Anton: Die volkswirtschaftliche Bedeutung der bayerischen Wasserkräfte. Eine statistische Untersuchung über die energiewirtschaftlichen Grundlagen der bayerischen Volkswirtschaft (Beiträge zur Statistik Bayern 105). München 1925.

Renisch, Franz: Wilhelm Franz Exner (1840–1931). Ein Organisator der Gründerzeit. Wien 1999.

Riedler, Alois: Ueber geschichtliche und zukünftige Bedeutung der Technik. Rede am 26.1.1900. Berlin 1900.

–: Wirklichkeitsblinde in Wissenschaft und Technik. Berlin 1919.

Ropohl, Günther: Allgemeine Technologie der Netzwerke. In: Technikgeschichte 55 (1988), S. 153–155.

Ross, Friedrich: Wie sollen wir unsere Electricitätswerke bauen? Ein offenes Wort an die Stadtverwaltungen. Köln 1891.

Roth, Hans: Erbe und Auftrag. Heimatschutz und Heimatpflege in Bayern im Wandel der Zeit. In: Heimat erleben – bewahren – neu schaffen. Kultur als Erbe und Auftrag. 100 Jahre Bayerischer Landesverein für Heimatpflege e.V. München 2002, S. 9–108.

Rotta, Julius C.: Die Aerodynamische Versuchsanstalt in Göttingen, ein Werk Ludwig Prandtls. Ihre Geschichte von den Anfängen bis 1925. Göttingen 1990.

Runge, Werner: « … und sie spendeten Millionen!» Die Geschichte des Deutschen Museums in München und seiner Mäzene. Köln 1969.

Ruepp, Urban: Wilhelm Wien und das Deutsche Museum (Staatsexamensarbeit). Heidelberg 1998.

Sarter, Adolf/Kittel, Theodor: Die neue Deutsche Reichsbahn-Gesellschaft. Berlin 1924.

Schacht, Hjalmar: 76 Jahre meines Lebens. Bad Wörishofen 1953.

Scharold, Hans: 100 Jahre Maximiliansgymnasium. Ein Beitrag zur Geschichte des Gymnasiums in Bayern. München 1949.

Scherer, Fritz: Die Erzgießer J. B. Stiglmaier und Ferdinand Miller d. Ä. In: Amperland 38 (2002), S. 32–35.

Schickel, Gabriele: Der Architekt Gabriel von Seidl. In: Ingolf Bauer (Hrsg.): Das bayerische Nationalmuseum. Der Neubau an der Prinzregentenstraße 1892–1900. München 2000, S. 73–100.

–: Ein Turm für die Insel. In: Kultur & Technik 27 (2003), H. 2, S. 26–27.

Schivelbusch, Wolfgang: Licht, Schein und Wahn. Auftritte der elektrischen Beleuchtung im 20. Jahrhundert. Berlin 1992.

–: Lichtblicke. Zur Geschichte der künstlichen Helligkeit im 19. Jahrhundert. München 1983.

Schirrmacher, Arne: Das leere Atom: Instrumente, Experimente und Vorstellungen zur Atomstruktur um 1903. In: Ulf Hashagen/Oskar Blumtritt/Helmuth Trischler (Hrsg.): Circa 1903. Artefakte in der Gründungszeit des Deutschen Museums (Abhandlungen und Berichte, Neue Folge 19). München 2003, S. 127–152.

Schmädel, Josef Ritter von: Chronik der Ausstellung. In: Offizieller Bericht über die im Königlichen Glaspalaste zu München 1882 unter dem Protektorate Sr. Majestät des Königs Ludwigs II. von Bayern stattgehabte Internationale Elektricitäts-Ausstellung verbunden mit elektrotechnischen Versuchen. München 1883, S. 1–36.

–: Gedenkfeier für Ferdinand von Miller abgehalten am 26. April um 8 Uhr Abends im Festsaale des Kunstgewerbehauses. In: Zeitschrift des Bayerischen Kunst-Gewerbe-Vereins in München 1887, S. 25–32 und 41–47.

–: Rundgang durch die Ausstellung. In: Offizieller Bericht über die im Königlichen Glaspalaste zu München 1882 unter dem Protektorate Sr. Majestät des Königs Ludwigs II. von Bayern stattgehabte Internationale Elektricitäts-Ausstellung verbunden mit elektrotechnischen Versuchen. München 1883, S. 37–72.

Schmidberger, Toni: Das erste Wechselstrom-Kraftwerk in Deutschland. 1890–1990 Bad Reichenhall. Bad Reichenhall 1990.

Schmucker, Georg: Jonathan Zenneck 1871–1959. Eine technisch-wissenschaftliche Biographie (Diss.). Stuttgart 1999.

Schober, Gerhard: Landkreis Starnberg. Ensembles – Baudenkmäler – Archäologische Geländedenkmäler (Denkmäler in Bayern I.21). München / Zürich 1989.

Schönberg, Artur: Die elektrische Küche. In: Elektrotechnische Zeitschrift 50 (1929), S. 1689 ff.

– / Glunk, Ernst: Landes-Elektrizitätswerke. München / Berlin 1926.

Scholtes, Philipp: Das städtische Elektrizitätswerk Nürnberg. In: Elektrotechnische Zeitschrift 19 (1898), S. 721–730, 744–748.

Schott, Dieter: Die Vernetzung der Stadt. Kommunale Energiepolitik, öffentlicher Nahverkehr und die «Produktion» der modernen Stadt. Darmstadt – Mannheim – Mainz 1880–1918 (WB-Edition Universität 12). Darmstadt 1999.

Schroeder, Otto: Die elektrischen Stromtarife im System des Preisabbaues. In: Bayerische Industrie- und Handelszeitung 61 (1931), S. 327.

Schuckert & Co. Kommanditgesellschaft Nürnberg. Internationale Elektrotechnische Ausstellung zu Frankfurt a. M. o. O. 1891.

Schuh, Friedrich: Oskar von Miller als Schüler. In: Neues Land. Zeitschrift des Bayerischen Philologen-Verbandes 7 (1955), S. 121–125.

–: Oskar von Miller. In: Hundert Jahre Altes Realgymnasium 1864–1964. Festschrift. München (1964), S. 36–39.

Schulin, Ernst: Walther Rathenau. Repräsentant, Kritiker und Opfer seiner Zeit (Persönlichkeit und Geschichte 104/104a). Göttingen 1979.

–: Walther Rathenaus Diotima. Lili Deutsch, ihre Familie und der Kreis um Gerhart Hauptmann. In: Hans Wilderotter (Hrsg.): Die Extreme berühren sich. Walther Rathenau 1867–1922. Eine Ausstellung des Deutschen Historischen Museums in Zusammenarbeit mit dem Leo Baeck Institute, New York. Berlin 1993, S. 55–66.

Schwabe, Klaus (Hrsg.): Quellen zum Friedensschluss von Versailles (Ausgewählte Quellen zur deutschen Geschichte der Neuzeit 30). Darmstadt 1997.

Schwarz, Angela: Bilden, überzeugen, unterhalten: Wissenschaftspopularisierung und Wissenskultur im 19. Jahrhundert. In: Carsten Kretschmann (Hrsg.): Wissenspopularisierung. Konzepte der Wissensverbreitung im Wandel (Wissenskultur und gesellschaftlicher Wandel 4). Berlin 2003, S. 221–234.

Sheehan, James: Geschichte der deutschen Kunstmuseen. Von der fürstlichen Kunstkammer zur modernen Sammlung. München 2002.

Siegert, Toni: Elektrizität in Ostbayern: Niederbayern von den Anfängen bis 1945. Die dezentrale Stromversorgung (Bergbau- und Industriemuseum Ostbayern Theuern 9). Theuern 1988.

–: Elektrizität in Ostbayern: Die Oberpfalz von den Anfängen bis 1945 (Bergbau- und Industriemuseum Ostbayern Theuern 6). Theuern 1985.

Siemens & Halske. Elektrische Anlagen in Theatern. Berlin 1937.

Simpson, Amos E.: Hjalmar Schacht in perspective (Studies in European History 18). The Hague / Paris 1969.

Slaby, Adolph: Die Kraftübertragung von Marcel Deprez. In: Elektrotechnische Zeitschrift 4 (1883), S. 5–8.

–: Theodor Peters †. In: Zeitschrift des Vereins Deutscher Ingenieure 52 (1908), S. 1541–1546.

Sonnemann, Leopold: Die Entstehung der Internationalen Elektrotechnischen Ausstellung. In: Elektricität. Offizielle Zeitung der Internationalen Elektrotechnischen Ausstellung, Nr. 1, 15.4.1891, S. 3–7.

Spindler, Max (Hrsg.): Bayerische Geschichte im 19. und 20. Jahrhundert 1800–1970. 2 Bde. München 1974–1975.

Spray, E. C.: Utopia's garden. French natural history from Old Regime to Revolution. Chicago 2000.

Stadelmayer, Peter: Ingenieur und Grandseigneur. Oskar von Miller zu seinem 25. Todestag. In: gehört – gelesen 6 (1959), S. 299–315.

Stange, Albert: Das Deutsche Museum von Meisterwerken der Naturwissenschaft und Technik. Historische Skizze. München / Berlin 1906.

Statistik der Vereinigung der Elektricitätswerke für das Betriebsjahr 1897/98 ff.

Steen, Jürgen: Die «fée électricité» trifft Prometheus – Die Internationale Elektrotechnische Ausstellung 1891 und die «Neue Zeit». In: Rolf Spilker (Hrsg.): unbedingt modern sein. elektrizität und zeitgeist um 1900. Osnabrück 2001, S. 34–49.

–: Die Zweite Industrielle Revolution. Frankfurt und die Elektrizität 1800–1914. Bilder und Materialien zur Ausstellung im Historischen Museum (Kleine Schriften des Historischen Museums 13). Frankfurt a. Main 1981.

Stier, Bernhard: Staat und Strom. Die politische Steuerung des Elektrizitätssystems 1890–1950 (Technik + Arbeit. Schriften des Landesmuseums für Technik und Arbeit 10). Ubstadt-Weiher 1999.

Stöckel, Walter: Licht an! Vor 100 Jahren ging Nürnberg ans Netz. In: Nürnberg heute. Hrsg. von der Stadt Nürnberg 60 (1996), S. 52–55.

Stöcker, Walter: Der Nobelpreisträger Johannes Stark (1874–1957). Eine politische Biographie. Tübingen 2001.

Stollreither, Eugen: Ferdinand von Miller erzählt. Aufgezeichnet und herausgegeben von Eugen Stollreither mit einem Lebensbild von Alexander Heilmeyer. München 1932.

Strunk, Peter: Die AEG. Aufstieg und Niedergang einer Industrielegende. Berlin ^{2}2000.

–: Die Karriere Walther Rathenaus in der AEG. In: Hans Wilderotter (Hrsg.): Die Extreme berühren sich. Walther Rathenau 1867–1922. Eine Ausstellung des Deutschen Historischen Museums in Zusammenarbeit mit dem Leo Baeck Institute, New York. Berlin 1993, S. 45–54.

Suhling, Lothar: Das neueröffnete Landesmuseum für Technik und Arbeit in Mannheim: Entstehung, Inhalte, Strukturen. In: Archiv und Wirtschaft 24 (1991), S. 121–127.
Syon, Guillaume de: Germany and the Airship 1900–1939. Baltimore 2002.
Szöllösi-Janze, Margit: Fritz Haber 1868–1934. Eine Biographie. München 1998.
Taufertshöfer, Bernhard: Johann Wilhelm Hittorf und das Deutsche Museum (Staatsexamensarbeit). Heidelberg 2000.
Teichmann, Jürgen: Das Deutsche Museum. Ein Plädoyer für den Mythos von Objekt und Experiment. In: Günter Bayerl/Wolfhard Weber (Hrsg.): Sozialgeschichte der Technik (Festschrift Ulrich Troitzsch). Münster/München/Berlin 1998, S. 199–208.
–/Noschka-Roos, Annette/Weber, Traudel: Das Museum als öffentlicher Raum: Wirkungsdimensionen zwischen Anspruch und Wirklichkeit. In: Wilhelm Füßl/Helmuth Trischler (Hrsg.): Geschichte des Deutschen Museums. Akteure, Artefakte, Ausstellungen. München 2003, S. 363–395.
Tetzlaff, Sven: Das Trautonium: Technik- und kulturgeschichtliche Aspekte der Entwicklung bis 1945. In: Günter Bayerl/Wolfhard Weber (Hrsg.): Sozialgeschichte der Technik (Festschrift Ulrich Troitzsch). Münster/München/Berlin 1998, S. 287–295.
Thierry, George de/Matschoß, Conrad (Hrsg.): Die Wasserbaulaboratorien Europas. Entwicklung. Aufgaben. Ziele. Berlin 1926.
Thoma, Hans: Das Bayernwerk. In: Die Wasserkraft 1 (1919), S. 94–97.
Thomas, Donald E.: Diesel. Technology and society in industrial Germany. Tuscaloosa 1987.
Tiemann, Klaus-Harro: Die alte Berliner Urania (1888–1945). In: Urania 1988, H. 2, S. 62–67.
Tornow, Ingo: Das Münchner Vereinswesen in der ersten Hälfte des 19. Jahrhunderts, mit einem Ausblick auf die zweite Jahrhunderthälfte (Miscellanea Bavarica Monacensia 75). München 1977.
Treue, Wilhelm: Jüdisches Mäzenatentum für die Wissenschaft in Deutschland. In: Werner E. Mosse/Hans Pohl (Hrsg.): Jüdische Unternehmer in Deutschland im 19. und 20. Jahrhundert. Stuttgart 1992, S. 284–308.
–: Conrad Matschoß 100 Jahre. In: Technikgeschichte 38 (1971), S. 92.
Trischler, Helmuth: Luft- und Raumfahrtforschung in Deutschland 1900–1970. Politische Geschichte einer Wissenschaft (Studien zur Geschichte der deutschen Großforschungseinrichtungen 4). Frankfurt a. Main/New York 1992.
–/Holzer, Hans: Die symbolische Dimension des Artefakts: Der Doppeldecker der Gebrüder Wright und der Beginn der Motorluftfahrt in Deutschland. In: Ulf Hashagen/Oskar Blumtritt/Helmuth Trischler (Hrsg.): Circa 1903. Artefakte in der Gründungszeit des Deutschen Museums (Abhandlungen und Berichte, Neue Folge 19). München 2003, S. 229–250.
Türk, Klaus (Hrsg.): Arbeit und Industrie in der bildenden Kunst. Beiträge eines interdisziplinären Symposiums. Stuttgart 1997.
Uppenborn, Friedrich: Das Elektricitätswerk der Residenzstadt Cassel, projektirt und erbaut von Ingenieur Oscar von Miller. In: Elektrotechnische Zeitschrift 14 (1893), S. 437–444.
–: Die städtischen Elektricitätswerke Münchens. In: Ebd. 18 (1897), S. 2–8.
–: Die neuen Elektricitätswerke Münchens. In: Ebd. 19 (1898), S. 134–138.

–: Die Kraftübertragung Lauffen-Frankfurt. In: Ebd. 13 (1892), S. 379–382, 388–389.
Upward, Geoffrey: A home for our heritage. The building and growth of Greenfield Village and Henry Ford Museum. 1929–1979. Dearborn 1979.
Vaupel, Elisabeth: Unter dem Trocadéro. Das Pariser Weltausstellungsbergwerk als Vorbild für das Deutsche Museum. In: Kultur & Technik 27 (2003), H. 2, S. 20–25.
–: Die Weltausstellungen vor dem Ersten Weltkrieg und ihre Bedeutung für die Popularisierung der Chemie. In: Gudrun Wolfschmidt (Hrsg.): Popularisierung der Naturwissenschaft. Berlin/Diepholz 2002, S. 170–189.
–: Zwischen Weltjahrmarkt und Wissenspopularisierung. Die Frühgeschichte der Chemieabteilung. In: Wilhelm Füßl/Helmuth Trischler (Hrsg.): Geschichte des Deutschen Museums. Akteure, Artefakte, Ausstellungen. München 2003, S. 255–288.
Vent, Otto: Die Großstromversorgung Deutschlands. Essen 1926.
Verhandlungen des Reichseisenbahnrats im Jahre 1922. Hrsg. vom Reichsverkehrsministerium. München/Berlin 1923 ff.
Villiger, Walter: Das Zeiss-Planetarium. Jena (1925).
Voigt, Heinrich: Nachdenkliches und Heiteres aus den ersten Jahrzehnten der Elektrotechnik. Leipzig 1925.
Voigt, Wolfgang: Atlantropa. Weltenbau am Mittelmeer. Ein Architektentraum der Moderne. Hamburg 1998.
–: Herman Sörgels Makroprojekt «Atlantropa». In: Rainer Stamm/Daniel Schreiber (Hrsg.): Bau einer neuen Welt. Architektonische Visionen des Expressionismus (Ausstellungskatalog Kunstsammlungen Böttcherstraße, Bremen). Bremen 2003, S. 76–79.
Volk, Peter: Art.: Miller, Ferdinand von. In: Neue Deutsche Biographie, Bd. 17. München 1994, S. 516–517.
–: Ferdinand von Miller – Sein Leben und Werk. In: Erz-Zeit. Ferdinand von Miller – zum 150. Geburtstag der Bavaria. München 1999, S. 14–65.
Volksbildungsinstitut Urania. In: Hanno Möbius: Vierhundert Jahre Technische Sammlungen in Berlin. Von der Raritätenkammer der Kurfürsten zum Museum für Verkehr und Technik. Berlin 1983, S. 111–118.
Vosskamp, Wilhelm (Hrsg.): Utopieforschung. Interdisziplinäre Studien der neuzeitlichen Utopie. 3 Bde. Frankfurt a. Main 1985.
75 Jahre VWS (Versuchsanstalt für Wasserbau und Schiffbau) (Mitteilungen der Versuchsanstalt für Wasserbau und Schiffbau 54). Berlin 1978.
Walker, Mark: Nazi science. Myth, truth, and the German atomic bomb. New York/London 1995.
Weber, Wolfhard: Die Gründung technischer Museen in Deutschland im 20. Jahrhundert. In: Museumskunde 56 (1991), S. 82–93.
–: Die Gründungsgeschichte technischer Museen in Deutschland im 20. Jahrhundert. In: Museumskunde 56 (1991), S. 82–93.
–: The political history of museums of technology in Germany since the nineteenth century. In: Brigitte Schröder-Gudehus (Hrsg.): Industrial society and its museums 1890–1990. Chur/Paris 1993, S. 13–25.
–: Kulturgeschichte der Technik? Versuch einer Annäherung an Friedrich Klemm. In: Burkhard Dietz/Michael Fessner/Helmut Maier (Hrsg.): Technische Intelligenz

und «Kulturfaktor» Technik. Kulturvorstellungen von Technikern und Ingenieuren zwischen Kaiserreich und früher Bundesrepublik Deutschland. Münster u. a. 1996, S. 155–173.

–: Vorgeschichte und Voraussetzung der Museumsgründung. In: Wilhelm Füßl / Helmuth Trischler (Hrsg.): Geschichte des Deutschen Museums. Akteure, Artefakte, Ausstellungen. München 2003, S. 45–58.

– / Engelskirchen, Lutz: Streit um die Technikgeschichte in Deutschland 1945–1975 (Cottbuser Studien zur Geschichte von Technik, Arbeit und Umwelt 15). Münster u. a. 2000).

Wehle, Gerhard (Hrsg.): Kerschensteiner (Wege der Forschung 199). Darmstadt 1979.

Weitz, John: Hitlers Bankier: Hjalmar Schacht. München / Wien 1998.

Weitze, Marc-Denis: Eine Luftverflüssigungsanlage von Carl Linde. In: Ulf Hashagen / Oskar Blumtritt / Helmuth Trischler (Hrsg.): Circa 1903. Artefakte in der Gründungszeit des Deutschen Museums (Abhandlungen und Berichte, Neue Folge 19). München 2003, S. 349–369.

Columbische Weltausstellung in Chicago 1893. Amtlicher Katalog der Ausstellung des Deutschen Reiches. Berlin 1893.

Zweite Weltkraftkonferenz Berlin 16. bis 25. Juni 1930. Generalberichte. Berlin 1930.

Wengenroth, Ulrich: Elektrische Energie in der Industrie von 1891. In: Horst A. Wessel (Hrsg.): Moderne Energie für eine neue Zeit (Geschichte der Elektrotechnik 11). Berlin / Offenbach 1991, S. 33–41.

–: Motoren für den Kleinbetrieb. Soziale Utopien, technische Entwicklung und Absatzstrategien bei der Motorisierung des Kleingewerbes im Kaiserreich. In: Ders. (Hrsg.): Prekäre Selbständigkeit. Zur Standortbestimmung von Handwerk, Hausindustrie und Kleingewerbe im Industrialisierungsprozess (Veröffentlichungen des Instituts für Europäische Geschichte Mainz, Abteilung Universalgeschichte 31). Stuttgart 1989, S. 177–205.

– (Hrsg.): Die Technische Universität München. Annäherungen an ihre Geschichte. München 1993.

Wengst, Udo: Graf Brockdorff-Rantzau und die außenpolitischen Anfänge der Weimarer Republik (Moderne Geschichte und Politik 2). Frankfurt a. Main u. a. ²1986.

Wessel, Horst A.: Aufstieg und Fall des Helios. Ein Beitrag zur Geschichte der deutschen Elektroindustrie. In: Elektrotechnik im Wandel der Zeit (Geschichte der Elektrotechnik 1). Berlin / Offenbach 1984, S. 17–41.

Wiesmüller, Christian: Bildungsaspekte im Technischen Museum. Untersuchung zum spezifischen Beitrag dieses außerschulischen Lernorts zur Technischen Bildung im Rahmen einer Allgemeinen Bildung. Eichstätt 1999.

Wilhelm, Theodor: Die Pädagogik Kerschensteiners. Vermächtnis und Verhängnis. Stuttgart 1957.

Wilke, Arthur: Die Berliner Elektricitäts-Werke. Eine Beschreibung ihrer Entwicklung und Einrichtung. Erstes Heft: Entstehung und Entwicklung des Unternehmens. Berlin 1890.

–: Die Elektrizität, ihre Erzeugung und Anwendung in Industrie und Gewerbe. Leipzig ³1898.

Willeke, Stefan: Die Technokratiebewegung in Nordamerika und Deutschland zwischen den Weltkriegen. Eine vergleichende Analyse (Studien zur Technik-, Wirtschafts- und Sozialgeschichte 7). Frankfurt a. Main u. a. 1995.

Wißner, Adolf: Hinter den Kulissen des Deutschen Museums. In: Technik & München 4/1969, S. 554–556.

–: Ein Maschinenschaden auf der internationalen Elektrizitätsausstellung in München 1882. In: Der Maschinenschaden 31 (1958), H. 5/6, S. 57–59.

Wöbke, Bernd: Art. «Miller, Wilhelm». In: Neue Deutsche Biographie, Bd. 17. Berlin 1994, S. 519–520.

Wolbring, Barbara: Politisch motivierte Popularisierung im Fall des Germanischen Nationalmuseums. In: Carsten Kretschmann (Hrsg.): Wissenspopularisierung. Konzepte der Wissensverbreitung im Wandel (Wissenskultur und gesellschaftlicher Wandel 4). Berlin 2003, S. 211–219.

Wolff, Karl: Die Beleuchtung der Flugschrift «Das projektierte Elektrizitätswerk für Hermannstadt und Heltau von der Schattenseite». Hermannstadt 1893.

–: Besuch der Elektrizitätswerke in Fürstenfeld-Bruck (Bayern) und Heilbronn (Württemberg) und die Verwendung von Elektromotoren in gewerblichen Betrieben. Sonderdruck aus: Siebenbürgisch-Deutsches Tageblatt 1893, Nr. 6009 ff.

–: Aus meinem Leben. Lauban i. Schlesien 1929.

–: Schriften und Reden. Hrsg. Von Michael Kroner. Bukarest 1976.

–: Neue Wege für das Wollwebergewerbe in Heltau. Sonderdruck aus: Siebenbürgisch-Deutsches Tageblatt (1894?), Nr. 6907 ff.

Wolfschmidt, Gudrun (Hrsg.): Popularisierung der Naturwissenschaft. Berlin/Diepholz 2002.

–: Popularisierung der Physik: Experimente, Spielzeug und Medien. In: Ebd., S. 267–291.

–: Vom Raritätenkabinett zum Museum. In: Ebd., S. 79–96.

Wonders, Karen: Habitat Dioramas. Illusions of wilderness in museums of natural history (Acta Universitatis Upsaliensis. Figura Nova, Series 25). Uppsala 1993.

Zängl, Wolfgang: Deutschlands Strom. Die Politik der Elektrifizierung von 1866 bis heute. Frankfurt a. Main/New York 1989.

Zell, Clemens: Oskar von Miller. Zum hundertsten Geburtstag am 7. Mai 1955. In: Elektrotechnische Zeitschrift 76 (1955), H. 9, S. 305–309.

Zenneck, Jonathan: Erinnerungen eines Physikers. München (um 1960).

–: Fünfzig Jahre Deutsches Museum München. München 1953.

–: Oskar von Miller. In: Deutsches Museum. Abhandlungen und Berichte 6 (1934), H. 2, S. 1–50.

Zierler-Skrabal, Gerhard: Oskar von Millers Ahnen entstammen dem bayerischen Handwerk. In: Münchner Stadtanzeiger, 15.3.1968.

Bildquellen

Seite
23: DMA, BN 14080
24: DMA, BN 04055
37: DMA, R 3363/4
38/39: DMA, CD 55424
41: DMA, R 3363/2
44: DMA, BN 0123
48: DMA, BN 47767
57: DMA, BN 15419
59: DMA, BN 26696
64: DMA, BN 01894
79: DMA, R 6668/12
88: DMA, BN 24948
101: DMA, BN 55413
104: DMA, BN 14942
109: DMA, CD 55415
115: DMA, CD 55423
125: DMA, BN 15412
126: DMA, BN 11508
137: DMA, CD 55414
152: DMA, BN 37408
157: DMA, BN 46775
158: DMA, R 3356/10
167: DMA, CD 55417
175: DMA, BN 14051
183: DMA, CD 55418
193: DMA, BN 10308
202: DMA, BN 46778
207: DMA, BN 46762
209: DMA, BN 40575
222: DMA, CD 55416
225: DMA, CD 55421
230: DMA, R 6667/5

Seite
233: DMA, CD 55420
237: DMA, R 2944/17
250: DMA, BN 45904
253: DMA, BN 36425
255: DMA, CD 53380
256: DMA, R 0893/1
261: DMA, BN 10604
266: DMA, BN 27379
269: DMA, BN 23395
271: DMA, BN 12497
272: DMA, BN 31568
275: DMA, BN 09228
276: DMA, BN 32017
283: DMA, BN 53280
295: DMA, R 6668/10
301: DMA, CD 51427
302: DMA, BN 33091
307: DMA, BN 53276
309: DMA, R 3941/12
310: DMA, BN 34538
313: DMA, BN 02895
316: DMA, BN 3660
318: DMA, BN 32776
321: DMA, BN 50851
322: DMA, BN 47761
325: DMA; BN 24344
328: DMA, BN 12033
331: DMA, BN 01412
332: DMA, BN 37215
349: DMA, BN 36090
350: DMA, BN 10786

Register der Personen und Körperschaften

Personen wurden, soweit möglich, mit Lebensdaten angegeben. Namen von Firmen und Körperschaften wurden unter dem offiziellen Namen eingeordnet.

Ortsregister

Die Ortsnamen wurden nicht modernisiert. Länder und Landesteile sind nicht aufgenommen.

Aus dem Verlagsprogramm